清华大学土木工程系列教材

# 高层建筑结构设计和计算

## 第2版

## （上册）

包世华　张铜生　编著

U0302675

清华大学出版社

北京

**图书在版编目(CIP)数据**

高层建筑结构设计和计算. 上册/包世华,张铜生编著. —2版. —北京:清华大学出版社,2013.1(2020.11重印)
(清华大学土木工程系列教材)
ISBN 978-7-302-30038-0

Ⅰ. ①高… Ⅱ. ①包… ②张… Ⅲ. ①高层建筑—结构设计—高等学校—教材 ②高层建筑—建筑结构—计算方法—高等学校—教材 Ⅳ. ①TU973

中国版本图书馆 CIP 数据核字(2012)第 211958 号

责任编辑:秦　娜
封面设计:陈国熙
责任校对:赵丽敏
责任印制:杨　艳

出版发行:清华大学出版社
　　　　　网　　　址:http://www.tup.com.cn,http://www.wqbook.com
　　　　　地　　　址:北京清华大学学研大厦 A 座　　　　　　　　邮　　编:100084
　　　　　社 总 机:010-62770175　　　　　　　　　　　　　　　　邮　　购:010-62786544
　　　　　投稿与读者服务:010-62776969,c-service@tup.tsinghua.edu.cn
　　　　　质量反馈:010-62772015,zhiliang@tup.tsinghua.edu.cn
印 装 者:北京嘉实印刷有限公司
经　　销:全国新华书店
开　　本:203mm×253mm　　　　　　　印　张:33.5　　　　　　　字　数:844 千字
版　　次:2006 年 1 月第 1 版　　　　2013 年 1 月第 2 版　　　印　次:2020 年 11 月第 8 次印刷
定　　价:89.80 元

产品编号:048212-04

# 第 2 版前言

鉴于建筑结构规范和规程新一轮的全面修订和近年来高层建筑结构的迅猛发展。本书也进行了全面的修订和内容的增补及更新,以适应新形势下教学和工程设计的需要。

第 2 版仍保留原书根据内容和要求的不同,分为上、下两册的做法。上册为基础内容册,共 10 章,是为学生和工程技术人员学习和了解高层建筑混凝土结构的基础内容而编写的,可作为普通高等学校的教材,同时也可作为初学者的参考用书。下册为提高、深入的专题册,共 8 章,可供大学生、研究生、教师和工程技术人员作为深入研究、提高的学习材料以及专题参考资料。

第 2 版主要改动的地方有下面几个方面:

1. 与《高层建筑混凝土结构技术规程》(JGJ 3—2010)有关内容的修订。

(1) 前 8 章中有关设计和构造等的内容,全部按《高层规程》进行了改写,包括其中的例题全按新规程进行了改算。

(2) 第 2 章中补充了高层建筑结构抗震性能设计和抗连续性倒塌设计的概念等,以及重力二阶效应和整体稳定的内容。

(3) 第 5 章中增加了 5.7 节框架-剪力墙结构平面为斜向布置的近似计算,和 5.8 节框架-剪力墙-薄壁筒斜交结构的弯扭耦连计算。这些内容是从原第 10 章移过来的。

(4) 为说明我国近 10 年内高层建筑发展的迅猛状况,收录了内地超过 200m 以上 71 幢高楼。

2. 将原第 16 章高层建筑空间弹塑性动力分析内容重新梳理、编排,并增加了编者及其研究团队的研究成果,组成新增加的第 17 章隔震结构空间弹塑性动力分析和第 18 章消能减震结构空间弹塑性分析。这些都是高层建筑结构设计中大家关注的问题,也是高层建筑结构研究的前沿课题。介绍了HBTA 程序的不同版本。并有两个实际工程的详细算例。

3. 由于下册的篇幅过大,将原在下册的第 9、10 两章移入了上册。

本书上册由包世华编写。下册由包世华、张铜生共同编写;第 11～14 章由包世华编写,第 15～18 章由张铜生编写。

书中难免存在不妥之处,欢迎读者批评指正。

包世华
2012 年 8 月于清华园

# 第 1 版前言

本书是在作者和方鄂华合编的《高层建筑结构设计》(1990 年第二版)以及作者编著的《高层建筑结构计算》两本书的基础上,且鉴于建筑结构规范的全面修订及近年来高层建筑结构的新发展而重新编写的,以适应新形势下教学和工程设计的需要。

全书共 16 章,根据内容和要求的不同,分上、下两册。

上册为基础内容部分。原第一本书前两版以其科学性、系统性、实践性以及深入浅出的阐述方式受到广大读者的欢迎。上册仍保留了原前两版的体系和特点。为了突出基本概念,在编写中注重讲述实用算法、特别是以手算为基础的简便方法,注意阐述不同计算方法之间的差别及内在联系,以及结构受力和变形特性的分析等。为突出基本内容,并贯彻少而精的原则,以最常用的三大结构体系为主、兼及筒体,并以混凝土结构为主。为突出基本要求,便于初学者掌握,讲解方法力求深入浅出、简明扼要,内容及篇幅较原第二版更为精练。为便于教和学,各章增加了例题,并举了一个贯彻始终的框-剪结构工程设计实例;各章后附有思考题和习题。上册可供普通高等学校作为教材,同时可作为初学者的参考用书。

下册为提高、深入和专题部分。围绕底层大空间剪力墙结构的计算、高层建筑结构复杂问题的计算、高层筒体结构计算、高层建筑结构的有限条分析法、半解析常微方程求解器方法和有限元法、高层建筑结构动力特性分析、高层建筑结构地震作用的反应谱分析法、高层建筑结构抗震分析的时程分析法、高层建筑空间弹塑性动力分析程序 HBTA 简介等方面,作了较深入的讨论,其中许多是作者近年来的科研成果。下册可供大学生、研究生、教师及工程技术人员作为深入研究和提高的学习材料以及专题参考资料。

本书上册由包世华编写。下册由包世华、张铜生共同编写;第 15、16 章由张铜生编写,其他各章由包世华编写。

本书难免存在不妥之处,欢迎广大读者予以批评指正。

包世华
2004 年 10 月于清华园

# 目　　录

# 第1章 高层建筑结构体系与布置

## 1.1 高层建筑的发展与特点

### 1.1.1 高层建筑的发展

    高层建筑是指层数较多、高度较高的建筑。我国《高层建筑混凝土结构技术规程》(JGJ 3—2010)(以下简称《高层规程》)将 10 层及 10 层以上或房屋高度大于 28m 的住宅建筑,以及高度大于 24m 的其他高层民用建筑混凝土结构,称为高层建筑。

    现代高层建筑是随着社会生产的发展和人们生活的需要而发展起来的,是商业化、工业化和城市化的结果。而科学技术的进步、轻质高强材料的出现以及机械化、电气化、计算机在建筑中的广泛应用等又为高层建筑的发展提供了物质和技术条件。

    我国古代建造过不少高层建筑——塔,大都采用木结构或砖结构。有一些木塔或砖塔经受住了上千年的风吹雨打,甚至经受住强烈地震的摇撼仍能保留至今,足见其结构合理,工艺精良。但是,就近代高层建筑而言,在相当长的一段时期内,在我国的发展却是缓慢的。新中国成立前,我国高层建筑很少。新中国成立后,在 20 世纪 50～60 年代陆续建成一些,如 1959 年建成的北京民族饭店,12 层,高 47.4m;1964 年建成的北京民航大楼,15 层,高 60.8m;1968 年建成的广州宾馆,27 层,高 88m,是 60 年代我国建成的最高建筑。

    20 世纪 70 年代开始,我国高层建筑有了很大的发展,主要为住宅、旅馆和办公楼等建筑。由于高层建筑具有占地面积小、节约市政工程费用、节省拆迁费用等优点,因此为改善城市居民的居住条件,在大城市和某些中等城市中,高层住宅和底层带商店的住宅建筑发展十分迅速。这些住宅大多数在 20 层左右,而有些城市,例如深圳,高层住宅建筑已达 30 层左右。随着旅游事业的发展和经济对外开放,旅馆和高层商用办公楼、通讯大楼以及综合性多功能大厦的需要与日俱增。从 20 世纪 80 年代开始,这类高层建筑增长的速度很快;进入 90 年代,随着改革开放事业的发展,这类高层建筑更得到迅猛发展。

    我国内地在各个阶段具有代表性的高层建筑是:1974 年建成的北京饭店东楼,19 层,高 87.15m(见图 1-1),是当时北京最高的建筑;1976 年在广州建成的白云宾馆,33 层,高 114.05m(见图 1-2),是以后 9 年中我国最高的建筑;到 1985 年,深圳建成了 50 层,高 158.65m 的国际贸易中心大厦(见图 1-3),超过了前者;但相隔仅两年,高度为 200m,63 层的广州国际大厦和 208m,57 层的北京京广中心大厦又相继开工,成为当时全国最高的建筑(见图 1-4 和图 1-5);1996 年建成的深圳地王大厦,81 层,高 325m(见图 1-6);1998 年建成的上海金茂大厦,88 层,高 420.5m(见图 1-7),曾是全国最高的建筑,目前是全国第

四、世界第九高的大楼;2008年建成的上海环球金融中心,101层,高492m,是目前中国内地第一、世界第三的摩天大楼。正在天津建造的高银117大厦,共117层,高597m,是中国内地在建的最高的建筑物(图1-8)。

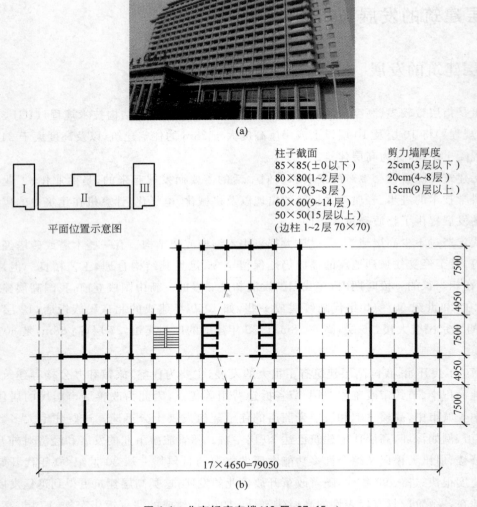

(a)

柱子截面
85×85(±0以下)
80×80(1~2层)
70×70(3~8层)
60×60(9~14层)
50×50(15层以上)
(边柱1~2层70×70)

剪力墙厚度
25cm(3层以下)
20cm(4~8层)
15cm(9层以上)

平面位置示意图

17×4650=79050

(b)

**图1-1 北京饭店东楼(19层,87.15m)**

(a)立面照片;(b)Ⅱ段标准层平面

(a)

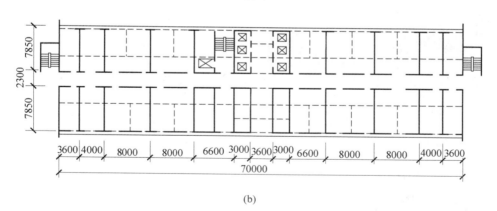

(b)

图 1-2　广州白云宾馆（33 层，114.05m）

（a）立面照片；（b）标准层平面

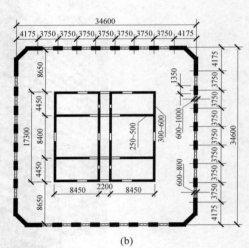

(a)                                           (b)

**图 1-3   深圳国际贸易中心大厦(50 层,158.65m)**

(a) 立面照片;(b) 标准层平面

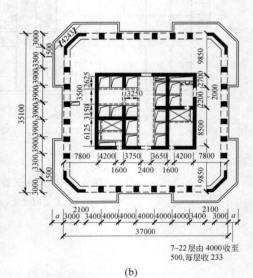

(a)                                           (b)

**图 1-4   广州国际大厦(63 层,200m)**

(a) 立面照片;(b) 标准层平面

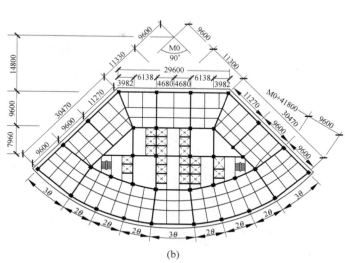

(a)　　　　　　　　　　　　　　　　　(b)

**图 1-5　北京京广中心大厦（57 层，208m）**

（a）立面照片；（b）高层部分一层平面

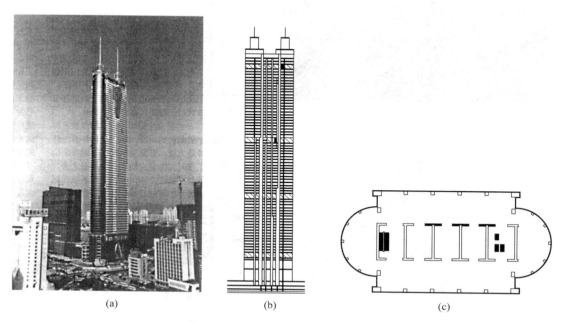

(a)　　　　　　　　(b)　　　　　　　　(c)

**图 1-6　深圳地王大厦（81 层，325m）**

（a）立面照片；（b）结构剖面图；（c）结构平面图

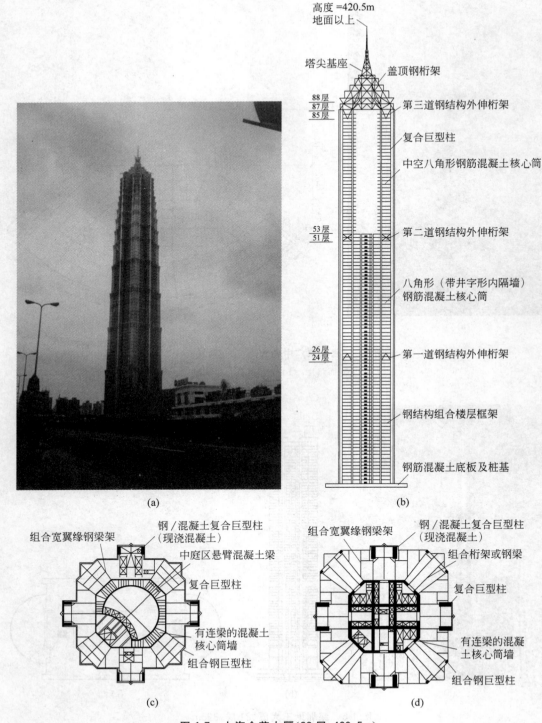

图 1-7　上海金茂大厦(88 层，420.5m)

(a) 立面照片；(b) 主楼结构体系立面；(c) 酒店标准层结构平面；(d) 办公室标准层结构平面

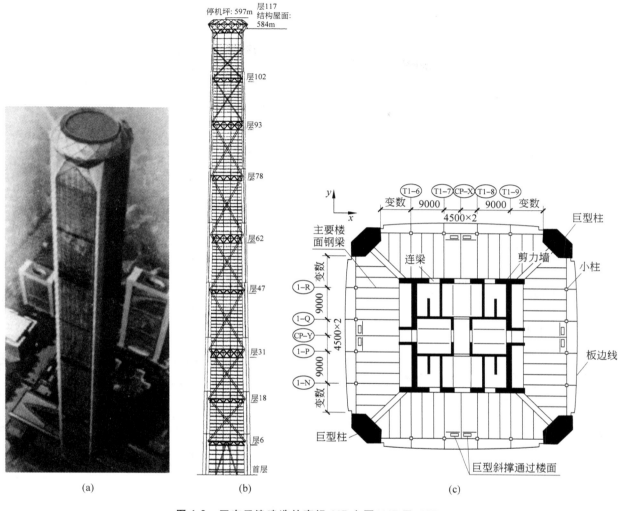

**图 1-8　正在天津建造的高银 117 大厦**（117 层，597m）

（a）整体效果图（巴马丹拿集团提供）；（b）整体立面图；（c）结构典型平面布置图

　　20 世纪 80 年代以后，随着中国经济的迅速崛起，高层建筑的重心开始转向中国和亚洲，建筑高度的不断增加（第 1 版时（2004 年）曾列举了我国内地建成高度超过 200m 的大厦有 20 幢，到 2010 年底我国内地建成超过 200m 的大厦已经有 71 幢（见表 1-1）），建筑类型和功能愈来愈复杂，结构体系更加多样化，所有这些都显示了我国高层建筑结构设计和施工技术水平有了迅速的发展和很大的提高。

**表 1-1　我国内地已经建成的超过 200m 的 72 栋建筑**（截至 2010 年底）

| 排名 | 建筑名称与建造城市 | 建造年份 | 层数 | 高度/m |
|------|---------------------|----------|------|--------|
| 1 | 上海环球金融中心大厦 | 2008 | 101 | 492 |
| 2 | 南京紫峰大厦 | 2009 | 66 | 450 |
| 3 | 广州西塔 | 2009 | 103 | 438 |

续表

| 排名 | 建筑名称与建造城市 | 建造年份 | 层数 | 高度/m |
|---|---|---|---|---|
| 4 | 上海金茂大厦 | 1999 | 88 | 421 |
| 5 | 广州中信广场（原中天广场） | 1996 | 80 | 391 |
| 6 | 深圳信兴广场（地王大厦） | 1996 | 69 | 384 |
| 7 | 上海世贸国际广场 | 2006 | 60 | 333 |
| 8 | 武汉民生大厦 | 2007 | 68 | 331 |
| 9 | 北京国贸大厦三期 | 2009 | 74 | 330 |
| 10 | 重庆日月光中心广场 | 2008 | 79 | 330 |
| 11 | 重庆凯宾斯基大酒店 | 2008 | 70 | 326 |
| 12 | 上海会德丰广场 | 2009 | 58 | 298 |
| 13 | 深圳赛格广场 | 2000 | 71 | 292 |
| 14 | 上海六六广场（恒隆广场） | 2001 | 66 | 288 |
| 15 | 上海明日广场 | 2003 | 55 | 285 |
| 16 | 重庆世贸中心大厦 | 2005 | 60 | 283 |
| 17 | 上海香港新世界大厦 | 2002 | 61 | 278 |
| 18 | 南京地王国际商业中心大厦 | 2006 | 54 | 276 |
| 19 | 武汉世贸大厦 | 1998 | 60 | 273 |
| 20 | 广州中华广场 B 塔 | 2007 | 62 | 270 |
| 21 | 广州大鹏国际广场（合银广场） | 2006 | 56 | 269 |
| 22 | 上海陆家嘴大厦 | 2008 | 47 | 269 |
| 23 | 上海交通银行金融大厦 | 1999 | 52 | 265 |
| 24 | 深圳特区报业大厦 | 1998 | 48 | 262 |
| 25 | 上海港汇广场 | 2005 | 52 | 262 |
| 26 | 广州邮电中心 | 2003 | 68 | 260 |
| 27 | 上海浦东国际金融大厦 | 1999 | 53 | 258 |
| 28 | 杭州浙江财富金融中心大厦（西楼） | 2009 | 55 | 258 |
| 29 | 武汉佳丽广场 | 1997 | 57 | 251 |
| 30 | 青岛中国银行大厦 | 2002 | 54 | 249 |
| 31 | 杭州第二长途电信枢纽楼 | 2003 | 41 | 249 |
| 32 | 深圳鸿昌广场（贤成大厦） | 2004 | 63 | 248 |
| 33 | 大连世界贸易中心 | 2000 | 61 | 242 |
| 34 | 上海万都中心 | 2002 | 55 | 241.3 |

| 排名 | 建筑名称与建造城市 | 建造年份 | 层数 | 高度/m |
|---|---|---|---|---|
| 35 | 深圳广播中心 | 2001 | 51 | 240.7 |
| 36 | 深圳彭年广场(余氏酒店) | 1998 | 58 | 240 |
| 37 | 天津信塔广场 | 2004 | 51 | 238 |
| 38 | 广州南航大厦 | 2003 | 61 | 233.8 |
| 39 | 上海国际航运大厦 | 2000 | 50 | 232.4 |
| 40 | 深圳商隆大厦(罗湖商务中心) | 2004 | 50 | 228 |
| 41 | 青岛帕克逊广场(第一百胜广场) | 1998 | 49 | 228 |
| 42 | 深圳世界贸易中心(招商银行大厦) | 2001 | 50 | 225 |
| 43 | 深圳世界金融中心 A 座 | 2003 | 52 | 222 |
| 44 | 上海来富士广场 | 2003 | 49 | 222 |
| 45 | 南京商茂世纪广场 | 2002 | 56 | 218 |
| 46 | 长沙第二长途邮电枢纽大楼 | 2003 | 43 | 218 |
| 47 | 重庆喜来登国际商务中心 | 2008 | 70 | 218 |
| 48 | 杭州开元名都大酒店 | 2005 | 47 | 218 |
| 49 | 大连金座广场 | 2000 | 49 | 216 |
| 50 | 南京金鹰国际商城 | 1998 | 58 | 214 |
| 51 | 大连天安国际大厦 | 2000 | 52 | 214 |
| 52 | 重庆名优土特产贸易中心 | 2004 | 48 | 213 |
| 53 | 石家庄第二长途电信枢纽楼 | 2002 | 43 | 213 |
| 54 | 青岛申立大厦 | 1998 | 56 | 212.8 |
| 55 | 武汉国际贸易中心 | 2003 | 55 | 212.5 |
| 56 | 上海新金桥大厦 | 1996 | 38 | 212 |
| 57 | 广东亚洲国际酒店 | 1998 | 50 | 210 |
| 58 | 重庆佳禾钰茂香港城 1 座 | 2007 | 56 | 210 |
| 59 | 北京京广中心 | 1990 | 53 | 208 |
| 60 | 深圳江苏大厦 | 2001 | 51 | 208 |
| 61 | 深圳华实大厦 | 2002 | 57 | 207 |
| 62 | 上海浦东锦江索菲特大酒店 | 2002 | 47 | 207 |
| 63 | 上海南方证券大厦 | 1998 | 49 | 205 |
| 64 | 深圳新世纪广场西座 | 2003 | 46 | 204 |
| 65 | 上海力宝广场 | 1998 | 38 | 204 |

续表

| 排名 | 建筑名称与建造城市 | 建造年份 | 层数 | 高度/m |
|---|---|---|---|---|
| 66 | 上海汇丰大厦(上海森茂国际大厦) | 1999 | 46 | 203.4 |
| 67 | 天津滨江万丽酒店 | 2002 | 48 | 203 |
| 68 | 广州南方国际商厦 | 1998 | 48 | 201 |
| 69 | 大连远洋大厦 | 2000 | 51 | 200.8 |
| 70 | 深圳国通大厦(深圳无线大厦) | 1997 | 43 | 200.5 |
| 71 | 广东国际大厦主楼 | 1992 | 63 | 200.2 |

在国外,现代高层建筑的发展只有 110 多年的历史,又以最近 40 多年的发展为最快。1883 年在美国芝加哥建成 11 层的家庭保险大楼(Home Insurance Building)是近代高层建筑的开端。1931 年纽约建造了著名的帝国大厦(Impire State Building),102 层,高 381m,它享有"世界最高建筑"之美誉长达 40 年之久。20 世纪 50 年代以后,轻质高强材料的应用,新的抗风抗震结构体系的发展,电子计算机的推广使用以及新的施工机械的涌现,才使高层建筑得到了大规模的迅速发展。1972 年,纽约建造了 110 层,高 402m 的世界贸易中心(World Trade Center Twin Towers,2001 年毁于"9·11"事件);1973 年在芝加哥又建成当时世界上最高的西尔斯大厦(Sears Tower),110 层,高 443m,享有"世界最高建筑"美誉 20 多年。这两幢建筑都是钢结构。1996 年在吉隆坡建成的石油大厦,88 层,高 450m,是钢与钢筋混凝土混合结构,曾多年是世界上最高的建筑。2010 年在迪拜建成的哈利法塔(Burj Khalifa),160 层,高 828m,是目前世界上最高的建筑。

## 1.1.2 高层建筑的特点

结构要同时承受垂直荷载和水平荷载,还要抵抗地震作用。在低层结构中,水平荷载产生的内力和位移很小,通常可以忽略;在多层结构中,水平荷载的效应(内力和位移)逐渐增大;而到高层建筑中,水平荷载和地震作用将成为控制因素。图 1-9 表示建筑物高度与荷载效应的关系。由图可见,随着高度增大,位移增加最快,弯矩次之。高层建筑设计不仅需要较大的承载能力,而且需要较大的刚度,使水平荷载产生的侧向变形限制在一定范围内,这是因为:

(1) 过大的侧向变形会使人不舒服,影响使用。这主要是指在风荷载作用下,必须保证人在建筑物内正常工作与生活。至于偶尔发生的地震,人的舒适感是次要的。

(2) 过大的侧向变形会使填充墙或建筑装修出现裂缝或损坏,也会使电梯轨道变形。变形限制的大小与装修的材料以

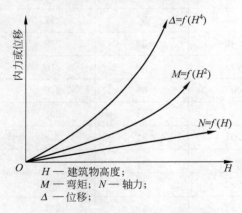

$H$ — 建筑物高度;
$M$ — 弯矩; $N$ — 轴力;
$\Delta$ — 位移;

**图 1-9 建筑物高度对内力、位移的影响**

及构造做法有关。在地震作用下,虽然可以比风荷载作用下适当放宽变形限制,但由于这些非结构性的

损坏会使修复费用很高,且填充墙等倒塌也会威胁人的生命及设备安全,因此,对地震作用下产生的侧向变形也要加以限制。

(3) 过大的侧向变形会使主体结构出现裂缝,甚至损坏。限制侧向变形也就是限制结构的裂缝宽度及破坏程度。

(4) 过大的侧向变形会使结构产生附加内力,甚至引起倒塌。这是因为建筑物上的垂直荷载在侧向变形下将产生附加弯矩,通常称为 $P\text{-}\Delta$ 效应。

由于高层建筑高度较大,地震作用对它的影响也较大。在地震区,应使结构具有延性(延性是指结构塑性变形能力大小的一种性能),即在地震作用下,结构进入塑性阶段,以塑性变形抵抗地震作用,又要做到结构不破坏,不倒塌。这样设计可以降低材料消耗,经济而安全。在高层建筑中,随着结构高度的加大,结构变形增大,对结构延性要求也相应提高。

由于上述特点,在高层建筑结构设计中,抗侧力结构的设计成为关键。欲使抗侧力结构具有足够的承载能力和刚度,又有好的抗震性能,还要尽可能地提高材料利用率,降低材料消耗、节约造价等,必须从选择结构材料、结构体系、基础形式等各方面着手,采用合理而可行的计算方法和设计方法,还要十分重视构造、连接、锚固等细部处理。

此外,任何一个好的建筑,必然是建筑、结构、各种管道设备以及施工等几方面的密切配合及相互合作的产物,特别是在高层建筑中,建筑功能要求高,而结构的安全性、经济性要求也高,设备多、施工技术和管理都更复杂。因此,建筑师和结构工程师都必须充分认识高层建筑的特点而充分合作,才能做出好的、经济合理的设计。

## 1.1.3　高层建筑的结构类型

钢和钢筋混凝土两种材料都是建造高层建筑的重要材料,但各自有着不同的特点。因而,在不同国家、不同地区、不同条件下,如何正确选用材料,充分利用其优点、克服弱点,就成为经济合理地建造高层建筑的一个重要方面。

钢材强度高、韧性大、易于加工;高层钢结构具有结构断面小、自重轻、抗震性能好等优点;钢结构构件可在工厂加工,能缩短现场施工工期,施工方便。但是高层钢结构用钢量大,造价很高,而且钢材耐火性能不好,需要用大量防火涂料,这增加了工期和造价。在发达国家,大多数高层建筑采用钢结构。在我国,随着高层建筑建造高度的增加,也开始采用高层钢结构。在一些地基软弱或抗震要求高而高度又较大的高层建筑中,采用钢结构显然是合理的。例如,上海建造了锦江宾馆分馆(46 层,153m)和国际贸易中心(37 层,140m)等钢结构;北京建造了京城大厦(52 层,183m)和京广中心大厦(57 层,208m)(见图 1-5)、国际贸易中心(39 层,155.25m)(见图 1-25)等钢结构。

钢筋混凝土结构造价较低,且材料来源丰富,并可浇注成各种复杂的断面形状,还可以组成多种结构体系;可节省钢材,承载能力也不低,经过合理设计,可获得较好的抗震性能。因而,在发展中国家,大都采用钢筋混凝土建造高层建筑,我国的高层建筑也以钢筋混凝土结构为主。我国已建造了 63 层的钢筋混凝土结构——广州国际大厦。钢筋混凝土主要缺点是构件断面大,占据面积大、自重大。近年来,由于钢筋混凝土结构造价比钢结构低、防火性能好、刚度较大,可减少侧移,发达国家的钢筋混凝土高层建筑也日益增加。在美国,已建成了 30 层的钢筋混凝土框架结构,30 层以下的高层钢筋混凝土结构已较多。在日本,过去对钢筋混凝土结构高度限制很严格,现在也建了许多 30 层左右的钢筋混凝土高层建筑。

在当前的发展趋势中,更为合理的是同时采用钢和钢筋混凝土材料的混合结构。这种结构可以使两种材料互相取长补短,取得经济合理、技术性能优良的效果。目前有两种组合方式:

(1)用钢材加强钢筋混凝土构件。钢材放在构件内部,外部由钢筋混凝土做成,称为钢骨(或型钢)混凝土构件;也可在钢管内部填充混凝土,做成外包钢构件,称为钢管混凝土。前者既可充分利用外包混凝土的刚度和耐火性能,又可利用钢骨减小构件断面和改善抗震性能,目前应用较为普遍。例如:北京的香格里拉饭店就采用了钢骨混凝土柱。在一般高层钢结构中,地下室和底部几层也常常采用钢骨混凝土梁、柱结构。

(2)部分抗侧力结构用钢结构,另一部分采用钢筋混凝土结构(或部分采用钢骨混凝土结构)。这种结构可称为混合结构,多数情况下是用钢筋混凝土做筒(剪力墙),用钢材做框架梁、柱。例如,上海静安希尔顿饭店就是这种混合结构。香港中银大厦(70 层,高 368.62m)则是另一种混合方式,它采用钢骨混凝土角柱,而横梁及斜撑都采用钢结构。被称为"中华第一楼"的上海金茂大厦,就是用钢筋混凝土做核心筒,外框用钢骨混凝土柱和钢柱的混合结构。深圳地王大厦也是用钢筋混凝土做核心筒、外框为钢结构的混合结构。

综上所述,目前我国的情况是,在高层建筑中仍以钢筋混凝土材料为主。在这方面我国已积累了十分丰富的经验,今后将加强高强轻质混凝土结构的研究和推广。钢结构高层建筑已有相当数量,在高度超过 100m 时可酌情采用。至今为止,我国已建、在建高层钢结构 40 多幢,其中一半为混合结构。预期今后混合结构和钢骨混凝土结构会逐步增多。

本书内容以常见的钢筋混凝土高层建筑为主,但书中讨论的结构体系和布置、荷载和设计要求、各种结构体系的内力和位移计算,以及下册中底层大空间剪力墙结构、筒体结构和各种复杂体系的计算、动力特性分析、地震作用的反应谱分析方法和时程分析法等各章,其原理和方法均适合于高层钢结构和混合结构。

# 1.2 高层建筑的结构体系

结构体系是指结构抵抗外部作用构件的组成方式。在高层建筑中,抵抗水平力成为设计的主要矛盾,因此抗侧力结构体系的确定和设计成为结构设计的关键问题。高层建筑中基本的抗侧力单元是框架、剪力墙、实腹筒(又称井筒)、框筒及支撑。由这几种单元可以组成下列多种结构体系。

## 1.2.1 框架结构体系

由梁、柱构件组成的结构称为框架。整幢结构都由梁、柱组成,就称为框架结构体系,有时称为纯框架结构。

框架结构的优点是建筑平面布置灵活,可以做成有较大空间的会议室、餐厅、车间、营业室、教室等。

需要时,可用隔断分隔成小房间,或拆除隔断改成大房间,因而使用灵活。外墙用非承重构件,可使立面设计灵活多变。如果采用轻质隔墙和外墙,就可大大降低房屋自重,节省材料。

框架结构在水平力作用下的受力变形特点如图 1-10 所示。其侧移由两部分组成:第一部分侧移由柱和梁的弯曲变形产生。柱和梁都有反弯点,形成侧向变形。框架下部的梁、柱内力大,层间变形也大,愈到上部层间变形愈小,使整个结构呈现剪切型变形,见图 1-10(a)。第二部分侧移由柱的轴向变形产生。在水平荷载作用下,柱的拉伸和压缩使结构出现侧移。这种侧移在上部各层较大,愈到底部层间变形愈小,使整个结构呈现弯曲型变形,见图 1-10(b)。框架结构中第一部分侧移是主要的,随着建筑高度加大,第二部分变形比例逐渐加大,但合成以后框架仍然呈现剪切型变形特征,见图 1-10(c)。

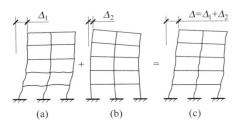

图 1-10　框架侧向变形

框架抗侧刚度主要取决于梁、柱的截面尺寸。通常梁柱截面惯性矩小,侧向变形较大,这是框架结构的主要缺点,也因此而限制了框架结构的使用高度。

通过合理设计,钢筋混凝土框架可以获得良好的延性,即所谓"延性框架"设计。它具有较好的抗震性能。但是,由于框架结构层间变形较大,在地震区,高层框架结构带来的另一严重问题是,容易引起非结构构件的破坏。

框架结构构件类型少,易于标准化、定型化;可以采用预制构件,也易于采用定型模板而做成现浇结构,有时还可采用现浇柱及预制梁板的半现浇半预制结构。现浇结构的整体性好,抗震性能好,在地震区应优先采用。

综上所述,在高度不大的高层建筑中,框架体系是一种较好的体系。当有变形性能良好的轻质隔断及外墙材料时,钢筋混凝土框架可建造到 30 层左右。但在我国目前的情况下,框架结构建造高度不宜太高,以 15～20 层以下为宜。

图 1-11 是我国 20 世纪 60 年代建造的北京民航办公大楼平面图,最高部分为 15 层,是装配整体式框

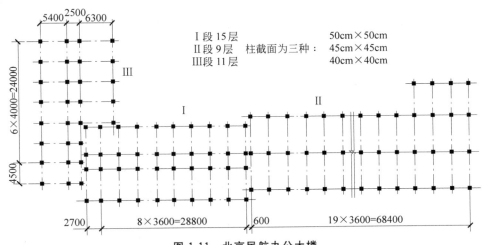

图 1-11　北京民航办公大楼

架结构。图 1-12 是 80 年代建造的北京长城饭店柱网布置图,最高部分达 22 层,为现浇延性框架结构。图 1-13 是一些框架结构的柱网平面布置。

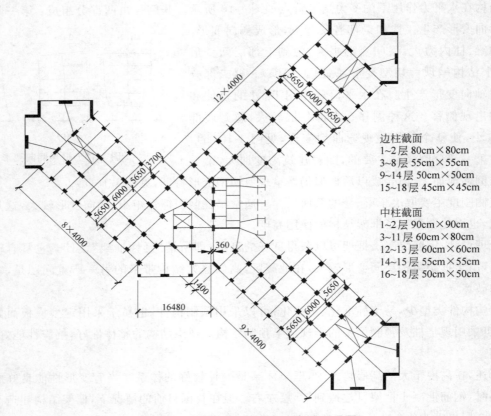

边柱截面
1~2 层 80cm×80cm
3~8 层 55cm×55cm
9~14 层 50cm×50cm
15~18 层 45cm×45cm

中柱截面
1~2 层 90cm×90cm
3~11 层 60cm×80cm
12~13 层 60cm×60cm
14~15 层 55cm×55cm
16~18 层 50cm×50cm

图 1-12 北京长城饭店(22 层)标准层平面

框架体系亦为高层钢结构的一种常用体系,与钢筋混凝土框架相比,梁的跨度较大,且梁、柱断面都比较小,但由于侧向刚度小,建造高度也受到限制。北京长富宫中心的高层饭店为 27 层,高 88.9m,采用了钢框架体系。

## 1.2.2 剪力墙结构体系

利用建筑物墙体作为承受竖向荷载、抵抗水平荷载的结构,称为剪力墙结构体系。在这种结构体系中,墙体同时也作为维护及房间分隔构件。

竖向荷载由楼盖直接传到墙上,因此剪力墙的间距取决于楼板的跨度。一般情况下剪力墙间距为 3~8m,适用于要求较小开间的建筑。当采用大模板、滑升模板或隧道模板等先进施工方法时,施工速度很快,可节省砌筑隔断等工程量。因此剪力墙结构在住宅及旅馆建筑中得到了广泛应用。

现浇钢筋混凝土剪力墙结构的整体性好,刚度大,在水平荷载作用下侧向变形小,承载力要求也容易满足,因此这种剪力墙结构适合于建造较高的高层建筑。

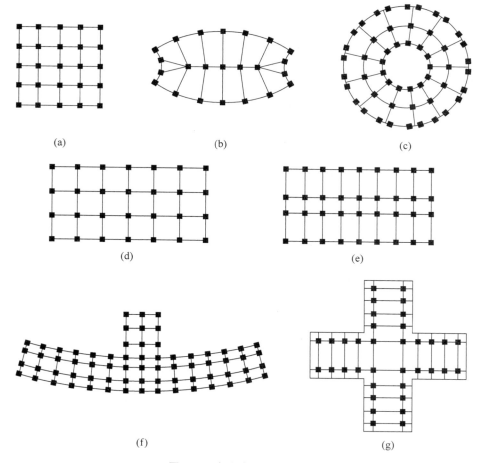

(a)　　　　　　　　(b)　　　　　　　　(c)

(d)　　　　　　　　　　　　(e)

(f)　　　　　　　　　　　　(g)

图 1-13　框架柱网平面布置

　　当剪力墙的高宽比较大时,是一个受弯为主的悬臂墙,侧向变形是弯曲型,见图 1-14。经过合理设计,剪力墙结构可以成为抗震性能良好的延性结构。从历次国内外大地震的震害情况分析可知,剪力墙结构的震害一般比较轻。因此,剪力墙结构在非地震区或地震区的高层建筑中都得到了广泛的应用。10～30 层的住宅及旅馆,也可以做成平面比较复杂、体型优美的建筑物。

　　图 1-15 是典型的高层住宅板式楼剪力墙结构平面图。图 1-16 是一些剪力墙结构平面布置示例。

　　剪力墙结构的缺点和局限性也是很明显的,主要是剪力墙间距不能太大,平面布置不灵活,不能满足公共建筑的使用要求。此外,结构自重往往也较大。

　　为了克服上述缺点,减轻自重,并尽量扩大剪力墙结构的使用范围,应当改进楼板做法,加大剪力墙间距,做成大开间剪力墙结构。下述两种结构是剪

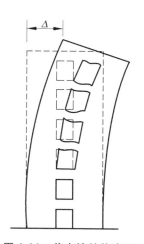

图 1-14　剪力墙结构变形

力墙结构体系的发展,可使其应用范围扩大。

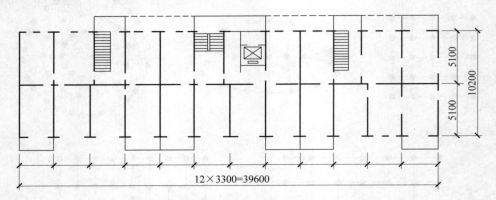

图 1-15 剪力墙结构——高层住宅板式楼平面

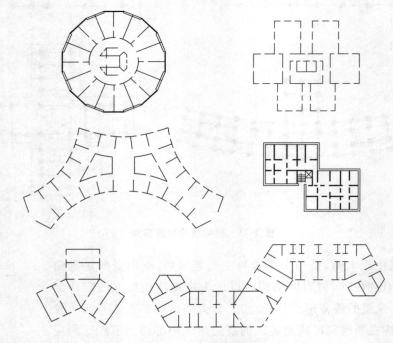

图 1-16 剪力墙结构平面布置示例

## 1. 底部大空间剪力墙结构

在剪力墙结构中,将底层或下部几层部分剪力墙取消,形成部分框支剪力墙以扩大使用空间。图 1-17 所示为带有底层商店的板式楼和塔式楼住宅平面。旅馆、饭店中也常用这种结构。

框支剪力墙的下部为框支柱,与上部墙体刚度相差悬殊,在地震作用下将产生很大的侧向变形(见图 1-18(b))。1.3 节中关于奥立弗医疗中心主楼的震害分析说明了完全由框支剪力墙构成的建筑在地震作用下造成的严重危害。因此,在地震区不允许采用完全的框支剪力墙结构体系。

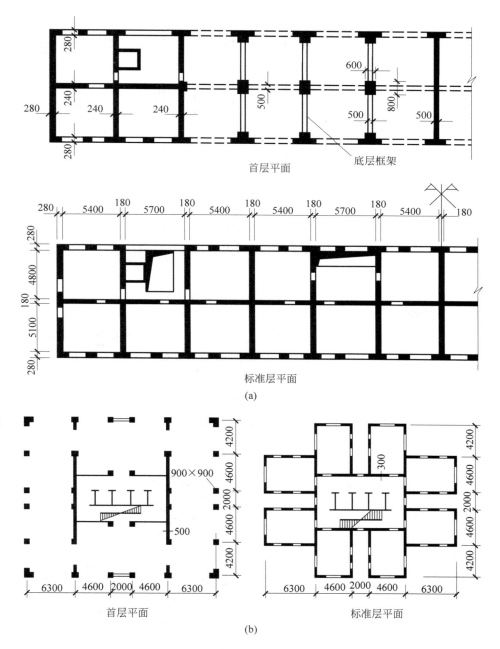

**图 1-17　底层大空间剪力墙结构**

（a）底层大空间板式楼；（b）底层大空间塔式楼

　　在底层大空间剪力墙结构中，一般应把落地剪力墙布置在两端或中部，并使纵向、横向墙围成筒体，在底层还要采取加大墙厚、提高混凝土强度等级等措施加大底层墙的刚度，使整个结构上下刚度差别减小。上部则应采用开间较小的剪力墙布置方案。因为框支剪力墙承受的剪力大部分要通过楼板传到落地剪力墙上，落地剪力墙之间的距离要加以限制，墙的距离与楼板宽度之比不超过 3，抗震设计时不超过

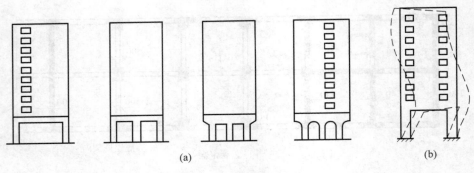

图 1-18  框支剪力墙

2~2.5,同时还要加强底层大空间与上部剪力墙之间过渡层楼板的整体性和刚性,这层楼板应采用厚度较大的现浇钢筋混凝土板。在我国,这种底层大空间剪力墙结构已经被广泛应用。底部多层大空间的剪力墙结构也正在实践和研究中逐步发展。

### 2. 跳层剪力墙结构

图 1-19(a)所示为跳层剪力墙结构中的一片基本单元,剪力墙与柱隔层交替布置。当把许多片这样的单元组合成结构时,相邻两片的剪力墙布置层互相错开,即形成如图 1-19(b)所示的跳层结构。跳层剪力墙结构的优点是采用跨度不大的楼板,可以获得空间较大的房间(两开间为一房间),又可避免由柱形成的软弱层。如果从单片结构看,它的侧向变形将集中在柱层,这对柱的受力十分不利。但当相邻两片抗侧力结构的剪力墙交替布置时,便可减小柱的侧向变形,使整个结构出现基本是弯曲型的变形曲线。

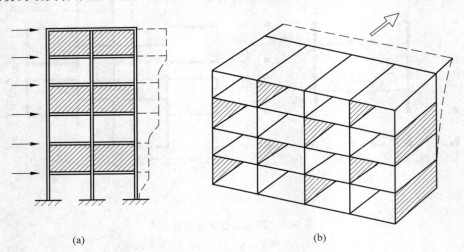

图 1-19  跳层剪力墙结构示意图

(a) 单片结构变形;(b) 整体结构变形

跳层剪力墙结构在国内尚无建筑实例,国内在这方面的研究也较少。它的结构设计方法、抗震设计及构造等问题都需进行进一步的研究和实践,以便取得经验。

### 1.2.3　框架-剪力墙结构(框架-筒体结构和板柱-剪力墙结构)体系

在框架结构中设置部分剪力墙,使框架和剪力墙两者结合起来,取长补短,共同抵抗水平荷载,就组成了框架-剪力墙结构体系。如果把剪力墙布置成筒体,又可称为框架-筒体结构体系。筒体的承载能力、侧向刚度和抗扭能力都较单片剪力墙提高很多。在结构上,这是提高材料利用率的一种途径;在建筑布置上,则往往利用筒体作电梯间、楼梯间和竖向管道的通道,也是十分合理的。

框架-剪力墙(筒体)结构中,由于剪力墙刚度大,剪力墙将承担大部分水平力(有时可达 80%~90%),是抗侧力的主体,整个结构的侧向刚度大大提高。框架则承担竖向荷载,提供了较大的使用空间,同时也承担少部分水平力。

框架本身在水平荷载作用下呈剪切型变形,剪力墙则呈弯曲型变形。当两者通过楼板协同工作,共同抵抗水平荷载时,变形必须协调,如图 1-20 所示,侧向变形将呈弯剪型。其上下各层层间变形趋于均匀,并减小了顶点侧移。同时,框架各层剪力趋于均匀,各层梁柱截面尺寸和配筋也趋于均匀。

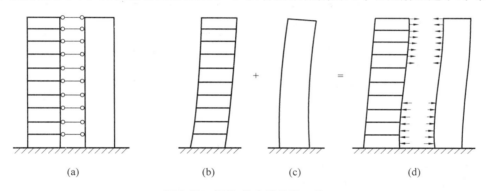

图 1-20　框架-剪力墙协同工作

由于上述受力变形特点,框架-剪力墙(筒体)结构比框架结构的刚度和承载能力都大大提高了,在地震作用下层间变形减小,因而也就减小了非结构构件(隔墙及外墙)的损坏,这样无论在非地震区还是地震区,这种结构型式都可用来建造较高的高层建筑,目前在我国已得到广泛的应用。图 1-21 表示我国一些已建成的框架-剪力墙结构平面。

图 1-22 表示我国一些已建成的框架-筒体结构平面。

通常,当建筑高度不大时,如 10~20 层,可利用单片剪力墙作为基本单元。我国早期的框架-剪力墙结构都属于这种类型,如北京饭店东楼(见图 1-1 及图 1-21(e))。当采用剪力墙筒体作为基本单元时,建造高度可增大到 30~40 层,例如上海的联谊大厦(29 层,高 106.5m),见图 1-22(g)。把筒体布置在内部,形成核心筒,外部柱子的布置便可十分灵活,可形成体型多变的高层塔式建筑。

框架-筒体结构的另一个优点是它适于采用钢筋混凝土内筒和钢框架组成的组合结构。内筒可采用滑模施工,外围的钢柱断面小、开间大、跨度大,架设安装方便,因而开拓了这种体系的广泛应用前景。

框架-剪力墙(筒体)结构的平面布置要注意以下两方面问题。

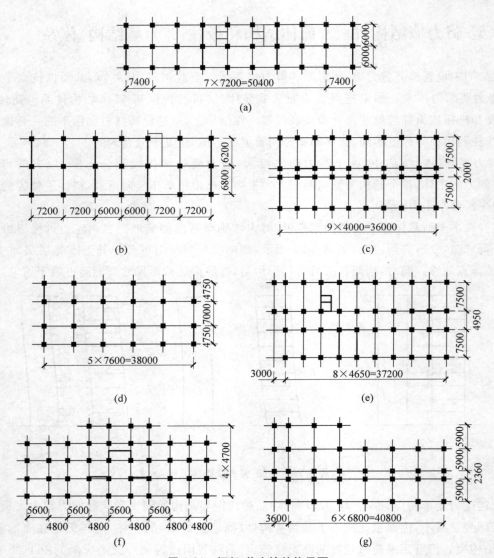

**图 1-21　框架-剪力墙结构平面**

(a) 广州外贸大楼(14 层现浇框架-剪力墙结构);(b) 广州饮食服务大楼(12 层现浇框架-剪力墙结构);
(c) 北京民族饭店(12 层预制装配式框架-剪力墙结构);(d) 广州东方宾馆(12 层现浇框架-剪力墙结构);
(e) 北京饭店东楼(18 层现浇梁、柱、预制楼板、框架-剪力墙结构);(f) 北京三里屯高层公寓(10 层预制
装配式框架-剪力墙结构);(g) 北京前三门办公楼(12 层预制装配与现浇相结合的框架-剪力墙结构)

### 1. 剪力墙数量

　　框架-剪力墙(包括筒体,下面不再重复注明)结构中,结构的抗侧刚度主要由剪力墙的抗弯刚度确定,顶点位移和层间变形都会随剪力墙 $\sum EI$(全部剪力墙抗弯刚度之和)的加大而减小。为了满足变形的限制要求,建筑物越高,要求 $\sum EI$ 越大。

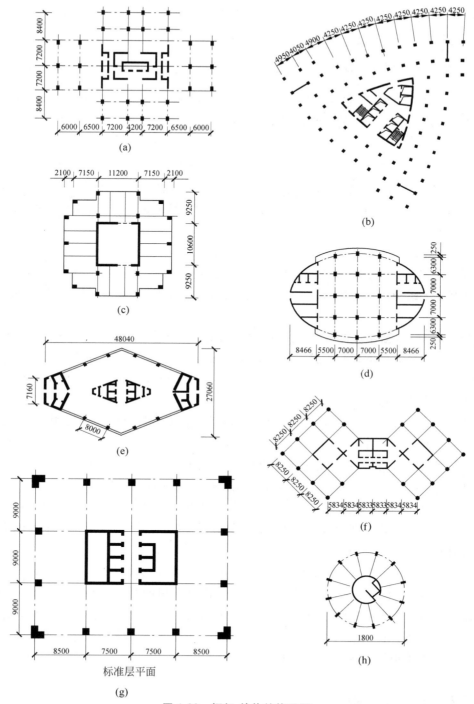

**图 1-22　框架-筒体结构平面**

（a）上海雁荡大厦（28 层,81.2m）；（b）上海虹桥宾馆（34 层,95m）；（c）北京岭南大酒店（22 层,73m）；
（d）兰州工贸大厦（21 层,90.5m）；（e）深圳北方大厦（26 层,总高 83.9m）；（f）深圳渣打银行大厦（35
层,140.95m）；（g）上海联谊大厦（29 层,106.5m）；（h）淮南广播电视中心（19 层,67.3m）

但是应当注意,在地震作用下,侧向位移与 $\sum EI$ 并不成反比关系。根据某实际工程计算,在其他条件不变的情况下,$\sum EI$ 增加 1 倍,$\Delta/H$ 和 $\delta/h$ 减少仅 13% ~ 19%($\Delta,\delta$ 分别为顶点侧移和最大层间变形;$H,h$ 分别为建筑物总高及层高)。这是因为增加剪力墙的数量及抗弯刚度 $\sum EI$ 时,结构刚度加大,地震作用就会加大,实例分析表明,当 $\sum EI$ 增大 1 倍时,地震力将增大 20%。因此,过多增加剪力墙的数量是不经济的。在一般工程中,以满足位移限制作为设置剪力墙数量的依据较为适宜。

### 2. 剪力墙的布置及间距

由于剪力墙承担了大部分水平力,成为主要的抗侧力单元,因而不宜仅设置一道剪力墙,更不宜为了加大截面惯性矩而设置一道很长的墙。妥当的办法是,将剪力墙分散一些,当做成单片墙时,不宜少于 3 道,最好是做成筒体形状。

布置剪力墙的位置时,要注意下面几点要求。

(1)剪力墙布置应与建筑使用要求相结合,在进行建筑初步设计时就要考虑剪力墙的合理布置:既不影响使用,又要满足结构的受力要求。根据建筑物高度和刚度要求,可以采用单片形,或 L、[、I 形,或布置成筒形。

(2)在非地震区,可根据建筑物迎风面大小、风力大小设置剪力墙,纵横两个方向剪力墙数量可以不同。在地震区,由于两个方向的地震力接近,在纵、横方向上布置的剪力墙数量要尽量接近。

(3)剪力墙布置要对称,以减少结构的扭转效应。当不能对称时,也要使刚度中心尽量和质量中心接近,以减少地震力产生的扭矩。

(4)在两片剪力墙(或两个筒体)之间布置框架时,楼盖必须有足够的平面内刚度,才能将水平剪力传递到两端的剪力墙上去,发挥剪力墙为主要抗侧力结构的作用。否则,楼盖在水平力作用下将产生弯曲变形,导致框架侧移增大,框架水平剪力也将成倍增大。通常以限制 $L/B$ 比值作为保证楼盖刚度的主要措施。这个数值与楼盖的类型和构造有关,与地震烈度有关,详见 7.5 节。

(5)剪力墙靠近结构外围布置,可以加强结构的抗扭作用。但要注意:布置在同一轴线上而又分设在建筑物两端的剪力墙,会限制两片墙之间构件的热胀冷缩和混凝土收缩,由此产生的温度应力可能造成不利影响。因此,应采取适当消除温度应力的措施。

(6)剪力墙应贯通全高,使结构上下刚度连贯而均匀。门窗洞口应尽量做到上下对齐,大小相同。

按照我国新颁布的规范和规程,在钢筋混凝土高层建筑采用的结构体系中,增加了板柱-剪力墙结构,即在板柱结构中设置部分剪力墙,使板柱和剪力墙两者结合起来,取长补短,共同抵抗水平荷载。板柱-剪力墙结构仍然具有框架-剪力墙结构的特点,只是板柱的侧向刚度较小,剪力墙应能承担全部地震作用,板柱部分仍应能承担相应方向地震作用的 20%。

## 1.2.4　框筒和筒中筒结构

筒体的基本形式有三种:实腹筒、框筒及桁架筒。上面提到的用剪力墙围成的筒体称为实腹筒。在实腹筒的墙体上开出许多规则排列的窗洞所形成的开孔筒体称为框筒,它实际上是由密排柱和刚度很大的窗裙梁形成的密柱深梁框架围成的筒体。如果筒体的四壁是由竖杆和斜杆形成的桁架组成,则称为桁架筒,如图 1-23(a)、(b)、(c)所示。

筒中筒结构是上述筒体单元的组合,通常由实腹筒做内部核心筒,框筒或桁架筒做外筒,两个筒共同抵抗水平力作用,如图 1-23(d)所示。

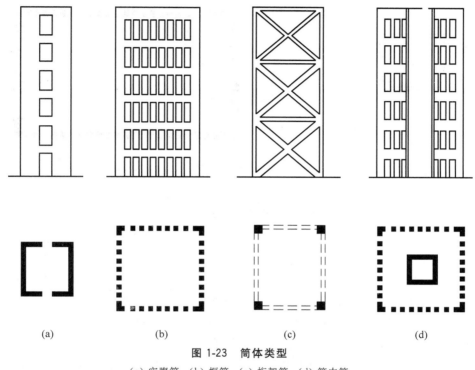

**图 1-23　筒体类型**

(a) 实腹筒;(b) 框筒;(c) 桁架筒;(d) 筒中筒

筒体最主要的特点是它的空间受力性能。无论哪一种筒体,在水平力作用下都可看成固定于基础上的箱形悬臂构件,它比单片平面结构具有更大的抗侧刚度和承载力,并具有很好的抗扭刚度。这里将着重通过对框筒受力特点的分析来了解筒体的特点。

### 1. 框筒结构

对于一个具有 I 形或箱形截面的细长受弯构件,截面中翼缘和腹板的正应力分布将如图 1-24(a)所示。框筒结构是由密柱深梁框架围成的,整体上具有箱形截面的悬臂结构,在水平力作用下横截面上各柱轴力分布如图 1-24(b)中的实线所示,平面上具有中和轴,分为受拉和受压柱,形成受拉翼缘框架和受压翼缘框架。翼缘框架各柱所受轴向力并不均匀(图中虚线表示应力平均分布时的柱轴力分布),角柱轴力大于平均值,远离角柱的各柱轴力小于平均值。在腹板框架中,各柱轴力也不是按直线规律分布。这种现象称为剪力滞后现象。剪力滞后现象越严重,参与受力的翼缘框架柱越少,空间受力特性越弱。如果能减少剪力滞后现象,使各柱受力尽量均匀,则可大大增加框筒的侧向刚度及承载能力,充分发挥所有材料的作用,因而也越经济合理。

影响框筒剪力滞后现象的因素很多,主要有梁柱刚度比、平面形状、建筑物高宽比等,将在第 8 章中

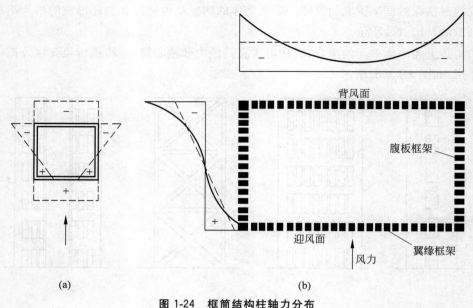

**图 1-24 框筒结构柱轴力分布**

(a) 细长箱形梁应力分布;(b) 框筒柱轴力分布

具体讨论。

美国著名结构工程师坎恩(Fazler R. Khan)首次提出采用密柱深梁建造框筒结构,形成空间抗侧力体系,框筒同时又作为建筑物围护墙,梁、柱间直接形成窗口。1963 年在芝加哥建造了第一幢采用框筒结构的建筑——43 层德威特切斯纳特公寓(Dewitt Chestnut)。坎恩提出了框筒结构的计算和设计方法,研究了影响剪力滞后现象的主要因素。框筒结构的出现将高层建筑推向了一个新的历史时期。在框筒结构基础上发展起来的筒中筒结构、成束筒结构成为建造 50 层以上高层建筑的主要结构体系,这种体系可以大大节约材料。例如美国 1931 年建造 102 层的帝国大厦时,采用了钢框架-剪力墙体系,用钢量达 $2.06kN/m^2$;1972 年建造 110 层世界贸易中心时,采用了钢的筒中筒结构,用钢量为 $1.81kN/m^2$;1974 年建造 110 层的西尔斯大楼时,采用了钢的成束筒结构,用钢量仅为 $1.61kN/m^2$。

框筒可以用钢材做成,也可以用钢筋混凝土材料做成。

### 2. 桁架筒

将筒的四壁做成桁架,就形成桁架筒。与框筒相比,它更能节省材料。例如,1968 年在芝加哥建成的约翰·汉考克(John Hancock)大厦,采用钢桁架筒结构,100 层大楼用钢量仅为 $1.45kN/m^2$。

桁架筒一般都由钢材做成,但近年来,由于它的优越性,国外已建造了钢筋混凝土桁架筒体及组合桁架筒体。例如,香港的中银大厦采用了钢斜撑、钢梁以及钢骨混凝土柱组成的空间桁架体系,结构受力合理,用钢量仅为 $1.4kN/m^2$ 左右。

### 3. 筒中筒结构

通常,用框筒及桁架筒作为外筒,实腹筒作为内筒,就形成筒中筒结构。当采用钢结构时,内筒也可由框筒做成。

　　框筒侧向变形仍以剪切型为主,而核心筒通常则是以弯曲型变形为主。二者通过楼板联系,共同抵抗水平力,它们协同工作的原理与框架-剪力墙结构类似。在下部,核心筒承担大部分水平剪力,而在上部,水平剪力逐步转移到外框筒上。同理,协同工作后,可以取得加大结构刚度、减小层间变形等优点。此外,内筒可集中布置电梯、楼梯、竖向管道等,因此筒中筒结构成为 50 层以上高层建筑的主要结构体系。

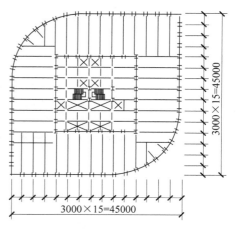

图 1-25　北京国际贸易中心
(39 层,155.25m)

　　在我国,从 20 世纪 70 年代开始了对框筒及筒中筒结构的研究,并建造了一批筒中筒结构的高层建筑。例如,50 层的深圳国际贸易中心大厦(见图 1-3)及 63 层的广州国际大厦(见图 1-4)都是钢筋混凝土的筒中筒结构。北京国际贸易中心是钢框筒形成的筒中筒结构,该结构标准层平面示于图 1-25。近年来在我国建成的超高层建筑大多是用钢筋混凝土做核心筒,用钢骨混凝土和钢柱做外框筒的混合筒中筒结构,如深圳的地王大厦(见图 1-6)和上海的金茂大厦(见图 1-7)。

　　在这里,我们对金茂大厦的结构做一些较详细的说明。该建筑总体意象为中国古典型式的多级宝塔,平面为四方形,边长 53.6m。内部为八角形钢筋混凝土核心筒,筒内布有井字形剪力墙,外部为 8 根复合巨型柱和 8 根钢柱等竖向构件,与分布在 24～26 层、51～53 层、85～87 层的三道外伸钢桁架及楼面钢梁、楼板等横向构件组合成钢筋混凝土筒中筒结构(见图 1-7(b)、(c)、(d))。共用型钢 1.9 万吨,每平方米仅为 0.7kN,比一般同类结构节约 20%～30%,该项目荣获 1998 年美国伊里诺斯结构工程师协会颁发的“最佳结构奖”。

　　框筒及筒中筒结构的布置原则是尽可能减少剪力滞后,充分发挥材料的作用。按照设计经验及由力学分析得到的概念,可归纳以下各点,作为初步设计时的参考。

　　(1) 要求设计密柱深梁。梁、柱刚度比是影响剪力滞后的一个主要因素,梁的线刚度大,剪力滞后现象可减小。因此,通常取柱中距为 1.2～3.0m,横梁跨高比为 2.5～4。当横梁尺寸较大时,柱间距亦可相应加大。角柱面积约为其他柱面积的 1.5～2 倍。

　　(2) 建筑平面以接近方形为好,长宽比不应大于 2。当长边太大时,由于剪力滞后,长边中间部分的柱子不能发挥作用。

　　(3) 建筑物高宽比较大时,空间作用才能充分发挥。因此在 40～50 层以上的建筑中,用筒中筒或框筒结构才较合理,结构高宽比宜大于 3,高度不宜低于 60m。

　　(4) 在水平力作用下,楼板作为框筒的隔板,起到保持框筒平面形状的作用。隔板主要在平面内受力,平面内需要很大刚度。隔板又是楼板,它要承受竖向荷载产生的弯矩。因此,要选择合适的楼板体系,降低楼板结构高度;同时,又要使角柱能承受楼板传来的垂直荷载,以平衡水平荷载下角柱内出现的较大轴向拉力,尽可能避免角柱受拉。筒中筒结构中常见的楼板布置见图 1-26。

　　(5) 在底层,需要减少柱子数量,加大柱距,以便设置出入口。在稀柱层与密柱层之间要设置转换层。转换层可以由刚度很大的实腹梁、空腹刚架、桁架、拱等做成,见图 1-27。

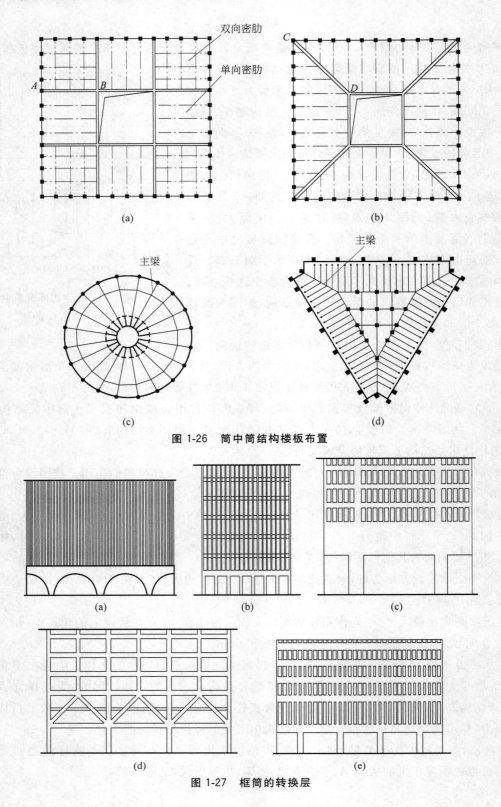

图 1-26　筒中筒结构楼板布置

图 1-27　框筒的转换层

框筒及筒中筒结构无疑是一种抵抗较大水平力的有效结构体系,但由于它需要密柱深梁,当采用钢筋混凝土结构时,可能延性不好。如何才能保证并改善其抗震性能,是目前需深入研究的课题。在较高烈度的地震区,采用钢筋混凝土框筒和筒中筒时,需要慎重设计。

## 1.2.5　多筒体系——成束筒及矩形框架结构

当采用多个筒体共同抵抗侧向力时,成为多筒结构,多筒结构可以有两种方式。

### 1. 成束筒

两个以上框筒(或其他筒体)排列在一起成束状,称为成束筒。例如,世界第二高的西尔斯大楼,就是 9 个框筒排列成的正方形,如图 1-28 所示。框筒每条边都是由间距为 4.57m 的钢柱和桁架梁组成,在 $x$, $y$ 方向各有 4 个腹板框架和 4 个翼缘框架。这样布置的好处是腹板框架间隔减小,可减少翼缘框架的剪力滞后现象,使翼缘框架中各柱所受轴向力比较均匀,见图 1-28(b)。成束筒结构的刚度和承载能力比筒中筒结构又有提高,沿高度方向,还可以逐渐减少筒的个数,如图 1-28(a)所示。这样可以分段减小建筑平面尺寸,结构刚度逐渐变化,而又不打乱每个框筒中梁、柱和楼板的布置。

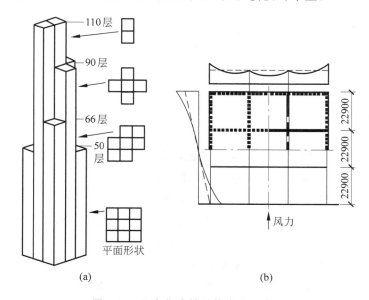

**图 1-28　西尔斯大楼结构布置示意图**
(a) 筒体沿高度变化;(b) 平面及柱轴力分布

成束筒的平面布置亦可以根据需要和建筑平面而变化。例如,长方形建筑长边超过 $2B$ 时,剪力滞后现象严重,见图 1-29(a);可以用 2~3 个正方形框筒平行排列,也可以由三角形、矩形或其他形状的框筒组成,图 1-29(b)、(c)、(d)列举了部分成束筒平面及其柱轴力分布图。

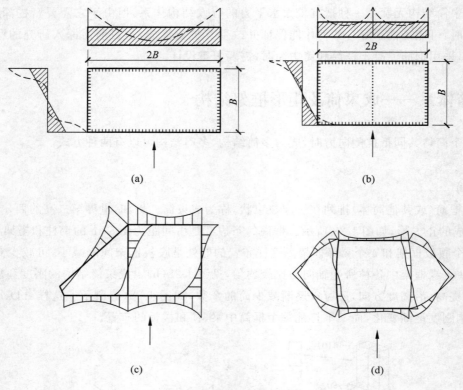

图 1-29　成束筒平面

## 2. 矩形框架

利用筒体作为柱子,在各筒体之间每隔数层用矩形梁相连,筒体和矩形梁即形成矩形框架,如图 1-30 所示。由于矩形框架的梁、柱断面很大,抗弯刚度和承载能力也很大,因而矩形框架比一般框架的抗侧刚度大很多。而这些矩形梁、柱的断面、尺寸和数量又可根据建筑物的高度和刚度需要设置。

当建造高度很大的建筑时,甚至可采用一个结构作为矩形框架的柱,而用几层楼高的结构作为梁。这种体系在使用上的优点是在上下两层横梁之间有较大的灵活空间,可以布置小框架形成多层房间,也可以形成具有很大空间的中庭,以满足建筑需要。

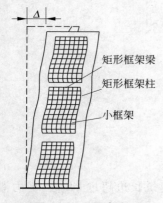

图 1-30　矩形框架

## 1.2.6　各种结构体系适用的最大高度和适用高度范围

《高层规程》对各种结构体系的高层建筑适用的最大高度作出了规定。规程中将高层建筑分为两级,即常规高度的高层建筑(A 级)和超限高层建筑(B 级),分别给出了其适用的最大高度。

## 1. A 级高度高层建筑适用的最大高度

甲类建筑在设防烈度为 6、7、8 度时,宜按设防烈度提高 1 度后符合表 1-2 的要求,9 度时应专门研究。乙、丙类建筑宜按设防烈度符合表 1-2 的要求。

表 1-2　A 级高度高层建筑适用的最大高度　　　　　　　　　　　　　m

| 结　构　体　系 | | 非抗震设计 | 抗　震　设　计 | | | | |
|---|---|---|---|---|---|---|---|
| | | | 6 度 | 7 度 | 8 度 | | 9 度 |
| | | | | | 0.20g | 0.30g | |
| 框　架 | | 70 | 60 | 50 | 40 | 35 | — |
| 框架-剪力墙 | | 150 | 130 | 120 | 100 | 80 | 50 |
| 剪力墙 | 部分框支 | 130 | 120 | 100 | 80 | 50 | 不应采用 |
| | 全部落地 | 150 | 140 | 120 | 100 | 80 | 60 |
| 筒　体 | 框架-核心筒 | 160 | 150 | 130 | 100 | 90 | 70 |
| | 筒中筒 | 200 | 180 | 150 | 120 | 100 | 80 |
| 板柱-剪力墙 | | 110 | 80 | 70 | 55 | 40 | 不应采用 |

与《高层建筑混凝土结构技术规程》(JGJ 3—2002)相比,增加了 8 度 0.30g 的抗震设防区,比 8 度 0.20g 设防区最大适用高度适当降低;框架结构最大适用高度适当降低,板柱-剪力墙结构最大适用高度增大较多。

## 2. B 级高度高层建筑适用的最大高度

甲类建筑设防烈度为 6、7 度时,宜按设防烈度提高 1 度后符合表 1-3 的要求;8 度时应专门研究。乙、丙类建筑按设防烈度不宜大于表 1-3 的要求。

表 1-3　B 级高度高层建筑适用的最大高度　　　　　　　　　　　　　m

| 结　构　体　系 | | 非抗震设计 | 抗　震　设　计 | | | |
|---|---|---|---|---|---|---|
| | | | 6 度 | 7 度 | 8 度 | |
| | | | | | 0.20g | 0.30g |
| 框架-剪力墙 | | 170 | 160 | 140 | 120 | 100 |
| 剪力墙 | 剪力墙全部落地 | 180 | 170 | 150 | 130 | 110 |
| | 剪力墙局部框支 | 150 | 140 | 120 | 100 | 80 |
| 筒　体 | 框架-核心筒 | 220 | 210 | 180 | 100 | 120 |
| | 筒中筒 | 300 | 280 | 230 | 170 | 150 |

对平面和竖向均不规则的结构或Ⅳ类场地上的结构,适用的最大高度应适当降低。超过表内高度的房屋,应进行专门研究,采取必要的加强措施。

图 1-31 归纳了包括钢结构及钢筋混凝土结构在内的各种体系的一般适用高度范围,可供参考。

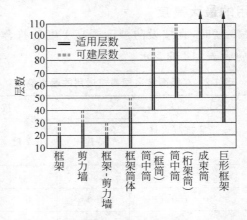

**图 1-31　各种结构体系适用高度**

## 1.3　结构总体布置

在高层建筑中,除了要根据结构高度选择合理的结构体系外,还要恰当地设计和选择建筑物的平面形状、剖面和总体造型。通常,这些都是在初步设计阶段由建筑师确定的。但是必须注意,平面和体型的选择必须在综合考虑使用要求、建筑美观、结构合理及便于施工等各种因素后才能确定。由于高层建筑中保证结构安全及经济合理等要求比一般低层和多层建筑更为突出,因此结构布置、选型是否合理,应更加受到重视。

场地选择、基础型式、变形缝等也是在结构总体设计阶段(初步设计阶段)应当考虑并给予充分注意的问题。

### 1.3.1　控制结构高宽比(H/B)

高层建筑中控制侧向位移常常成为结构设计的主要矛盾。而且,随着高度增加,倾覆力矩也将迅速增大。因此,建造宽度很小的建筑物是不适宜的。一般应将结构的高宽比($H/B$)控制在 $5\sim6$ 以下,$H$ 是指建筑物地面到檐口高度,$B$ 是指建筑物平面的短方向总宽。当设防烈度在 8 度以上时,$H/B$ 限制应更严格一些。

《高层规程》对各种结构的高宽比给出了限值。A 级高度高层建筑结构(常规高度的高层建筑)的高宽比不宜超过表 1-4 的限值;B 级高度高层建筑结构(超限高层建筑)的高宽比不宜超过表 1-5 的限值。

应特别指出的是,为了适应高层建筑高度日益增高的发展要求,《高层规程》专门提出了 B 级高度高层建筑(即超限高层建筑)适用的最大高度,并规定了采取相应的计算方法和构造措施。

当主体结构与裙房相连时,高宽比按裙房以上建筑的高度和宽度计算。

表 1-4　A 级高度高层建筑结构高宽比限值

| 结　构　体　系 | 非抗震设计 | 抗 震 设 计 | | |
| --- | --- | --- | --- | --- |
| | | 6、7 度 | 8 度 | 9 度 |
| 框架 | 5 | 4 | 3 | — |
| 板柱-剪力墙 | 6 | 5 | 4 | — |
| 框架-剪力墙、剪力墙 | 7 | 6 | 5 | 4 |
| 框架-核心筒 | 8 | 7 | 6 | 4 |
| 筒中筒 | 8 | 8 | 7 | 5 |

表 1-5　B 级高度高层建筑结构高宽比限值

| 非抗震设计 | 抗 震 设 计 | |
| --- | --- | --- |
| | 6、7 度 | 8 度 |
| 8 | 7 | 6 |

应当说明,表中数值是根据经验得到的,可供设计时参考。控制 $H/B$ 的目的是控制结构刚度及侧向位移。如果体系合理、布置恰当,可以做到按要求把侧向位移、结构的自振周期控制在合理范围内;经过验算,地震作用下不会引起过大的地震反应,风振下动力效应也不会过大,则 $H/B$ 可以适当放宽。

## 1.3.2　结构的平面布置

### 1. 结构平面形状

可以把一般建筑物分为板式和塔式两大类。板式是指房屋宽度较小,但长度较大的建筑;塔式则是指平面的长度和宽度(指房屋外轮廓的总长和总宽)相接近的建筑。

在板式结构中,长度很大的"一字形"建筑的高宽比 $H/B$ 需控制更严格一些。因为"一字形"平面短边方向的侧向刚度差,当建筑高度较大时,不仅在水平荷载作用下侧向变形会加大,还会出现沿房屋长度平面各点变形不一致的情况。例如,北京饭店东楼东翼,长 40.2m,宽 19.95m,长宽比 $L/B=2$,唐山地震时的强震记录表明,平面上各点沿长轴方向基本上同步(平移振动),沿短轴方向,平面上各点在 1.3～1.8s 的长周期振动下,其总趋势也是同步的;但当长周期上叠加有 0.3～0.4s 的短周期振动时,在某些点常出现反相位振动。这说明,在地震作用下,高层建筑中长度较大的楼板在楼板平面内既有扭转又有挠曲。

当建筑物长度较大时,在风力作用下,也会出现因风力不均匀及风向紊乱变化而引起的结构扭转、楼板平面挠曲等现象。为了避免楼板变形带来的复杂受力情况,建筑物长度最好加以限制,当设防烈度为 6 度和 7 度时,长宽比 $L/B$ 不宜超过 6;当设防烈度等于或大于 8 度时,$L/B$ 不宜超过 5。国内外大量高度较大的高层建筑都采用塔式,其中就考虑了这一因素。

为了增加板式结构的侧向刚度和稳定,避免"一字形"建筑,可以做成折板式或曲线式。图 1-32 所示的几幢高层建筑平面可以作为这方面的实例。

在塔式建筑中,平面形式很多,例如圆形、方形、长宽比较小的矩形、Y 形、井形、三角形或其他各种形

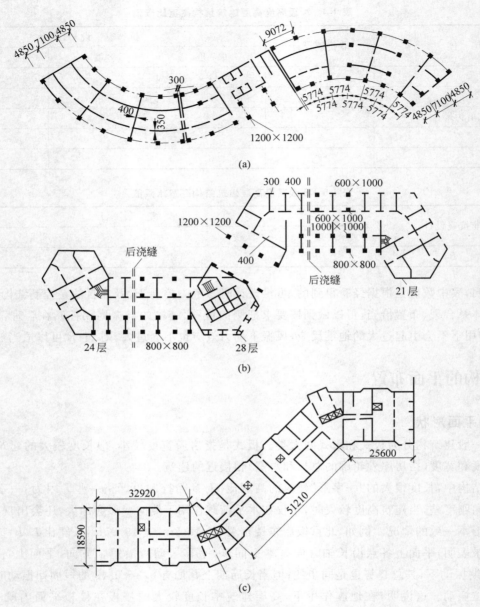

**图 1-32 非"一字形"板式楼实例**

(a) 上海华亭宾馆(29 层,总高 90m);(b) 北京昆仑饭店首层平面(总高 99.9m);(c) 加拿大多伦多海港广场公寓大楼

状。无论哪一种平面,都应尽量用规则、简单、对称的形状,尽量减少复杂受力和扭转受力。

## 2. 选择有利于抗震的结构平面

大量宏观震害调查获得的经验教训说明,建筑物平面布置不对称、刚度不均匀、高低错层连接、屋顶局部突出或沿高度方向刚度突变等,都容易造成震害。在抗震设计中,结构体型、布置及构造措施的好坏更直接影响在强烈地震作用下结构的安全。

　　平面布置简单、规则、对称的建筑物对抗震有利。要使结构的刚度中心和质量中心尽量重合,以减少扭转,通常偏心距 $e$ 不宜超过垂直于外力作用线边长的 5%(见图 1-33)。既要注意刚度的均匀对称,也要注意钢筋混凝土剪力墙的位置和砖填充墙的位置;通常,砖填充墙是非结构受力构件,容易被忽略,实际上它们也会影响结构刚度的均匀性。在完全对称的平面中,也应注意突出部分的尺寸比例。如果突出部分较长,则要在结构设计中采取相应的措施。

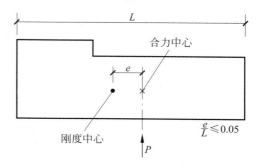

图 1-33　结构偏心距

　　复杂、不规则、不对称的结构必然会带来难于计算和处理的复杂地震应力,如应力集中和扭转等,这对抗震不利。凹凸不规则的平面,在拐角处容易造成应力集中而遭到破坏。要注意楼板的局部不连续,楼板的尺寸和平面刚度有急剧变化,有效楼板宽度小于结构平面典型宽度过多,或开洞面积过大,都是对抗震不利的。《高层规程》中规定,楼面凹入和开洞尺寸不宜大于楼面宽度的一半,开洞总面积不宜超过楼面面积的 30%,楼板凹入和开洞后任一截面楼板宽度的总和不应小于 5m 且开洞后每一边的楼板净宽度不应小于 2m 等,这些都是据此提出的一些定量的界限。另外,在拐角部位应力往往比较集中,应避免在拐角处布置楼电梯间。

　　根据《高层规程》,表 1-6 中对一些不同形状的平面作了比较,并简单说明其抗震性能的好坏,可供参考。

表 1-6　抗震结构的平面选择

| 平面 | | 说　明 |
|---|---|---|
| 好 | 不好 | |
|  |  | 规则、对称、形状简单的平面对抗震有利;不对称对抗震不利 |
|  |  | $L/B$ 宜小于 4,不应大于 5(8、9 度)或 6(6、7 度),$L/B$ 太大时,两端地震影响不同 |
|  |  | 两部分重合处应大,突出部分应小,$l'/B_{max}$ 宜大于 1;否则对抗震不利 |
|  |  | 两翼突出部分不宜太长,$l/b$、$l/B_{max}$ 宜分别小于 1.5、0.3(8、9 度),或 2、0.35(6、7 度);如两翼过长,则两翼地震影响将不同 |

续表

| 平　　　面 | | 说　　　明 |
|---|---|---|
| 好 | 不好 | |
| | | $l/b$ 宜小于 1.5(8、9 度),或 2(6、7 度);太大对抗震不利 |
| | | 突出部分不宜太长,$l/b$、$l/B_{max}$ 宜分别小于 1.5、0.3(8、9 度);或 2、0.35(6、7 度);突出过长,对抗震不利 |
| | | 突出部分不宜太长,$l/b$、$l/B_{max}$ 宜分别小于 1.5、0.3(8、9 度);或 2、0.35(6、7 度);突出过长,对抗震不利 |
| | | 剪力墙、筒体等宜对称布置;不对称则刚度偏心,对抗震不利 |

注:表中 $L/B_{max}$ 宜小于 4(8、9 度),或 5(6、7 度)。

《高层规程》规定,当平面突出部分的尺寸 $l/b \leqslant 1.0$ 且 $l/B_{max} \leqslant 0.3$,质量与刚度平面分布基本均匀对称时,可按规则建筑进行抗震分析。

## 1.3.3　结构的竖向布置

结构的竖向布置也应选择有利于抗震的形式,应注意刚度均匀而连续,尽量避免刚度突变或结构不连续。由于沿建筑竖向刚度突变而造成震害的例子也很多。1972 年美国圣菲南多 8 度地震中,奥立弗医疗中心的破坏是一个非常典型的例子。奥立弗医疗中心是一组建筑群,它的主楼是 6 层的钢筋混凝土结构,一二层全部是钢筋混凝土柱,上面四层布置有钢筋混凝土墙,房屋的刚度上部比下部约大 10 倍。这种刚度的突然变化,造成了严重震害。地震时底层柱子严重酥裂,普通配箍柱碎裂,钢筋压屈,螺旋配箍柱保护层脱落,房屋虽未倒塌,但产生很大的非弹性变形,震后量测柱子侧移达 60cm,上部结构产生平移。

奥立弗医疗中心主楼震害说明这种底部为柔性结构、上部为刚性结构的结构布置不利于抗震。由于柱截面小,往往在柱上出现塑性铰,使整个结构变形集中在底层(框支剪力墙在地震作用下的变形见图 1-18(b)),而在轴向压力作用下的钢筋混凝土柱不可能达到这么大的塑性变形而不遭破坏,在我国唐山地震中,也有这种底层柔上部刚、沿高度刚度突变的建筑造成严重震害的例子。

另一种情况是下部刚度大,到顶部刚度突然减小的结构,也容易造成震害。例如,天津南开大学主楼,7 层框架结构,高 27m,上面有 3 层塔楼,顶高约 50m,塔楼刚度突然变化,柱截面又很小(24cm×24cm),1976 年 7 月 28 日地震时,下部 7 层框架无损伤,但塔楼严重破坏,向南倾斜 20cm,同年 11 月 15 日宁河地震以后,使塔楼整个塌落下来。震害是由于上部刚度较小的部位有"鞭梢"效应,使变形加大,而塔楼部分柱子的承载力和延性都不足,造成了倒塌。

根据震害分析取得的经验,抗震设防的高层建筑,竖向体型应力求规则、均匀,避免有过大的外挑和内收。当结构上部楼层收进部位到室外地面的高度 $H_1$ 与房屋高度 $H$ 之比大于 0.2 时,上部楼层收进后的水平尺寸 $B$,不宜小于下部楼层水平尺寸 $B$ 的 0.75 倍(见图 1-34(a)、(b));当上部结构楼层相对于下部楼层外挑时,下部楼层的水平尺寸 $B$ 不宜小于上部楼层水平尺寸 $B_1$ 的 0.9 倍,且水平外挑尺寸 $a$ 不宜大于 4m(见图 1-34(c)、(d))。结构的侧向刚度宜下大上小,逐渐均匀变化,当某楼层侧向刚度小于上层时,不宜小于相邻上部楼层的 70%。在地震区,不要采用完全由框支剪力墙组成的底部有软弱层的结构体系,也不应出现剪力墙在某一层突然中断而形成的中部具有软弱层的情况。当底部采用部分框支剪力墙或中部楼层部分剪力墙被取消时,应进行计算并采用有效构造措施防止由于刚度变化而产生的不利影响。顶层尽量不布置空旷的大跨度房间,如不能避免时,应考虑由下到上刚度逐渐变化。当采用顶层有塔楼的结构形式时,要使刚度逐渐减小,不应造成突变。在顶层突出部分(如电梯机房等)不宜采用砖石结构。

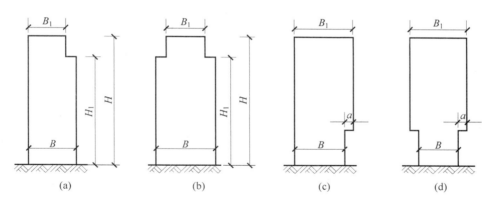

图 1-34　结构竖向收进和外挑尺寸示意图

结构竖向布置的规则性要求,主要体现在对结构侧向刚度、竖向构件受剪承载力和质量分布沿房屋高度方向变化的要求,避免出现结构薄弱层或地震作用集中突变。

为此,《高层规程》还对结构竖向布置做了下面一些定量的规定。抗震设计时,高层建筑相邻楼层的侧向刚度变化应符合下列规定:

对框架结构,楼层与其相邻上层的侧向刚度比 $\gamma_1$ 可按式(1-1)计算

$$\gamma_1 = \frac{V_i \Delta_{i+1}}{V_{i+1} \Delta_i} \tag{1-1}$$

式中:$\gamma_1$——楼层侧向刚度比;

　　　$V_i$,$V_{i+1}$——第 $i$ 层和第 $i+1$ 层的地震剪力标准值,kN;

　　　$\Delta_i$,$\Delta_{i+1}$——第 $i$ 层和第 $i+1$ 层在地震标准值作用下的层间位移,m。

且本层与相邻上层的比值不宜小于 0.7,与相邻上部 3 层刚度平均值的比值不宜小于 0.8。

对框架-剪力墙、板柱-剪力墙结构、剪力墙结构、框架-核心筒结构、筒中筒结构,楼层与其相邻上层的侧向刚度比,$\gamma_2$ 可按式(1-2)计算

$$\gamma_2 = \frac{V_i \Delta_{i+1}}{V_{i+1} \Delta_i} \frac{h_i}{h_{i+1}} \tag{1-2}$$

式中:$\gamma_2$——考虑层高修正的楼层侧向刚度比。

且本层与相邻上层的比值不宜小于 0.9;当本层层高大于相邻上层层高的 1.5 倍时,该比值不宜小于 1.1,对结构底部嵌固层,该比值不宜小于 1.5。

从结构楼层层间抗侧力结构的受剪承载力(指在所考虑的水平地震作用方向上,该层全部柱、剪力墙和斜撑的屈服抗剪强度之和)来说,应符合以下规定:A 级高度高层建筑的楼层抗侧力结构的层间受剪承载力不宜小于其相邻上一层受剪承载力的 80%,不应小于其相邻上一层受剪承载力的 65%;B 级高度高层建筑的楼层抗侧力结构的层间受剪承载力不应小于其相邻上一层受剪承载力的 75%。

楼层质量沿高度宜均匀分布,楼层质量不宜大于相邻下部楼层质量的 1.5 倍。

同时还规定了同一楼层刚度和承载力变化同时不满足以上规定的高层建筑结构不宜采用,即高层建筑结构的同一楼层不宜同时为结构的薄弱层,以降低结构抗震风险。

为了方便,《高层规程》将结构竖向构件不连续的楼层(如转换层)、不符合侧向刚度变化和承载力变化要求的楼层称为薄弱层。对结构的薄弱层,在地震作用标准值下的楼层剪力应乘以 1.25 的增大系数(2002 年规程为 1.15),适当提高安全度要求。

## 1.3.4  缝的设置与构造

在一般房屋结构的总体布置中,考虑到沉降、温度收缩和体型复杂对房屋结构的不利影响,常常用沉降缝、伸缩缝或防震缝将房屋分成若干独立的部分,从而消除沉降差、温度应力和体型复杂对结构的危害。对这三种缝的要求,有关规范都作了原则性的规定。但在高层建筑中,常常由于建筑使用要求和立面效果考虑,以及防水处理困难等,希望少设或不设缝;特别是在地震区,由于缝将房屋分成几个独立的部分,地震时常因为互相碰撞而造成震害。因此,在高层建筑中,目前的总趋势是避免设缝,并从总体布置上或构造上采取一些相应的措施来减少沉降、温度收缩和体型复杂引起的问题。例如,很多高层建筑做成塔式楼,这样就不必考虑因平面过长引起的温度应力问题。在日本,习惯的做法是 10 层以上的建筑不设缝。

下面分别介绍有关三种缝的处理方法。

### 1. 沉降缝及其他减少沉降危害的措施

在高层建筑中,常在主体结构周围设置 1~3 层高的裙房,它们与主体结构高度悬殊,重量悬殊,会产生相当大的沉降差。过去常采用设置沉降缝的方法将结构从顶到基础整个断开,使各部分自由沉降,以避免由沉降差引起的附加应力对结构的危害。但是,高层建筑常常设置地下室,设置沉降缝会使地下室构造复杂,缝部位的防水构造也不容易做好;在地震区沉降缝两侧上部结构容易碰撞造成危害,因此目前

在一些建筑中不设沉降缝,而将高低部分的结构连成整体,基础也连成整体,同时采取一些相应措施以减小沉降差。这些措施是:

(1) 利用压缩性小的地基,减小总沉降量及沉降差。当土质较好时,可加大埋深,利用天然地基,以减小沉降量。当地基不好时,可以用桩基将重量传到压缩性小的土层中以减少沉降差。

(2) 将高低部分的结构及基础设计成整体,但在施工时将它们暂时断开,待主体结构施工完毕,已完成大部分沉降量(50％以上)以后再浇灌连接部分的混凝土,将高低层连成整体。这种缝称为后浇施工缝。在设计时,基础应考虑两个阶段不同的受力状态,对其分别进行强度校核。连成整体后的计算应当考虑后期沉降差引起的附加内力。这种做法要求地基土较好,房屋的沉降能在施工期间内基本完成。北京长城饭店采用的就是这种处理方法。

图 1-35 为北京长城饭店高低层部分的总平面简图。主体建筑 18 层,低层部分仅 3 层。高层部分为筏式基础,深 8.3m(地下两层,层高分别为 2.5m,5.8m),低层部分是单独基础,两者之间以地梁连接,不设沉降缝。高层与低层之间设后浇施工缝,宽 1m,钢筋连在一起,混凝土后浇,在主体结构施工过程中,逐渐完成结构自重产生的沉降。设计中,预先进行沉降分析,计算出两部分的沉降差;为保持两部分沉降后楼板面在同一水平,高层部分±0.00 高出预定标高 4cm;同时在设计中考虑了连成整体后,后期沉降产生的附加内力。

(3) 将裙房做在悬挑基础上,这样裙房与高层部分沉降一致,不必用沉降缝分开,如图 1-36 所示。上海联谊大厦就采用了这样的处理方法。这种方法适用于地基土软弱,后期沉降较大的情况。由于悬挑部分不能太长,因此裙房的范围不宜过大。

有时,可以同时使用上述几种办法综合处理结构的沉降问题。

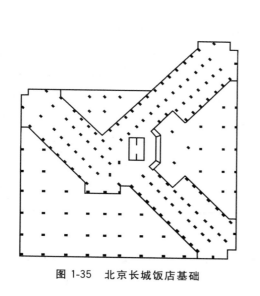

图 1-35　北京长城饭店基础

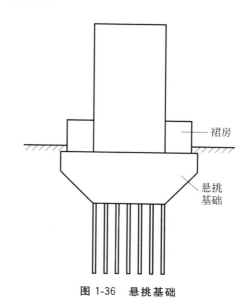

图 1-36　悬挑基础

## 2. 伸缩缝及减小温度收缩影响的措施

新浇混凝土在硬结过程中会收缩,已建成的结构受热要膨胀,受冷则收缩,当这种变形受到约束时,就在结构内部产生应力。混凝土硬结收缩的大部分将在施工后的头 1～2 个月完成,而温度变化对结构的作用则是经常的。这种由温度变化引起的结构内力称温度应力,它在房屋的长度方向和高度方向都会产生影响。

这里仅讨论混凝土收缩和温度应力对房屋长度方向的影响及所采取的措施。

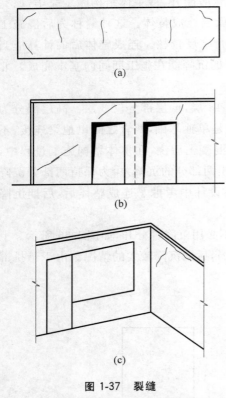

**图 1-37 裂缝**

(a)屋盖裂缝;(b)内纵墙裂缝;(c)横墙裂缝

混凝土的线膨胀系数范围为 $0.7\times10^{-5}\sim1.3\times10^{-5}$,收缩系数范围为 $4\times10^{-4}\sim8\times10^{-4}$。房屋的长度越长,楼板沿长度方向的总收缩量和温度引起的长度变化就越大。如果楼板变形受到竖向构件,如墙和柱子的约束,在楼板中就会产生拉应力或压应力,在竖向构件中也会相应地受到推力或拉力,严重时会在构件中出现裂缝。在高层建筑中,温度应力的危害在房屋的底部数层和顶部数层较为明显,房屋基础埋在地下。它的收缩量和温度变化的影响都较小,因而底部数层的温度变形及收缩会受到基础的约束;在顶部,由于日照直接作用在屋盖上,相对于下部各层楼板,屋顶层的温度变化剧烈,可以认为屋顶层受到下部楼层的约束;而中间各楼层,使用期间温度条件接件,变化也接近,温度应力影响较小。因此,在高层建筑中,常可在底部或顶部看到温度收缩裂缝。例如在屋顶板中,会产生如图 1-37(a)所示的裂缝,在顶层纵墙端部会产生如图 1-37(b)所示的斜角裂缝,严重时缝宽可达 1～2mm。在顶层的横墙上,有时也能看到由于温度收缩产生的裂缝,如图 1-37(c)所示。

为了消除温度和收缩对结构造成的危害,《高层规程》中规定了结构温度区段的宜用长度,见表 1-7。伸缩缝将上部结构从顶到基础顶面断开,分成独立的温度区段。和沉降缝一样,这种伸缩缝会造成多用材料、构造复杂和施工困难。

**表 1-7　钢筋混凝土结构伸缩缝的最大间距**

| 结 构 体 系 | 施 工 方 法 | 最大间距/m |
|---|---|---|
| 框架结构 | 现　　浇 | 55 |
| 剪力墙结构 | 现　　浇 | 45 |

温度、收缩应力的理论计算比较困难,究竟温度区段允许多长还是一个需要探讨的问题,但是,温度收缩应力问题必须重视。近年来,国内外已比较普遍地采取了不设伸缩缝而从施工或构造处理的角度来解决收缩应力问题的方法,房屋长度可达 100m 左右,取得了较好的效果。归纳起来有下面几种措施:

(1)设后浇带　混凝土早期收缩占总收缩的大部分,建筑物过长时,可在适当距离选择对结构无严重影响的位置设后浇缝,通常每隔 30～40m 设置一道。后浇带保留时间一般不少于一个月,在此期间,收缩变形可完成 30%～40%。后浇带的浇筑时间宜选择气温较低时,因为此时主体混凝土处于收缩状态。带的宽度一般为 800～1000mm,带内钢筋采用搭接或直通加弯的做法,如图 1-38 所示。这样,带两边的混凝土在带浇灌以前能自由收缩。

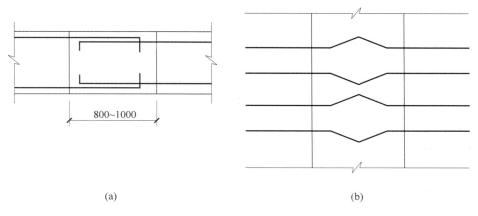

(a)　　　　　　　　　　　　(b)

**图 1-38　后浇带构造**
(a) 搭接；(b) 直通加弯

在受力较大部位留后浇带时,主筋可先搭接,浇灌前再进行焊接。后浇带混凝土宜用微膨胀水泥(如浇筑水泥)配制。

正确使用这种方法一般能取得消除混凝土收缩裂缝的较好效果,是一种较常用的方法。

(2) 设控制缝　当估计结构可能发生裂缝时,可人为控制其位置,使裂缝有规律地发生在对结构和建筑影响最小的部位,这种缝称控制缝。控制缝的间距不宜太大,一般在 10m 左右,控制缝处的截面做法如图 1-39 所示。将该部分截面厚度减小,部分钢筋在此处断开,使该截面抗剪、抗弯能力都减弱。其位置应放在对结构整体性和承载力影响较小的部位。

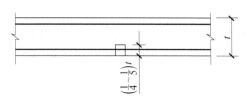

**图 1-39　控制缝构造**

如北京昆仑饭店就在一些开洞很少的大墙面留控制缝。图 1-40 表示地下室一片实墙上的控制缝,有一半水平钢筋在遇到缝时截断并加直钩。

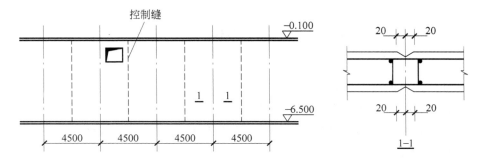

**图 1-40　北京昆仑饭店地下室墙控制缝**

(3) 局部设伸缩缝　由于结构顶部及底部受的温度应力较大,因此在高层建筑中可采取在上面或下面几层局部设缝的办法(约 1/4 全高)。例如加拿大多伦多海港广场公寓大楼全长约 102m,38 层,高

95.5m,只在中部留一道后浇缝,同时在7层以下留两道永久伸缩缝,伸缩缝未贯通全高,缝做到桩基承

图 1-41 伸缩缝设置

台,见图1-41。有些结构在上部设缝,局部做双墙或双柱。

(4) 从布置及构造方面采取措施减少温度应力的影响

由于屋顶受温度影响较大,通常应采取有效的保温隔热措施,例如,可采取双层屋顶的做法,或者不使屋面连成整片大面积平面,而做成高低错落的屋顶。当然,这样会使屋顶的构造复杂并增加造价,但亦可作为一种方案进行比较,广州白云宾馆就采用了后者,取得了一定效果。当外墙为现浇混凝土墙体时,也要注意实施保温隔热措施。

不要在长建筑物的端部设置刚度很大的纵向剪力墙,因为端部构件刚度愈大,限制温度变形愈严重,温度应力就愈大。

另一方面,如果没有有效的措施降低温度应力时,应在结构中对温度应力比较敏感的部位适当加强配筋,即使发生裂缝,也不致影响安全。

### 3. 防震缝

当房屋平面复杂、不对称或房屋各部分刚度、高度和重量相差悬殊时,在地震力作用下,会造成扭转及复杂的振动状态,在连接薄弱部位会造成震害。防震缝就是为了避免这种震害而设置的。按照过去的设计方法,在房屋的下列部位应设防震缝:

(1) 建筑平面突出部分较长处(如 L 形、T 形、I 形、H 形、U 形平面等),如图1-42所示;

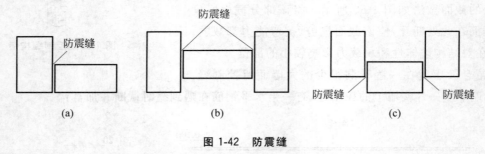

图 1-42 防震缝

(a) L 形防震缝;(b) H 形防震缝;(c) U 形防震缝

(2) 房屋有错层,且楼面高差较大处;

(3) 房屋各部分的刚度、高度及重量相差悬殊处。

在国内外的大地震中,由于防震缝设置不当,沉降缝、伸缩缝或防震缝宽度留得不够,导致相邻建筑物碰撞,造成震害的情况屡见不鲜。

例如,天津友谊宾馆主楼东西两段是由防震缝隔开的,缝宽15cm。在唐山地震时,东西段之间产生了明显的碰撞,防震缝上部砖封檐墙震坏后落入缝内,卡在东西段上部设备层大梁之间,将大梁挤断;防震缝两侧所有刚性建筑构造,如外檐墙、内檐墙、楼面、屋面、女儿墙等均遭破坏。

在北京,凡是设置伸缩缝或沉降缝的高层建筑(一般缝宽都很小),在唐山地震时都有不同程度的碰撞损坏现象;在一些设置防震缝的建筑物中,也有轻微的损坏。北京饭店新楼设置了 60cm 宽的防震缝,并采取软连接,只有个别走道板碰坏。

这些情况说明,高层建筑设缝而缝的宽度不足时,在地震作用下便容易遭受破坏。因此,在设计地震区的高层建筑时,第一,要避免设缝;第二,如果必须设缝,就要给予足够的宽度。

避免设缝的方法是:优先采用平面布置简单、长度不大的塔式楼;在体型复杂时,采取加强结构整体性的措施而不设缝。例如,图 1-42 中所列的前两个平面设必要设抗震缝(第三个平面由于连接部分过少,应加以改进),相反,应通过加强连接的措施把各个突出部分连成整体。例如:加强连接处楼板配筋,避免在连接部位的楼板内开洞等。

凡是设缝的地方应考虑相邻结构在地震作用下因结构变形、基础转动或平移引起的最大可能侧向位移设置防震缝。防震缝宽度要留够,要允许相邻房屋可能出现反向的振动,而不发生碰撞。《高层规程》规定,对于高层混凝土结构,当必须设置防震缝时,其最小宽度应满足下列要求:

(1)框架房屋,当高度不超过 15m 时防震缝最小宽度不应小于 100mm;当超过 15m 时,设防烈度为6 度、7 度、8 度和 9 度相应每增加高度 5m、4m、3m 和 2m,宜加宽 20mm;

(2)框架-剪力墙房屋的防震缝宽度不应小于第一款最后数值的 70%;剪力墙房屋的防震缝宽度不应小于第一款最后数值的 50%,同时均不宜小于 100mm;

(3)防震缝两侧结构体系不同时,防震缝宽度按不利的体系考虑,并按较低高度计算缝宽;

(4)防震缝应沿房屋全高设置,地下室、基础可不设防震缝,但在防震缝处应加强构造和连接。

## 1.3.5  高层建筑楼盖

在一般层数不太多,布置规则,开间不大的高层建筑中,楼盖体系与多层建筑的楼盖相类似:如小开间的建筑可采用短向圆孔板或整间大楼板,大开间的建筑可采用预应力长向圆孔板。为了提高楼板的整体性,可增加现浇层或加强构件之间的拉结等。

但在层数更多(如 20~30 层以上,高度超过 50m)的高层建筑中,由于下面一些原因,通用的预制楼盖不再适用,需要考虑另外一些楼盖型式。

(1)对楼盖的水平刚度及整体性要求更高。

(2)在高层建筑中,平面布置不易标准化,当采用筒体结构时,楼盖的跨度较大(10~16m)。

(3)楼盖的结构高度将直接影响建筑的层高,由于高层建筑层数多,楼盖多次重复,累计结果对建筑的总高度将有很大影响。增加房屋的总高度不仅会加大水平荷载和结构造价,而且还会增加建筑、管道设施、机械设备的造价。因此,在高层建筑中,降低楼盖结构高度比在多层建筑中具有更重要的意义。

(4)与上述理由相同,在高层建筑中更要注意减轻楼盖的重量。否则,会大大增加墙、柱、基础等的材料用量和造价,在地震区,还会加大地震作用下的惯性力。

为此,《高层规程》对楼盖结构提出了以下一些要求。

房屋高度超过 50m 时,框架-剪力墙结构、筒体结构及复杂高层建筑结构应采用现浇楼面结构,框架结构和剪力墙结构宜采用现浇楼面结构。

房屋高度不超过 50m 时,除现浇楼面外,还可采用装配整体式楼面,也可采用与框架梁或剪力墙有可靠连接的预制大楼板楼面。装配整体式楼面的构造要求应满足下面的规定:

抗震设计的框架-剪力墙结构在设防烈度 8、9 度区不宜采用装配式楼面,在设防烈度 6、7 度区采用装配式楼面时每层宜设现浇层;现浇层厚度不应小于 50mm,混凝土强度等级不应低于 C20,并应双向配置直径不小于 6mm、间距不大于 200mm 的钢筋网,钢筋应锚固在梁或剪力墙内。

当框架-剪力墙结构采用装配式楼面时,预制板应均匀排列,板缝拉开的宽度不宜小于 40mm,板缝大于 60mm 时应在板缝内配钢筋,形成板缝梁,并宜贯通整个结构单元。预制板板缝、板缝梁混凝土强度等级不应低于 C20。

高度小于 50m 的框架结构或剪力墙结构采用预制板时,应符合上面规定的板缝构造要求。

现浇预应力平板厚度可按跨度的 1/50~1/45 采用。板厚不宜小于 150mm,预应力平板钢筋保护层厚度不宜小于 30mm。预应力平板设计中应采用适当措施以防止或减少竖向和横向主体结构对楼板施加预应力的阻碍作用。

房屋的顶层、结构转换层、平面复杂或开洞过大的楼层应采用现浇楼面结构。顶层楼板厚度不宜小于 120mm,宜双层双向配筋;转换层楼板厚度不宜小于 180mm;地下室顶板厚度不宜小于 160mm;作为上部结构嵌固部位的地下室楼层的顶楼盖宜用梁板结构,楼板厚度不宜小于 180mm,应采用双向双层配筋,且每个方向的配筋率不应小于 0.25%。一般楼层现浇楼板厚度不应小于 80mm。

综合起来,在高度较大的高层建筑中应选择结构高度小、整体性好、刚度好、重量较轻、满足使用要求并便于施工的楼盖结构。当前国内外总的趋势是采用现浇楼盖或预制与现浇结合的叠合板,应用预应力或部分预应力技术,并采用工业化的施工方法。

在现浇肋梁楼盖中,为了适应上面所说的特殊要求,常常采用宽梁或密肋梁以降低结构高度,其布置和设计与一般梁板体系并无不同。

叠合楼板有两种形式,一种是用预制的预应力薄板作模板,上部现浇普通混凝土,硬化后,与预应力薄板共同受力,形成叠合楼板;另一种是以压型钢板为模板,上面浇普通混凝土,硬化后共同受力。叠合板可以加大板跨,减小楼板厚度,又可节约模板,整体性好,在我国应用已十分广泛。

无黏结后张预应力混凝土平板是适应高层公共建筑中大跨度要求的一种楼盖形式。它可做成单向板,也可做成双向板,可用于筒中筒结构,也可用于无梁楼盖中。它比一般梁板结构减少约 30cm 高度,设备管道及电气管线可在楼板下通行无阻,模板简单,施工方便。这种楼板在国外用得很多,在国内也已经过试验及实践,积累了一些经验,正在逐步推广使用。

## 1.3.6 基础形式及基础埋置深度

高层建筑高度大、重量大,在水平力作用下有较大的倾覆力矩及剪力,因此对基础及地基的要求也较高;要求有承载力较大的、沉降量较小的、稳定的地基;有稳定的、刚度大而变形小的基础;要防止倾覆和滑移,也要尽量避免由地基不均匀沉降引起的倾斜。

#### 1. 基础形式

高层建筑常用的基础形式有:

(1) 箱形基础(见图 1-43(a))

箱形基础是由数量较多的纵向与横向墙体和有足够厚度的底板、顶板组成的刚度很大的箱形空间结构。箱形基础整体刚度好,能将上部结构的荷载较均匀地传递给地基或桩基;能利用自身的刚度调整沉降差异,减少由于沉降差产生的结构内力;箱形基础对上部结构的嵌固更接近于固定端条件,使计算结果与实际受力情况比较一致;箱形基础有利于抗震,在地震区采用箱形基础的高层建筑震害较轻。

但是,由于形成箱形基础必须有间距较密的纵横墙,而且墙上开洞面积受到限制,因此,当地下室需要较大空间和建筑功能上要求较灵活地布置时(如地下室作为地下商场、地下停车场、地铁车站等)就难以采用箱形基础。

高层建筑的基础,当有可能做成箱基时,尽可能选用箱基,它的刚度及稳定性都较好。

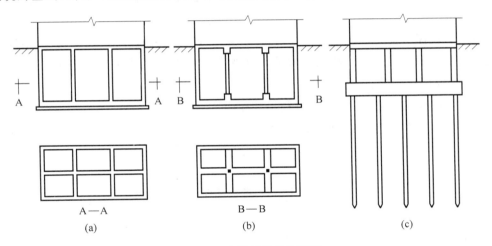

**图 1-43　高层建筑结构基础**

(a) 箱形基础;(b) 筏形基础;(c) 桩基础

(2) 筏形基础(见图 1-43(b))

筏形基础具有良好的整体刚度,适用于地基承载力较低、上部结构竖向荷载较大的工程。筏形基础本身是地下室的底板,厚度较大,有良好的抗渗性能。由于筏板刚度大,可以调节基础不均匀沉降。

筏形基础不必设置很多内部墙体,可以形成较大的自由空间,便于地下室的多种用途,因而能较好地满足建筑功能上的要求。

筏形基础如同倒置的楼盖,可采用平板式和梁板式两种方式。梁板式筏形基础的梁可设在板上或板下(土体中)。当采用板上梁时,梁应留出排水孔,并设置架空地板。

筏形基础一般伸出外墙 1m 左右,使筏形基础面积稍大于上部结构面积。

(3) 桩基础(见图 1-43(c))

当地基浅层土质软弱,不能满足承载力和沉降要求时,采用桩基础将荷载传到下部较坚实的土层,或通过桩侧面与土体的摩擦力来达到强度与变形的要求;同时,也减少土方开挖量,是一种有效的技术途径。

### 2. 基础埋置深度

与低层和多层建筑相比,高层建筑的基础埋深应当大一些,这是因为:

(1) 一般情况下,较深的土壤承载力大而压缩性小,稳定性较好。

(2) 高层建筑的水平剪力较大,要求基础周围的土壤有一定的嵌固作用,能提供部分水平反力。

(3) 在地震作用下,地震波通过地基传到建筑物上。根据实测可知,通常在较深处的地震波幅值较小,接近地面的幅值增大。因此,高层建筑基础埋深大一些,可减小地震反应。

但是基础埋深加大,必然增加造价和施工难度,加长工期。在《高层规程》中作了下面的规定。

基础应有一定的埋置深度,埋置深度由室外地坪至基底计算:

(1) 一般天然地基或复合地基,可取建筑物高度(室外地面至主体结构檐口或屋顶板面的高度)的 1/15,且不小于 3m。

(2) 岩石地基,埋深不受上条的限制,但应验算倾覆,必要时还应验算滑移。当验算结果不满足要求时,应采取有效措施以确保建筑物的稳固。如采用地锚等措施,地锚的作用是把基础与岩石连接起来,防止基础滑移,在需要时地锚应能承受拉力。

(3) 桩基础,可取建筑高度的 1/18,但桩长不计在内。

最后说明一下,地基和基础的设计是高层建筑非常重要的问题,因为课程分工的原因,不在本书中详述。

## 思 考 题

1-1 高层建筑混凝土结构有哪几种主要体系?请对每种体系列举 1~2 个实例。你还知道国内外高层建筑结构所采用的其他体系吗?

1-2 试述各种结构体系的优缺点、受力和变形特点,适用层数和应用范围。

1-3 对图 1-44 所示正方形截面的结构,高度分别为 $H=25m,50m,100m$。按悬臂杆结构计算其基底剪力 $V_0$、基底弯矩 $M_0$ 和顶点侧移 $\Delta$;并比较 $H$ 为不同高度时,对以上三量的影响。从以上的比较能否对低层、多层和高层结构对承载力和刚度的要求有些启示?

1-4 在抗震结构中为什么要求平面布置简单、规则、对称,竖向布置刚度均匀?怎样布置可以使平面内刚度均匀,减小水平荷载引起的扭转?沿竖向布置可能出现哪些刚度不均匀的情况?以底层大空间剪力墙结构的布置为例,说明如何避免竖向刚度不均匀?

1-5 防震缝、伸缩缝和沉降缝在什么情况下设置?各种缝的特点和要求是什么?在高层建筑结构中,特别是抗震结构中,怎样处理好这三种缝?

1-6 框架-剪力墙结构与框架-筒体结构有何异同?哪一种体系更适合于建造较高的建筑?为什么?

1-7 框架-筒体结构与框筒结构有何区别?

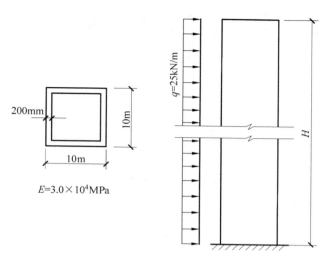

图 1-44　思考题 1-3 图

1-8　高层建筑的基础有哪些形式？在选择基础形式及埋置深度时，高层建筑与多、低层建筑有什么不同？

# 第2章  荷载作用和结构设计要求

高层建筑结构的竖向荷载包括自重等恒载和使用荷载等活载,与一般建筑结构类似,在此不再重复。本章主要介绍在高层建筑结构设计中起主导作用的水平荷载——风荷载和地震作用的计算方法,以及结构设计要求和结构计算的基本假定等问题。

## 2.1  风荷载

空气流动形成的风遇到建筑物时,在建筑物表面产生的压力或吸力即为建筑物的风荷载。风荷载的大小主要和近地风的性质、风速、风向有关;和该建筑物所在地的地貌及周围环境有关;同时也和建筑物本身的高度、形状以及表面状况有关。

### 2.1.1  单位面积上的风荷载标准值

我国《建筑结构荷载规范》(GB 50009—2012)(以下简称《荷载规范》)给出的建筑结构的基本风压值 $w_0$,是用各地区空旷地面上离地 10m 高、统计 50 年重现期的 10min 平均最大风速 $v_0$(m/s)(称为基本风速)计算得到的。计算公式为 $w_0 = v_0^2/1600$(kN/m²)。《荷载规范》附录 E.5 中给出了全国各城市 50 年一遇的基本风压值。《高层规程》规定,对风荷载比较敏感的高层建筑,承载力设计时应按基本风压的 1.1 倍采用。

基本风压值不是风对建筑物表面的压力。风对建筑物表面的作用与建筑物高度、体型、表面位置等有关,也与风作用的高度有关。垂直于建筑物表面的单位面积上的风荷载标准值 $w_k$(kN/m²)可以按下式计算

$$w_k = \beta_z \mu_z \mu_s w_0 \tag{2-1}$$

式中:$w_0$——高层建筑基本风压值;

$\mu_s$——风荷载体型系数;

$\mu_z$——$z$ 高度处的风压高度变化系数;

$\beta_z$——$z$ 高度处的风振系数。

**1. 风压高度变化系数 $\mu_z$**

这次新的《高层规程》中删去了风荷载计算中风压高度变化及风振系数计算的取值规定,要求相关内

容直接引用《荷载规范》的规定。现给出其要求和算法如下。

风速大小与高度有关,一般近地面处的风速较小,随高度增加风速逐渐加大。

但风速的变化与地貌及周围环境有关。在近海海面、海岛、海岸及沙漠地区,地面空旷,空气流动几乎无阻挡物(A 类粗糙度),风速随高度的增加最快;在田野、乡村、丛林、丘陵以及房屋比较稀疏的城镇和大城市的郊区(B 类粗糙度),风速随高度的增加减慢;在有密集建筑物的大城市市区(C 类粗糙度)和有密集建筑群且房屋较高的城市市区(D 类粗糙度),风的流动受到阻挡,风速减小,因此风速随高度增加更缓慢一些。表 2-1 列出了各种情况下的风压高度变化系数。

表 2-1　风压高度变化系数 $\mu_z$

| 离地面或海平面高度/m | 地 面 粗 糙 度 类 别 | | | |
| --- | --- | --- | --- | --- |
| | A | B | C | D |
| 5 | 1.09 | 1.00 | 0.65 | 0.51 |
| 10 | 1.28 | 1.00 | 0.65 | 0.51 |
| 15 | 1.42 | 1.13 | 0.65 | 0.51 |
| 20 | 1.52 | 1.23 | 0.74 | 0.51 |
| 30 | 1.67 | 1.39 | 0.88 | 0.51 |
| 40 | 1.79 | 1.52 | 1.00 | 0.60 |
| 50 | 1.89 | 1.62 | 1.10 | 0.69 |
| 60 | 1.97 | 1.71 | 1.20 | 0.77 |
| 70 | 2.05 | 1.79 | 1.28 | 0.84 |
| 80 | 2.12 | 1.87 | 1.36 | 0.91 |
| 90 | 2.18 | 1.93 | 1.43 | 0.98 |
| 100 | 2.23 | 2.00 | 1.50 | 1.04 |
| 150 | 2.46 | 2.25 | 1.79 | 1.33 |
| 200 | 2.64 | 2.46 | 2.03 | 1.58 |
| 250 | 2.78 | 2.63 | 2.24 | 1.81 |
| 300 | 2.91 | 2.77 | 2.43 | 2.02 |
| 350 | 2.91 | 2.91 | 2.60 | 2.22 |
| 400 | 2.91 | 2.91 | 2.76 | 2.40 |
| 450 | 2.91 | 2.91 | 2.91 | 2.58 |
| 500 | 2.91 | 2.91 | 2.91 | 2.74 |
| ≥550 | 2.91 | 2.91 | 2.91 | 2.91 |

注:对于山顶及山坡上的高层房屋,可采用从山麓算起的风压高度变化系数。

## 2. 风荷载体型系数 $\mu_s$

风荷载体型系数是指平均实际风压与基本风压的比值。通过实测,可以得到风在建筑物表面的实际风压。图 2-1(a)为风流经建筑物时对建筑物的作用,迎风面为压力(体型系数用"+"表示),侧风面及背风面为吸力(体型系数用"-"表示),各面上的风压分布并不均匀。图 2-1(b)为迎风面及背风面(均为立面图)的等风压线,可以看到在建筑物表面上的某个部分风压力(或吸力)较大,另一些部分较小。

在计算风荷载对建筑物的整体作用时,是按各个表面的平均风压计算的,这个表面的平均风压系数

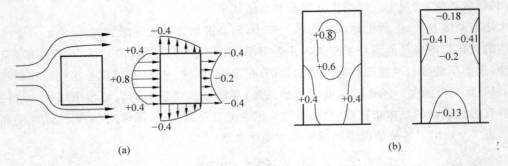

图 2-1　风压分布

（a）空气流经建筑物时风压对建筑物的作用（平面）；（b）迎风面风压分布系数（左），背风面风压分布系数（右）

称为风荷载体型系数。风荷载体型系数与高层建筑的体型、平面尺寸等有关，可按下列规定采用：

　　（1）圆形和椭圆形平面建筑，风荷载体型系数取 0.8。

　　（2）正多边形平面，风荷载体型系数 $\mu_s$ 由下式计算

$$\mu_s = 0.8 + 1.2/\sqrt{n}$$

式中：$n$——多边形的边数。

　　（3）高宽比 $H/B$ 不大于 4 的矩形、方形、十字形平面建筑，风荷载体型系数为 1.3。

　　（4）下列建筑的风荷载体型系数取 1.4：

　　① V 形、Y 形、弧形、双十字形、井字形平面建筑；

　　② L 形、槽形和高宽比大于 4 的十字形平面建筑；

　　③ 高宽比 $H/B$ 大于 4，长宽比 $L/B$ 不大于 1.5 的矩形、鼓形平面建筑。

　　（5）需要更细致地分析风荷载的情况时，可参照表 2-2。表中符号"——"表示风向，"＋"表示压力，"－"表示吸力，所有风压（吸）力方向都垂直于该表面。《高层规程》附录 B 中有更详细的风荷载体型系数表，可供参考。对于体型很复杂的高层建筑，可由风洞试验确定风荷载体型系数。

　　在主体结构计算时，风荷载作用面积应取垂直于风向的最大投影面积。

　　在对复杂体型的高层建筑进行内力和位移计算时，正反两个方向风荷载的绝对值可采用两者中的较大值。

表 2-2　高层建筑风荷载体型系数 $\mu_s$

| 序号 | 名　　称 | 建 筑 体 型 及 体 型 系 数 |
|---|---|---|
| 1 | 矩形平面 | $-0.6$　$+0.8$　$-(0.48+0.03\frac{H}{L})$　$-0.6$　　$H$——建筑物总高　$L$——建筑物迎风面宽度 |
| 2 | Y 形平面 | $-0.7$　$-0.5$　$-0.55$　$+1.0$　$+1.0$　$-0.5$　$-0.55$　$-0.7$　$-0.5$　　　$+0.7$　$-0.75$　$-0.65$　$40°$　$-0.55$　$+0.9$　$-0.5$　$-0.5$　$-0.5$ |

续表

| 序号 | 名　称 | 建筑体型及体型系数 |
|------|--------|--------------------|
| 3 | L 形平面 | 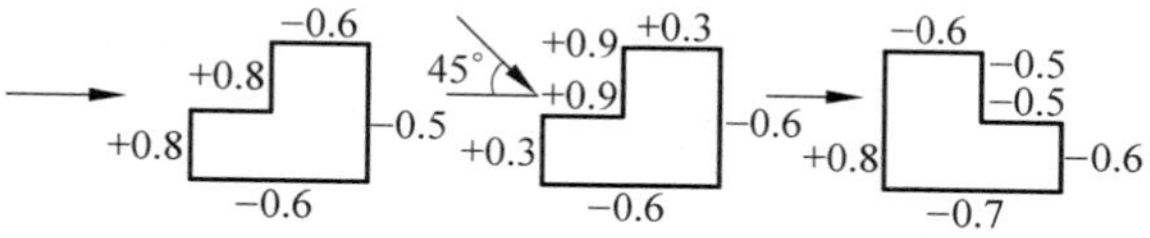 L 形平面体型系数图 |
| 4 | ⊓ 形平面 | 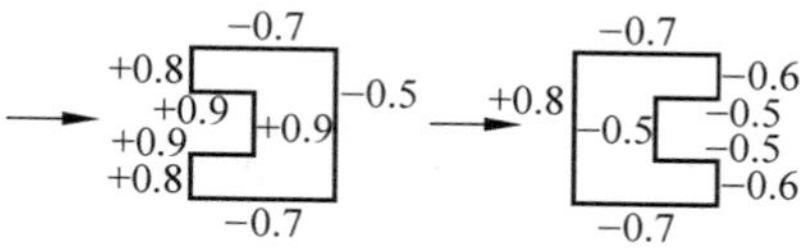 ⊓ 形平面体型系数图 |
| 5 | 十字形平面 | 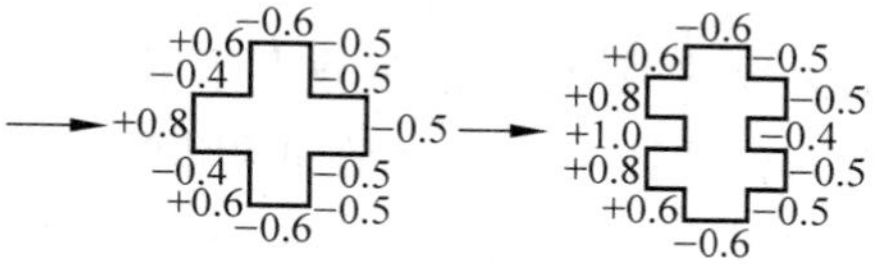 十字形平面体型系数图 |
| 6 | 多边形平面 | 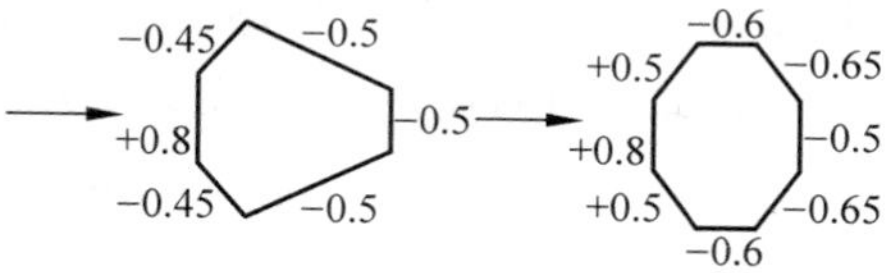 多边形平面体型系数图 |
| 7 | 圆形及弧形平面 | 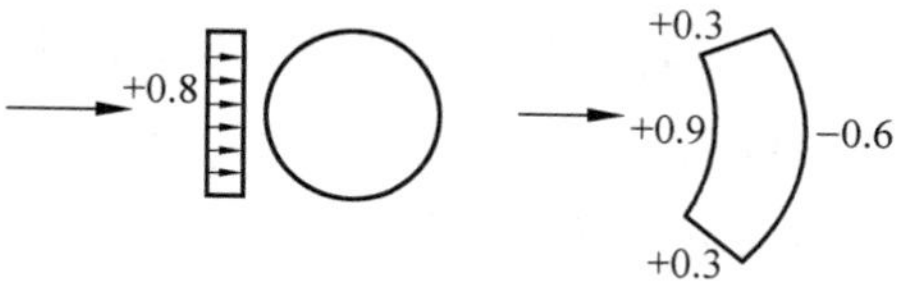 圆形及弧形平面体型系数图 |

在某些风压较大的部位,有时需要验算表面围护结构及其连接构件,此时可采用下列局部增大的风荷载体型系数。

墙面:迎风面 $\mu_s=1.5$;背风面 $\mu_s=-1.0$。

墙角及墙附近屋面(作用在 1/6 墙面宽度的条带上): $\mu_s=-1.5$。

檐口、雨篷、遮阳板、阳台等水平构件上浮力: $\mu_s=-2.0$。

### 3. 风振系数 $\beta_z$

风作用是不规则的,风压随着风速、风向的紊乱变化而不停地改变。通常把风作用的平均值看成稳定风压,即平均风压。实际风压是在平均风压上下波动着,如图 2-2 所示。平均风压使建筑物产生一定的侧移,而波动风压使建筑物在该侧移附近左右摇晃。如果周围高层建筑物密集,还会产生涡流现象。

这种波动风压会在建筑物上产生一定的动力效应。通过实测及功率谱分析可以发现,风荷载波动是周期性的,基本周期往往很长,甚至超过 60s。它与一般建筑物的自振周期相比,相差较大。例如,一般多层钢筋混凝土结构的自振周期大约 0.4~1s,因而风对一般多层建筑造成的动力效应不大。但是,风荷载波动中的短周期成分对于高度较高或刚度较小的高层建筑可能产生一些不可忽视的动力效应,在设计中

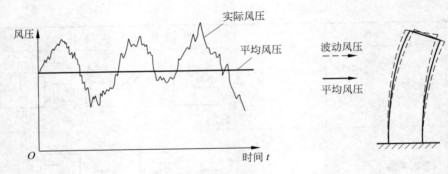

图 2-2　平均风压与波动风压

必须考虑。目前考虑的方法是采用风振系数 $\beta_z$。确定风振系数时考虑结构的动力特性及房屋周围的环境;设计时用它加大风荷载,仍然按照静力作用计算风荷载效应。这是一种近似方法,把动力问题化为静力计算,可以大大简化设计工作。但是如果建筑物的高度很高(例如超过 200m),特别是对较柔的结构,最好进行风洞试验。用通过实测到的风对建筑物的作用作为设计依据较为安全可靠。

《荷载规范》规定,计算高层建筑结构的顺风向风振的风振系数时,可仅考虑结构第一振型的影响,结构的顺风向风荷载可按式(2-1)计算。$z$ 高度处的风振系数 $\beta_z$ 可按下式计算:

$$\beta_z = 1 + 2g I_{10} B_z \sqrt{1 + R^2} \tag{2-2}$$

式中:$g$——峰值因子,可取 2.5;

$\quad I_{10}$——为 10m 高名义湍流强度,对应 A 类,B 类,C 类和 D 类地面粗糙度,可分别取 0.12,0.14, 0.23 和 0.39;

$\quad R$——脉动风荷载的共振分量因子,见下;

$\quad B_z$——脉动风荷载的背景分量因子,见下。

脉动风荷载的共振分量因子可按下列公式计算:

$$R = \sqrt{\frac{\pi}{6\zeta_1} \frac{x_1^2}{(1 + x_1^2)^{4/3}}} \tag{2-3}$$

$$x_1 = \frac{30 f_1}{\sqrt{k_w w_0}}, \quad x_1 > 5 \tag{2-4}$$

式中:$f_1$——结构第一阶自振频率,Hz;

$\quad k_w$——地面粗糙度修正系数,对 A 类、B 类、C 类和 D 类地面粗糙度分别取 1.28、1.0、0.54 和 0.26;

$\quad \zeta_1$——结构阻尼比,对钢结构可取 0.01,对有填充墙的钢结构房屋可取 0.02,对钢筋混凝土结构可取 0.05。

脉动风荷载的背景分量因子可按下列规定确定:

(1) 当结构的体型和质量沿高度均匀分布时,可按下式计算:

$$B_z = k H^{a_1} \rho_x \rho_z \frac{\phi_1(z)}{\mu_z(z)} \tag{2-5}$$

式中：$\phi_1(z)$——结构第一阶振型系数；

　　　$H$——建筑总高度，m，对 A 类、B 类、C 类和 D 类地面粗糙度，$H$ 的取值分别不应大于 300、350、450 和 550；

　　　$\rho_z$——脉动风荷载竖直方向相关系数；

　　　$\rho_x$——脉动风荷载水平方向相关系数；

　　　$k$, $a_1$——系数，按表 2-3 取值。

表 2-3　系数 $k$ 和 $a_1$

| 粗糙度类别 | A | B | C | D |
|---|---|---|---|---|
| $k$ | 0.944 | 0.67 | 0.295 | 0.112 |
| $a_1$ | 0.155 | 0.187 | 0.261 | 0.346 |

　　（2）当结构迎风面和侧风面的宽度沿高度按直线或接近直线变化，而质量沿高度按连续规律变化时，式(2-5)计算的背景分量因子 $B_z$ 应乘以修正系数 $\theta_B$ 和 $\theta_v$。

　　$\theta_B$ 应为构筑物在 $z$ 高度处的迎风面宽度 $B(z)$ 与底部宽度 $B(0)$ 的比值；$\theta_v$ 可按表 2-4 确定。

表 2-4　修正系数 $\theta_v$

| $B(H)/B(0)$ | 1 | 0.9 | 0.8 | 0.7 | 0.6 | 0.5 | 0.4 | 0.3 | 0.2 | $\leqslant 0.1$ |
|---|---|---|---|---|---|---|---|---|---|---|
| $\theta_v$ | 1.00 | 1.10 | 1.20 | 1.32 | 1.50 | 1.50 | 2.08 | 2.53 | 3.30 | 5.60 |

　　脉动风荷载的空间相关性系数可按下列规定确定：

　　（1）竖直方向的相关系数可按下式计算：

$$\rho_z = \frac{10\sqrt{H + 60\mathrm{e}^{-H/60} - 60}}{H} \tag{2-6}$$

式中：$H$——建筑总高度，m；对 A 类、B 类、C 类和 D 类地面粗糙度，$H$ 的取值分别不应大于 300、350、450 和 550。

　　（2）水平方向的相关系数可按下式计算：

$$\rho_x = \frac{10\sqrt{B + 50\mathrm{e}^{-B/50} - 50}}{B} \tag{2-7}$$

式中：$B$——结构迎风面宽度，m，$B \leqslant 2H$。

　　对迎风面宽度较小的高耸结构，水平方向相关系数可取 $\rho_x = 1$。

　　振型系数应根据结构动力计算确定。对沿高度比较均匀的高层建筑，当迎风面宽度较大、剪力墙和框架均起主要作用时，振型系数 $\phi_1(z)$ 可根据相对高度 $z/H$ 按表 2-5 确定。

表 2-5　高层建筑的振型系数

| $z/H$ | 0.1 | 0.2 | 0.3 | 0.4 | 0.5 | 0.6 | 0.7 | 0.8 | 0.9 | 1.0 |
|---|---|---|---|---|---|---|---|---|---|---|
| $\phi_1(z)$ | 0.02 | 0.08 | 0.17 | 0.27 | 0.38 | 0.45 | 0.67 | 0.74 | 0.86 | 1.00 |

　　《荷载规范》和《高层规程》增加了横风向振动效应或扭转风振效应的条文，意在提醒设计人员注意考

虑横风向风振或扭转风振对高层建筑尤其是超高层建筑结构的不利影响。研究和工程实践表明,当高宽比较大、自振周期较长、结构顶点风速大于临界风速时,可能引起较明显的结构横风向振动,甚至出现横风向振动效应明显大于顺风向作用效应的情况。结构横风向振动或扭转振动问题比较复杂,当建筑体型复杂时,宜通过风洞试验确定横风向振动的等效风荷载;有条件的也可参考既有的有关资料确定。

考虑横风向风振或扭转风振影响时,结构顺风向及横风向的侧向位移应分别符合 2.6.2 节侧向位移限制条件。关于横风向和扭转风振的细节要求,可见《荷载规范》。

## 2.1.2 总风荷载

在进行结构设计时,应使用总风荷载计算风荷载作用下结构的内力及位移。总风荷载为建筑物各个表面承受风力的合力,是沿建筑物高度变化的线荷载。通常,按 $x$, $y$ 两个互相垂直的方向分别计算总风荷载。按下式计算的总风荷载标准值是 $z$ 高度处的线荷载(kN/m)。

$$W_z = \beta_z \mu_z w_0 (\mu_{s1} B_1 \cos\alpha_1 + \mu_{s2} B_2 \cos\alpha_2 + \cdots + \mu_{sn} B_n \cos\alpha_n) \tag{2-8}$$

式中:$n$——建筑物外围表面积数(每一个平面作为一个表面积);

$B_1, B_2, \cdots, B_n$——$n$ 个表面的宽度;

$\mu_{s1}, \mu_{s2}, \cdots, \mu_{sn}$——$n$ 个表面的平均风载体型系数,查表 2-2;

$\alpha_1, \alpha_2, \cdots, \alpha_n$——$n$ 个表面法线与风作用方向的夹角。

当建筑物某个表面与风力作用方向垂直时,$\alpha_i = 0°$,这个表面的风压全部计入总风荷载;当某个表面与风力作用方向平行时,$\alpha_i = 90°$,这个表面的风压不计入总风荷载;其他与风作用方向成某一夹角的表面,都应计入该表面上压力在风作用方向的分力。要注意区别是风压力还是风吸力,以便作矢量相加。

各表面风荷载的合力作用点,即总风荷载作用点。

【**例 2-1**】 计算 Y 形框架-剪力墙结构的总风荷载标准值及其作用位置。该结构平面外形图见

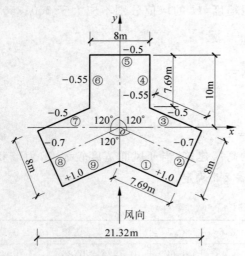

**图 2-3 例 2-1 结构平面外形图**

图 2-3,18 层,房屋总高 58m,地区标准风压值 0.58kN/m²,风向为图中箭头所指方向,体型系数已示于图中。地面粗糙度为 B 类地区。

【**解**】 沿建筑物高度每米的总风荷载是

$$W_z = \beta_z \mu_z \sum_{i=1}^{9} B_i \mu_{si} w_0 \cos\alpha_i = \beta_z \mu_z \sum_{i=1}^{9} W_i$$

每个表面沿建筑物高度每米的风荷载为

$$W_{iz} = \beta_z \mu_z B_i \mu_{si} w_0 \cos\alpha_i = \beta_z \mu_z W_i$$

高层建筑应按地区风压的 1.1 倍取用,即取 $w_0 = 1.1 \times 0.58 = 0.64 \text{kN/m}^2$。

本结构平面外形有 9 个表面,在图中〇内标明表面序号。分别计算每个表面的风荷载,计算列表进行,见表 2-6。因为结构平面是对称的,因此表中只列出了右半边结果,总荷载应将表 2-6 中结果乘以 2。

表 2-6　例 2-1 表 1

| 序号 | $B_i\,\mu_{si}\,w_0$ | $\cos\alpha_i$ | $W_i/(\mathrm{kN/m})$ |
|---|---|---|---|
| 1 | $7.69\times1.0\times0.64$ | 0.866 | 4.26 |
| 2 | $-8\times0.7\times0.64$ | 0.5 | $-1.79$ |
| 3 | $7.69\times0.5\times0.64$ | 0.866 | 2.13 |
| 4 | $7.69\times0.55\times0.64$ | 0 | 0 |
| 5 | $4\times0.5\times0.64$ | 1 | 1.28 |
| | $\sum W_i=5.88\times2$ | | |

即
$$\sum W_i=5.88\times2=11.76(\mathrm{kN/m})$$

为了进行对比,用总的风荷载体型系数重新计算本例。Y 形建筑的总风荷载体型系数 $\mu_s=1.4$,乘以垂直于风向的最大投影宽度 $B=21.32\mathrm{m}$,所以

$$\sum W_i=B\mu_s w_0=21.32\times1.4\times0.64=19.10(\mathrm{kN/m})$$

以上求得的结果,比用各分面体型系数组合起来的数值要大,偏于安全。应指出的是,通常无斜面的体型,两种方法的计算结果相差不多。本例是一个特例(迎风面有两个风为吸力的斜面②、⑧,大大减小了风作用方向的总效应)。

框架-剪力墙结构基本周期近似取
$$T_1=0.07N=0.07\times18=1.26(\mathrm{s})$$

自振频率
$$f_1=\frac{1}{T_1}=\frac{1}{1.26}=0.794$$

按式(2-2)计算风振系数 $\beta_z$,式中有关参数取值或计算如下:
$$g=2.5,\quad I_{10}=0.14,\quad k_w=1.0,\quad \zeta_1=0.05$$

由式(2-4)有
$$x_1=\frac{30f_1}{\sqrt{k_w w_0}}=\frac{30\times0.794}{\sqrt{1\times0.64}}=29.78$$

由式(2-3)有
$$R=\sqrt{\frac{\pi}{6\zeta_1}\frac{x_1^2}{(1+x_1^2)^{4/3}}}=\sqrt{\frac{3.1416}{6\times0.05}\times\frac{29.78^2}{(1+29.78^2)^{4/3}}}=1.044$$

由式(2-6)有
$$\rho_z=\frac{10\sqrt{H+60\mathrm{e}^{-H/60}-60}}{H}=\frac{10\sqrt{58+60\mathrm{e}^{-58/60}-60}}{58}=0.786$$

由式(2-7)有
$$\rho_x=\frac{10\sqrt{B+50\mathrm{e}^{-B/50}-50}}{B}=\frac{10\sqrt{21.32+50\mathrm{e}^{-21.32/50}-50}}{21.32}=0.934$$

由式(2-5)有　$B_z=kH^{a_1}\rho_x\rho_z\frac{\phi_1(z)}{\mu_z(z)}=0.67\times58^{0.187}\times0.934\times0.786\frac{\phi_1(z)}{\mu_z(z)}=1.051\frac{\phi_1(z)}{\mu_z(z)}$

代入式(2-2)得

$$\beta_z=1+2gI_{10}B_z\sqrt{1+R^2}=1+\left(2\times2.5\times0.14\times1.051\frac{\phi_1(z)}{\mu_z(z)}\times\sqrt{1+1.044^2}\right)=1+0.7357\frac{\phi_1(z)}{\mu_z(z)}$$

代入上面由式(2-8)算得的 $w_z$,有

$$W_z=\beta_z\mu_z(z)\sum W_i=[\mu_z+0.7357\phi_1(z)]\sum W_i=[\mu_z+0.7357\phi_1(z)]\times11.76(\mathrm{kN/m})$$

各分段高度处风荷载值列表计算,见表 2-7。因质量和刚度沿高度分布均匀,取斜直线为第一振型形式,即取振型系数 $\varphi_z = \frac{z}{H}$。风压高度变化系数 $\mu_z$ 按表 2-1 中 B 类取值。因为结构平面对 $y$ 轴对称,风荷载合力沿 $y$ 轴作用。从表中计算结果可以看出,风荷载值越向上越大。

表 2-7    例 2-1 表 2

| 高地面高度/m | $\phi_1 = \frac{z}{H}$ | $0.736\phi_1$ | $\mu_z$ | $\mu_z + 0.736\phi_1$ | $W_z/(\text{kN/m})$ |
|---|---|---|---|---|---|
| 58.0 | 1.0 | 0.736 | 1.69 | 2.426 | 28.53 |
| 52.2 | 0.9 | 0.662 | 1.64 | 2.302 | 27.07 |
| 46.4 | 0.8 | 0.589 | 1.58 | 2.169 | 25.51 |
| 40.6 | 0.7 | 0.515 | 1.52 | 2.035 | 23.93 |
| 34.8 | 0.6 | 0.422 | 1.45 | 1.892 | 22.25 |
| 29.0 | 0.5 | 0.368 | 1.31 | 1.678 | 19.73 |
| 23.2 | 0.4 | 0.294 | 1.28 | 1.574 | 18.51 |
| 17.4 | 0.3 | 0.221 | 1.15 | 1.371 | 16.12 |
| 11.6 | 0.2 | 0.143 | 1.04 | 1.187 | 13.96 |
| 5.8 | 0.1 | 0.074 | 1.00 | 1.074 | 12.63 |

## 2.2    地震作用的特点和抗震设计目标

### 2.2.1    地震作用的特点

地震时,由于地震波的作用产生地面运动,并通过房屋基础影响上部结构,使结构产生振动,这就是地震作用。地震波会使房屋产生竖向振动与水平振动,一般对房屋的破坏主要由水平振动造成。设计中主要考虑水平地震作用,只有震中附近的高烈度区或竖向振动会产生较严重后果时,才同时考虑竖向地震作用。

地震作用使房屋产生的运动称为该房屋的地震反应,包括位移、速度与加速度,加速度将产生惯性力,使房屋产生很大的内力和变形。地震作用的计算属于结构动力计算的范畴。地震作用的大小除了和地震波的特性有极为密切的关系外,还和场地土性质、房屋本身的动力特性有很大关系。

地震地面运动是一种随机振动,图 2-4 是 1940 年美国 El Centro 地震记录到的加速度波形,对于工程抗震而言,它最重要的特性是强度(由振幅大小表示)、频谱和持续时间。强烈地震时加速度峰值或速度峰值(振幅)往往很大,但如果地震时间很短,对建筑物的影响也可能不大;而有时地面运动的加速度或速度幅值并不太大,而地震波的特征周期(或称卓越周期,它是频谱分析中能量占主导地位的周期成分,是反映地震震级、震中距和场地类别等的反应谱特征周期)与结构物的基本周期接近,或者振动时间很长,都可能对建筑物造成严重影响。

地震观测表明,不同性质的场地土对地震波中各种频率成分的吸收和过滤效果不同。地震波在传播

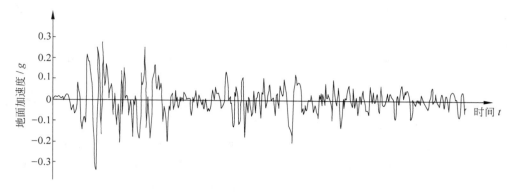

**图 2-4　1940 El Centro 地震记录南北分量**

过程中,高频成分易被吸收,特别在软土中更是如此。因此,在震中附近或在岩石等坚硬地层中,地震波短周期成分丰富,特征周期可能在 0.1～0.3s 左右。在距震中很远的地方,或者冲积土层很厚、土层又较软时,由于短周期成分被吸收而导致长周期成分为主,特征周期可能在 1.5～2s 之间。后一种情况对具有较长周期的高层建筑结构十分不利。

房屋本身的动力特性指房屋的自振周期、振型与阻尼,它们与结构的质量和刚度有关。通常质量大、刚度大、周期短的房屋在地震作用下的惯性力较大;刚度小、周期长的房屋位移较大。特别是当地震波的特征周期与房屋的自振周期相近时,会引起类似共振的现象,使结构的地震反应加剧。

## 2.2.2　抗震设防标准、抗震设计目标和二阶段设计方法

高层建筑按其使用功能的重要性可分为 3 类:

(1) 甲类建筑　地震破坏会导致严重后果,会造成经济上严重损失的建筑,或特别重要的建筑。

(2) 乙类建筑　在地震时须维持正常使用和救灾需要的建筑物,人员大量集中的公共建筑,或其他重要的建筑。

(3) 丙类建筑　除上述以外的一般高层民用建筑。

我国《建筑抗震设计规范》(GB 50011—2010)(以下简称《抗震规范》)规定,抗震设防烈度为 6 度及 6 度以上的地区,高层建筑必须进行抗震设计。

各类建筑的抗震设防标准为:

甲类建筑　地震作用应高于本地区抗震设防烈度的要求;抗震措施应比本地区抗震设防烈度提高 1 度要求。

乙类建筑　地震作用按本地区抗震设防烈度的要求;抗震措施应比本地区抗震设防烈度提高 1 度要求。

丙类建筑　地震作用和抗震措施均按本地区抗震设防烈度要求。

地震作用并不经常发生,强烈地震发生的机会更少。与风相比,地震作用的持续时间很短,一般为几十秒钟,其中最强烈的振动可能只有几秒钟,但是强烈地震的破坏性很大。针对这一特点,抗震设计的目标即所谓的三水准抗震目标如下:

(1)小震不坏　在建筑物使用期间可能遇到的多遇地震(小震),即相当于比设防烈度低 1.5 度的地震作用下,建筑结构应保持弹性状态而不损坏,按这种受力状态进行内力计算和截面设计。

(2)中震可修　在设防烈度下,建筑结构可以出现损坏(局部进入塑性状态),震后经修理仍可继续使用。

(3)大震不倒　当遭遇千年不遇的罕遇地震(大震,一般指超出设防烈度 1~1.5 度的地震),建筑物会严重损坏,但要求不倒塌,保证生命安全。

一般情况下,抗震设防烈度可采用中国地震烈度区划图的地震基本烈度,或与设计地震基本加速度值对应的烈度值,见表 2-8。表中设计基本地震加速度即《抗震规范》附录 A 给出的设计基本地震加速度,其定义为:50 年设计基准期超越概率 10%的地震加速度的设计取值。

表 2-8　设计基本地震加速度值与设防烈度的对应关系

| 抗震设防烈度 | 6 | 7 | 8 | 9 |
|---|---|---|---|---|
| 设计基本地震加速度值 | 0.05g | 0.10(0.15)g | 0.20(0.30)g | 0.40g |

注:《抗震规范》中加速度为括号内数值时,按表中相应抗震设防烈度进行抗震设计。

三水准抗震目标可简单概括为:小震不坏,中震可修,大震不倒。这样的三水准设计目标是合理的,也是经济、安全的。因为设防烈度的地震发生概率不大,要求结构处于弹性状态势必增加材料用量。结构进入弹塑性状态,材料塑性变形就可以吸收并耗散地震能量,结构变"软"了,惯性力不会再加大,只要结构有足够的变形能力,结构便不会破坏,这就是延性结构的概念。延性结构利用塑性变形而不是用承载能力抵抗地震,这样可节约材料,也足够安全。在罕遇地震作用下,只要结构不倒塌,便可保护人的生命和财产安全。

地面运动的随机性、不确定性,再加上结构进入弹塑性状态和不同层次的设计要求,给抗震设计带来一定困难。目前,抗震的理论计算还不完善,抗震设计带有一定程度的经验性。

抗震设计通过三方面体现:概念设计、抗震计算及抗震构造措施。

抗震计算是用定量方法估计地震反应,以保证结构有足够的刚度和承载能力。我国抗震规范要求采用二阶段的设计方法实现上述三水准的抗震目标。第一阶段设计是承载力和使用状态下的变形验算。取多遇地震时的众值烈度,此时建筑处于使用状态,视建筑结构为弹性体系,采用反应谱理论计算地震作用,用弹性方法计算内力和位移,进行荷载效应组合,然后按极限状态方法设计构件,满足规范对中震设防烈度的相应要求(含延性及抗震构造措施)。这样的设计不仅满足第一水准小震不坏,也满足了第二水准中震可修的目标。对多数高层建筑结构,只需进行第一阶段设计即可,而通过概念设计和抗震构造措施来满足第三水准的要求。

第二阶段设计是弹塑性变形验算。对特殊重要的建筑、地震时易倒塌的结构以及有明显薄弱层的不规则结构,除进行第一阶段设计外,还要进行罕遇地震作用下结构薄弱部位的弹塑性层间变形验算(包含时程分析法的补充计算),并采取相应的抗震构造措施,实现第三水准大震不倒的设防要求。

抗震设计的另一个重要方面是抗震构造措施。前述二阶段设计中许多抗震要求是通过构造措施实现的。如采用构造措施保证结构的延性,以满足设防烈度下的要求;也要通过构造措施,实现罕遇地震下避免倒塌的目标。

最后,要进行成功的抗震设计,必须注重抗震概念设计。概念设计是指一些在计算中或在规范中难以作出具体规定的问题,必须由工程师运用"概念"进行分析,作出判断,以便采取相应的措施。例如,结构破坏机理的概念、力学概念,以及由震害、试验现象等总结提供的各种宏观的和具体的经验等。这些概念及经验要贯穿在方案确定及结构布置过程中,也应体现在计算简图或计算结果的处理中,同时会对某些薄弱部位的配筋构造起作用。概念设计带有一定的经验性,但它和抗震计算、构造设计等是不可分割、互为补充的抗震设计的重要组成部分。

《高层规程》这次提出了结构抗震性能设计,要求在高层建筑混凝土结构抗震设计时,当其房屋高度、规则性、结构类型超过规程的规定或抗震设防标准等有特殊要求时,可采用结构抗震性能设计方法进行补充分析和论证。将在 2.7 节中给予介绍。

## 2.3  地震作用的计算方法

用动力方法计算质点体系地震反应,建立反应谱;再用加速度反应谱计算结构的最大惯性力作为结构的等效地震荷载;然后按静力方法进行结构计算及设计的方法,称为反应谱方法。反应谱方法是一种拟静力方法。采用反应谱方法时,抗震规范都要给出标准设计反应谱曲线。

### 2.3.1  设计反应谱曲线

设计反应谱曲线是通过单质点体系的动力计算得到的。

图 2-5 所示为一单质点体系,在地面加速度运动作用下,质点运动方程为

$$m\ddot{x} + c\dot{x} + kx = -m\ddot{x}_0 \qquad (2\text{-}9)$$

式中:$m, c, k$——质点的质量、阻尼系数及刚度系数;

$x, \dot{x}, \ddot{x}$——质点的位移、速度及加速度反应,均为时间的函数;

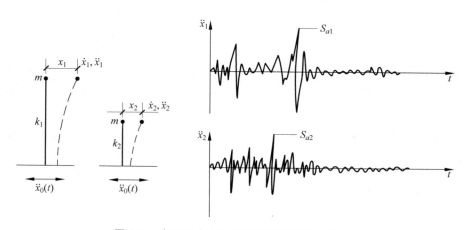

图 2-5  地面运动产生的加速度反应最大值 $S_a$

$\ddot{x}_0$——地面运动加速度,是时间的函数。

如地面运动 $\ddot{x}_0(t)$ 已知,便可求出质点的位移、速度和加速度反应,反应的最大值分别称为 $S_d$、$S_v$、$S_a$。当单质点体系的自振周期改变时,就会得到不同的最大反应值,如图 2-5 中的 $S_{a1}$ 及 $S_{a2}$。画出 $S_d$、$S_v$、$S_a$ 与周期 $T$ 的关系曲线,就得到位移反应谱、速度反应谱和加速度反应谱。计算惯性力主要是根据加速度反应谱。图 2-6 是在 El Centro 地震波作用下,用不同阻尼比计算得到的一组加速度反应谱曲线。反应谱曲线中最大值对应的周期就是该地震波的特征周期,也称为卓越周期。

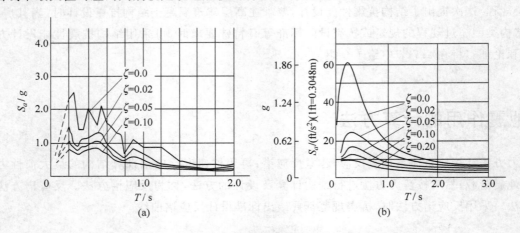

**图 2-6    1940 年 El Centro 地震南北分量加速度反应谱曲线**

(a) 加速度反应谱;(b) 平均反应谱

加速度反应谱曲线随地面运动不同而改变。在不同性质场地土的地震波作用下加速度反应谱见图 2-7。由图中可见,软土中特征周期较长,反应谱曲线的最大值向长周期方向移动。

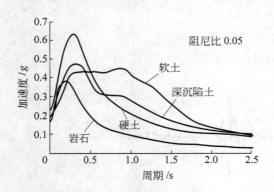

**图 2-7    不同场地土条件的平均反应谱**

(美国 H. B. Seed,共 104 条地震记录)

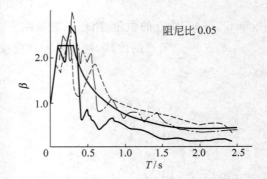

**图 2-8    相同场地土地震波 $\beta$ 值谱曲线**

有了质点最大加速度反应 $S_a$ 后,由牛顿定律可得质点最大惯性力为

$$F = mS_a = \frac{\ddot{x}_{0max}}{g} \frac{S_a}{\ddot{x}_{0max}} mg = k\beta G = \alpha G \tag{2-10}$$

式中:$m,G$——单质点体系的质量及重量;

$g$——重力加速度；

$\ddot{x}_{0max}$——地面运动最大加速度；

$k$——$\ddot{x}_{0max}/g$，称为地震系数，表示地面运动的相对强度；

$\beta$——$S_a/\ddot{x}_{0max}$，称为动力系数，表示质点加速度与地面加速度相比的放大系数；

$\alpha$——地震影响系数，$\alpha=k\beta$。

将加速度反应谱做成 $\beta$ 谱，就可以发现，在场地土相近的地面运动作用下得到的 $\beta$ 谱曲线很接近。图 2-8 为同类场地土的若干条地震波 $\beta$ 谱曲线，经过统计、平均、平滑等处理可以得到平均 $\beta$ 谱曲线，见图中粗实线。

我国抗震规范是根据大量的地震加速度记录计算得到的反应谱曲线，经过处理后得到的标准反应谱——地震影响系数 $\alpha$，作为设计反应谱，见图 2-9。

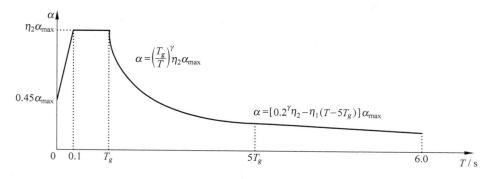

**图 2-9　地震影响系数（设计反应谱）曲线**

$\alpha$——地震影响系数；$\alpha_{max}$——地震影响系数最大值；$T$——结构自振周期；$T_g$——特征周期；

$\gamma$——曲线下降段衰减指数；$\eta_1$——直线下降段下降斜率调整系数；$\eta_2$——阻尼调整系数

结构的地震作用影响系数，应根据烈度、场地类别、设计地震分组和结构自振周期以及阻尼比等因素按图 2-9 采用，其水平地震影响系数最大值 $\alpha_{max}$ 应按表 2-9 采用。

**表 2-9　水平地震影响系数最大值 $\alpha_{max}$**

| 地震影响 | 6 度 | 7 度 | 8 度 | 9 度 |
|---|---|---|---|---|
| 多遇地震 | 0.04 | 0.08(0.12) | 0.16(0.24) | 0.32 |
| 设防地震 | 0.12 | 0.23(0.34) | 0.45(0.68) | 0.90 |
| 罕遇地震 | 0.28 | 0.50(0.72) | 0.90(1.20) | 1.40 |

注：烈度为 7、8 度时括号内数值分别用于设计基本地震加速度为 0.15$g$ 和 0.30$g$ 的地区。

设计特征周期（$T_g$），应根据场地类别和设计地震分组按表 2-10 采用；计算烈度为 8、9 度罕遇地震作用时，特征周期应增加 0.05s。规范将设计近震、远震改称设计地震分组，为更好体现震级和震中距的影响，将建筑工程的设计地震分为三组，分别反映近、中、远震的不同影响。《抗震规范》附录 A 中给出了我国主要城镇的设计地震分组。

表 2-10　特征周期值 $T_g/s$

| 设计地震分组 \ 场地类别 | $I_0$ | $I_1$ | II | III | IV |
|---|---|---|---|---|---|
| 第一组 | 0.20 | 0.25 | 0.35 | 0.45 | 0.65 |
| 第二组 | 0.25 | 0.30 | 0.40 | 0.55 | 0.75 |
| 第三组 | 0.30 | 0.35 | 0.45 | 0.65 | 0.90 |

　　《抗震规范》根据土层等效剪切波速和场地覆盖层厚度将高层建筑所在场地类别分为 I、II、III、IV 四类,其中 I 类分为 $I_0$ 和 $I_1$ 两个亚类,见表 2-11。当有可靠的剪切波速和覆盖层厚度且其值处于表 2-11 所列场地类别的分界线附近时,可按插值方法确定地震作用计算所用的设计特征周期。

表 2-11　各类建筑场地的覆盖层厚度与场地土类别 m

| 土的类型 | 等效剪切波速/(m/s) | 场地类别 | | | | |
|---|---|---|---|---|---|---|
| | | $I_0$ | $I_1$ | II | III | IV |
| 岩石 | $v_{se} > 800$ | 0 | | | | |
| 坚硬土或软质岩石 | $800 \geqslant v_{se} > 500$ | | 0 | | | |
| 中硬土 | $500 \geqslant v_{se} > 250$ | | <5 | ≥5 | | |
| 中软土 | $250 \geqslant v_{se} > 150$ | | <3 | 3～50 | >50 | |
| 软弱土 | $v_{se} \leqslant 150$ | | <3 | 3～15 | 15～80 | >80 |

　　高层建筑结构地震影响系数曲线(图 2-9)的形状参数和阻尼调整应符合下列要求:

　　(1)除有专门规定外,钢筋混凝土高层建筑结构的阻尼比应取 0.05,此时阻尼调整系数 $\eta_2$ 应取 1.0,形状参数应符合下列规定:

　　① 直线上升段,周期小于 0.1s 的区段;

　　② 水平段,自 0.1s 至特征周期 $T_g$ 的区段,地震影响系数应取最大值 $\alpha_{max}$;

　　③ 曲线下降段,自特征周期至 5 倍特征周期的区段,衰减指数 $\gamma$ 应取 0.9;

　　④ 直线下降段,自 5 倍特征周期至 6.0s 的区段,下降斜率调整系数 $\eta_1$ 应取 0.02。

　　(2)当建筑结构的阻尼比不等于 0.05 时,地震影响系数曲线的分段情况与 1 中相同,但其形状参数和阻尼调整系数 $\eta_2$ 应符合下列规定:

　　① 曲线下降段的衰减指数应按下式确定:

$$\gamma = 0.9 + \frac{0.05 - \zeta}{0.3 + 6\zeta}$$

式中:$\gamma$——曲线下降段的衰减指数;

　　　　$\zeta$——阻尼比。

　　② 直线下降段的下降斜率调整系数应按下式确定:

$$\eta_1 = 0.02 + (0.05 - \zeta)/(4 + 32\zeta)$$

式中：$\eta_1$——直线下降段的下降斜率调整系数，小于零时应取零。

③ 阻尼调整系数应按下式确定：

$$\eta_2 = 1 + \frac{0.05 - \zeta}{0.08 + 1.6\zeta}$$

式中：$\eta_2$——阻尼调整系数，当 $\eta_2$ 小于 0.55 时，应取 0.55。

## 2.3.2　等效地震力计算方法

我国《抗震规范》及《高层规程》都要求在高层建筑中用反应谱方法计算地震作用——等效地震力，根据不同情况，有下列两种方法。

### 1. 底部剪力法

当结构高度小于 40m，沿高度方向质量及刚度分布比较均匀，并以剪切变形为主的高层建筑，可以只用基本自振周期确定总底部剪力，然后按照一定规律将地震作用沿高度分布。对于基本自振周期的计算见 2.4.2 节。

底部剪力 $F_{\mathrm{EK}}$ 按下式计算：

$$F_{\mathrm{EK}} = \alpha_1 G_{\mathrm{eq}} \tag{2-11}$$

当建筑为 $n$ 层时，各楼层处地震作用为 $F_i$。当结构有高振型影响时，顶部位移及惯性力加大。在底部剪力法中，用顶部附加作用 $\Delta F_n$ 近似考虑高振型影响。顶层等效地震力为 $F_n + \Delta F_n$。$F_i$ 及 $\Delta F_n$ 计算公式如下，等效地震力沿高度分布简图如图 2-10 所示。

$$\left. \begin{aligned} F_i &= \frac{G_i H_i}{\sum\limits_{j=1}^{n} G_j H_j}(1 - \delta_n)F_{\mathrm{EK}} \\ \Delta F_n &= \delta_n F_{\mathrm{EK}} \end{aligned} \right\} \tag{2-12}$$

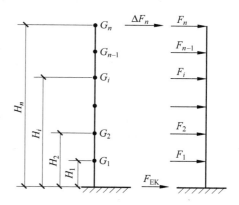

图 2-10　底部剪力法等效地震力分布

式中：$G_i$，$G_j$，$G_E$——第 $i$ 层、第 $j$ 层重量及总重量，$G_E = \sum\limits_{i=1}^{n} G_i$，$G_i$ 应包括结构自重、50%～80%的使用荷载以及 50%的雪荷载；

$G_{\mathrm{eq}}$——结构等效总重，$G_{\mathrm{eq}} = 0.85 G_E$；

$H_i$——第 $i$ 层楼板离地面高度；

$\alpha_1$——相应于结构基本自振周期 $T_1$ 的地震影响系数，由图 2-9 反应谱曲线计算；

$\delta_n$——顶点附加地震作用系数，可按表 2-12 采用。

用底部剪力法计算高层建筑的水平地震作用时，突出屋面房屋(楼梯间、电梯间、水箱间等)宜作为一个质点参加计算,计算求得的水平地震作用标准值应增大,增大系数 $\beta_n$ 在 14.3.2 节给出,需要时可以查用。增大后的地震作用仅用于突出屋面房屋自身以及与其直接连接的主体结构构件的设计。

表 2-12　顶点附加地震作用系数 $\delta_n$

| $T_g/s$ | $T_1 > 1.4T_g$ | $T_1 \leqslant T_g$ |
|---|---|---|
| $\leqslant 0.35$ | $0.08T_1 + 0.07$ | |
| $0.35 \sim 0.55$ | $0.08T_1 + 0.01$ | 不考虑 |
| $\geqslant 0.55$ | $0.08T_1 - 0.02$ | |

### 2. 反应谱振型分解法

不符合底部剪力法适用条件的其他高层建筑,都应按反应谱振型分解法确定等效地震力及内力;对质量和刚度不对称、不均匀的结构以及高度超过 100m 的高层建筑结构,应采用考虑扭转耦联振动影响的反应谱振型分解法。

可以把高层建筑各层质量集中在楼层处,$n$ 个楼层即形成 $n$ 个质点。

当不考虑扭转耦联影响时,把结构简化为平面结构进行平移分析,$x,y$ 两个方向分别进行计算,每一个方向均具有 $n$ 个振型,见图 2-11。在计算较规则结构的地震作用时,只需取 2~3 个振型组合即可满足工程要求;在较柔软(当基本周期大于 1.5s 或房屋高宽比大于 5 时)或刚度、质量沿高度分布很不均匀的结构中,需要多取一些振型,例如取 5~6 个振型或者更多。

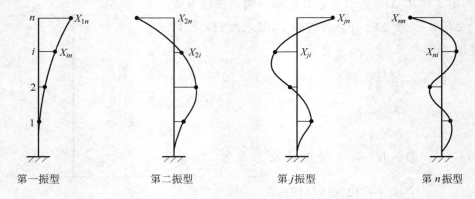

第一振型　　　　第二振型　　　　第 $j$ 振型　　　　第 $n$ 振型

图 2-11　多自由度体系平面振型

每个振型都分别按反应谱曲线计算地震影响系数 $\alpha$,第 $j$ 个振型第 $i$ 楼层处的等效地震力按下式计算:

$$F_{ji} = \alpha_j \gamma_j X_{ji} G_i, \quad i = 1, 2, \cdots, n; \ j = 1, 2, \cdots, m \tag{2-13}$$

式中:$G_i$——第 $i$ 楼层重量,与底部剪力法中计算方法相同;

$\alpha_j$——由第 $j$ 振型的自振周期 $T_j$ 计算得到的地震影响系数,按图 2-9 计算;

$X_{ji}$——第 $j$ 振型第 $i$ 质点的振幅值,见图 2-11;

$\gamma_j$——第 $j$ 振型的振型参与系数,由下式计算(式中 $n$ 为自由度数):

$$\gamma_j = \frac{\sum_{i=1}^{n} X_{ji}G_i}{\sum_{i=1}^{n} X_{ji}^2 G_i}, \quad i = 1,2,\cdots,n; j = 1,2,\cdots,m \tag{2-14}$$

求出各振型等效地震力后,按静力方法分别计算各个振型的内力——弯矩、剪力、轴力和位移,然后用下式组合求出振型组合内力及位移:

$$S = \sqrt{\sum_{j=1}^{m} S_j^2} \tag{2-15}$$

式中:$m$——需要参加组合的振型数;

$S_j$——由 $j$ 振型等效地震力求出的弯矩、剪力、轴力或位移;

$S$——振型组合后的弯矩、剪力、轴力或位移。

式(2-15)称为平方和的平方根方法(SRSS 方法)。因为每个振型都由反应谱曲线计算等效地震力,因而意味着都是最大加速度反应时的惯性力。实际上,各个振型的最大值在同一时刻发生的概率极小。SRSS 方法是在概率方法的基础上得到的较为合理的组合方式。

当结构的质量和刚度明显不对称、不均匀时,应考虑双向水平地震作用和扭转的耦联影响。此时,每个楼层有 $x$、$y$、$\varphi$ 三个位移分量,因而 $n$ 个楼层将出现 $3n$ 个振型。在用振型分解反应谱法时,可取前 9~15 个振型;多塔楼建筑每个塔楼不宜小于 9 个振型。按照我国抗震规范,计算等效地震力是按 $x$、$y$ 方向(两主轴方向)的单向地震,但要计算 $x$、$y$ 方向和扭转的效应。由于存在振型耦联现象,因此要考虑更多的振型对等效地震力的影响。

考虑扭转耦联时,等效地震力按下列公式确定

$$\left.\begin{array}{l} F_{xji} = \alpha_j \gamma_{tj} X_{ji}G_i \\ F_{yji} = \alpha_j \gamma_{tj} Y_{ji}G_i \\ F_{tji} = \alpha_j \gamma_{tj} r_i^2 \varphi_{ji}G_i \end{array}\right\}, \quad i = 1,2,\cdots,n; j = 1,2,\cdots,m \tag{2-16}$$

式中:$\alpha_j$ 与 $G_i$ 的意义同前;

$r_i$——第 $i$ 层质量回转半径;

$$r_i^2 = I_i g / G_i \tag{2-17}$$

$I_i$——第 $i$ 层质量绕质心转动的转动惯量;

$g$——重力加速度;

$X_{ji}$、$Y_{ji}$、$\varphi_{ji}$——第 $j$ 振型中第 $i$ 质点在 $x$、$y$、$\varphi$ 三个方向的振幅分量。

$\gamma_{tj}$ 是考虑扭转的第 $j$ 振型的振型参与系数,按下式计算:

当仅考虑 $x$ 方向地震时

$$\gamma_{tj} = \sum_{i=1}^{n} X_{ji}G_i \bigg/ \sum_{i=1}^{n} (X_{ji}^2 + Y_{ji}^2 + \varphi_{ji}^2 r_i^2)G_i \tag{2-18}$$

当仅考虑 $y$ 方向地震时

$$\gamma_{tj} = \sum_{i=1}^{n} Y_{ji} G_i \bigg/ \sum_{i=1}^{n} (X_{ji}^2 + Y_{ji}^2 + \varphi_{ji}^2 r_i^2) G_i \tag{2-19}$$

规范规定,有斜交抗侧力构件的结构,当相交角度大于 15°时,应分别计算各抗侧力构件方向的水平地震作用。当考虑与 $x$ 方向夹角为 $\theta$ 的地震时,其振型参与系数按下式计算:

$$\gamma_{tj} = \gamma_{xj} \cos\theta + \gamma_{yj} \sin\theta$$

式中:$\gamma_{xj}$,$\gamma_{yj}$ 为由式(2-18)和式(2-19)求得的参与系数。

振型组合时,也要考虑空间各振型的相互影响。应采用完全二次方程法(CQC 方法)进行组合,组合公式为下式,$m$ 为参加组合的振型数。

$$S = \sqrt{\sum_{j=1}^{m} \sum_{r=1}^{m} S_j \rho_{jr} S_r} \tag{2-20}$$

式中:$\rho_{jr}$——$j$ 振型与 $r$ 振型的耦联系数;

$$\rho_{jr} = \frac{8 \zeta_j \zeta_r (1 + \lambda_T) \lambda_T^{1.5}}{(1 - \lambda_T^2)^2 + 4 \zeta_j \zeta_r (1 + \lambda_T) \lambda_T + 4 (\zeta_j^2 + \zeta_r^2) \lambda_T^2} \tag{2-21}$$

$\lambda_T$——$j$ 振型与 $r$ 振型的周期比;

$$\lambda_T = T_j / T_r \tag{2-22}$$

$\zeta_j$,$\zeta_r$——$j$,$r$ 振型的阻尼比;

$S_j$,$S_r$——第 $j$ 振型、第 $r$ 振型参加组合的内力,弯矩、剪力、轴力或位移。

考虑双向水平地震作用下的扭转地震作用效应,应按下列公式中的较大值确定

$$S = \sqrt{S_x^2 + (0.85 S_y)^2}$$

或

$$S = \sqrt{S_y^2 + (0.85 S_x)^2}$$

式中:$S_x$——仅考虑 $x$ 向水平地震作用时的地震作用效应;

$S_y$——仅考虑 $y$ 向水平地震作用时的地震作用效应。

与 SRSS 方法相同,在组合之前,必须分别计算各振型等效地震荷载下的内力及位移,即 $S_j$ 或 $S_r$,(是由 $F_{xji}$,$F_{yji}$ 及 $F_{tji}$ 作用或 $F_{xri}$,$F_{yri}$ 和 $F_{tri}$ 作用,求出的构件内力和结构位移),然后由公式(2-19)计算得到振型组合后的内力及位移。

以上介绍了用反应谱振型分解法确定等效地震力的方法及计算公式,供设计和计算时采用。在第 14 章将专门对此方法及相关公式进行推导和深入的讨论。

《高层规程》规定,计算出的水平地震作用使结构各楼层产生的水平地震剪力应符合下列要求

$$V_{EKi} \geqslant \lambda \sum_{j=i}^{n} G_j$$

式中:$V_{EKi}$——第 $i$ 层的楼层水平地震剪力;

$\lambda$——水平地震剪力系数,不应小于表 2-13 规定的值,对竖向不规则结构的薄弱层,尚应乘以 1.15 的增大系数;

$G_j$——第 $j$ 层的重量;

$n$——结构计算总层数。

表 2-13　楼层最小地震剪力系数值

| 类　　别 | 6 度 | 7 度 | 8 度 | 9 度 |
|---|---|---|---|---|
| 扭转效应明显或基本周期小于 3.5s 的结构 | 0.008 | 0.016(0.024) | 0.032(0.048) | 0.064 |
| 基本周期大于 5.0s 的结构 | 0.006 | 0.012(0.018) | 0.024(0.032) | 0.040 |

注：(1) 基本周期介于 3.5s 和 5.0s 之间的结构,可以线性插入;

　　(2) 7、8 度时括号内数值分别用于设计地震加速度为 0.15g 和 0.30g 的地区。

　　限制地震剪力不应过小,是因为地震影响系数在长周期段下降较快,对于基本周期大于 3.5s 的结构,由此计算所得的水平地震作用效应可能偏小。另外,对于长周期结构,地震地面运动速度和位移可能对结构的破坏具有更大的影响,振型分解反应谱法无法对此做出估计。出于结构安全的考虑,设定了对各楼层水平地震剪力最小值的要求。

### 3. 规定水平力的概念和结构楼层内的扭转位移比规定

　　《高层规程》提出了"规定水平地震力"的概念。由于地震作用及其作用效应一般采用振型分解反应谱方法进行计算,在确定结构楼层位移比、结构中不同构件承担的地震倾覆力矩等宏观概念时,往往具有不确定性,因此提出了规定水平地震力的概念。

　　"规定水平地震力"一般可采用振型组合后的楼层地震剪力换算的水平作用力,并考虑偶然偏心的影响。规定水平力的换算原则是:每一楼面处的水平力取该楼面上、下两个楼层的地震剪力差的绝对值;连体结构中连体下一层各塔楼的水平力,可由总水平力按该层各塔楼的地震剪力大小进行分配计算。在计算有比例关系的指标(如楼层扭转位移比、框架-剪力墙结构中框架部分承担的地震倾覆力矩、含有较多短肢剪力墙的剪力墙结构中短肢剪力墙承担的地震倾覆力矩等)时,均可采用规定水平地震力进行计算。下面说明它在结构楼层内因扭转产生位移比的一些规定。

　　在考虑偶然偏心影响的规定水平地震作用下,楼层竖向构件最大水平位移和层间位移：A 级高度高层建筑不宜大于该楼层平均值的 1.2 倍,不应大于该楼层平均值的 1.5 倍。B 级高度高层建筑、超过 A 级高度的混合结构及《高层规程》第 10 章所指的复杂高层建筑不宜大于该楼层平均值的 1.2 倍,不应大于该楼层平均值的 1.4 倍。结构扭转为主的第一自振周期 $T_1$ 与平动为主的第一自振周期 $T_1$ 之比,A 级高度高层建筑不应大于 0.9,B 级高度高层建筑、超过 A 级高度的混合结构及《高层规程》第 10 章所指的复杂高层建筑不应大于 0.85。当楼层的最大层间位移角不大于 2.6.2 节规定的限值的 40% 时,该楼层竖向构件的最大水平位移和层间位移与该楼层平均值的比值可适当放松,但不应大于 1.6。

## 2.3.3　竖向地震作用计算

　　震害表明,竖向地震作用对高层建筑及大跨度结构有很大影响;在地震高烈度区,影响更为强烈。规范中规定竖向地震作用一般只在 9 度设防区的建筑物中考虑;但在长悬臂及跨度很大的梁中,竖向地震的作用不容忽视,在 7 度(0.15g)、8 度及 9 度设防时都应计算。

　　9 度抗震设计时,结构总竖向地震作用的标准值,或底部轴力可按下式计算(图 2-12)。

$$F_{EVK} = \alpha_{Vmax} G_{eq} \tag{2-23}$$

第 $i$ 层的竖向地震作用标准值为

$$F_{Vi} = \frac{G_i H_i}{\sum\limits_{j=1}^{n} G_j H_j} F_{EVK} \tag{2-24}$$

式中:$\alpha_{Vmax}$——竖向地震影响系数的最大值,取水平地震作用影响系数(多遇地震)的 0.65 倍;

$G_{eq}$——结构等效重力荷载,取 $G_{eq} = 0.75 G_E$,$G_E$ 为结构总重力荷载代表值;

$G_i(G_j)$,$H_i(H_j)$ 的含义同式(2-7)。

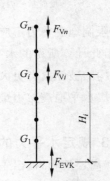

图 2-12 结构竖向地震作用分布图

根据求得的竖向地震作用力,可求出各层的竖向总轴力,按各墙、柱所承受的重力荷载大小的比例,分配到各墙、柱上,并宜乘以增大系数 1.5。竖向地震引起的轴力可能为拉力,也可能为压力;组合时应按不利的值取用。

高层建筑中,大跨度结构、悬挑结构、转换结构、连接结构的连接体的竖向地震作用标准值,不宜小于结构或构件承受的重力荷载代表值与表 2-14 所规定的竖向地震作用系数的乘积。此条有两层含义:一是作为简化方法计算结构竖向地震作用的取值;另一是作为下述的时程分析或反应谱方法的结构竖向地震作用的下限值,即竖向地震作用不宜小于此值。

表 2-14 竖向地震作用系数

| 设防烈度 | 7 度 | 8 度 | | 9 度 |
|---|---|---|---|---|
| 设计基本地震加速度 | $0.15g$ | $0.20g$ | $0.30g$ | $0.40g$ |
| 竖向地震作用系数 | 0.08 | 0.10 | 0.15 | 0.20 |

注:$g$ 为重力加速度。

跨度大于 24m 的楼盖结构、跨度大于 12m 的转换结构和连体结构、悬挑长度大于 5m 的悬挑结构,结构竖向地震作用效应标准值宜采用时程分析方法或振型分解反应谱方法进行计算。时程分析时输入的地震加速度最大值可按规定的水平输入最大值的 65% 采用,反应谱分析时的结构竖向地震影响系数最大值可按水平地震影响系数最大值的 65% 采用,但设计地震分组可按第一组采用。

【例 2-2】 结构平面为矩形的 16 层剪力墙结构,设防烈度为 8 度,$I_1$ 类场地土,设计地震分组为第二组。各楼层处的高程及重力荷载代表值示于图 2-13。用反应谱底部剪力法计算横向和纵向水平地震作用。

【解】 用经验公式计算建筑物的自振周期。因为顶层电梯机房层只是一个小塔楼,所以在周期计算中取建筑物的层数 $N = 15$。

横向周期

$$T_1 = 0.054N = 0.054 \times 15 = 0.81(s)$$

纵向周期

$$T_1 = 0.044N = 0.044 \times 15 = 0.66(s)$$

用底部剪力法计算水平地震作用时,先计算底部总水平地震剪力

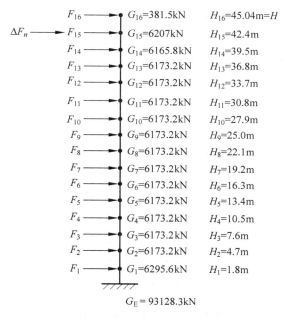

$$F_{16} \longrightarrow \quad G_{16}=381.5\text{kN} \qquad H_{16}=45.04\text{m}=H$$

$\Delta F_n \longrightarrow F_{15} \longrightarrow \quad G_{15}=6207\text{kN} \qquad H_{15}=42.4\text{m}$

$F_{14} \longrightarrow \quad G_{14}=6165.8\text{kN} \qquad H_{14}=39.5\text{m}$

$F_{13} \longrightarrow \quad G_{13}=6173.2\text{kN} \qquad H_{13}=36.8\text{m}$

$F_{12} \longrightarrow \quad G_{12}=6173.2\text{kN} \qquad H_{12}=33.7\text{m}$

$F_{11} \longrightarrow \quad G_{11}=6173.2\text{kN} \qquad H_{11}=30.8\text{m}$

$F_{10} \longrightarrow \quad G_{10}=6173.2\text{kN} \qquad H_{10}=27.9\text{m}$

$F_9 \longrightarrow \quad G_9=6173.2\text{kN} \qquad H_9=25.0\text{m}$

$F_8 \longrightarrow \quad G_8=6173.2\text{kN} \qquad H_8=22.1\text{m}$

$F_7 \longrightarrow \quad G_7=6173.2\text{kN} \qquad H_7=19.2\text{m}$

$F_6 \longrightarrow \quad G_6=6173.2\text{kN} \qquad H_6=16.3\text{m}$

$F_5 \longrightarrow \quad G_5=6173.2\text{kN} \qquad H_5=13.4\text{m}$

$F_4 \longrightarrow \quad G_4=6173.2\text{kN} \qquad H_4=10.5\text{m}$

$F_3 \longrightarrow \quad G_3=6173.2\text{kN} \qquad H_3=7.6\text{m}$

$F_2 \longrightarrow \quad G_2=6173.2\text{kN} \qquad H_2=4.7\text{m}$

$F_1 \longrightarrow \quad G_1=6295.6\text{kN} \qquad H_1=1.8\text{m}$

$$G_E = 93128.3\text{kN}$$

图 2-13　地震作用计算简图

$$F_{EK}=\alpha_1 G_{eq}$$

本工程的抗震设防烈度为 8 度,$\alpha_{max}=0.16$。根据场地类别和设计地震分组,从表 2-8 可知特征周期 $T_g=0.3\text{s}$。因横向周期 $T_1=0.81\text{s}$ 和纵向周期 $T_1=0.66\text{s}$ 都大于 $T_g=0.3\text{s}$,小于 $5T_g=1.5\text{s}$。所以处于图 2-9 中地震影响曲线的曲线下降段,钢筋混凝土结构阻尼比取 0.05,阻尼调整系数 $\eta_2=1$,

$$\alpha_1=\left(\frac{T_g}{T_1}\right)^{0.9}\alpha_{max}$$

横向

$$\alpha_1=\left(\frac{0.3}{0.81}\right)^{0.9}\times0.16=0.0654$$

纵向

$$\alpha_1=\left(\frac{0.3}{0.66}\right)^{0.9}\times0.16=0.0787$$

因此,结构总水平地震作用为

横向

$$F_{EK}=\alpha_1 G_{eq}=0.0654\times0.85\times93128.3$$
$$=5177.0(\text{kN})$$

纵向

$$F_{EK}=\alpha_1 G_{eq}=0.0787\times0.85\times93128.3$$
$$=6229.8(\text{kN})$$

得出了总水平地震作用,各楼层的水平地震作用可按下式计算

$$F_i = \frac{G_i H_i}{\sum\limits_{j=1}^{n} G_j H_j} F_{EK}(1-\delta_n), \quad i=1,2,\cdots,16$$

顶部附加水平地震作用为

$$\Delta F_n = \delta_n F_{EK}$$

由于横向周期 $T_1=0.81\text{s}$ 和纵向周期 $T_1=0.66\text{s}$ 均大于 $1.4T_g=1.4\times0.3=0.42\text{s}$,由表2-9可得:

横向

$$\delta_n = 0.08T_1 + 0.07 = 0.08\times0.81 + 0.07 = 0.1348$$

$$\Delta F_n = 0.1348\times5177 = 697.86(\text{kN})$$

纵向

$$\delta_n = 0.08T_1 + 0.07 = 0.08\times0.66 + 0.07 = 0.1228$$

$$\Delta F_n = 0.1228\times6229.8 = 765(\text{kN})$$

顶部附加水平地震作用应作用于第15层。各楼层的水平地震作用列表计算,见表2-15和表2-16。结构纵向刚度比横向刚度大,因而纵向地震作用大于横向地震。

表 2-15  各楼层横向水平地震作用

| 楼层 | $G_i H_i$ | $\dfrac{G_i H_i}{\sum G_j H_j}$ | $F_{EK}(1-\delta_n)$ | $F_i/\text{kN}$ |
|---|---|---|---|---|
| 16 | 17182.76 | 0.00832 | | 37.27 |
| 15 | 263176.8 | 0.1274 | | 570.64+697.86 |
| 14 | 243549.1 | 0.1179 | | 528.09 |
| 13 | 227173.76 | 0.1099 | | 492.26 |
| 12 | 208036.84 | 0.1007 | | 451.05 |
| 11 | 190134.56 | 0.09202 | | 412.17 |
| 10 | 172232.28 | 0.08336 | 全列为 | 373.38 |
| 9 | 154330.0 | 0.07469 | 4479.14 | 334.55 |
| 8 | 136427.72 | 0.06603 | | 295.76 |
| 7 | 118525.44 | 0.05736 | | 256.92 |
| 6 | 100623.16 | 0.04870 | | 218.13 |
| 5 | 82720.88 | 0.04004 | | 179.34 |
| 4 | 64818.6 | 0.03137 | | 140.51 |
| 3 | 46916.32 | 0.02271 | | 101.72 |
| 2 | 29014.04 | 0.01404 | | 62.89 |
| 1 | 11332.08 | 0.00548 | | 24.55 |

$$\sum G_j H_j = 2066194.34$$

表 2-16 各楼层纵向水平地震作用

| 楼层 | $\dfrac{G_i H_i}{\sum G_j H_j}$ | $F_{EK}(1-\delta_n)$ | $F_i/kN$ |
|:---:|:---:|:---:|:---:|
| 16 | 0.00832 | | 45.47 |
| 15 | 0.1274 | | 696.21+765 |
| 14 | 0.1179 | | 644.30 |
| 13 | 0.1099 | | 600.58 |
| 12 | 0.1007 | | 550.30 |
| 11 | 0.09202 | | 502.87 |
| 10 | 0.08336 | | 455.54 |
| 9 | 0.07469 | 全列为 | 408.16 |
| 8 | 0.06603 | 5464.78 | 360.84 |
| 7 | 0.05736 | | 313.46 |
| 6 | 0.04870 | | 266.13 |
| 5 | 0.04004 | | 218.81 |
| 4 | 0.03137 | | 171.43 |
| 3 | 0.02271 | | 124.11 |
| 2 | 0.01404 | | 76.73 |
| 1 | 0.00548 | | 29.95 |

## 2.3.4 反应谱方法的优缺点

反应谱方法采用动力方法计算地震反应,考虑了地面运动的强弱、场地土性质及结构动力特性对地震惯性力的影响,能够在一定程度上代表地震对房屋的作用。反应谱法用于设计比较方便,求出等效地震荷载后按静力方法进行计算,所得到的内力能够代表在地震作用下的不利内力,根据它们设计截面,可满足抗震设防要求。反应谱方法与传统的结构设计方法接近,该方法在世界各国都得到了广泛的应用。

但是,反应谱方法也存在一些缺陷:

(1) 设计反应谱主要依据的是加速度反应谱,等效地震荷载的大小与地面加速度峰值($\ddot{x}_{0max}/g$)有密切关系,但未反映地面运动中速度、位移及持续时间等参数的影响。据研究,地面运动中速度($\dot{x}_0$)对结构反应影响很大,在相同的加速度峰值下,速度值愈大,结构反应也愈强烈。持续时间对地震反应也有很大影响,特别是当结构进入弹塑性状态后,持续时间长的地震危害更大,但反应谱方法中未能考虑这些不利因素。

(2) 反应谱计算是建立在弹性动力分析基础上的,它未考虑结构弹塑性性能的影响。我国《抗震规范》规定,在小震下用等效静力地震荷载计算弹性状态下的内力与位移,是比较合理的。如果用反应谱方法计算弹塑性状态下的结构往往得不到合理的结果,而通常在设防烈度地震作用下,结构大都进入弹塑性状态。

（3）高层建筑都是多质点体系,而反应谱曲线是从单质点体系得到的。虽然用振型分解方法计算多质点体系在理论上较为完善,但按照概率统计方法进行振型组合,得到的内力和位移却并不能代表结构在地震作用下的真实内力和位移。

因此,无论是底部剪力法,还是反应谱振型分解法都是一种近似的计算地震作用的方法。

（4）反应谱方法得到的是地震过程中的最大惯性力值,但它不一定是结构的最危险状态。因为在地震作用下,结构的最大位移、最大弯矩、最大剪力和轴力都不一定在同一时刻和同一惯性力作用下发生。反应谱方法不能得出在地震过程中的变形及破坏过程,无法确定某些薄弱部位的各种危险状态。

因此,虽然反应谱方法有许多优点,在设计工作中也得到了广泛的应用,但是还需要进一步发展和改进,或需要采用其他方法作为补充。为此,我国《抗震规范》规定下列情况宜采用弹性时程分析法进行多遇地震下的补充计算:

① 刚度与质量沿竖向分布特别不均匀的高层建筑结构;

② 甲类高层建筑结构;

③ 表 2-17 所示的乙、丙类高层建筑结构。

**表 2-17　采用时程分析法的乙、丙类高层建筑结构**

| 设防烈度、场地类别 | 建筑高度范围 | 设防烈度、场地类别 | 建筑高度范围 |
|---|---|---|---|
| 8 度的 Ⅰ、Ⅱ 类场地和 7 度 | ＞100m | 9 度 | ＞60m |
| 8 度 Ⅲ、Ⅳ 类场地 | ＞80m | | |

关于时程分析法,将在第 15 章专门介绍。

# 2.4　结构的自振周期

用反应谱底部剪力法计算地震作用时,应知道基本周期;用反应谱振型分解法时,需要知道前几阶的自振周期及振型。计算周期及振型的方法很多,但不外乎借助于理论计算和根据实测结果建立经验公式两种手段。本节先介绍一些常用方法,可根据其适用条件及计算需要来选用。第 13 章将进行专门的讨论。

## 2.4.1　刚度法求多自由度体系周期和振型的概念

多自由度体系不考虑阻尼的自由振动时的微分方程为

$$M\ddot{x} + Kx = 0 \tag{2-25}$$

这里 $x$ 和 $\ddot{x}$ 分别是位移列阵和加速度列阵:

$$\boldsymbol{x} = \begin{bmatrix} x_1 \\ x_2 \\ \vdots \\ x_n \end{bmatrix}, \quad \ddot{\boldsymbol{x}} = \begin{bmatrix} \ddot{x}_1 \\ \ddot{x}_2 \\ \vdots \\ \ddot{x}_n \end{bmatrix} \tag{2-26}$$

$\boldsymbol{M}$ 和 $\boldsymbol{K}$ 分别是质量矩阵和刚度矩阵：

$$\boldsymbol{M} = \begin{bmatrix} m_1 & & & \\ & m_2 & & \\ & & \ddots & \\ & & & m_n \end{bmatrix}, \quad \boldsymbol{K} = \begin{bmatrix} k_{11} & k_{12} & \cdots & k_{1n} \\ k_{21} & k_{22} & \cdots & k_{2n} \\ \vdots & \vdots & & \vdots \\ k_{n1} & k_{n2} & \cdots & k_{nn} \end{bmatrix} \tag{2-27}$$

$\boldsymbol{K}$ 是对称方阵。在集中质量的体系中，$\boldsymbol{M}$ 是对角矩阵。

下面求方程(2-25)的解答。设解答为如下形式：

$$\boldsymbol{x} = \boldsymbol{X} \sin(\omega t + \varepsilon) \tag{2-28}$$

这里 $\boldsymbol{X}$ 是位移幅值列阵，即

$$\boldsymbol{X} = \begin{bmatrix} X_1 \\ X_2 \\ \vdots \\ X_n \end{bmatrix} \tag{2-29}$$

将式(2-28)代入式(2-25)，消去公因子 $\sin(\omega t + \varepsilon)$，即得

$$(\boldsymbol{K} - \omega^2 \boldsymbol{M}) \boldsymbol{X} = \boldsymbol{0} \tag{2-30}$$

上式是位移幅值 $\boldsymbol{X}$ 的齐次方程。为了得到 $\boldsymbol{X}$ 的非零解，应使系数行列式为零，即

$$|K - \omega^2 \boldsymbol{M}| = 0 \tag{2-31}$$

方程(2-31)称为体系的频率方程，即特征方程。求出频率方程的 $n$ 个根即可得到体系 $n$ 个自振频率 $\omega_1, \omega_2, \cdots, \omega_n$，其对应的周期是 $T_1 = 2\pi/\omega_1, T_2 = 2\pi/\omega_2, \cdots, T_n = 2\pi/\omega_n$。将求出的频率代入方程(2-30)，可求出 $n$ 个主振型，即位移幅值列阵 $\boldsymbol{x}^{(1)}, \boldsymbol{x}^{(2)}, \cdots, \boldsymbol{x}^{(n)}$。通常，将主振型标准化，可得到 $n$ 个标准化主振型。

刚度法是在高层建筑中应用十分广泛的一种方法，因为它能求出高振型的周期和标准化振幅，可满足反应谱振型分解法的需要。刚度法在用计算机程序计算时，与求内力、位移等静力计算所用的刚度矩阵是一致的，因而十分方便。

但是需特别注意，用刚度法或用任何其他理论计算方法求出的周期值，必须进行修正，方可在设计中采用。修正方法在 2.4.2 节中讨论。

在按照杆件有限元方法或其他方法计算结构时，通常根据结构的质量和刚度是否对称，将其振动形态分为两种。

### 1. 平面振动

当结构的质量和刚度对 $x, y$ 轴(结构平面主轴)均对称时，结构只产生平移振动，可取平面结构作为

计算模型。进行平移振动分析时,$x,y$ 两方向是独立的,每个楼层只有 $x$ 方向(或 $y$ 方向)平移自由度。根据质量集中到各楼层的假定,$n$ 个楼层就有 $n$ 个自由度。此时,式(2-26)中位移列阵和加速度列阵均代表各楼层 $x$ 方向(或 $y$ 方向)水平位移及加速度。式(2-27)中的质量矩阵各元素为每个楼层质量。建立在各杆件单元刚度基础上的刚度矩阵必须经过缩聚,成为对应于 $n$ 个侧向位移的刚度矩阵。求出的各主振型如图 2-11 所示。

### 2. 平扭耦联振动

当结构的质量和刚度对 $x,y$ 轴不对称,在进行振动分析时,每个楼层不仅有 $x,y$ 方向的平移,还有绕竖轴 $z$ 的转动(扭转)$\theta$,因此有三个自由度,$n$ 个楼层将有 $3n$ 个自由度。式(2-26)中的位移列阵及式(2-27)中的质量矩阵应写成(当坐标原点取在质心处时):

$$x = \begin{bmatrix} x_1 \\ y_1 \\ \theta_1 \\ x_2 \\ y_2 \\ \theta_2 \\ \vdots \\ x_n \\ y_n \\ \theta_n \end{bmatrix}, \quad M = \begin{bmatrix} m_1 & & & & & & & & \\ & m_1 & & & & & & & \\ & & I_1 & & & & & & \\ & & & m_2 & & & & & \\ & & & & m_2 & & & & \\ & & & & & I_2 & & & \\ & & & & & & \ddots & & \\ & & & & & & & m_n & \\ & & & & & & & & m_n & \\ & & & & & & & & & I_n \end{bmatrix} \tag{2-32}$$

式中:$I_i$ ——第 $i$ 层质量绕质心转动的转动惯性矩

$$I_i = \sum m_k r_k^2$$

$m_k, r_k$ ——该楼层中第 $k$ 个质量块的质量及其距质心的距离。

相应的加速度列阵也应修改。刚度矩阵则相应缩聚成对应于 $3n$ 个位移分量的刚度矩阵。

由特征方程可求出 $3n$ 阶频率,并可解出 $3n$ 个主振型。每个振型中各层楼板振幅幅值有三个分量,既有平移又有扭转,表示振型间出现平扭耦联现象。

## 2.4.2 周期的近似计算

在应用反应谱底部剪力法计算等效地震荷载时,只需要基本自振周期,常常可以采用适合于手算的近似计算方法。近似计算方法很多,其精确程度和适用条件各不相同,计算结果可能差别较大,因此需根据具体情况选用恰当的方法。下面介绍几种最常用的半经验半理论公式和经验公式。需要指出的是,由于这些近似方法也是建立在理论计算基础上的,并采用了由计算简图确定的杆件刚度值,因此对计算的结果(周期)也必须进行修正。公式中的 $\psi_T$ 就是一种修正系数。经验公式中通常已经计入了修正系数的影响。

### 1. 顶点位移法

对于质量和刚度沿高度分布比较均匀的框架结构、框架-剪力墙结构和剪力墙结构,其基本自振周期 $T_1$(单位:s)可按下式计算

$$T_1 = 1.7\psi_T \sqrt{u_T} \tag{2-33}$$

式中:$u_T$——计算结构基本自振周期用的结构顶点假想侧移,即把集中在各层楼面处的重量 $G_i$ 视为作用于第 $i$ 层楼面的假想水平荷载,按弹性刚度计算得到的结构顶点侧移(以 m 为单位);

$\psi_T$——基本周期的缩短系数,即考虑非承重砖墙(填充墙)影响的折减系数。框架结构取 $0.6\sim 0.7$,框架-剪力墙结构取 $0.7\sim 0.8$,框架-核心筒结构可取 $0.8\sim 0.9$,剪力墙结构取 $0.8\sim 1.0$。

这里强调一下:非承重墙影响的折减系数,不是只用于顶点位移法,采用任何计算方法计算结构自振周期,都应考虑此项影响。

### 2. 能量法

对于以剪切变形为主的框架结构,可以采用以能量法为基础得到的结构基本自振周期

$$T_1 = 2\pi\psi_T \sqrt{\dfrac{\sum_{i=1}^{n} G_i \Delta_i^2}{g \sum_{i=1}^{n} G_i \Delta_i}} \tag{2-34}$$

式中:$G_i$——第 $i$ 层的重量(也应包括部分活荷载);

$\Delta_i$——把 $G_i$ 视为作用在第 $i$ 层楼面的假想水平荷载,按弹性刚度计算得到的结构第 $i$ 层楼面处的假想侧移;

$g$——重力加速度,其长度单位必须与 $\Delta_i$ 单位一致;

$n$——楼层数;

$\psi_T$——缩短系数,取值同前。

由于框架结构可以用反弯点法或 $D$ 值法直接求得层间变形(见第 3 章),这一方法应用十分方便。

### 3. 框架-剪力墙结构周期

将结构作为无限自由度的连续结构,用微分方程建立自由振动方程,可以求出结构动力特性。此处介绍的框架-剪力墙结构自振周期的计算公式就是运用这种方法得到的(详见下册)将系数制成图表,应用比较方便。

前三个自振周期的计算公式如下:

$$T_j = \varphi_j H^2 \sqrt{\dfrac{w}{gEI}} \tag{2-35}$$

式中:$w$——结构沿高度单位长度上的重量,$w = \dfrac{\sum G_i}{H}$;

$H$——结构总高;

$g$——重力加速度;

$EI$——框架-剪力墙结构中所有剪力的总抗弯刚度;

$\varphi_j$——系数,由图 2-14 曲线查得,图中横坐标

$\lambda = H\sqrt{\dfrac{C_F}{EI}}$ 为框架-剪力墙结构的刚度特征

值,$C_F$ 为框架-剪力墙结构中所有框架的总
抗剪刚度,具体计算方法见第 5 章。

#### 4. 计算自振周期的经验公式

对于一些定型的、比较规则的高层建筑结构,根据实
测的自振周期,已经归纳出一些经验公式,可以供初步设
计时参考应用。

(1) 框架、框架-剪力墙结构

$$T_1 = 0.33 + 0.00069 \frac{H^2}{\sqrt[3]{B}}$$

(2) 剪力墙结构

$$T_1 = 0.04 + 0.038 \frac{H}{\sqrt[3]{B}}$$

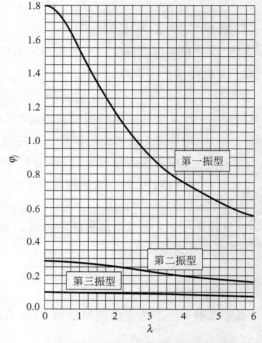

**图 2-14 框架-剪力墙结构自振周期系数**
(此图由西安理工大学土木系张俊发教授计算绘制)

(3) 板式剪力墙结构

层高 25~50m,剪力墙间距为 3~6m 左右的住宅、旅馆类型的板式剪力墙结构中,可以采用下列经
验公式:

横墙间距较密时 $\qquad\qquad\qquad T_{1横} = 0.054N$

$\qquad\qquad\qquad\qquad\qquad\qquad\quad T_{1纵} = 0.04N$

横墙间距较疏时 $\qquad\qquad\qquad T_{1横} = 0.06N$

$\qquad\qquad\qquad\qquad\qquad\qquad\quad T_{1纵} = 0.05N$

(4)《高层规程》中给出的经验公式

框架结构:$T_1 = (0.08 \sim 0.1)N$

框架-剪力墙(筒体):$T_1 = (0.06 \sim 0.08)N$

剪力墙及筒中筒:$T_1 = (0.05 \sim 0.06)N$

以上公式中:$N,H,B$——分别为建筑物的层数、檐口高度及宽度(与振动方向平行的平面边长)。

# 2.5 荷载效应组合

一般用途的高层建筑结构承受的竖向荷载有结构、填充墙、装修等自重(永久荷载)和楼面使用荷载、
雪荷载等(可变荷载);水平荷载有风荷载及地震作用。各种荷载可能同时出现在结构上,但是出现的概

率不同。按照概率统计和可靠度理论把各种荷载效应按一定规律加以组合,就是荷载效应组合。

《荷载规范》上给出的自重及使用荷载、雪荷载等值,以及在 2.1 节、2.3 节中介绍的风荷载及地震等效荷载值都称为荷载标准值。各种标准荷载独立作用产生的内力及位移称为荷载效应标准值,在组合时各项荷载效应应乘以分项系数及组合系数。分项系数是考虑各种荷载可能出现超过标准值的情况而确定的荷载效应增大系数,而组合系数则是考虑到某些荷载同时作用的概率较小,在叠加其效应时要乘以小于 1 的系数。例如,风荷载和地震作用同时达到最大值的概率较小,因此在风荷载和地震作用组合时,风荷载乘以组合系数 0.2。

根据我国《荷载规范》及《高层规程》的规定,一般用途的高层建筑荷载效应组合的表达式如下。

### 1. 无地震作用组合时的效应组合

$$S_d = \gamma_G S_{GK} + \gamma_L \psi_Q \gamma_Q S_{QK} + \psi_w \gamma_w S_{WK} \tag{2-36}$$

式中:$S_d$——无地震作用组合时的荷载总效应;

$S_{GK}$——永久荷载的荷载效应标准值;

$S_{QK}$——楼面活荷载的荷载效应标准值;

$S_{WK}$——风荷载的荷载效应标准值;

$\gamma_G$,$\gamma_Q$,$\gamma_w$——相应于上列各荷载效应的分项系数;

$\gamma_L$——考虑结构设计使用年限的荷载调整系数,设计使用年限为 50 年时取 1.0,设计使用年限为 100 年时取 1.1;

$\psi_Q$,$\psi_w$——分别为楼面活荷载和风荷载组合系数,在高层建筑中,无地震作用时,取 $\psi_w = 1.0$。

### 2. 有地震作用组合时的效应组合

$$S_d = \gamma_G S_{GE} + \gamma_{Eh} S_{EhK} + \gamma_{EV} S_{EVK} + \psi_w \gamma_w S_{WK} \tag{2-37}$$

式中:$S_d$——有地震作用组合时的荷载总效应;

$S_{GE}$——重力荷载代表值产生的荷载效应标准值。重力荷载代表值包括下列荷载:100%自重标准值,50%雪荷载标准值,50%~80%楼面活荷载(在书库及档案库中取 80%楼面活荷载);

$S_{EhK}$,$S_{EVK}$——水平地震作用及竖向地震作用荷载效应标准值,尚应乘以相应的增大系数、调整系数;

$S_{WK}$——风荷载的荷载效应标准值;

$\gamma_G$,$\gamma_{Eh}$,$\gamma_{EV}$,$\gamma_w$——相应于上列各项荷载效应的分项系数;

$\psi_w$——风荷载组合系数,有地震作用效应组合时,$\psi_w$ 应取 0.2。

一般用途的高层建筑,其荷载效应组合应考虑表 2-18 中所列各种情况。表中还给出了在计算内力组合时各个分项系数的值。当重力荷载效应对结构承载力有利时,表中 $\gamma_G$ 取为 1.0。在进行位移组合时,所有分项系数都取 1.0,即采用位移标准值进行组合。

表 2-18 荷载效应组合情况及分项、组合系数

| 类型 | 序号 | 组合情况 | 竖向荷载 | | 水平地震作用 | 竖向地震作用 | 风荷载 | | 说 明 |
|---|---|---|---|---|---|---|---|---|---|
| | | | $\gamma_G$ | $\gamma_Q$ | $\gamma_{Eh}$ | $\gamma_{EV}$ | $\gamma_w$ | $\psi_w$ | |
| 无地震作用 | 1 | 只考虑竖向荷载 | 1.2 | 1.4 | — | — | 0 | 0 | |
| | 2 | 竖向荷载及风荷载 | 1.2 | 1.4 | — | — | 1.4 | 1.0 | |
| 有地震作用 | 3 | 重力荷载及水平地震 | 1.20 | — | 1.30 | 0 | | | 抗震设计均应考虑 |
| | 4 | 重力荷载、水平地震及风荷载 | 1.20 | — | 1.30 | 0 | 1.40 | 0.2 | 60m 以上高层建筑 |
| | 5 | 重力荷载及竖向地震 | 1.20 | | 0 | 1.30 | 0 | 0 | 9 度设防高层建筑,7 度(0.15g)、8 度及 9 度设防的大跨及水平长悬臂构件 |
| | 6 | 重力荷载、水平地震及竖向地震 | 1.20 | | 1.30 | 0.50 | 0 | 0 | |
| | 7 | 重力荷载、水平地震、竖向地震及风荷载 | 1.20 | | 1.30 | 0.50 | 1.40 | 0.2 | 上述情况下的 60m 以上高层建筑 |
| | 8 | 重力荷载、水平地震、竖向地震及风荷载 | 1.20 | | 0.50 | 1.30 | 1.40 | 0.2 | 7 度(0.15g)、8 度及 9 度设防的大跨及水平长悬臂构件 |

有些特殊用途的高层建筑可能还有其他荷载或特殊荷载的作用,例如爆炸荷载等,则应按专门要求进行组合。

第 1 种组合通常只有在多层建筑中才可能成为不利组合。高层建筑的基本组合情况是 2、3、4 三种情况;在 9 度设防区才考虑 5、6、7 三种情况。

# 2.6 结构设计要求

在使用荷载及风荷载作用下,结构应处于弹性阶段或仅有微小的裂缝出现。结构应满足承载能力及限制侧向位移的要求。

在地震作用下,用两阶段设计方法,要求达到三水准目标(见 2.2 节)。在第一阶段设计中,除要满足承载力及侧向位移限制要求外,还要满足延性要求。延性要求通过采取一系列抗震措施来实现。在某些情况下,要求进行第二阶段验算,即进行罕遇地震作用下的计算,以满足弹塑性层间变形的限制要求,以防倒塌。下面分别进行说明。

## 2.6.1 承载能力的验算

按极限状态设计的要求,各种构件承载力验算的一般表达式为

不考虑地震作用的组合时

$$\gamma_0 S_d \leqslant R_d \tag{2-38}$$

考虑地震作用的组合时

$$S_d \leqslant \frac{R_d}{\gamma_{RE}}$$

(2-39)

式中：$S_d$——构件内力，由荷载效应组合得到；

$R_d$——不考虑抗震时构件承载力设计值，不同构件的 $R$ 计算公式已在《钢筋混凝土基本构件》中介绍；

$\gamma_0$——结构重要性系数，可按结构的重要程度取值，抗震设计中，不考虑结构构件的重要性系数；对安全等级为一级或设计使用年限为 100 年及以上的结构构件，不应小于 1.1；对安全等级为二级或设计年限为 50 年的结构构件，不应小于 1.0；

$\gamma_{RE}$——承载力抗震调整系数，考虑到地震作用的偶然性与短时性，对承载能力作相应的调整，按表 2-19 采用。

表 2-19　钢筋混凝土构件承载力抗震调整系数 $\gamma_{RE}$

| 构件类别 | 梁 | 柱 | | 剪力墙 | | 各类构件 | 节　点 |
|---|---|---|---|---|---|---|---|
| | | 轴压比小于 0.15 | 轴压比不小于 0.15 | | | | |
| 受力状态 | 受弯 | 偏　压 | 偏　压 | 偏压 | 局部承压 | 受剪、偏拉 | 受　剪 |
| $\gamma_{RE}$ | 0.75 | 0.75 | 0.80 | 0.85 | 1.0 | 0.85 | 0.85 |

## 2.6.2　侧向位移限制和舒适度要求

在正常使用条件下，高层建筑处于弹性状态，并且应有足够的刚度，避免产生过大的位移而影响结构的承载力、稳定性和使用条件。

正常使用条件下的结构水平位移，按风荷载和地震作用，用弹性方法计算。

结构的水平位移（侧移）有顶点位移和层间位移（见图 2-15）。层间位移以楼层的水平位移差计算（不扣除整体弯曲变形）。《高层规程》规定，以弹性方法计算的楼层层间最大位移 $\Delta u$ 与层高 $h$ 之比作为限制条件，即

$$\frac{\Delta u}{h} \leqslant \left[ \frac{\Delta u}{h} \right]$$

(2-40)

并给出宜采用的限值 $\left[ \dfrac{\Delta u}{h} \right]$：

（1）高度 150m 及 150m 以下的高层建筑楼层层间最大位移与层高之比不宜大于表 2-15 给出的限值；

（2）高度为 250m 及 250m 以上的高层建筑，楼层层间最大位移与层高之比的限值为 1/500；

（3）高度在 150～250m 的高层建筑，楼层层间最大位移与层高之比的限值按以上两款的限值线性插入取用。

抗震设计时，以上规定的楼层位移计算可不考虑偶然偏心的影响。

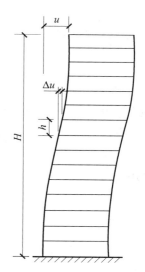

图 2-15　顶点位移及层间位移

表 2-20 楼层层间最大位移与层高之比的限值

| 结 构 类 型 | $\left[\dfrac{\Delta u}{h}\right]$ | 结 构 类 型 | $\left[\dfrac{\Delta u}{h}\right]$ |
|---|---|---|---|
| 框架 | 1/550 | 筒中筒、剪力墙 | 1/1000 |
| 框架-剪力墙、框架-筒体、板柱-剪力墙 | 1/800 | 除框架结构外的转换层 | 1/1000 |

限制结构侧向位移的主要原因是:

(1)过大的侧向位移,特别是过大的层间侧移会使填充墙及一些建筑装修出现裂缝或损坏,也会使电梯轨道变形过大而影响使用。

(2)过大的侧向位移会使主体结构出现裂缝甚至破损。为了限制结构裂缝宽度就要限制结构的侧向位移及层间侧移。

(3)过大的侧向位移会使结构产生附加内力,严重时会加快结构的倒塌。这是因为侧移后,建筑物上的竖向荷载会产生附加弯矩;侧移越大,附加弯矩也越大。

(4)过大的侧移会使人不舒服,影响正常使用。为此,新《高层规程》增加了舒适度要求。

在风荷载作用下,房屋高度较高,结构基本周期较长的高层建筑,风振加速度反应过大时,会影响人的舒适度感受,所以规定高度超过 150m 的高层建筑结构应具有良好的使用条件,满足舒适度的要求。按《建筑结构荷载规范》规定的 10 年一遇的风荷载取值和专门风洞试验计算确定的顺风向与横风向结构顶点振动最大加速度 $a_{max}$ 不应超过表 2-21 给出的限值。在 10 年一遇的风荷载作用时,结构应处于完全弹性状态,混凝土结构的阻尼比相对较小。所以此次修订规程时,明确规定了计算舒适度时结构阻尼比的取值要求:一般情况,对混凝土结构取 0.02,对混合结构可根据房屋高度和结构类型取 0.01~0.02。

表 2-21 结构顶点最大加速度限值

| 使用功能 | $a_{max}/(\text{m/s}^2)$ | 使用功能 | $a_{max}/(\text{m/s}^2)$ |
|---|---|---|---|
| 住宅、公寓 | 0.15 | 办公、旅馆 | 0.25 |

近 20 年来,楼盖结构振动舒适度已引起世界各国广泛关注,英、美等国进行了大量实测研究和理论研究,颁布了若干设计规程或指南。人员行走、跳动或其他的振动源,都会引起楼盖结构的有源振动;当楼盖结构振动加速度超过某一限值时,会引起周围人群的不舒适感。

《高层规程》中规定楼盖结构的竖向振动频率不宜小于 3Hz,竖向振动加速度峰值不应超过表 2-22 的限值。

表 2-22 楼盖竖向振动加速度峰值限值

| 人员活动环境 | 峰值加速度限值/(m/s²) | |
|---|---|---|
| | 竖向自振频率不大于 2Hz | 竖向自振频率不小于 4Hz |
| 住宅、办公 | 0.07 | 0.05 |
| 商场及室内连廊 | 0.22 | 0.15 |

注:楼盖结构竖向自振频率为 2~4Hz 时,峰值加速度限值可按线性插值选取。

《高层规程》附录 A 中给出了楼盖结构竖向振动加速度的简化计算方法,需要时可以查用。作为简化要求,一般情况下,住宅、办公、商业建筑楼盖结构的竖向频率不小于 3Hz 时,可满足舒适度要求。

## 2.6.3　高层房屋的抗震等级和抗震措施

在中等地震烈度下,允许结构的某些部位进入屈服状态,形成塑性铰。这时结构进入弹塑性阶段,结构变形加大。在这个阶段,结构可以通过塑性变形耗散地震能量,但是必须保持结构的承载能力,使结构不遭破坏。这种性能称为延性。延性愈好,抗震能力愈强。影响构件延性的因素很多,主要是截面应力性质、构件材料及截面配筋量、配筋构造等。在抗震设计中延性要求体现为对结构和构件采取一系列抗震措施,抗震措施分为五个等级,称为抗震等级。一级要求最高,延性应当很好;二级、三级次之,四级要求最低。《高层规程》对 B 级高度的高层建筑(即超限高层建筑),在《抗震规范》的四个等级之前,又加了一级(称特一级),要求比一级更严。一般来说,抗震设防烈度高、建筑物高度高,抗震等级也要高。此外,不同的结构体系,其变形性能也不同,对于比较重要的建筑,决定抗震措施等级的设防烈度要相应提高。表 2-23 为在各设防烈度下,选择抗震措施等级时应考虑的烈度。在乙类建筑中(重要的建筑),选择构造措施等级时,Ⅱ～Ⅳ类场地土上的高层建筑要比原设防烈度提高一度;在丙类建筑中(一般工业与民用建筑),在Ⅰ类场地土上的高层建筑可比原设防烈度降低一度来决定构造措施等级。

表 2-23　决定抗震构造措施等级时应考虑的烈度

| 建　筑　类　别 | | 丙 | | 类 | | 乙 | | 类 | |
|---|---|---|---|---|---|---|---|---|---|
| 设　防　烈　度 | | 6 | 7 | 8 | 9 | 6 | 7 | 8 | 9 |
| 决定抗震构造措施等级时应考虑的烈度 | 场地土　Ⅰ | 6 | 6 | 7 | 8 | 6 | 7 | 8 | 9 |
| | Ⅱ～Ⅳ | 6 | 7 | 8 | 9 | 7 | 8 | 9 | 9* |

\* 此时按 9 度考虑,但抗震措施可适当提高。

表 2-24 为根据抗震措施烈度规定的抗震措施等级。表 2-25 为超限高层建筑结构的抗震措施等级。在第 6、7 章中将具体讨论在各种构件中如何满足抗震等级所要求的各种抗震措施。

表 2-24　A 级高度丙类建筑高层现浇钢筋混凝土结构抗震构造措施等级选用表

| 结　构　类　型 | | 决定抗震构造措施时选用的烈度 | | | | | | |
|---|---|---|---|---|---|---|---|---|
| | | 6 度 | | 7 度 | | 8 度 | | 9 度 |
| 框架结构 | 框架 | 三 | | 二 | | 一 | | 一 |
| 框架-剪力墙结构 | 高度/m | ≤60 | >60 | ≤60 | >60 | ≤60 | >60 | ≤50 |
| | 框架 | 四 | 三 | 三 | 二 | 二 | 一 | 一 |
| | 剪力墙 | 三 | | 二 | | 二 | | 一 |
| 剪力墙结构 | 高度/m | ≤80 | >80 | ≤80 | >80 | ≤80 | >80 | ≤60 |
| | 剪力墙 | 四 | 三 | 三 | 二 | 二 | 一 | 一 |

续表

| 结构 类 型 | | 决定抗震构造措施时选用的烈度 | | | | | | 9度 |
|---|---|---|---|---|---|---|---|---|
| | | 6度 | | 7度 | | 8度 | | |
| 底部大空间剪力墙结构 | 非底部剪力墙 | 四 | 三 | 三 | 二 | 二 | | 不应采用 |
| | 底部大空间层 剪力墙 | 三 | 二 | 二 | | | | |
| | 底部大空间层 框架 | 二 | 二 | 二 | | | | |
| 筒体结构 | 框架-核心筒 框架 | 三 | | 二 | | 一 | | 一 |
| | 框架-核心筒 核心筒 | 二 | | 二 | | | | |
| | 筒中筒 内筒 | 三 | | | | | | |
| | 筒中筒 外筒 | | | | | | | |
| 板柱-剪力墙 | 高度/m | ≤35 | >35 | ≤35 | >35 | ≤35 | >35 | 不应采用 |
| | 板柱的柱 | 三 | 二 | 二 | 二 | 二 | 一 | |
| | 剪力墙 | 二 | 二 | 二 | 一 | 二 | 一 | |

表 2-25  B 级高度(超限)的丙类高层建筑结构抗震等级

| 结构种类 | 结构体系 | 结构构件 | 抗震设防烈度 | | |
|---|---|---|---|---|---|
| | | | 6度 | 7度 | 8度 |
| 现浇钢筋混凝土结构 | 框架-剪力墙 | 框架 | 二 | 一 | 一 |
| | | 剪力墙 | 二 | 一 | 特一 |
| | 剪力墙 | 剪力墙 | 二 | 一 | 一 |
| | 剪力墙—部分框支 | 上部剪力墙 | 二 | 一 | 一 |
| | | 落地剪力墙 | 二 | 一 | 特一 |
| | | 框支层框架 | 一 | 特一 | 特一 |
| | 框架-筒体 | 框架 | 二 | 一 | 一 |
| | | 筒体 | 二 | 一 | 特一 |
| | 筒中筒 | 外筒 | 二 | 一 | 特一 |
| | | 内筒 | 二 | 一 | 特一 |

## 2.6.4　罕遇地震作用下的变形验算

要实现"大震不倒"这个第三水准设计目标,一般情况下,经过小震地震作用计算后,采取若干抗震措施即可满足。遇到下列情况,应进行罕遇地震作用下薄弱层(部位)的弹塑性变形验算:

(1) 7~9 度设防的、楼层屈服强度系数 $\xi_y$ 小于 0.5 的框架结构;

（2）采用隔震和消能减震技术的建筑结构；

（3）7～9 度设防的甲类建筑和 9 度设防的乙类建筑结构；

（4）房屋高度大于 150m 的结构。

《高层规程》这次增加了高度大于 150m 的高层建筑结构应验算罕遇地震作用下弹塑性变形的要求。主要考虑到,150m 以上的高层建筑一般都比较重要,数量相对也不是很多,适当提高结构分析和设计要求,对保证其安全性十分必要；另外当前弹塑性分析技术和软件已有较大发展和进步,已具备适当扩大结构弹塑性分析范围的有利条件。

下列结构宜进行罕遇地震作用下弹塑性变形验算。

（1）表 2-12 所列高度范围且不满足下面条件规定的高层建筑结构：楼层刚度小于上一层的 70%,或连续三层刚度均小于上层的 80%；A 级高度高层建筑结构楼层层间抗侧力结构的受剪承载力（指在所考虑的水平地震作用方向上,该层全部柱及剪力墙的屈服抗剪强度之和）不宜小于上一层的 80%,不应小于上一层的 65%。B 级高度高层建筑结构楼层层间抗侧力结构的受剪承载力不应小于其上一层的 75%；结构竖向抗侧力构件宜上下连续贯通；结构上部楼层收进和上部结构楼层相对下部楼层外挑时,宜满足第 1 章结构竖向布置的收进和外挑规定；楼层质量沿高度宜均匀分布,楼层质量不宜大于相邻下部楼层质量的 1.5 倍。

（2）7 度Ⅲ、Ⅳ类场地和 8 度抗震设防的乙类建筑结构。

（3）板柱-剪力墙结构。

在罕遇地震作用下,大多数结构都已进入弹塑性状态,变形较大,主要是验算结构层间变形是否超过限制。可以采用下面两种方法计算。

（1）不超过 12 层且刚度无突变的框架结构,填充墙框架结构,可以采用下述简化计算方法验算弹塑性层间变形。

罕遇地震作用仍按反应谱方法,采用表 2-7 所给出的地震影响系数最大值 $\alpha_{max}$,按图 2-9 所示的设计反应谱曲线计算 $\alpha$ 值,用底部剪力法或振型分解法求出结构楼层的层剪力。

框架结构的薄弱层是底层以及屈服强度最小或相对较小的楼层（一般不超过 2～3 处）。应对薄弱层的层间变形进行验算。

楼层屈服强度系数 $\xi_y$ 定义为

$$\xi_y = \frac{V_y^a}{V_e} \tag{2-41}$$

式中：$V_y^a$——按楼层实际配筋及材料强度标准值计算的楼层承载力,以楼层剪力表示；

$V_e$——在罕遇地震作用下,由等效地震荷载按弹性计算所得的楼层剪力。

薄弱层的层间弹塑性位移按下式计算

$$\Delta u_p = \eta_p \Delta u_e \tag{2-42}$$

或

$$\Delta u_p = \mu \Delta u_y = \frac{\eta_p}{\xi_y} \Delta u_y \tag{2-43}$$

式中：$\Delta u_p$——层间弹塑性位移；

$\Delta u_y$——层间屈服位移；

$\mu$——楼层延性系数；

$\Delta u_e$——在罕遇地震的等效地震荷载下，用弹性计算得到的层间位移，计算时，水平地震影响系数
最大值应按表 2-9 采用；

$\eta_p$——弹塑性位移增大系数，当薄弱层 $\xi_y$ 不小于相邻层平均 $\xi_y$ 的 80% 时，按表 2-26 采用；当薄弱
层 $\xi_y$ 小于相邻层平均 $\xi_y$ 的 50% 时，取表中数值的 1.5 倍，其余情况可用内插法取值。

表 2-26　结构的弹塑性位移增大系数 $\eta_p$

| $\xi_y$ | 0.5 | 0.4 | 0.3 |
|---|---|---|---|
| $\eta_p$ | 1.8 | 2.0 | 2.2 |

《高层规程》规定，结构薄弱层（部位）层间弹塑性位移应符合下式要求：

$$\Delta u_p \leqslant [\theta_p]h \tag{2-44}$$

式中：$h$——层高；

$[\theta_p]$——层间弹塑性位移角限值，可按表 2-27 采用；对框架结构，当轴压比小于 0.40 时，可提高
10%；当柱全高的箍筋构造采用比《高层规程》中框架柱箍筋最小含箍特征值大 30% 时，
可提高 20%，但累计不超过 25%。

表 2-27　层间弹塑性位移角限值

| 结　构　体　系 | $[\theta_p]$ | 结　构　体　系 | $[\theta_p]$ |
|---|---|---|---|
| 框架结构 | 1/50 | 剪力墙结构和筒中筒结构 | 1/120 |
| 框架-剪力墙结构、框架-核心筒结构、板柱-剪力墙结构 | 1/100 | 除框架结构外的转换层 | 1/120 |

（2）除（1）中所述情况以外的高层建筑结构，可采用静力弹塑性或动力弹塑性分析方法计算结构的
层间位移。

时程分析方法是一种直接动力法，是在地基土上作用地震波后，通过动力计算方法直接求得上部结
构反应的一种方法。上部结构为多质点振动体系，计算可得到 $t$ 时程内各质点的位移、速度和加速度反
应，进而求出随时间变化的构件内力。因为它直接用地震波作为原始数据输入，可以反映地面运动各种
成分、特性及持时的影响，可以计算出整个地震过程中结构的运动和受力状态。时程分析法可用于计算
弹性结构，也可用于计算弹塑性结构。将在第 15 章中专门介绍这一方法。

## 2.7　结构抗震性能设计和结构抗连续倒塌设计的概念

### 2.7.1　结构抗震性能设计

近几年，结构抗震性能设计已在我国超限高层建筑结构抗震设计中比较广泛地采用，积累了不少经

验。《高层规程》提出，抗震设计的高层建筑混凝土结构，当其房屋高度、规则性、结构类型等超过规程的规定或抗震设防标准等有特殊要求时，可采用结构抗震性能设计方法进行补充分析和论证。为此，下面对此设计方法给予介绍。

结构抗震性能设计应分析结构方案的特殊性、选用适宜的结构抗震性能目标，并采取满足预期的抗震性能目标的措施。

结构抗震性能目标应综合考虑抗震设防类别、设防烈度、场地条件、结构的特殊性、建造费用、震后损失和修复难易程度等各项因素选定。结构抗震性能目标分为 A、B、C、D 四个等级，结构抗震性能分为 1、2、3、4、5 五个水准（表 2-28），每个性能目标均与一组在指定地震地面运动下的结构抗震性能水准相对应。

表 2-28　结构抗震性能目标

| 性能水准　　　　性能目标　地震水准 | A | B | C | D |
|---|---|---|---|---|
| 多遇地震 | 1 | 1 | 1 | 1 |
| 设防烈度地震 | 1 | 2 | 3 | 4 |
| 预估的罕遇地震 | 2 | 3 | 4 | 5 |

结构抗震性能水准可按表 2-29 进行宏观判别。

表 2-29　各性能水准结构预期的震后性能状况

| 结构抗震性能水准 | 宏观损坏程度 | 损坏部位 | | | 继续使用的可能性 |
|---|---|---|---|---|---|
| | | 关键构件 | 普通竖向构件 | 耗能构件 | |
| 1 | 完好、无损坏 | 无损坏 | 无损坏 | 无损坏 | 不需修理即可继续使用 |
| 2 | 基本完好、轻微损坏 | 无损坏 | 无损坏 | 轻微损坏 | 稍加修理即可继续使用 |
| 3 | 轻度损坏 | 轻微损坏 | 轻微损坏 | 轻度损坏、部分中度损坏 | 一般修理后可继续使用 |
| 4 | 中度损坏 | 轻度损坏 | 部分构件中度损坏 | 中度损坏、部分比较严重损坏 | 修复或加固后可继续使用 |
| 5 | 比较严重损坏 | 中度损坏 | 部分构件比较严重损坏 | 比较严重损坏 | 需排险大修 |

注："关键构件"是指该构件的失效可能引起结构的连续破坏或危及生命安全的严重破坏；"普通竖向构件"是指"关键构件"之外的竖向构件；"耗能构件"包括框架梁、剪力墙连梁及耗能支撑等。

不同抗震性能水准的结构可按下列规定进行设计：

（1）第 1 性能水准的结构，应满足弹性设计要求。在多遇地震作用下，其承载力和变形应符合本规程的有关规定；在设防烈度地震作用下，结构构件的抗震承载力应符合下式规定：

$$\gamma_G S_{GE} + \gamma_{Eh} S_{Ehk}^* + \gamma_{Ev} S_{Evk}^* \leqslant R_d / \gamma_{RE} \tag{2-45}$$

式中：$R_d$，$\gamma_{RE}$——构件承载力设计值和承载力抗震调整系数，同 2.6.1 节；

$S_{GE}$,$\gamma_G$,$\gamma_{Eh}$,$\gamma_{Ev}$——同 2.5 节;

$S^*_{Ehk}$——水平地震作用标准值的构件内力,不需考虑与抗震等级有关的增大系数;

$S^*_{Evk}$——竖向地震作用标准值的构件内力,不需考虑与抗震等级有关的增大系数。

(2) 第 2 性能水准的结构,在设防烈度地震或预估的罕遇地震作用下,关键构件及普通竖向构件的抗震承载力宜符合式(2-45)的规定;耗能构件的受剪承载力宜符合式(2-45)的规定,其正截面承载力应符合下式规定:

$$S_{GE} + S^*_{Ehk} + 0.4S^*_{Evk} \leqslant R_k \tag{2-46}$$

式中:$R_k$——截面承载力标准值,按材料强度标准值计算。

(3) 第 3 性能水准的结构应进行弹塑性计算分析。在设防烈度地震或预估的罕遇地震作用下,关键构件及普通竖向构件的正截面承载力应符合式(2-46)的规定,水平长悬臂结构和大跨度结构中的关键构件正截面承载力尚应符合式(2-47)的规定,其受剪承载力宜符合式(2-45)的规定;部分耗能构件进入屈服阶段,但其受剪承载力应符合式(2-46)的规定。在预估的罕遇地震作用下,结构薄弱部位的层间位移角应满足 2.6.2 节的规定。

$$S_{GE} + 0.4S^*_{Ehk} + S^*_{Evk} \leqslant R_k \tag{2-47}$$

(4) 第 4 性能水准的结构应进行弹塑性计算分析。在设防烈度或预估的罕遇地震作用下,关键构件的抗震承载力应符合式(2-46)的规定,水平长悬臂结构和大跨度结构中的关键构件正截面承载力尚应符合式(2-47)的规定;部分竖向构件以及大部分耗能构件进入屈服阶段,但钢筋混凝土竖向构件的受剪截面应符合式(2-48)的规定,钢-混凝土组合剪力墙的受剪截面应符合式(2-49)的规定。在预估的罕遇地震作用下,结构薄弱部位的层间位移角应符合 2.6.2 节的规定。

$$V_{GE} + V^*_{Ek} \leqslant 0.15 f_{ck} bh_0 \tag{2-48}$$

$$(V_{GE} + V^*_{Ek}) - (0.25 f_{ak} A_a + 0.5 f_{spk} A_{sp}) \leqslant 0.15 f_{ck} bh_0 \tag{2-49}$$

式中:$V_{GE}$——重力荷载代表值作用下的构件剪力,N;

$V^*_{Ek}$——地震作用标准值的构件剪力,N,不需考虑与抗震等级有关的增大系数;

$f_{ck}$——混凝土轴心拉压强度标准值,N/mm$^2$;

$f_{ak}$——剪力墙端部暗柱中型钢的强度标准值,N/mm$^2$;

$A_a$——剪力墙端部暗柱中型钢的截面面积,mm$^2$;

$f_{spk}$——剪力墙墙内钢板的强度标准值,N/mm$^2$;

$A_{sp}$——剪力墙墙内钢板的横截面面积,mm$^2$。

(5) 第 5 性能水准的结构应进行弹塑性计算分析。在预估的罕遇地震作用下,关键构件的抗震承载力宜符合式(2-46)的规定;较多的竖向构件进入屈服阶段,但同一楼层的竖向构件不宜全部屈服;竖向构件的受剪截面应符合式(2-47)或式(2-49)的规定;允许部分耗能构件发生比较严重的破坏;结构薄弱部位的层间位移角应符合 2.6.2 节的规定。

## 2.7.2  结构抗连续倒塌设计的概念

高层建筑结构在偶然作用发生时应具有适宜的抗连续倒塌能力。我国国家标准中规定:当发生爆炸、撞击、人为错误等偶然事件时,结构能保持必需的整体稳固性,不出现与起因不相称的破坏后果,防止出现结构的连续倒塌。结构连续倒塌一般指结构因突发事件而造成局部失效或破坏,继而引起与失效破坏构件相连构件的破坏,最终导致相对于初始局部破坏更大范围的连续倒塌破坏。

因为考虑结构的偶然设计状况,需要付出更大的经济代价。因此,规程中将结构抗连续倒塌设计限制在安全等级为一级的高层结构。当结构安全等级为一级且有特殊要求的结构,可采用拆除构件方法进行抗连续倒塌设计。相应于该方法的概念设计要求、拆除构件方法、荷载组合的效应和构件截面承载力计算等,《高层规程》中均有具体的规定,不再一一列出。

## 2.8　重力二阶效应和结构的稳定

### 2.8.1　重力二阶效应

高层建筑结构当高度较高时有比较大的重力荷载,在水平荷载作用下又有比较大的侧向位移,重力荷载在水平作用位移效应上引起的二阶效应(有时简称为 $P\text{-}\Delta$ 效应)有时比较严重。重力二阶效应的不利影响是与结构的侧向刚度及重力荷载的大小有直接关系的;当结构的侧向刚度降低或重力荷载加大,重力二阶效应的不利影响呈非线性增长。因此,设计时要对结构的弹性刚度和重力荷载作用的关系应加以限制。

通常的做法是,使结构按弹性分析的二阶效应对结构内力、位移的增量控制在 5% 左右;考虑实际结构刚度折减 50% 时,结构内力增量控制在 10% 以内。如果结构满足这个要求,就认为重力二阶效应的影响相对较小,可忽略不计。《高层规程》(国外规范也是)按此原则提出了相应的规定如下。

1. 当高层建筑结构满足下列规定时,弹性计算分析时可不考虑重力二阶效应的不利影响。

(1) 剪力墙结构、框架-剪力墙结构、板柱剪力墙结构、简体结构:

$$EJ_d \geqslant 2.7H^2 \sum_{i=1}^{n} G_i \tag{2-50}$$

(2) 框架结构:

$$D_i \geqslant 20 \sum_{j=i}^{n} G_j / h_i, \quad i = 1, 2, \cdots, n \tag{2-51}$$

式中: $EJ_d$ ——结构一个主轴方向的弹性等效侧向刚度,可按倒三角形分布荷载作用下结构顶点位移相等的原则,将结构的侧向刚度折算为竖向悬臂受弯构件的等效侧向刚度;

　　$H$ ——房屋高度;

　　$G_i, G_j$ ——分别为第 $i, j$ 楼层重力荷载设计值,取 1.2 倍的永久荷载标准值与 1.4 倍的楼面可变荷载标准值的组合值;

　　$h_i$ ——第 $i$ 楼层层高;

　　$D_i$ ——第 $i$ 楼层的弹性等效侧向刚度,可取该层剪力与层间位移的比值;

　　$n$ ——结构计算总层数。

2. 当高层建筑结构不满足上述第 1 条的规定时,结构弹性计算时应考虑重力二阶效应对水平力作用下结果内力和位移的不利影响。

3. 高层建筑结构的重力二阶效应可采用有限元方法进行计算;也可采用对未考虑重力二阶效应的计算结构乘以增大系数的方法近似考虑。近似考虑时,结构位移增大系数 $F_1$,$F_{1i}$ 以及结构构件弯矩和剪力增大系数 $F_2$,$F_{2i}$ 可分别按下列规定计算,位移计算结果仍应满足 2.6.2 节的规定。

对框架结构,可按下列公式计算:

$$F_{1i} = \cfrac{1}{1 - \sum_{j=i}^{n} G_j / (D_i h_i)}, \quad i = 1, 2, \cdots, n \tag{2-52}$$

$$F_{2i} = \cfrac{1}{1 - 2\sum_{j=i}^{n} G_j / (D_i h_i)}, \quad i = 1, 2, \cdots, n \tag{2-53}$$

对剪力墙结构、框架-剪力墙结构、筒体结构,可按下列公式计算:

$$F_1 = \cfrac{1}{1 - 0.14 H^2 \sum_{i=1}^{n} G_i / (EJ_d)} \tag{2-54}$$

$$F_2 = \cfrac{1}{1 - 0.28 H^2 \sum_{i=1}^{n} G_i / (EJ_d)} \tag{2-55}$$

## 2.8.2　高层建筑结构的整体稳定

结构整体稳定性是高层建筑结构设计的基本要求。高层建筑混凝土结构仅在竖向重力荷载作用下产生整体失稳的可能性很小。高层建筑结构的稳定设计主要是控制在风荷载或水平地震作用,重力荷载产生的二阶效应不致过大,以免引起结构的失稳、倒塌。结构的侧向刚度和重力荷载之比(简称刚重比)是影响重力 $P$-$\Delta$ 效应的主要参数。只要结构的刚重比满足下列规定,则在考虑结构弹性刚度折减 50% 的情况下,重力 $P$-$\Delta$ 效应仍可控制在 20% 之内,结构的稳定具有适宜的安全储备。若结构的刚重比进一步减小,则重力 $P$-$\Delta$ 效应将会呈非线性关系急剧增长,直至引起结构的整体失稳。所以《高层规程》要求,高层建筑结构的整体稳定性应符合下列规定:

1. 剪力墙结构、框架-剪力墙结构、筒体结构应符合下式要求:

$$EJ_d \geqslant 1.4 H^2 \sum_{i=1}^{n} G_i \tag{2-56}$$

2. 框架结构应符合下式要求:

$$D_i \geqslant 10 \sum_{j=i}^{n} G_j / h_i, \quad i = 1, 2, \cdots, n \tag{2-57}$$

式中符号的定义同前文。

如不满足以上的规定,应调整并增大结构的侧向刚度。

## 2.9　高层建筑结构计算的基本假定、计算简图和计算要求

高层建筑是一个复杂的空间结构。它不仅平面形状多变,立面体型也各种各样,而且结构型式和结构体系各不相同。高层建筑中,有框架、剪力墙和简体等竖向抗侧力结构,又有水平放置的楼板将它们连为整体。对这种高次超静定、多种结构型式组合在一起的空间结构,要进行内力和位移计算,就必须进行计算模型的简化,引入一些计算假定,得到合理的计算图形。

本节将先对高层建筑常用的三大结构体系的计算基本假定和计算简图进行一些讨论。针对各种具体结构的计算方法,还会有一些相应的假定,将在以后各章中介绍。

### 2.9.1　弹性工作状态假定

高层建筑结构的内力和位移按弹性方法进行计算。在非抗震设计时,在竖向荷载和风荷载作用下,结构应保持正常的使用状态,结构处于弹性工作阶段;在抗震设计时,结构计算是针对多遇的小震(低于设防烈度 1.5 度)而进行的,此时结构处于不裂、不坏的弹性阶段。所以,从结构整体来说,基本上处于弹性工作状态,按弹性方法进行计算。

因为属于弹性计算,计算时可以利用叠加原理,不同荷载作用时,可以进行内力组合。

但对于某些局部构件,由于按弹性计算所得的内力过大,将出现截面设计困难、配筋不合理的情况。因此,在某些情况下可以考虑局部构件的塑性内力重分布,对内力适当予以调整。例如,剪力墙的连梁,由于梁的高跨比大,剪力与弯矩计算值过大,设计中往往无法解决,此时允许考虑连梁的塑性变形来降低刚度。连梁刚度降低后,计算的弯矩和剪力可以减少。连梁的刚度折减系数可以按具体情况决定,但考虑到连梁的塑性变形能力十分有限,刚度折减系数不应小于 0.55。

对于罕遇地震的第二阶段设计,绝大多数结构不要求进行内力与位移计算,"大震不倒"是通过构造要求来得到保证的。实际上由于在强震下结构已进入弹塑性阶段,多处开裂、破坏,构件刚度已难以确切给定,内力计算已无意义。

### 2.9.2　平面抗侧力结构和刚性楼板假定下的整体共同工作

高层建筑结构的组成成分可以分为两类:一类是由框架、剪力墙和简体等竖向结构组成的竖向抗侧力结构;另一类是水平放置的楼板,将竖向抗侧力结构连为整体。在满足第 1 章结构平面布置的条件下,在水平荷载作用下选取计算简图时,作了两个基本假定。

(1)平面抗侧力结构假定

一片框架或一片墙在其自身平面内刚度很大,可以抵抗在本身平面内的侧向力;而在平面外的刚度很小,可以忽略,即垂直于该平面的方向不能抵抗侧向力。因此,整个结构可以划分成不同方向的平面抗侧力结构,共同抵抗结构承受的侧向水平荷载。

（2）刚性楼板假定

水平放置的楼板,在其自身平面内刚度很大,可以视为刚度无限大的平板;楼板平面外的刚度很小,可以忽略。刚性楼板将各平面抗侧力结构连接在一起共同承受侧向水平荷载。

在此两基本假定下,复杂的高层建筑结构的整体共同工作计算可大为简化。以图 2-16(a)所示结构为例,结构是由沿结构平面主轴 $y$ 方向(通常称为横向)的 6 片框架,2 片墙和沿结构平面主轴 $x$ 方向(通常称为纵向)的三片框架(每片都有 7 跨,中间一片含两段墙)通过刚性楼板连结在一起的。在横向水平荷载作用下,只考虑横向框架的作用,略去纵向框架的作用,计算简图如图 2-16(b)所示,它们是 8 片平面抗侧力结构的综合。在纵向水平荷载作用下,只考虑纵向框架的作用,略去横向框架的作用,计算简图如图 2-16(c)所示,它们是 3 片平面抗侧力结构的综合。

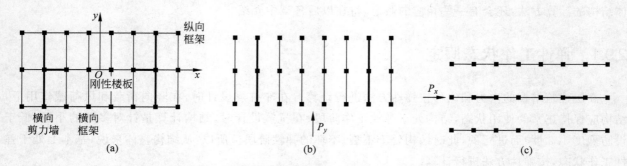

图 2-16　高层建筑结构整体共同工作的计算简图

应当指出,以上沿纵横两个方向分别取计算简图计算的做法,只适用于结构(布置、刚度、质量等)对 $x$、$y$ 轴是对称的,同时荷载也对 $x$、$y$ 轴对称的情况。此时,结构不会产生绕竖轴的扭转,楼板只有刚性的平移,各片平面抗侧力结构在同一楼板高度处的侧向位移是相同的,可以合在一起共同承受水平荷载,如图 2-17(a)所示。当结构对 $x$、$y$ 轴不对称,或者虽然结构对称,但荷载对 $x$、$y$ 轴不对称时,结构会产生绕竖轴的扭转,此时,楼板不仅只有刚性的平移,还有绕竖轴的转动,各片平面抗侧力结构在同一楼板高度处的侧向位移不再是相同的,如图 2-17(b)所示。

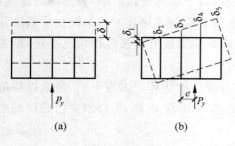

图 2-17　有无扭转

(a) 无扭转；(b) 有扭转

高层建筑结构的水平荷载主要是风力和等效地震荷载,它们都是作用于楼层的总水平力。因此高层建筑结构的分析分为下述两个问题:

（1）总水平荷载在各片平面抗侧力结构间的分配。荷载分配和各片平面抗侧力结构的刚度、变形特点都有关系,不能像低层建筑结构那样按照受荷载面积计算各片平面抗侧力结构的水平荷载。

（2）计算每片平面抗侧力结构在所分到的水平荷载作用下的内力和位移。

这两个问题将按照框架结构、剪力墙结构和框架-剪力墙结构依次在第 3、4、5 章作详细讨论。讨论均是在只有平移而无扭转的状态下进行的,考虑扭转的近似计算将在 5.5 节中统一介绍。

### 2.9.3　风荷载和地震作用的方向

风荷载及地震作用的方向是随意的、不定的。

在结构计算中常假设风荷载作用于结构平面的主轴方向,对互相正交的两个主轴 $x$ 方向及 $y$ 方向,分别进行内力分析。对矩形平面的结构,当抗侧力结构沿两个边长方向正交布置时(见图 2-16(a)),$x$、$y$ 就是主轴方向。对于图 2-16(a)所示结构平面,$y$ 方向(横向)风荷载大,且结构横向刚度较小,故 $y$ 方向是风荷载的主控方向。

地震作用的计算也是沿结构平面的两个主轴方向分别考虑水平地震作用。对于有斜交抗侧力构件的结构,当相交角大于 15°时,应分别计算各抗侧力构件方向的水平地震作用。

对于质量和刚度分布对称、均匀的结构,只须计算单方向的水平地震作用(可不考虑扭转影响)。对于质量、刚度分布不对称、不均匀的结构,应计算单向水平地震作用下的扭转影响。对于质量与刚度分布明显不对称、不均匀的结构,应计算双向地震作用下的扭转影响。

当结构的平面形状复杂,抗侧力结构又斜向布置时,需经过计算确定主轴方向,见 5.7 节的讨论。

## 思　考　题

2-1　建筑结构的风荷载与哪些因素有关?

2-2　计算总风荷载和局部风荷载的目的是什么?二者计算有何异同?

2-3　对图 2-18 所示风作用方向的情况,应计算的总风荷载是哪个方向的?如要计算与其成 90°方向的总风荷载,风作用方向应如何选择?为什么?后者与前者风作用下的体型系数是否相同?

2-4　什么是地震作用?如果只有结构的形状及高度,是否能算出地震作用?为什么?地震作用和哪些因素有关?计算等效地震荷载的步骤是什么?

2-5　结构自振周期和哪些因素有关?随着房屋振动加剧,结构周期为什么会加长?设计时用什么周期?理论计算周期和脉动实测周期如何修正为设计周期?

2-6　底部剪力反应谱法和振型分解反应谱法计算等效地震荷载的方法有什么异同?

2-7　计算结构自振周期有哪些方法,如何选用?

2-8　什么是三水准抗震设计目标?什么是两阶段抗震设计方法?抗震设计中除了抗震计算外,还有哪些内容?

2-9　小震、中震、大震是指什么?这些概念在计算地震作用时起什么作用?它们与设防烈度是什么关系?在同一个设防烈度下,例如 8 度设防,第一阶段设计中,$\alpha_{max}$ 取多少?第二阶段验算时,$\alpha_{max}$ 取多少?

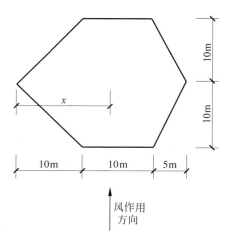

图 2-18　思考题 2-3 图

为什么两个 $\alpha_{max}$ 值相差好几倍?

2-10 什么是荷载效应组合? 有地震作用组合和无地震作用组合的区别是什么? 请比较式(2-33)和式(2-34)中各项具体内容。

2-11 内力组合和位移组合的项目以及分项系数、组合系数有什么异同? 为什么?

2-12 在进行承载力验算和位移限制验算中,有地震作用组合和无地震作用组合有什么区别? 为什么有这些区别?

2-13 抗震措施有多少等级? 为什么有的情况下要求高,有的情况下要求低一些? 你能找出一些大致的规律吗?

2-14 选择抗震措施的烈度和结构设防烈度有什么不同?

2-15 哪些情况下要求进行罕遇地震作用下的变形验算? 什么是薄弱层? $\Delta u_e$ 与第一阶段设计时小震作用下的结构位移是什么关系? $\Delta u_p$ 的物理意义是什么?

2-16 什么叫抗震性能设计方法? 其特点是什么? 在什么条件下采用?

2-17 把空间结构简化为平面结构的两个基本假定是什么? 楼板起什么作用?

# 习 题

2-1 图 2-19 所示平面框架-剪力墙结构,高度为 50m,共 18 层。设地区基本风压值查得为 $0.64kN/m^2$。试求结构的总风荷载沿高度的分布值。

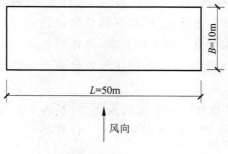

图 2-19 题 2-1 图

2-2 图 2-18 所示框架-剪力墙结构平面,高度为 45m,共 15 层。设地区基本风压值查得为 $0.64kN/m^2$。试求结构的总风荷载沿高度的分布及总风荷载在平面上的合力作用线。

2-3 已知二层框架,重量集中于横梁处,横梁 $EI=\infty$,$G_1=G_2=1300kN$,每层高 $H_1=H_2=6m$。两个振型为

$$T_1=1.03s,\begin{bmatrix} x_{11}=1.00 \\ x_{12}=1.62 \end{bmatrix}; \quad T_2=0.40s,\begin{bmatrix} x_{21}=1.00 \\ x_{22}=-0.60 \end{bmatrix}。$$

7 度设防地震区,Ⅲ类场地,特征周期分区为一区,结构阻尼比为 0.05。试计算:

(1) 用底部剪力法求地震作用;

(2) 用反应谱振型分解法求地震作用。

2-4　图 2-20 所示的框架结构,图(a)为平面布置,图(b)为其剖面。结构重量集中于每层的楼层处,其代表值如图中 $G_i$ 所示。梁截面尺寸 $b×h=250mm×600mm$,混凝土为 C20;柱截面尺寸 $b×h=450mm×450mm$,混凝土为 C30。位于 8 度设防地震区,Ⅱ类场地,特征周期分区为二区。用底部剪力法求地震作用(以后将对此题进行进一步计算)。

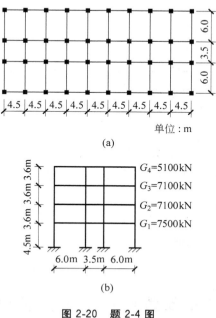

单位:m

(a)

$G_4=5100kN$

$G_3=7100kN$

$G_2=7100kN$

$G_1=7500kN$

6.0m　3.5m　6.0m

(b)

图 2-20　题 2-4 图

(a) 平面;(b) 剖面

# 第 3 章　框架结构的内力和位移计算

　　在通常情况下,框架结构可以按照 2.9 节的简化原则,简化为沿横方向和纵方向的平面框架,分别承受竖向荷载和水平荷载,然后进行内力和位移计算。

　　框架在结构力学中称为刚架。刚架的内力和位移计算方法很多。比较常用的手算方法有:力矩分配法、无剪力分配法、迭代法等,均为精确算法。在实用上有更为精确、更省人力的计算机程序分析方法——矩阵位移法。但是,有一些手算的近似计算方法,由于计算简单、易于掌握,又能反映刚架受力和变形的基本特点,目前在实际工程中应用还很多,特别是初步设计时需要估算,所以手算的近似方法仍为工程师们常用的方法。

　　本章主要讨论多层多跨框架的近似计算方法,竖向荷载作用时的分层计算法,水平荷载作用时的反弯点法、D 值法,以及水平荷载作用下的侧移近似计算。

## 3.1　多层多跨框架在竖向荷载作用下的近似计算——分层计算法

　　多层多跨框架在竖向荷载作用下,侧向位移比较小,计算时可忽略侧移的影响,用力矩分配法计算。由精确分析可知,每层梁的竖向荷载对其他各层杆件内力的影响不大,因此,可将多层框架分解成一层一层的单层框架分别计算。

　　上述两点即为分层计算法采用的两个近似假定。这里通过分析某层的竖向荷载对其他各层的影响问题,对第二假定作一点说明,首先,荷载在本层结点产生不平衡力矩,经过分配和传递,才影响到本层的远端。然后,在柱的远端再经过分配,才影响到相邻的楼层。这里经历了"分配—传递—分配"三道运算,余下的影响已经较小,因而可以忽略。

　　在上述假定下,多层多跨框架在竖向荷载作用下便可分层计算。例如图 3-1(a)所示的一个四层框架,可分成图 3-1(b)所示的三个单层框架分别计算。

　　分层计算所得的梁的弯矩即为其最后的弯矩。每一柱(底层柱除外)属于上下两层,所以柱的弯矩为上下两层计算弯矩相加。

　　因为在分层计算时,假定上下柱的远端为固定端,而实际上是弹性支承。为了反映这个特点,使误差减小,除底层外,其他层各柱的线刚度乘以折减系数 0.9,另外,传递系数也由 $\frac{1}{2}$ 修正为 $\frac{1}{3}$。

　　分层计算法最后所得的结果,在刚结点上诸弯矩可能会不平衡,但误差不会很大。如有需要,可对结点不平衡弯矩再进行一次分配。

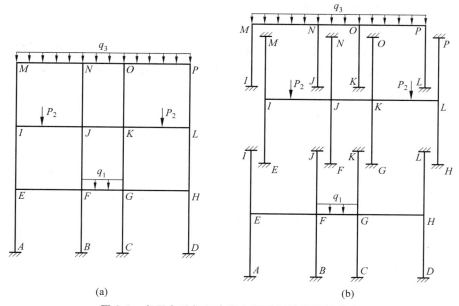

图 3-1　多层多跨框架在竖向荷载下的分层计算法

下面举一简例,说明分层计算法的要点。

【**例 3-1**】　图 3-2(a)为两跨二层刚架,用分层计算法作 $M$ 图。括号内的数字表示每根杆线刚度 $i=$ $\dfrac{EI}{l}$的相对值。

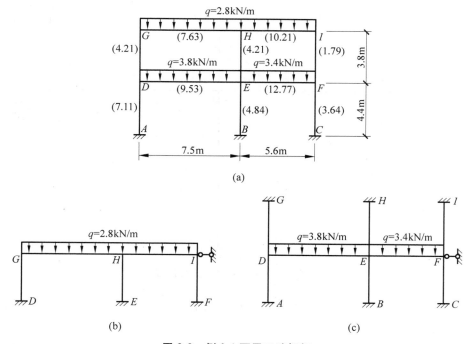

图 3-2　例 3-1 两层二跨框架

【**解**】 图 3-2(a)所示两层框架,分为两层进行计算。上层计算图见 3-2(b),下层计算图见图 3-2(c)。

用力矩分配法计算,具体过程见图 3-3 和图 3-4。注意,上层各柱线刚度都要先乘以 0.9,然后再计算各结点的分配系数。各杆分配系数写在图中长方框内,带 * 号的数值是固端弯矩。各结点均分配两次,次序为先两边结点,后中间结点。上层各柱远端弯矩等于各柱近梁端弯矩的 1/3(即传递系数为 1/3)。底层各柱远端弯矩为柱近梁端弯矩的 1/2(底端为固定,传递系数为 1/2)。最下一行数字为分配后各杆端弯矩。

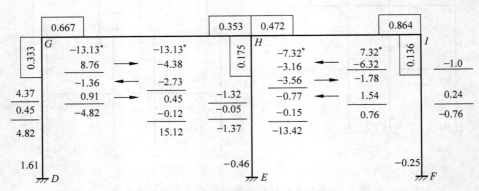

图 3-3　上层框架力矩分配过程

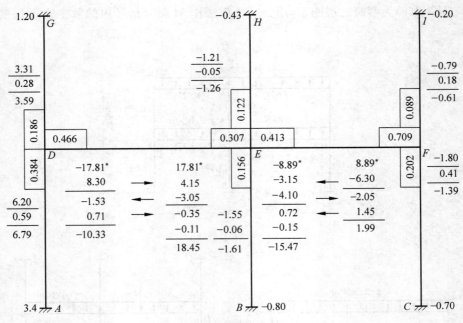

图 3-4　底层框架力矩分配过程

把图 3-3 和图 3-4 计算出的结果进行叠加,得到各杆的最后弯矩图,如图 3-5 所示。可以看出,结点杆端弯矩有不平衡的情形。

为了对分层计算所得结果的误差大小有所了解,给出精确解的数值如图 3-6 所示。图中不带括号的数值为不考虑结点线位移时的杆端弯矩,括号内的数值为考虑结点线位移时的杆端弯矩。本例表明分层计算法所得梁的弯矩误差较小,柱的弯矩误差较大。

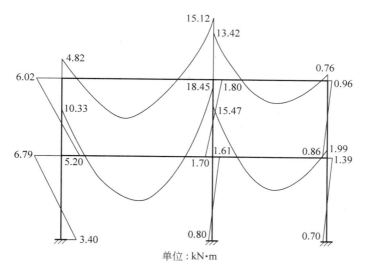

图 3-5　例 3-1 的弯矩图

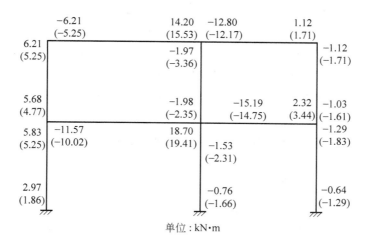

图 3-6　例 3-1 的精确解

## 3.2　多层多跨框架在水平荷载作用下内力的近似计算——反弯点法

框架所受的水平荷载主要是风力和地震力,它们都可以化成作用在框架结点上的水平集中力,如图 3-7 所示。这时框架的侧移是主要的变形因素。对于层数不多的框架,柱子轴力较小,截面也较小。当梁的线刚度 $i_b$ 比柱的线刚度 $i_c$ 大得多时,采用反弯点法计算其内力,误差较小。

多层多跨框架在水平荷载作用下的弯矩图通常如图 3-8 所示。它的特点是,各杆的弯矩图均为直线,每杆均有一个零弯矩点,称反弯点,该点有剪力,如图中所示的 $V_1,V_2,V_3$。如果能定出这些 $V_1,V_2,$ $V_3$ 及其反弯点高度 $\bar{y}$,那么各柱端弯矩就可算出,进而可算出梁端弯矩。

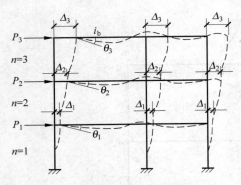

图 3-7　水平荷载作用下框架的变形

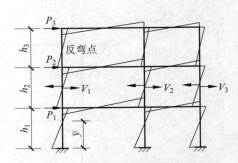

图 3-8　水平荷载作用下框架的弯矩图

反弯点法的主要工作有两个:

(1) 将每层以上的水平荷载按某一比例分配给该层的各柱,求出各柱的剪力;

(2) 确定反弯点高度 $\bar{y}$。

为了解决这两个问题,先让我们观察整个框架在水平荷载作用下的变形情况,如图 3-7 中虚线所示,它具有如下几个特点:

(1) 如不考虑轴向变形的影响,则上部同一层的各结点水平位移相等;

(2) 上部各结点有转角,固定柱脚处,线位移和角位移为零。

当梁的线刚度比柱的线刚度大得多时(如 $i_b/i_c>3$)上述的结点转角很小,可近似认为结点转角均为零。

两端无转角但有水平位移时,柱的剪力与水平位移的关系为(见图 3-9)

$$V=\frac{12i_c}{h^2}\delta \qquad (3-1)$$

因此,柱的侧移刚度为

$$d=\frac{V}{\delta}=\frac{12i_c}{h^2} \qquad (3-2)$$

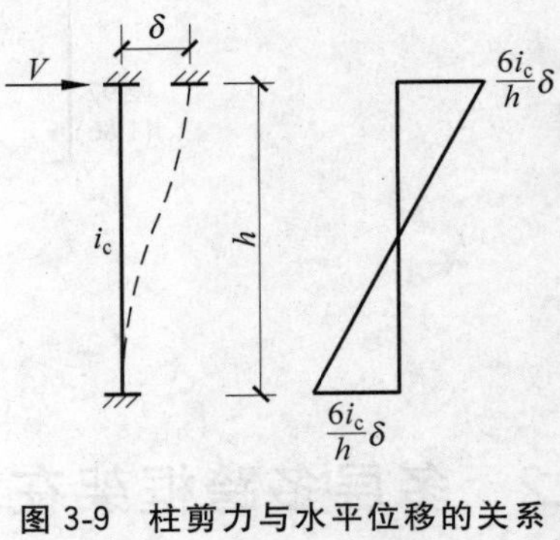

式中: $V$——柱剪力;

　　　　$\delta$——柱层间位移;

　　　　$h$——层高;

　　　　$i_c=\dfrac{EI}{h}$——柱线刚度;

　　　　$EI$——柱抗弯刚度。

图 3-9　柱剪力与水平位移的关系

侧移刚度 $d$ 的物理意义是柱上下两端相对有单位侧移时柱中产生的剪力。

设同层各柱剪力为 $V_1,V_2,\cdots,V_j,\cdots$,根据层剪力平衡,有

$$V_1 + V_2 + \cdots + V_j + \cdots = \sum P \qquad (3\text{-}3)$$

由于同层各柱柱端水平位移相等,均为 $\delta$,按侧移刚度 $d$ 的定义,有

$$V_1 = d_1 \delta$$
$$V_2 = d_2 \delta$$
$$\vdots$$
$$V_j = d_j \delta$$
$$\vdots$$

把上式代入式(3-3),有

$$\delta = \frac{\sum P}{d_1 + d_2 + \cdots + d_i + \cdots} = \frac{\sum P}{\sum d}$$

于是有计算各柱剪力的公式

$$V_i = \frac{d_i}{\sum d} \sum P = \mu_i V_P \qquad (3\text{-}4)$$

式中: $\mu_i = \dfrac{d_i}{\sum d}$ ——剪力分配系数;

$\quad d_i$ ——第 $j$ 层第 $i$ 柱的侧移刚度;

$\quad \sum d$ ——第 $j$ 层各柱侧移刚度的总和;

$\quad V_P = \sum P$ ——第 $j$ 层的层剪力,即第 $j$ 层以上所有水平荷载总和;

$\quad V_i$ ——第 $j$ 层第 $i$ 柱的剪力。

再来确定柱的反弯点高度 $\overline{y}$。

反弯点高度 $\overline{y}$ 为反弯点至柱下端的距离。当梁的线刚度为无限大时,柱两端完全无转角,柱两端弯矩相等,反弯点在柱中点。对于上层各柱,当梁柱线刚度之比超过 3 时,柱端的转角很小,反弯点接近中点,可假定它就在中点。对于底层柱,由于底端固定而上端有转角,反弯点向上移,通常假定反弯点在距底端 $2h/3$ 处。

归纳起来,反弯点法的计算步骤如下:

(1) 多层多跨框架在水平荷载作用下,当梁柱线刚度之比大于 $3(i_b/i_c > 3)$ 时,可采用反弯点法计算杆件内力。

(2) 按式(3-2)计算各柱侧移刚度,按式(3-3)把该层总剪力分配到每个柱。

(3) 根据各柱分配到的剪力及反弯点位置,计算柱端弯矩。

上层柱:上下端弯矩相等

$$M_{i\text{上}} = M_{i\text{下}} = V_i \cdot h/2$$

底层柱:

上端弯矩 $\qquad\qquad\qquad M_{i\text{上}} = V_i \cdot h/3$

下端弯矩 $\qquad\qquad\qquad M_{i\text{下}} = V_i \cdot 2h/3$

(4) 根据结点平衡计算梁端弯矩,如图 3-10 所示。

对于边柱(见图 3-10(a))

$$M_i = M_{i上} + M_{i下}$$

对于中柱(见图 3-10(b)),设梁的端弯矩与梁的线刚度成正比,则有

$$M_{i左} = (M_{i上} + M_{i下}) \frac{i_{b左}}{i_{b左} + i_{b右}}$$

$$M_{i右} = (M_{i上} + M_{i下}) \frac{i_{b右}}{i_{b左} + i_{b右}}$$

式中:$i_{b左}$——左边梁的线刚度;

$\quad\ i_{b右}$——右边梁的线刚度。

再进一步,由梁两端的弯矩,根据梁的平衡条件,可求出梁的剪力;由梁的剪力,根据结点的平衡条件,可求出柱的轴力。

综上所述,反弯点法的要点一是确定反弯点高度,一是确定剪力分配系数 $\mu_i$。在确定它们时都假设结点转角为零,即认为梁的线刚度为无穷大。这些假设对于层数不多的框架,误差不会很大。但对于高层框架,由于柱截面加大,梁柱相对线刚度比值相应减小,反弯点法的误差较大。下一节将详细讨论这个问题。

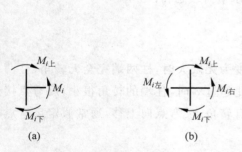

(a)             (b)

图 3-10 结点力矩平衡

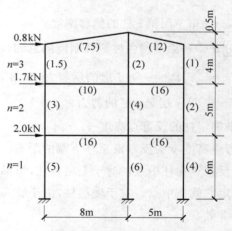

图 3-11 例 3-2 框架图

【例 3-2】 作如图 3-11 所示框架的弯矩图。图中括号内数字为每杆的相对线刚度。

【解】 在用侧移刚度确定剪力分配系数时,因 $d = \frac{12i_c}{h^2}$,当同层各柱 $h$ 相等时,$d$ 可直接用 $i_c$ 表示。这里只有第 3 层第 2 根柱的高度与同层其他柱的高度不同,为了使用 $i_c$,该柱线刚度 $i_c$ 作如下变换,即采用折算线刚度计算剪力分配系数,折算线刚度为

$$i'_c = \frac{4^2}{4.5^2} i_c = \frac{16}{20.3} \times 2 = 1.6$$

计算过程见图 3-12,力的单位为 kN,长度的单位为 m。

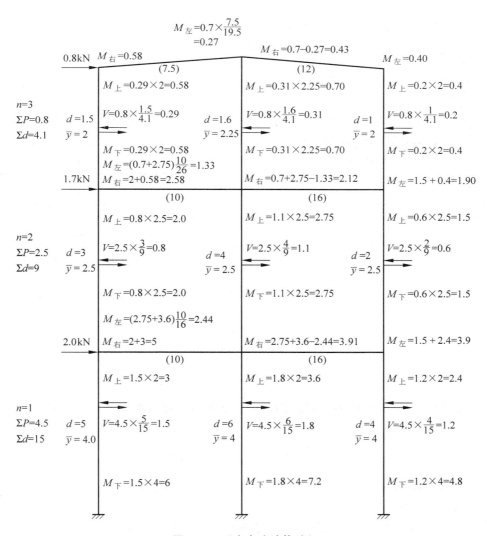

图 3-12　反弯点法计算过程

　　最后弯矩图见图 3-13,括号内的数字为精确解。本例表明用反弯点法所得的弯矩大致上与精确解相近,个别地方误差大一些。

　　在框架中,由于实际需要,有时一层或数层横梁不全部贯通,如图 3-14 所示。此时在水平荷载作用下的内力计算仍可采用反弯点法,但对横梁没有贯通的层,柱的侧移刚度要做相应处理。下面讨论这一问题。

　　现在先来看看如果已知各柱侧移刚度 $d$(见图 3-15),如何求框架顶部侧移 $\Delta$。设已知各柱侧移刚度为 $d_1', d_1'', d_2', d_2''$;$P$ 在每层分配为 $P_1', P_1'', P_2', P_2''$,这样有

$$P_1' = \frac{d_1'}{d_1' + d_1''} P, \quad \Delta_1 = \frac{P_1'}{d_1'}$$

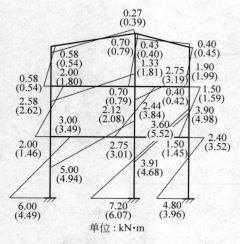

图 3-13　例 3-2 弯矩图

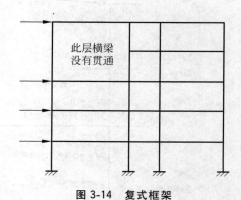

图 3-14　复式框架

则

$$\Delta_1 = \frac{P}{d_1' + d_1''}$$

同理有

$$\Delta_2 = \frac{P}{d_2' + d_2''}$$

因此

$$\Delta = \Delta_1 + \Delta_2 = P\left(\frac{1}{d_1' + d_1''} + \frac{1}{d_2' + d_2''}\right)$$

根据上式，如已知 $P$ 和各柱的侧移刚度，即可计算框架的顶部侧移 $\Delta$。反过来，可改写上式为

$$d = \frac{P}{\Delta} = \frac{1}{\dfrac{1}{d_1' + d_1''} + \dfrac{1}{d_2' + d_2''}}$$

这里，$d$ 为框架侧移刚度，它反映了框架顶部承受水平荷载和顶部侧移之间的关系。为了便于记忆和应用，下面引进并联柱和串联柱的概念。

数柱并联：同层若干平行的柱（见图 3-16）其总侧移刚度为各柱侧移刚度之和，即

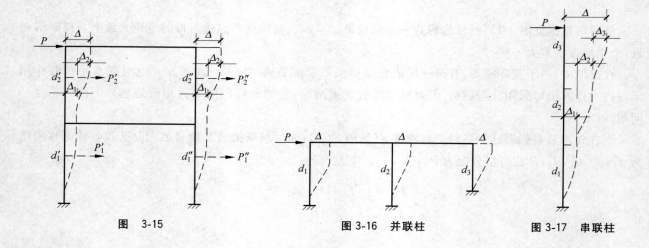

图　3-15　　　　　　　　　图 3-16　并联柱　　　　　图 3-17　串联柱

$$d_{总} = \frac{P}{\Delta} = d_1 + d_2 + d_3$$

这种情况称为"并联柱"。

数柱串联：承受相等剪力的数柱串联（图 3-17），有

$$\Delta = \Delta_1 + \Delta_2 + \Delta_3 = \frac{P}{d_1} + \frac{P}{d_2} + \frac{P}{d_3} = P \sum \frac{1}{d_m}$$

故串联各柱之总侧移刚度为

$$d_{总} = \frac{P}{\Delta} = \frac{1}{\sum \frac{1}{d_m}}$$

这种情况称为"串联柱"。

可以看出，图 3-15 框架的侧移刚度就是同层各柱先并联后串联而成。下面通过例题说明如何利用并联柱和串联柱的概念。

【例 3-3】 用反弯点法作如图 3-18(a)所示框架的 $M$ 图。

【解】 这里顶部荷载 $P$ 可看成由 $AF$ 柱和 $BGHC$ 框架共同承担。利用并联柱和串联柱的概念，先把框架 $BGHC$ 转换成 $B'G'$ 柱（见图 3-18(b)），只要 $B'G'$ 柱的侧移刚度与 $BGHC$ 框架的侧移刚度相等，就可以正确分配顶部荷载 $P$。$BGHC$ 框架顶部荷载（分配到的）一经确定，其余计算就可按前面讨论的规则框架进行。

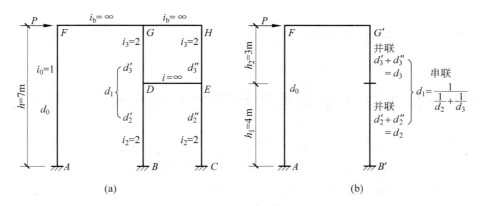

(a)　　　　　　　　　　　(b)

**图 3-18　例 3-3 图**

$BD$ 柱和 $CE$ 柱为并联柱，并联后总侧移刚度为

$$d_2 = d_2' + d_2'' = 2\left(\frac{12i_2}{h_1^2}\right) = 2 \times \frac{12 \times 2}{4^2} = 3$$

$DG$ 柱和 $EH$ 柱亦为并联柱，

$$d_3 = d_3' + d_3'' = 2\left(\frac{12i_3}{h_2^2}\right) = 2 \times \frac{12 \times 2}{3^2} = 5.333$$

$B'G'$ 为串联柱，串联后总侧移刚度为

$$d_1 = \frac{1}{\frac{1}{d_2}+\frac{1}{d_3}} = \frac{1}{\frac{1}{3}+\frac{1}{5.333}} = 1.920$$

另外，$AF$ 柱的侧移刚度为

$$d_0 = \frac{12i_0}{h^2} = \frac{12\times1}{7^2} = 0.245$$

先按图 3-18(b)分配剪力

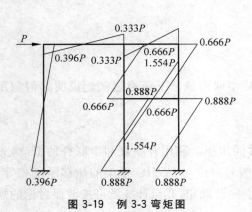

图 3-19　例 3-3 弯矩图

$$V_{FA} = \frac{d_0}{d_0+d_1}P = \frac{0.245}{0.245+1.920}P = 0.113P$$

$$V_{G'B'} = \frac{d_1}{d_0+d_1}P = \frac{1.920}{0.245+1.920}P = 0.887P$$

这里，$V_{G'B'}$ 即为作用在框架 $BGHC$ 顶部的集中力。分配给框架各层各柱的剪力分别为

$$V_{GD} = V_{HE} = \frac{1}{2}V_{G'B'} = 0.444P$$

$$V_{DB} = V_{EC} = \frac{1}{2}V_{G'B'} = 0.444P$$

至此各柱剪力均已求得，由于横梁 $i_b=\infty$，各结点均无转角，所以各柱反弯点高度均在该柱中央。最后的 $M$ 图示于图 3-19。

本例中横架 $i_b=\infty$，故所得结果为精确解。

## 3.3　多层多跨框架在水平荷载作用下的改进反弯点法——D 值法

反弯点法在考虑柱侧移刚度 $d$ 时，假设结点转角为零，亦即横梁的线刚度假设为无穷大。对于层数较多的框架，由于柱轴力大，柱截面也随着增大，梁柱相对线刚度比较接近，甚至有时柱的线刚度反而比梁大，这样，上述假设将产生较大误差。另外，反弯点法计算反弯点高度 $\bar{y}$ 时，假设柱上下结点转角相等，这样误差也较大，特别在最上和最下数层。日本武藤清在分析多层框架的受力特点和变形特点的基础上，对框架在水平荷载作用下的计算提出了修正柱的侧移刚度和调整反弯点高度的方法。修正后的柱侧移刚度用 $D$ 表示，故称为 $D$ 值法。$D$ 值法的计算步骤与反弯点法相同，因而计算简单、实用，精度比反弯点法高，在高层建筑结构设计中得到了广泛应用。

$D$ 值法也要解决两个主要问题：确定侧移刚度和反弯点高度。下面分别进行讨论。

### 3.3.1　柱侧移刚度 D 值的计算

当梁柱线刚度比为有限值时，在水平荷载作用下，框架不仅有侧移，而且各结点还有转角，见图 3-7。现在推导标准框架(即各层等高、各跨相等、各层梁和柱线刚度都不改变的多层框架)柱的侧移刚度。

为此,在有侧移和转角的标准框架中取出一部分,如图 3-20 所示。柱 1、2 有杆端相对线位移 $\delta_2$,且两端有转角 $\theta_1$ 和 $\theta_2$,由转角位移方程,杆端弯矩为

$$M_{12} = 4i_c\theta_1 + 2i_c\theta_2 - \frac{6i_c}{h}\delta_2$$

$$M_{21} = 2i_c\theta_1 + 4i_c\theta_2 - \frac{6i_c}{h}\delta_2$$

可求得杆的剪力为

$$V = \frac{12i_c}{h^2}\delta - \frac{6i_c}{h}(\theta_1 + \theta_2) \tag{3-5}$$

令

$$D = \frac{V}{\delta} \tag{3-6}$$

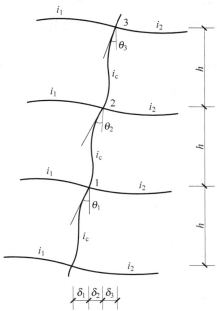

图 3-20　框架侧移与结点转角

$D$ 值也称为柱的侧移刚度,定义与 $d$ 值相同,但 $D$ 值与位移 $\delta$ 和转角 $\theta$ 均有关。

因为是标准框架,假定各层梁柱结点转角相等,即 $\theta_1 = \theta_2 = \theta_3 = \theta$,各层层间位移相等,即 $\delta_1 = \delta_2 = \delta_3 = \delta$。取中间结点 2 为隔离体,利用转角位移方程,由平衡条件 $\sum M = 0$,可得

$$(4+4+2+2)i_c\theta + (4+2)i_1\theta + (4+2)i_2\theta - (6+6)i_c\frac{\delta}{h} = 0$$

经整理可得

$$\theta = \frac{2}{2+(i_1+i_2)/i_c} \cdot \frac{\delta}{h} = \frac{2}{2+K} \cdot \frac{\delta}{h}$$

上式反映了转角与层间位移 $\delta$ 的关系,将此关系代入式(3-5)和式(3-6),得到

$$D = \frac{V}{\delta} = \frac{12i_c}{h^2} - \frac{6i_c}{h^2} \times 2 \times \frac{2}{2+K} = \frac{12i_c}{h^2} \cdot \frac{K}{2+K}$$

令

$$\alpha = \frac{K}{2+K} \tag{3-7}$$

则

$$D = \alpha \cdot \frac{12i_c}{h^2} \tag{3-8}$$

在上面的推导中,$K = (i_1+i_2)/i_c$,为标准框架梁柱的刚度比,$\alpha$ 值表示梁柱刚度比对柱侧移刚度的影响。当 $K$ 值无限大时,$\alpha = 1$,所得 $D$ 值与 $d$ 值相等;当 $K$ 值较小时,$\alpha < 1$,$D$ 值小于 $d$ 值。因此,$\alpha$ 称为柱侧移刚度修正系数。

在更为普遍(即非标准框架)的情况中,中间柱上下左右四根梁的线刚度都不相等,这时取线刚度平均值计算 $K$ 值,即

$$K = \frac{i_1+i_2+i_3+i_4}{2i_c} \tag{3-9}$$

对于边柱,令 $i_1 = i_3 = 0$(或 $i_2 = i_4 = 0$),可得

$$K = \frac{i_2+i_4}{2i_c}$$

对于框架的底层柱,由于底端为固结支座,无转角,亦可采取类似方法推导,过程从略,所得底层柱的 $K$ 值及 $\alpha$ 值不同于上层柱。

现将框架中常用各种情况的 $K$ 及 $\alpha$ 计算公式列于表 3-1 中,以便应用。

表 3-1 柱侧移刚度修正系数 $\alpha$ 表

| 楼 层 | 简 图 | $K$ | $\alpha$ |
|---|---|---|---|
| 一般层柱 | ① ② | $K=\dfrac{i_1+i_2+i_3+i_4}{2i_c}$ | $\alpha=\dfrac{K}{2+K}$ |
| 底层柱 | ① ② | $K=\dfrac{i_1+i_2}{i_c}$ | $\alpha=\dfrac{0.5+K}{2+K}$ |

注:边柱情况下,式中 $i_1$,$i_3$ 取 0 值。

有了 $D$ 值以后,与反弯点法类似,假定同一楼层各柱的侧移相等,可得各柱的剪力

$$V_{ij} = \frac{D_{ij}}{\sum D_{ij}} V_{pj} \tag{3-10}$$

式中:$V_{ij}$——第 $j$ 层第 $i$ 柱的剪力;

  $D_{ij}$——第 $j$ 层第 $i$ 柱的侧移刚度 $D$ 值;

  $\sum D_{ij}$——第 $j$ 层所有柱 $D$ 值总和;

  $V_{pj}$——第 $j$ 层由外荷载引起的总剪力。

## 3.3.2 确定柱反弯点高度比

影响柱反弯点高度的主要因素是柱上下端的约束条件。由图 3-21 可见,当两端固定或两端转角完全相等时,$\theta_{j-1}=\theta_j$,因而 $M_{j-1}=M_j$,反弯点在中点(见图 3-21(b))。两端约束刚度不相同时,两端转角也不相等,$\theta_j\neq\theta_{j-1}$,反弯点移向转角较大的一端,也就是移向约束刚度较小的一端(见图 3-21(a))。当一端为铰结时(支承转动刚度为零),弯矩为零,即反弯点与该端铰重合(见图 3-21(c))。

影响柱两端约束刚度的主要因素是:

(1) 结构总层数及该层所在位置;

(2) 梁柱线刚度比;

(3) 荷载形式;

(4) 上层与下层梁刚度比;

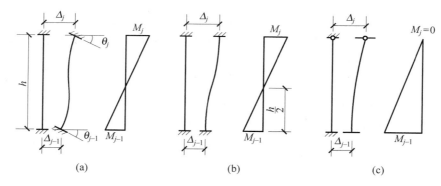

图 3-21　反弯点位置

（5）上、下层层高变化。

在 $D$ 值法中，通过力学分析求得标准情况下的标准反弯点高度比 $y_0$（即反弯点到柱下端距离与柱全高的比值），再根据上、下梁线刚度比值及上、下层层高变化，对 $y_0$ 进行调整。

### 1. 柱标准反弯点高度比

标准反弯点高度比是各层等高、各跨相等、各层梁和柱线刚度都不改变的多层框架在水平荷载作用下求得的反弯点高度比。为使用方便，已把标准反弯点高度比的值制成表格。在均布水平荷载作用下的 $y_0$ 列于表 3-2；在倒三角形分布荷载作用下的 $y_0$ 列于表 3-3。根据该框架总层数 $n$ 及该层所在楼层 $j$ 以及梁柱线刚度比 $K$ 值，可从表中查得标准反弯点高度比 $y_0$。

表 3-2　均布水平荷载下各层柱标准反弯点高度比 $y_0$

| $n$ | $K$／$j$ | 0.1 | 0.2 | 0.3 | 0.4 | 0.5 | 0.6 | 0.7 | 0.8 | 0.9 | 1.0 | 2.0 | 3.0 | 4.0 | 5.0 |
|---|---|---|---|---|---|---|---|---|---|---|---|---|---|---|---|
| 1 | 1 | 0.80 | 0.75 | 0.70 | 0.65 | 0.65 | 0.60 | 0.60 | 0.60 | 0.60 | 0.55 | 0.55 | 0.55 | 0.55 | 0.55 |
| 2 | 2 | 0.45 | 0.40 | 0.35 | 0.35 | 0.35 | 0.35 | 0.40 | 0.40 | 0.40 | 0.40 | 0.45 | 0.45 | 0.45 | 0.45 |
|   | 1 | 0.95 | 0.80 | 0.75 | 0.70 | 0.65 | 0.65 | 0.65 | 0.60 | 0.60 | 0.60 | 0.55 | 0.55 | 0.55 | 0.50 |
| 3 | 3 | 0.15 | 0.20 | 0.20 | 0.25 | 0.30 | 0.30 | 0.30 | 0.35 | 0.35 | 0.35 | 0.40 | 0.45 | 0.45 | 0.45 |
|   | 2 | 0.55 | 0.50 | 0.45 | 0.45 | 0.45 | 0.45 | 0.45 | 0.45 | 0.45 | 0.45 | 0.50 | 0.50 | 0.50 | 0.50 |
|   | 1 | 1.00 | 0.85 | 0.80 | 0.75 | 0.70 | 0.70 | 0.65 | 0.65 | 0.65 | 0.60 | 0.55 | 0.55 | 0.55 | 0.55 |
| 4 | 4 | −0.05 | 0.05 | 0.15 | 0.20 | 0.25 | 0.30 | 0.30 | 0.35 | 0.35 | 0.35 | 0.40 | 0.45 | 0.45 | 0.45 |
|   | 3 | 0.25 | 0.30 | 0.30 | 0.35 | 0.35 | 0.40 | 0.40 | 0.40 | 0.40 | 0.45 | 0.45 | 0.50 | 0.50 | 0.50 |
|   | 2 | 0.65 | 0.55 | 0.50 | 0.50 | 0.45 | 0.45 | 0.45 | 0.45 | 0.45 | 0.50 | 0.50 | 0.50 | 0.50 | 0.50 |
|   | 1 | 1.10 | 0.90 | 0.80 | 0.75 | 0.70 | 0.70 | 0.65 | 0.65 | 0.65 | 0.60 | 0.55 | 0.55 | 0.55 | 0.55 |
| 5 | 5 | −0.20 | 0.00 | 0.15 | 0.20 | 0.25 | 0.30 | 0.30 | 0.30 | 0.35 | 0.35 | 0.40 | 0.45 | 0.45 | 0.45 |
|   | 4 | 0.10 | 0.20 | 0.25 | 0.30 | 0.35 | 0.35 | 0.40 | 0.40 | 0.40 | 0.40 | 0.45 | 0.45 | 0.50 | 0.50 |
|   | 3 | 0.40 | 0.40 | 0.40 | 0.40 | 0.40 | 0.45 | 0.45 | 0.45 | 0.45 | 0.50 | 0.50 | 0.50 | 0.50 | 0.50 |
|   | 2 | 0.65 | 0.55 | 0.50 | 0.50 | 0.50 | 0.50 | 0.50 | 0.50 | 0.50 | 0.50 | 0.50 | 0.50 | 0.50 | 0.50 |
|   | 1 | 1.20 | 0.95 | 0.80 | 0.75 | 0.75 | 0.70 | 0.70 | 0.65 | 0.65 | 0.65 | 0.55 | 0.55 | 0.55 | 0.55 |

续表

| $n$ | $j$ \ $K$ | 0.1 | 0.2 | 0.3 | 0.4 | 0.5 | 0.6 | 0.7 | 0.8 | 0.9 | 1.0 | 2.0 | 3.0 | 4.0 | 5.0 |
|---|---|---|---|---|---|---|---|---|---|---|---|---|---|---|---|
| 6 | 6 | −0.30 | 0.00 | 0.10 | 0.20 | 0.25 | 0.25 | 0.30 | 0.30 | 0.35 | 0.35 | 0.40 | 0.45 | 0.45 | 0.45 |
|  | 5 | 0.00 | 0.20 | 0.25 | 0.30 | 0.35 | 0.35 | 0.40 | 0.40 | 0.40 | 0.40 | 0.45 | 0.45 | 0.50 | 0.50 |
|  | 4 | 0.20 | 0.30 | 0.35 | 0.35 | 0.40 | 0.40 | 0.40 | 0.45 | 0.45 | 0.45 | 0.45 | 0.50 | 0.50 | 0.50 |
|  | 3 | 0.40 | 0.40 | 0.40 | 0.45 | 0.45 | 0.45 | 0.45 | 0.45 | 0.45 | 0.45 | 0.50 | 0.50 | 0.50 | 0.50 |
|  | 2 | 0.70 | 0.60 | 0.55 | 0.50 | 0.50 | 0.50 | 0.50 | 0.50 | 0.50 | 0.50 | 0.50 | 0.50 | 0.50 | 0.50 |
|  | 1 | 1.20 | 0.95 | 0.85 | 0.80 | 0.75 | 0.70 | 0.70 | 0.65 | 0.65 | 0.65 | 0.55 | 0.55 | 0.55 | 0.55 |
| 7 | 7 | −0.35 | −0.05 | 0.10 | 0.20 | 0.20 | 0.25 | 0.30 | 0.30 | 0.35 | 0.35 | 0.40 | 0.45 | 0.45 | 0.45 |
|  | 6 | −0.10 | 0.15 | 0.25 | 0.30 | 0.35 | 0.35 | 0.35 | 0.40 | 0.40 | 0.40 | 0.45 | 0.50 | 0.50 | 0.50 |
|  | 5 | 0.10 | 0.25 | 0.30 | 0.35 | 0.40 | 0.40 | 0.40 | 0.45 | 0.45 | 0.45 | 0.50 | 0.50 | 0.50 | 0.50 |
|  | 4 | 0.30 | 0.35 | 0.40 | 0.40 | 0.40 | 0.45 | 0.45 | 0.45 | 0.45 | 0.45 | 0.50 | 0.50 | 0.50 | 0.50 |
|  | 3 | 0.50 | 0.45 | 0.45 | 0.45 | 0.45 | 0.45 | 0.45 | 0.45 | 0.45 | 0.45 | 0.50 | 0.50 | 0.50 | 0.50 |
|  | 2 | 0.75 | 0.60 | 0.55 | 0.50 | 0.50 | 0.50 | 0.50 | 0.50 | 0.50 | 0.50 | 0.50 | 0.50 | 0.50 | 0.50 |
|  | 1 | 1.20 | 0.95 | 0.85 | 0.80 | 0.75 | 0.70 | 0.70 | 0.65 | 0.65 | 0.65 | 0.55 | 0.55 | 0.55 | 0.55 |
| 8 | 8 | −0.35 | −0.15 | 0.10 | 0.10 | 0.25 | 0.25 | 0.30 | 0.30 | 0.35 | 0.35 | 0.40 | 0.45 | 0.45 | 0.45 |
|  | 7 | −0.10 | 0.15 | 0.25 | 0.30 | 0.35 | 0.35 | 0.40 | 0.40 | 0.40 | 0.40 | 0.45 | 0.50 | 0.50 | 0.50 |
|  | 6 | 0.05 | 0.25 | 0.30 | 0.35 | 0.40 | 0.40 | 0.40 | 0.45 | 0.45 | 0.45 | 0.50 | 0.50 | 0.50 | 0.50 |
|  | 5 | 0.20 | 0.30 | 0.35 | 0.40 | 0.40 | 0.45 | 0.45 | 0.45 | 0.45 | 0.45 | 0.50 | 0.50 | 0.50 | 0.50 |
|  | 4 | 0.35 | 0.40 | 0.40 | 0.45 | 0.45 | 0.45 | 0.45 | 0.45 | 0.45 | 0.45 | 0.50 | 0.50 | 0.50 | 0.50 |
|  | 3 | 0.50 | 0.45 | 0.45 | 0.45 | 0.45 | 0.45 | 0.45 | 0.45 | 0.50 | 0.50 | 0.50 | 0.50 | 0.50 | 0.50 |
|  | 2 | 0.75 | 0.60 | 0.55 | 0.55 | 0.50 | 0.50 | 0.50 | 0.50 | 0.50 | 0.50 | 0.50 | 0.50 | 0.50 | 0.50 |
|  | 1 | 1.20 | 1.00 | 0.85 | 0.80 | 0.75 | 0.70 | 0.70 | 0.65 | 0.65 | 0.65 | 0.55 | 0.55 | 0.55 | 0.55 |
| 9 | 9 | −0.40 | −0.05 | 0.10 | 0.20 | 0.25 | 0.25 | 0.30 | 0.30 | 0.35 | 0.35 | 0.45 | 0.45 | 0.45 | 0.45 |
|  | 8 | −0.15 | 0.15 | 0.25 | 0.30 | 0.35 | 0.35 | 0.35 | 0.40 | 0.40 | 0.40 | 0.45 | 0.45 | 0.50 | 0.50 |
|  | 7 | 0.05 | 0.25 | 0.30 | 0.35 | 0.40 | 0.40 | 0.40 | 0.45 | 0.45 | 0.45 | 0.50 | 0.50 | 0.50 | 0.50 |
|  | 6 | 0.15 | 0.30 | 0.35 | 0.40 | 0.40 | 0.45 | 0.45 | 0.45 | 0.45 | 0.45 | 0.50 | 0.50 | 0.50 | 0.50 |
|  | 5 | 0.25 | 0.35 | 0.40 | 0.40 | 0.45 | 0.45 | 0.45 | 0.45 | 0.45 | 0.45 | 0.50 | 0.50 | 0.50 | 0.50 |
|  | 4 | 0.40 | 0.40 | 0.40 | 0.45 | 0.45 | 0.45 | 0.45 | 0.45 | 0.45 | 0.45 | 0.50 | 0.50 | 0.50 | 0.50 |
|  | 3 | 0.55 | 0.45 | 0.45 | 0.45 | 0.45 | 0.45 | 0.45 | 0.45 | 0.50 | 0.50 | 0.50 | 0.50 | 0.50 | 0.50 |
|  | 2 | 0.80 | 0.65 | 0.55 | 0.55 | 0.50 | 0.50 | 0.50 | 0.50 | 0.50 | 0.50 | 0.50 | 0.50 | 0.50 | 0.50 |
|  | 1 | 1.20 | 1.00 | 0.85 | 0.80 | 0.75 | 0.70 | 0.70 | 0.65 | 0.65 | 0.65 | 0.55 | 0.55 | 0.55 | 0.55 |
| 10 | 10 | −0.40 | −0.05 | 0.10 | 0.20 | 0.25 | 0.30 | 0.30 | 0.30 | 0.30 | 0.35 | 0.40 | 0.45 | 0.45 | 0.45 |
|  | 9 | −0.15 | 0.15 | 0.25 | 0.30 | 0.35 | 0.35 | 0.40 | 0.40 | 0.40 | 0.40 | 0.45 | 0.45 | 0.50 | 0.50 |
|  | 8 | 0.00 | 0.25 | 0.30 | 0.35 | 0.40 | 0.40 | 0.40 | 0.45 | 0.45 | 0.45 | 0.45 | 0.50 | 0.50 | 0.50 |
|  | 7 | 0.10 | 0.30 | 0.35 | 0.40 | 0.40 | 0.40 | 0.45 | 0.45 | 0.45 | 0.45 | 0.50 | 0.50 | 0.50 | 0.50 |
|  | 6 | 0.20 | 0.35 | 0.40 | 0.40 | 0.45 | 0.45 | 0.45 | 0.45 | 0.45 | 0.45 | 0.50 | 0.50 | 0.50 | 0.50 |
|  | 5 | 0.30 | 0.40 | 0.40 | 0.45 | 0.45 | 0.45 | 0.45 | 0.45 | 0.45 | 0.45 | 0.50 | 0.50 | 0.50 | 0.50 |
|  | 4 | 0.40 | 0.40 | 0.45 | 0.45 | 0.45 | 0.45 | 0.45 | 0.45 | 0.45 | 0.50 | 0.50 | 0.50 | 0.50 | 0.50 |
|  | 3 | 0.55 | 0.50 | 0.45 | 0.45 | 0.45 | 0.50 | 0.50 | 0.50 | 0.50 | 0.50 | 0.50 | 0.50 | 0.50 | 0.50 |
|  | 2 | 0.80 | 0.65 | 0.55 | 0.55 | 0.55 | 0.50 | 0.50 | 0.50 | 0.50 | 0.50 | 0.50 | 0.50 | 0.50 | 0.50 |
|  | 1 | 1.30 | 1.00 | 0.85 | 0.80 | 0.75 | 0.70 | 0.70 | 0.65 | 0.65 | 0.65 | 0.60 | 0.55 | 0.55 | 0.55 |

| $n$ | $j$ \ $K$ | 0.1 | 0.2 | 0.3 | 0.4 | 0.5 | 0.6 | 0.7 | 0.8 | 0.9 | 1.0 | 2.0 | 3.0 | 4.0 | 5.0 |
|---|---|---|---|---|---|---|---|---|---|---|---|---|---|---|---|
| 11 | 11 | −0.40 | 0.05 | 0.10 | 0.20 | 0.25 | 0.30 | 0.30 | 0.30 | 0.35 | 0.35 | 0.40 | 0.45 | 0.45 | 0.45 |
| | 10 | −0.15 | 0.15 | 0.25 | 0.30 | 0.35 | 0.35 | 0.40 | 0.40 | 0.40 | 0.40 | 0.45 | 0.45 | 0.50 | 0.50 |
| | 9 | 0.00 | 0.25 | 0.30 | 0.35 | 0.40 | 0.40 | 0.40 | 0.45 | 0.45 | 0.45 | 0.45 | 0.50 | 0.50 | 0.50 |
| | 8 | 0.10 | 0.30 | 0.35 | 0.40 | 0.40 | 0.45 | 0.45 | 0.45 | 0.45 | 0.45 | 0.50 | 0.50 | 0.50 | 0.50 |
| | 7 | 0.20 | 0.35 | 0.40 | 0.45 | 0.45 | 0.45 | 0.45 | 0.45 | 0.45 | 0.45 | 0.50 | 0.50 | 0.50 | 0.50 |
| | 6 | 0.25 | 0.35 | 0.40 | 0.45 | 0.45 | 0.45 | 0.45 | 0.45 | 0.45 | 0.45 | 0.50 | 0.50 | 0.50 | 0.50 |
| | 5 | 0.35 | 0.40 | 0.40 | 0.45 | 0.45 | 0.45 | 0.45 | 0.45 | 0.45 | 0.50 | 0.50 | 0.50 | 0.50 | 0.50 |
| | 4 | 0.40 | 0.45 | 0.45 | 0.45 | 0.45 | 0.45 | 0.45 | 0.50 | 0.50 | 0.50 | 0.50 | 0.50 | 0.50 | 0.50 |
| | 3 | 0.55 | 0.50 | 0.50 | 0.50 | 0.50 | 0.50 | 0.50 | 0.50 | 0.50 | 0.50 | 0.50 | 0.50 | 0.50 | 0.50 |
| | 2 | 0.80 | 0.65 | 0.60 | 0.55 | 0.55 | 0.50 | 0.50 | 0.50 | 0.50 | 0.50 | 0.50 | 0.50 | 0.50 | 0.50 |
| | 1 | 1.30 | 1.00 | 0.85 | 0.80 | 0.75 | 0.70 | 0.70 | 0.65 | 0.65 | 0.65 | 0.60 | 0.55 | 0.55 | 0.55 |
| 12 以 上 | 自上 1 | −0.40 | −0.05 | 0.10 | 0.20 | 0.25 | 0.30 | 0.30 | 0.30 | 0.35 | 0.35 | 0.40 | 0.45 | 0.45 | 0.45 |
| | 2 | −0.15 | 0.15 | 0.25 | 0.30 | 0.35 | 0.35 | 0.40 | 0.40 | 0.40 | 0.40 | 0.45 | 0.45 | 0.50 | 0.50 |
| | 3 | 0.00 | 0.25 | 0.30 | 0.35 | 0.40 | 0.40 | 0.40 | 0.45 | 0.45 | 0.45 | 0.50 | 0.50 | 0.50 | 0.50 |
| | 4 | 0.10 | 0.30 | 0.35 | 0.40 | 0.40 | 0.45 | 0.45 | 0.45 | 0.45 | 0.45 | 0.50 | 0.50 | 0.50 | 0.50 |
| | 5 | 0.20 | 0.35 | 0.40 | 0.40 | 0.45 | 0.45 | 0.45 | 0.45 | 0.45 | 0.45 | 0.50 | 0.50 | 0.50 | 0.50 |
| | 6 | 0.25 | 0.35 | 0.40 | 0.45 | 0.45 | 0.45 | 0.45 | 0.45 | 0.45 | 0.45 | 0.50 | 0.50 | 0.50 | 0.50 |
| | 7 | 0.30 | 0.40 | 0.40 | 0.45 | 0.45 | 0.45 | 0.45 | 0.45 | 0.50 | 0.50 | 0.50 | 0.50 | 0.50 | 0.50 |
| | 8 | 0.35 | 0.40 | 0.45 | 0.45 | 0.45 | 0.45 | 0.45 | 0.50 | 0.50 | 0.50 | 0.50 | 0.50 | 0.50 | 0.50 |
| | 中间 | 0.40 | 0.40 | 0.45 | 0.45 | 0.45 | 0.45 | 0.50 | 0.50 | 0.50 | 0.50 | 0.50 | 0.50 | 0.50 | 0.50 |
| | 4 | 0.45 | 0.45 | 0.45 | 0.45 | 0.50 | 0.50 | 0.50 | 0.50 | 0.50 | 0.50 | 0.50 | 0.50 | 0.50 | 0.50 |
| | 3 | 0.60 | 0.50 | 0.50 | 0.50 | 0.50 | 0.50 | 0.50 | 0.50 | 0.50 | 0.50 | 0.50 | 0.50 | 0.50 | 0.50 |
| | 2 | 0.80 | 0.65 | 0.60 | 0.55 | 0.55 | 0.50 | 0.50 | 0.50 | 0.50 | 0.50 | 0.50 | 0.50 | 0.50 | 0.50 |
| | 自下 1 | 1.30 | 1.00 | 0.85 | 0.80 | 0.75 | 0.70 | 0.70 | 0.65 | 0.65 | 0.55 | 0.55 | 0.55 | 0.55 | 0.55 |

**表 3-3　倒三角荷载下各层柱标准反弯点高度比 $y_0$**

| $n$ | $j$ \ $K$ | 0.1 | 0.2 | 0.3 | 0.4 | 0.5 | 0.6 | 0.7 | 0.8 | 0.9 | 1.0 | 2.0 | 3.0 | 4.0 | 5.0 |
|---|---|---|---|---|---|---|---|---|---|---|---|---|---|---|---|
| 1 | 1 | 0.80 | 0.75 | 0.70 | 0.65 | 0.65 | 0.60 | 0.60 | 0.60 | 0.60 | 0.55 | 0.55 | 0.55 | 0.55 | 0.55 |
| 2 | 2 | 0.50 | 0.45 | 0.40 | 0.40 | 0.40 | 0.40 | 0.40 | 0.40 | 0.40 | 0.45 | 0.45 | 0.45 | 0.45 | 0.50 |
| | 1 | 1.00 | 0.85 | 0.75 | 0.70 | 0.70 | 0.65 | 0.65 | 0.65 | 0.60 | 0.60 | 0.55 | 0.55 | 0.55 | 0.55 |
| 3 | 3 | 0.25 | 0.25 | 0.25 | 0.30 | 0.30 | 0.35 | 0.35 | 0.35 | 0.40 | 0.40 | 0.45 | 0.45 | 0.45 | 0.50 |
| | 2 | 0.60 | 0.50 | 0.50 | 0.50 | 0.50 | 0.45 | 0.45 | 0.45 | 0.45 | 0.45 | 0.50 | 0.50 | 0.55 | 0.50 |
| | 1 | 1.15 | 0.90 | 0.80 | 0.75 | 0.75 | 0.70 | 0.70 | 0.65 | 0.65 | 0.65 | 0.60 | 0.55 | 0.55 | 0.55 |
| 4 | 4 | 0.10 | 0.15 | 0.20 | 0.25 | 0.30 | 0.30 | 0.35 | 0.35 | 0.35 | 0.40 | 0.45 | 0.45 | 0.45 | 0.45 |
| | 3 | 0.35 | 0.35 | 0.35 | 0.40 | 0.40 | 0.40 | 0.40 | 0.45 | 0.45 | 0.45 | 0.50 | 0.50 | 0.50 | 0.50 |
| | 2 | 0.70 | 0.60 | 0.55 | 0.50 | 0.50 | 0.50 | 0.50 | 0.50 | 0.50 | 0.50 | 0.50 | 0.50 | 0.50 | 0.50 |
| | 1 | 1.20 | 0.95 | 0.85 | 0.80 | 0.75 | 0.70 | 0.70 | 0.70 | 0.65 | 0.65 | 0.55 | 0.55 | 0.55 | 0.50 |

续表

| $n$ | $j$ \ $K$ | 0.1 | 0.2 | 0.3 | 0.4 | 0.5 | 0.6 | 0.7 | 0.8 | 0.9 | 1.0 | 2.0 | 3.0 | 4.0 | 5.0 |
|---|---|---|---|---|---|---|---|---|---|---|---|---|---|---|---|
| 5 | 5 | −0.05 | 0.10 | 0.20 | 0.25 | 0.30 | 0.30 | 0.35 | 0.35 | 0.35 | 0.35 | 0.40 | 0.45 | 0.45 | 0.45 |
|  | 4 | 0.20 | 0.25 | 0.35 | 0.35 | 0.40 | 0.40 | 0.40 | 0.40 | 0.40 | 0.45 | 0.45 | 0.50 | 0.50 | 0.50 |
|  | 3 | 0.45 | 0.40 | 0.45 | 0.45 | 0.45 | 0.45 | 0.45 | 0.45 | 0.45 | 0.45 | 0.50 | 0.50 | 0.50 | 0.50 |
|  | 2 | 0.75 | 0.60 | 0.55 | 0.55 | 0.50 | 0.50 | 0.50 | 0.50 | 0.50 | 0.50 | 0.50 | 0.50 | 0.50 | 0.50 |
|  | 1 | 1.30 | 1.00 | 0.85 | 0.80 | 0.75 | 0.70 | 0.70 | 0.65 | 0.65 | 0.65 | 0.65 | 0.55 | 0.55 | 0.55 |
| 6 | 6 | −0.15 | 0.05 | 0.15 | 0.20 | 0.25 | 0.30 | 0.30 | 0.35 | 0.35 | 0.35 | 0.40 | 0.45 | 0.45 | 0.45 |
|  | 5 | 0.10 | 0.25 | 0.30 | 0.35 | 0.35 | 0.40 | 0.40 | 0.40 | 0.45 | 0.45 | 0.45 | 0.50 | 0.50 | 0.50 |
|  | 4 | 0.30 | 0.35 | 0.40 | 0.40 | 0.45 | 0.45 | 0.45 | 0.45 | 0.45 | 0.45 | 0.50 | 0.50 | 0.50 | 0.50 |
|  | 3 | 0.50 | 0.45 | 0.45 | 0.45 | 0.45 | 0.45 | 0.45 | 0.45 | 0.45 | 0.50 | 0.50 | 0.50 | 0.50 | 0.50 |
|  | 2 | 0.80 | 0.65 | 0.55 | 0.55 | 0.55 | 0.55 | 0.50 | 0.50 | 0.50 | 0.50 | 0.50 | 0.50 | 0.50 | 0.50 |
|  | 1 | 1.30 | 1.00 | 0.85 | 0.80 | 0.75 | 0.70 | 0.70 | 0.65 | 0.65 | 0.65 | 0.60 | 0.55 | 0.55 | 0.55 |
| 7 | 7 | −0.20 | 0.05 | 0.15 | 0.20 | 0.25 | 0.30 | 0.30 | 0.35 | 0.35 | 0.35 | 0.45 | 0.45 | 0.45 | 0.45 |
|  | 6 | 0.05 | 0.20 | 0.30 | 0.35 | 0.35 | 0.40 | 0.40 | 0.40 | 0.40 | 0.45 | 0.45 | 0.50 | 0.50 | 0.50 |
|  | 5 | 0.20 | 0.30 | 0.35 | 0.40 | 0.40 | 0.45 | 0.45 | 0.45 | 0.45 | 0.45 | 0.50 | 0.50 | 0.50 | 0.50 |
|  | 4 | 0.35 | 0.40 | 0.40 | 0.45 | 0.45 | 0.45 | 0.45 | 0.45 | 0.45 | 0.45 | 0.50 | 0.50 | 0.50 | 0.50 |
|  | 3 | 0.55 | 0.50 | 0.50 | 0.50 | 0.50 | 0.50 | 0.50 | 0.50 | 0.50 | 0.50 | 0.50 | 0.50 | 0.50 | 0.50 |
|  | 2 | 0.80 | 0.65 | 0.60 | 0.55 | 0.55 | 0.55 | 0.50 | 0.50 | 0.50 | 0.50 | 0.50 | 0.50 | 0.50 | 0.50 |
|  | 1 | 1.30 | 1.00 | 0.90 | 0.80 | 0.75 | 0.70 | 0.70 | 0.70 | 0.65 | 0.65 | 0.60 | 0.55 | 0.55 | 0.55 |
| 8 | 8 | −0.20 | 0.05 | 0.15 | 0.20 | 0.25 | 0.30 | 0.30 | 0.35 | 0.35 | 0.35 | 0.45 | 0.45 | 0.45 | 0.45 |
|  | 7 | 0.00 | 0.20 | 0.30 | 0.35 | 0.35 | 0.40 | 0.40 | 0.40 | 0.40 | 0.45 | 0.45 | 0.50 | 0.50 | 0.50 |
|  | 6 | 0.15 | 0.30 | 0.35 | 0.40 | 0.40 | 0.45 | 0.45 | 0.45 | 0.45 | 0.45 | 0.50 | 0.50 | 0.50 | 0.50 |
|  | 5 | 0.30 | 0.45 | 0.40 | 0.45 | 0.45 | 0.45 | 0.45 | 0.45 | 0.45 | 0.45 | 0.50 | 0.50 | 0.50 | 0.50 |
|  | 4 | 0.40 | 0.45 | 0.45 | 0.45 | 0.45 | 0.45 | 0.50 | 0.50 | 0.50 | 0.50 | 0.50 | 0.50 | 0.50 | 0.50 |
|  | 3 | 0.60 | 0.50 | 0.50 | 0.50 | 0.50 | 0.50 | 0.50 | 0.50 | 0.50 | 0.50 | 0.50 | 0.50 | 0.50 | 0.50 |
|  | 2 | 0.85 | 0.65 | 0.60 | 0.55 | 0.55 | 0.55 | 0.50 | 0.50 | 0.50 | 0.50 | 0.50 | 0.50 | 0.50 | 0.50 |
|  | 1 | 1.30 | 1.00 | 0.90 | 0.80 | 0.75 | 0.70 | 0.70 | 0.70 | 0.65 | 0.65 | 0.60 | 0.55 | 0.55 | 0.55 |
| 9 | 9 | −0.25 | 0.00 | 0.15 | 0.20 | 0.25 | 0.30 | 0.30 | 0.35 | 0.35 | 0.40 | 0.45 | 0.45 | 0.45 | 0.45 |
|  | 8 | −0.00 | 0.20 | 0.30 | 0.35 | 0.35 | 0.40 | 0.40 | 0.40 | 0.40 | 0.45 | 0.45 | 0.50 | 0.50 | 0.50 |
|  | 7 | 0.15 | 0.30 | 0.35 | 0.40 | 0.40 | 0.45 | 0.45 | 0.45 | 0.45 | 0.45 | 0.50 | 0.50 | 0.50 | 0.50 |
|  | 6 | 0.25 | 0.35 | 0.40 | 0.40 | 0.45 | 0.45 | 0.45 | 0.45 | 0.45 | 0.50 | 0.50 | 0.50 | 0.50 | 0.50 |
|  | 5 | 0.35 | 0.40 | 0.45 | 0.45 | 0.45 | 0.45 | 0.45 | 0.45 | 0.50 | 0.50 | 0.50 | 0.50 | 0.50 | 0.50 |
|  | 4 | 0.45 | 0.45 | 0.45 | 0.45 | 0.45 | 0.50 | 0.50 | 0.50 | 0.50 | 0.50 | 0.50 | 0.50 | 0.50 | 0.50 |
|  | 3 | 0.65 | 0.50 | 0.50 | 0.50 | 0.50 | 0.50 | 0.50 | 0.50 | 0.50 | 0.50 | 0.50 | 0.50 | 0.50 | 0.50 |
|  | 2 | 0.80 | 0.65 | 0.65 | 0.55 | 0.55 | 0.55 | 0.55 | 0.50 | 0.50 | 0.50 | 0.50 | 0.50 | 0.50 | 0.50 |
|  | 1 | 1.35 | 1.00 | 1.00 | 0.80 | 0.75 | 0.75 | 0.70 | 0.70 | 0.65 | 0.65 | 0.60 | 0.55 | 0.55 | 0.55 |

续表

| n | j \\ K | 0.1 | 0.2 | 0.3 | 0.4 | 0.5 | 0.6 | 0.7 | 0.8 | 0.9 | 1.0 | 2.0 | 3.0 | 4.0 | 5.0 |
|---|---|---|---|---|---|---|---|---|---|---|---|---|---|---|---|
| 10 | 10 | −0.25 | 0.00 | 0.15 | 0.20 | 0.25 | 0.30 | 0.30 | 0.35 | 0.35 | 0.40 | 0.45 | 0.45 | 0.45 | 0.45 |
|  | 9 | −0.05 | 0.20 | 0.30 | 0.35 | 0.35 | 0.40 | 0.40 | 0.40 | 0.40 | 0.45 | 0.45 | 0.50 | 0.50 | 0.50 |
|  | 8 | 0.10 | 0.30 | 0.35 | 0.40 | 0.40 | 0.40 | 0.45 | 0.45 | 0.45 | 0.45 | 0.50 | 0.50 | 0.50 | 0.50 |
|  | 7 | 0.20 | 0.35 | 0.40 | 0.40 | 0.45 | 0.45 | 0.45 | 0.45 | 0.45 | 0.50 | 0.50 | 0.50 | 0.50 | 0.50 |
|  | 6 | 0.30 | 0.40 | 0.40 | 0.45 | 0.45 | 0.45 | 0.45 | 0.45 | 0.45 | 0.50 | 0.50 | 0.50 | 0.50 | 0.50 |
|  | 5 | 0.40 | 0.45 | 0.45 | 0.45 | 0.45 | 0.45 | 0.45 | 0.50 | 0.50 | 0.50 | 0.50 | 0.50 | 0.50 | 0.50 |
|  | 4 | 0.50 | 0.45 | 0.45 | 0.45 | 0.50 | 0.50 | 0.50 | 0.50 | 0.50 | 0.50 | 0.50 | 0.50 | 0.50 | 0.50 |
|  | 3 | 0.60 | 0.55 | 0.50 | 0.50 | 0.50 | 0.50 | 0.50 | 0.50 | 0.50 | 0.50 | 0.50 | 0.50 | 0.50 | 0.50 |
|  | 2 | 0.85 | 0.65 | 0.60 | 0.55 | 0.55 | 0.55 | 0.55 | 0.50 | 0.50 | 0.50 | 0.50 | 0.50 | 0.50 | 0.50 |
|  | 1 | 1.35 | 1.00 | 0.90 | 0.80 | 0.75 | 0.75 | 0.70 | 0.70 | 0.65 | 0.65 | 0.60 | 0.55 | 0.55 | 0.55 |
| 11 | 11 | −0.25 | 0.00 | 0.15 | 0.20 | 0.25 | 0.30 | 0.30 | 0.30 | 0.35 | 0.35 | 0.45 | 0.45 | 0.45 | 0.45 |
|  | 10 | −0.05 | 0.20 | 0.25 | 0.30 | 0.35 | 0.40 | 0.40 | 0.40 | 0.40 | 0.45 | 0.45 | 0.50 | 0.50 | 0.50 |
|  | 9 | 0.10 | 0.30 | 0.35 | 0.40 | 0.40 | 0.40 | 0.45 | 0.45 | 0.45 | 0.45 | 0.50 | 0.50 | 0.50 | 0.50 |
|  | 8 | 0.20 | 0.35 | 0.40 | 0.40 | 0.45 | 0.45 | 0.45 | 0.45 | 0.45 | 0.45 | 0.50 | 0.50 | 0.50 | 0.50 |
|  | 7 | 0.25 | 0.40 | 0.40 | 0.45 | 0.45 | 0.45 | 0.45 | 0.45 | 0.45 | 0.50 | 0.50 | 0.50 | 0.50 | 0.50 |
|  | 6 | 0.35 | 0.40 | 0.45 | 0.45 | 0.45 | 0.45 | 0.45 | 0.50 | 0.50 | 0.50 | 0.50 | 0.50 | 0.50 | 0.50 |
|  | 5 | 0.40 | 0.45 | 0.45 | 0.45 | 0.45 | 0.50 | 0.50 | 0.50 | 0.50 | 0.50 | 0.50 | 0.50 | 0.50 | 0.50 |
|  | 4 | 0.50 | 0.50 | 0.50 | 0.50 | 0.50 | 0.50 | 0.50 | 0.50 | 0.50 | 0.50 | 0.50 | 0.50 | 0.50 | 0.50 |
|  | 3 | 0.65 | 0.55 | 0.50 | 0.50 | 0.50 | 0.50 | 0.50 | 0.50 | 0.50 | 0.50 | 0.50 | 0.50 | 0.50 | 0.50 |
|  | 2 | 0.85 | 0.65 | 0.60 | 0.55 | 0.55 | 0.55 | 0.55 | 0.50 | 0.50 | 0.50 | 0.50 | 0.50 | 0.50 | 0.50 |
|  | 1 | 1.35 | 1.50 | 0.90 | 0.80 | 0.75 | 0.75 | 0.70 | 0.70 | 0.65 | 0.65 | 0.60 | 0.55 | 0.55 | 0.55 |
| 12 以 上 | 自上 1 | −0.30 | 0.00 | 0.15 | 0.20 | 0.25 | 0.30 | 0.30 | 0.30 | 0.35 | 0.35 | 0.40 | 0.45 | 0.45 | 0.45 |
|  | 2 | −0.10 | 0.20 | 0.25 | 0.30 | 0.35 | 0.40 | 0.40 | 0.40 | 0.40 | 0.40 | 0.45 | 0.45 | 0.45 | 0.50 |
|  | 3 | 0.05 | 0.25 | 0.35 | 0.40 | 0.40 | 0.40 | 0.45 | 0.45 | 0.45 | 0.45 | 0.50 | 0.50 | 0.50 | 0.50 |
|  | 4 | 0.15 | 0.30 | 0.40 | 0.40 | 0.45 | 0.45 | 0.45 | 0.45 | 0.45 | 0.45 | 0.50 | 0.50 | 0.50 | 0.50 |
|  | 5 | 0.25 | 0.30 | 0.40 | 0.45 | 0.45 | 0.45 | 0.45 | 0.45 | 0.45 | 0.45 | 0.50 | 0.50 | 0.50 | 0.50 |
|  | 6 | 0.30 | 0.40 | 0.40 | 0.45 | 0.45 | 0.45 | 0.45 | 0.50 | 0.50 | 0.50 | 0.50 | 0.50 | 0.50 | 0.50 |
|  | 7 | 0.35 | 0.40 | 0.40 | 0.45 | 0.45 | 0.45 | 0.50 | 0.50 | 0.50 | 0.50 | 0.50 | 0.50 | 0.50 | 0.50 |
|  | 8 | 0.35 | 0.45 | 0.45 | 0.45 | 0.50 | 0.50 | 0.50 | 0.50 | 0.50 | 0.50 | 0.50 | 0.50 | 0.50 | 0.50 |
|  | 中间 | 0.45 | 0.45 | 0.45 | 0.45 | 0.45 | 0.50 | 0.50 | 0.50 | 0.50 | 0.50 | 0.50 | 0.50 | 0.50 | 0.50 |
|  | 4 | 0.55 | 0.50 | 0.50 | 0.50 | 0.50 | 0.50 | 0.50 | 0.50 | 0.50 | 0.50 | 0.50 | 0.50 | 0.50 | 0.50 |
|  | 3 | 0.65 | 0.55 | 0.50 | 0.50 | 0.50 | 0.50 | 0.50 | 0.50 | 0.50 | 0.50 | 0.50 | 0.50 | 0.50 | 0.50 |
|  | 2 | 0.70 | 0.70 | 0.60 | 0.55 | 0.55 | 0.55 | 0.55 | 0.50 | 0.50 | 0.50 | 0.50 | 0.50 | 0.50 | 0.50 |
|  | 自下 1 | 1.35 | 1.05 | 0.70 | 0.80 | 0.75 | 0.70 | 0.70 | 0.70 | 0.65 | 0.65 | 0.60 | 0.55 | 0.55 | 0.55 |

### 2. 上、下梁刚度变化时的反弯点高度比修正值 $y_1$

当某柱的上梁与下梁的刚度不等,柱上、下结点转角不同时,反弯点位置有变化,应将标准反弯点高度比 $y_0$ 加以修正,修正值为 $y_1$,见图 3-22。

当 $i_1+i_2<i_3+i_4$ 时,令 $\alpha_1=(i_1+i_2)/(i_3+i_4)$,根据 $\alpha_1$ 和 $K$ 值从表 3-4 中查出 $y_1$,这时反弯点应向上移,$y_1$ 取正值。

当 $i_3+i_4<i_1+i_2$ 时,令 $\alpha_1=(i_3+i_4)/(i_1+i_2)$,仍由 $\alpha_1$ 和 $K$ 值从表 3-4 中查出 $y_1$,这时反弯点应向下移,$y_1$ 取负值。

对于底层,不考虑 $y_1$ 修正值。

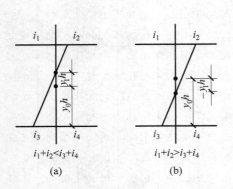

**图 3-22  上、下梁刚度变化时的反弯点高度比修正**

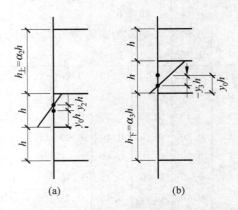

**图 3-23  上、下层高变化时的反弯点高度比修正**

表 3-4  上、下梁相对刚度变化时修正值 $y_1$

| $\alpha_1$ \ $K$ | 0.1 | 0.2 | 0.3 | 0.4 | 0.5 | 0.6 | 0.7 | 0.8 | 0.9 | 1.0 | 2.0 | 3.0 | 4.0 | 5.0 |
|---|---|---|---|---|---|---|---|---|---|---|---|---|---|---|
| 0.4 | 0.55 | 0.40 | 0.30 | 0.25 | 0.20 | 0.20 | 0.20 | 0.15 | 0.15 | 0.15 | 0.05 | 0.05 | 0.05 | 0.05 |
| 0.5 | 0.45 | 0.30 | 0.20 | 0.20 | 0.15 | 0.15 | 0.15 | 0.10 | 0.10 | 0.10 | 0.05 | 0.05 | 0.05 | 0.05 |
| 0.6 | 0.30 | 0.20 | 0.15 | 0.15 | 0.10 | 0.10 | 0.10 | 0.05 | 0.05 | 0.05 | 0.00 | 0.00 | 0.00 | 0.00 |
| 0.7 | 0.20 | 0.15 | 0.10 | 0.10 | 0.10 | 0.05 | 0.05 | 0.05 | 0.05 | 0.05 | 0.00 | 0.00 | 0.00 | 0.00 |
| 0.8 | 0.15 | 0.10 | 0.05 | 0.05 | 0.05 | 0.05 | 0.05 | 0.05 | 0.00 | 0.00 | 0.00 | 0.00 | 0.00 | 0.00 |
| 0.9 | 0.05 | 0.05 | 0.05 | 0.05 | 0.05 | 0.05 | 0.05 | 0.00 | 0.00 | 0.00 | 0.00 | 0.00 | 0.00 | 0.00 |

注:对于底层柱不考虑 $\alpha_1$ 值,所以不作此项修正。

### 3. 上、下层高度变化时反弯点高度比修正值 $y_2$ 和 $y_3$

层高有变化时,反弯点也有移动,见图 3-23。

令上层层高和本层层高之比 $h_上/h=\alpha_2$,由表 3-5 可查得修正值 $y_2$。当 $\alpha_2>1$ 时,$y_2$ 为正值,反弯点向上移。当 $\alpha_2<1$ 时,$y_2$ 为负值,反弯点向下移。

同理,令下层层高和本层层高之比 $h_下/h=\alpha_3$,由表 3-5 可查得修正值 $y_3$。

综上所述,各层柱的反弯点高度比由下式计算

$$y = y_0 + y_1 + y_2 + y_3 \tag{3-11}$$

表 3-5　上、下层柱高度变化时的修正值 $y_2$ 和 $y_3$

| $\alpha_2$ / $\alpha_3$ | $K$ | 0.1 | 0.2 | 0.3 | 0.4 | 0.5 | 0.6 | 0.7 | 0.8 | 0.9 | 1.0 | 2.0 | 3.0 | 4.0 | 5.0 |
|---|---|---|---|---|---|---|---|---|---|---|---|---|---|---|---|
| 2.0 |  | 0.25 | 0.15 | 0.15 | 0.10 | 0.10 | 0.10 | 0.10 | 0.10 | 0.05 | 0.05 | 0.05 | 0.05 | 0.0 | 0.0 |
| 1.8 |  | 0.20 | 0.15 | 0.10 | 0.10 | 0.10 | 0.05 | 0.05 | 0.05 | 0.05 | 0.05 | 0.05 | 0.0 | 0.0 | 0.0 |
| 1.6 | 0.4 | 0.15 | 0.10 | 0.10 | 0.05 | 0.05 | 0.05 | 0.05 | 0.05 | 0.05 | 0.05 | 0.0 | 0.0 | 0.0 | 0.0 |
| 1.4 | 0.6 | 0.10 | 0.05 | 0.05 | 0.05 | 0.05 | 0.05 | 0.05 | 0.05 | 0.0 | 0.0 | 0.0 | 0.0 | 0.0 | 0.0 |
| 1.2 | 0.8 | 0.05 | 0.05 | 0.05 | 0.0 | 0.0 | 0.0 | 0.0 | 0.0 | 0.0 | 0.0 | 0.0 | 0.0 | 0.0 | 0.0 |
| 1.0 | 1.0 | 0.0 | 0.0 | 0.0 | 0.0 | 0.0 | 0.0 | 0.0 | 0.0 | 0.0 | 0.0 | 0.0 | 0.0 | 0.0 | 0.0 |
| 0.8 | 1.2 | −0.05 | −0.05 | −0.05 | 0.0 | 0.0 | 0.0 | 0.0 | 0.0 | 0.0 | 0.0 | 0.0 | 0.0 | 0.0 | 0.0 |
| 0.6 | 1.4 | −0.10 | −0.05 | −0.05 | −0.05 | −0.05 | −0.05 | −0.05 | −0.05 | −0.05 | −0.05 | 0.0 | 0.0 | 0.0 | 0.0 |
| 0.4 | 1.6 | −0.15 | −0.10 | −0.10 | −0.05 | −0.05 | −0.05 | −0.05 | −0.05 | −0.05 | −0.05 | 0.0 | 0.0 | 0.0 | 0.0 |
|  | 1.8 | −0.20 | −0.15 | −0.10 | −0.10 | −0.10 | −0.05 | −0.05 | −0.05 | −0.05 | −0.05 | −0.05 | 0.0 | 0.0 | 0.0 |
|  | 2.0 | −0.25 | −0.15 | −0.15 | −0.10 | −0.10 | −0.10 | −0.10 | −0.05 | −0.05 | −0.05 | −0.05 | −0.05 | 0.0 | 0.0 |

注: $y_2$——按 $\alpha_2$ 查表求得,上层较高时为正值。但对于最上层,不考虑 $y_2$ 修正值。

　　$y_3$——按 $\alpha_3$ 查表求得,对于最下层,不考虑 $y_3$ 修正值。

【例 3-4】　图 3-24 为 3 层框架结构的平面及剖面示意图。受横向水平力作用时,全部 5 榀框架参与受力。图 3-24(b)中给出了楼层标高处的总水平力及各杆线刚度相对值。

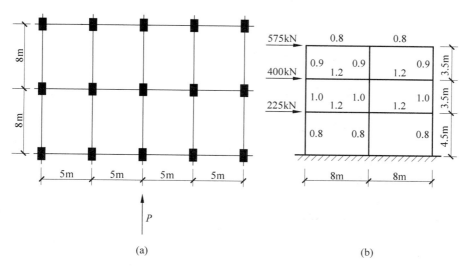

(a)　　　　　　　　　　　　　　　(b)

图 3-24　例 3-4 平、剖面图

(a) 平面图；(b) 剖面图

【解】　根据表 3-1 及式(3-5)计算各层柱 $D$ 值。因为该框架是对称的,所以右边柱与左边柱的 $D$ 值是一样的。由图 3-24(a)可知,每层有 10 根边柱和 5 根中柱,所有柱刚度之和为 $\sum D$。由式(3-7)可计

算每根柱分配到的剪力。由表 3-3、表 3-4、表 3-5 查得反弯点高度比的值。全部计算过程均示于图 3-25 中。

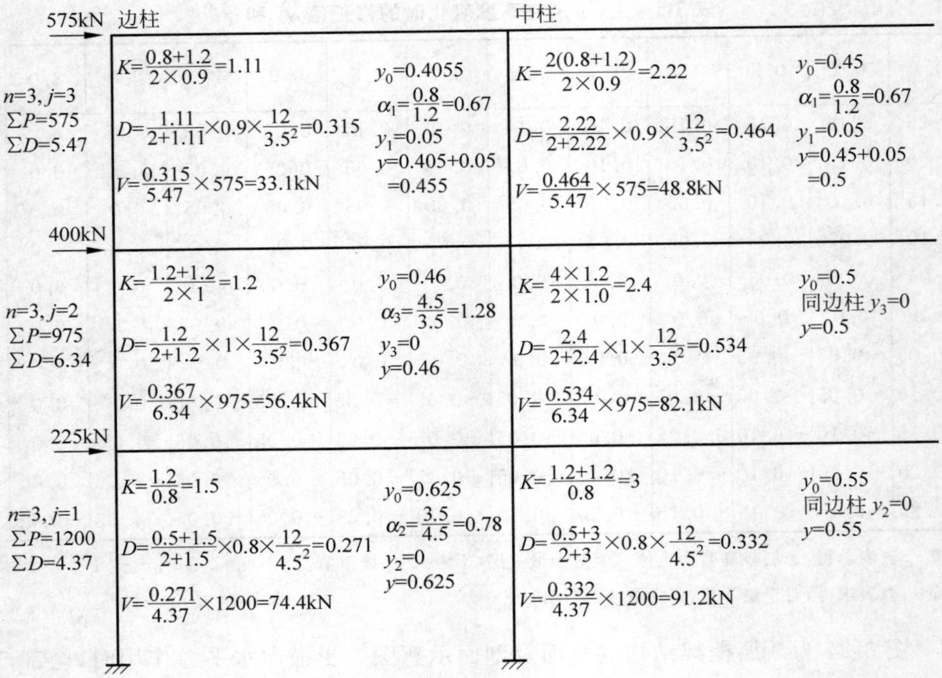

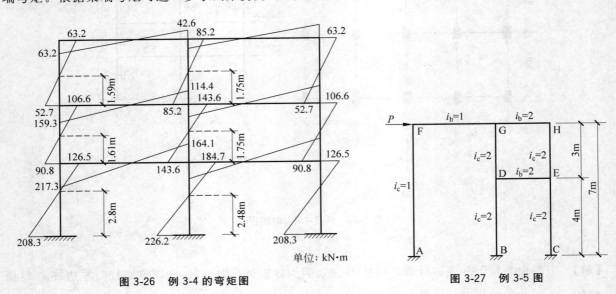

图 3-25 例 3-4 计算过程

图 3-26 给出了柱反弯点位置和根据柱剪力及反弯点位置求出的柱端弯矩、根据结点平衡求出的梁端弯矩。根据梁端弯矩可进一步求出梁剪力(图中未给出)。

图 3-26 例 3-4 的弯矩图

图 3-27 例 3-5 图

【例 3-5】　用 $D$ 值法作图 3-27 框架的 $M$ 图。

【解】　（1）$D$ 值计算和剪力分配

$D$ 值计算

柱 AF：
$$K=\frac{i_b}{i_c}=\frac{1}{1}=1, \quad \alpha=\frac{0.5+1}{2+1}=0.5$$

（最下层）
$$D_{AF}=\alpha\frac{12i_c}{h^2}=0.5\times\frac{12\times1}{7^2}=\frac{6}{49}=0.122$$

柱 DG：
$$K=\frac{1+2+2}{2\times2}=1.25, \quad \alpha=\frac{1.25}{2+1.25}=0.38$$

（一般层）
$$D_{DG}=0.38\times\frac{12\times2}{3^2}=1.013$$

柱 EH：
$$K=\frac{2+2}{2\times2}=1, \quad \alpha=\frac{1}{2+1}=0.33$$

（一般层）
$$D_{EH}=0.33\times\frac{12\times2}{3^2}=0.800$$

柱 BD：
$$K=\frac{2}{2}=1, \quad \alpha=\frac{0.5+1}{2+1}=0.5$$

（最下层）
$$D_{BD}=0.5\times\frac{12\times2}{4^2}=0.750$$

柱 CE：
$$K=\frac{2}{2}=1, \quad \alpha=\frac{0.5+1}{2+1}=0.5$$

（最下层）
$$D_{CE}=0.5\times\frac{12\times2}{4^2}=0.750$$

柱 DG，EH 并联得 $D_{D'G'}=D_{DG}+D_{EH}=1.013+0.800=1.813$

柱 DB，EC 并联得 $D_{B'D'}=0.750+0.750=1.50$

串联得
$$D_{B'G'}=\frac{1}{\dfrac{1}{D_{D'G'}}+\dfrac{1}{D_{B'D'}}}=\frac{1}{\dfrac{1}{1.813}+\dfrac{1}{1.50}}=0.821$$

剪力分配
$$V_{AF}=\frac{0.122}{0.821+0.122}P=0.13P$$

框架 BGHC 分配到的剪力为 $0.87P$，于是

$$V_{DG}=\frac{1.013}{1.013+0.800}\times0.87P=0.49P$$

$$V_{EH}=0.87P-0.49P=0.38P$$

$$V_{BD}=V_{CE}=\frac{1}{2}\times0.87P=0.44P$$

(2)反弯点高比计算见图 3-28。其中，$y_0$ 按均布
集中荷载查表 3-2。

(3)柱子弯矩 $M_上$ 及 $M_下$ 计算见图 3-29。

(4)梁的弯矩(绝对值)

$$M_{FG}=0.41P, \quad M_{GF}=0.96P \times \frac{1}{1+2}=0.32P$$

$$M_{GH}=(0.96-0.32)P=0.64P, \quad M_{HG}=0.68P$$

$$M_{DE}=(0.51+0.71)P=1.22P,$$

$$M_{ED}=(0.46+0.71)P=1.17P$$

(5)弯矩图见图 3-30。图中圆括号内的数字为精
确值。从这里看出，$D$ 值法的精度比反弯点法要高些
(见例 3-3)。

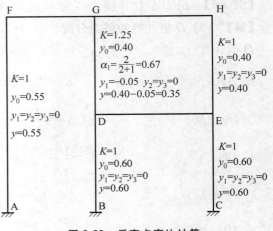

图 3-28　反弯点高比计算

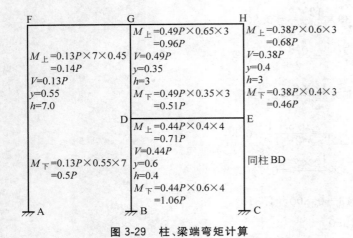

图 3-29　柱、梁端弯矩计算

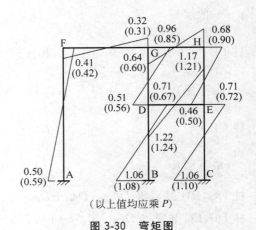

(以上值均应乘 $P$)

图 3-30　弯矩图

# 3.4　多层多跨框架在水平荷载作用下侧移的近似计算

　　框架侧移主要是由水平荷载引起的。本节介绍框架侧移的近似计算方法。由于设计时需要分别对
层间位移及顶点侧移加以限制，因此需要计算层间位移及顶点侧移。

　　一根悬臂柱在均布荷载作用下，可以分别计算弯矩作用和剪力作用引起的变形曲线，二者形状不同，
如图 3-31 虚线所示。由剪切引起的变形形状越到底层，相邻两点间的相对变形越大，当 $q$ 向右时，曲线
凹向左。由弯矩引起的变形越到顶层，变形越大，当 $q$ 向右时，曲线凹向右。

　　现在再看框架的变形情况。图 3-32 表示单跨 9 层框架，承受楼层处集中水平荷载。如果只考虑梁
柱杆件弯曲产生的侧移，则侧移曲线如图 3-32(b)虚线所示，它与悬臂柱剪切变形的曲线形状相似，可称
为剪切型变形曲线。如果只考虑柱轴向变形形成的侧移曲线，如图 3-32(c)虚线所示，它与悬臂柱弯曲变
形形状相似，可称为弯曲型变形曲线。为了便于理解，可以把图 3-32 的框架看成一根空腹的悬臂柱，它

的截面高度为框架跨度。如果通过反弯点将某层切开,空腹
悬臂柱的弯矩 $M$ 和剪力 $V$ 如图 3-32(d)所示。$M$ 是由柱轴向
力 $N_A$,$N_B$ 这一力偶组成,$V$ 是由柱截面剪力 $V_A$,$V_B$ 组成。梁
柱弯曲变形是由剪力 $V_A$,$V_B$ 引起,相当于悬臂柱的剪切变形,
所以变形曲线呈剪切型。柱轴向变形由轴力产生,相当于弯
矩 $M$ 产生的变形,所以变形曲线呈弯曲形。

　　框架的总变形应由这两部分变形组成。但由图 3-32 可
见,在层数不多的框架中,柱轴向变形引起的侧移很小,常常
可以忽略。在近似计算中,只需计算由杆件弯曲引起的变形,
即所谓剪切型变形。在高度较大的框架中,柱轴向力加大,柱
轴向变形引起的侧移不能忽略。一般来说,二者叠加以后的
侧移曲线仍以剪切型为主。

　　在近似计算方法中,这两部分变形分别计算。可根据结
构的具体情况,决定是否需要计算柱轴向变形引起的侧移。

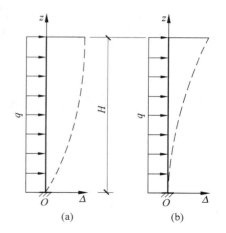

**图 3-31　悬臂柱的侧向位移**

(a) 剪力引起(剪切型);(b) 弯矩引起(弯曲型)

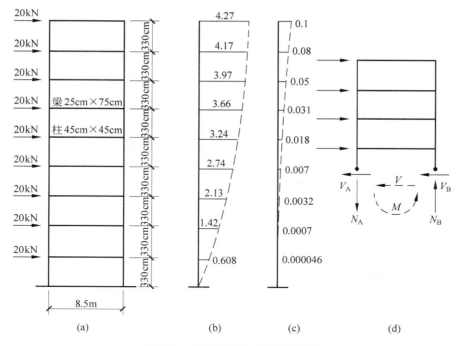

**图 3-32　剪切型变形与弯曲型变形**

## 3.4.1　梁柱弯曲变形产生的侧移

### 1. 用 D 值计算侧移

　　一根柱的侧移刚度 $D$ 的定义是柱上下由单位侧移差所产生的剪力,见式(3-6)。框架某层侧移刚度

的定义是单位层间侧移所需的层剪力(这里,层间侧移是由梁柱弯曲变形引起的)。当已知框架结构第 $j$ 层所有柱的 $D$ 值及层剪力后,由式(3-6)及式(3-7)可得近似计算层间侧移的公式

$$\delta_j^{\mathrm{M}} = \frac{V_{\mathrm{p}j}}{\sum D_{ij}} \tag{3-12}$$

各层楼板标高处侧移绝对值是该层以下各层层间侧移之和。顶点侧移即所有层($n$ 层)层间侧移之总和。

$j$ 层侧移 
$$\left. \begin{aligned} \Delta_j^{\mathrm{M}} &= \sum_{j=1}^{j} \delta_j^{\mathrm{M}} \\ \Delta_n^{\mathrm{M}} &= \sum_{j=1}^{n} \delta_j^{\mathrm{M}} \end{aligned} \right\} \tag{3-13}$$
顶点侧移

### 2. 用连续化方法计算顶点侧移

下面介绍一种将框架侧移连续化,利用积分求顶点侧移的简化方法。

为此,将框架在 $h$ 高度之间的层间侧移

$$\delta = \frac{V}{D} = \frac{V}{\alpha \dfrac{12i_{\mathrm{c}}}{h^2}} = \frac{Vh^2}{12i_{\mathrm{c}}}\left(1 + \frac{2}{K}\right)$$

沿层高连续化,化成在 $\mathrm{d}z$ 高度的 $\mathrm{d}\delta$

$$\mathrm{d}\delta = \frac{\delta}{h}\mathrm{d}z = \frac{Vh}{12i_{\mathrm{c}}}\left(1 + \frac{2}{K}\right)\mathrm{d}z = \frac{h}{12}\left(\frac{V}{i_{\mathrm{c}}} + \frac{V}{i_{\mathrm{b}}}\right)\mathrm{d}z$$

在上式中 $V, i_{\mathrm{c}}, i_{\mathrm{b}}$ 都是 $z$ 的函数。

在推导上式时,利用了 $K = \dfrac{i_1 + i_2}{i_{\mathrm{c}}} = \dfrac{2i_{\mathrm{b}}}{i_{\mathrm{c}}}$ 的关系;同时,$i_{\mathrm{b}}, i_{\mathrm{c}}$ 应为同层各梁、柱线刚度之和。

设截面惯性矩沿高度为线性变化,令

$$S = \frac{i_{\mathrm{c}顶}}{i_{\mathrm{c}底}}$$

$$g = \frac{i_{\mathrm{b}顶}}{i_{\mathrm{b}底}}$$

其中下标顶、底表示顶层和底层。则如图 3-33 所示,在 $z$ 高度处的

$$i_{\mathrm{c}} = \left(1 - \frac{1-S}{H}z\right)i_{\mathrm{c}底}$$

$$i_{\mathrm{b}} = \left(1 - \frac{1-g}{H}z\right)i_{\mathrm{b}底}$$

这样顶点的最大侧移为

$$\Delta_n = \frac{h}{12}\left[\int_0^H \frac{V\mathrm{d}z}{\left(1 + \dfrac{S-1}{H}z\right)i_{\mathrm{c}底}} + \int_0^H \frac{V\mathrm{d}z}{\left(1 + \dfrac{g-1}{H}z\right)i_{\mathrm{b}底}}\right] \tag{3-14}$$

对于不同形式分布的水平荷载,式(3-14)中的 $V$ 也是 $z$ 的不同函数。把 $V$ 代入该式积分即可求出 $\Delta_n$。

(1) 沿高度均布水平荷载

如图 3-34 所示,此时

$$V = q(H-z)$$

而式(3-14)中第一项积分

$$\int_0^H \frac{V\mathrm{d}z}{\left(1+\frac{S-1}{H}z\right)i_{c底}} = \frac{q}{i_{c底}}\left[\int_0^H \frac{H}{1+\frac{S-1}{H}z}\mathrm{d}z - \int_0^H \frac{z}{1+\frac{S-1}{H}z}\mathrm{d}z\right]$$

$$= \frac{qH^2}{i_{c底}}\left[\frac{1}{1-S} + \frac{S\ln S}{(1-S)^2}\right]$$

第二项积分

$$\int_0^H \frac{V\mathrm{d}z}{\left(1+\frac{g-1}{H}z\right)i_b} = \frac{qH^2}{i_{b底}}\left[\frac{1}{1-g} + \frac{g\ln g}{(1-g)^2}\right]$$

因此

$$\Delta_n = \frac{V_0 Hh}{12}\left(\frac{F_S}{i_{c底}} + \frac{F_g}{i_{b底}}\right) \tag{3-15}$$

式中:$V_0$——沿 $H$ 全部水平荷载的总和,$V_0 = qH$;

$\quad F_S$——$S$ 的函数,当 $0<S<1$ 时,　　$F_S = \dfrac{1}{1-S} + \dfrac{S\ln S}{(1-S)^2}$

$\qquad\qquad$ 当 $S=1$ 时,　　$F_S = \dfrac{1}{2}$

$\qquad\qquad$ 当 $S=0$ 时,　　$F_S = 1$ 　　　　　　$\left.\vphantom{\begin{matrix}a\\b\\c\\d\end{matrix}}\right\}$ $\qquad$ (3-16)

$\quad F_g$——$g$ 的函数,　　　　　　$F_g = \dfrac{1}{1-g} + \dfrac{g\ln g}{(1-g)^2}$

从上式看出,$F_S$ 对 $S$,$F_g$ 对 $g$ 的函数式是完全一样的。

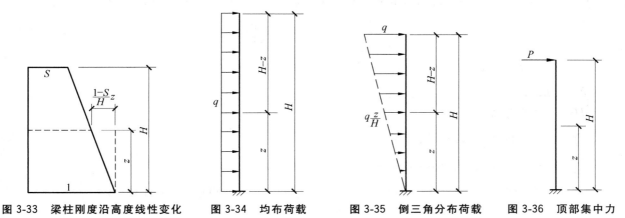

图 3-33　梁柱刚度沿高度线性变化　　图 3-34　均布荷载　　图 3-35　倒三角分布荷载　　图 3-36　顶部集中力

（2）沿高度倒三角分布的水平荷载如图 3-35 所示，此时

$$V = \frac{qH}{2}\left(1 - \frac{z^2}{H^2}\right)$$

把它代入式（3-14）积分，同样可得式（3-15），不过这里 $V_0 = \frac{qH}{2}$，也为沿 $H$ 全部水平荷载的总和。

当 $0 < S < 1$ 时，

$$F_S = \frac{\ln S}{S-1} + \frac{2S - \frac{S^2}{2} - \ln S - \frac{3}{2}}{(S-1)^2}$$

当 $S = 1$ 时，

$$F_S = \frac{2}{3}$$

当 $S = 0$ 时，

$$F_S = \frac{3}{2}$$

$$F_g = \frac{\ln g}{g-1} + \frac{2g - \frac{g^2}{2} - \ln g - \frac{3}{2}}{(g-1)^2}$$

$$(3\text{-}17)$$

$F_S$，$F_g$ 对 $S$，$g$ 的函数式也完全一样。

（3）顶部受有水平集中力 $P$

如图 3-36 所示，此时 $V$ 为常数

$$V = P$$

代入式（3-14），同样可得式（3-15），不过这里 $V_0 = P$，也为沿 $H$ 全部水平荷载的总和。

当 $0 < S < 1$ 时，

$$F_S = \frac{\ln S}{S-1}$$

当 $S = 1$ 时，

$$F_S = 1$$

当 $S = 0$ 时，

$$F_S = \infty$$

$$F_g = \frac{\ln g}{g-1}$$

$$(3\text{-}18)$$

$F_S$，$F_g$ 对 $S$，$g$ 的函数式也完全一样。

总之，对上述三种水平荷载，当只考虑框架梁柱弯曲变形时，其顶部最大侧移均可按下式计算

$$\Delta_n = \frac{V_0 H h}{12}\left[\frac{F_S}{\sum i_{c底}} + \frac{F_g}{\sum i_{b底}}\right] \tag{3-19}$$

其中：$V_0$——沿 $H$ 全部水平荷载总和；

$\quad\quad h$——层高；

$\quad\quad H$——框架总高度；

$\quad\quad \sum i_{c底}$——框架底层各柱线刚度总和；

$\quad\quad \sum i_{b底}$——框架底层各梁线刚度总和。

$F_S$，$F_g$ 为 $S$，$g$ 的函数，对三种常用荷载可分别按式（3-16）、式（3-17）和式（3-18）计算，其中

$$S = \frac{\sum i_{c顶}}{\sum i_{c底}}, \quad g = \frac{\sum i_{b顶}}{\sum i_{b底}}$$

$F_S$,$F_g$ 可从图 3-37 直接查得。

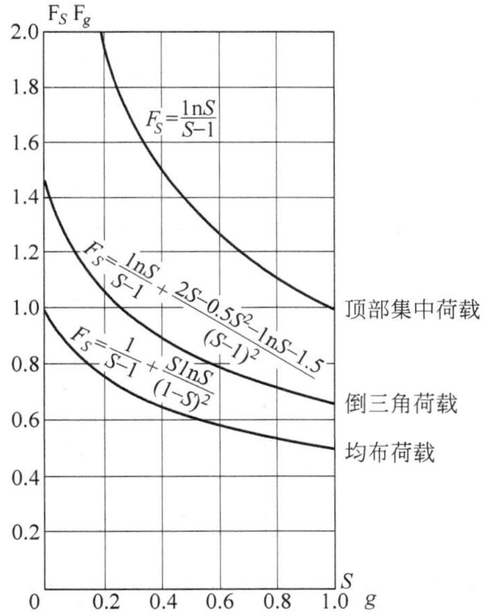

图 3-37　求顶点侧移的 $F_S$,$F_g$ 曲线

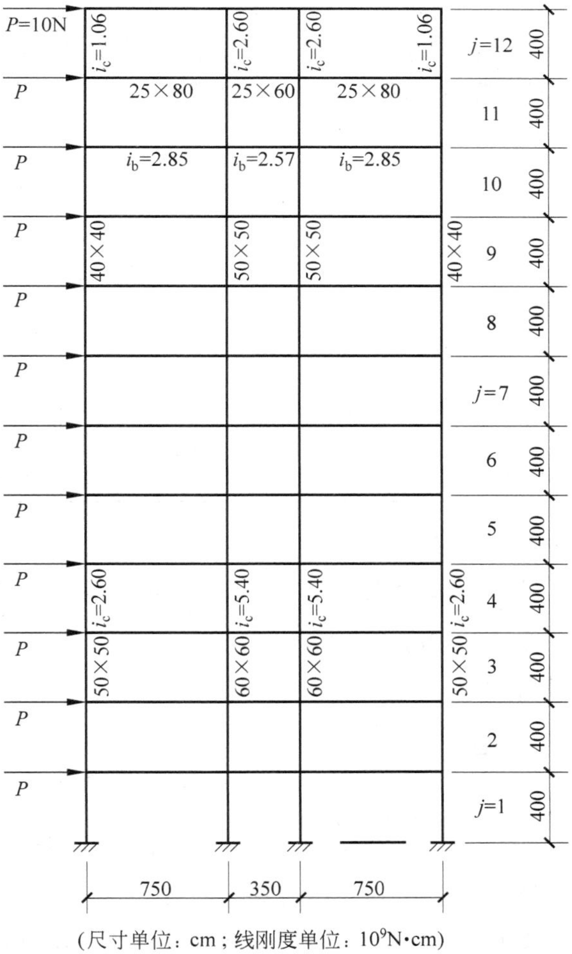

(尺寸单位：cm；线刚度单位：$10^9$N·cm)

图 3-38　例 3-6 框架图

【例 3-6】　求图 3-38 所示三跨 12 层框架由杆件弯曲产生的顶点侧移 $\Delta_n$ 及最大层间侧移 $\delta_j$。层高 $h=400$cm，总高 $H=400\times12=4800$(cm)，弹性模量 $E=2.0\times10^4$MPa。各层梁截面尺寸相同，柱截面尺寸有两种，7 层以上柱断面尺寸减小，内柱、外柱尺寸不同，详见图中所注。

【解】　按两种方法计算，以便比较。

（1）按 $D$ 值计算

各层 $i_c$,$K$,$\alpha$,$D$,$\sum D_{ij}$ 及相对侧移 $\delta_j$,绝对侧移 $\Delta_j$ 计算如表 3-6，计算结果绘于图 3-39 中。从图上可看出此框架侧移曲线呈剪切型。

（2）按连续化方法的式(3-15)计算

$$\sum i_{c顶}=7.32\times10^9(\text{N}\cdot\text{cm})，\qquad \sum i_{c底}=16\times10^9(\text{N}\cdot\text{cm})，$$

$$S=\frac{7.32}{16}=0.46$$

表 3-6　例 3-6 表

| 层数 $j$ | $i_c/(10^{10}\,\text{N}\cdot\text{mm})$ | | $K$ | | $\alpha$ | | $D/(10^3\,\text{N}\cdot\text{mm})$ | | $\sum D_{ij}$ /$10^4$ | $V_j$ ($\times P$) | $\delta_j^M \times 10^{-3}$ $P/\text{mm}$ | $\Delta_j^M \times 10^{-3}$ $P/\text{mm}$ |
|---|---|---|---|---|---|---|---|---|---|---|---|---|
| | 边柱 | 中柱 | 边柱 | 中柱 | 边柱 | 中柱 | 边柱 | 中柱 | | | | |
| 12 | | | | | | | | | | 1 | 0.035 | 2.04 |
| 11 | | | | | | | | | | 2 | 0.069 | 2.001 |
| 10 | 1.06 | 2.6 | 2.69 | 2.09 | 0.57 | 0.51 | 4.53 | 9.94 | 28.9 | 3 | 0.104 | 1.932 |
| 9 | | | | | | | | | | 4 | 0.138 | 1.828 |
| 8 | | | | | | | | | | 5 | 0.173 | 1.69 |
| 7 | | | | | | | | | | 6 | 0.207 | 1.517 |
| 6 | | | | | | | | | | 7 | 0.173 | 1.31 |
| 5 | | | | | | | | | | 8 | 0.198 | 1.137 |
| 4 | 2.6 | 5.4 | 1.10 | 1.0 | 0.35 | 0.33 | 6.82 | 13.4 | 0.4 | 9 | 0.223 | 0.939 |
| 3 | | | | | | | | | | 10 | 0.247 | 0.716 |
| 2 | | | | | | | | | | 11 | 0.272 | 0.469 |
| 1 | 2.6 | 5.4 | 1.10 | 1.0 | 0.53 | 0.5 | 10.1 | 20.3 | 60.9 | 12 | 0.197 | 0.197 |

查图 3-37，$F_s = 0.62$。

$$\sum i_{b\text{顶}} = \sum i_{b\text{底}} = 8.27 \times 10^9\,(\text{N}\cdot\text{cm}), \quad g=1, \quad F_g=0.5,$$

$$V_c = 12P(P=10\text{N})$$

顶层最大侧移

$$\Delta_n = \frac{V_0 H h}{12}\left[\frac{F_s}{\sum i_{c\text{底}}} + \frac{F_g}{\sum i_{b\text{底}}}\right]$$

$$= \frac{12P \times 4800 \times 400}{12 \times 10^9} \times \left(\frac{0.62}{16} + \frac{0.5}{8.27}\right) = 1.91 \times 10^{-3}\,(\text{cm})$$

比较上述方法(1)、(2)所算出的 $\Delta_n$ 的结果，两者差别不大。因此，如果只要求顶层最大侧移，则用式(3-15)计算较为方便；如同时要求层间相对侧移，则用式(3-12)和式(3-13)较为方便。

## 3.4.2　柱轴向变形产生的侧移

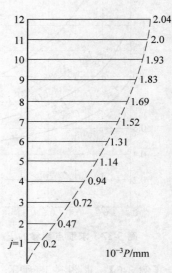

图 3-39　例 3-6 侧移图

对于很高的高层框架，水平荷载产生的柱轴力较大，柱轴向变形产生的侧移也较大，不容忽视。

在水平荷载作用下，对于一般框架，只有两根边柱轴力（一拉一压）较大，中柱因其两边梁的剪力相互抵消，轴力很小。这样我们考虑柱轴向变形产生的侧移时，假定在水平荷载作用下，中柱轴力为零，两边柱受轴力为（见图 3-40）

$$N = \pm\frac{M(z)}{B}$$

其中 $M(z)$ 为上部水平荷载对坐标 $z$ 处的力矩总和；$B$ 为两边柱轴线间的距离。由于一柱伸长，一柱缩短，正如悬臂柱在水平荷载作用下左边纤维伸长、右边纤维缩短产生弯曲变形一样，这时框架将产生弯曲型侧移。

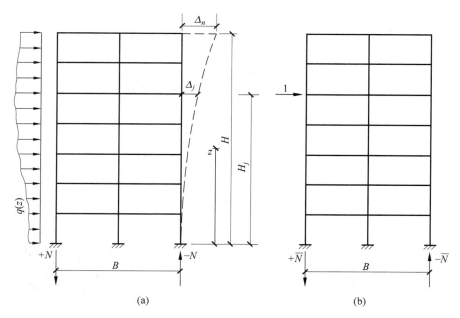

**图 3-40　框架柱轴向变形产生的侧移**

下面研究框架在任意水平荷载 $q(z)$ 作用下由柱轴向变形产生的第 $j$ 层处的侧移 $\Delta_j^N$。把图 3-40 所示框架连续化，根据单位荷载法，有

$$\Delta_j^N = 2\int_0^{H_j} (\overline{N}N/EA)\mathrm{d}z \tag{3-20}$$

式中：$\overline{N}$——单位水平集中力作用在第 $j$ 层时在边柱产生的轴力（见图 3-40(b)）；

$$\overline{N} = \pm(H_j - z)/B$$

$N$——$q(z)$ 对坐标 $z$ 处的力矩 $M(z)$ 引起的边柱轴力，是 $z$ 的函数（见图 3-40(a)）；

$H_j$——$j$ 层楼板距底面高度；

$A$——边柱截面面积，是 $z$ 的函数。

假设边柱截面面积沿 $z$ 线性变化，即

$$A(z) = A_{底}\left(1 - \frac{1-n}{H}z\right)$$

式中：$A_{底}$——底层边柱截面面积；

$n$——顶层与底层边柱截面面积的比值，即

$$n = \frac{A_{顶}}{A_{底}} \tag{3-21}$$

把以上各量值代入式(3-20)，得

$$\Delta_j^N = \frac{2}{EB^2 A_{底}}\int_0^{H_j} \frac{(H_j - z)M(z)}{1 - (1-n)z/H}\mathrm{d}z \tag{3-22}$$

$M(z)$ 与外荷载有关，积分后得到的计算公式如下：

$$\Delta_j^{\mathrm{N}} = \frac{V_0 H^3}{EB^2 A_{\text{底}}} F_n \tag{3-23}$$

式中：$V_0$——基底剪力，即水平荷载的总和；

$\quad F_n$——系数。

在不同荷载形式下，$V_0$ 及 $F_n$ 不同。$V_0$ 可根据荷载计算。

$F_n$ 是由式(3-22)积分得到的常数，它与荷载形式有关，在几种常用荷载形式下，$F_n$ 的表达式为

(1) 顶点集中力

$$F_n = \frac{2}{(1-n)^3} \left\{ \left(1 + \frac{H_j}{H}\right) \left(n^2 \frac{H_j}{H} - 2n \frac{H_j}{H} + \frac{H_j}{H}\right) - \frac{3}{2} - \frac{R_j^2}{2} \right.$$
$$\left. + 2R_j - \left[ n^2 \frac{H_j}{H} + n\left(1 - \frac{H_j}{H}\right) \right] \ln R_j \right\} \tag{3-24}$$

(2) 均布荷载

$$F_n = \frac{1}{(1-n)^4} \left\{ \left[ (n-1)^3 \frac{H_j}{H} + (n-1)^2 \left(1 + 2\frac{H_j}{H}\right) + (n-1)\left(2 + \frac{H_j}{H}\right) + 1 \right] \ln R_j \right.$$
$$- (n-1)^3 \frac{H_j}{H} \left(1 + 2\frac{H_j}{H}\right) - \frac{1}{3}(R_j^3 - 1) + \left[ n\left(1 + \frac{H_j}{2H}\right) - \frac{H_j}{2H} + \frac{1}{2} \right](R_j^2 - 1)$$
$$\left. - \left[ 2n\left(2 + \frac{H_j}{H}\right) - \frac{2H_j}{H} - 1 \right](R_j - 1) \right\} \tag{3-25}$$

(3) 倒三角荷载

$$F_n = \frac{2}{3} \left\{ \frac{1}{n-1} \left[ \frac{2H_j}{H} \ln R_j - \left(\frac{3H_j}{H} + 2\right)\frac{H_j}{H} \right] + \frac{1}{(n-1)^2} \left[ \left(\frac{3H_j}{H} + 2\right) \ln R_j \right] \right.$$
$$+ \frac{3}{2(n-1)^3} \left[ (R_j^2 - 1) - 4(R_j - 1) + 2\ln R_j \right]$$
$$+ \frac{1}{(n-1)^4} \frac{H_j}{H} \left[ \frac{1}{3}(R_j^3 - 1) - \frac{3}{2}(R_j^2 - 1) + 3(R_j - 1) - \ln R_j \right]$$
$$\left. + \frac{1}{(n-1)^5} \left[ \frac{1}{4}(R_j^4 - 1) - \frac{4}{3}(R_j^3 - 1) + 3(R_j^2 - 1) - 4(R_j - 1) + \ln R_j \right] \right\} \tag{3-26}$$

式中

$$R_j = \frac{H_j}{H} n + \left(1 - \frac{H_j}{H}\right) \tag{3-27}$$

$n$ 由式(3-21)得到。$F_n$ 可直接由图 3-41 查出，图中变量为 $n$ 及 $H_j/H$。

由式(3-23)计算得到 $\Delta_j^{\mathrm{N}}$ 后，用下式计算第 $j$ 层的层间变形：

$$\delta_j^{\mathrm{N}} = \Delta_j^{\mathrm{N}} - \Delta_{j-1}^{\mathrm{N}} \tag{3-28}$$

考虑柱轴向变形后，框架的总侧移为

$$\Delta_j = \Delta_j^{\mathrm{M}} + \Delta_j^{\mathrm{N}} \tag{3-29}$$

$$\delta_j = \delta_j^{\mathrm{M}} + \delta_j^{\mathrm{N}} \tag{3-30}$$

【例 3-7】 求图 3-38 所示 12 层框架由于柱轴向变形产生的侧移。

【解】
$$A_{\text{顶}} = 40 \times 40 = 1600(\text{cm}^2)$$

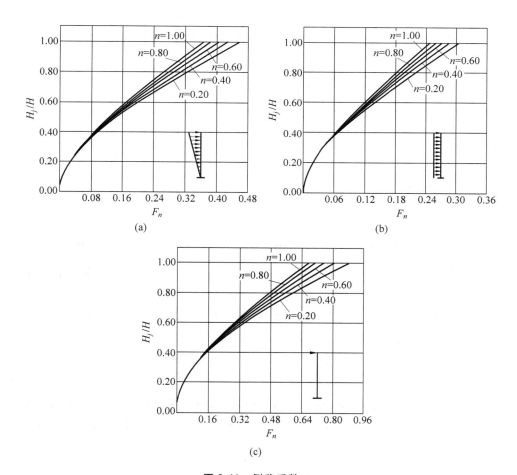

**图 3-41　侧移系数 $F_n$**

（a）倒三角分布荷载；（b）均布荷载；（c）顶点集中力

$$A_{底}=50\times50=2500(\text{cm}^2)$$

$$n=A_{顶}/A_{底}=1600/2500=0.64$$

$$V_0=12P(\text{N}),\quad H=4800\text{cm}$$

$$E=2.0\times10^4\text{N/mm}^2,\quad B=1850\text{cm}$$

由式(3-17)计算侧移。$F_n$ 及 $\Delta_j^{\text{N}},\delta_j^{\text{N}}$ 列于表 3-7，$F_n$ 查图 3-41(b)（均布荷载）。

$$\frac{V_0 H^3}{EB^2 A_{底}}=\frac{12P\times48000^3}{2\times10^4\times18500^2\times250000}=7.755\times10^{-4}P(\text{mm})$$

**表 3-7　例 3-7 表**

| 层数 | $\dfrac{H_j}{H}$ | $F_n$ | $\Delta_j^{\text{N}}\times10^{-3}P/\text{mm}$ | $\delta_j^{\text{N}}\times10^{-3}P/\text{mm}$ |
|---|---|---|---|---|
| 12 | 1 | 0.273 | 0.212 | 0.025 |
| 11 | 0.916 | 0.241 | 0.187 | 0.024 |

| 层数 | $\dfrac{H_j}{H}$ | $F_n$ | $\Delta_j^{\rm N} \times 10^{-3} P/{\rm mm}$ | $\delta_j^{\rm N} \times 10^{-3} P/{\rm mm}$ |
|---|---|---|---|---|
| 10 | 0.833 | 0.210 | 0.163 | 0.024 |
| 9 | 0.750 | 0.180 | 0.139 | 0.023 |
| 8 | 0.667 | 0.150 | 0.116 | 0.023 |
| 7 | 0.583 | 0.121 | 0.094 | 0.022 |
| 6 | 0.500 | 0.094 | 0.073 | 0.020 |
| 5 | 0.417 | 0.068 | 0.053 | 0.019 |
| 4 | 0.333 | 0.044 | 0.034 | 0.015 |
| 3 | 0.250 | 0.025 | 0.019 | 0.009 |
| 2 | 0.167 | 0.013 | 0.010 | 0.006 |
| 1 | 0.083 | 0.005 | 0.004 | 0.004 |

由计算结果可见,柱轴向变形产生的侧移与梁、柱弯曲变形产生的侧移相比,前者占的比例较小。在本例中,总顶点位移为

$$\Delta_{12} = \Delta_{12}^{\rm M} + \Delta_{12}^{\rm N} = (2.04 + 0.21) \times 10^{-3} P = 2.25 \times 10^{-3} P ({\rm mm})$$

最大层间侧移产生在第 1 层,为

$$\delta_{\max} = \delta_1^{\rm M} + \delta_1^{\rm N} = (0.272 + 0.004) \times 10^{-3} P = 0.276 \times 10^{-3} P ({\rm mm})$$

$\Delta_{12}^{\rm N}$ 在总位移中仅占 9.3%,$\delta_1^{\rm N}$ 在 $\delta_{\max}$ 中所占比例更小。

柱轴向变形产生的侧移是弯曲型的,顶层层间变形最大,向下逐渐减小。而梁、柱弯曲变形产生的侧移则是剪切型的,底层最大,向上逐渐减小。由于后者变形是主要成分,二者综合后仍以底层的层间变形最大,故仍表现为剪切型变形特征。

# 思 考 题

3-1　分别画出一榀三跨 4 层框架在垂直荷载(各层各跨都满布均布荷载)和水平结点荷载作用下的弯矩图、剪力图和轴力图(示意图)。

3-2　为什么说分层计算法、反弯点法和 D 值法是近似计算方法?在计算中各采用了哪些简化假设?

3-3　反弯点法和 D 值法的侧移刚度 d 和 D 值的物理意义是什么?它们有什么异同?二者在基本假定上有什么不同?分别在什么情况下使用?

3-4　影响水平荷载下柱反弯点位置的主要因素是什么?框架顶层和底层柱反弯点位置与中部各层反弯点位置相比,有什么变化?

3-5　D 值法的计算步骤是什么?边柱和中柱,上层柱和底层柱 D 值的计算公式有什么区别?

3-6　式(3-7)和式(3-9)如何应用?在单榀框架和整幢框架结构中应用时有何区别?

3-7　梁、柱杆件的轴向变形、弯曲变形对框架在水平荷载下的侧移变形有何影响?框架为什么具有剪切型侧向变形曲线?

3-8　如果某框架符合 $i_{\rm b}/i_{\rm c} \geqslant 3$ 的条件,可以采用反弯点法作近似计算,那么在求得柱抗侧刚度 d 值

后,如何计算该框架的侧移?

3-9  求框架内力时,各杆刚度可用相对值;求框架侧移时,各杆刚度是否仍可用相对值? 为什么?

# 习　题

3-1  用反弯点法作图 3-42 所示框架的弯矩图。括号内数值为梁、柱相对线刚度 $i$ 值。

3-2  用 $D$ 值法作图 3-43 所示框架的弯矩图,并求每层的层间位移和侧向位移。$E=2.9\times10^4$ MPa;各层梁、柱的 $\left(\dfrac{I}{l}\right)$ 值如下:

$$\left(\frac{I}{l}\right)_{b3}=2.28\times10^{-3}\,\mathrm{m}^3, \quad \left(\frac{I}{l}\right)_{c3}=1.04\times10^{-3}\,\mathrm{m}^3;$$

$$\left(\frac{I}{l}\right)_{b2}=4.44\times10^{-3}\,\mathrm{m}^3, \quad \left(\frac{I}{l}\right)_{c2}=1.50\times10^{-3}\,\mathrm{m}^3;$$

$$\left(\frac{I}{l}\right)_{b1}=4.44\times10^{-3}\,\mathrm{m}^3, \quad \left(\frac{I}{l}\right)_{c1}=1.39\times10^{-3}\,\mathrm{m}^3。$$

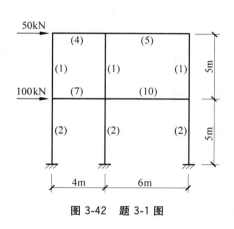

图 3-42  题 3-1 图

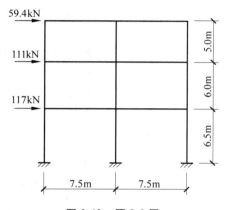

图 3-43  题 3-2 图

3-3  设梁、柱混凝土强度等级都是 C20,$E=2.55\times10^4$ MPa,试用 $D$ 值法计算图 3-21 所示单跨 9 层框架,作弯矩图、剪力图和轴力图,并求出各层的层间位移和侧向位移。

3-4  图 3-44 所示的 7 层钢筋混凝土框架,梁截面尺寸为 $0.25\mathrm{m}\times0.6\mathrm{m}$,柱截面尺寸为 $0.4\mathrm{m}\times0.4\mathrm{m}$,混凝土强度等级为 C20,$E=2.55\times10^4$ MPa。试用 $D$ 值法计算,作弯矩图,并求各层的层间位移和侧向位移。

3-5  对习题 2-4,根据求出的地震作用,用 $D$ 值法计算,作出一榀框架的弯矩图,并求各层的层间位移。

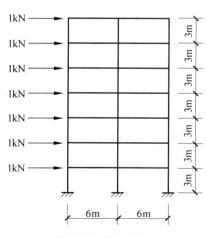

图 3-44  题 3-4 图

# 第4章 剪力墙结构的内力和位移计算

## 4.1 剪力墙结构的计算图和计算方法

### 4.1.1 剪力墙结构的计算图——水平荷载下剪力墙的计算截面

在第 1 章中已详细讨论了剪力墙结构的布置问题。图 4-1 为一处高层建筑剪力墙结构的平面布置及剖面示意图。从图 4-1 可以看出,剪力墙结构是由一系列的竖向纵、横墙和平面楼板组合在一起的一个空间盒子式结构体系。

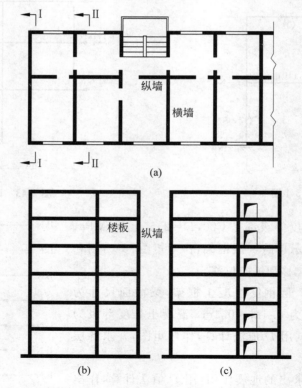

**图 4-1 剪力墙结构平面及剖面示意图**

（a）平面布置；（b）Ⅰ—Ⅰ剖面；（c）Ⅱ—Ⅱ剖面

按照 2.7 节对高层建筑结构计算的基本假定及计算图取法,它可以按纵、横两个方向的平面抗侧力结构进行分析。

为了方便,下面采用简单的图形说明问题。图 4-2(a)所示为剪力墙结构,在横向水平荷载作用下,只考虑横墙起作用,而"略去"纵墙的作用(见图 4-2(b));在纵向水平荷载作用时,只考虑纵墙起作用,而"略去"横墙的作用(见图 4-2(c))。需要指出的是,这里所谓"略去"另一方向剪力墙的影响,并非完全略去,而是将其影响体现在与它相交的另一方向剪力墙结构端部存在的翼缘,将翼缘部分作为剪力墙的一部分来计算。

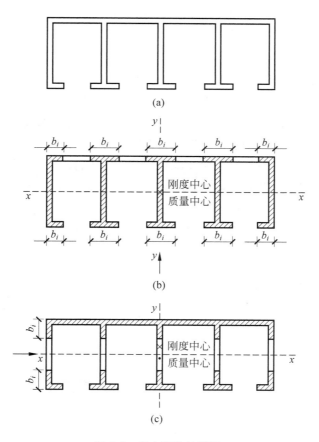

**图 4-2　剪力墙的计算图**

(a) 剪力墙平面示意图;(b) 横向地震作用;(c) 纵向地震作用

根据《高层规程》的规定,计算剪力墙结构的内力和位移时,应考虑纵、横墙的共同工作,即纵墙的一部分可作为横墙的有效翼缘;横墙的一部分也可作为纵墙的有效翼缘。现浇剪力墙有效翼缘的宽度 $b_i$ 可按表 4-1 所列各项中最小值取用(见图 4-3);装配整体式剪力墙有效翼缘的宽度宜将表中数值适当折减后取用。

图 4-2(a)所示结构,在横向水平力作用时,计算图如图 4-2(b)所示。由于结构对 $y$ 轴是对称布置的,如果荷载也是以 $y$ 轴为对称的,则结构的刚度中心与质量中心是一致的。此时,同一楼层标高处,各

榀剪力墙的变形是相同的,如图 4-2(b)中虚线所示。刚性楼板将各榀剪力墙连接在一起,并把水平荷载按各榀剪力墙的刚度向各剪力墙分配。

表 4-1　剪力墙的有效翼缘宽度 $b_1$

| 考 虑 方 式 | 截 面 形 式 | |
|---|---|---|
| | T(或 I)形截面 | L 形截面 |
| 按剪力墙的净距 $S_0$ 考虑 | $b+\dfrac{S_{01}}{2}+\dfrac{S_{02}}{2}$ | $b+\dfrac{S_{03}}{2}$ |
| 按翼缘厚度 $h_i$ 考虑 | $b+12h_i$ | $b+6h_i$ |
| 按门窗洞净跨 $b_0$ 考虑 | $b_{01}$ | $b_{02}$ |

图 4-2(a)所示结构,在纵向水平力作用时,计算图如图 4-2(c)所示。由于结构对 $x$ 轴是不对称的,如果荷载对 $x$ 轴是对称的,则结构的刚度中心与质量中心不一致,因而在水平力作用下,楼层平面不仅有沿 $x$ 方向的位移,还有绕刚度中心的扭转。考虑扭转作用时,各榀剪力墙分配的水平力与不考虑扭转时有些不同。工程设计中只要房屋体型规整,剪力墙的布置又尽可能考虑让其对称,为了简单,常不考虑扭转的影响。所以本章先讨论无扭转时的计算,第 5 章再补充考虑扭转时的计算。

最后指出,剪力墙应尽量布置得比较规则,拉通、对直。当墙稍有转折时,若转折角不大于 $15°$,可按平面剪力墙考虑(见图 4-4(a))。当剪力墙轴线稍有错开,只要错开距离 $a$ 不大于实体连接墙厚度的 8 倍,并且不大于 2.5m 时,整片墙可以作为整体平面剪力墙考虑(见图 4-4(b)),图 4-4(c)可视为十字墙。这是一种简化处理的办法,计算所得内力应乘以增大系数 1.2,等效刚度乘以折减系数 0.8。

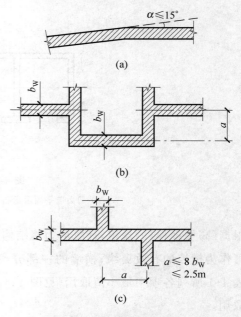

图　4-4　轴线转折和错开

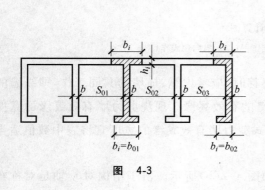

图　4-3

## 4.1.2　剪力墙的受力特点和计算方法

以上是从平面布置的角度对剪力墙结构计算图作的一些分析。每榀剪力墙从其本身开洞的情况又可以分成多种类型。由于墙的型式不同,相应的受力特点、计算图与计算方法也不相同。下面先对受力特点、计算图的特点和计算方法作一个概述,然后再针对每一种类型的墙介绍具体的计算方法。

### 1. 剪力墙的分类

（1）整体墙和小开口整体墙

没有门窗洞口或只有很小的洞口,可以忽略洞口的影响。这种类型的剪力墙实际上是一个整体的悬臂墙,符合平面假定,正应力为直线规律分布,这种墙叫整体墙（见图 4-5(a)）。

当门窗洞口稍大一些,墙肢应力中已出现局部弯矩（见图 4-5(b)）,但局部弯矩的值不超过整体弯矩的 15% 时,可以认为截面变形大体上仍符合平面假定,按材料力学公式计算应力,然后加以适当的修正。这种墙叫小开口整体墙。

（2）双肢剪力墙和多肢剪力墙

开有一排较大洞口的剪力墙叫双肢剪力墙（见图 4-5(c)）,开有多排较大洞口的剪力墙叫多肢剪力墙（见图 4-5(d)）。由于洞口开得较大,截面的整体性已经破坏,正应力分布较直线规律差别较大。其中,洞口更大些,且连梁刚度很大,而墙肢刚度较弱的情况,已接近框架的受力特性,有时也称为壁式框架（见图 4-7）。

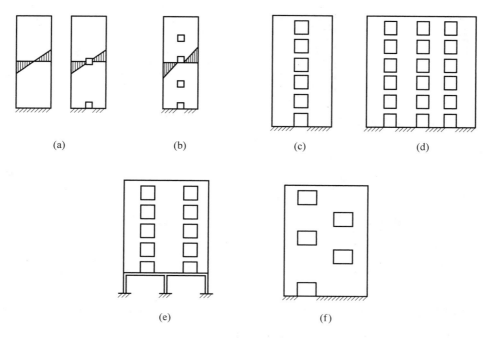

图 4-5　剪力墙的类型

（a）整体墙；（b）小开口整体墙；（c）双肢墙；（d）多肢墙；（e）框支剪力墙；（f）开有不规则大洞口的墙

（3）框支剪力墙

当底层需要大的空间，采用框架结构支承上部剪力墙时，就是框支剪力墙（见图 4-5(e)）。

（4）开有不规则大洞口的墙

有时由于建筑使用的要求会出现开有不规则大洞口的墙（见图 4-5(f)）。

### 2. 剪力墙的计算方法

剪力墙结构随着类型和开洞大小的不同，计算方法与计算图的选取也不同。除了整体墙和小开口整体墙基本上采用材料力学的计算公式外，其他的大体上还有以下一些算法。

（1）连梁连续化的分析方法

此法将每一层楼层的连系梁假想为分布在整个楼层高度上的一系列连续连杆（见图 4-6），借助于连杆的位移协调条件建立墙的内力微分方程，解微分方程便可求得内力。

这种方法可以得到解析解，特别是将解答绘成曲线后，使用还是比较方便的。通过试验验证，其结果的精度可满足工程需要。但是，由于假定条件较多，使用范围受到限制。

（2）带刚域框架的算法

此法是将剪力墙简化为一个等效多层框架。由于墙肢及连系梁都较宽，在墙梁相交处形成一个刚性区域，在这区域内，墙梁的刚度为无限大。因此，这个等效框架的杆件便成为带刚域的杆件（见图 4-7）。

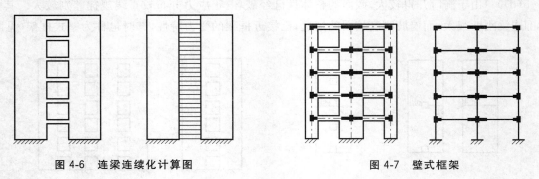

图 4-6　连梁连续化计算图　　　　图 4-7　壁式框架

带刚域框架（或称壁式框架）的算法又分两种。

简化计算法：利用现成的图表曲线，采取进一步的简化，对壁式框架进行简化计算。本章多肢墙简化为壁式框架计算，介绍的就是这一方法。

矩阵位移法：这是框架结构用计算机计算的通用方法，也可以用来计算壁式框架。应指出的是，用矩阵位移法求解不仅是解一个平面框架，而且可以将整个结构作为空间问题来求解。由于所作假定较少，应用范围较广，精确度也比较高，这种方法已成为用计算机计算时的通用方法，参见文献[1]。

（3）有限单元和有限条带法

将剪力墙结构作为平面问题（或空间问题），采用网格划分为矩形或三角形单元（见图 4-8(a)），取结点位移作为未知量，建立各结点的平衡方程，用电子计算机求解。采用有限单元法对于任意形状尺寸的开孔及任意荷载或墙厚变化都能求解，精确度也较高。对于剪力墙结构，由于其外形及边界较规整，也可将剪力墙结构划分为条带(见图 4-8(b)),即取条带为单元。条带与条带间以结线相连。每条带沿 $y$ 方向的内力与位移变化用函数形式表示,在 $x$ 方向则为离散值。以结线上的位移为未知量,考虑条带间结线上的平衡方程求解。由于采用条带为计算单元,未知量数目大大减少。将在第 12 章介绍此方法。

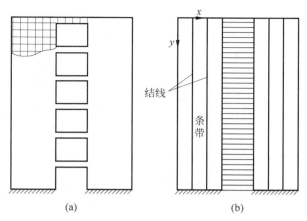

**图 4-8 有限单元和有限条带**

(a) 有限单元;(b) 有限条带

## 4.2 整体墙和小开口整体墙的计算

### 4.2.1 整体墙的计算

凡墙面门窗等开孔面积不超过墙面面积 $15\%$,且孔间净距及孔洞至墙边的净距大于孔洞长边尺寸时,可以忽略洞口的影响,认为平面假定仍然适用,截面应力的计算可以按照材料力学的公式进行计算。计算位移时,可按整体悬臂墙的计算公式进行,但要考虑洞口对截面面积及刚度的削弱,按以下公式取值。

等效截面面积 $A_q$ 取无洞截面的横截面面积 $A$ 乘以洞口削弱系数 $\gamma_0$。

$$\left.\begin{array}{l} A_q = \gamma_0 A \\ \gamma_0 = 1 - 1.25\sqrt{A_d/A_0} \end{array}\right\} \tag{4-1}$$

式中:$A$——剪力墙截面毛面积;

$A_d$——剪力墙洞口总立面面积;

$A_0$——剪力墙立面总墙面面积。

等效惯性矩 $I_q$ 取有洞与无洞截面惯性矩沿竖向的加权平均值(见图 4-9):

$$I_q = \frac{\sum I_j h_j}{\sum h_j} \tag{4-2}$$

式中:$I_j$——剪力墙沿竖向各段的惯性矩,有洞口时扣除洞口的影响;

$h_j$——各段相应的高度。

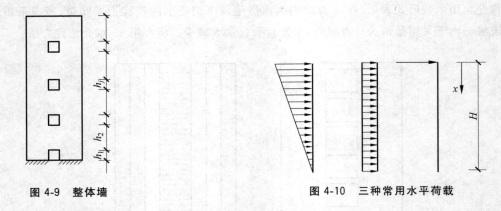

图 4-9 整体墙      图 4-10 三种常用水平荷载

此外,计算位移时(以及后面与其他类型墙或框架协同工作计算内力时),由于截面比较宽,宜考虑剪切变形的影响。在三种常用荷载作用下(见图 4-10),考虑弯曲和剪切变形后的顶点位移公式为

$$\Delta = \begin{cases} \dfrac{11}{60}\dfrac{V_0 H^3}{EI_q}\left(1+\dfrac{3.64\mu EI_q}{H^2 GA_q}\right) & \text{(倒三角荷载)} \\[3mm] \dfrac{1}{8}\dfrac{V_0 H^3}{EI_q}\left(1+\dfrac{4\mu EI_q}{H^2 GA_q}\right) & \text{(均布荷载)} \\[3mm] \dfrac{1}{3}\dfrac{V_0 H^3}{EI_q}\left(1+\dfrac{3\mu EI_q}{H^2 GA_q}\right) & \text{(顶部集中力)} \end{cases}$$

这里,$V_0$ 是基底 $x=H$ 处的总剪力,即全部水平力之和。括号内后一项反映剪切变形的影响。以后为了方便,常将顶点位移写成如下形式:

$$\Delta = \begin{cases} \dfrac{11}{60}\dfrac{V_0 H^3}{EI_{eq}} & \text{(倒三角荷载)} \\[3mm] \dfrac{1}{8}\dfrac{V_0 H^3}{EI_{eq}} & \text{(均布荷载)} \\[3mm] \dfrac{1}{3}\dfrac{V_0 H^3}{EI_{eq}} & \text{(顶部集中力)} \end{cases} \tag{4-3}$$

即用只考虑弯曲变形的等效刚度的形式写出。

这里

$$EI_{eq} = \begin{cases} EI_q \Big/ \left(1+\dfrac{3.64\mu EI_q}{H^2 GA_q}\right) & \text{(倒三角荷载)} \\[3mm] EI_q \Big/ \left(1+\dfrac{4\mu EI_q}{H^2 GA_q}\right) & \text{(均布荷载)} \\[3mm] EI_q \Big/ \left(1+\dfrac{3\mu EI_q}{H^2 GA_q}\right) & \text{(顶部集中力)} \end{cases}$$

为考虑剪切变形后的等效刚度,$I_{eq}$ 为等效惯性矩。式中 $G$ 为剪切弹性模量;$\mu$ 为剪应力不均匀系数,矩形截面 $\mu=1.2$,I 形截面,$\mu=$ 截面全面积/腹板面积,T 形截面见表 4-2。

表 4-2  T 形截面剪应力不均匀系数 $\mu$

| $B/t$ \ $H/t$ | 2 | 4 | 6 | 8 | 10 | 12 |
|---|---|---|---|---|---|---|
| 2 | 1.383 | 1.496 | 1.521 | 1.511 | 1.483 | 1.445 |
| 4 | 1.441 | 1.876 | 2.287 | 2.682 | 3.061 | 3.424 |
| 6 | 1.362 | 1.097 | 2.033 | 2.367 | 2.698 | 3.026 |
| 8 | 1.313 | 1.572 | 1.838 | 2.106 | 2.374 | 2.641 |
| 10 | 1.283 | 1.489 | 1.707 | 1.927 | 2.148 | 2.370 |
| 12 | 1.264 | 1.432 | 1.614 | 1.800 | 1.988 | 2.178 |
| 15 | 1.245 | 1.374 | 1.519 | 1.669 | 1.820 | 1.973 |
| 20 | 1.228 | 1.317 | 1.422 | 1.534 | 1.648 | 1.763 |
| 30 | 1.214 | 1.264 | 1.328 | 1.399 | 1.473 | 1.549 |
| 40 | 1.208 | 1.240 | 1.284 | 1.334 | 1.387 | 1.442 |

注：$B$——翼缘宽度；$t$——剪力墙厚度；$H$——剪力墙截面高度。

有时为了简便，将以上三式统一取平均值，即取（$G = 0.4E$）

$$EI_{eq} = \frac{EI_q}{1 + \dfrac{9\mu I_q}{H^2 A_q}} \tag{4-4}$$

上式即为整体悬臂墙的等效抗弯刚度计算公式，用它可按式（4-3）求顶点位移。

当有多片墙共同承受水平荷载时，总水平荷载也是按各片墙的等效刚度比例分配给各片墙的，即

$$V_{ij} = \frac{(EI_{eq})_i}{\sum (EI_{eq})_i} V_{pj} \tag{4-5}$$

式中：$V_{pj}$——由水平荷载引起的第 $j$ 层总剪力；

$V_{ij}$——第 $i$ 片墙第 $j$ 层分配到的剪力。

## 4.2.2  小开口整体墙的计算

### 1. 小开口整体墙的判别条件

这里先给出判别整体小开口墙的条件。关于这个条件的依据，放在双肢墙的计算之后讨论。

当剪力墙连梁刚度和墙肢宽度基本均匀时，如满足下述的条件，可按小开口整体墙作近似计算（见图 4-11）。

$$\alpha \geqslant 10$$

$$\frac{I_A}{I} \leqslant Z \quad \text{或} \quad \frac{I_A}{I} \leqslant Z_i \tag{4-6}$$

$$\alpha = \begin{cases} H\sqrt{\dfrac{6}{Th\displaystyle\sum_{i=1}^{k+1} I_i}\displaystyle\sum_{i=1}^{k}\dfrac{\tilde{I}_{bi}c_i^2}{a_i^3}} & \text{（多肢墙）} \\[4mm] H\sqrt{\dfrac{6}{h(I_1+I_2)}\dfrac{\tilde{I}_{b1}c^2}{a^3}\dfrac{I}{I_A}} & \text{（双肢墙）} \end{cases} \tag{4-7}$$

式中：$T$——系数,当为 3~4 肢时取 0.8,5~7 肢时取 0.85,8
肢以上取 0.9;

$I$——剪力墙对组合截面形心的惯性矩;

$I_A = I - \sum\limits_{i=1}^{k+1} I_i$ ——各墙肢截面积对组合截面形心的面
积 2 次矩之和;

$$\tilde{I}_{bi} = \frac{I_{bi}}{1 + \dfrac{3\mu E_t I_{bi}}{A_{bi} G a_i^2}} = \frac{I_{bi}}{1 + \dfrac{7\mu I_{bi}}{A_{bi} a_i^2}};$$

$H$——剪力墙总高度;

$2a_i$——第 $i$ 列连梁计算跨度;

$$2a_i = 2a_{i0} + \frac{h_b}{2}$$

$2a_{i0}$——第 $i$ 列洞口宽度;

$h_b$——连梁高度;

$2c_i$——第 $i$ 跨墙肢轴线间距离;

$Z$——系数,与 $\alpha$ 及层数 $N$ 有关,当等肢或各肢相差不
多时,已列成数表,见表 4-3,当为不等肢墙且各
肢相差很大时,可根据表 4-4 中的 $S$ 值按下式
计算。

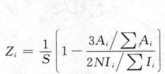

$$Z_i = \frac{1}{S}\left[1 - \frac{3A_i \big/ \sum A_i}{2NI_i \big/ \sum I_i}\right]$$

然后用上式算出的 $Z_i$ 值分别检查每肢墙。

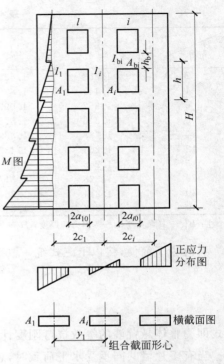

图 4-11　小开口整体墙的几何参数
和内(应)力特点

表 4-3　系数 $Z$

| 荷　　载 | 均　布　荷　载 | | | | | 倒三角荷载 | | | | |
|---|---|---|---|---|---|---|---|---|---|---|
| 层数 $N$<br>$\alpha$ | 8 | 10 | 12 | 16 | 20 | 8 | 10 | 12 | 16 | 20 |
| 10 | 0.832 | 0.897 | 0.945 | 1.000 | 1.000 | 0.887 | 0.938 | 0.974 | 1.000 | 1.000 |
| 12 | 0.810 | 0.874 | 0.926 | 0.978 | 1.000 | 0.867 | 0.915 | 0.950 | 0.994 | 1.000 |
| 14 | 0.797 | 0.858 | 0.901 | 0.957 | 0.993 | 0.833 | 0.901 | 0.933 | 0.976 | 1.000 |
| 16 | 0.788 | 0.847 | 0.888 | 0.943 | 0.977 | 0.844 | 0.889 | 0.924 | 0.963 | 0.989 |
| 18 | 0.781 | 0.838 | 0.879 | 0.932 | 0.965 | 0.837 | 0.881 | 0.913 | 0.953 | 0.978 |
| 20 | 0.775 | 0.832 | 0.871 | 0.923 | 0.956 | 0.832 | 0.875 | 0.906 | 0.945 | 0.970 |
| 22 | 0.771 | 0.827 | 0.864 | 0.917 | 0.948 | 0.828 | 0.871 | 0.901 | 0.939 | 0.964 |
| 24 | 0.768 | 0.823 | 0.861 | 0.911 | 0.943 | 0.825 | 0.867 | 0.897 | 0.935 | 0.959 |
| 26 | 0.766 | 0.820 | 0.857 | 0.907 | 0.937 | 0.822 | 0.864 | 0.893 | 0.931 | 0.956 |
| 28 | 0.763 | 0.818 | 0.854 | 0.903 | 0.934 | 0.820 | 0.861 | 0.889 | 0.928 | 0.953 |
| $\geqslant 30$ | 0.762 | 0.815 | 0.853 | 0.900 | 0.930 | 0.818 | 0.858 | 0.885 | 0.925 | 0.949 |

表 4-4　系数 $S$

| 层数 $N$ $\alpha$ | 8 | 10 | 12 | 16 | 20 |
|---|---|---|---|---|---|
| 10 | 0.915 | 0.907 | 0.890 | 0.888 | 0.882 |
| 12 | 0.937 | 0.929 | 0.921 | 0.912 | 0.906 |
| 14 | 0.952 | 0.945 | 0.938 | 0.929 | 0.923 |
| 16 | 0.963 | 0.956 | 0.950 | 0.941 | 0.936 |
| 18 | 0.971 | 0.965 | 0.959 | 0.951 | 0.955 |
| 20 | 0.877 | 0.973 | 0.966 | 0.958 | 0.953 |
| 22 | 0.982 | 0.976 | 0.971 | 0.964 | 0.960 |
| 24 | 0.985 | 0.980 | 0.976 | 0.969 | 0.965 |
| 26 | 0.988 | 0.984 | 0.980 | 0.973 | 0.968 |
| 28 | 0.991 | 0.987 | 0.984 | 0.976 | 0.971 |
| ≥30 | 0.993 | 0.911 | 0.998 | 0.979 | 0.974 |

### 2. 小开口整体墙的计算公式

在满足上述小开口整体墙的条件下，墙肢内力将具有下述特点（见图 4-11）：

（1）正应力在整个截面上基本上是直线分布的，局部弯矩不超过整体弯矩的 15％；

（2）大部分楼层上，墙肢弯矩不应有反弯点。因此，计算内力和位移时，仍可应用材料力学的计算公式，略加修正即可。下面先给出计算公式，道理在讲完双肢墙后再作说明。

墙肢弯矩、轴力按下式计算

$$\left.\begin{aligned} M_i &= 0.85M_p \frac{I_i}{I} + 0.15M_p \frac{I_i}{\sum I_i}, \quad i = 1,\cdots,k+1 \\ N_i &= 0.85M_p \frac{A_i y_i}{I} \end{aligned}\right\} \tag{4-8}$$

式中：$M_i$，$N_i$——各墙肢承担的弯矩、轴力；

$M_p$——外荷载对 $x$ 截面产生的总弯矩；

$A_i$——各墙肢截面面积；

$I_i$——各墙肢截面惯性矩；

$y_i$——各墙肢截面形心到组合截面形心的距离；

$I$——组合截面的惯性矩。

墙肢剪力，底层按墙肢截面面积分配，即

$$V_i = V_0 \frac{A_i}{\sum\limits_{i=1}^{k+1} A_i} \tag{4-9}$$

式中：$V_0$——底层总剪力，即全部水平荷载的总和。

其他各层墙肢剪力，可按材料力学公式计算截面的剪应力，各墙肢剪应力之合力即为墙肢剪力；或按墙肢截面面积和惯性矩比例的平均值分配剪力。这是因为，当各墙肢较窄时，剪力基本上按惯性矩的大小分配；当各墙肢较宽时，剪力基本上是按截面面积的大小分配。实际的小开口整体墙各墙肢宽度相差

较大,故按两者的平均值进行计算,即

$$V_i = \frac{1}{2}\left[\frac{A_i}{\sum A_i} + \frac{I_i}{\sum I_i}\right]V_p \tag{4-10}$$

式中:$V_p$——层总剪力。

在三种常用荷载作用下,顶点位移的计算仍按式(4-3)和式(4-4)计算。不过,考虑开孔后刚度的削弱,由按整截面计算与按平面有限元计算结果比较,应将计算结果乘以1.20后采用。

最后指出,当剪力墙多数墙肢基本均匀,又符合小开口整体墙的条件,但夹有个别细小墙肢(常不满足 $I_A/I \leqslant Z_i$ 的要求)时,作为近似,仍可按上述小开口整体墙计算内力,但小墙肢端部宜附加局部弯矩的修正:

$$\Delta M_i = V_i \frac{h_i}{2}$$

修正后的小墙肢弯矩为

$$M'_i = M_i + \Delta M_i$$

式中:$V_i$——小墙肢 $i$ 的墙肢剪力;

　　　$h_i$——小墙肢洞口高度。

【例4-1】 15层剪力墙,总高 $H = 42.4$m,截面尺寸如图4-12(a)所示,所受水平地震作用示于图4-12(b)中,材料弹性模量 $E = 2.55 \times 10^4$ MPa。试:(1)判别此剪力墙的类型;(2)求墙肢截面内力;(3)求顶部位移。

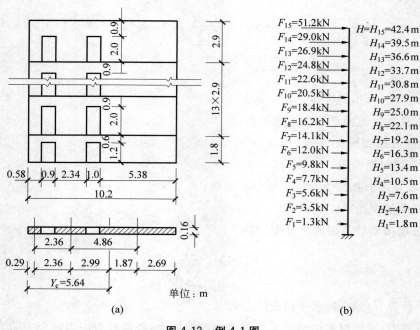

图 4-12　例 4-1 图

(a) 剪力墙立、横截面尺寸;(b) 水平地震作用

**【解】**　(1) 判别剪力墙类型

参数计算

墙：

墙肢惯性矩

$$I_1 = \frac{0.16 \times 0.58^3}{12} = 0.0026(\text{m}^4)$$

$$I_2 = \frac{0.16 \times 2.34^3}{12} = 0.1708(\text{m}^4)$$

$$I_3 = \frac{0.16 \times 5.38^3}{12} = 2.0763(\text{m}^4)$$

组合截面形心

$$Y_c = \frac{\sum A_i Y_i}{\sum A_i} = \frac{0.0928 \times 0.29 + 0.3744 \times 2.65 + 0.8608 \times 7.51}{1.328} = 5.64(\text{m})$$

式中：$Y_i$——墙肢形心至左端的距离。

表 4-5　例 4-1 表 1

| 墙肢 | 1 | 2 | 3 | $\sum$ | 连梁 | 1 | 2 | $\sum$ |
|---|---|---|---|---|---|---|---|---|
| $A_i$ | 0.0928 | 0.3744 | 0.8608 | 1.328 | $I_{bi}$ | 0.00972 | 0.00972 | |
| $I_i$ | 0.0026 | 0.1708 | 2.0763 | 2.2497 | $\tilde{I}_{bi}$ | 0.00433 | 0.00468 | |
| $A_i / \sum A_i$ | 0.06988 | 0.2819 | 0.6482 | | $D_i = \dfrac{\tilde{I}_{bi} c_i^2}{a_i^3}$ | 0.01960 | 0.07252 | 0.09212 |
| $I_i / \sum I_i$ | 0.001156 | 0.07592 | 0.9229 | | | | | |

组合截面惯性矩（式中 $y_i$ 为墙肢形心到组合截面形心的距离）

$$I = \sum_{i=1}^{3}(I_i + A_i y_i^2) = (0.0026 + 0.0928 \times 5.35^2) + (0.1708 + 0.3744 \times 2.99^2)$$

$$+ (2.0763 + 0.8608 \times 1.87^2) = 11.2932(\text{m}^4)$$

$$I_A = I - \sum I_i = 11.2932 - 2.2497 = 9.0435(\text{m}^4)$$

连梁：

计算跨度

$$2a_1 = 0.9 + \frac{0.9}{2} = 1.35(\text{m})$$

$$2a_2 = 1.0 + \frac{0.9}{2} = 1.45(\text{m})$$

轴线跨度

$$2c_1 = 2.36\text{m}, \quad 2c_2 = 4.86\text{m}$$

惯性矩

$$I_{bi} = \frac{0.16 \times 0.9^3}{12} = 0.00972(\text{m}^4)$$

折算惯性矩

$$\tilde{I}_{b1} = \frac{I_{b1}}{1 + \dfrac{7\mu I_{b1}}{A_{b1}a_1^2}} = \frac{0.00972}{1 + \dfrac{7 \times 1.2 \times 0.00972}{0.144 \times 0.675^2}} = 0.00433(\text{m}^4)$$

$$\tilde{I}_{b2} = \frac{0.00972}{1 + \dfrac{7 \times 1.2 \times 0.00972}{0.144 \times 0.725^2}} = 0.00468(\text{m}^4)$$

计算数值列入表 4-5 中。

由式(4-7)

$$\alpha = H\sqrt{\frac{6}{Th\sum I_i}\sum\frac{\tilde{I}_{bi}c_i^2}{a_i^3}} = 42.4\sqrt{\frac{6}{0.8 \times 2.9 \times 2.2497} \times 0.09212} = 13.79 > 10$$

由式(4-6)

$$\frac{I_A}{I} = \frac{9.0435}{11.2932} = 0.8 < Z$$

由表 4-3，$Z \approx 0.97$。

可知，此剪力墙为小开口整体墙。

（2）截面内力计算

由式(4-8)和式(4-9)，可计算各墙肢、各高程处的截面内力。下面列表 4-6 和表 4-7 计算各墙肢基底截面的内力值。

$$M_{i0} = 0.85M_0\frac{I_i}{I} + 0.15M_0\frac{I_i}{\sum I_i}$$

$$N_{i0} = 0.85M_0\frac{A_iy_i}{I}$$

$$V_{i0} = V_0\frac{A_i}{\sum A_i}$$

基底弯矩

$$M_0 = \sum_{j=1}^{15}F_jH_j = 7962.57(\text{kN} \cdot \text{m})$$

基底剪力

$$V_0 = \sum_{j=1}^{15}F_j = 263.6(\text{kN})$$

表 4-6 例 4-1 表 2

| 层数 | $F_j/\text{kN}$ | $V_{pj}/\text{kN}$ | $H_j/\text{m}$ | $F_jH_j/(\text{kN} \cdot \text{m})$ |
|------|------|------|------|------|
| 15 | 51.2 | 51.2 | 42.4 | 2170.88 |
| 14 | 29.0 | 80.2 | 39.5 | 1145.5 |
| 13 | 26.9 | 107.1 | 36.6 | 984.54 |
| 12 | 24.8 | 131.9 | 33.7 | 835.76 |

续表

| 层数 | $F_j/\mathrm{kN}$ | $V_{pj}/\mathrm{kN}$ | $H_j/\mathrm{m}$ | $F_j H_j/(\mathrm{kN \cdot m})$ |
|---|---|---|---|---|
| 11 | 22.6 | 154.5 | 30.8 | 696.08 |
| 10 | 20.5 | 175.0 | 27.9 | 571.95 |
| 9 | 18.4 | 193.4 | 25.0 | 460.0 |
| 8 | 16.2 | 209.6 | 22.1 | 358.02 |
| 7 | 14.1 | 223.7 | 19.2 | 270.72 |
| 6 | 12.0 | 235.7 | 16.3 | 195.60 |
| 5 | 9.8 | 245.5 | 13.4 | 131.32 |
| 4 | 7.7 | 253.2 | 10.5 | 80.85 |
| 3 | 5.6 | 258.8 | 7.6 | 42.56 |
| 2 | 3.5 | 262.3 | 4.7 | 16.45 |
| 1 | 1.3 | 263.6 | 1.8 | 2.34 |
| $\sum$ | 263.6 | | | 7962.57 |

表 4-7　例 4-1 表 3

| 墙肢 | 剪力/kN | | 弯矩/(kN·m) | | | | | 轴力/kN | |
|---|---|---|---|---|---|---|---|---|---|
| | $\dfrac{A_i}{\sum A_i}$ | $V_{i0}$ | $\dfrac{I_i}{I}$ | $0.85 M_{p0}\ \dfrac{I_i}{I}$ | $\dfrac{I_i}{\sum I_i}$ | $0.15 M_{p0}\ \dfrac{I_i}{\sum I_i}$ | $M_{i0}$ | $\dfrac{A_i y_i}{I}$ | $N_{i0}$ |
| 1 | 0.06988 | 18.42 | 0.00023 | 1.56 | 0.00116 | 1.39 | 2.95 | 0.04396 | 297.53 |
| 2 | 0.2819 | 74.31 | 0.01512 | 102.33 | 0.0759 | 90.65 | 192.98 | 0.09913 | 670.93 |
| 3 | 0.6482 | 170.87 | 0.1839 | 1244.67 | 0.9229 | 1102.30 | 2346.97 | −0.1425 | −964.47 |

（3）顶部侧移计算

将楼层处集中力按基底弯矩等效折算成倒三角形荷载，则

$$q = \frac{3M_0}{H^2} = \frac{3 \times 7962.57}{42.4^2} = 13.2875(\mathrm{kN/m})$$

相应的基底剪力

$$V_0 = \frac{qH}{2} = \frac{13.2875 \times 42.4}{2} = 281.69(\mathrm{kN})$$

等效刚度

$$EI_{eq} = \frac{EI_q}{1 + \dfrac{3.64 \mu EI_q}{H^2 GA_q}}$$

对小开口整体墙，取 $I_q = I$，$A_q = \sum A_i$，$G = 0.4E$，可求得

$$\Delta = 1.20 \times \frac{11}{60} \frac{V_0 H^3}{EI} = 1.20 \times \frac{11}{60} \frac{V_0 H^3}{EI} \left(1 + \frac{3.64 \mu EI}{H^2 G \sum A_i}\right)$$

$$= 1.20 \times \frac{11}{60} \times \frac{281.69 \times 42.4^3}{2.55 \times 10^7 \times 11.2932} \times \left(1 + \frac{3.64 \times 1.2 \times 11.2932}{42.4^2 \times 0.4 \times 1.328}\right)$$

$$= 0.01725(\mathrm{m})$$

## 4.3    双肢墙的计算

### 4.3.1    连续连杆法的基本假设

图 4-13(a)是双肢剪力墙结构的几何参数。墙肢可以为矩形截面或 T 形截面(翼缘参加工作),但都以截面的形心线作为墙肢的轴线,连梁一般取矩形截面。图中 $2a$ 为连梁的计算跨度:

$$2a = 2a_0 + \frac{h_b}{2}$$

式中:$2a_0$——连梁净跨;

$h_b$——连梁截面高度。

从图 4-13(a)可以看出,双肢剪力墙是柱梁刚度比很大的一种框架。由于柱梁刚度比太大,用一般的渐近解法就比较麻烦,特别是要考虑轴向变形的影响更是如此。因此,我们采用了进一步的假设,然后用力法求解。为了方便就称此方法为连续连杆法。

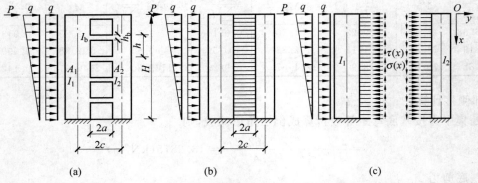

**图 4-13    双肢墙的计算简图和基本体系**

(a) 结构尺寸;(b) 计算简图;(c) 基本体系

连续连杆法的假设如下:

(1) 将每一楼层处的连梁简化为均布在整个楼层高度上的连续连杆,这样就把双肢仅在楼层标高处通过连系梁连接在一起的结构(见图 4-13(a))变成在整个高度上双肢都由连续连杆连接在一起的连续结构(见图 4-13(b))。将有限点的连接变成无限点的连接的这一假设,是为了建立微分方程的需要而设的。

(2) 连梁的轴向变形忽略不计,即两肢墙的水平位移是相同的。不仅如此,还假设同一标高处、两肢墙的转角和曲率是相等的,并假定连梁的反弯点在梁的跨中。这个假定,已经得到国内外光弹性试验的验证。

(3) 层高 $h$ 和惯性矩 $I_1$,$I_2$,$I_L$ 及面积 $A_1$,$A_2$,$A_b$ 等参数,沿高度均为常数。这一假定是为了使微分方程是常系数微分方程,因而便于得到解答而设的。当遇到截面尺寸或层高有少量变化的情况时,可取几何平均值代入进行计算。这样虽对计算精度有一定影响,但在工程上是允许的。

在以上假设下,图 4-13(a)双肢剪力墙结构的计算简图如图 4-13(b)所示。用力法求解时,基本体系如图 4-13(c)所示。将两片墙沿连梁的反弯点处切口,成为静定的悬臂墙。取连梁切口处的内力 $\tau(x)$(剪力)为多余未知力;连梁切口处沿未知力 $\tau(x)$ 方向的相对位移应等于零是变形连续条件。

需要指出的是,沿连梁切口处,两片墙还互相作用有轴力 $\sigma(x)$。因此,求变形连续条件时,应是基本体系在外荷载、切口处轴力和切口处剪力共同作用下,沿未知力 $\tau(x)$ 方向的相对位移为零。由于有假设(2)的存在,切口处轴力的影响并没有以未知力的形式出现在基本方程中(详见下段推导),所以,也就无需再列出切口处轴向相对位移为零的变形连续条件了。

## 4.3.2　力法方程的建立

基本体系在外荷载、切口处轴力 $\sigma(x)$ 及未知剪力 $\tau(x)$ 作用下将产生变形,但原结构在切断点是连续的;因此,基本体系在外荷载、切口处轴力 $\sigma(x)$ 和剪力 $\tau(x)$ 作用下,沿 $\tau(x)$ 方向的位移应等于零。

基本体系在外荷载、切口处轴力 $\sigma(x)$ 和剪力 $\tau(x)$ 作用下,沿 $\tau(x)$ 方向的位移,可以分为以下几部分分别求出。

### 1. 由于墙肢的弯曲和剪切变形产生的位移(见图 4-14)

基本体系在外荷载、切口处轴力和未知剪力 $\tau(x)$ 作用下发生弯曲和剪切变形。由弯曲变形使切口处产生的相对位移为(见图 4-14(a))

$$\delta_1 = -2c\theta_m = +2c\frac{\mathrm{d}y_m}{\mathrm{d}x} \tag{4-11}$$

式中: $\theta_m$ ——墙肢弯曲变形产生的转角,顺时针方向为正,下同。写出式(4-11)时已利用了两墙肢转角分别相等的假设,即 $\theta_{1m} = \theta_{2m} = \theta_m$。

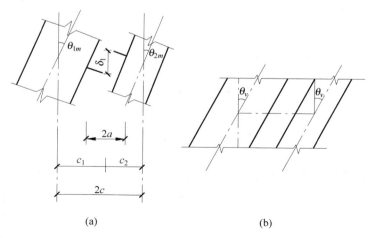

(a)　　　　　　　　　　(b)

图 4-14　墙肢转角变形

$2c$ 是因为弯曲变形时,连梁与墙肢在轴线处保持垂直的假设。负号表示相对位移与假设的未知力 $\tau(x)$ 方向相反。外荷载、切口处轴力和剪力 $\tau(x)$ 的具体影响,都体现在转角 $\theta_1$ 和 $\theta_2$ 中了,下面将对它们作进一步的计算。

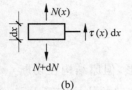

(a)

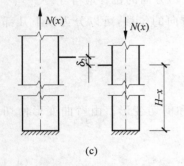

这里应说明,由于墙肢的剪切变形不会使切口处产生相对位移,这一点可用结构力学中求位移的图乘法来说明:当切口处作用单位剪力时,此竖向力使墙肢中产生的剪力为零;此零剪力和任意剪力(产生墙肢剪切变形的水平剪力)图乘的结果仍为零,即墙肢的剪切变形使切口处的相对位移为零。我们也可用图 4-14(b)来说明:当墙肢有剪切变形时,墙肢的上下截面产生相对的水平错动,此错动不会引起连梁切口处的竖向相对位移。

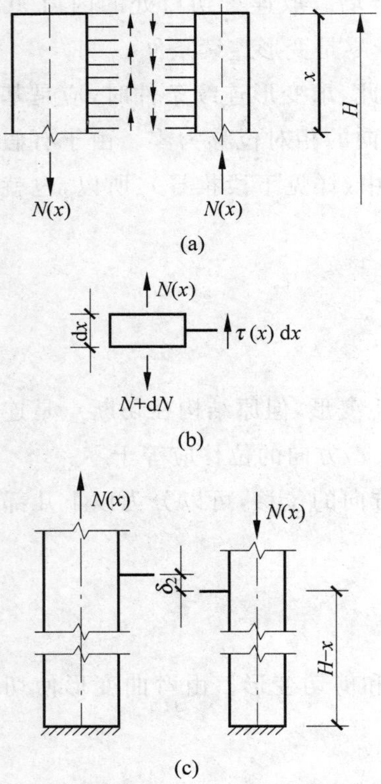

**2. 由于墙肢的轴向变形产生的位移**(见图 4-15)

基本体系在外荷载、切口处轴力和未知剪力 $\tau(x)$ 作用下发生轴向变形,自两肢墙底到 $x$ 截面处的轴向变形差就是切口处产生的相对位移。

从图 4-13(c)基本体系中可以看出,沿水平方向作用的外载及切口处轴力只使墙肢产生弯曲和剪切变形,并不产生轴向变形,只有竖向作用的剪力 $\tau(x)$ 才使墙肢产生轴力和轴向变形。

墙轴力 $N(x)$ 与未知力 $\tau(x)$ 间的关系从图 4-15(a),(b)可以看出为

图 4-15 墙肢轴向变形

$$N(x) = \int_0^x \tau(x)\,\mathrm{d}x$$

或

$$\frac{\mathrm{d}N}{\mathrm{d}x} = \tau(x)$$

（4-12）

由墙肢轴向变形产生的切口处相对位移为(见图 4-15(c))

$$
\begin{aligned}
\delta_2 &= \int_x^H \frac{N(x)\,\mathrm{d}x}{EA_1} + \int_x^H \frac{N(x)\,\mathrm{d}x}{EA_2} \\
&= \frac{1}{E}\left(\frac{1}{A_1} + \frac{1}{A_2}\right)\int_x^H N(x)\,\mathrm{d}x \\
&= \frac{1}{E}\left(\frac{1}{A_1} + \frac{1}{A_2}\right)\int_x^H \int_0^x \tau(x)\,\mathrm{d}x\,\mathrm{d}x
\end{aligned}
$$

（4-13）

**3. 连梁由于弯曲和剪切变形产生的位移**(见图 4-16)

连梁切口处由于 $\tau(x)h$ 的作用产生弯曲和剪切变形。弯曲变形产生的相对位移为

$$\delta_{3M} = 2\,\frac{\tau(x)ha^3}{3EI_\mathrm{b}}$$

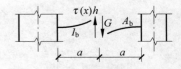

图 4-16 连梁弯曲及剪切变形

剪切变形产生的相对位移为

$$\delta_{3V} = 2\frac{\mu\tau(x)ha}{A_{\mathrm{b}}G}$$

式中：$\mu$——截面上剪应力分布不均匀系数，矩形截面 $\mu=1.2$；

　　$G$——剪切弹性模量。

弯曲变形和剪切变形的总相对位移为

$$\delta_3 = \delta_{3M} + \delta_{3V} = \frac{2\tau(x)ha^3}{3EI_{\mathrm{b}}} + \frac{2\mu\tau(x)ha}{A_{\mathrm{b}}G}$$

$$= \frac{2\tau(x)ha^3}{3EI_{\mathrm{b}}}\left(1 + \frac{3\mu EI_{\mathrm{b}}}{A_{\mathrm{b}}Ga^2}\right)$$

可写为

$$\delta_3 = \frac{2\tau(x)ha^3}{3E\tilde{I}_{\mathrm{b}}} \tag{4-14}$$

式中

$$\tilde{I}_{\mathrm{b}} = \frac{I_{\mathrm{b}}}{1 + \dfrac{3\mu EI_{\mathrm{b}}}{A_{\mathrm{b}}Ga^2}} = \frac{I_{\mathrm{b}}}{1 + 0.7\left(\dfrac{h_{\mathrm{b}}}{a}\right)^2}$$

后一等式是考虑矩形截面 $\dfrac{I_{\mathrm{b}}}{A_{\mathrm{b}}} = \dfrac{\dfrac{A_{\mathrm{b}}h_{\mathrm{b}}^2}{12}}{A_{\mathrm{b}}} = \dfrac{h_{\mathrm{b}}^2}{12}$，同时混凝土 $G = 0.425E$ 得出的。其中 $I_{\mathrm{b}}$ 为连梁的惯性矩，$\tilde{I}_{\mathrm{b}}$ 为连梁考虑剪切变形后的折算惯性矩。

叠加式(4-11)、式(4-13)及式(4-14)，得基本体系在外荷载、切口轴向力和剪力 $\tau(x)$ 作用下，沿 $\tau(x)$ 方向的总位移：

$$\delta = \delta_1 + \delta_2 + \delta_3 = -2c\theta_m + \frac{1}{E}\left(\frac{1}{A_1} + \frac{1}{A_2}\right)\int_x^H\int_0^x \tau(x)\mathrm{d}x\mathrm{d}x + \frac{2\tau(x)ha^3}{3E\tilde{I}_{\mathrm{b}}} = 0 \tag{4-15}$$

将上式对 $x$ 微分一次，得

$$-2c\theta'_m - \frac{1}{E}\left(\frac{1}{A_1} + \frac{1}{A_2}\right)\int_0^x \tau(x)\mathrm{d}x + \frac{2\tau'(x)ha^3}{3E\tilde{I}_{\mathrm{b}}} = 0 \tag{4-16}$$

再对 $x$ 微分一次，得

$$-2c\theta''_m - \frac{\tau(x)}{E}\left(\frac{1}{A_1} + \frac{1}{A_2}\right) + \frac{2ha^3}{3E\tilde{I}_{\mathrm{b}}}\tau''(x) = 0 \tag{4-17}$$

下面将外荷载的作用引进来。

在 $x$ 处作截面截断双肢墙(见图 4-17)，由平衡条件有

$$M_1 + M_2 = M_p - 2cN(x)$$

式中：$M_1$——墙肢 1，$x$ 截面的弯矩；

　　$M_2$——墙肢 2，$x$ 截面的弯矩；

　　$M_p$——外荷载对 $x$ 截面的外力矩。

由梁的弯曲理论有

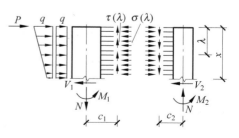

图 4-17　双肢墙墙肢内力

$$\begin{cases} EI_1 \dfrac{\mathrm{d}^2 y_{1m}}{\mathrm{d}x^2} = M_1 \\[2mm] EI_2 \dfrac{\mathrm{d}^2 y_{2m}}{\mathrm{d}x^2} = M_2 \end{cases} \tag{4-18}$$

将上两式叠加,并利用连续杆法的假设(2)的条件

$$\frac{\mathrm{d}^2 y_{1m}}{\mathrm{d}x^2} = \frac{\mathrm{d}^2 y_{2m}}{\mathrm{d}x^2} = \frac{\mathrm{d}^2 y_m}{\mathrm{d}x^2}$$

得到

$$E(I_1 + I_2) \frac{\mathrm{d}^2 y_m}{\mathrm{d}x^2} = M_1 + M_2 = M_p - 2cN(x) \tag{4-19}$$

或利用式(4-12)的关系后,有

$$E(I_1 + I_2) \frac{\mathrm{d}^2 y_m}{\mathrm{d}x^2} = M_p - \int_0^x 2c\tau(\lambda)\,\mathrm{d}\lambda \tag{4-20}$$

以后引进新符号:

$$m(x) = 2c\tau(x)$$

这里,$m(x)$ 表示连梁剪力对两墙肢弯矩的和,称为连梁对墙肢的约束弯矩。

于是式(4-20)变为

$$\theta'_m = -\frac{\mathrm{d}^2 y_m}{\mathrm{d}x^2} = \frac{-1}{E(I_1 + I_2)} \times \left( M_p - \int_0^x m\,\mathrm{d}x \right)$$

再对 $x$ 微分一次,有

$$\theta''_m = \frac{-1}{E(I_1 + I_2)} \left( \frac{\mathrm{d}M_p}{\mathrm{d}x} - m \right) = \frac{-1}{E(I_1 + I_2)} (V_p - m) \tag{4-21}$$

式中:$V_p$——外荷载对 $x$ 截面的总剪力。

对于常用的三种外荷载,有

$$V_p = V_0 \left[ 1 - \left( 1 - \frac{x}{H} \right)^2 \right] \qquad \text{(倒三角荷载)}$$

$$V_p = V_0 \frac{x}{H} \qquad \text{(均布荷载)}$$

$$V_p = V_0 \qquad \text{(顶部集中力)}$$

这里,$V_0$ 是基底 $x = H$ 处的总剪力,即全部水平力的总和。因而式(4-21)可表示为

$$\begin{cases} \theta''_m = \dfrac{1}{E(I_1 + I_2)} \left\{ V_0 \left[ \left( 1 - \dfrac{x}{H} \right)^2 - 1 \right] + m \right\} & \text{(倒三角荷载)} \\[4mm] \theta''_m = \dfrac{1}{E(I_1 + I_2)} \left[ -V_0 \left( \dfrac{x}{H} \right) + m \right] & \text{(均布荷载)} \\[4mm] \theta''_m = \dfrac{1}{E(I_1 + I_2)} (-V_0 + m) & \text{(顶部集中力)} \end{cases} \tag{4-22}$$

将式(4-22)的 $\theta''_m$ 代入式(4-17),并令(括号内为这些参数的名称和物理意义,以后再解释)

$$D = \frac{\tilde{I}_b c^2}{a^3} \qquad \text{（连梁的刚度系数）}$$

$$\alpha_1^2 = \frac{6H^2}{h \sum I_i} D \qquad \text{（连梁墙肢刚度比，未考虑墙肢轴向变形的整体参数）}$$

$$S = \frac{2cA_1 A_2}{A_1 + A_2} \qquad \text{（双肢组合截面形心轴的面积矩）}$$

整理后，得

$$m''(x) - \frac{\alpha^2}{H^2} m(x) = \begin{cases} -\dfrac{\alpha_1^2}{H^2} V_0 \left[ 1 - \left( 1 - \dfrac{x}{H} \right)^2 \right] & \text{（倒三角荷载）} \\[3mm] -\dfrac{\alpha_1^2}{H^2} V_0 \dfrac{x}{H} & \text{（均布荷载）} \\[3mm] -\dfrac{\alpha_1^2}{H^2} V_0 & \text{（顶部集中力）} \end{cases} \qquad (4\text{-}23)$$

其中

$$\alpha^2 = \alpha_1^2 + \frac{3H^2 D}{hcS} \qquad \text{（考虑墙肢轴向变形的整体参数）} \qquad (4\text{-}24)$$

这就是双肢墙的基本微分方程式。它是根据力法的原理，由切口处的变形连续条件推得的。为了与多肢墙符号统一，这里以连梁的约束弯矩 $m(x)$ 为基本未知量，并引进了一些相应的符号。

## 4.3.3　基本方程的解

下面令

$$\frac{x}{H} = \xi, \quad m(x) = \Phi(x) V_0 \frac{\alpha_1^2}{\alpha^2}$$

则式（4-23）可化为

$$\Phi''(\xi) - \alpha^2 \Phi(\xi) = \begin{cases} -\alpha^2 \left[ 1 - (1 - \xi)^2 \right] & \text{（倒三角荷载）} \\[2mm] -\alpha^2 \xi & \text{（均布荷载）} \\[2mm] -\alpha^2 & \text{（顶部集中力）} \end{cases}$$

方程的解可由齐次方程的解

$$\Phi_{\text{齐}} = C_1 \,\text{ch}(\alpha\xi) + C_2 \,\text{sh}(\alpha\xi)$$

和特解

$$\Phi_{\text{特}} = \begin{cases} 1 - (1 - \xi)^2 - \dfrac{2}{\alpha^2} & \text{（倒三角荷载）} \\[3mm] \xi & \text{（均布荷载）} \\[3mm] 1 & \text{（顶部集中力）} \end{cases}$$

两部分相加组成，即一般解为

$$\Phi(\xi) = C_1 \,\text{ch}(\alpha\xi) + C_2 \,\text{sh}(\alpha\xi) + \begin{cases} \left[ 1 - (1 - \xi)^2 - \dfrac{2}{\alpha^2} \right] & \text{（倒三角荷载）} \\[3mm] \xi & \text{（均布荷载）} \\[3mm] 1 & \text{（顶部集中力）} \end{cases} \qquad (4\text{-}25)$$

式中：$C_1$ 和 $C_2$ ——任意常数，由边界条件确定。

边界条件为

(1) 当 $x=0$，即 $\xi=0$ 时，墙顶弯矩为零，因而

$$\theta'_m = -\frac{\mathrm{d}^2 y_m}{\mathrm{d}x^2} = 0$$

(2) 当 $x=H$，即 $\xi=1$ 时，墙底弯曲变形转角 $\theta_m=0$。

先考虑边界条件式(4-23)：

式(4-16)利用边界条件式(4-23)后，得

$$\frac{2\tau'(0)ha^3}{3E\tilde{I}_b} = 0$$

将式(4-25)求出的一般解代入上式后，可求得

$$C_2 = \begin{cases} -\dfrac{2}{\alpha} & \text{（倒三角荷载）} \\[2ex] -\dfrac{1}{\alpha} & \text{（均布荷载）} \\[2ex] 0 & \text{（顶部集中力）} \end{cases}$$

再考虑边界条件(2)：

式(4-15)利用边界条件(2)后，变为

$$\frac{2\tau(1)ha^3}{3E\tilde{I}_b} = 0$$

将式(4-25)求出的一般解代入上式后，可得求 $C_1$ 的方程：

$$C_1\mathrm{ch}\alpha + C_2\mathrm{sh}\alpha = \begin{cases} -\left(1-\dfrac{2}{\alpha^2}\right) & \text{（倒三角荷载）} \\[2ex] -1 & \text{（均布荷载）} \\[2ex] -1 & \text{（顶部集中力）} \end{cases}$$

由此

$$C_1 = \begin{cases} -\left[\left(1-\dfrac{2}{\alpha^2}\right)-\dfrac{2\mathrm{sh}\alpha}{\alpha}\right]\dfrac{1}{\mathrm{ch}\alpha} \\[2ex] -\left(1-\dfrac{\mathrm{sh}\alpha}{\alpha}\right)\dfrac{1}{\mathrm{ch}\alpha} \\[2ex] -\dfrac{1}{\mathrm{ch}\alpha} \end{cases}$$

有了任意常数 $C_1$ 和 $C_2$ 后，由式(4-25)可求出一般解。

将求出的一般解整理后，可以写为

$$\Phi(\xi) = \Phi_1(\alpha, \xi) \tag{4-26}$$

式中

$$\Phi_1(\alpha,\xi) = \begin{cases} 1-(1-\xi)^2+\left(\dfrac{2\operatorname{sh}\alpha}{\alpha}-1+\dfrac{2}{\alpha^2}\right)\dfrac{\operatorname{ch}\alpha\xi}{\operatorname{ch}\alpha}-\dfrac{2}{\alpha}\operatorname{sh}\alpha\xi-\dfrac{2}{\alpha^2} \\[2mm] \left(\dfrac{\operatorname{sh}\alpha}{\alpha}-1\right)\dfrac{\operatorname{ch}\alpha\xi}{\operatorname{ch}\alpha}-\dfrac{1}{\alpha}\operatorname{sh}\alpha\xi+\xi \\[2mm] 1-\dfrac{\operatorname{ch}\alpha\xi}{\operatorname{ch}\alpha} \end{cases} \tag{4-27}$$

这里及以后,凡大括号内并列的三行,第一行为倒三角荷载的结果;第二行为均布荷载的结果;第三行为顶部集中力的结果,不再逐一说明。同时,为了清楚表明是 $\alpha$ 和 $\xi$ 的函数,用了 $\Phi_1(\alpha,\xi)$ 的符号, $\Phi_1(\alpha,\xi)$ 的数值可由表 4-8、表 4-9、表 4-10 查得。

## 4.3.4　双肢墙的内力计算

通过上面的计算,求得了任意高度 $\xi$ 处的 $\Phi_1(\alpha,\xi)$ 值。

由 $\Phi_1(\alpha,\xi)$ 可求得连梁的约束弯矩为

$$m(\xi) = V_0\,\frac{\alpha_1^2}{\alpha^2}\Phi_1(\alpha,\xi)$$

$j$ 层连梁的剪力

$$V_{bj} = m_j(\xi)\,\frac{h}{2c} \tag{4-28}$$

$j$ 层连梁的端部弯矩

$$M_{bj} = V_{bj}a_0 \tag{4-29}$$

$j$ 层墙肢轴力,由图 4-17 左(或右)墙肢沿竖向的平衡条件,求得

$$N = N_1 = N_2 = \sum_{s=j}^{n}V_{bs} \tag{4-30}$$

$j$ 层墙肢弯矩,由式(g)和(i)的关系可求得

$$\left.\begin{aligned} M_1 &= \frac{I_1}{\displaystyle\sum_{i=1}^{2}I_i}M_j \\[4mm] M_2 &= \frac{I_2}{\displaystyle\sum_{i=1}^{2}I_i}M_j \end{aligned}\right\} \tag{4-31}$$

这里

$$M_j = M_{pj} - \sum_{s=j}^{n}m_s$$

$j$ 层墙肢的剪力,可直接按下述考虑弯曲和剪切变形后的抗剪刚度进行分配求得

表 4-8 倒三角荷载下的 $\Phi_1$ 值

| $\xi$ \ $\alpha$ | 1.0 | 1.5 | 2.0 | 2.5 | 3.0 | 3.5 | 4.0 | 4.5 | 5.0 | 5.5 | 6.0 | 6.5 | 7.0 | 7.5 | 8.0 | 8.5 | 9.0 | 9.5 | 10.0 | 10.5 |
|---|---|---|---|---|---|---|---|---|---|---|---|---|---|---|---|---|---|---|---|---|
| 0.00 | 0.171 | 0.270 | 0.331 | 0.358 | 0.363 | 0.356 | 0.342 | 0.325 | 0.307 | 0.289 | 0.273 | 0.257 | 0.243 | 0.230 | 0.218 | 0.207 | 0.197 | 0.188 | 0.179 | 0.172 |
| 0.05 | 0.171 | 0.271 | 0.332 | 0.360 | 0.367 | 0.361 | 0.348 | 0.332 | 0.316 | 0.299 | 0.283 | 0.269 | 0.256 | 0.243 | 0.233 | 0.223 | 0.214 | 0.205 | 0.198 | 0.191 |
| 0.10 | 0.171 | 0.273 | 0.336 | 0.367 | 0.377 | 0.374 | 0.365 | 0.352 | 0.338 | 0.324 | 0.311 | 0.299 | 0.288 | 0.278 | 0.270 | 0.262 | 0.255 | 0.248 | 0.243 | 0.238 |
| 0.15 | 0.172 | 0.275 | 0.341 | 0.377 | 0.391 | 0.393 | 0.388 | 0.380 | 0.370 | 0.360 | 0.350 | 0.341 | 0.333 | 0.326 | 0.320 | 0.314 | 0.309 | 0.305 | 0.301 | 0.298 |
| 0.20 | 0.172 | 0.277 | 0.347 | 0.388 | 0.408 | 0.415 | 0.416 | 0.412 | 0.407 | 0.402 | 0.396 | 0.390 | 0.385 | 0.381 | 0.377 | 0.373 | 0.371 | 0.368 | 0.366 | 0.364 |
| 0.25 | 0.171 | 0.278 | 0.353 | 0.399 | 0.425 | 0.439 | 0.446 | 0.448 | 0.448 | 0.447 | 0.445 | 0.443 | 0.440 | 0.439 | 0.437 | 0.436 | 0.434 | 0.433 | 0.433 | 0.432 |
| 0.30 | 0.170 | 0.279 | 0.358 | 0.410 | 0.443 | 0.463 | 0.476 | 0.484 | 0.489 | 0.492 | 0.494 | 0.496 | 0.496 | 0.497 | 0.497 | 0.497 | 0.498 | 0.498 | 0.498 | 0.499 |
| 0.35 | 0.168 | 0.279 | 0.362 | 0.419 | 0.459 | 0.486 | 0.506 | 0.519 | 0.530 | 0.537 | 0.543 | 0.547 | 0.550 | 0.553 | 0.555 | 0.557 | 0.559 | 0.560 | 0.561 | 0.562 |
| 0.40 | 0.165 | 0.276 | 0.363 | 0.426 | 0.472 | 0.506 | 0.532 | 0.552 | 0.567 | 0.579 | 0.588 | 0.596 | 0.601 | 0.606 | 0.610 | 0.614 | 0.616 | 0.619 | 0.621 | 0.622 |
| 0.45 | 0.161 | 0.272 | 0.362 | 0.430 | 0.482 | 0.522 | 0.554 | 0.579 | 0.599 | 0.616 | 0.629 | 0.639 | 0.648 | 0.655 | 0.661 | 0.665 | 0.669 | 0.672 | 0.675 | 0.677 |
| 0.50 | 0.156 | 0.266 | 0.357 | 0.429 | 0.487 | 0.533 | 0.570 | 0.601 | 0.626 | 0.647 | 0.663 | 0.677 | 0.688 | 0.697 | 0.705 | 0.711 | 0.716 | 0.721 | 0.724 | 0.727 |
| 0.55 | 0.149 | 0.256 | 0.348 | 0.423 | 0.485 | 0.537 | 0.579 | 0.615 | 0.645 | 0.670 | 0.690 | 0.707 | 0.721 | 0.733 | 0.742 | 0.750 | 0.757 | 0.762 | 0.767 | 0.771 |
| 0.60 | 0.140 | 0.244 | 0.335 | 0.412 | 0.477 | 0.533 | 0.580 | 0.620 | 0.654 | 0.683 | 0.707 | 0.728 | 0.745 | 0.759 | 0.771 | 0.781 | 0.789 | 0.796 | 0.802 | 0.807 |
| 0.65 | 0.130 | 0.228 | 0.317 | 0.394 | 0.461 | 0.519 | 0.570 | 0.614 | 0.652 | 0.685 | 0.712 | 0.736 | 0.756 | 0.774 | 0.788 | 0.801 | 0.811 | 0.820 | 0.828 | 0.834 |
| 0.70 | 0.118 | 0.209 | 0.293 | 0.368 | 0.435 | 0.495 | 0.548 | 0.594 | 0.636 | 0.671 | 0.703 | 0.730 | 0.753 | 0.774 | 0.791 | 0.807 | 0.820 | 0.831 | 0.841 | 0.849 |
| 0.75 | 0.103 | 0.185 | 0.263 | 0.334 | 0.399 | 0.458 | 0.511 | 0.559 | 0.602 | 0.640 | 0.674 | 0.704 | 0.731 | 0.755 | 0.775 | 0.794 | 0.810 | 0.824 | 0.837 | 0.848 |
| 0.80 | 0.087 | 0.158 | 0.226 | 0.290 | 0.350 | 0.406 | 0.457 | 0.504 | 0.547 | 0.587 | 0.622 | 0.654 | 0.683 | 0.709 | 0.733 | 0.754 | 0.774 | 0.791 | 0.807 | 0.821 |
| 0.85 | 0.069 | 0.126 | 0.182 | 0.236 | 0.288 | 0.337 | 0.383 | 0.426 | 0.467 | 0.504 | 0.539 | 0.571 | 0.601 | 0.629 | 0.654 | 0.678 | 0.700 | 0.720 | 0.738 | 0.756 |
| 0.90 | 0.048 | 0.089 | 0.130 | 0.171 | 0.210 | 0.248 | 0.285 | 0.321 | 0.354 | 0.386 | 0.417 | 0.446 | 0.473 | 0.499 | 0.523 | 0.546 | 0.568 | 0.588 | 0.609 | 0.628 |
| 0.95 | 0.025 | 0.047 | 0.069 | 0.092 | 0.115 | 0.137 | 0.159 | 0.181 | 0.202 | 0.222 | 0.242 | 0.262 | 0.280 | 0.299 | 0.316 | 0.334 | 0.351 | 0.367 | 0.383 | 0.398 |
| 1.00 | 0.000 | 0.000 | 0.000 | 0.000 | 0.000 | 0.000 | 0.000 | 0.000 | 0.000 | 0.000 | 0.000 | 0.000 | 0.000 | 0.000 | 0.000 | 0.000 | 0.000 | 0.000 | 0.000 | 0.000 |

续表

| ξ \ α | 11.0 | 11.5 | 12.0 | 12.5 | 13.0 | 13.5 | 14.0 | 14.5 | 15.0 | 15.5 | 16.0 | 16.5 | 17.0 | 17.5 | 18.0 | 18.5 | 19.0 | 19.5 | 20.0 | 20.5 |
|---|---|---|---|---|---|---|---|---|---|---|---|---|---|---|---|---|---|---|---|---|
| 0.00 | 0.165 | 0.158 | 0.152 | 0.147 | 0.142 | 0.137 | 0.132 | 0.128 | 0.124 | 0.120 | 0.117 | 0.113 | 0.110 | 0.107 | 0.104 | 0.102 | 0.099 | 0.097 | 0.095 | 0.092 |
| 0.05 | 0.185 | 0.180 | 0.174 | 0.170 | 0.165 | 0.161 | 0.158 | 0.154 | 0.151 | 0.148 | 0.145 | 0.143 | 0.140 | 0.138 | 0.136 | 0.134 | 0.132 | 0.130 | 0.129 | 0.127 |
| 0.10 | 0.233 | 0.229 | 0.226 | 0.222 | 0.219 | 0.217 | 0.214 | 0.212 | 0.210 | 0.208 | 0.207 | 0.205 | 0.204 | 0.203 | 0.201 | 0.200 | 0.199 | 0.199 | 0.198 | 0.197 |
| 0.15 | 0.295 | 0.293 | 0.290 | 0.288 | 0.287 | 0.285 | 0.284 | 0.283 | 0.282 | 0.281 | 0.280 | 0.280 | 0.279 | 0.278 | 0.278 | 0.278 | 0.277 | 0.277 | 0.277 | 0.276 |
| 0.20 | 0.363 | 0.361 | 0.360 | 0.360 | 0.358 | 0.358 | 0.358 | 0.357 | 0.357 | 0.357 | 0.357 | 0.356 | 0.356 | 0.356 | 0.356 | 0.356 | 0.356 | 0.356 | 0.356 | 0.356 |
| 0.25 | 0.432 | 0.431 | 0.431 | 0.431 | 0.431 | 0.431 | 0.431 | 0.431 | 0.431 | 0.431 | 0.431 | 0.431 | 0.432 | 0.432 | 0.432 | 0.432 | 0.432 | 0.432 | 0.432 | 0.433 |
| 0.30 | 0.499 | 0.498 | 0.500 | 0.500 | 0.500 | 0.501 | 0.501 | 0.502 | 0.502 | 0.502 | 0.503 | 0.503 | 0.503 | 0.503 | 0.504 | 0.504 | 0.504 | 0.504 | 0.505 | 0.505 |
| 0.35 | 0.563 | 0.564 | 0.565 | 0.566 | 0.566 | 0.567 | 0.568 | 0.568 | 0.569 | 0.568 | 0.568 | 0.570 | 0.570 | 0.571 | 0.571 | 0.571 | 0.571 | 0.572 | 0.572 | 0.572 |
| 0.40 | 0.624 | 0.625 | 0.626 | 0.627 | 0.628 | 0.628 | 0.629 | 0.630 | 0.631 | 0.631 | 0.632 | 0.632 | 0.633 | 0.633 | 0.633 | 0.634 | 0.634 | 0.634 | 0.634 | 0.635 |
| 0.45 | 0.679 | 0.681 | 0.682 | 0.684 | 0.685 | 0.686 | 0.686 | 0.687 | 0.688 | 0.688 | 0.688 | 0.688 | 0.690 | 0.690 | 0.691 | 0.691 | 0.691 | 0.692 | 0.692 | 0.692 |
| 0.50 | 0.730 | 0.732 | 0.733 | 0.735 | 0.736 | 0.737 | 0.738 | 0.738 | 0.740 | 0.741 | 0.741 | 0.742 | 0.742 | 0.743 | 0.743 | 0.743 | 0.744 | 0.744 | 0.744 | 0.745 |
| 0.55 | 0.774 | 0.777 | 0.778 | 0.781 | 0.782 | 0.784 | 0.785 | 0.786 | 0.787 | 0.788 | 0.788 | 0.789 | 0.790 | 0.790 | 0.790 | 0.791 | 0.791 | 0.792 | 0.792 | 0.792 |
| 0.60 | 0.811 | 0.815 | 0.818 | 0.820 | 0.822 | 0.824 | 0.826 | 0.827 | 0.828 | 0.829 | 0.830 | 0.831 | 0.831 | 0.832 | 0.833 | 0.833 | 0.833 | 0.834 | 0.834 | 0.834 |
| 0.65 | 0.840 | 0.844 | 0.848 | 0.852 | 0.855 | 0.857 | 0.859 | 0.861 | 0.863 | 0.864 | 0.865 | 0.867 | 0.867 | 0.868 | 0.869 | 0.870 | 0.870 | 0.871 | 0.871 | 0.871 |
| 0.70 | 0.857 | 0.863 | 0.868 | 0.873 | 0.878 | 0.881 | 0.884 | 0.887 | 0.890 | 0.892 | 0.893 | 0.895 | 0.896 | 0.898 | 0.899 | 0.900 | 0.901 | 0.901 | 0.902 | 0.903 |
| 0.75 | 0.858 | 0.866 | 0.874 | 0.881 | 0.887 | 0.892 | 0.897 | 0.901 | 0.903 | 0.908 | 0.911 | 0.914 | 0.916 | 0.918 | 0.920 | 0.921 | 0.923 | 0.924 | 0.925 | 0.926 |
| 0.80 | 0.834 | 0.846 | 0.856 | 0.866 | 0.874 | 0.882 | 0.889 | 0.896 | 0.901 | 0.907 | 0.911 | 0.916 | 0.919 | 0.923 | 0.926 | 0.929 | 0.932 | 0.934 | 0.936 | 0.938 |
| 0.85 | 0.772 | 0.786 | 0.800 | 0.813 | 0.825 | 0.836 | 0.846 | 0.855 | 0.864 | 0.872 | 0.879 | 0.886 | 0.893 | 0.899 | 0.904 | 0.909 | 0.914 | 0.918 | 0.922 | 0.926 |
| 0.90 | 0.646 | 0.663 | 0.679 | 0.694 | 0.708 | 0.722 | 0.735 | 0.748 | 0.760 | 0.771 | 0.781 | 0.792 | 0.801 | 0.810 | 0.819 | 0.827 | 0.835 | 0.843 | 0.850 | 0.857 |
| 0.95 | 0.413 | 0.428 | 0.442 | 0.456 | 0.469 | 0.483 | 0.495 | 0.508 | 0.520 | 0.532 | 0.543 | 0.555 | 0.566 | 0.576 | 0.587 | 0.597 | 0.607 | 0.617 | 0.626 | 0.635 |
| 1.00 | 0.000 | 0.000 | 0.000 | 0.000 | 0.000 | 0.000 | 0.000 | 0.000 | 0.000 | 0.000 | 0.000 | 0.000 | 0.000 | 0.000 | 0.000 | 0.000 | 0.000 | 0.000 | 0.000 | 0.000 |

表 4-9　均布荷载下的 $\Phi_1$ 值

| $\xi$ \ $\alpha$ | 1.0 | 1.5 | 2.0 | 2.5 | 3.0 | 3.5 | 4.0 | 4.5 | 5.0 | 5.5 | 6.0 | 6.5 | 7.0 | 7.5 | 8.0 | 8.5 | 9.0 | 9.5 | 10.0 | 10.5 |
|---|---|---|---|---|---|---|---|---|---|---|---|---|---|---|---|---|---|---|---|---|
| 0.00 | 0.113 | 0.178 | 0.216 | 0.231 | 0.232 | 0.224 | 0.213 | 0.199 | 0.186 | 0.173 | 0.161 | 0.150 | 0.141 | 0.132 | 0.124 | 0.117 | 0.110 | 0.105 | 0.099 | 0.095 |
| 0.05 | 0.113 | 0.178 | 0.217 | 0.233 | 0.234 | 0.228 | 0.217 | 0.204 | 0.191 | 0.179 | 0.168 | 0.157 | 0.148 | 0.140 | 0.133 | 0.126 | 0.120 | 0.115 | 0.110 | 0.106 |
| 0.10 | 0.113 | 0.179 | 0.219 | 0.237 | 0.241 | 0.236 | 0.227 | 0.217 | 0.206 | 0.195 | 0.185 | 0.176 | 0.168 | 0.161 | 0.155 | 0.149 | 0.144 | 0.140 | 0.136 | 0.133 |
| 0.15 | 0.114 | 0.181 | 0.223 | 0.244 | 0.251 | 0.249 | 0.243 | 0.235 | 0.226 | 0.218 | 0.210 | 0.203 | 0.196 | 0.191 | 0.186 | 0.181 | 0.178 | 0.174 | 0.171 | 0.168 |
| 0.20 | 0.114 | 0.183 | 0.228 | 0.252 | 0.263 | 0.265 | 0.263 | 0.258 | 0.252 | 0.246 | 0.241 | 0.235 | 0.231 | 0.227 | 0.223 | 0.220 | 0.217 | 0.215 | 0.213 | 0.211 |
| 0.25 | 0.114 | 0.185 | 0.233 | 0.261 | 0.276 | 0.283 | 0.285 | 0.284 | 0.281 | 0.278 | 0.257 | 0.272 | 0.269 | 0.266 | 0.264 | 0.262 | 0.260 | 0.258 | 0.257 | 0.256 |
| 0.30 | 0.114 | 0.186 | 0.237 | 0.270 | 0.290 | 0.302 | 0.308 | 0.311 | 0.312 | 0.312 | 0.312 | 0.310 | 0.309 | 0.308 | 0.307 | 0.306 | 0.305 | 0.304 | 0.303 | 0.303 |
| 0.35 | 0.113 | 0.187 | 0.242 | 0.279 | 0.304 | 0.321 | 0.332 | 0.339 | 0.344 | 0.347 | 0.349 | 0.350 | 0.351 | 0.351 | 0.351 | 0.351 | 0.351 | 0.351 | 0.351 | 0.351 |
| 0.40 | 0.111 | 0.186 | 0.245 | 0.287 | 0.317 | 0.339 | 0.355 | 0.367 | 0.376 | 0.382 | 0.387 | 0.390 | 0.393 | 0.395 | 0.396 | 0.397 | 0.398 | 0.398 | 0.399 | 0.399 |
| 0.45 | 0.109 | 0.185 | 0.246 | 0.293 | 0.328 | 0.355 | 0.376 | 0.393 | 0.406 | 0.416 | 0.424 | 0.430 | 0.434 | 0.438 | 0.441 | 0.443 | 0.444 | 0.445 | 0.446 | 0.447 |
| 0.50 | 0.106 | 0.182 | 0.246 | 0.296 | 0.336 | 0.369 | 0.395 | 0.416 | 0.433 | 0.447 | 0.458 | 0.467 | 0.474 | 0.479 | 0.483 | 0.487 | 0.490 | 0.492 | 0.493 | 0.495 |
| 0.55 | 0.103 | 0.178 | 0.242 | 0.296 | 0.341 | 0.378 | 0.409 | 0.435 | 0.456 | 0.474 | 0.488 | 0.500 | 0.510 | 0.517 | 0.524 | 0.529 | 0.533 | 0.536 | 0.539 | 0.541 |
| 0.60 | 0.097 | 0.171 | 0.236 | 0.293 | 0.341 | 0.382 | 0.418 | 0.448 | 0.474 | 0.495 | 0.513 | 0.528 | 0.541 | 0.551 | 0.560 | 0.567 | 0.573 | 0.577 | 0.581 | 0.585 |
| 0.65 | 0.091 | 0.162 | 0.226 | 0.284 | 0.335 | 0.380 | 0.419 | 0.453 | 0.483 | 0.508 | 0.530 | 0.549 | 0.565 | 0.578 | 0.589 | 0.599 | 0.607 | 0.614 | 0.619 | 0.624 |
| 0.70 | 0.083 | 0.150 | 0.212 | 0.270 | 0.322 | 0.369 | 0.411 | 0.449 | 0.482 | 0.511 | 0.537 | 0.559 | 0.578 | 0.595 | 0.609 | 0.622 | 0.632 | 0.642 | 0.650 | 0.657 |
| 0.75 | 0.074 | 0.135 | 0.194 | 0.249 | 0.300 | 0.348 | 0.392 | 0.431 | 0.467 | 0.499 | 0.528 | 0.554 | 0.576 | 0.597 | 0.614 | 0.630 | 0.644 | 0.657 | 0.667 | 0.677 |
| 0.80 | 0.063 | 0.116 | 0.169 | 0.220 | 0.269 | 0.315 | 0.358 | 0.398 | 0.435 | 0.469 | 0.500 | 0.528 | 0.553 | 0.577 | 0.598 | 0.617 | 0.634 | 0.650 | 0.664 | 0.677 |
| 0.85 | 0.050 | 0.094 | 0.138 | 0.182 | 0.225 | 0.266 | 0.306 | 0.344 | 0.379 | 0.413 | 0.444 | 0.473 | 0.500 | 0.525 | 0.548 | 0.570 | 0.590 | 0.609 | 0.626 | 0.643 |
| 0.90 | 0.036 | 0.067 | 0.100 | 0.134 | 0.167 | 0.200 | 0.233 | 0.264 | 0.294 | 0.323 | 0.351 | 0.378 | 0.403 | 0.427 | 0.450 | 0.472 | 0.493 | 0.513 | 0.532 | 0.550 |
| 0.95 | 0.019 | 0.036 | 0.054 | 0.074 | 0.093 | 0.113 | 0.133 | 0.152 | 0.171 | 0.190 | 0.209 | 0.227 | 0.245 | 0.262 | 0.279 | 0.296 | 0.312 | 0.328 | 0.343 | 0.358 |
| 1.00 | 0.000 | 0.000 | 0.000 | 0.000 | 0.000 | 0.000 | 0.000 | 0.000 | 0.000 | 0.000 | 0.000 | 0.000 | 0.000 | 0.000 | 0.000 | 0.000 | 0.000 | 0.000 | 0.000 | 0.000 |

续表

| $\xi$ \ $\alpha$ | 11.0 | 11.5 | 12.0 | 12.5 | 13.0 | 13.5 | 14.0 | 14.5 | 15.0 | 15.5 | 16.0 | 16.5 | 17.0 | 17.5 | 18.0 | 18.5 | 19.0 | 19.5 | 20.0 | 20.5 |
|---|---|---|---|---|---|---|---|---|---|---|---|---|---|---|---|---|---|---|---|---|
| 0.00 | 0.090 | 0.086 | 0.083 | 0.079 | 0.076 | 0.074 | 0.071 | 0.068 | 0.066 | 0.064 | 0.062 | 0.060 | 0.058 | 0.057 | 0.055 | 0.054 | 0.052 | 0.051 | 0.050 | 0.048 |
| 0.05 | 0.102 | 0.098 | 0.095 | 0.092 | 0.090 | 0.087 | 0.085 | 0.083 | 0.081 | 0.079 | 0.077 | 0.076 | 0.075 | 0.073 | 0.072 | 0.071 | 0.070 | 0.069 | 0.068 | 0.067 |
| 0.10 | 0.130 | 0.127 | 0.124 | 0.122 | 0.120 | 0.119 | 0.117 | 0.116 | 0.114 | 0.113 | 0.112 | 0.111 | 0.110 | 0.109 | 0.109 | 0.108 | 0.107 | 0.107 | 0.106 | 0.106 |
| 0.15 | 0.167 | 0.165 | 0.163 | 0.162 | 0.160 | 0.159 | 0.158 | 0.157 | 0.156 | 0.156 | 0.155 | 0.154 | 0.154 | 0.153 | 0.153 | 0.153 | 0.152 | 0.152 | 0.152 | 0.152 |
| 0.20 | 0.209 | 0.208 | 0.207 | 0.206 | 0.205 | 0.204 | 0.204 | 0.203 | 0.203 | 0.202 | 0.202 | 0.202 | 0.201 | 0.201 | 0.201 | 0.201 | 0.201 | 0.200 | 0.200 | 0.200 |
| 0.25 | 0.255 | 0.254 | 0.253 | 0.253 | 0.252 | 0.252 | 0.251 | 0.251 | 0.251 | 0.251 | 0.250 | 0.250 | 0.250 | 0.250 | 0.250 | 0.250 | 0.250 | 0.250 | 0.250 | 0.250 |
| 0.30 | 0.302 | 0.302 | 0.301 | 0.301 | 0.301 | 0.301 | 0.300 | 0.300 | 0.300 | 0.300 | 0.300 | 0.300 | 0.300 | 0.300 | 0.300 | 0.300 | 0.300 | 0.300 | 0.299 | 0.288 |
| 0.35 | 0.351 | 0.350 | 0.350 | 0.350 | 0.350 | 0.350 | 0.350 | 0.350 | 0.350 | 0.350 | 0.350 | 0.350 | 0.350 | 0.349 | 0.349 | 0.349 | 0.349 | 0.349 | 0.349 | 0.349 |
| 0.40 | 0.399 | 0.399 | 0.399 | 0.399 | 0.399 | 0.399 | 0.399 | 0.399 | 0.399 | 0.399 | 0.399 | 0.399 | 0.399 | 0.399 | 0.399 | 0.399 | 0.399 | 0.399 | 0.399 | 0.399 |
| 0.45 | 0.448 | 0.448 | 0.448 | 0.448 | 0.448 | 0.449 | 0.449 | 0.449 | 0.449 | 0.449 | 0.449 | 0.449 | 0.449 | 0.449 | 0.449 | 0.449 | 0.449 | 0.449 | 0.449 | 0.449 |
| 0.50 | 0.496 | 0.496 | 0.497 | 0.498 | 0.498 | 0.498 | 0.499 | 0.499 | 0.499 | 0.499 | 0.499 | 0.499 | 0.499 | 0.499 | 0.499 | 0.499 | 0.499 | 0.499 | 0.499 | 0.499 |
| 0.55 | 0.543 | 0.544 | 0.545 | 0.546 | 0.547 | 0.547 | 0.548 | 0.548 | 0.548 | 0.548 | 0.549 | 0.549 | 0.549 | 0.549 | 0.549 | 0.549 | 0.549 | 0.549 | 0.549 | 0.549 |
| 0.60 | 0.587 | 0.589 | 0.591 | 0.593 | 0.594 | 0.595 | 0.596 | 0.596 | 0.597 | 0.597 | 0.598 | 0.598 | 0.598 | 0.599 | 0.599 | 0.599 | 0.599 | 0.599 | 0.599 | 0.599 |
| 0.65 | 0.628 | 0.632 | 0.634 | 0.637 | 0.639 | 0.641 | 0.642 | 0.643 | 0.644 | 0.645 | 0.646 | 0.646 | 0.647 | 0.647 | 0.648 | 0.648 | 0.648 | 0.648 | 0.649 | 0.649 |
| 0.70 | 0.663 | 0.668 | 0.672 | 0.676 | 0.679 | 0.682 | 0.684 | 0.687 | 0.688 | 0.690 | 0.691 | 0.692 | 0.693 | 0.694 | 0.695 | 0.696 | 0.696 | 0.697 | 0.697 | 0.697 |
| 0.75 | 0.686 | 0.693 | 0.709 | 0.706 | 0.711 | 0.715 | 0.719 | 0.723 | 0.726 | 0.729 | 0.731 | 0.733 | 0.735 | 0.737 | 0.738 | 0.740 | 0.741 | 0.742 | 0.743 | 0.744 |
| 0.80 | 0.689 | 0.699 | 0.709 | 0.717 | 0.725 | 0.732 | 0.739 | 0.744 | 0.750 | 0.754 | 0.759 | 0.763 | 0.766 | 0.768 | 0.772 | 0.775 | 0.777 | 0.779 | 0.781 | 0.783 |
| 0.85 | 0.657 | 0.671 | 0.684 | 0.696 | 0.707 | 0.718 | 0.727 | 0.736 | 0.744 | 0.752 | 0.759 | 0.765 | 0.771 | 0.777 | 0.782 | 0.787 | 0.792 | 0.796 | 0.800 | 0.803 |
| 0.90 | 0.567 | 0.583 | 0.598 | 0.613 | 0.627 | 0.640 | 0.653 | 0.665 | 0.676 | 0.687 | 0.698 | 0.707 | 0.717 | 0.726 | 0.734 | 0.742 | 0.750 | 0.757 | 0.764 | 0.771 |
| 0.95 | 0.373 | 0.387 | 0.401 | 0.414 | 0.428 | 0.440 | 0.453 | 0.465 | 0.477 | 0.489 | 0.500 | 0.511 | 0.522 | 0.533 | 0.543 | 0.553 | 0.563 | 0.572 | 0.582 | 0.591 |
| 1.00 | 0.000 | 0.000 | 0.000 | 0.000 | 0.000 | 0.000 | 0.000 | 0.000 | 0.000 | 0.000 | 0.000 | 0.000 | 0.000 | 0.000 | 0.000 | 0.000 | 0.000 | 0.000 | 0.000 | 0.000 |

表 4-10　顶部集中力作用下的 $\Phi_1$ 值

| $\xi$ \ $\alpha$ | 1.0 | 1.5 | 2.0 | 2.5 | 3.0 | 3.5 | 4.0 | 4.5 | 5.0 | 5.5 | 6.0 | 6.5 | 7.0 | 7.5 | 8.0 | 8.5 | 9.0 | 9.5 | 10.0 | 10.5 |
|---|---|---|---|---|---|---|---|---|---|---|---|---|---|---|---|---|---|---|---|---|
| 0.00 | 0.351 | 0.574 | 0.734 | 0.836 | 0.900 | 0.939 | 0.963 | 0.977 | 0.986 | 0.991 | 0.995 | 0.996 | 0.998 | 0.998 | 0.999 | 0.999 | 0.999 | 0.999 | 0.999 | 0.999 |
| 0.05 | 0.351 | 0.573 | 0.732 | 0.835 | 0.899 | 0.938 | 0.962 | 0.977 | 0.986 | 0.991 | 0.994 | 0.996 | 0.998 | 0.998 | 0.999 | 0.999 | 0.999 | 0.999 | 0.999 | 0.999 |
| 0.10 | 0.348 | 0.570 | 0.728 | 0.831 | 0.896 | 0.935 | 0.960 | 0.975 | 0.984 | 0.990 | 0.994 | 0.996 | 0.997 | 0.998 | 0.999 | 0.999 | 0.999 | 0.999 | 0.999 | 0.999 |
| 0.15 | 0.344 | 0.564 | 0.722 | 0.825 | 0.890 | 0.931 | 0.956 | 0.972 | 0.982 | 0.988 | 0.992 | 0.995 | 0.997 | 0.998 | 0.998 | 0.999 | 0.999 | 0.999 | 0.999 | 0.999 |
| 0.20 | 0.338 | 0.555 | 0.712 | 0.816 | 0.882 | 0.924 | 0.951 | 0.968 | 0.979 | 0.986 | 0.991 | 0.994 | 0.996 | 0.997 | 0.998 | 0.998 | 0.999 | 0.999 | 0.999 | 0.999 |
| 0.25 | 0.331 | 0.544 | 0.700 | 0.804 | 0.871 | 0.915 | 0.943 | 0.962 | 0.974 | 0.982 | 0.988 | 0.992 | 0.994 | 0.996 | 0.997 | 0.998 | 0.998 | 0.999 | 0.999 | 0.999 |
| 0.30 | 0.322 | 0.531 | 0.684 | 0.788 | 0.857 | 0.903 | 0.933 | 0.954 | 0.968 | 0.977 | 0.984 | 0.989 | 0.992 | 0.994 | 0.996 | 0.997 | 0.998 | 0.998 | 0.999 | 0.999 |
| 0.35 | 0.311 | 0.515 | 0.666 | 0.770 | 0.840 | 0.888 | 0.921 | 0.944 | 0.960 | 0.971 | 0.979 | 0.985 | 0.989 | 0.992 | 0.994 | 0.996 | 0.997 | 0.997 | 0.998 | 0.998 |
| 0.40 | 0.299 | 0.496 | 0.644 | 0.748 | 0.820 | 0.870 | 0.905 | 0.931 | 0.949 | 0.962 | 0.972 | 0.979 | 0.984 | 0.988 | 0.991 | 0.993 | 0.995 | 0.996 | 0.997 | 0.998 |
| 0.45 | 0.285 | 0.474 | 0.619 | 0.722 | 0.795 | 0.848 | 0.886 | 0.914 | 0.935 | 0.951 | 0.962 | 0.971 | 0.978 | 0.983 | 0.987 | 0.990 | 0.992 | 0.994 | 0.995 | 0.996 |
| 0.50 | 0.269 | 0.449 | 0.589 | 0.692 | 0.766 | 0.821 | 0.862 | 0.893 | 0.917 | 0.935 | 0.950 | 0.961 | 0.969 | 0.976 | 0.981 | 0.985 | 0.988 | 0.991 | 0.993 | 0.994 |
| 0.55 | 0.251 | 0.421 | 0.556 | 0.656 | 0.731 | 0.788 | 0.832 | 0.867 | 0.893 | 0.915 | 0.932 | 0.946 | 0.957 | 0.965 | 0.972 | 0.978 | 0.982 | 0.986 | 0.988 | 0.991 |
| 0.60 | 0.231 | 0.390 | 0.518 | 0.616 | 0.691 | 0.760 | 0.796 | 0.834 | 0.864 | 0.889 | 0.909 | 0.925 | 0.939 | 0.950 | 0.959 | 0.966 | 0.972 | 0.977 | 0.981 | 0.985 |
| 0.65 | 0.210 | 0.356 | 0.476 | 0.569 | 0.643 | 0.703 | 0.752 | 0.792 | 0.826 | 0.854 | 0.877 | 0.897 | 0.913 | 0.927 | 0.939 | 0.948 | 0.957 | 0.964 | 0.969 | 0.974 |
| 0.70 | 0.186 | 0.318 | 0.428 | 0.516 | 0.588 | 0.647 | 0.697 | 0.740 | 0.776 | 0.807 | 0.834 | 0.857 | 0.877 | 0.894 | 0.909 | 0.921 | 0.932 | 0.942 | 0.950 | 0.957 |
| 0.75 | 0.161 | 0.276 | 0.374 | 0.455 | 0.523 | 0.581 | 0.631 | 0.675 | 0.713 | 0.747 | 0.776 | 0.803 | 0.826 | 0.846 | 0.864 | 0.880 | 0.894 | 0.907 | 0.917 | 0.927 |
| 0.80 | 0.133 | 0.230 | 0.314 | 0.386 | 0.448 | 0.502 | 0.550 | 0.593 | 0.632 | 0.667 | 0.698 | 0.727 | 0.753 | 0.776 | 0.798 | 0.817 | 0.834 | 0.850 | 0.864 | 0.877 |
| 0.85 | 0.103 | 0.179 | 0.248 | 0.307 | 0.360 | 0.407 | 0.450 | 0.490 | 0.527 | 0.561 | 0.593 | 0.622 | 0.650 | 0.675 | 0.698 | 0.720 | 0.740 | 0.759 | 0.776 | 0.793 |
| 0.90 | 0.071 | 0.125 | 0.174 | 0.217 | 0.257 | 0.294 | 0.329 | 0.362 | 0.393 | 0.423 | 0.451 | 0.478 | 0.503 | 0.527 | 0.550 | 0.572 | 0.593 | 0.613 | 0.632 | 0.650 |
| 0.95 | 0.036 | 0.065 | 0.091 | 0.115 | 0.138 | 0.160 | 0.181 | 0.201 | 0.221 | 0.240 | 0.259 | 0.277 | 0.295 | 0.312 | 0.329 | 0.346 | 0.362 | 0.378 | 0.393 | 0.408 |
| 1.00 | 0.000 | 0.000 | 0.000 | 0.000 | 0.000 | 0.000 | 0.000 | 0.000 | 0.000 | 0.000 | 0.000 | 0.000 | 0.000 | 0.000 | 0.000 | 0.000 | 0.000 | 0.000 | 0.000 | 0.000 |

续表

| α / ξ | 11.0 | 11.5 | 12.0 | 12.5 | 13.0 | 13.5 | 14.0 | 14.5 | 15.0 | 15.5 | 16.0 | 16.5 | 17.0 | 17.5 | 18.0 | 18.5 | 19.0 | 19.5 | 20.0 | 20.5 |
|---|---|---|---|---|---|---|---|---|---|---|---|---|---|---|---|---|---|---|---|---|
| 0.00 | 0.999 | 0.999 | 0.999 | 0.999 | 0.999 | 0.999 | 1.000 | 1.000 | 1.000 | 1.000 | 1.000 | 1.000 | 1.000 | 1.000 | 1.000 | 1.000 | 1.000 | 1.000 | 1.000 | 1.000 |
| 0.05 | 0.999 | 0.999 | 0.999 | 0.999 | 0.999 | 0.999 | 0.999 | 0.999 | 1.000 | 1.000 | 1.000 | 1.000 | 1.000 | 1.000 | 1.000 | 1.000 | 1.000 | 1.000 | 1.000 | 1.000 |
| 0.10 | 0.999 | 0.999 | 0.999 | 0.999 | 0.999 | 0.999 | 0.999 | 0.999 | 0.999 | 1.000 | 1.000 | 1.000 | 1.000 | 1.000 | 1.000 | 1.000 | 1.000 | 1.000 | 1.000 | 1.000 |
| 0.15 | 0.999 | 0.999 | 0.999 | 0.999 | 0.999 | 0.999 | 0.999 | 0.999 | 0.999 | 0.999 | 1.000 | 1.000 | 1.000 | 1.000 | 1.000 | 1.000 | 1.000 | 1.000 | 1.000 | 1.000 |
| 0.20 | 0.999 | 0.999 | 0.999 | 0.999 | 0.999 | 0.999 | 0.999 | 0.999 | 0.999 | 0.999 | 0.999 | 0.999 | 0.999 | 1.000 | 1.000 | 1.000 | 1.000 | 1.000 | 1.000 | 1.000 |
| 0.25 | 0.999 | 0.999 | 0.999 | 0.999 | 0.999 | 0.999 | 0.999 | 0.999 | 0.999 | 0.999 | 0.999 | 0.999 | 0.999 | 0.999 | 0.999 | 1.000 | 1.000 | 1.000 | 1.000 | 1.000 |
| 0.30 | 0.999 | 0.999 | 0.999 | 0.999 | 0.999 | 0.999 | 0.999 | 0.999 | 0.999 | 0.999 | 0.999 | 0.999 | 0.999 | 0.999 | 0.999 | 0.999 | 0.999 | 0.999 | 0.999 | 0.999 |
| 0.35 | 0.999 | 0.999 | 0.999 | 0.999 | 0.999 | 0.999 | 0.999 | 0.999 | 0.999 | 0.999 | 0.999 | 0.999 | 0.999 | 0.999 | 0.999 | 0.999 | 0.999 | 0.999 | 0.999 | 0.999 |
| 0.40 | 0.998 | 0.998 | 0.999 | 0.999 | 0.999 | 0.999 | 0.999 | 0.999 | 0.999 | 0.999 | 0.999 | 0.999 | 0.999 | 0.999 | 0.999 | 0.999 | 0.999 | 0.999 | 0.999 | 0.999 |
| 0.45 | 0.997 | 0.998 | 0.998 | 0.998 | 0.999 | 0.999 | 0.999 | 0.999 | 0.999 | 0.999 | 0.999 | 0.999 | 0.999 | 0.999 | 0.999 | 0.999 | 0.999 | 0.999 | 0.999 | 0.999 |
| 0.50 | 0.995 | 0.996 | 0.997 | 0.998 | 0.998 | 0.998 | 0.999 | 0.999 | 0.999 | 0.999 | 0.999 | 0.999 | 0.999 | 0.999 | 0.999 | 0.999 | 0.999 | 0.999 | 0.999 | 0.999 |
| 0.55 | 0.992 | 0.994 | 0.995 | 0.996 | 0.997 | 0.997 | 0.998 | 0.998 | 0.998 | 0.999 | 0.999 | 0.999 | 0.999 | 0.999 | 0.999 | 0.999 | 0.999 | 0.999 | 0.999 | 0.999 |
| 0.60 | 0.987 | 0.989 | 0.991 | 0.993 | 0.994 | 0.995 | 0.996 | 0.996 | 0.997 | 0.997 | 0.998 | 0.998 | 0.998 | 0.999 | 0.999 | 0.999 | 0.999 | 0.999 | 0.999 | 0.999 |
| 0.65 | 0.978 | 0.982 | 0.985 | 0.987 | 0.989 | 0.991 | 0.992 | 0.993 | 0.994 | 0.995 | 0.996 | 0.996 | 0.997 | 0.997 | 0.998 | 0.998 | 0.998 | 0.998 | 0.999 | 0.999 |
| 0.70 | 0.963 | 0.969 | 0.972 | 0.976 | 0.979 | 0.982 | 0.985 | 0.987 | 0.988 | 0.990 | 0.991 | 0.992 | 0.993 | 0.994 | 0.995 | 0.996 | 0.996 | 0.997 | 0.997 | 0.997 |
| 0.75 | 0.936 | 0.943 | 0.950 | 0.956 | 0.961 | 0.965 | 0.969 | 0.973 | 0.976 | 0.979 | 0.981 | 0.983 | 0.985 | 0.987 | 0.988 | 0.990 | 0.991 | 0.992 | 0.993 | 0.994 |
| 0.80 | 0.889 | 0.899 | 0.909 | 0.917 | 0.925 | 0.932 | 0.939 | 0.945 | 0.950 | 0.954 | 0.959 | 0.963 | 0.966 | 0.968 | 0.972 | 0.975 | 0.977 | 0.979 | 0.981 | 0.983 |
| 0.85 | 0.808 | 0.821 | 0.834 | 0.846 | 0.857 | 0.868 | 0.877 | 0.886 | 0.894 | 0.902 | 0.909 | 0.915 | 0.921 | 0.927 | 0.932 | 0.937 | 0.942 | 0.946 | 0.950 | 0.953 |
| 0.90 | 0.667 | 0.683 | 0.698 | 0.713 | 0.727 | 0.740 | 0.753 | 0.765 | 0.776 | 0.787 | 0.798 | 0.808 | 0.817 | 0.826 | 0.834 | 0.842 | 0.850 | 0.857 | 0.864 | 0.871 |
| 0.95 | 0.423 | 0.437 | 0.451 | 0.464 | 0.478 | 0.490 | 0.503 | 0.515 | 0.527 | 0.538 | 0.550 | 0.561 | 0.572 | 0.583 | 0.593 | 0.603 | 0.613 | 0.622 | 0.632 | 0.641 |
| 1.00 | 0.000 | 0.000 | 0.000 | 0.000 | 0.000 | 0.000 | 0.000 | 0.000 | 0.000 | 0.000 | 0.000 | 0.000 | 0.000 | 0.000 | 0.000 | 0.000 | 0.000 | 0.000 | 0.000 | 0.000 |

$$V_1 = \frac{\tilde{I}_1}{\sum\limits_1^2 \tilde{I}_i} V_{pj}$$

$$V_2 = \frac{\tilde{I}_2}{\sum\limits_1^2 \tilde{I}_i} V_{pj}$$

(4-32)

式中：$V_{pj}$——水平荷载在 $j$ 层截面处的总剪力；

$\tilde{I}_i$——墙肢考虑剪切变形后的折算惯性矩

$$\tilde{I}_i = \frac{I_i}{1 + \dfrac{12\mu E I_i}{G A_i h^2}}, \quad i = 1,2$$

关于式(4-32)的分配关系,将在多肢墙的计算中统一加以证明。

## 4.3.5　双肢墙的位移与等效刚度

有了剪力墙的内力后,剪力墙的水平位移可由下面的公式求出。其中,由于墙肢弯曲变形产生的水平位移 $y_m$,由式(4-19)积分求出;由于墙肢剪切变形产生的水平位移 $y_V$,由剪切变形与墙肢剪力间的下述关系积分求出

$$\frac{\mathrm{d}y_V}{\mathrm{d}x} = -\frac{\mu V_p}{G(A_1 + A_2)}$$

因而,剪力墙的水平位移为

$$y = y_m + y_V = \frac{1}{E\sum\limits_{i=1}^{2} I_i}\int_H^x\int_H^x M_p \mathrm{d}x\mathrm{d}x - \frac{1}{E\sum\limits_{i=1}^{2} I_i}\int_H^x\int_H^x\int_0^x m(x)\mathrm{d}x\mathrm{d}x\mathrm{d}x - \frac{\mu}{G\sum\limits_{i=1}^{2} A_i}\int_H^x V_p \mathrm{d}x$$

对于三种常用的荷载,积分后可求得:

$$y = \frac{V_0 H^3}{60 E \sum I_i}(1-T)(11-15\xi+5\xi^4-\xi^5) + \frac{\mu V_0 H}{G\sum A_i}\left[(1-\xi)^2 - \frac{1}{3}(1-\xi^3)\right]$$

$$- \frac{V_0 H^3 T}{E\sum I_i}\left\{C_1 \frac{1}{\alpha^3}[\mathrm{sh}\alpha\xi + (1-\xi)\alpha\mathrm{ch}\alpha - \mathrm{sh}\alpha] + C_2 \frac{1}{\alpha^3}\left[\mathrm{ch}\alpha\xi + (1-\xi)\alpha\mathrm{sh}\alpha\right.\right.$$

$$\left.\left. - \mathrm{ch}\alpha - \frac{1}{2}\alpha^2\xi^2 + \alpha^2\xi - \frac{1}{2}\alpha^2\right] - \frac{1}{3\alpha^2}(2-3\xi+\xi^2)\right\} \quad (\text{倒三角荷载})$$

(4-33)

$$y = \frac{V_0 H^3}{24 E \sum I_i}(1-T)(3-4\xi+\xi^4) - \frac{\mu V_0 H}{2G\sum A_i}(1-\xi^2)$$

$$- \frac{V_0 H^3 T}{E\sum I_i}\left\{C_1 \frac{1}{\alpha^3}[\mathrm{sh}\alpha\xi + (1-\xi)\alpha\mathrm{ch}\alpha - \mathrm{sh}\alpha]\right.$$

$$\left. + C_2 \frac{1}{\alpha^3}\left[\mathrm{ch}\alpha\xi + (1-\xi)\alpha\mathrm{sh}\alpha - \mathrm{ch}\alpha - \frac{1}{2}\alpha^2\xi^2 + \alpha^2\xi - \frac{1}{2}\alpha^2\right]\right\} \quad (\text{均布荷载})$$

(4-34)

$$y = \frac{V_0 H^3}{6E \sum I_i}(1-T)(2-3\xi+\xi^3) + \frac{\mu V_0 H}{G \sum A_i}(1-\xi)$$

$$-\frac{V_0 H^3 T}{E \sum I_i}\left\{ C_1 \frac{1}{\alpha^3}[\text{sh}\alpha\xi + (1-\xi)\alpha\text{ch}\alpha - \text{sh}\alpha]\right.$$

$$\left.+ C_2 \frac{1}{\alpha^3}\left[\text{ch}\alpha\xi + (1-\xi)\alpha\text{sh}\alpha - \text{ch}\alpha - \frac{1}{2}\alpha^2\xi^2 + \alpha^2\xi - \frac{1}{2}\alpha^2\right]\right\} \quad \text{(顶部集中力)} \qquad (4\text{-}35)$$

上式中 $T = \dfrac{\alpha_1^2}{\alpha^2}$，其物理意义在后面讨论轴向变形的影响时再作说明。

当 $\xi = 0$ 时，得顶点水平位移

$$\Delta = \frac{11 V_0 H^3}{60 E \sum I_i}(1-T) + \frac{2\mu V_0 H}{3G \sum A_i} - \frac{V_0 H^3 T}{E \sum I_i}\left\{ C_1 \frac{1}{\alpha^3}(\alpha\text{ch}\alpha - \text{sh}\alpha)\right.$$

$$\left.+ C_2 \frac{1}{\alpha^3}\left(1 + \alpha\text{sh}\alpha - \text{ch}\alpha - \frac{1}{2}\alpha^2\right) - \frac{2}{3\alpha^2}\right\} \quad \text{(倒三角荷载)} \qquad (4\text{-}36)$$

$$\Delta = \frac{V_0 H^3}{8 E \sum I_i}(1-T) + \frac{\mu V_0 H}{2G \sum A_i} - \frac{V_0 H^3 T}{E \sum I_i}\left[ C_1 \frac{1}{\alpha^3}(\alpha\text{ch}\alpha - \text{sh}\alpha)\right.$$

$$\left.+ C_2 \frac{1}{\alpha^3}\left(1 + \alpha\text{sh}\alpha - \text{ch}\alpha - \frac{1}{2}\alpha^2\right)\right] \quad \text{(均布荷载)} \qquad (4\text{-}37)$$

$$\Delta = \frac{V_0 H^3}{3 E \sum I_i}(1-T) + \frac{\mu V_0 H}{G \sum A_i} - \frac{V_0 H^3 T}{E \sum I_i}\left[ C_1 \frac{1}{\alpha^3}(\alpha\text{ch}\alpha - \text{sh}\alpha)\right.$$

$$\left.+ C_2 \frac{1}{\alpha^3}\left(1 + \alpha\text{sh}\alpha - \text{ch}\alpha - \frac{1}{2}\alpha^2\right)\right] \quad \text{(顶部集中力)} \qquad (4\text{-}38)$$

将前面求得的 $C_1$ 和 $C_2$ 代入后，经过整理，上式可写为

$$\Delta = \begin{cases} \dfrac{11}{60} \dfrac{V_0 H^3}{E \sum I_i}(1 + 3.64\gamma^2 - T + \psi_a T) \\[2mm] \dfrac{1}{8} \dfrac{V_0 H^3}{E \sum I_i}(1 + 4\gamma^2 - T + \psi_a T) \\[2mm] \dfrac{1}{3} \dfrac{V_0 H^3}{E \sum I_i}(1 + 3\gamma^2 - T + \psi_a T) \end{cases} \qquad (4\text{-}39)$$

式中

$$\gamma^2 = \frac{\mu E \sum I_i}{H^2 G \sum A_i}$$

$$\psi_a = \begin{cases} \dfrac{60}{11} \dfrac{1}{\alpha^2}\left(\dfrac{2}{3} + \dfrac{2\text{sh}\alpha}{\alpha^3 \text{ch}\alpha} - \dfrac{2}{\alpha^2 \text{ch}\alpha} - \dfrac{\text{sh}\alpha}{\alpha\text{ch}\alpha}\right) \\[3mm] \dfrac{8}{\alpha^2}\left(\dfrac{1}{2} + \dfrac{1}{\alpha^2} - \dfrac{1}{\alpha^2 \text{ch}\alpha} - \dfrac{\text{sh}\alpha}{\alpha\text{ch}\alpha}\right) \\[3mm] \dfrac{3}{\alpha^2}\left(1 - \dfrac{1}{\alpha}\dfrac{\text{sh}\alpha}{\text{ch}\alpha}\right) \end{cases} \qquad (4\text{-}40)$$

$\psi_a$ 为与 $\alpha$ 有关的函数,计算时可查表 4-11。

表 4-11 $\psi_\alpha$ 值表

| $\alpha$ | 倒三角荷载 | 均布荷载 | 顶部集中力 | $\alpha$ | 倒三角荷载 | 均布荷载 | 顶部集中力 |
|---|---|---|---|---|---|---|---|
| 1.000 | 0.720 | 0.722 | 0.715 | 11.000 | 0.026 | 0.027 | 0.022 |
| 1.500 | 0.537 | 0.540 | 0.528 | 11.500 | 0.023 | 0.025 | 0.020 |
| 2.000 | 0.399 | 0.403 | 0.388 | 12.000 | 0.022 | 0.023 | 0.019 |
| 2.500 | 0.302 | 0.306 | 0.290 | 12.500 | 0.020 | 0.021 | 0.017 |
| 3.000 | 0.234 | 0.238 | 0.222 | 13.000 | 0.019 | 0.020 | 0.016 |
| 3.500 | 0.186 | 0.190 | 0.175 | 13.500 | 0.017 | 0.018 | 0.015 |
| 4.000 | 0.151 | 0.155 | 0.140 | 14.000 | 0.016 | 0.017 | 0.014 |
| 4.500 | 0.125 | 0.128 | 0.115 | 14.500 | 0.015 | 0.016 | 0.013 |
| 5.000 | 0.105 | 0.108 | 0.096 | 15.000 | 0.014 | 0.015 | 0.012 |
| 5.500 | 0.089 | 0.092 | 0.081 | 15.500 | 0.013 | 0.014 | 0.011 |
| 6.000 | 0.077 | 0.080 | 0.069 | 16.000 | 0.012 | 0.013 | 0.010 |
| 6.500 | 0.067 | 0.070 | 0.060 | 16.500 | 0.012 | 0.013 | 0.010 |
| 7.000 | 0.058 | 0.061 | 0.052 | 17.000 | 0.011 | 0.012 | 0.009 |
| 7.500 | 0.052 | 0.054 | 0.046 | 17.500 | 0.010 | 0.011 | 0.009 |
| 8.000 | 0.046 | 0.048 | 0.041 | 18.000 | 0.010 | 0.011 | 0.008 |
| 8.500 | 0.041 | 0.043 | 0.036 | 18.500 | 0.009 | 0.010 | 0.008 |
| 9.000 | 0.037 | 0.039 | 0.032 | 19.000 | 0.009 | 0.009 | 0.007 |
| 9.500 | 0.034 | 0.035 | 0.029 | 19.500 | 0.009 | 0.009 | 0.007 |
| 10.000 | 0.031 | 0.032 | 0.027 | 20.000 | 0.008 | 0.009 | 0.007 |
| 10.500 | 0.028 | 0.030 | 0.024 | 20.500 | 0.008 | 0.008 | 0.006 |

以后为了应用的方便,引进等效刚度的概念。剪力墙的等效刚度(或叫等效惯性矩)就是将墙的弯曲、剪切和轴向变形之后的顶点位移,按顶点位移相等的原则,折算成一个只考虑弯曲变形的等效竖向悬臂杆的刚度。如受均布荷载的悬臂杆,只考虑弯曲变形时的顶点位移为(见图 4-18)

$$\Delta = \frac{1}{8}\frac{qH^4}{EI} = \frac{1}{8}\frac{V_0 H^3}{EI}$$

因此,由双肢墙的顶点位移公式可以认为受均布荷载的剪力墙的等效惯性矩为

$$I_{eq} = \sum_{i=1}^{2} I_i / (1 + 4\gamma^2 - T + \psi_a T)$$

下面写出三种荷载的等效惯性矩:

$$I_{eq} = \begin{cases} \sum I_i / [(1-T) + T\psi_a + 3.64\gamma^2] \\ \sum I_i / [(1-T) + T\psi_a + 4\gamma^2] \\ \sum I_i / [(1-T) + T\psi_a + 3\gamma^2] \end{cases} \qquad (4-41)$$

有了等效惯性矩,可以直接按受弯悬臂杆的计算公式计算顶点位移

图 4-18 弯曲悬臂杆

$$\Delta = \begin{cases} \dfrac{11}{60} \dfrac{V_0 H^3}{EI_{eq}} & \text{(倒三角荷载)} \\[2mm] \dfrac{1}{8} \dfrac{V_0 H^3}{EI_{eq}} & \text{(均布荷载)} \\[2mm] \dfrac{1}{3} \dfrac{V_0 H^3}{EI_{eq}} & \text{(顶部集中力)} \end{cases} \qquad (4\text{-}42)$$

## 4.4 关于墙肢剪切变形和轴向变形的影响以及各类剪力墙划分判别式的讨论

### 4.4.1 关于墙肢剪切变形和轴向变形的影响

在上节的公式推导中,$G(A_1 + A_2)$ 反映墙肢的剪切刚度;计算结果中 $\gamma^2 = \dfrac{\mu E \sum I_i}{H^2 G \sum A_i}$ 为反映墙肢剪切变形影响的参数,叫剪切参数。当忽略剪切变形的影响时,$\gamma = 0$。

在前面的公式中 $\alpha_1^2$ 是未考虑墙肢轴向变形的整体参数,$\alpha^2$ 是考虑墙肢轴向变形的整体参数,它们的比值 $T = \dfrac{\alpha_1^2}{\alpha^2} = \dfrac{2Sc}{\sum I_i + 2Sc} = \dfrac{I_A}{I}$,叫轴向变形影响参数。

图 4-19 表示 20 层双肢剪力墙,图中给出了①考虑弯曲、轴向、剪切变形;②考虑弯曲、轴向变形;③仅考虑弯曲变形三种情况的比较曲线。从①、②曲线的对比可以看出,不考虑剪切变形影响,误差是不大的。一般说来,当高宽比 $\dfrac{H}{B} \geqslant 4$ 时,剪切变形的影响对双肢墙影响较小,忽略剪切变形的影响,误差一般不超过 10%;对多肢墙由于高宽比较小,剪切变形的影响要稍大一些,可达 20%。《高层规程》中规定:对剪力墙宜考虑剪切变形的影响。

从图 4-19 中①、③曲线的对比可以看出,不考虑轴向变形的影响,误差是相当大的。轴向变形的影响是与层数有关的,层数愈多,轴向变形的影响愈大。忽略轴向变形对内力和位移的误差大致如表 4-12 所列。

表 4-12 内力和位移的误差

| 层 数<br>误 差 | 10 | 15 | 20 | 30 |
|---|---|---|---|---|
| 内 力 | ±(10%~15%) | ±20% | ±(20%~30%) | ±50% |
| 位 移 | 偏小 30% | 偏小 50% | 偏小 200% | 偏小 400%以上 |

所以,《高层规程》中规定:对 50m 以上或高宽比大于 4 的结构,宜考虑墙肢在水平荷载作用下的轴向变形对内力和位移的影响。

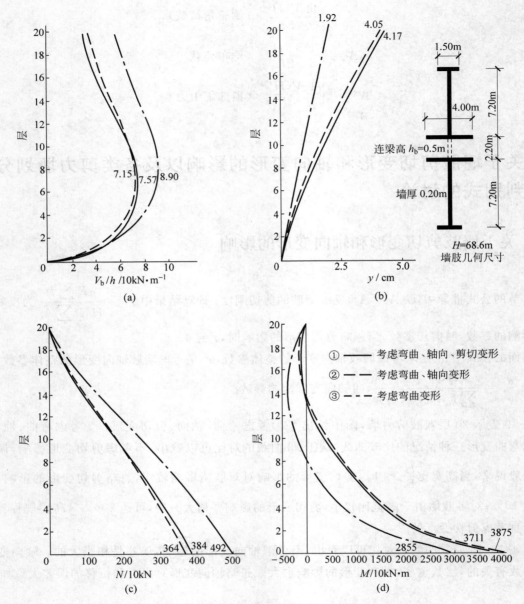

图 4-19    弯曲变形、轴向变形和剪切变形对内力和位移的影响

（a）连梁剪力 $V_b/h$；（b）水平位移 $y$；（c）墙肢轴力 $N$；（d）墙肢弯矩 $M$

## 4.4.2    关于各类剪力墙划分判别式的讨论

前面介绍了整体小开口剪力墙划分的判别式（式（4-6））。下面通过对墙肢内力和顶点位移的分析，讨论一下这些判别式的依据。

### 1. 整体参数 $\alpha$ 和计算方法的关系

在计算内力和位移的公式中,$\Phi_1(\alpha,\xi)$、$\psi_a$ 都与整体参数

$$\alpha^2 = \frac{6H^2D}{Th\sum I_i}\left(\text{这里 } T = \frac{\alpha_1^2}{\alpha^2} = \frac{2Sc}{\sum I_i + 2Sc} = \frac{I_A}{I}\right)$$

有关系。上式中 $D = \dfrac{\tilde{I}_b c^2}{a^3}$,是连梁的刚度系数,它的物理意义由下面公式可以明显地看出来。当墙肢(即

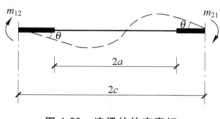

**图 4-20　连梁的约束弯矩**

连梁端点)各转动相同转角 $\theta$ 时,两端需要施加的力矩总和(即连梁的约束弯矩),见图 4-20,$m = m_{12} + m_{21} = 6\dfrac{E\tilde{I}_b c^2}{a^3}\theta = 6ED\theta$(公式的推导见下节壁式框架)。因此,$D$ 是反映连梁转动刚度的一个系数。$D$ 值越大,连梁的转动刚度越大,对墙肢的约束作用也越大。

整体参数公式中的 $\sum I_i$ 是各墙肢的刚度。因此,$\alpha$ 值实际上反映了连梁与墙肢刚度间的比例关系,体现了墙的整体性。

当洞口很大,连梁的刚度很小,墙肢的刚度又相对较大时,$\alpha$ 值即较小。此时,连梁的约束作用很弱,两墙肢的联系很差,在水平力作用下,双肢墙转化为由连梁铰结的两根悬臂墙(见图4-21(b))。这时墙肢轴力为零,水平荷载产生的弯矩由两个独立的悬臂墙直接分担。

当洞口很小,连梁的刚度很大,墙肢的刚度又相对较小时,$\alpha$ 值则较大。此时,连梁的约束作用很强,墙的整体性很好,双肢墙转化为整体悬臂墙(或整体小开口墙)(见图 4-21(a)和(c))。这时,墙肢中的轴力抵抗了水平荷载产生的弯矩的大部分,因而墙肢中局部弯矩较小。

当连梁、墙肢的刚度或 $\alpha$ 值介于上述两种情况之间时,独立悬臂墙与整体悬臂墙两者都在起作用。这就是一般双肢墙的工作(见图 4-21(d))。这时墙肢截面上的实际正应力可以看作是由两部分弯曲应力组成,其中一部分是作为整体悬臂墙作用产生的弯曲正应力,另一部分是作为独立悬臂墙作用产生的局部弯曲正应力。如假定整体悬臂部分承担 $M_p$ 的百分比为 $k$,则独立悬臂部分承担 $M_p$ 的百分比为 $(1-k)$。这样,可以将墙肢的弯矩和轴力写成如下形式:

$$M_i = kM_p\frac{I_i}{I} + (1-k)M_p\frac{I_i}{\sum I_i}$$

$$N_i = kM_p\frac{A_i y_i}{I}$$

式中:$k$——整体弯矩系数。将上述的 $M_i$ 式代入墙肢弯矩公式后,可以求出整体弯矩系数 $k$ 的表达式。

在这里仅指出:当 $\alpha$ 很小时,$k \to 0$,即前述单独悬臂墙的情形,截面应力以局部弯曲应力为主;当 $\alpha$ 很大时,$k \to 1$,即前述整体墙的情形,截面应力以整体弯曲应力为主。

由此可见,$\alpha$ 值对墙肢内力、位移影响很大。下面再通过连梁的约束弯矩 $m(\xi)$ 和顶点位移计算公式给出一些定量的数据。

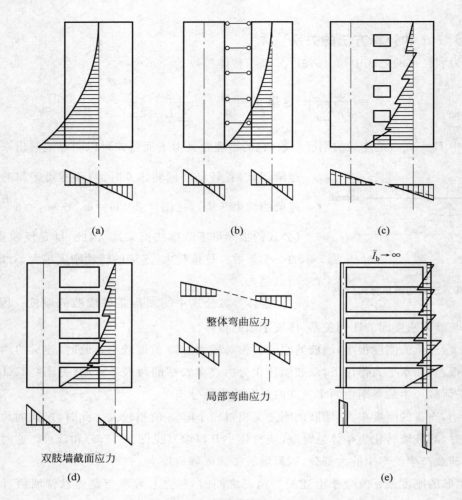

**图 4-21　各类剪力墙的受力特点**

(a) 整体墙；(b) 单独悬臂墙；(c) 整体小开口墙；(d) 双肢墙；(e) 框架

以受均布荷载的情况为例进行分析,连梁约束弯矩为

$$m(\xi) = V_0 T \Phi(\xi)$$

当 $\alpha \rightarrow 0$ 时,$\Phi(\xi) \rightarrow 0$,$m(\xi) \rightarrow 0$。这相当于连梁无约束作用的两根独立悬臂墙的情形(见图 4-21(b))。

当 $\alpha$ 增加时,$\Phi_1(\alpha, \xi)$ 逐渐增加,亦即连梁的约束作用逐渐加强。

当 $\alpha > 10$ 以后,除靠近顶部($\xi \approx 0$)和底部($\xi = 1$)处外,$\Phi$ 的变化已经很小了,可以认为 $\alpha \rightarrow \infty$。这相当于连梁的约束作用极大,成为组合截面整体悬臂墙的情形(见图 4-21(c))。

再从顶点位移的计算公式看:

$$\Delta = \frac{1}{8} \frac{V_0 H^3}{EI_{eq}}$$

$$I_{eq} = I / [(1 - T) + T\psi_a + 4\gamma^2]$$

从表 4-8 可以看出:

当 $\alpha \rightarrow 0$ 时，$\psi_a \rightarrow 1$，

$$\Delta = \frac{1}{8} \frac{V_0 H^3}{E \sum_{i=1}^{2} I_i} (1 + 4\gamma^2)$$

这相当于连梁无约束作用，两根独立悬臂墙的顶点位移。

当 $\alpha > 10$ 以后，$\psi_a$ 已很小，可以认为 $\psi_a \rightarrow 0$，

此时

$$\Delta = \frac{1}{8} \frac{V_0 H^3}{E \sum_{i=1}^{2} I_i} (1 - T + 4\gamma^2)$$

因为

$$T = \frac{\alpha_1^2}{\alpha^2} = \frac{2Sc}{\sum I_i + 2Sc}, \quad \gamma^2 = \frac{\mu E \sum I_i}{H^2 G \sum A_i}$$

代入上式整理后，得

$$\Delta = \frac{1}{8} \frac{V_0 H^3}{E(\sum I_i + 2Sc)} \left[ 1 + \frac{4\mu E(\sum I_i + 2Sc)}{H^2 G \sum A_i} \right]$$

$$= \frac{1}{8} \frac{V_0 H^3}{EI} \left[ 1 + \frac{4\mu EI}{H^2 G \sum A_i} \right]$$

式中：$I = \sum_{i=1}^{2} I_i + 2Sc$ 是组合截面对形心轴的惯性矩，因而上式相当于组合截面整体悬臂墙的顶点位移。

从上面的分析可以看出，根据墙整体参数 $\alpha$ 的不同，可以分为不同类型的墙进行计算。

(1) 当 $\alpha < 1$ 时，可不考虑连梁的约束作用，各墙分别按单肢剪力墙计算；

(2) 当 $\alpha \geqslant 10$ 时，可认为连梁的约束作用已经很强，可以按整体小开口墙计算；

(3) 当 $1 \leqslant \alpha < 10$ 时，按双肢墙计算。

最后要指出，在以上的分析中，对 $\alpha$ 很大的情况，我们均将之归结为趋向组合整体墙。实际上还有另一种情形，如孔洞很大，但梁柱刚度比很大，此时算出的 $\alpha$ 也很大，这时结构整体性也很强，但已属于框架（见图 4-21(e)）的受力特点了，下面专门讨论此问题。

## 2. 墙肢惯性矩比 $\dfrac{I_A}{I}$ 和计算方法的关系

判断剪力墙受力特点及划分类别，一方面要从墙肢截面上的应力分布去分析，另一方面还要从沿墙肢高度上弯矩的变化情况来分析。

前面主要是从整体性的作用（反映在整体参数 $\alpha$ 上）这个角度分析的。在一般的情况下它是能说明问题的，但也会有例外的情况。比如开洞很大的框架，如果横梁刚度很大（$\tilde{I}_b \rightarrow \infty$），则算出的 $\alpha$ 也很大，这时整体性也很强（见图 4-21(e)）。但开洞很大的框架与开洞很小的整体墙（或整体小开口墙），虽然都有很大的 $\alpha$ 值（指 $\tilde{I}_b \rightarrow \infty$ 的框架），但从弯矩图的分布上看，两者显然是完全不同的类型（见图 4-21(a)和(e)），因而相应的计算方法也应不同。所以，划分墙的类别及计算方法，除了分析整体性之外，还要分析沿墙肢高度上的弯矩变化规律。

从沿墙肢高度上弯矩图的变化规律来看,整体墙和单独悬臂墙在水平荷载作用下,其作用如同一个悬臂杆,弯矩图没有反弯点,变形以弯曲型为主(见图 4-21(a))。整体小开口墙和双肢墙,由于有连梁约束弯矩的作用,墙肢弯矩图在约束梁处产生突变;从反弯点的角度看,或者很少数的层上有反弯点(见图 4-21(c)),或者没有反弯点(见图 4-21(d)),它们的变形仍然是以弯曲型为主的。刚架的弯矩图不仅每层有突变,而且多数层中弯矩图有反弯点(见图 4-21(e)),其变形以剪切型为主。

墙肢是否出现反弯点,与墙肢惯性矩的比值 $I_A/I$,整体参数 $\alpha$,层数 $N$ 等多种因素有关。过去的《高层规程》中根据墙肢弯矩是否出现反弯点的分析,给出了 $I_A/I$ 与 $Z(\alpha, N)$ 的限值,作为划分整体小开口墙的第二个判别标准。$Z(\alpha, N)$ 已作成数表,见表 4-3。

综合以上两方面的因素,过去的《高层规程》对各类墙及其算法的划分条件为:

当满足 $\alpha \geqslant 10, \dfrac{I_A}{I} \leqslant Z$ 时(相应的物理概念为:整体性很强,墙肢不出现反弯点),可按整体小开口墙算法计算;

当满足 $\alpha < 10, \dfrac{I_A}{I} \leqslant Z$ 的要求时(相应的物理概念为:整体性不很强,墙肢不或很少出现反弯点),按多肢墙算法计算;

当只满足 $\alpha \geqslant 10$ 的要求时(相应的物理概念为:整体性很强,但墙肢多出现反弯点),按壁式框架法计算。

最后要指出的是,以上关于各类墙划分的条件对 $\alpha$ 和 $\dfrac{I_A}{I}$ 的要求,都是从双肢墙的结果的分析中得出的。当墙开有多列孔洞时,形成多肢墙。多肢墙和双肢墙一样,由于开孔大小的不同,连梁和墙肢刚度的不同,也会引起内力的变化。多肢墙受力更复杂些,影响的因素也更多些。实验的分析表明,在双肢墙理论分析基础上得到的判别条件,也可以应用到多肢墙中去。但是,这时的整体系数 $\alpha$ 应用多肢墙的 $\alpha$ 公式计算,它已经是综合了各跨连梁刚度和各肢墙刚度之后的一个综合参数了。

## 4.5　多肢墙的计算

当剪力墙孔洞沿竖向成列布置,且洞口较大,不满足整体小开口墙的要求条件时,形成多肢墙或壁式框架(见图 4-22)。本节在双肢墙的基础上介绍多肢墙的连续化计算方法。

### 4.5.1　基本方程的建立

连续连杆法的假设同前,即:

(1) 连梁作用按连续连杆考虑;

(2) 各墙肢在同一水平上侧向位移相等,且在同一标高处转角和曲率也相等;

(3) 沿高度层高相近,刚度不变。

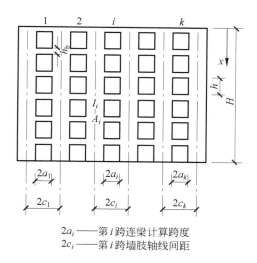

2$a_i$——第 $i$ 跨连梁计算跨度
2$c_i$——第 $i$ 跨墙肢轴线间距

**图 4-22　多肢剪力墙**

将连续化的连杆沿中点切开,其剪力集度为 $\tau_i(x)$(见图 4-23)。像在双肢墙中一样,求出各种因素对切口处产生的位移。

由于墙肢弯曲变形产生的位移

$$\delta_{1i}(x) = -2c_i\,\theta_m \tag{4-43}$$

式中:$\theta_m$——墙肢弯曲产生的转角。

由于墙肢轴向变形产生的位移

$$\delta_{2i}(x) = +\frac{1}{E}\left(\frac{1}{A_i}+\frac{1}{A_{i+1}}\right)\int_x^H\int_0^x\tau_i(x)\mathrm{d}x\mathrm{d}x - \frac{1}{EA_i}\int_x^H\int_0^x\tau_{i-1}(x)\mathrm{d}x\mathrm{d}x$$
$$-\frac{1}{EA_{i+1}}\int_x^H\int_0^x\tau_{i+1}(x)\mathrm{d}x\mathrm{d}x \tag{4-44}$$

注意,这里与双肢墙不同的是,除了 $\tau_i$ 外,$\tau_{i-1}$ 和 $\tau_{i+1}$ 产生的轴力也对第 $i$ 跨切口处产生位移。所以,式中第一项是 $\tau_i$ 产生的轴力引起的影响;第二、三项分别为 $\tau_{i-1}$ 和 $\tau_{i+1}$ 产生的轴力引起的影响(见图 4-23)。

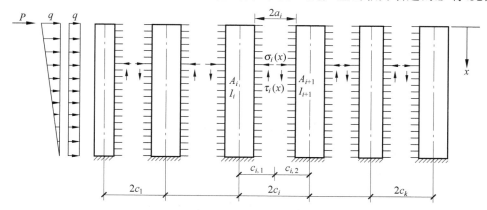

**图 4-23　多肢墙的基本体系**

由于连梁弯曲和剪切变形产生的位移(见图 4-24)

$$\delta_{3i}(x) = 2\tau_i(x)\left(\frac{a_i^3 h}{3EI_{bi}} + \frac{\mu a_i h}{GA_{bi}}\right) = \frac{2a_i^3 h}{3E\tilde{I}_{bi}}\tau_i(x) \tag{4-45}$$

式中

$$\tilde{I}_{bi} = \frac{I_{bi}}{1 + \dfrac{3\mu EI_{bi}}{a_i^2 GA_{bi}}}$$

第 $i$ 连梁切口处的变形连续条件为

$$\delta_{1i}(x) + \delta_{2i}(x) + \delta_{3i}(x) = 0$$

即

$$-2c_i\theta_m + \frac{1}{E}\left(\frac{1}{A_i} + \frac{1}{A_{i+1}}\right)\int_x^H\int_0^x\tau_i(x)\,\mathrm{d}x\,\mathrm{d}x$$
$$-\frac{1}{EA_i}\int_x^H\int_0^x\tau_{i-1}(x)\,\mathrm{d}x\,\mathrm{d}x - \frac{1}{EA_{i+1}}\int_x^H\int_0^x\tau_{i+1}(x)\,\mathrm{d}x\,\mathrm{d}x$$
$$+\frac{2a_i^3 h}{3E\tilde{I}_{bi}}\tau_i(x) = 0,\quad i = 1, 2, \cdots, k \tag{4-46}$$

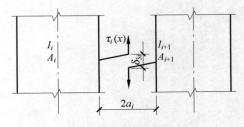

**图 4-24　连梁变形引起的 $\delta_{3i}$**

令 $m_i(x) = 2c_i\tau_i(x)$ 为第 $i$ 列连梁的约束弯矩。将式(4-46)乘 $2c_i$，微分两次，可得第 $i$ 连梁的微分方程式

$$-4c_i^2\theta''_m - \frac{1}{E}\left(\frac{1}{A_i} + \frac{1}{A_{i+1}}\right)m_i(x) + \frac{c_i}{c_{i-1}}\frac{1}{EA_i}m_{i-1}(x)$$
$$+\frac{c_i}{c_{i+1}}\frac{1}{EA_{i+1}}m_{i+1}(x) + \frac{2a_i^3 h}{3E\tilde{I}_{bi}}m''_i(x) = 0,\quad i = 1, 2, \cdots, k \tag{4-47}$$

这里与双肢墙不同的是,每一跨连梁有一个微分方程式,因而得到的是二阶线性微分方程组。

对于有 $k$ 列洞口的墙,则有 $k$ 个微分方程。这就是多肢墙用连续连杆法计算时,得到的基本微分方程组。

对于开有任意列孔洞的剪力墙,直接解微分方程组较冗繁。下面介绍一种将各肢墙合并在一起的近似解法。这方法将多肢墙的结果表现为与双肢墙类似的形式,并且可以利用同样的数表,所以计算起来比较方便。

下面将式(4-47)进行合并。为此,令

$$m(x) = \sum_{i=1}^k m_i(x)$$
$$\eta_i = \frac{m_i(x)}{m(x)}$$

这里 $m(x)$ 为各跨连梁约束弯矩的总和,称为总约束弯矩;$\eta_i$ 为第 $i$ 跨连梁约束弯矩和总约束弯矩之比,称为第 $i$ 跨连梁约束弯矩分配系数。

将式(4-47)所有微分方程相加,可得

$$-\left(\frac{6E}{h}\sum_{i=1}^k\frac{c_i^2\tilde{I}_{bi}}{a_i^3}\right)\theta''_m + \sum_{i=1}^k m''_i(x) - \frac{3}{2h}\sum_{i=1}^k\left[\frac{\tilde{I}_{bi}(A_{i+1} + A_i)}{a_i^3 A_i A_{i+1}}\right]m_i(x)$$

$$+\frac{3}{2h}\sum_{i=1}^{k}\frac{\tilde{I}_{bi}c_i}{a_i^3 A_i c_{i-1}}m_{i-1}(x)+\frac{3}{2h}\sum_{i=1}^{k}\frac{\tilde{I}_{bi}c_i}{a_i^3 A_{i+1}c_{i+1}}m_{i+1}(x)=0$$

令

$$D_i=\frac{\tilde{I}_{bi}c_i^2}{a_i^3},\quad \alpha_1^2=\frac{6H^2}{h\sum I_i}\sum D_i,\quad \alpha_0^2=\frac{6H^2}{h\sum I_i}\sum D_i\frac{a_i}{c_i},$$

$$S_i=\frac{2c_i A_i A_{i+1}}{A_i+A_{i+1}}$$

方程可整理为

$$-E\sum I_i\frac{\alpha_1^2}{H^2}\theta_m''+m''(x)+\frac{3}{2h}\sum_1^k\frac{D_i}{c_i}\Big(\frac{2}{S_i}\eta_i-\frac{1}{c_{i-1}A_i}\eta_{i-1}-\frac{1}{c_{i+1}A_{i+1}}\eta_{i+1}\Big)m(x)=0 \qquad (4\text{-}48)$$

在双肢墙中曾推过墙肢变形与外荷载的关系：

$$\theta_m'=-\frac{M(x)}{E\sum I_i}=-\frac{1}{E\sum I_i}\Big[M_p(x)-\int_0^x m(x)\mathrm{d}x\Big]$$

$$\theta_m''=-\frac{1}{E\sum I_i}\big[V_p(x)-m(x)\big]$$

$$\theta_V=-\frac{\mathrm{d}y_V}{\mathrm{d}x}=\frac{\mu}{GA}V_p(x)$$

式中：$A=\sum_{i=1}^{k+1}A_i$；

$M_p(x),V_p(x)$——外荷载引起的 $x$ 截面的总弯矩与总剪力。

对于常用的三种荷载，双肢墙推导过，有

$$\theta_m''=\begin{cases}\dfrac{V_0}{E\sum I_i}\Big[\Big(1-\dfrac{x}{H}\Big)^2-1\Big]+\dfrac{m(x)}{E\sum I_i} & \text{（倒三角荷载）}\\[3mm]\dfrac{V_0}{E\sum I_i}\Big(-\dfrac{x}{H}\Big)+\dfrac{m(x)}{E\sum I_i} & \text{（均布荷载）}\\[3mm]-\dfrac{V_0}{E\sum I_i}+\dfrac{m(x)}{E\sum I_i} & \text{（顶部集中力）}\end{cases}$$

将 $\theta_m''$ 代入式(4-48)，可得

$$m''(x)-\frac{\alpha^2}{H^2}m(x)=\begin{cases}-\dfrac{\alpha_1^2}{H^2}V_0\Big[1-\Big(1-\dfrac{x}{H}\Big)^2\Big] & \text{（倒三角荷载）}\\[3mm]-\dfrac{\alpha_1^2}{H^2}V_0\dfrac{x}{H} & \text{（均布荷载）}\\[3mm]-\dfrac{\alpha_1^2}{H^2}V_0 & \text{（顶部集中力）}\end{cases} \qquad (4\text{-}49)$$

其中

$$\alpha^2=\alpha_1^2+\frac{3H^2}{2h}\sum\Big[\frac{D_i}{c_i}\Big(\frac{2}{S_i}\eta_i-\frac{1}{c_{i-1}A_i}\eta_{i-1}-\frac{1}{c_{i+1}A_{i+1}}\eta_{i+1}\Big)\Big] \qquad (4\text{-}50)$$

这就是多肢墙的总体微分方程,以总约束弯矩 $m(x) = \sum_{i=1}^{k} m_i(x)$ 为未知量,$\alpha_1^2$ 为不考虑轴向变形影响时的整体参数;$\alpha^2$ 为考虑轴向变形时的整体参数,$\alpha^2 > \alpha_1^2$。

## 4.5.2 微分方程的解

由于式(4-49)和双肢墙的式(4-23)是类似的,所以,可以利用双肢墙的解答。

令

$$\frac{x}{H} = \xi, \quad m(x) = \Phi(x) V_0 \frac{\alpha_1^2}{\alpha^2}$$

式(4-49)化为

$$\Phi''(\xi) - \alpha^2 \Phi(\xi) = \begin{cases} -\alpha^2 \left[ 1 - (1-\xi)^2 \right] & \text{(倒三角荷载)} \\ -\alpha^2 \xi & \text{(均布荷载)} \\ -\alpha^2 & \text{(顶部集中力)} \end{cases}$$

上式的一般解为

$$\Phi(\xi) = C_1 \operatorname{ch}(\alpha\xi) + C_2 \operatorname{sh}(\alpha\xi) + \begin{cases} 1 - (1-\xi)^2 - \dfrac{2}{\alpha^2} \\ \xi \\ 1 \end{cases}$$

这里的 $\Phi$ 和 $C_1$,$C_2$ 的表达式与双肢墙中是一样的,只是计算时有关参数应按多肢墙的公式进行计算。

与双肢墙中一样,上式可写为

$$\Phi(\xi) = \Phi_1(\alpha, \xi)$$

$\Phi_1(\alpha, \xi)$ 的数值可由表 4-7、表 4-8、表 4-9 查得。

由此可以计算总约束弯矩

$$m(\xi) = V_0 T \Phi(\xi)$$

第 $j$ 层的总约束弯矩为

$$m_j(\xi) = V_0 Th \Phi(\xi) \tag{4-51}$$

式中

$$T = \alpha_1^2 / \alpha^2 = 1 / \left\{ 1 + \frac{\sum I_i}{2 \sum D_i} \sum \left[ \frac{D_i}{c_i} \left( \frac{1}{S_i} \eta_i - \frac{1}{2 c_{i-1} A_i} \eta_{i-1} - \frac{1}{2 c_{i+1} A_{i+1}} \eta_{i+1} \right) \right] \right\} \tag{4-52}$$

第 $i$ 跨连梁的约束弯矩为

$$m_{ij} = \eta_i m_j$$

式中:$\eta_i$——第 $i$ 列连梁约束弯矩分配系数,详见下段讨论。

## 4.5.3 约束弯矩分配系数 $\eta_i$

每层连梁总约束弯矩 $m_j$ 按一定的比例分配到各跨连梁,即

$$m_{ij} = \eta_i m_j \tag{4-53}$$

这里,关键的问题是要解决 $m_j$ 在各连梁之间是如何分配的问题,即如何确定 $\eta_i$ 值的问题。

影响连梁约束弯矩分布的有如下一些因素。

### 1. 各连梁的刚度系数 $D_i$

因为 $m_i$ 与 $D_i$ 成正比例(见前刚度系数物理意义的讨论),又因为 $m(\xi) = \sum m_i(\xi)$,因此,$m(\xi)$在各连梁之间的分配应与各连梁刚度系数 $D_i$ 的比例有关。$D_i$ 值越大的梁,分配到的约束弯矩越大,$\eta_i$ 值应大些;反之,$D_i$ 值小的梁,分配到的约束弯矩小,$\eta_i$ 值应小些。

### 2. 各连梁跨中处剪力的分布关系

在水平荷载作用下,墙肢剪力使墙肢截面产生水平和竖向剪应力(剪应力互等)。第 $i$ 跨连梁跨度中点处的竖向剪应力 $\tau_i(x)$ 是与该列连梁的约束弯矩有关系的,即 $m_i(x) = 2c_i\tau_i(x)$。又因为 $m(x) = \sum m_i(x)$,因此 $m(x)$ 在各连梁之间的分配还应与各连梁跨中处剪应力的比例有关。跨度中点剪应力较大的连梁,分配到的约束弯矩要大些,$\eta_i$ 值应大些;反之,跨度中点剪应力较小的连梁,$\eta_i$ 值应小些。

连梁跨中处的剪应力分布规律与连梁的位置,即连梁的竖向位置 $\xi = \dfrac{x}{H}$ 和连梁的水平位置 $\dfrac{r_i}{B}$ (见图 4-25)有关,还与墙的整体参数 $\alpha$ 有关。

实验表明,靠近墙中间部位剪应力较大,靠两侧边剪应力较小。低层部分剪应力沿水平方向变化较平缓,高层部分中央大两侧小的趋势较明显。

此外,从墙的整体性看(见图 4-25),对整体性很差的墙,即 $\alpha \to 0$,剪应力沿水平方向呈直线平均分布,墙肢上各点剪应力与平均值之比为 1;对整体性很好的墙,即 $\alpha \to \infty$,剪应力呈抛物线分布,在两端 $\left(\dfrac{r_i}{B} = 0\ \text{和}\ 1\right)$ 剪应力为零,在中间 $\left(\dfrac{r_i}{B} = \dfrac{1}{2}\right)$ 剪应力为平均值的 1.5 倍(矩形截面墙);当墙的整体性介于两者之间时,即 $0 < \alpha < \infty$,剪应力与平均值的比,在两端处于 0 与 1 之间,在中间处于 1 与 1.5 之间。

据此,用 $\varphi_i$ 表示第 $i$ 列连梁跨中剪应力与平均值之比,并令

$$\varphi_i = \frac{1}{1 + \dfrac{\alpha(1-\xi)}{2}}\left[1 + 3\alpha(1-\xi)\frac{r_i}{B}\left(1 - \frac{r_i}{B}\right)\right]$$

式中: $r_i$——第 $i$ 列连梁中点至墙边的距离(见图 4-25)。

在实际计算时,为了简化,可取 $\xi = \dfrac{1}{2}$。这时

$$\varphi_i = \frac{1}{1 + \dfrac{\alpha}{4}}\left[1 + 1.5\alpha\frac{r_i}{B}\left(1 - \frac{r_i}{B}\right)\right]$$

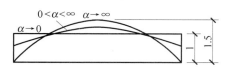

**图 4-25　多肢墙连梁剪力分布**

$\varphi_i$ 可根据连梁所在的位置 $\dfrac{r_i}{B}$ 及 $\alpha$ 由表 4-9 查得。当按式（4-50）计算 $\alpha$ 时，由于 $\alpha$ 式中的 $\eta_i$ 尚为未知，因此可先按 $\alpha = \alpha_1$ 及 $\dfrac{r_i}{B}$ 查表 4-13 求 $\varphi_i$。

表 4-13　约束弯矩分布系数 $\varphi_i$

| $r_i/B$ $\alpha$ | 0.00 1.00 | 0.05 0.95 | 0.10 0.90 | 0.15 0.85 | 0.20 0.80 | 0.25 0.75 | 0.30 0.70 | 0.35 0.65 | 0.40 0.60 | 0.45 0.55 | 0.50 0.50 |
|---|---|---|---|---|---|---|---|---|---|---|---|
| 0.0 | 1.000 | 1.000 | 1.000 | 1.000 | 1.000 | 1.000 | 1.000 | 1.000 | 1.000 | 1.000 | 1.000 |
| 0.4 | 0.903 | 0.934 | 0.958 | 0.978 | 0.996 | 1.011 | 1.023 | 1.033 | 1.040 | 1.044 | 1.045 |
| 0.8 | 0.833 | 0.880 | 0.923 | 0.960 | 0.993 | 1.020 | 1.043 | 1.060 | 1.073 | 1.080 | 1.083 |
| 1.2 | 0.769 | 0.835 | 0.893 | 0.945 | 0.990 | 1.028 | 1.060 | 1.084 | 1.101 | 1.111 | 1.115 |
| 1.6 | 0.714 | 0.795 | 0.868 | 0.932 | 0.988 | 1.035 | 1.074 | 1.104 | 1.125 | 1.138 | 1.142 |
| 2.0 | 0.666 | 0.761 | 0.846 | 0.921 | 0.986 | 1.041 | 1.086 | 1.121 | 1.146 | 1.161 | 1.166 |
| 2.4 | 0.625 | 0.731 | 0.827 | 0.911 | 0.985 | 1.046 | 1.097 | 1.136 | 1.165 | 1.181 | 1.187 |
| 2.8 | 0.588 | 0.705 | 0.810 | 0.903 | 0.983 | 1.051 | 1.107 | 1.150 | 1.181 | 1.199 | 1.205 |
| 3.2 | 0.555 | 0.682 | 0.795 | 0.895 | 0.982 | 1.055 | 1.115 | 1.162 | 1.195 | 1.215 | 1.222 |
| 3.6 | 0.525 | 0.661 | 0.782 | 0.888 | 0.981 | 1.059 | 1.123 | 1.172 | 1.208 | 1.229 | 1.236 |
| 4.0 | 0.500 | 0.642 | 0.770 | 0.882 | 0.980 | 1.062 | 1.130 | 1.182 | 1.220 | 1.242 | 1.250 |
| 4.4 | 0.476 | 0.625 | 0.759 | 0.876 | 0.979 | 1.065 | 1.136 | 1.191 | 1.230 | 1.254 | 1.261 |
| 4.8 | 0.454 | 0.610 | 0.749 | 0.871 | 0.978 | 1.068 | 1.141 | 1.199 | 1.240 | 1.264 | 1.272 |
| 5.2 | 0.434 | 0.595 | 0.739 | 0.867 | 0.977 | 1.070 | 1.146 | 1.206 | 1.248 | 1.274 | 1.282 |
| 5.6 | 0.416 | 0.582 | 0.731 | 0.862 | 0.976 | 1.072 | 1.151 | 1.212 | 1.256 | 1.282 | 1.291 |
| 6.0 | 0.400 | 0.571 | 0.724 | 0.859 | 0.975 | 1.075 | 1.156 | 1.219 | 1.264 | 1.291 | 1.300 |
| 6.4 | 0.384 | 0.560 | 0.716 | 0.855 | 0.975 | 1.076 | 1.160 | 1.224 | 1.270 | 1.298 | 1.307 |
| 6.8 | 0.370 | 0.549 | 0.710 | 0.852 | 0.974 | 1.078 | 1.163 | 1.229 | 1.277 | 1.305 | 1.314 |
| 7.2 | 0.357 | 0.540 | 0.701 | 0.848 | 0.974 | 1.080 | 1.167 | 1.234 | 1.282 | 1.311 | 1.321 |
| 7.6 | 0.344 | 0.531 | 0.698 | 0.846 | 0.973 | 1.081 | 1.170 | 1.239 | 1.288 | 1.317 | 1.327 |
| 8.0 | 0.333 | 0.523 | 0.693 | 0.843 | 0.973 | 1.083 | 1.173 | 1.243 | 1.293 | 1.323 | 1.333 |
| 12.0 | 0.250 | 0.463 | 0.655 | 0.823 | 0.969 | 1.093 | 1.195 | 1.273 | 1.330 | 1.363 | 1.375 |
| 16.0 | 0.200 | 0.428 | 0.632 | 0.811 | 0.967 | 1.100 | 1.208 | 1.292 | 1.352 | 1.388 | 1.400 |
| 20.0 | 0.166 | 0.404 | 0.616 | 0.804 | 0.966 | 1.104 | 1.216 | 1.304 | 1.366 | 1.404 | 1.416 |

根据上面的分析，第 $i$ 跨连梁约束弯矩分配系数可按下式计算

$$\eta_i = \frac{D_i \varphi_i}{\sum_{i=1}^{k} D_i \varphi_i} \tag{4-54}$$

有时为了简化，常不考虑剪应力沿水平方向分布因素的影响，直接由连梁的刚度系数 $D_i$ 的比值确定约束弯矩分配系数，即取 $\varphi_i = 1$。

有了每层每跨连梁的约束弯矩后，可进一步求出各内力。

## 4.5.4　内力和位移计算公式

### 1. 内力计算

（1）$j$ 层处墙肢轴力计算

由图 4-26(a)，对各墙肢写出竖向平衡方程，可得

$$N_{1j} = \int_0^x \tau_1(\lambda)\,\mathrm{d}\lambda = \sum_{s=j}^{n} V_{b,1s}$$

$$N_{ij} = \int_0^x \tau_i(\lambda)\,\mathrm{d}\lambda - \int_0^x \tau_{i-1}(\lambda)\,\mathrm{d}\lambda = \sum_{s=j}^{n} (V_{b,is} - V_{b,i-1,s})$$

$$N_{k+1,j} = \int_0^x \tau_k(\lambda)\,\mathrm{d}\lambda = \sum_{s=j}^{n} V_{b,ks}$$

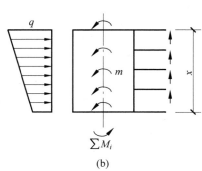

(a)

(b)

**图 4-26 墙肢轴力计算图**

(a) 墙肢轴力计算；(b) 墙肢弯矩计算

（2）墙肢弯矩计算

各墙肢可叠合起来，如图 4-26(b)所示。由于

$$EI_1 \frac{\mathrm{d}^2 y_m}{\mathrm{d}x^2} = M_1$$

$$EI_i \frac{\mathrm{d}^2 y_m}{\mathrm{d}x^2} = M_i$$

$$EI_{k+1} \frac{\mathrm{d}^2 y_m}{\mathrm{d}x^2} = M_{k+1}$$

叠加以上各式，得

$$E \sum_1^{k+1} I_i \frac{\mathrm{d}^2 y_m}{\mathrm{d}x^2} = \sum_{i=1}^{k+1} M_i$$

由图 4-26(b)的力矩平衡条件,有

$$\sum_{i=1}^{k+1} M_i = M_p - \int_0^x m(\lambda)\mathrm{d}\lambda$$

求得

$$M_i = \frac{I_i}{\sum_1^{k+1} I_i}\Big[ M_p - \int_0^x m(\lambda)\mathrm{d}\lambda \Big]$$

（3）墙肢剪力计算

根据同层水平位移相等、同层结点转角相同的假设,由结构力学的杆端弯矩公式,第 $j$ 层第 $i$ 肢墙肢的上下端弯矩（考虑剪切变形的影响）为（见图 4-27）:

$$M_{i\pm} = \frac{4+\beta_i}{1+\beta_i}\frac{EI_i}{h}\theta_{j+1} + \frac{2-\beta_i}{1+\beta_i}\frac{EI_i}{h}\theta_j - \frac{6}{1+\beta_i}\frac{EI_i}{h^2}\Delta y_j ,$$
$$i = 1,\cdots,k+1$$

$$M_{i\mp} = \frac{2-\beta_i}{1+\beta_i}\frac{EI_i}{h}\theta_{j+1} + \frac{4+\beta_i}{1+\beta_i}\frac{EI_i}{h}\theta_j - \frac{6}{1+\beta_i}\frac{EI_i}{h^2}\Delta y_j$$

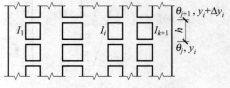

图 4-27　墙肢剪力的计算

因而第 $j$ 层第 $i$ 肢墙肢的剪力为

$$V_i = -\frac{M_{i\pm}+M_{i\mp}}{h} = -\frac{6E}{h^2}\frac{I_i}{1+\beta_i}\theta_{j+1} - \frac{6E}{h^2}\frac{I_i}{1+\beta_i}\theta_j + \frac{12E}{h^3}\frac{I_i}{1+\beta_i}\Delta y_j , \quad i=1,\cdots,k+1$$

因为

$$\sum_1^{k+1} V_i = V_p$$

即

$$\Big( -\frac{6E}{h^2}\theta_{j+1} - \frac{6E}{h^2}\theta_j + \frac{12E}{h^3}\Delta y_j \Big) \sum_1^{k+1} \frac{I_i}{1+\beta_i} = V_p$$

由以上两式即可求出

$$V_i = \frac{\tilde{I}_i}{\sum_{i=1}^{k+1} \tilde{I}_i} V_p$$

这里

$$\tilde{I}_i = \frac{I_i}{1+\beta_i}, \quad \beta_i = \frac{12\mu EI_i}{h^2 GA_i}$$

$\tilde{I}_i$ 是考虑剪切变形影响后的墙肢折算惯性矩。

### 2. 多肢墙的位移计算

计算公式同双肢墙中的式(4-33)～式(4-42),积分常数 $C_1$ 和 $C_2$ 的公式同双肢墙中 $C_1$ 和 $C_2$,但有关参数均需用多肢墙的数据。

## 4.5.5　双肢墙、多肢墙计算步骤及计算公式汇总

下面按计算步骤列出主要计算公式,式中几何尺寸及截面几何参数符号见图 4-13（双肢墙）和图 4-22（多肢墙）。下面公式中,凡未特殊注明者,双肢墙取 $k=1$。

### 1. 计算几何参数

首先算出各墙肢截面的 $A_i$，$I_i$ 及连梁截面的 $A_{bi}$，$I_{bi}$，然后计算以下各参数。

连梁考虑剪切变形的折算惯性矩

$$\tilde{I}_{bi} = \frac{I_{bi}}{1 + \frac{3\mu E_b I_{bi}}{a_i^2 G_b A_{bi}}} = \frac{I_{bi}}{1 + \frac{7\mu I_{bi}}{a_i^2 A_{bi}}} \tag{4-55}$$

式中：$a_i = a_{i0} + \dfrac{h_{bi}}{4}$（$a_{i0}$ 连梁净跨之半，$h_{bi}$ 连梁高度）。

连梁的刚度

$$D_i = \frac{c_i^2 \tilde{I}_{bi}}{a_i^3} \tag{4-56}$$

### 2. 计算综合参数

未考虑轴向变形影响的整体参数（梁墙刚度比）

$$\alpha_1^2 = \frac{6H^2}{h \sum\limits_{i=1}^{k+1} I_i} \sum_{i=1}^{k} D_i \tag{4-57}$$

轴向变形影响参数 $T$

双肢墙：

$$\left. \begin{aligned} T &= \frac{2Sc}{I_1 + I_2 + 2Sc} \\ S &= \frac{2cA_1 A_2}{A_1 + A_2} \end{aligned} \right\} \tag{4-58}$$

多肢墙：多肢墙 $T$ 的计算公式见式(4-52)，比较繁冗，实用时可按下表取值近似计算。

| 墙肢数目 | 3～4 | 5～7 | 8 肢以上 |
|---|---|---|---|
| $T$ | 0.80 | 0.85 | 0.90 |

考虑轴向变形的整体参数：

$$\alpha^2 = \frac{\alpha_1^2}{T} \tag{4-59}$$

剪切参数：

$$\gamma^2 = \frac{\mu E \sum I_i}{H^2 G \sum A_i} = \frac{2.38\mu \sum I_i}{H^2 \sum A_i} \tag{4-60}$$

对于墙肢少、层数多、$\dfrac{H}{B} \geqslant 4$ 时，可不考虑墙肢剪切变形的影响，取 $\gamma^2 = 0$。

等效刚度 $I_{eq}$：供水平力分配及求顶点位移用

$$I_{eq} = \begin{cases} \sum I_i / [(1-T) + T\psi_a + 3.64\gamma^2] & \text{(倒三角荷载)} \\ \sum I_i / [(1-T) + T\psi_a + 4\gamma^2] & \text{(均布荷载)} \\ \sum I_i / [(1-T) + T\psi_a + 3\gamma^2] & \text{(顶部集中力)} \end{cases} \tag{4-61}$$

$\psi_a$ 可按表 4-10 查取。

### 3. 内力计算

(1) 各列连梁约束弯矩分配系数 $\eta_i$

$$\eta_i = \frac{D_i\varphi_i}{\sum\limits_{i=1}^{k} D_i\varphi_i} \tag{4-62}$$

$\varphi_i$ 可按 $\alpha$ 及 $r_i/B$ 的数值由表 4-12 查取,或简单地取 $\varphi_i = 1$。

(2) 连梁的剪力和弯矩

$$\left. \begin{array}{l} V_{b,ij} = \dfrac{\eta_i}{2c_i} Th V_0 \Phi_1(\xi) \\[2mm] M_{b,ij} = V_{b,ij} a_{i0} \end{array} \right\} \tag{4-63}$$

式中:$V_0$——底部总剪力。

(3) 墙肢轴力

$$\left. \begin{array}{ll} N_{1j} = \sum\limits_{s=j}^{n} V_{b,1s} & \text{(第 1 肢)} \\[3mm] N_{ij} = \sum\limits_{s=j}^{n} (V_{b,is} - V_{b,i-1,s}) & \text{(第 2 到第 } k \text{ 肢)} \\[3mm] N_{k+1,j} = \sum\limits_{s=j}^{n} V_{b,ks} & \text{(第 } k+1 \text{ 肢)} \end{array} \right\} \tag{4-64}$$

(4) 墙肢的弯矩和剪力

第 $j$ 层第 $i$ 肢的弯矩按弯曲刚度分配,剪力按折算抗剪刚度分配:

$$\left. \begin{array}{l} M_{ij} = \dfrac{I_i}{\sum I_i} \left( M_{pj} - \sum\limits_{s=j}^{n} m_s \right) \\[3mm] V_{ij} = \dfrac{\tilde{I}_i}{\sum \tilde{I}_i} V_{pj} \end{array} \right\} \tag{4-65}$$

式中:$\tilde{I}_i = \dfrac{I_i}{1 + \dfrac{12\mu E I_i}{GA_i h^2}}$;

$M_{pj}, V_{pj}$——第 $j$ 层由于外荷载产生的弯矩和剪力;

$m_s$——第 $s$ 层($s \geqslant j$)的总约束弯矩

$$m_s = ThV_0\Phi_1(\alpha,\xi) \tag{4-66}$$

## 4. 位移计算

顶部位移：

$$\Delta = \begin{cases} \dfrac{11}{60}\ \dfrac{V_0 H^3}{EI_{eq}} & (\text{倒三角荷载}) \\[2mm] \dfrac{1}{8}\ \dfrac{V_0 H^3}{EI_{eq}} & (\text{均布荷载}) \\[2mm] \dfrac{1}{3}\ \dfrac{V_0 H^3}{EI_{eq}} & (\text{顶部集中力}) \end{cases} \tag{4-67}$$

式中：$V_0$——底部总剪力；

$I_{eq}$——等效惯性矩。

【例 4-2】　求图 4-28 所示 11 层 3 肢剪力墙的内力和位移。

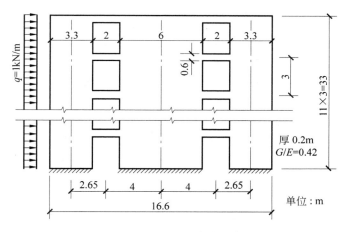

**图 4-28　11 层 3 肢剪力墙**

【解】　（1）计算几何参数　$G/E=0.42$

墙：

惯性矩

$$I_1 = I_3 = \frac{0.2 \times 3.3^3}{12} = 0.59895(\text{m}^4)$$

$$I_2 = \frac{0.2 \times 6^3}{12} = 3.60(\text{m}^4)$$

折算惯性矩

$$\tilde{I}_1 = \frac{I_1}{1 + \dfrac{12\mu E I_1}{h^2 AG}} = \frac{0.59895}{1 + \dfrac{12 \times 1.2 \times 0.59895}{3^2 \times 0.66 \times 0.42}} = 0.13438(\text{m}^4)$$

$$\tilde{I}_2 = \frac{3.60}{1 + \frac{12 \times 1.2 \times 3.60}{3^2 \times 1.20 \times 0.42}} = 0.28966(\text{m}^4)$$

墙肢按惯性矩计算的分配系数见表 4-14。

表 4-14　例 4-2 表 1

|  | 1 | 2 | 3 | $\sum$ |
|---|---|---|---|---|
| $A_i$ | 0.66 | 1.20 | 0.66 | 2.52 |
| $I_i$ | 0.59895 | 3.60 | 0.59895 | 4.7979 |
| $I_i / \sum I_i$ | 0.12484 | 0.75032 | 0.12484 |  |
| $\tilde{I}_i$ | 0.13438 | 0.28966 | 0.13438 | 0.55842 |
| $\tilde{I}_i / \sum \tilde{I}_i$ | 0.24064 | 0.51871 | 0.24064 |  |

连梁:

计算跨度

$$a_i = 1 + \frac{0.6}{4} = 1.15(\text{m})$$

惯性矩

$$I_{bi} = \frac{0.2 \times 0.6^3}{12} = 0.0036(\text{m}^4)$$

折算惯性矩

$$\tilde{I}_{bi} = \frac{I_{bi}}{1 + \frac{3\mu E I_{bi}}{a_i^2 A_b G}} = \frac{0.0036}{1 + \frac{3 \times 1.2 \times 0.0036}{1.15^2 \times 0.2 \times 0.6 \times 0.42}} = 0.003(\text{m}^4)$$

连梁刚度 $D$ 的计算见表 4-15。

表 4-15　例 4-2 表 2

|  | 1 | 2 | $\sum$ |
|---|---|---|---|
| $c_i^2$ | 11.0556 | 11.0556 |  |
| $D_i = \frac{c_i^2 \tilde{I}_{bi}}{a_i^3}$ | $2.18 \times 10^{-2}$ | $2.18 \times 10^{-2}$ | $4.36 \times 10^{-2}$ |

(2) 计算综合参数

由式(4-57)有

$$\alpha_1^2 = \frac{6H^2 \sum D_i}{h \sum I_i} = \frac{6 \times 33^2 \times 4.36 \times 10^{-2}}{3 \times 4.7979} = 19.78$$

对于 3 肢墙,由前面 $T$ 值表取轴向变形影响系数 $T = 0.8$,由式(4-59)考虑轴向变形的整体参数

$$\alpha^2 = \frac{\alpha_1^2}{T} = \frac{19.78}{0.8} = 24.72$$

$\alpha = 4.972 < 10$,可按多肢墙计算。

由式(4-60),剪切参数

$$\gamma^2 = \frac{2.38\mu \sum I_i}{H^2 \sum A_i} = \frac{2.38 \times 1.2 \times 4.7979}{33^2 \times 2.52} = 4.99322 \times 10^{-3}$$

等效刚度：由表 4-11，按 $\alpha = 4.972$ 查均布荷载下的 $\psi_\alpha$ 值，$\psi_\alpha = 0.10828$。由式(4-61)

$$I_{eq} = \frac{\sum I_i}{(1-T) + T\psi_\alpha + 4\gamma^2} = \frac{4.7979}{(1-0.8) + 0.8 \times 0.10828 + 4 \times 4.99322 \times 10^{-3}}$$

$$= \frac{4.7979}{0.30659688} = 15.64889(\text{m}^4)$$

（3）内力计算

根据求得的 $\Phi(\xi)$，由式(4-51)可以求出各层总约束弯矩：

$$m_j = hTV_0\Phi_1(\alpha, \xi) = 3 \times 0.8 \times 33\Phi_1(\alpha, \xi) = 79.2\Phi_1(\alpha, \xi)$$

式中 $\Phi_1(\alpha, \xi)$ 可查表 4-9 求得。

顶层总约束弯矩为上式的一半。

因为只有两列连梁，且是对称布置的，所以 $\eta_i = \dfrac{1}{2}$。

各层连梁剪力为（两梁是一样的）

$$V_{bj} = \frac{m_j}{2c_i}\eta_i = \frac{m_j}{13.3}$$

连梁梁端弯矩为（两梁是一样的）

$$M_{bj} = V_{bj}\alpha_{i0} = \frac{m_j}{13.3}$$

墙肢弯矩为

$$M_i = \frac{I_i}{\sum I_i}\left(M_p - \sum_{s=j}^{n} m_s\right)$$

墙肢剪力为

$$V_i = \frac{\tilde{I}_i}{\sum \tilde{I}_i}V_p$$

墙肢轴力为

$$N_{1j} = N_{3j} = \sum_{s=j}^{n} V_{bs}$$
$$N_{2j} = 0$$

列成表格计算，计算过程和各层结果见表 4-16。

表 4-16　例 4-2 表 3

| 层 | $\xi$ | $\Phi_1(\alpha, \xi)$ | $m_j$ | $\sum\limits_{s=j}^{n} m_s$ | $M_p = \dfrac{V_0 H}{2}\xi^2$ | $V_{bj}/\text{kN}$ | $M_{bj}/(\text{kN} \cdot \text{m})$ |
|---|---|---|---|---|---|---|---|
| 11 | 0 | 0.187 | 7.405 | 7.405 | 0 | 0.557 | 0.557 |
| 10 | 0.0909 | 0.204 | 16.157 | 23.562 | 4.499 | 1.215 | 1.215 |
| 9 | 0.1818 | 0.243 | 19.246 | 42.808 | 17.996 | 1.447 | 1.447 |

续表

| 层 | $\xi$ | $\Phi_1(\alpha,\xi)$ | $m_j$ | $\sum\limits_{s=j}^{n} m_s$ | $M_p = \dfrac{V_0 H}{2}\xi^2$ | $V_{bj}/\text{kN}$ | $M_{bj}/(\text{kN}\cdot\text{m})$ |
|---|---|---|---|---|---|---|---|
| 8 | 0.2727 | 0.295 | 23.364 | 66.172 | 40.492 | 1.757 | 1.757 |
| 7 | 0.3636 | 0.353 | 27.958 | 93.830 | 71.983 | 2.102 | 2.102 |
| 6 | 0.4545 | 0.408 | 32.314 | 126.144 | 112.477 | 2.430 | 2.430 |
| 5 | 0.5454 | 0.454 | 35.957 | 162.101 | 161.967 | 2.704 | 2.704 |
| 4 | 0.6363 | 0.485 | 38.412 | 200.513 | 220.457 | 2.888 | 2.888 |
| 3 | 0.7272 | 0.478 | 37.858 | 238.371 | 287.943 | 2.846 | 2.846 |
| 2 | 0.8181 | 0.425 | 33.660 | 272.031 | 364.428 | 2.531 | 2.531 |
| 1 | 0.9090 | 0.280 | 22.176 | 294.207 | 449.909 | 1.667 | 1.667 |
| 0 | 0.9999 | 0 | 0 | 294.207 | 544.50 | 0 | 0 |

| 层 | $M_p - \sum\limits_{s=j}^{n} m_s$ /$(\text{kN}\cdot\text{m})$ | $M_1 = M_3$ /$(\text{kN}\cdot\text{m})$ | $M_2/(\text{kN}\cdot\text{m})$ | $V_1 = V_3/\text{kN}$ | $V_2/\text{kN}$ | $N_1 = N_3/\text{kN}$ |
|---|---|---|---|---|---|---|
| 11 | $-7.405$ | $-0.924$ | $-5.556$ | 0 | 0 | 0.557 |
| 10 | $-19.063$ | $-2.380$ | $-14.303$ | 0.722 | 1.556 | 1.772 |
| 9 | $-24.812$ | $-3.098$ | $-18.617$ | 1.444 | 3.112 | 3.219 |
| 8 | $-25.680$ | $-3.206$ | $-19.268$ | 2.166 | 4.668 | 4.976 |
| 7 | $-21.847$ | $-2.727$ | $-16.392$ | 2.887 | 6.224 | 7.078 |
| 6 | $-13.667$ | $-1.706$ | $-10.255$ | 3.609 | 7.780 | 9.508 |
| 5 | $-0.134$ | $-0.017$ | $-0.101$ | 4.331 | 9.336 | 12.212 |
| 4 | 19.944 | 2.490 | 14.964 | 5.053 | 10.892 | 15.100 |
| 3 | 49.572 | 6.189 | 37.195 | 5.769 | 12.437 | 17.946 |
| 2 | 92.397 | 11.535 | 69.327 | 6.497 | 14.004 | 20.477 |
| 1 | 155.702 | 19.438 | 116.826 | 7.299 | 15.733 | 22.144 |
| 0 | 250.293 | 31.247 | 187.800 | 7.941 | 17.117 | 22.144 |

（4）位移计算

顶点位移

$$\Delta = \frac{V_0 H^3}{8EI_{eq}} = \frac{33 \times 33^3}{8 \times 2.6 \times 10^7 \times 15.64889} = 0.000364342(\text{m})$$

# 4.6　壁式框架在水平荷载作用下的近似计算

## 4.6.1　计算图及其特点

前面提到,具有多列洞口的剪力墙(见图 4-29(a)),当剪力墙洞口尺寸较大,特别是当洞口上梁的刚度大于或接近于洞口侧边墙的刚度时,宜按壁式框架进行计算(见图 4-29(b)),壁式框架可用矩阵位移法用计算机进行计算。本章介绍的是基于第 3 章 $D$ 值法基础上的在水平荷载作用下的一种近似算法。

壁式框架的轴线取壁梁(即连梁)和壁柱(即墙肢)截面的形心线(见图 4-29)。一般情况下,楼层的层高 $h$(楼面板至楼面板间的距离)与壁梁间距(轴线间的距离)不一定完全一样。有时为了简化起见,视两者相等,即取楼面为壁梁轴线,即 $h_w = h$。

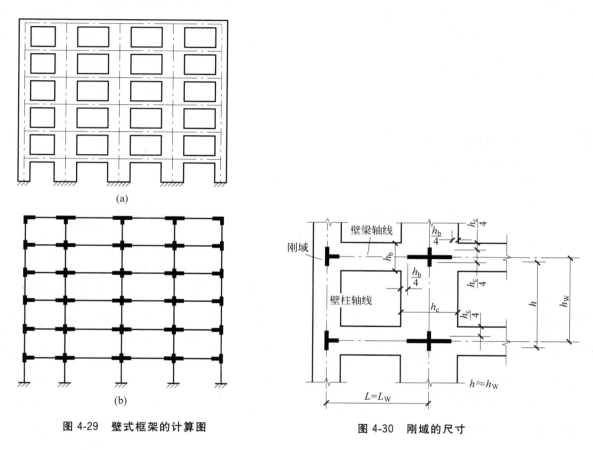

图 4-29　壁式框架的计算图　　　　　　　图 4-30　刚域的尺寸

由于壁梁和壁柱截面都较宽,在梁柱相交处形成一个结合区(不再是一个结点),这个结合区可以视作不产生变形的刚域,或不产生弯曲变形和剪切变形的刚域。因此,壁式框架的梁、柱实际上都是带刚域的杆件。因而,壁式框架就是杆端带有刚域的变截面刚架。刚域的长度通过试验与比较计算确定。目前常用的取法是:梁的刚域与梁高 $h_b$ 有关,进入结合区的长度为 $\dfrac{h_b}{4}$;柱的刚域与柱宽 $h_c$ 有关,进入结合区的长度为 $\dfrac{h_c}{4}$(见图 4-30)。

壁式框架与普通框架的差别有两点:一是刚域的存在;二是杆件截面较宽,剪切变形的影响不宜忽略。因此,在采用 $D$ 值法进行计算时,原理和步骤与普通框架都是一样的。但要进行一些相应的修正,这些修正也都是由于上述两个特点带来的。

## 4.6.2 带刚域杆考虑剪切变形后刚度系数和 D 值的计算

先讨论带刚域的杆件考虑剪切变形影响后,当两墙转动相同转角时(下面推导时,取 $\theta_1 = \theta_2 = 1$),杆端的转动刚度系数(见图 4-31)$m_{12}$ 和 $m_{21}$ 以及它们的总和,$m = m_{12} + m_{21}$。后者实际上就是前面讲过的连梁的约束弯矩系数(乘 $\theta$ 后即约束弯矩)。

这可以从等截面杆考虑剪切变形后的刚度系数(见图 4-32)中推出来。图中杆两端都有单位转角时的杆端弯矩为 $\dfrac{6EI}{l'(1+\beta_i)}$,式中

$$\beta_i = \frac{12\mu EI}{GAl'^2}$$

是考虑剪切变形影响后的附加系数。当不考虑剪切变形影响时,$\beta_i = 0$,即仅考虑弯曲变形时的一般公式。我们就以此为出发点来推导要求的公式。

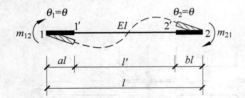

图 4-31　带刚域杆考虑剪切变形后的刚度系数

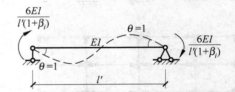

图 4-32　等截面杆考虑剪切变形后的刚度系数

带有刚性边段的梁,当 1,2 两端有单位转角时,1′,2′ 两点除有单位转角外,还有线位移 $al$ 与 $bl$ (见图 4-33(a))。即 1′2′ 杆除两端有单位转角外,还有弦转角 $\psi = \dfrac{(a+b)l}{l'} = \dfrac{a+b}{1-a-b}$。先假设 1′,2′ 处为铰结,让刚性边段各产生单位转角(见图 4-33(b)),此时梁内不会产生内力。然后,再在铰结处加上弯矩 $m_{1'2'}$ 和 $m_{2'1'}$,让 1′2′ 杆从斜直线(弦线)位置转为要求的变形位置(见图 4-33(c))。此时,1′2′ 杆两端都转了 $1 + \psi = \dfrac{1}{1-a-b}$。因此杆端弯矩

$$m_{1'2'} = m_{2'1'} = \frac{6EI}{(1+\beta_i)l'}\left(\frac{1}{1-a-b}\right) = \frac{6EI}{(1-a-b)^2 l(1+\beta_i)}$$

1′2′ 段的杆端剪力为

$$V_{1'2'} = V_{2'1'} = -\frac{m_{1'2'} + m_{2'1'}}{l'} = -\frac{12EI}{(1-a-b)^3 l^2 (1+\beta_i)}$$

再由刚性边段的平衡条件(见图 4-33(d)),可求出 12 梁端的弯矩,即梁端约束弯矩系数如下

$$m_{12} = m_{1'2'} - V_{1'2'}(al) = \frac{6EI(1+a-b)}{l(1-a-b)^3(1+\beta_i)} = 6ic \tag{4-68}$$

$$m_{21} = m_{2'1'} - V_{2'1'}(bl) = \frac{6EI(1+b-a)}{l(1-a-b)^3(1+\beta_i)} = 6ic' \tag{4-69}$$

$$m = m_{12} + m_{21} = \frac{12EI}{l(1-a-b)^3(1+\beta_i)} = 6i(c+c') \tag{4-70}$$

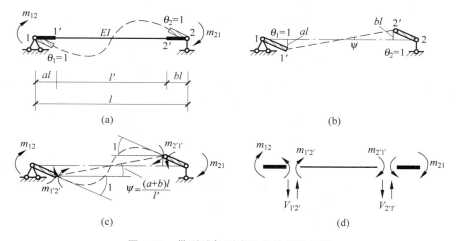

图 4-33　带刚域杆刚度系数的推导过程

式中

$$
\left.\begin{aligned}
c &= \frac{1+a-b}{(1-a-b)^3(1+\beta_i)} \\
c' &= \frac{1+b-a}{(1-a-b)^3(1+\beta_i)}
\end{aligned}\right\}
\tag{4-71}
$$

$$
i = \frac{EI}{l}
$$

当不考虑剪切变形的影响时,上式中 $\beta_i=0$。

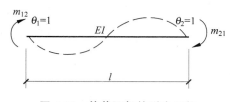

图 4-34　等截面杆的刚度系数

将式(4-68)～式(4-70)与不考虑剪切变形影响的等截面杆件的转动刚度系数式(4-72)(见图 4-34)相比,

$$
\left.\begin{aligned}
m_{12} &= \frac{6EI}{l} = 6i \\
m_{21} &= \frac{6EI}{l} = 6i \\
m &= m_{12} + m_{21} = 12i
\end{aligned}\right\}
\tag{4-72}
$$

则带刚域杆考虑剪切变形影响后左端、右端及两端总和的折算刚度系数为

$$
\left.\begin{aligned}
K_{12} &= ci \\
K_{21} &= c'i \\
K &= \frac{(c+c')i}{2}
\end{aligned}\right\}
\tag{4-73}
$$

即只需按上式将等截面杆的刚度 $i$ 乘以相应的系数 $c$ 或 $c'$ 就可以得到壁式框架的刚度系数。$c$ 和 $c'$ 可以由式(4-71)求出。

有了带刚域杆考虑剪切变形影响后的杆端折算刚度系数式(4-73),就可以按第 3 章同样的办法求出壁式框架柱的 $D$ 值。这里不作详细推导,仅指出,第 3 章中有关求 $D$ 值的一切公式都可以用,只需将壁梁和壁柱的刚度按式(4-73)求出即可。为了方便使用,重新给出有关公式。

壁柱侧移刚度 $D$ 值如下:

$$D = \alpha K_c \frac{12}{h^2} \tag{4-74}$$

有关计算 $\alpha$ 值的公式,见表 4-17。

表 4-17 壁式框架柱侧移刚度修正值 $\alpha$

| 楼层 | 壁梁壁柱修正 | 刚 度 值 | 梁柱刚度比 $K$ | $\alpha$ | 附 注 |
|---|---|---|---|---|---|
| 一般层 | ① $K_2=ci_2$ $K_c=\frac{c+c'}{2}i_c$ $K_4=ci_4$ | ② $K_1=c'i_1$ $K_2=ci_2$ $K_c=\frac{c+c'}{2}i_c$ $K_3=c'i_3$ $K_4=ci_4$ | ① 情况 $K=\dfrac{K_2+K_4}{2K_c}$ ② 情况 $K=\dfrac{K_1+K_2+K_3+K_4}{2K_c}$ | $\alpha=\dfrac{K}{2+K}$ | $i_i$ 为梁未考虑刚域修正前的刚度 $i_i=\dfrac{EI_i}{l_i}$ |
| 底层 | ① $K_2=ci_2$ $K_c=\frac{c+c'}{2}i_c$ | ② $K_1=c'i_1$ $K_2=ci_2$ $K_c=\frac{c+c'}{2}i_c$ | ① 情况 $K=\dfrac{K_2}{K_c}$ ② 情况 $K=\dfrac{K_1+K_2}{K_c}$ | $\alpha=\dfrac{0.5+K}{2+K}$ | $i_c$ 为柱未考虑刚域修正前的刚度 $i_c=\dfrac{EI_c}{h}$ |

## 4.6.3 反弯点高度比的修正

壁柱反弯点高度比按下式计算(见图 4-35(a))

$$y = a + sy_0 + y_1 + y_2 + y_3 \tag{4-75}$$

式中

$$s = \frac{h'}{h} \tag{4-76}$$

$y_0$ 为标准反弯点高度比,由上下壁梁的平均相对刚度与壁柱相对刚度的比值

$$\overline{K} = s^2 \frac{K_1 + K_2 + K_3 + K_4}{2i_c} \tag{4-77}$$

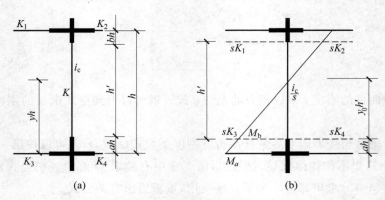

图 4-35 壁柱反弯点高度比

从表 3-2 和表 3-3 查得。

$y_1$ 为上下梁刚度变化修正值,由上下壁梁刚度比值 $\alpha_1 = \dfrac{K_1 + K_2}{K_3 + K_4}$ 或 $\alpha_1 = \dfrac{K_3 + K_4}{K_1 + K_2}$ (刚度较小者为分子)及 $\overline{K}$ 由表 3-4 查得。

$y_2$ 为上层层高变化的修正值,由上层层高对该层层高的比值 $\alpha_2 = \dfrac{h_{上}}{h}$ 及 $\overline{K}$ 由表 3-5 查得。对于最上层不考虑。

$y_3$ 为下层层高变化的修正值,由下层层高对该层层高的比值 $\alpha_3 = \dfrac{h_{下}}{h}$ 及 $\overline{K}$ 由表 3-5 查得。对于最下层不考虑。

下面对式(4-75)~式(4-77)加以说明。这里要说明的有两个问题:

(1) 标准反弯点高比由第 3 章的 $y_0$ 变成式(4-75)中的 $a + sy_0$。

为了利用等截面杆件求反弯点高度比的各种表格,将带刚域框架图 4-35(a)看成如图 4-35(b)中虚线表示的等截面梁柱框架,称为壁式框架(见图 4-35(a))"对应"的普通框架(见图 4-35(b)),其层高为 $h' = sh$。对比图 4-35(a)与图(b),知道图(a)的标准反弯点高度比应为 $a + sy_0$,即式(4-75)中的前两项。

(2) 与壁式框架(见图 4-35(a))"对应"的普通框架(见图 4-35(b)),在什么条件下才能使两者的变形(即反弯点)相等。

在第 3 章中我们知道,影响反弯点高度比的因素主要是框架的平均相对刚度 $\overline{K}$。因此,这里的问题主要也就是如何修正壁式框架的平均相对刚度 $\overline{K}$,使与此 $\overline{K}$ 对应的普通框架的变形(即反弯点)值与壁式框架是相等的。

比较图 4-35(a)和(b),在柱受相同剪力的条件下,图 4-35(a)由于有刚域柱较高,因而柱端弯矩比图 4-35(b)中要大。梁端弯矩是与柱端弯矩平衡的,因此,图 4-35(a)中梁的弯矩也比图 4-35(b)中梁的弯矩大,两者大小的比例大体是 $\dfrac{M_a}{M_b} = \dfrac{h}{sh} = \dfrac{1}{s}$;即图 4-35(b)中梁的端弯矩 $M_b$ 是图 4-35(a)中壁梁端弯矩 $M_a$ 的 $s$ 倍($s < 1$)。要使两框架受力后有相同的转角,应修改图 4-35(b)中梁的刚度为 $sK_i$(见图 4-35(b))。

另一方面,图 4-35(a)框架柱不考虑刚域时刚度是 $i_c$;而图 4-35(b)框架柱,由于柱高为 $sh$,故其刚度为 $i_c/s$。

这样,图 4-35(b)框架的平均相对刚度 $\overline{K}$ 应为

$$\overline{K} = \frac{sK_1 + sK_2 + sK_3 + sK_4}{2i_c/s} = s^2 \frac{K_1 + K_2 + K_3 + K_4}{2i_c}$$

这就是式(4-77)。

有了壁式框架的 $D$ 值及反弯点高度比的修正值后,其他的计算与第 3 章普通框架是完全一样的,不再赘述。

【例 4-3】　用 $D$ 值法求图 4-36 所示壁式框架的 $M$ 图。

【解】　本题取楼面为壁梁的轴线,柱中线为柱轴线,如图 4-36 所示。结点的刚域见图 4-37,第 2~6 层为标准层,结点刚域如图 4-37(a)所示;底层结点的刚域如图 4-37(b)所示。

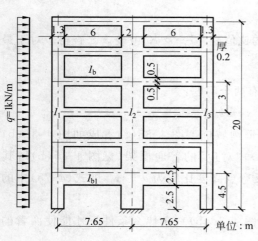

图 4-36 壁式框架图

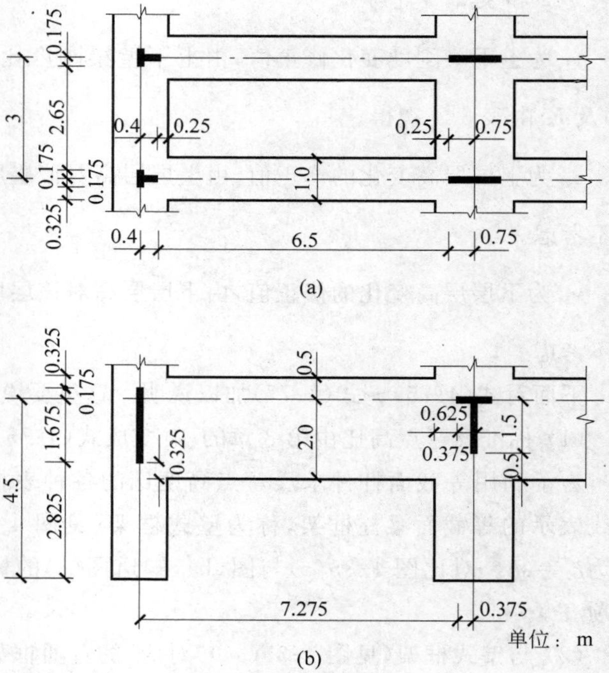

图 4-37 壁式框架结点

(a)标准层结点;(b)底层结点

材料性能

$$E = 2.6 \times 10^4\,\mathrm{MPa}, \quad G = 0.42E$$

杆件惯性矩

$$I_\mathrm{b} = \frac{0.2 \times 1^3}{12} = 0.016667\,(\mathrm{m}^4) \quad (标准层梁)$$

$$I_\mathrm{b1} = \frac{0.2 \times 2.5^3}{12} = 0.26042\,(\mathrm{m}^4) \quad (底层梁)$$

$$I_{1,3} = \frac{0.2 \times 1.3^3}{12} = 0.03662\,(\mathrm{m}^4) \quad (边柱)$$

$$I_2 = \frac{0.2 \times 2^3}{12} = 0.13333\,(\mathrm{m}^4) \quad (中柱)$$

以下各值中,长度单位均用 m,力的单位均用 kN,不再另注明。

## 1. 壁梁和壁柱的刚度系数

标准层梁:

$$\beta = \frac{12\mu E I_\mathrm{b}}{GA_\mathrm{b}l'^2} = \frac{12 \times 1.2 \times 0.0166667}{0.42 \times 0.2 \times 6.5^2} = 0.0676$$

$$a = \frac{0.4}{7.65} = 0.05, \quad b = \frac{0.75}{7.65} = 0.098$$

$$c = \frac{1+a-b}{(1-a-b)^3(1+\beta)} = \frac{1+0.05-0.098}{(1-0.05-0.098)^3(1+0.0676)} = 1.4418$$

$$c' = \frac{1+b-a}{(1-a-b)^3(1+\beta)} = \frac{1+0.098-0.05}{(1-0.05-0.098)^3(1+0.0676)} = 1.5872$$

标准层柱(下端刚域为 $al$,上端为 $bl$):

边柱

$$\beta = \frac{12\mu EI_1}{GA_1 l'^2} = \frac{12 \times 1.2 \times 0.03662}{0.42 \times 0.2 \times 1.3 \times 2.65^2} = 0.6876$$

$$a = b = \frac{0.175}{3} = 0.058$$

$$c = c' = \frac{1+a-b}{(1-a-b)^3(1+\beta)} = \frac{1+0.058-0.058}{(1-0.058-0.058)^3(1+0.6876)} = 0.858$$

$$\frac{c+c'}{2} = 0.858$$

中柱

$$\beta = \frac{12\mu EI_2}{GA_2 l'^2} = \frac{12 \times 1.2 \times 0.13333}{0.42 \times 0.2 \times 2 \times 3^2} = 1.2698$$

$$c = c' = \frac{1}{1+\beta} = \frac{1}{2.2698} = 0.44$$

$$\frac{c+c'}{2} = 0.44$$

底层梁:

$$\beta = \frac{12\mu EI_{b1}}{GA_{b1} l'^2} = \frac{12 \times 1.2 \times 0.26042}{0.42 \times 0.2 \times 2.5 \times 7.275^2} = 0.3374$$

$$a = 0, \quad b = \frac{0.375}{7.275} = 0.049$$

$$c = \frac{1+a-b}{(1-a-b)^3(1+\beta)} = \frac{1-0.049}{(1-0.049)^3 \times 1.3374} = 0.8266$$

$$c' = \frac{1+b-a}{(1-a-b)^3(1+\beta)} = \frac{1.049}{0.951^3 \times 1.3374} = 0.9117$$

底层柱:

边柱

$$\beta = \frac{12\mu EI_1}{GA_1 l'^2} = \frac{12 \times 1.2 \times 0.03662}{0.42 \times 0.2 \times 1.3 \times 2.825^2} = 0.6051$$

$$a = \frac{1.675}{4.5} = 0.372, \quad b = 0$$

$$c = \frac{1+a-b}{(1-a-b)^3(1+\beta)} = \frac{1+0.372}{(1-0.372)^3(1+0.6051)} = 3.45$$

$$c' = \frac{1+b-a}{(1-a-b)^3(1+\beta)} = \frac{1-0.372}{0.628^3 \times 1.6051} = 1.58$$

中柱

$$\beta = \frac{12\mu EI_2}{GA_2 l'^2} = \frac{12 \times 1.2 \times 0.13333}{0.42 \times 0.2 \times 2 \times 3.0^2} = 1.2698$$

$$a = \frac{1.5}{4.5} = 0.333, \quad b = 0$$

$$c = \frac{1+a}{(1-a)^3(1+\beta)} = \frac{1.333}{0.667^3} \times \frac{1}{2.2698} = 1.9795$$

$$c' = \frac{1}{(1-a)^2(1+\beta)} = \frac{1}{0.667^2} \times \frac{1}{2.2698} = 0.9902$$

## 2. 剪力分配系数

第 3~6 层:

边柱

$$K_i = 1.4418\frac{EI_b}{l}$$

$$K_c = 0.858\frac{EI_1}{h}$$

$$K = \frac{2 \times 1.4418\dfrac{EI_b}{l}}{2 \times 0.858\dfrac{EI_1}{h}} = 0.2999$$

$$\alpha = \frac{K}{2+K} = \frac{0.2999}{2.2999} = 0.13$$

$$D_1 = \alpha K_c\frac{12}{h^2} = 0.13 \times 0.858\frac{EI_1}{h} \times \frac{12}{h^2} = 0.004085 \times \frac{12E}{h^3}$$

$$\frac{D_1}{\sum D_i} = \frac{0.004085}{2 \times 0.004085 + 0.0088} = 0.24$$

中柱

$$K_i = 1.5872\frac{EI_b}{l}$$

$$K_c = 0.44\frac{EI_2}{h}$$

$$K = \frac{4 \times 1.5872\dfrac{EI_b}{l}}{2 \times 0.44\dfrac{EI_2}{h}} = 0.3538$$

$$\alpha = \frac{K}{2+K} = \frac{0.3538}{2.3538} = 0.15$$

$$D_2 = 0.15 \times 0.44\frac{EI_2}{h} \times \frac{12}{h^2} = 0.0088 \times \frac{12E}{h^3}$$

$$\frac{D_2}{\sum D_i} = 0.52$$

第 2 层：

边柱

$$K_2 = 1.4418 \frac{EI_b}{l}, \quad K_4 = 0.8266 \frac{EI_{b1}}{l}$$

$$K = \frac{1.4418 \dfrac{EI_b}{l} + 0.8266 \dfrac{EI_{b1}}{l}}{2 \times 0.858 \dfrac{EI_1}{h}} = 1.49$$

$$\alpha = \frac{K}{2+K} = 0.427$$

$$D_1 = \alpha K_c \frac{12}{h^2} = 0.427 \times 0.858 \times 0.03662 \frac{12E}{h^3} = 0.013416 \frac{12E}{h^3}$$

$$\frac{D_1}{\sum D_i} = \frac{0.013416}{2 \times 0.013416 + 0.027455} = 0.247$$

中柱

$$K_1 = K_2 = 1.5872 \frac{EI_b}{l}, \quad K_3 = K_4 = 0.9117 \frac{EI_{b1}}{l}$$

$$K = \frac{2 \times 1.5872 \dfrac{EI_b}{l} + 2 \times 0.9117 \dfrac{EI_{b1}}{l}}{2 \times 0.44 \dfrac{EI_2}{h}} = 1.76$$

$$\alpha = \frac{K}{2+K} = 0.468$$

$$D_2 = 0.468 \times 0.44 \times 0.13333 \frac{12E}{h^3} = 0.027455 \frac{12E}{h^3}$$

$$\frac{D_2}{\sum D_i} = 0.506$$

底层：

边柱

$$K_2 = 0.8266 \frac{EI_b}{l}$$

$$K_c = \frac{c+c'}{2} \cdot \frac{EI_1}{h_0} = \frac{3.45+1.58}{2} \frac{EI_1}{h_0} = 2.515 \frac{EI_1}{h_0}$$

$$K = \frac{K_2}{K_c} = \frac{0.8266 \times 0.26042}{7.65} \times \frac{4.5}{2.515 \times 0.03662} = 1.3749$$

$$\alpha = \frac{0.5+K}{2+K} = \frac{1.8749}{3.3749} = 0.5555$$

$$D_1 = \alpha K_c \frac{12}{h_0^2} = 0.5555 \times 2.515 \frac{12EI_1}{h_0^3} = 0.05116 \frac{12E}{h_0^3}$$

$$\frac{D_1}{\sum D_i} = \frac{0.05116}{2 \times 0.05116 + 0.1109} = \frac{0.05116}{0.21322} = 0.24$$

中柱

$$K_i = 0.9117 \frac{EI_b}{l}$$

$$K_c = \frac{c + c'}{2} \frac{EI_2}{h_0} = \frac{1.9795 + 0.9902}{2} \frac{EI_2}{h_0} = 1.485 \frac{EI_2}{h_0}$$

$$K = \frac{2K_i}{K_c} = \frac{2 \times 0.9117 \times 0.26042}{7.65} \times \frac{4.5}{1.485 \times 0.13333} = 1.4107$$

$$\alpha = \frac{0.5 + K}{2 + K} = \frac{1.9107}{3.4107} = 0.56$$

$$D_2 = \alpha K_c \frac{12}{h_0^2} = 0.56 \times 1.485 \times \frac{12EI_2}{h_0^3} = 0.1109 \frac{12E}{h_0^3}$$

$$\frac{D_2}{\sum D_i} = \frac{0.1109}{0.21322} = 0.52$$

## 3. 反弯点高度

标准反弯点高度比及各种修正值根据式(4-49)算得的 $\overline{K}$ 查表计算，结果如图 4-38 所示。

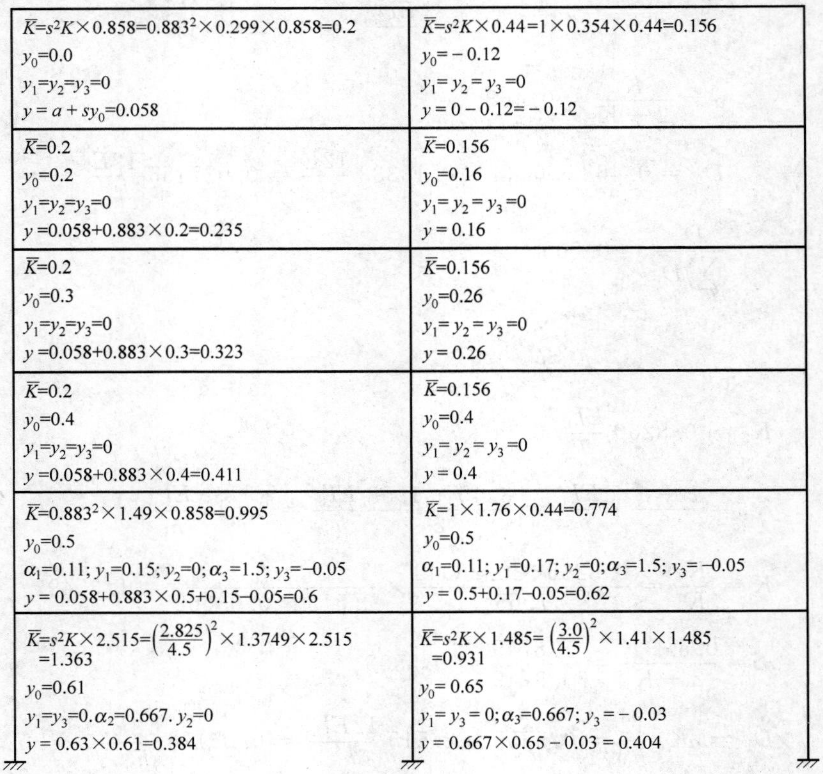

| | |
|---|---|
| $\overline{K}=s^2K \times 0.858=0.883^2 \times 0.299 \times 0.858=0.2$<br>$y_0=0.0$<br>$y_1=y_2=y_3=0$<br>$y = a + sy_0=0.058$ | $\overline{K}=s^2K \times 0.44=1 \times 0.354 \times 0.44=0.156$<br>$y_0=-0.12$<br>$y_1 = y_2 = y_3=0$<br>$y = 0 - 0.12=-0.12$ |
| $\overline{K}=0.2$<br>$y_0=0.2$<br>$y_1=y_2=y_3=0$<br>$y =0.058+0.883 \times 0.2=0.235$ | $\overline{K}=0.156$<br>$y_0=0.16$<br>$y_1 = y_2 = y_3=0$<br>$y = 0.16$ |
| $\overline{K}=0.2$<br>$y_0=0.3$<br>$y_1=y_2=y_3=0$<br>$y =0.058+0.883 \times 0.3=0.323$ | $\overline{K}=0.156$<br>$y_0=0.26$<br>$y_1 = y_2 = y_3=0$<br>$y = 0.26$ |
| $\overline{K}=0.2$<br>$y_0=0.4$<br>$y_1=y_2=y_3=0$<br>$y =0.058+0.883 \times 0.4=0.411$ | $\overline{K}=0.156$<br>$y_0=0.4$<br>$y_1 = y_2 = y_3=0$<br>$y = 0.4$ |
| $\overline{K}=0.883^2 \times 1.49 \times 0.858=0.995$<br>$y_0=0.5$<br>$\alpha_1=0.11; y_1=0.15; y_2=0; \alpha_3=1.5; y_3=-0.05$<br>$y = 0.058+0.883 \times 0.5+0.15-0.05=0.6$ | $\overline{K}=1 \times 1.76 \times 0.44=0.774$<br>$y_0=0.5$<br>$\alpha_1=0.11; y_1=0.17; y_2=0; \alpha_3=1.5; y_3=-0.05$<br>$y = 0.5+0.17-0.05=0.62$ |
| $\overline{K}=s^2K \times 2.515=\left(\frac{2.825}{4.5}\right)^2 \times 1.3749 \times 2.515$<br>$=1.363$<br>$y_0=0.61$<br>$y_1=y_3=0. \alpha_2=0.667. y_2=0$<br>$y = 0.63 \times 0.61=0.384$ | $\overline{K}=s^2K \times 1.485=\left(\frac{3.0}{4.5}\right)^2 \times 1.41 \times 1.485$<br>$=0.931$<br>$y_0= 0.65$<br>$y_1 = y_3 = 0; \alpha_3=0.667; y_3=-0.03$<br>$y = 0.667 \times 0.65 - 0.03 = 0.404$ |

**图 4-38　反弯点高度计算**

#### 4. 柱弯矩

由各柱分配得到的剪力,根据反弯点位置计算柱上、下端弯矩,计算结果见图 4-39,所示均为轴线交点处的 $M$ 值。$V$ 的单位为 kN,$M$ 的单位为 kN·m。

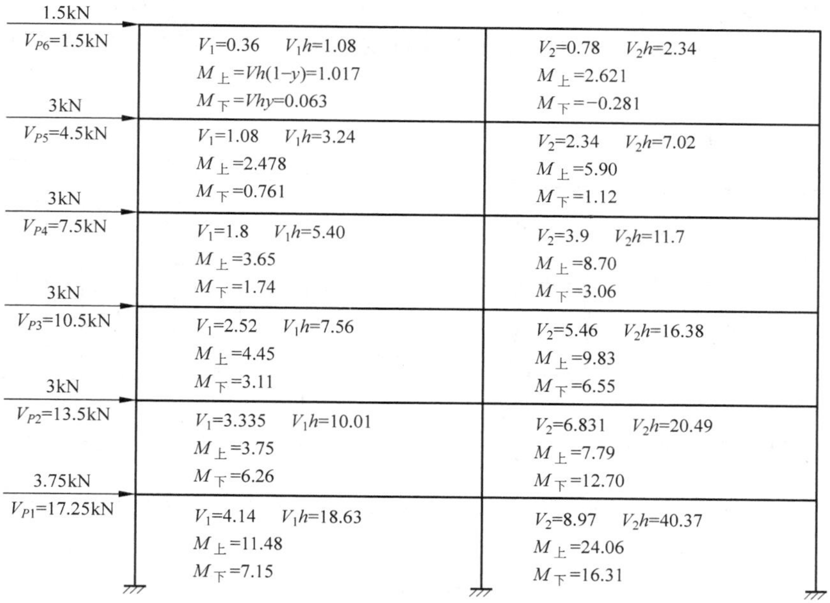

```
1.5kN
V_P6=1.5kN     V1=0.36   V1h=1.08          V2=0.78   V2h=2.34
               M上=Vh(1-y)=1.017           M上=2.621
3kN            M下=Vhy=0.063               M下=-0.281
V_P5=4.5kN     V1=1.08   V1h=3.24          V2=2.34   V2h=7.02
               M上=2.478                    M上=5.90
3kN            M下=0.761                    M下=1.12
V_P4=7.5kN     V1=1.8    V1h=5.40          V2=3.9    V2h=11.7
               M上=3.65                     M上=8.70
3kN            M下=1.74                     M下=3.06
V_P3=10.5kN    V1=2.52   V1h=7.56          V2=5.46   V2h=16.38
               M上=4.45                     M上=9.83
3kN            M下=3.11                     M下=6.55
V_P2=13.5kN    V1=3.335  V1h=10.01         V2=6.831  V2h=20.49
               M上=3.75                     M上=7.79
3.75kN         M下=6.26                     M下=12.70
V_P1=17.25kN   V1=4.14   V1h=18.63         V2=8.97   V2h=40.37
               M上=11.48                    M上=24.06
               M下=7.15                     M下=16.31
```

图 4-39　柱端弯矩计算

## 4.7　底层大空间剪力墙结构的受力特点和应力、内力系数

### 4.7.1　底层大空间剪力墙结构的计算图、计算方法和受力特点

底层为框架的剪力墙结构是适应底层要求大开间而采用的一种结构型式。标准层(底层以上)采用剪力墙结构,而底层则改用框架结构,即底层的竖向荷载和水平荷载全部由框架的梁柱来承受。这里,底层可以是 1 层,也可以是地下 2~3 层。

这种结构的侧向刚度在底层楼盖处发生突变。震害表明,在地震力冲击下,常因底层框架刚度太弱、侧移过大、延伸性差以及强度不足而引起破坏,甚至导致整栋建筑物的倒塌。近年来,这种底层为纯框架的剪力墙结构在地震区已很少采用。

为了改善结构的受力性能,提高建筑物的抗震能力,在结构的平面布置中可以将一部分剪力墙落地,并贯通至基础,称为落地剪力墙;而另一部分剪力墙则在底层改为框架,底层为框架的剪力墙称为框支剪力墙。这样,在水平力作用下,便形成落地剪力墙与框支剪力墙协同工作的体系:借助于框支剪力墙,可以形成较大的空间；依靠落地剪力墙，可以增强和保证结构的抗震能力。图 4-40 为框支剪力墙和落地剪力墙协同工作体系的底层结构平面示意图。

在水平力作用下，由于框支剪力墙底层侧向刚度急剧变小，底层框架承担的水平力亦急剧减小，而落地剪力墙在底层承担的水平力则急剧增加。水平力在底层分配关系的改变，是借助于底层刚性楼盖对内力的传递作用来实现的，因而，通常将底层墙体及底层楼盖特殊加强以适应此特点。也就是说，落地剪力墙作为框支剪力墙的弹性支承，通过底层刚性楼盖给框支剪力墙以水平支承力，此水平支承力与水平外力的方向相反。

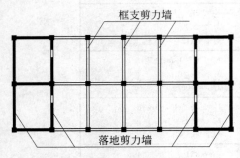

图 4-40　底层大空间剪力墙结构

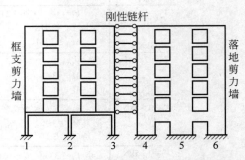

图 4-41　底层大空间剪力结构的计算图

图 4-41 表示框支剪力墙和落地剪力墙协同工作体系的计算图。框支剪力墙和落地剪力墙通过刚性链杆（楼盖）连接起来共同承受水平力。

对于底层为框架的剪力墙在水平荷载作用下的内力和位移计算，以及它们与落地剪力墙协同工作时的内力和位移计算问题可以用矩阵位移法由计算机进行计算。当用人工进行手算时，也可以像前面一样，对上部剪力墙采用连梁连续化的假定，取连梁剪力为基本未知量，建立力法方程；对底层框架，取结点位移为基本未知量，建立位移法方程，混合求解。最后得到的解仍可表示为 $\Phi(\alpha,\xi)$ 的形式，求内力和位移的计算步骤和公式也类似。将在第 9 章中详细介绍这些方法。

最后指出框支剪力墙和落地剪力墙协同工作时的一些受力特点。以图 4-41 所示计算图为例，在水平荷载作用下，框支剪力墙和落地剪力墙的弯矩图和剪力图将如图 4-42 所示。从图中可以看出，在结构的上部，墙肢的弯矩图基本上按墙肢的抗弯刚度比分配，墙肢的剪力基本上按墙肢的折算刚度比分配，内力分布没有特殊之处。在结构的底层，框支柱的弯矩和剪力均急剧变小，落地墙的弯矩和剪力则急剧变大，内力分布在底层处产生了巨大的突变。这是靠底层刚性楼盖承受并传递了巨大的内力才能实现的。

## 4.7.2　框支剪力墙墙-框交接区的应力分布

底层大空间剪力结构计算中的另一个问题是，底层为框架的剪力墙在竖向和水平荷载作用下墙-框交接区的应力分布问题。这是属于两种不同性质的构件（一维的杆结构和两维的平面问题）的组合问题，必须用弹性力学的理论去分析。

最有效的分析方法是用有限单元法用计算机计算，可以分析任意形状、任意变厚度和任意荷载下的

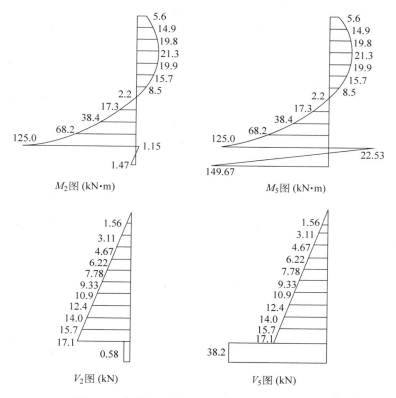

图 4-42　框支剪力墙和落地剪力墙的内力分布

框支剪力墙。一般弹性力学平面问题的有限元通用程序都可以用来计算框支剪力墙。但用通常的有限元法（位移元）解决墙-框交接区的应力集中问题效果并不理想。我们曾用分区混合有限元法（在应力集中的角区，用应力元；在应力平缓的广大区域，用位移元）分析这一问题，取得了较好的效果，见第 9 章。

　　级数解法是分析框支剪力墙的另一种解析解法。它是按照弹性力学平面问题的原理，假定墙-梁界面上的应力函数，由墙板和梁的变形协调条件，求出待定系数，从而求出墙板和支承梁的应力和内力。

　　为了弄清框支剪力墙墙-框交接区的应力集中情况，为推广使用底层大开间剪力墙结构的设计提供依据，国内在这方面进行了一系列的实验研究和计算分析。

　　下面对墙-框交接区的应力分布情况作一些介绍。

### 1. 墙板中的应力分布

（1）竖向应力分布

竖向荷载作用下，竖向应力 $\sigma_y$ 分布如图 4-43 所示。

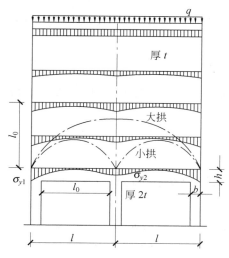

图 4-43　竖向应力 $\sigma_y$ 分布

在墙的较高部分(大约离墙梁界面 $l_0$ 以外,$l_0$ 为框架净跨),应力均匀分布,不受底层框架影响。在稍低部分,一部分竖向荷载首先沿"大拱"向两边柱传递,其余竖向荷载分别沿"小拱"向边柱、中柱传递。因而,边柱上方比中柱上方荷载集度大。

在墙-梁界面上,跨中竖向应力接近于零。

梁的刚度越大,柱的刚度越小,则边柱上方竖向应力与中柱上方竖向应力之比 $\sigma_{y1}/\sigma_{y2}$ 越大,竖向荷载向两边柱传送得越多。不同梁、柱刚度下的 $\sigma_{y1}/\sigma_{y2}$ 比值见表 4-18。

表 4-18　$\sigma_{y1}/\sigma_{y2}$ 比值

| 梁高 $h/l$ | 0 | 0.10 | | | 0.13 | | | 0.16 | | |
|---|---|---|---|---|---|---|---|---|---|---|
| 柱宽 $b/l$ | 0.08 | 0.06 | 0.08 | 0.10 | 0.06 | 0.08 | 0.10 | 0.06 | 0.08 | 0.10 |
| $\sigma_{y1}/\sigma_{y2}$ | 1.00 | 1.72 | 1.51 | 1.35 | 1.93 | 1.71 | 1.59 | 2.09 | 1.86 | 1.75 |

支承梁刚度越小,支承柱越宽,竖向应力集度越小。在常用尺寸下($h/l=0.1\sim0.16$,$b/l=0.06\sim0.10$),边柱竖向应力约为 $(4\sim6)\dfrac{q}{t}$,中柱竖向应力约为 $(2.0\sim3.5)\dfrac{q}{t}$。

钢筋混凝土模型试验结果表明,超出弹性阶段后,边柱上方竖向应力 $\sigma_{y1}$ 与中柱上方竖向应力 $\sigma_{y2}$ 的比值由 1.55 逐渐降低到破坏前的 1.16。因此,进行设计时,宜将中柱 $\sigma_{y2}$ 的计算值适当提高。

有纵墙时,由于荷载向纵墙传递,边柱上方与中柱上方竖向应力集度比例会发生变化。

(2) 水平应力分布

竖向荷载作用下,墙板在中柱上方部分受拉应力,分布如图 4-44 所示。

由图 4-44 可见,墙板内拉应力区近似为三角形,拉应力在中柱上方 $O$ 点处最大,按梁、柱刚度不同 $\sigma_{x0}=(0.70\sim1.00)\dfrac{q}{t}$,$B=(0.50\sim0.70)l$,$A$ 则相对稳定,为 $0.4l$。

梁下缘最大拉应力点 $R$ 距外侧距离为 $(0.2\sim0.3)l$,应力值约为 $(1.06\sim1.64)\dfrac{q}{t}$。

水平应力分布在墙高为净跨 $l_0$ 的范围内,更高的区段 $\sigma_x$ 为零。

(3) 剪应力分布

墙板内剪应力分布如图 4-45 所示。剪应力只分布在墙高等于净跨 $l_0$ 范围内,在墙板-支承梁界面上数值最大。在距外侧 $0.1l$ 的 $A$ 点,$\tau_A=-(1.1\sim1.2)\dfrac{q}{t}$;在距外侧 $0.9l$ 的 $B$ 点,$\tau_B=(1.5\sim1.6)\dfrac{q}{t}$。

梁下缘与柱交界处,最大剪应力约为 $(1.2\sim2.0)\dfrac{q}{t}$。

## 2. 框架的内力

支承梁的弯矩,在跨中为正弯矩,在中支座上方为负弯矩,边支座负弯矩值很小。支承梁最大正弯矩截面距外侧距离为 $(0.15\sim0.25)l$,最大负弯矩在支座截面,反弯点距外侧距离为 $0.87l$(见图 4-46)。最大正、负弯矩值见表 4-19。

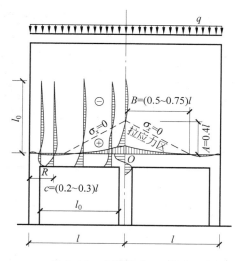

图 4-44　水平应力 $\sigma_x$ 分布

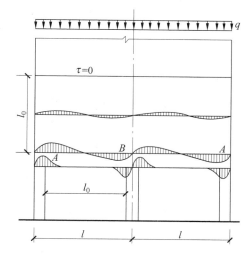

图 4-45　剪应力 $\tau$ 分布

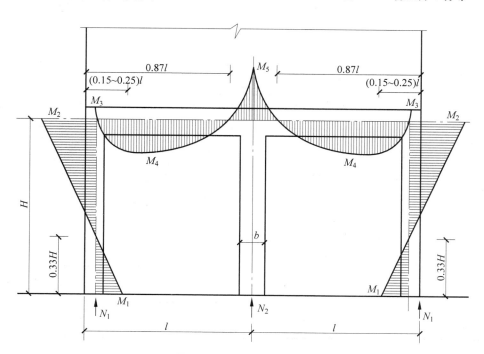

图 4-46　支承框架弯矩图

表 4-19　支承梁弯矩值（乘以 $ql^2$）

| 梁高 $h/l$ | 0.10 | 0.13 | 0.16 |
|---|---|---|---|
| 最大正弯矩 | 0.002～0.003 | 0.003～0.005 | 0.005～0.008 |
| 最大负弯矩 | $-0.004～-0.005$ | $-0.006～-0.008$ | $-0.008～-0.010$ |
| 边支座负弯矩 | $-0.0006$ | $-0.0009$ | $-0.0011$ |

注：$b/l$ 在 0.06～0.10 范围内。

支承梁大部分区段全截面受拉。支承梁轴向拉力最大值为$(0.15\sim0.20)ql$,位于距外侧$(0.35\sim0.45)l$处。

支承柱承受轴向压力,中柱压力$N_2$与边柱压力$N_1$之比与梁高无关,与柱宽有关,约为 1.4。它不同于并联单跨框架 1:2:1 的比例,表明有一部分荷载在剪力墙较高处沿"大拱"直接传向边柱,使边柱承担的竖向荷载比例加大,而中柱承担的比例则相应减少。竖向荷载在柱上的分配关系见表 4-20。

表 4-20　竖向荷载下框支柱轴力分配关系

| 柱宽 $b/l$ | 0.06 | 0.08 | 0.10 |
|---|---|---|---|
| 中柱轴力 $N_2$ | $-0.809ql$ | $-0.819ql$ | $-0.824ql$ |
| 边柱轴力 $N_1$ | $-0.596ql$ | $-0.590ql$ | $-0.588ql$ |
| $N_2/N_1$ | 1.36 | 1.39 | 1.41 |

注:支承梁高 $\dfrac{h}{l}=0.1\sim0.16$,下表同。

边柱柱顶受负弯矩,其值主要取决于柱宽。柱脚弯矩$M_1$约为柱顶弯矩$M_2$的一半,反弯点约在 1/3 柱高处。边柱的弯矩值见表 4-21。

表 4-21　框支柱弯矩(乘以 $10^{-2}ql^2$)

| 柱宽 $b/l$ | 0.06 | 0.08 | 0.10 |
|---|---|---|---|
| 柱顶弯矩 $M_2$ | $-0.13\sim-0.15$ | $-0.20\sim-0.25$ | $-0.32\sim-0.35$ |
| 柱脚弯矩 $M_1$ | $-0.06\sim-0.07$ | $-0.11\sim-0.12$ | $-0.17\sim-0.19$ |
| $M_2/M_1$ | $2.15\sim2.13$ | $1.92\sim1.99$ | $1.82\sim1.85$ |

支承梁的跨中挠度与支承梁高度有关,结果见表 4-22。

表 4-22　支承梁跨中挠度(乘以 $ql/Et$)

| 梁高 $\dfrac{h}{l}$ | 0.10 | 0.13 | 0.16 |
|---|---|---|---|
| 跨中挠度 $f$ | $1.13\sim1.43$ | $1.10\sim1.36$ | $1.05\sim1.29$ |

注:柱宽 $b/l=0.06\sim0.10$。

## 4.7.3　底层为单、双跨框架的框支剪力墙应力、内力系数表

对于常用的梁、柱尺寸$\left(\dfrac{h}{l}=0.10,0.13,0.16;\dfrac{b}{l}=0.06,0.08,0.10\right)$,用有限单元法算出了底层为单跨和双跨框架的框支剪力墙墙板应力和框架内力的控制数值(见表 4-23、表 4-24),可供设计时参考。

表 4-23　底层为单跨框架的框支剪力墙在竖向荷载作用下的内力系数表（见图 4-47）

| 框架梁高 $\frac{h}{l}$ | 0.10 | | | 0.13 | | | 0.16 | | |
|---|---|---|---|---|---|---|---|---|---|
| 框架柱宽 $\frac{b}{l}$ | 0.06 | 0.08 | 0.10 | 0.06 | 0.08 | 0.10 | 0.06 | 0.08 | 0.10 |
| 柱上墙板最大应力 $\sigma_y$ | −4.7 | −4.1 | −3.6 | −4.1 | −3.7 | −3.3 | −3.6 | −3.1 | −2.9 |
| 框架梁最大拉力 $N_1$ | 0.18 | 0.16 | 0.15 | 0.20 | 0.18 | 0.16 | 0.21 | 0.19 | 0.17 |
| 框架梁跨中弯矩 $M_4$ | 0.006 | 0.005 | 0.004 | 0.011 | 0.009 | 0.006 | 0.015 | 0.013 | 0.011 |
| 框架梁边支座弯矩 $M_3$ | −0.001 | −0.001 | −0.001 | −0.002 | −0.002 | −0.002 | −0.003 | −0.003 | −0.003 |
| 框架柱柱顶弯矩 $M_2$ | −0.003 | −0.005 | −0.007 | −0.003 | −0.005 | −0.007 | −0.003 | −0.005 | −0.007 |
| 框架柱柱脚弯矩 $M_1$ | 0.002 | 0.003 | 0.004 | 0.002 | 0.003 | 0.004 | 0.002 | 0.003 | 0.004 |
| 框架柱轴力 $N_2$ | 0.5 | 0.5 | 0.5 | 0.5 | 0.5 | 0.5 | 0.5 | 0.5 | 0.5 |

注：表中应力 $\sigma_y$ 乘以 $q/t$；轴力 $N_1$，$N_2$ 乘以 $ql$；弯矩 $M$ 乘以 $ql^2$。

表 4-24　底层为双跨框架时墙板应力系数和框架内力、位移系数表（见图 4-43～图 4-46）

| 框架梁、柱尺寸 | | $h/l$ | 010 | | | 0.13 | | | 0.16 | | |
|---|---|---|---|---|---|---|---|---|---|---|---|
| | | $b/l$ | 0.06 | 0.08 | 0.10 | 0.06 | 0.08 | 0.10 | 0.06 | 0.08 | 0.10 |
| 墙板 | 边柱上最大竖向应力 $\sigma_{y1}$ | | −5.927 | −4.969 | −4.155 | −5.410 | −4.670 | −4.021 | −4.881 | −4.142 | −3.792 |
| | 中柱上最大竖向应力 $\sigma_{y2}$ | | −3.433 | −3.275 | −3.085 | −2.817 | −2.736 | −2.629 | −2.373 | −2.219 | −2.170 |
| | 中柱上水平拉应力 | $\sigma_{x0}$ | 1.002 | 0.889 | 0.777 | 0.940 | 0.854 | 0.768 | 0.842 | 0.780 | 0.709 |
| | | 拉应力区水平范围 $B$ | $0.75l$ | $0.70l$ | $0.70l$ | $0.70l$ | $0.65l$ | $0.65l$ | $0.60l$ | $0.55l$ | $0.50l$ |
| | | 拉应力区垂直范围 $A$ | $0.40l$ | $0.40l$ | $0.40l$ | $0.40l$ | $0.40l$ | $0.40l$ | $0.40l$ | $0.40l$ | $0.40l$ |
| 框架梁 | 最大拉力 $N_1$ | 数值 | 0.183 | 0.168 | 0.154 | 0.202 | 0.187 | 0.167 | 0.205 | 0.193 | 0.174 |
| | | 距外侧距离 | $0.35l$ | $0.40l$ | $0.45l$ | $0.35l$ | $0.40l$ | $0.45l$ | $0.45l$ | $0.45l$ | $0.45l$ |
| | 梁底最大拉应力 $\sigma_x$ | 数值 | 1.636 | 1.368 | 1.252 | 1.536 | 1.276 | 1.122 | 1.429 | 1.177 | 1.061 |
| | | 距外侧距离 | $0.20l$ | $0.20l$ | $0.30l$ | $0.20l$ | $0.20l$ | $0.30l$ | $0.20l$ | $0.25l$ | $0.30l$ |
| | 梁边支座弯矩 $M_3$ | | −0.060 | −0.062 | −0.063 | 0.083 | −0.088 | −0.089 | −0.112 | −0.113 | −0.119 |
| | 梁跨中最大正弯矩 $M_4$ | 数值 | 0.309 | 0.252 | 0.211 | 0.538 | 0.430 | 0.273 | 0.792 | 0.635 | 0.544 |
| | | 距外侧距离 | $0.15l$ | $0.20l$ | $0.25l$ | $0.15l$ | $0.20l$ | $0.25l$ | $0.20l$ | $0.25l$ | $0.25l$ |
| | 梁中支座弯矩 $M_5$ | | −0.487 | −0.439 | −0.385 | −0.768 | −0.701 | −0.628 | −1.014 | −0.958 | −0.867 |
| 框架柱 | 中柱轴力 $N_2$ | | −0.809 | −0.819 | −0.824 | −0.809 | −0.819 | −0.824 | −0.809 | −0.819 | −0.824 |
| | 边柱轴力 $N_1$ | | −0.596 | −0.590 | −0.588 | −0.596 | −0.590 | −0.588 | −0.596 | −0.590 | −0.588 |
| | 边柱柱顶弯矩 $M_2$ | | −0.149 | −0.246 | −0.347 | −0.144 | −0.239 | −0.343 | −0.126 | −0.202 | −0.313 |
| | 边柱柱脚弯矩 $M_1$ | | 0.067 | 0.124 | 0.188 | 0.066 | 0.122 | 0.187 | 0.059 | 0.106 | 0.172 |
| 框架梁跨中挠度 $f$ | | | 1.429 | 1.264 | 1.133 | 1.364 | 1.205 | 1.100 | 1.294 | 1.073 | 1.050 |

注：表中应力 $\sigma$ 乘以 $q/t$；轴力 $N$ 乘以 $ql$；弯矩 $M$ 乘以 $10^{-2}ql^2$；挠度 $f$ 乘以 $ql/Et$。

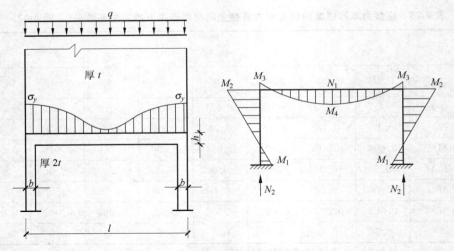

图 4-47  底层单跨框架的框支墙

# 思 考 题

4-1  为什么要区分整体墙、小开口整体墙、多肢墙和带刚域框架等的计算方法？它们各自的特点是什么？各种计算方法的适用条件是什么？这些适用条件的物理意义是什么？

4-2  什么是剪力墙结构的等效抗弯刚度？在整体墙、小开口整体墙、多肢墙中，等效抗弯刚度有何不同？怎样计算？

4-3  连续化方法的基本假定是什么？它们对该计算方法的应用范围有什么影响？

4-4  连续化方法中，连梁未知力 $\tau(x)$ 和 $m(x)$ 是什么？与函数 $\Phi(\xi)$ 是什么关系？怎样利用 $\Phi(\xi)$ 和图表求出连梁内力？

4-5  连续化方法的计算步骤有哪些？双肢墙和多肢墙的基本假定、几何参数、查表方法、内力和位移计算等有什么异同？

4-6  多肢墙的内力分布和侧移变形曲线的特点是什么？整体参数 $\alpha$ 对内力分布和变形有什么影响？为什么？

4-7  壁式框架与一般框架有什么区别？如何确定壁式框架的轴线位置和刚域尺寸？

4-8  带刚域杆件和一般框架等截面杆件的刚度系数有什么不同？当两端刚域尺寸不同时，怎样区分 $c$ 和 $c'$，这种区分有什么规律？

4-9  带刚域框架中应用 D 值法要注意哪些问题？哪些参数和一般框架中不同？

# 习 题

4-1  求图 4-48 所示 12 层小开口整体墙底层底部和第 6 层顶部截面的墙肢弯矩、轴力和剪力，并求顶点侧移。

4-2　求图 4-49 所示 12 层剪力墙结构的内力和侧向位移。

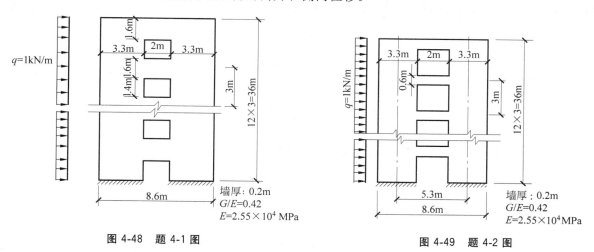

图 4-48　题 4-1 图

图 4-49　题 4-2 图

4-3　求图 4-50 所示 6 层壁式框架的弯矩图及各层层间位移。

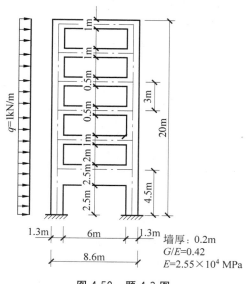

图 4-50　题 4-3 图

# 第5章 框架-剪力墙结构的内力和位移计算

## 5.1 框架-剪力墙协同工作原理和计算图

### 5.1.1 问题的提出

　　框架-剪力墙结构是由框架和剪力墙组成的结构体系。在这种结构中,剪力墙的侧向刚度比框架的侧向刚度大得多。由于剪力墙侧向刚度大,因而承受了水平荷载的主要部分;框架有一定的侧向刚度,也承受一定的水平荷载。它们各承受水平荷载的多少主要取决于剪力墙与框架侧向刚度之比,但又不是一个简单的比例关系。因为框架-剪力墙结构是由框架和剪力墙两部分共同组成的,而且这两部分又是受力性能不同的两种结构形式,因而在水平荷载作用下,就存在框架与剪力墙之间如何协同工作的问题。

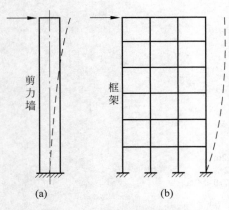

**图 5-1 剪力墙和框架的变形**

　　为了说明问题,不妨先把框架-剪力墙结构拆开成框架和剪力墙两个独立部分(见图 5-1)。图 5-1(a)中剪力墙是一个竖向悬臂梁,在水平荷载作用下,变形曲线如图中虚线所示,以弯曲变形为主。图 5-1(b)中框架在水平荷载作用下的变形如图中虚线所示,是以剪切型为主的。但是,框架-剪力墙结构是互相连接在一起的一个整体结构,并不是单独分开的(见图 5-2(a)),因此,它的变形曲线就不会像图 5-1 那样,而是介于弯曲型和剪切型之间的一种中间状况。为了清楚起见,将它重画在图 5-2(c)中。图 5-2(c)中 a 为剪力墙单独变形的曲线,b 为框架单独变形的曲线,c 为框架-剪力墙结构协同变形的曲线。从图 5-2(c)可以看出,在结构的上部剪力墙的位移比框架要大,而在结构的下部,剪力墙的位移又比框架要小。在结构下部,框架把墙向右边拉,墙把框架向左边拉(见图 5-2(b)),因而框架-剪力墙的位移比框架的单独位移要小,比剪力墙的单独位移要大;在结构上部,与之相反,框架把墙向左边推,墙把框架向右边推(见图 5-2(b)),因而框架-剪力墙的位移比框架的单独位移要大,比剪力墙的单独位移要小。

　　由以上的初步分析可见,楼板和连梁的连接作用使框架与剪力墙协同工作,有共同的变形曲线,因而在框架与剪力墙间产生了相互作用力。这些力自上而下并不是相等的,有时甚至会改变方向(见图 5-2(b))。

　　在以往的设计中,为了计算简单,有的假设剪力墙承担 80% 的水平力,框架承担 20% 的水平力。显然,

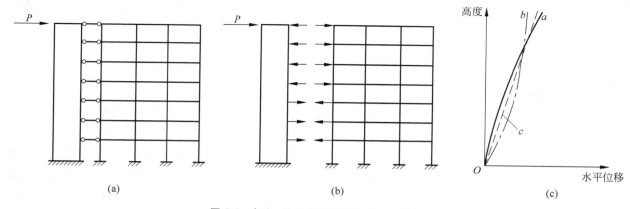

**图 5-2 框架-剪力墙协同工作受力和变形**

这样不考虑框架和剪力墙协同工作的特点,一律按固定的比例来分配水平力,不仅太粗略,也是不合理的。所以,准确一些的计算应考虑框架-剪力墙的协同工作,正确地解决框架与剪力墙间的相互作用力。

框架-剪力墙结构协同工作的计算方法很多,但主要的分为两大类:用矩阵位移法由电子计算机求解;在进一步的假设基础上的简化计算方法。本章介绍工程中常用的一种借助于图表曲线的简化计算方法。

## 5.1.2 两种计算图

框架-剪力墙结构的计算图,主要是确定如何合并总剪力墙、总框架,以及确定总剪力墙与总框架之间的连接和相互作用方式。

剪力墙和框架之间的连接有两类。

### 1. 通过楼板

图 5-3(a)所示框架-剪力墙结构,框架和剪力墙是通过楼板的作用连接在一起的。刚性楼板保证了有水平力作用时,同一楼层标高处剪力墙与框架的水平位移是相同的。另外,楼板平面外刚度为零,它对

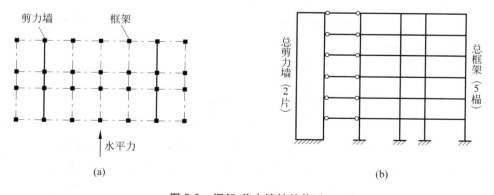

**图 5-3 框架-剪力墙铰结体系**

(a) 结构平面图;(b) 计算图

各平面抗侧力结构不产生约束弯矩。图 5-3(a)所示为框架-剪力墙结构,计算图如图 5-3(b)所示。图 5-3(b)中总剪力墙包含 2 片剪力墙,总框架包含了 5 榀框架,链杆代表刚性楼盖的作用,将剪力墙与框架连在一起,同一楼层标高处,有相同的水平位移。这种连接方式或计算图称为框架-剪力墙铰结体系。

### 2. 通过楼板和连梁

图 5-4(a)所示的结构平面是另一种情况。横向抗侧力结构有 2 片双肢墙和 5 榀框架,如图 5-4(b)所示,双肢墙的连梁对墙肢会产生约束弯矩。画计算图时为了简单划一,常将图 5-4(b)画为图 5-4(c)的形式,将连梁与楼盖链杆的作用综合为总连杆。图 5-4(c)中剪力墙与总连杆间用刚结,表示剪力墙平面内的连梁对墙有转动约束,即能起连梁的作用;框架与总连杆间用铰结,表示楼盖链杆的作用。被连接的总剪力墙包含 4 片墙,总框架包含 5 榀框架;总连杆中包含 2 根连梁,每梁有两端与墙相连,即 2 根连梁的 4 个刚结端对墙肢有约束弯矩作用。这种连接方式或计算图称为框架-剪力墙刚结体系。

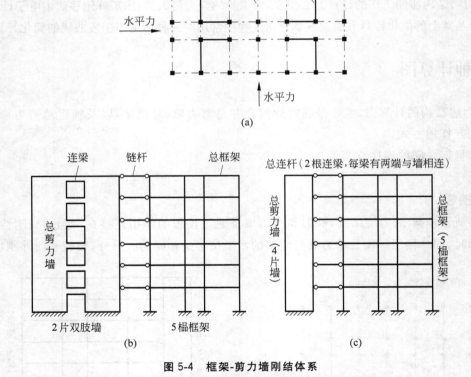

**图 5-4 框架-剪力墙刚结体系**

(a) 结构平面图;(b) 横向墙、框综合作用图;(c) 计算图

对图 5-4(a)所示结构,当计算纵方向地震作用时,计算图仍可画为图 5-4(c)的统一形式。确定总剪力墙、总框架和总连杆时要注意,中间两片抗侧力结构中,既有剪力墙又有柱;一端与墙相连,另一端与柱(即框架)相连的梁也称为连梁,该梁对墙和柱都会产生转动约束作用;但该梁对柱的约束作用已反映在柱的 $D$ 值中,该梁对墙的约束作用仍以刚结的形式反映,所以仍表示为图 5-4(c)中一端刚结、一端铰结的形式。故

图 5-4(a)中结构纵向地震作用的计算图仍为图 5-4(c),总剪力墙包含 4 片墙,总框架包含 2 榀框架和 6 根柱子(也起框架作用),总连杆中包含 8 根一端刚结、一端铰结的连梁,即 8 个刚结端对墙肢有约束弯矩作用。

最后要指出:计算地震作用对结构的影响时,纵、横两个方向均需考虑。计算横向地震作用时,考虑沿横向布置的抗震墙和横向框架;计算纵向地震作用时,考虑沿纵向布置的抗震墙和纵向框架。取墙截面时,另一方向的墙可作为翼缘,取一部分有效宽度,取法见第 4 章。

## 5.1.3　协同工作的基本原理

图 5-3(b)和图 5-4(c)所示的计算图仍是一个多次超静定的平面结构。欲做简化计算还要作进一步的假设,采用更简单的计算图,才适于用手工计算。

现以框架-剪力墙铰结体系(见图 5-5)为例,说明协同工作的基本原理。

框架-剪力墙体系在水平荷载作用下,由框架和剪力墙共同承受外荷载。将链杆切断后,在楼层标高处,剪力墙与框架间有相互作用的集中力 $P_{Fi}$(见图 5-5(b))。对剪力墙来说,除外荷载外还有框架给墙的集中反作用 $P_{Fi}$。为了计算方便,可以把集中力简化为连续的分布力 $p_F$(见图 5-5(c))。与此相应,原来只是在每一楼层标高处剪力墙与框架变形相同的变形连续条件(见图 5-5(a))也简化为沿整个建筑高度范围内剪力墙与框架变形都相同的变形连续条件。当楼层数目较多时,这一由集中变为连续的简化不会带来很大误差。这样,剪力墙可视作下端固定、上端自由,承受外荷载与框架弹性反力的一个"弹性地基梁"(见图 5-5(c));框架就是梁的"弹性地基"(见图 5-5(d))。由此二者共同承受水平荷载,这就是协同工作的基本原理。

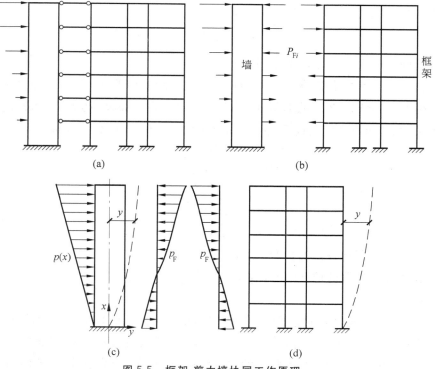

图 5-5　框架-剪力墙协同工作原理

## 5.2 框架-剪力墙铰结体系在水平荷载下的计算

### 5.2.1 总剪力墙和总框架刚度的计算

总剪力墙抗弯刚度 $EI_w$ 是每片墙抗弯刚度的总和,即 $EI_w = \sum EI_{eq}$。$EI_{eq}$ 为每片墙的等效抗弯刚度,可采用第4章中介绍的方法计算。

总框架是所有梁、柱单元的总和,总框架的抗剪刚度是所有框架柱抗剪刚度的总和。框架的抗剪刚度(或剪切刚度,有时简称为框架的刚度)的定义是:产生单位层间变形时所需的剪力 $C_F$(见图 5-6(a))。$C_F$ 可以由框架柱的 $D$ 值求出。

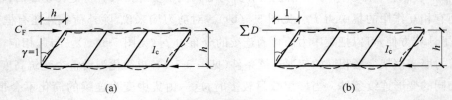

**图 5-6 框架的抗剪刚度和 $D$ 值**
(a)框架的抗剪刚度;(b)框架的 $D$ 值

由图 5-6,总框架的抗剪刚度

$$C_F = h \sum D_j \tag{5-1}$$

式中求和符号表示同层中所有柱的 $D$ 值之和。

在连续化的协同工作计算法中,假定总剪力墙各层抗弯刚度相等,都为 $EI_w$;总框架各层抗剪刚度也相等,都为 $C_F$。在实际工程中,各层的 $EI_w$ 值或 $C_F$ 值可能不同。如果各层刚度变化太大,则本方法不适用。如果相差不大,则可用沿高度加权平均方法得到平均的 $EI_w$ 值和 $C_F$ 值,即

$$\left. \begin{aligned} EI_w &= \frac{\sum E_j I_{wj} h_j}{\sum h_j} \\ C_F &= \frac{\sum C_{Fj} h_j}{\sum h_j} \end{aligned} \right\} \tag{5-2}$$

式中:$E_j I_{wj}$——剪力墙沿竖向各段的抗弯刚度;

$C_{Fj}$——框架沿竖向各段的抗剪刚度;

$h_j$——各段相应的高度。

当框架的高度大于50m或大于其宽度的4倍时,应考虑柱轴向变形对框架-剪力墙体系的内力和位移的影响。这时,可用考虑柱轴向变形影响后的等效刚度来代替上述的框架刚度。下面说明等效刚度的计算方法。

令 $\Delta_M$ 表示仅考虑梁、柱弯曲变形时框架的顶点位移,它是与框架的抗剪刚度 $C_F$ 成反比例的,即(这

里没有具体推导表达式,只表明了关系)

$$\Delta_M \propto \frac{1}{C_F}$$

或

$$C_F \propto \frac{1}{\Delta_M}$$

类似地,框架考虑了柱轴向变形影响后的等效刚度 $C_{F0}$ 是与框架的总顶点位移($\Delta_M + \Delta_N$,其中 $\Delta_N$ 为仅考虑柱轴向变形时框架的顶点位移)成反比例的,即

$$C_{F0} \propto \frac{1}{\Delta_M + \Delta_N}$$

由以上两式,可得

$$C_{F0} = \frac{\Delta_M}{\Delta_M + \Delta_N} C_F \tag{5-3}$$

$\Delta_M$ 和 $\Delta_N$ 可用第 3 章中的简化方法计算。计算时可以任意给定荷载,但必须使用相同的荷载计算 $\Delta_M$ 和 $\Delta_N$。

## 5.2.2　基本方程及其解

框架-剪力墙铰结体系连续化计算方法的计算归结为计算图 5-5(c)所示悬臂墙和图 5-5(d)所示框架的协同工作。

对悬臂墙来说,除承受分布荷载 $p(x)$ 外,还承受框架给它的弹性反力 $p_F$。弯曲变形、内力和荷载间有如下的关系(见图 5-7)

$$\left. \begin{array}{l} M_W = EI_W \dfrac{\mathrm{d}^2 y}{\mathrm{d}x^2} \\[2mm] V_W = -EI_W \dfrac{\mathrm{d}^3 y}{\mathrm{d}x^3} \\[2mm] p_W = p(x) - p_F = EI_W \dfrac{\mathrm{d}^4 y}{\mathrm{d}x^4} \end{array} \right\} \tag{5-4}$$

对框架而言,当变形为 $\theta\left(\theta = \dfrac{\mathrm{d}y}{\mathrm{d}x}\right)$ 时,框架所受的剪力为(见图 5-8)

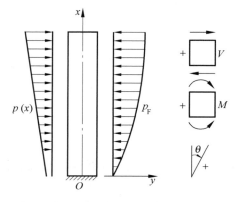

图 5-7　墙的荷载和内力

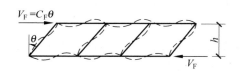

图 5-8　框架受力与变形

$$V_F = C_F \theta = C_F \frac{\mathrm{d}y}{\mathrm{d}x} \tag{5-5}$$

微分一次得

$$\frac{\mathrm{d}V_F}{\mathrm{d}x} = C_F \frac{\mathrm{d}^2 y}{\mathrm{d}x^2} = -p_F$$

将上式代入式(5-4)的第三式,经过整理,得

$$\frac{\mathrm{d}^4 y}{\mathrm{d}x^4} - \frac{C_F}{E_w I_w} \frac{\mathrm{d}^2 y}{\mathrm{d}x^2} = \frac{p(x)}{E_w I_w} \tag{5-6}$$

这就是求解侧移 $y(x)$ 的基本微分方程。

为了以后应用的方便,引入符号

$$\lambda = H \sqrt{\frac{C_F}{E_w I_w}}, \quad \xi = \frac{x}{H} \tag{5-7}$$

式中:$\lambda$ 是一个无量纲的量,称作结构刚度特征值。它是与剪力墙和框架的刚度比有关的一个参数,对剪力墙的受力状态和变形状态有很大的影响。

引用上述符号后,式(5-6)变为

$$\frac{\mathrm{d}^4 y}{\mathrm{d}\xi^4} - \lambda^2 \frac{\mathrm{d}^2 y}{\mathrm{d}\xi^2} = \frac{p(\xi)H^4}{E_w I_w} \tag{5-8}$$

式(5-8)是一个四阶常系数线性微分方程,其一般解为

$$y = C_1 + C_2 \xi + A \mathrm{sh}\lambda\xi + B \mathrm{ch}\lambda\xi + y_1 \tag{5-9}$$

式中:$C_1, C_2, A, B$ 是 4 个任意常数;$y_1$ 是式(5-8)的任意特解,视具体荷载而定。

确定 4 个任意常数的边界条件为

(1) 当 $x = H$(即 $\xi = 1$)时,在倒三角形分布及均布水平荷载下,框架-剪力墙顶部总剪力为零,即 $V = V_w + V_F = 0$。由式(5-4)的第二式和式(5-5),有

$$-\frac{E_w I_w}{H^3} \frac{\mathrm{d}^3 y}{\mathrm{d}\xi^3} + \frac{C_F}{H} \frac{\mathrm{d}y}{\mathrm{d}\xi} = 0 \tag{5-10}$$

在顶部集中水平力作用下,$V_w + V_F = P$,即

$$-\frac{E_w I_w}{H^3} \frac{\mathrm{d}^3 y}{\mathrm{d}\xi^3} + \frac{C_F}{H} \frac{\mathrm{d}y}{\mathrm{d}\xi} = P$$

(2) 当 $x = 0$(即 $\xi = 0$)时,剪力墙底部转角为零,即

$$\frac{\mathrm{d}y}{\mathrm{d}\xi} = 0 \tag{5-11}$$

(3) 当 $x = H$(即 $\xi = 1$ 时),剪力墙顶部弯矩 $M_w$ 为零,由式(5-4)的第一式有

$$\frac{\mathrm{d}^2 y}{\mathrm{d}\xi^2} = 0 \tag{5-12}$$

(4) 当 $x = 0$(即 $\xi = 0$)时,剪力墙底部位移为零,即

$$y = 0 \tag{5-13}$$

在给定的荷载下,可求出式(5-8)的任意特解;再利用以上的 4 个边界条件,可确定 4 个任意常数 $C_1, C_2, A, B$,从而求出 $y$。

求出位移 $y$ 后,剪力墙任意截面的转角 $\theta$,弯矩 $M$ 及剪力 $V$ 可由下列微分关系式求得

$$\left. \begin{array}{l} \theta = \dfrac{\mathrm{d}y}{\mathrm{d}x} = \dfrac{1}{H}\dfrac{\mathrm{d}y}{\mathrm{d}\xi} \\[3mm] M_{\mathrm{w}} = E_{\mathrm{w}}I_{\mathrm{w}}\dfrac{\mathrm{d}\theta}{\mathrm{d}x} = E_{\mathrm{w}}I_{\mathrm{w}}\dfrac{\mathrm{d}^2 y}{\mathrm{d}x^2} = \dfrac{E_{\mathrm{w}}I_{\mathrm{w}}}{H^2}\dfrac{\mathrm{d}^2 y}{\mathrm{d}\xi^2} \\[3mm] V_{\mathrm{w}} = -\dfrac{\mathrm{d}M_{\mathrm{w}}}{\mathrm{d}x} = -E_{\mathrm{w}}I_{\mathrm{w}}\dfrac{\mathrm{d}^3 y}{\mathrm{d}x^3} = -\dfrac{E_{\mathrm{w}}I_{\mathrm{w}}}{H^3}\dfrac{\mathrm{d}^3 y}{\mathrm{d}\xi^3} \end{array} \right\} \qquad (5\text{-}14)$$

正负号仍采用梁中通用的规定,图 5-7 中所示均为正号方向。

框架的剪力可由式(5-5)求出,即

$$V_{\mathrm{F}} = C_{\mathrm{F}}\frac{\mathrm{d}y}{\mathrm{d}x} = \frac{C_{\mathrm{F}}}{H}\frac{\mathrm{d}y}{\mathrm{d}\xi} \qquad (5\text{-}15)$$

也可以由总剪力减去剪力墙的剪力得到

$$V_{\mathrm{F}} = V_{\mathrm{P}} - V_{\mathrm{w}} \qquad (5\text{-}16)$$

## 5.2.3 三种水平荷载作用时的计算公式与图表

### 1. 均布水平荷载(见图 5-9)

均布水平荷载 $q$ 作用时,式(5-8)的特解为

$$y_1 = -\frac{qH^2}{2C_{\mathrm{F}}}\xi^2$$

代入式(5-9),得方程的一般解为

$$y = C_1 + C_2\xi + A\,\mathrm{sh}\lambda\xi + B\,\mathrm{ch}\lambda\xi - \frac{qH^2}{2C_{\mathrm{F}}}\xi^2 \qquad (5\text{-}17)$$

4 个任意常数由剪力墙上、下端的边界条件确定。

**边界条件 1**　式(5-10)可写为

$$\lambda^2\frac{\mathrm{d}y}{\mathrm{d}\xi} = \frac{\mathrm{d}^3 y}{\mathrm{d}\xi^3}$$

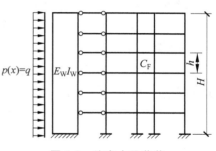

**图 5-9 均布水平荷载**

将式(5-17)代入上式后,有

$$\lambda^2\left(C_2 - \frac{qH^2}{C_{\mathrm{F}}} + A\lambda\,\mathrm{ch}\lambda + B\lambda\,\mathrm{sh}\lambda\right) = A\lambda^3\,\mathrm{ch}\lambda + B\lambda^3\,\mathrm{sh}\lambda$$

得

$$C_2 = \frac{qH^2}{C_{\mathrm{F}}}$$

**边界条件 2**　将式(5-17)微分一次,代入式(5-11),有

$$C_2 + A\lambda = 0$$

得

$$A = -\frac{C_2}{\lambda} = -\frac{qH^2}{C_{\mathrm{F}}\lambda}$$

**边界条件 3**　将式(5-17)微分二次,代入式(5-12),有

$$A\lambda^2\,\mathrm{sh}\lambda + B\lambda^2\,\mathrm{ch}\lambda - \frac{qH^2}{C_{\mathrm{F}}} = 0$$

得

$$B=\frac{qH^2}{C_F\lambda^2}\left(\frac{\lambda\mathrm{sh}\lambda+1}{\mathrm{ch}\lambda}\right)$$

**边界条件 4**　将式(5-17)代入式(5-13),有

$$C_1=-B=-\frac{qH^2}{C_F\lambda^2}\left(\frac{\lambda\mathrm{sh}\lambda+1}{\mathrm{ch}\lambda}\right)$$

将求得的积分常数代入式(5-17),整理后得

$$y=\frac{qH^2}{C_F\lambda^2}\left[\left(\frac{\lambda\mathrm{sh}\lambda+1}{\mathrm{ch}\lambda}\right)(\mathrm{ch}\lambda\xi-1)-\lambda\mathrm{sh}\lambda\xi+\lambda^2\left(\xi-\frac{\xi^2}{2}\right)\right] \tag{5-18}$$

上式即水平位移的计算公式。有了 $y$ 的值,由式(5-14)可求出剪力墙的弯矩和剪力,计算公式如下

$$M_w=\frac{E_wI_w}{H^2}\frac{\mathrm{d}^2y}{\mathrm{d}\xi^2}=\frac{qH^2}{\lambda^2}\left[\left(\frac{\lambda\mathrm{sh}\lambda+1}{\mathrm{ch}\lambda}\right)\mathrm{ch}\lambda\xi-\lambda\mathrm{sh}\lambda\xi-1\right] \tag{5-19}$$

$$V_w=-\frac{\mathrm{d}M_w}{H\mathrm{d}\xi}=\frac{qH}{\lambda}\left[\lambda\mathrm{ch}\lambda\xi-\left(\frac{\lambda\mathrm{sh}\lambda+1}{\mathrm{ch}\lambda}\right)\mathrm{sh}\lambda\xi\right] \tag{5-20}$$

已知 $y$,由式(5-15)可求得框架的剪力

$$V_F=C_F\frac{\mathrm{d}y}{\mathrm{d}x}=C_F\frac{\mathrm{d}y}{H\mathrm{d}\xi}=qH\left[\left(\frac{\lambda\mathrm{sh}\lambda+1}{\mathrm{ch}\lambda}\right)\frac{1}{\lambda}\mathrm{sh}\lambda\xi-\mathrm{ch}\lambda\xi+(1-\xi)\right] \tag{5-21}$$

框架的剪力也可由式(5-16)求出

$$V_F=V_P-V_w=qH(1-\xi)-V_w$$

显然,以上两结果是相同的。

为了使用方便,按式(5-18)~式(5-20)分别做出了均布荷载的位移系数表(见附图5-1)、均布荷载剪力墙的弯矩系数表(见附图5-2)和剪力系数表(见附图5-3),计算时可直接查用。附图见本章后的附录。

各表是按下述式(5-22)~式(5-24)给定不同的结构刚度特征值 $\lambda$ 而绘制的。

$$\frac{y(\xi)}{f_H}=\frac{8}{\lambda^4}\left[\left(\frac{\lambda\mathrm{sh}\lambda+1}{\mathrm{ch}\lambda}\right)(\mathrm{ch}\lambda\xi-1)-\lambda\mathrm{sh}\lambda\xi+\lambda^2\left(\xi-\frac{1}{2}\xi^2\right)\right] \tag{5-22}$$

式中: $f_H=\dfrac{qH^4}{8E_wI_w}$ ——剪力墙本身单独承受均布荷载时的顶部位移。

$$\frac{M_w(\xi)}{M_0}=\frac{2}{\lambda^2}\left[\left(\frac{\lambda\mathrm{sh}\lambda+1}{\mathrm{ch}\lambda}\right)\mathrm{ch}\lambda\xi-\lambda\mathrm{sh}\lambda\xi-1\right] \tag{5-23}$$

式中: $M_0=\dfrac{1}{2}qH^2$ ——均布荷载对底部的总弯矩。

$$\frac{V_w(\xi)}{V_0}=\frac{1}{\lambda}\left[\lambda\mathrm{ch}\lambda\xi-\left(\frac{\lambda\mathrm{sh}\lambda+1}{\mathrm{ch}\lambda}\right)\mathrm{sh}\lambda\xi\right] \tag{5-24}$$

式中: $V_0=qH$ ——均布荷载对底部的总剪力。

有了剪力墙的剪力系数,框架的剪力系数可用下式算出

$$\frac{V_F(\xi)}{V_0}=(1-\xi)-\frac{V_w(\xi)}{V_0} \tag{5-25}$$

## 2. 倒三角水平荷载(见图 5-10(a))

倒三角荷载作用时, $p(x)=q\dfrac{x}{H}=q\xi$。式(5-8)的特解为

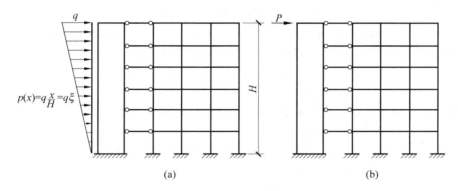

图 5-10　倒三角水平荷载和顶部水平集中力

$$y_1 = -\frac{qH^2}{6C_{\mathrm{F}}}\xi^3$$

代入式(5-9)得方程的一般解为

$$y = C_1 + C_2\xi + A\,\mathrm{sh}\lambda\xi + B\,\mathrm{ch}\lambda\xi - \frac{qH^2}{6C_{\mathrm{F}}}\xi^3$$

4 个边界条件与均布荷载作用时是一样的,因而推导过程完全一样。这里略去推导过程,直接给出倒三角水平荷载作用时的位移系数公式和剪力墙的弯矩、剪力系数公式如下

$$\frac{y(\xi)}{f_{\mathrm{H}}} = \frac{120}{11}\frac{1}{\lambda^2}\left[\left(\frac{\mathrm{sh}\lambda}{2\lambda} - \frac{\mathrm{sh}\lambda}{\lambda^3} + \frac{1}{\lambda^2}\right)\left(\frac{\mathrm{ch}\lambda\xi - 1}{\mathrm{ch}\lambda}\right) + \left(\xi - \frac{\mathrm{sh}\lambda\xi}{\lambda}\right)\left(\frac{1}{2} - \frac{1}{\lambda^2}\right) - \frac{\xi^3}{6}\right] \tag{5-26}$$

式中:$f_{\mathrm{H}} = \dfrac{11}{120}\dfrac{qH^4}{E_{\mathrm{w}}I_{\mathrm{w}}}$——剪力墙单独承受倒三角荷载时顶部的位移。

$$\frac{M_{\mathrm{w}}(\xi)}{M_0} = \frac{3}{\lambda^3}\left[\left(\frac{\lambda^2\,\mathrm{sh}\lambda}{2} - \mathrm{sh}\lambda + \lambda\right)\frac{\mathrm{ch}\lambda\xi}{\mathrm{ch}\lambda} - \left(\frac{\lambda^2}{2} - 1\right)\mathrm{sh}\lambda\xi - \lambda\xi\right] \tag{5-27}$$

式中:$M_0 = \dfrac{1}{3}qH^2$——倒三角荷载对底部的总弯矩。

$$\frac{V_{\mathrm{w}}(\xi)}{V_0} = -\frac{2}{\lambda^2}\left[\left(\frac{\lambda^2\,\mathrm{sh}\lambda}{2} - \mathrm{sh}\lambda + \lambda\right)\frac{\mathrm{sh}\lambda\xi}{\mathrm{ch}\lambda} - \left(\frac{\lambda^2}{2} - 1\right)\mathrm{ch}\lambda\xi - 1\right] \tag{5-28}$$

式中:$V_0 = \dfrac{1}{2}qH$——倒三角荷载对底部的总剪力。

将总剪力减去剪力墙的剪力就是框架的剪力

$$V_{\mathrm{F}}(\xi) = V_{\mathrm{P}}(\xi) - V_{\mathrm{w}}(\xi) = \frac{qH(1-\xi^2)}{2} - V_{\mathrm{w}}(\xi)$$

所以框架的剪力系数公式为

$$\frac{V_{\mathrm{F}}(\xi)}{V_0} = (1-\xi^2) - \frac{V_{\mathrm{w}}(\xi)}{V_0} \tag{5-29}$$

根据式(5-26)～式(5-28)绘制的附图 5-4、附图 5-5 和附图 5-6 附在本章后,计算时可以直接查用。

### 3. 顶部作用水平集中力(见图 5-10(b))

顶部作用水平集中力 $P$ 时,$p(x) = 0$。式(b)的特解 $y_1 = 0$。因此,方程的一般解为

$$y=C_1+C_2\xi+A\text{sh}\lambda\xi+B\text{ch}\lambda\xi$$

4 个边界条件已在上段中给出，利用这些条件可求出 4 个任意常数，进而求出剪力墙的弯矩、剪力。这里略去推导过程，直接给出顶部水平集中力作用时的位移系数公式和剪力墙的弯矩、剪力系数公式如下

$$\frac{y(\xi)}{f_{\text{H}}}=3\left[\frac{\text{sh}\lambda}{\lambda^3\text{ch}\lambda}(\text{ch}\lambda\xi-1)-\frac{\text{sh}\lambda\xi}{\lambda^3}+\frac{\xi}{\lambda^2}\right] \tag{5-30}$$

式中：$f_{\text{H}}=\dfrac{PH^3}{3E_{\text{w}}I_{\text{w}}}$——剪力墙单独承受水平集中力时顶部的位移。

$$\frac{M_{\text{w}}(\xi)}{M_0}=\frac{1}{\lambda}(\text{th}\lambda\text{ch}\lambda\xi-\text{sh}\lambda\xi) \tag{5-31}$$

式中：$M_0=PH$——集中力对底部的总弯矩。

$$\frac{V_{\text{w}}(\xi)}{P}=\text{ch}\lambda\xi-\text{th}\lambda\text{sh}\lambda\xi \tag{5-32}$$

将总剪力减去剪力墙的剪力就是框架的剪力。所以框架的剪力系数公式为

$$\frac{V_{\text{F}}(\xi)}{P}=1-\frac{V_{\text{w}}(\xi)}{P} \tag{5-33}$$

根据式（5-30）～式（5-32）绘制的附图 5-7、附图 5-8 和附图 5-9 附在本章后，计算时可以直接查用。

## 5.3　框架-剪力墙刚结体系在水平荷载下的计算

当考虑连梁对剪力墙的转动约束作用时，框架-剪力墙结构的计算图如图 5-11（a）所示，称为框架-剪力墙刚结体系。将墙、框分开后，在楼层标高处，剪力墙与框架间除有相互作用的集中水平力 $P_{\text{F}i}$ 外，另外在连梁反弯点处还有剪力 $V_i$（见图 5-11（b））。将它移到剪力墙轴线上（见图 5-11（c）），并将集中力矩 $M_i$

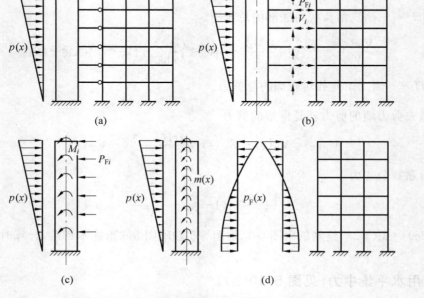

图 5-11　框架-剪力墙刚结体系协同工作关系

简化为分布的线力矩 $m$(见图 5-11(d)),图 5-11(d)就是框架-剪力墙刚结体系协同工作的关系图。从图中可以看出框架-剪力墙刚结体系与铰结体系不同之处是除了相互间有水平作用力 $p_F$ 外,墙还受连梁作用的约束弯矩 $M_i$(或 $m$)。水平反力 $p_F$ 前面已经讨论过了,下面讨论连梁的梁端约束弯矩 $M_i$。

## 5.3.1　刚结连梁的梁端约束弯矩系数

框架-剪力墙刚结体系的连梁进入墙的部分刚度很大,可用壁式框架中介绍的处理方法,把进入墙后的一部分连梁的刚度视为无限大(见图 5-12 和图 5-13),刚性段的取法见 4.6 节。所以,刚结体系的连梁是带有刚性边段(即刚域)的梁。

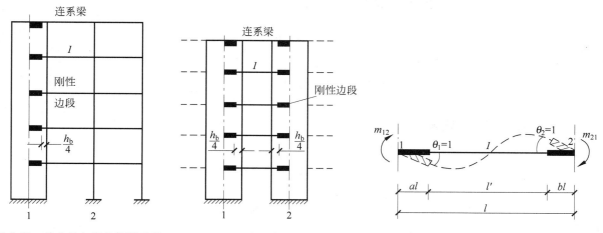

图 5-12　剪力墙与框架间的连梁　　图 5-13　剪力墙之间的连梁　　图 5-14　带刚域梁的约束弯矩系数

在水平荷载作用下,由于假设楼板在本身平面内刚度为无限大,剪力墙与框架协同工作时,同层墙与框架的水平位移必相等,同时假设同层所有结点的转角 $\theta$ 也相同。我们把刚结连梁两端都产生单位转角时梁端所需施加的力矩称为梁端约束弯矩系数,以 $m$ 表示(见图 5-14)。4.6 节中曾导出梁端约束弯矩系数的公式,现重写如下

$$
\left.
\begin{aligned}
m_{12} &= \frac{6EI(1+a-b)}{l(1-a-b)^3(1+\beta)} \\
m_{21} &= \frac{6EI(1+b-a)}{l(1-a-b)^3(1+\beta)} \\
\beta &= \frac{12\mu EI}{GAl'^2}
\end{aligned}
\right\}
\tag{5-34}
$$

如果不考虑剪切变形的影响,可令 $\beta=0$。

令式(5-34)中 $b=0$,就得到仅左面有刚性边段的梁端约束弯矩系数

$$
\left.
\begin{aligned}
m_{12} &= \frac{6EI(1+a)}{l(1-a)^3(1+\beta)} \\
m_{21} &= \frac{6EI}{l(1-a)^2(1+\beta)}
\end{aligned}
\right\}
\tag{5-35}
$$

这里应指出，在实际工程中，按以上公式计算的结果，连梁的弯矩往往较大，梁配筋很多。为了减少配筋，允许考虑连梁的塑性变形，进行塑性调幅。塑性调幅的方法是降低连梁的刚度，在式（5-26）和式（5-35）中用 $\beta_h EI$ 代替 $EI$，$\beta_h$ 值一般不小于 $0.55$。

有了梁端约束弯矩系数 $m_{12}$ 和 $m_{21}$，就可以求出梁端有转角 $\theta$ 时的约束弯矩

$$M_{12} = m_{12}\theta$$
$$M_{21} = m_{21}\theta$$

将集中的约束弯矩连续化均布在整个层高上，则均布的线弯矩为

$$\overline{m}_{ij} = \frac{M_{ij}}{h} = \frac{m_{ij}}{h}\theta$$

当同一层内连梁有 $n$ 个刚结点与剪力墙连接时，总线约束弯矩为

$$m = \sum_1^n \frac{m_{ij}}{h}\theta \tag{5-36}$$

式中总和数为梁与墙连接点的总数。

式（5-36）就是刚结连梁给剪力墙的线约束弯矩公式。

## 5.3.2 基本方程及其解

图 5-15 所示计算图中，刚结连梁的约束弯矩使剪力墙 $x$ 截面产生的弯矩为

$$M_{\mathrm{m}} = -\int_x^H m\,\mathrm{d}x$$

相应的剪力及荷载分别为

$$\left.\begin{array}{l} V_{\mathrm{m}} = -\dfrac{\mathrm{d}M_{\mathrm{m}}}{\mathrm{d}x} = -m = -\sum \dfrac{m_{ij}}{h}\dfrac{\mathrm{d}y}{\mathrm{d}x} \\[3mm] p_{\mathrm{m}} = -\dfrac{\mathrm{d}V_{\mathrm{m}}}{\mathrm{d}x} = \dfrac{\mathrm{d}m}{\mathrm{d}x} = \sum \dfrac{m_{ij}}{h}\dfrac{\mathrm{d}^2 y}{\mathrm{d}x^2} \end{array}\right\} \tag{5-37}$$

式（5-37）的剪力及荷载称为"等代剪力"和"等代荷载"，其物理意义为刚结连梁的约束弯矩作用所分担的剪力和荷载。

有了约束弯矩后，剪力墙的变形、内力和荷载间的关系可表示为（见图 5-15）

$$\left.\begin{array}{l} EI_{\mathrm{w}}\dfrac{\mathrm{d}^2 y}{\mathrm{d}x^2} = M_{\mathrm{w}} \\[3mm] EI_{\mathrm{w}}\dfrac{\mathrm{d}^3 y}{\mathrm{d}x^3} = \dfrac{\mathrm{d}M_{\mathrm{w}}}{\mathrm{d}x} = -V_{\mathrm{w}} - V_{\mathrm{m}} = -V_{\mathrm{w}} + m \\[3mm] EI_{\mathrm{w}}\dfrac{\mathrm{d}^4 y}{\mathrm{d}x^4} = -\dfrac{\mathrm{d}V_{\mathrm{w}}}{\mathrm{d}x} + \dfrac{\mathrm{d}m}{\mathrm{d}x} = p_{\mathrm{w}} + p_{\mathrm{m}} \\[3mm] \qquad\qquad = p(x) - p_{\mathrm{F}} + \sum \dfrac{m_{ij}}{h}\dfrac{\mathrm{d}^2 y}{\mathrm{d}x^2} \end{array}\right\} \tag{5-38}$$

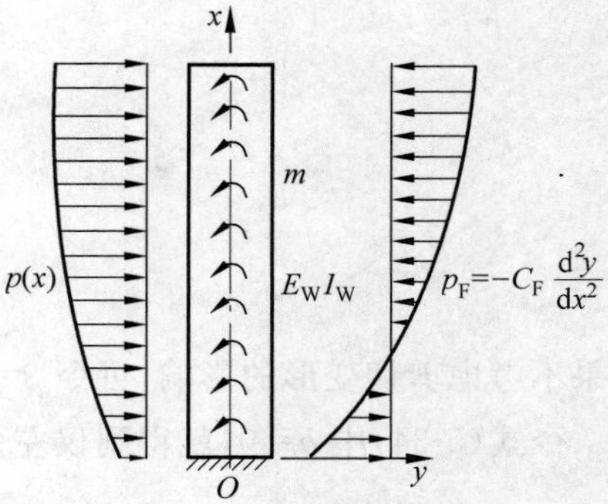

图 5-15 刚结体系剪力墙的受力关系

与无约束弯矩的剪力墙相比，后两式中均多了一项，即多了式（5-37）中的"等代剪力"和"等代荷载"。

由于总框架的受力仍与铰结体系相同，$p_F$ 仍与前同，即

$$p_F = -\frac{dV_F}{dx} = -C_F \frac{d^2 y}{dx^2}$$

代入式(5-38)的第三式，经过整理，得

$$\frac{d^4 y}{dx^4} - \frac{C_F + \sum \frac{m_{ij}}{h}}{E_w I_w} \frac{d^2 y}{dx^2} = \frac{p(x)}{E_w I_w} \tag{5-39}$$

上式就是求解 $y(x)$ 的基本微分方程。

引入符号

$$\left.\begin{array}{l} \lambda = H \sqrt{\dfrac{C_F + \sum \dfrac{m_{ij}}{h}}{E_w I_w}} = H \sqrt{\dfrac{C_m}{E_w I_w}} \\[4mm] \xi = \dfrac{x}{H} \end{array}\right\} \tag{5-40}$$

式中：$C_m = C_F + \sum \dfrac{m_{ij}}{h}$。

式(5-39)可变为

$$\frac{d^4 y}{d\xi^4} - \lambda^2 \frac{d^2 y}{d\xi^2} = \frac{p(\xi) H^4}{E_w I_w}$$

上式与铰结体系的式(5-38)完全一样，因而铰结体系中所有微分方程的解对刚结体系都适用，所有图表曲线也可以应用。但要注意以下两点区别：

（1）结构的刚度特征值 $\lambda$ 不同，考虑了刚结连梁约束弯矩的影响，应按式(5-40)计算。

（2）剪力墙、框架剪力计算不同。

由附图 5-3、附图 5-6 和附图 5-9 查出的墙剪力系数计算出的 $V_w$ 是铰结体系总剪力墙的剪力，而不是刚结体系总剪力墙的剪力。

在刚结体系中，先把由 $y$ 微分三次得到的剪力记为 $\overline{V}_w$（由附图中查得的结果是按此关系得到的）；再考虑连梁约束弯矩的影响，即式(5-38)的第二式，有

$$EI_w \frac{d^3 y}{dx^3} = -\overline{V}_w = -V_w + m$$

因此

$$V_w = \overline{V}_w + m \tag{5-41}$$

再考虑，任意高度处（$\xi$ 处）总剪力墙剪力与总框架剪力之和应与外荷载产生的总剪力相等，即

$$V_P = V_w + V_F = \overline{V}_w + \overline{V}_F$$

则

$$\overline{V}_F = V_P - \overline{V}_w$$

这里，因为考虑了刚结连梁约束弯矩的影响，我们对墙和框架分别引入两个广义剪力，即 $\overline{V}_w = V_w - m$ 和 $\overline{V}_F = V_F + m$，$m$ 为梁约束弯矩的影响。

最后，将刚结体系剪力墙和框架剪力及连梁约束弯矩的计算步骤列于下面：

（1）由刚结体系的 $\lambda$ 值及 $\xi$ 值，查附图 5-3、附图 5-6、附图 5-9，得墙的剪力系数，算出墙的广义剪力 $\overline{V}_w$；

（2）将总剪力 $V_P$ 减去墙的广义剪力 $\overline{V}_W$，得框架的广义剪力 $\overline{V}_F$，即

$$\overline{V}_F = V_P - \overline{V}_W \tag{5-42}$$

（3）将 $\overline{V}_F$ 按框架抗剪刚度和连梁刚度比例分配，求出框架的总剪力 $V_F$ 和梁端的总约束弯矩 $m$

$$\left. \begin{array}{l} V_F = \dfrac{C_F}{C_m} \overline{V}_F \\[4mm] m = \dfrac{\sum \dfrac{m_{ij}}{h}}{C_m} \overline{V}_F \end{array} \right\} \tag{5-43}$$

（4）按下式计算墙的剪力

$$V_W = \overline{V}_W + m \tag{5-44}$$

## 5.3.3  各剪力墙、框架和连梁的内力计算

在求出总剪力墙、总框架和总连梁内力之后，还要求出各墙肢、各框架梁柱及各连梁的内力，以供设计中控制断面所需。

### 1. 剪力墙内力

剪力墙的弯矩和剪力都是底部截面最大，越往上越小。一般取楼板标高处的 $M,V$ 作为设计内力。求出各楼板坐标 $\xi_j$ 处的总弯矩、剪力后，按各片墙的等效刚度进行分配。第 $j$ 层第 $i$ 个墙肢的内力为

$$\left. \begin{array}{l} M_{W_{ij}} = \dfrac{EI_{eqi}}{\sum EI_{eqi}} M_{Wj} \\[4mm] V_{W_{ij}} = \dfrac{EI_{eqi}}{\sum EI_{eqi}} V_{Wj} \end{array} \right\} \tag{5-45}$$

### 2. 各框架梁、柱内力

在求得框架总剪力 $V_F$ 后，按各柱 $D$ 值的比例把 $V_F$ 分配给各柱。应当取各柱反弯点位置的坐标计算 $V_F$。近似方法中，可近似求出每层柱中点处的剪力。在按各楼板坐标 $\xi$ 计算 $V$ 后，可得到楼板标高处的 $V_F$。用各楼层上、下两层楼板标高处的 $V_F$，取平均值作为该层柱中点的剪力。第 $i$ 层第 $j$ 个柱的剪力为

$$V_{Cij} = \frac{D_i}{\sum D_i} \frac{V_{F(j-1)} + V_{Fj}}{2} \tag{5-46}$$

在求得每个柱的剪力后，可用第 3 章框架结构计算梁、柱弯矩的方法计算各杆件的内力。

### 3. 刚结连梁墙边弯矩和剪力

按式(5-43)的第二式求出总线约束弯矩 $m$ 后，利用每根梁的约束弯矩系数 $m_{ij}$ 值，按比例将总线约束

弯矩分配给每根梁,得到每根梁的线约束弯矩 $\overline{m_{ij}} = \dfrac{m_{ij}}{\sum m_{ij}} m$。每根梁端的集中弯矩为

$$M_{ij} = \overline{m_{ij}} h = \frac{m_{ij}}{\sum m_{ij}} mh \tag{5-47}$$

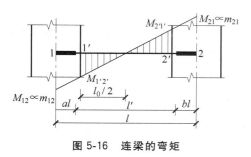

图 5-16　连梁的弯矩

上式弯矩为剪力墙轴线处的弯矩,设计时要求出墙边的弯矩和剪力(见图 5-16)。

利用图 5-16 所示的三角形比例关系可以求出墙边的弯矩和剪力。

实用时,可按下式先求出连梁的剪力

$$V_b = \frac{M_{12} + M_{21}}{l} \tag{5-48}$$

因为由各墙肢转角相同的假设,连梁的反弯点总是在跨中点,

因而可由连梁的剪力求出墙边弯矩为

$$M_{1'2'} = M_{2'1'} = V_b \frac{l_0}{2} \tag{5-49}$$

式中:$l_0$——连梁净跨。

## 5.4　框架-剪力墙的受力和位移特征以及本章计算方法的应用条件

### 5.4.1　框架-剪力墙结构的受力、位移特征和受力的限制性规定

下面对框架-剪力墙的受力和位移特征进行一些分析。

#### 1. 侧向位移的特征

框架-剪力墙体系的侧向位移形状与结构刚度特征值 $\lambda$ 有很大关系。由式(5-7)和式(5-40)知道,$\lambda$ 与框架抗剪刚度与剪力墙抗弯刚度的比值有关。当 $\lambda$ 很小(如 $\lambda \leqslant 1$),即框架的刚度与剪力墙的刚度比很小时,侧移曲线像独立的悬臂梁一样,曲线凸形朝向原始位置,曲线的形状为弯曲变形的形状(见图 5-17 中实线)。当 $\lambda$ 较大(如 $\lambda \geqslant 6$),即框架的刚度与剪力墙的刚度比较大时,侧移曲线凹形朝向原始位置,曲线的形状为剪切变形的形状(见图 5-17 中虚线)。当 $\lambda = 1 \sim 6$ 时,侧向位移曲线界于弯曲和剪切变形之间,下部略带弯曲型,上部略带剪切型,称为弯剪型变形,此时上下层间变形较为均匀。随着 $\lambda$ 的增大,剪力墙与框架的刚度比相对薄弱,框架承担的荷载相对增加了,体系的变形曲线就接近纯框架的变形曲线了。图 5-17 是按顶端的侧移量相等时画出的侧移曲线。

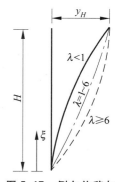

图 5-17　侧向位移与 $\lambda$ 的关系

## 2. 荷载与剪力的分布特征

本章末附图 5-1～附图 5-9 中给出了剪力墙的剪力分布特征，但没有给出荷载的分布特征，现将此两者结合起来进行一些分析，可以有助于了解框架-剪力墙共同工作的一些特征。下面以均布荷载为例进行分析。

首先，框架-剪力墙体系的剪力分配是与结构刚度特征值 λ 有很大关系的。图 5-18 为均布荷载作用时剪力墙的剪力分布示意图。当 λ 很小时，剪力墙几乎承担总剪力的全部。当 λ 较大时，剪力墙承担的剪力就减小了。当 λ 很大时（即剪力墙很弱），则框架几乎承担全部剪力。

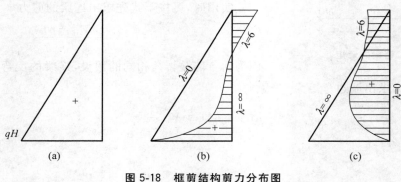

**图 5-18　框剪结构剪力分布图**

(a) $V$ 图；(b) $V_W$ 图；(c) $V_F$ 图

其次，通过（见图 5-18、图 5-19）分析框架、剪力墙承担剪力和荷载的特点，可以指出以下几点：

（1）框架承受的荷载（即框架给剪力墙的弹性反力）在上部为正，在下部出现负值。这是因为框架和剪力墙单独承受荷载时，其变形曲线是不同的。框架和剪力墙共同工作时，相互间必然产生上述的荷载形式，使两个不同的变形形式统一起来（见图 5-20）。

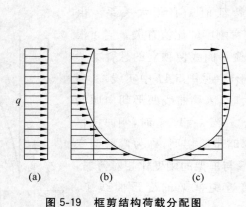

**图 5-19　框剪结构荷载分配图**

(a) $p$ 图；(b) $p_W$ 图；(c) $p_F$ 图

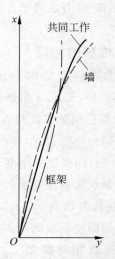

**图 5-20　墙、框共同变形**

（2）框架和剪力墙顶部剪力不为零（见图 5-18）。这是因为相互间在顶部有集中力作用的缘故（见图 5-19）。这一点在设计时应该注意，以保证顶层墙与框架的整体性。

（3）框架的剪力最大值在结构的中部（$\xi = 0.6 \sim 0.3$），且最大值位置随结构刚度特征值 $\lambda$ 的增大而向下移动（见附图 5-3 和附图 5-6）。所以，对框架起控制作用的是中部的剪力值。

框架底部剪力为零，全部剪力均由剪力墙承担（见图 5-18），这是由计算方法近似性所造成，并不符合实际情况。

### 3. 框架-剪力墙结构受力的限制性规定

《高层规程》规定，在抗震设计时，框架-剪力墙结构中各层框架总剪力应符合以下条件

$$V_F \geqslant 0.2V_0$$

式中，$V_0$ 如下考虑：对框架柱数量从下至上基本不变的规则建筑，应取地震作用的结构底部总剪力；对框架柱数量从下至上分段有规律变化的结构，应取每段最下一层结构对应于地震作用的总剪力。

对不满足上式要求的楼层，其框架总剪力应按 $0.2V_0$ 和 $1.5V_{F,max}$ 二者的较小值采用。$V_{F,max}$ 对框架柱数量从下至上基本不变的规则建筑，应取地震作用未经调整的各层框架承担的地震总剪力中的最大值；对框架柱数量从下至上分段有规律变化的结构，应取每段中对应于地震未经调整的各层框架承担的地震总剪力中的最大值。

另外，为满足剪力墙承受的底部地震弯矩不少于底部总地震弯矩的 50%，可使结构特征值不大于 2.4。为了使框架充分发挥作用，达到框架最大楼层剪力 $V_{F,max} \geqslant 0.2V_0$，剪力墙刚度不宜过大，可使 $\lambda$ 值不小于 1.15。

## 5.4.2　本节计算方法的应用条件

本节介绍的计算方法是连续化的协同工作方法。基本方程及其解是在各层剪力墙抗弯刚度相等，各层框架抗剪刚度相等，各层连梁刚度也相等的条件下导出的。如果各层刚度变化太大，则本方法不适用。如果各层刚度相差不大，则可用沿高度加权平均的方法，得到平均刚度，按平均刚度用本方法计算。

另外，本方法在推导时没有考虑剪力墙与连梁的剪切变形的影响，也没有考虑剪力墙轴向变形的影响。框架柱轴向变形的影响，当用式(5-3)的等效刚度时，近似地考虑了。一般说来，当剪力墙的截面高与墙高的比值 $\leqslant \frac{1}{4}$ 时，当连梁的高跨比 $\leqslant \frac{1}{4}$ 时，剪切变形的影响是不大的；当框架的高宽比 $< 4$ 时，柱子轴向变形的影响也是不大的。满足这些要求的框架-剪力墙结构，用本章介绍的计算方法和计算图表可以得到满意的计算结果。

## 5.5 框架、剪力墙及框架-剪力墙结构的扭转近似计算

### 5.5.1 问题的提出

在前面讨论的框架、剪力墙及框架-剪力墙的计算中,我们都假定水平荷载合力的作用线通过结构的刚度中心,因而结构没有绕竖轴的扭转产生。

当结构的平面布置或剪力墙的设置较复杂且不对称时,上述假定就不成立了。如图 5-21 所示结构平面布置,由于建筑物对称,质量均匀分布,水平荷载(风力或地震作用)的合力通过结构质量中心 $O_1$。从剪力墙布置看,对 $y$ 轴说,墙 $a$ 对称,墙 $b$ 不对称;对 $x$ 轴说,墙 $a$ 对称,墙 $b$ 不对称。所以,结构的刚度中心 $O_D$ 较质量中心 $O_1$ 偏左、偏下,分别以 $e_{0x}$,$e_{0y}$ 表示。如此时受横向荷载的作用,结构不仅有横向的平移,还会有绕刚度中心 $O_D$ 的扭转,这就增加了结构受力的复杂性,也给计算增添了麻烦。应该指出的是,扭转的因素在计算时不容易考虑准确,而从房屋地震破坏的情况看扭转又是一个很重要的致坏因素。因此,当水平荷载合力的作用线不经过建筑物的刚度中心时,应考虑扭转的影响。

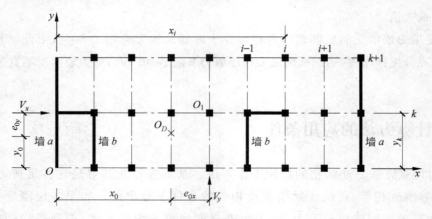

**图 5-21 结构受扭转的情况**

国外多数抗震设计规范规定需考虑由于施工、使用或地震地面运动的扭转分量等因素所引起的偶然偏心的不利影响。即使对于平面规则(包括对称)的建筑结构也规定了偶然偏心;对于平面布置不规则的结构,除其自身已有的偏心外,还要加上偶然偏心。《高层规程》增加了计算单向地震作用时应考虑偶然偏心的影响。每层的质心沿垂直于地震作用方向的偏移值按下式采用:

$$e_i = \pm 0.05 L_i$$

式中:$e_i$——第 $i$ 层质心偏移值,m,各楼层质心偏移方向相同;

$L_i$——第 $i$ 层垂直于地震作用方向的建筑物总长度,m。

结构平面布置应减少扭转的影响。在考虑偶然偏心影响的地震作用时,楼层竖向构件的最大水平位移和层间位移,A级高度高层建筑不宜大于该楼层平均值的 1.2 倍,不应大于该楼层平均值的 1.5 倍;

B 级高度高层建筑不宜大于该楼层平均值的 1.2 倍,不应大于该楼层平均值的 1.4 倍。

当计算双向地震作用时,可不考虑质量偶然偏心的影响。

扭转的计算方法,大致也分两类:一是将整个结构作为一个空间结构,用矩阵位移法来分析内力与位移,此时可以考虑扭转的影响;另一种是简化计算,是考虑扭转因素后修正剪力的近似计算。本节介绍的是后者。近似计算概念清楚,计算简便,对比较规则的结构可以取得较好的效果。此外,通过近似计算,可使读者了解如何减少结构扭转、增强抗扭能力的设计概念。

## 5.5.2　质量中心、刚度中心和扭转偏心距

在近似计算中,先要确定水平荷载合力作用线和刚度中心,二者之间的垂直距离为扭转偏心距。

风荷载的合力作用线位置已在第 2 章中讨论过。等效地震荷载的合力作用点即惯性力的合力作用点,与质量分布有关,称为质量中心(简称质心)。可将建筑物面积分为若干个单元,认为在每个单元内质量是均匀分布的,如图 5-22 所示。如以 $Oxy$ 为参考坐标,质心坐标为

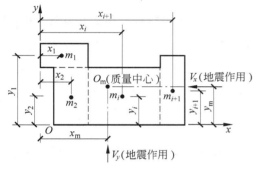

图 5-22　质心坐标

$$\left.\begin{array}{l} x_{\mathrm{m}} = \dfrac{\sum m_i x_i}{\sum m_i} = \dfrac{\sum W_i x_i}{\sum W_i} \\[3mm] y_{\mathrm{m}} = \dfrac{\sum m_i y_i}{\sum m_i} = \dfrac{\sum W_i y_i}{\sum W_i} \end{array}\right\} \tag{5-50}$$

式中:$m_i$,$W_i$——第 $i$ 个面积单元的质量,重量;

　　　$x_i$,$y_i$——第 $i$ 个面积单元的重心坐标。

所谓刚度中心,在近似计算中是指各片抗侧移结构的抗侧移刚度的中心。计算方法与形心计算方法类似。把抗侧力单元的抗侧移刚度作为假想面积,则此假想面积的形心就是刚度中心。

抗侧移刚度是指使抗侧力单元产生单位层间位移时,需要作用的层剪力,也称为抗推刚度,即

$$\left.\begin{array}{l} D_{yi} = \dfrac{V_{yi}}{\delta_y} \\[3mm] D_{xk} = \dfrac{V_{xk}}{\delta_x} \end{array}\right\} \tag{5-51}$$

式中:$V_{yi}$——与 $y$ 轴平行的第 $i$ 片结构的剪力;

　　　$V_{xk}$——与 $x$ 轴平行的第 $k$ 片结构的剪力;

　　　$\delta_x$,$\delta_y$——该结构在 $x$ 方向和 $y$ 方向的层间位移。

现以图 5-21 所示平面布置为例计算刚度中心。任选参考坐标 $Oxy$,与 $y$ 轴平行的抗侧力单元以 1,2,$\cdots$,$i$ 为编号,抗侧移刚度为 $D_{yi}$;与 $x$ 轴平行的单元以 1,2,$\cdots$,$k$ 为编号,抗侧移刚度为 $D_{xk}$;则刚度中心坐标分别为

$$x_0 = \frac{\sum D_{yi} x_i}{\sum D_{yi}} \left.\begin{array}{c}\\\\\\\end{array}\right\}$$

$$y_0 = \frac{\sum D_{xk} y_k}{\sum D_{xk}} \left.\begin{array}{c}\\\\\\\end{array}\right\} \quad (5\text{-}52)$$

下面分别说明对框架、剪力墙和框架-剪力墙三类结构中,刚心位置的具体算法。

### 1. 框架结构

框架柱的 $D$ 值就是抗侧移刚度,所以分别求出每根柱在 $y$ 方向和 $x$ 方向的 $D$ 值后,直接代入式(5-52)求 $x_0$ 及 $y_0$,式中求和符号表示对所有柱求和。

### 2. 剪力墙结构

根据式(5-51)的定义求剪力墙的抗侧移刚度,式中 $V_{yi}$ 及 $V_{xk}$ 是在剪力墙结构平移变形时第 $i$ 片及第 $k$ 片墙分配到的剪力。它们是按各片剪力墙的等效抗弯刚度分配的。

$$V_{yi} = \frac{E_i I_{\text{eq}yi}}{\sum E_i I_{\text{eq}yi}} V_y \left.\begin{array}{c}\\\\\\\end{array}\right\}$$

$$V_{xk} = \frac{E_i I_{\text{eq}xk}}{\sum E_i I_{\text{eq}xk}} V_x \left.\begin{array}{c}\\\\\\\end{array}\right\} \quad (5\text{-}53)$$

将式(5-51)及式(5-53)代入式(5-52),通常同一层中各片剪力墙弹性模量相同,故刚心坐标可由下式计算

$$x_0 = \sum I_{\text{eq}yi} x_i \Big/ \sum I_{\text{eq}yi} \left.\begin{array}{c}\\\\\\\end{array}\right\}$$

$$y_0 = \sum I_{\text{eq}xk} y_k \Big/ \sum I_{\text{eq}xk} \left.\begin{array}{c}\\\\\\\end{array}\right\} \quad (5\text{-}54)$$

式(5-54)说明,在剪力墙结构中,可以直接由剪力墙等效抗弯刚度计算刚心位置,计算时注意纵向及横向剪力墙要分别计算,式中求和符号表示对同一方向各片剪力墙求和。

### 3. 框架-剪力墙结构

在框剪结构中,框架柱的抗推刚度和剪力墙的等效抗弯刚度都不能直接使用。可以根据抗推刚度的定义,把式(5-51)代入式(5-52),这时注意把与 $y$ 轴平行的框架与剪力墙按统一顺序排号,与 $x$ 轴平行的也按统一顺序排号,则可得到

$$x_0 = \frac{\sum [(V_{yi}/\delta_y) x_i]}{\sum (V_{yi}/\delta_y)} = \frac{\sum V_{yi} x_i}{\sum V_{yi}} \left.\begin{array}{c}\\\\\\\end{array}\right\}$$

$$y_0 = \frac{\sum [(V_{xk}/\delta_x) y_k]}{\sum (V_{xk}/\delta_x)} = \frac{\sum V_{xk} y_k}{\sum V_{xk}} \left.\begin{array}{c}\\\\\\\end{array}\right\} \quad (5\text{-}55)$$

式(5-55)中的 $V_{yi}$ 与 $V_{xk}$ 是框剪结构 $y$ 方向及 $x$ 方向下移变形下协同工作计算后,各片抗侧力单元所

分配到的剪力。因此,在框剪结构中,一般先做不考虑扭转时的协同工作计算,然后按式(5-55)近似计算刚心位置。

从式(5-55)也可给刚度中心一个新的解释,即它是在不考虑扭转情况下各抗侧力单元层剪力的合力中心。因此,在其他类型的结构中,当已经知道各抗侧力单元抵抗的层剪力值后,也可直接由层剪力计算刚心位置。

在确定了水平力合力作用线和刚度中心后,二者的距离 $e_{0x}$ 和 $e_{0y}$ 就分别是 $y$ 方向作用力(剪力)$V_y$ 和 $x$ 方向作用力(剪力)$V_x$ 的计算偏心距,见图 5-21。

当计算单向地震作用时,应考虑偶然偏心的影响,将近似计算所得的偏心距增大,得到设计偏心距($y$ 方向地震作用):

$$e_x = e_{0x} + 0.05L_x \tag{5-56}$$

式中:$L_x$——与地震作用方向相垂直的建筑物总长。

## 5.5.3　考虑扭转后的剪力修正

图 5-23(a)为一结构第 $j$ 层的平面示意图。设该层以上沿 $y$ 方向的总水平力为 $\sum_{k=j}^{n} P_k$,也就是第 $j$ 层的总剪力 $V_y$ 不通过该层的刚度中心 $O_D$,偏心距为 $e_x$。下面为了简明,书写时省去层的下标 $j$。

因为假设楼盖在自身平面内为刚性体,因而楼面上各点间没有相对变形,整个楼盖像一个刚片一样产生运动(平移和转动)。为了清楚起见,我们把图 5-23(a)所示的受力和位移状态分解为图 5-23(b)和(c)。图 5-23(b)为通过刚度中心 $O_D$ 作用有力 $V_y$,此时楼盖沿 $y$ 方向产生层间相对水平位移 $\delta$。图 5-23(c)为通过刚度中心作用有力矩 $M = V_y e_x$,此时楼盖绕通过刚度中心的竖轴产生层间相对转角 $\theta$。这样,楼层各点处的层间位移均可用刚度中心处的层间相对水平位移 $\delta$ 和绕刚度中心的转角 $\theta$ 表示。如 $y$ 方向第 $i$ 榀结构距刚度中心的距离为 $x_i$,沿 $y$ 方向的层间位移可表示为(见图 5-23):

$$\delta_{yi} = \delta + \theta x_i \tag{5-57}$$

$x$ 方向第 $k$ 榀结构距刚度中心的距离为 $y_k$,沿 $x$ 方向的层间相对位移可表示为(见图 5-23(c))

$$\delta_{xk} = -\theta y_k \tag{5-58}$$

设 $D_{xk}$ 为第 $k$ 榀结构在 $x$ 方向的抗推刚度,$D_{yi}$ 为第 $i$ 榀结构在 $y$ 方向的抗推刚度;$V_{xk}$ 为第 $k$ 榀结构

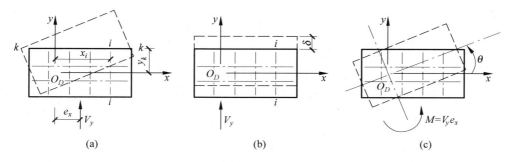

(a)　　　　　　　(b)　　　　　　　(c)

**图 5-23　结构平移和扭转**

在 $x$ 方向所承担的剪力，$V_{yi}$ 为第 $i$ 榀结构在 $y$ 方向所承担的剪力，则

$$\left. \begin{array}{l} V_{xk} = D_{xk}\delta_{xk} = -D_{xk}\theta y_k \\ V_{yi} = D_{yi}\delta_{yi} = D_{yi}(\delta + \theta x_i) = D_{yi}\delta + D_{yi}\theta x_i \end{array} \right\} \qquad (5\text{-}59)$$

由图 5-23(a)知，沿 $y$ 方向所受的总作用力 $V_y$ 应与各榀结构在 $y$ 方向所能承担的剪力平衡，即

$$\sum Y = 0, \quad V_y = \sum D_{yi}\delta_{yi} = \sum D_{yi}\delta + \sum D_{yi}\theta x_i$$

这里求和符号 $\sum$ 为对 $y$ 方向各榀结构求和。

由于 $O_D$ 为刚度中心

所以

$$\sum D_{yi}x_i = 0 \qquad (5\text{-}60)$$

因此由上式得

$$\delta = \frac{V_y}{\sum D_{yi}}$$

此式的物理意义由图 5-23(b)看也很清楚。

在图 5-23(a)中，刚度中心外力矩 $M = V_y e_x$ 应与各榀结构所能承担的剪力对刚心的抵抗力矩平衡，即

$$\sum M_{OD} = 0, \quad V_y e_x = \sum (V_{yi}x_i) - \sum (V_{xk}y_k) \qquad (5\text{-}61)$$

等式后第一项是沿 $y$ 方向各榀结构的抵抗力矩；第二项是沿 $x$ 方向各榀结构的抵抗力矩。对于图 5-23 所取的坐标，$V_{xk}$ 是沿 $x$ 方向的力，当 $y_k$ 为正时，$V_{xk}$ 对 $O_D$ 产生的抵抗力矩是顺时针转向的（与式中第一项逆时针的转向不同），所以前面有负号（见图 5-23(c)）。

将式(5-59)代入式(5-61)，并利用式(5-60)的关系，得

$$V_y e_x = \theta \left( \sum D_{yi}x_i^2 + \sum D_{xk}y_k^2 \right)$$

所以

$$\theta = \frac{V_y e_x}{\sum D_{yi}x_i^2 + \sum D_{xk}y_k^2}$$

将 $\delta$ 和 $\theta$ 代入式(5-59)，整理后得到

$$\left. \begin{array}{l} V_{xk} = \dfrac{D_{xk}y_k}{\sum D_{yi}x_i^2 + \sum D_{xk}y_k^2} V_y e_x \\[4mm] V_{yi} = \dfrac{D_{yi}}{\sum D_{yi}} V_y + \dfrac{D_{yi}x_i}{\sum D_{yi}x_i^2 + \sum D_{xk}y_k^2} V_y e_x \end{array} \right\} \qquad (5\text{-}62)$$

上式就是每榀结构在考虑扭转时分担的层间剪力。

在 $y$ 方向荷载作用时，$x$ 方向的受力一般不大，所以式(5-62)的第一式常可忽略不计。第二式的物理意义很清楚，前一项表示平移产生的层间剪力（见图 5-23(b)），后一项表示扭转产生的层间剪力（见图 5-23(c)）。将式(5-62)的第二式改写为

$$V_{yi} = \left[ 1 + \frac{\left( \sum D_{yi} \right) x_i e_x}{\sum D_{yi}x_i^2 + \sum D_{xk}y_k^2} \right] \frac{D_{yi}}{\sum D_{yi}} V_y$$

简写为

$$V_{yi} = \alpha_{yi} \frac{D_{yi}}{\sum D_{yi}} V_y \tag{5-63}$$

式中

$$\alpha_{yi} = 1 + \frac{(\sum D_{yi}) x_i e_x}{\sum D_{yi} x_i^2 + \sum D_{xk} y_k^2} \tag{5-64}$$

式(5-63)后面的项是不考虑扭转时直接按抗推刚度比求得的层间剪力；前面的系数 $\alpha_{yi}$ 即式(5-64)，是考虑扭转后对第 $i$ 榀抗侧力结构的一个扭转修正系数。

以上是在 $y$ 方向有偏心距时推导的。同理，当 $x$ 方向作用总剪力 $V_x$，有偏心距 $e_y$ 时，$x$ 方向第 $k$ 榀结构的层间剪力为

$$V_{xk} = \alpha_{xk} \frac{D_{xk}}{\sum D_{xk}} V_x \tag{5-65}$$

式中

$$\alpha_{xk} = 1 + \frac{(\sum D_{xk}) y_k e_y}{\sum D_{yi} x_i^2 + \sum D_{xk} y_k^2} \tag{5-66}$$

## 5.5.4　讨论

（1）每榀抗侧力结构的坐标位置有正、有负，从而扭转修正系数 $\alpha$ 中的第二项也有正、有负，即可能出现 $\alpha > 1$ 的情况，也可能出现 $\alpha < 1$ 的情况。前者相当于考虑扭转后，剪力增大了；后者相当于考虑扭转后，剪力减小了(见图 5-23)。在考虑抗扭的验算中，只考虑 $\alpha > 1$ 的情况。此外，一般情况下，离刚心愈远的抗侧力结构，剪力修正值也愈大。

（2）结构的抗扭刚度由 $\sum D_{yi} x_i^2$ 和 $\sum D_{xk} y_k^2$ 之和组成，也就是说，结构中纵向和横向抗侧力单元共同抵抗扭矩。距离刚心愈远的抗侧力单元对抗扭刚度的贡献愈大。

因此，把抗侧移刚度较大的剪力墙放在离刚心远一点的地方，抗扭效果较好。此外，如能把抗侧力单元布置成方形或圆形，则能较充分地发挥结构的抗扭作用。

（3）在扭转作用下，各片抗侧力结构的层间变形不同，距刚心较远的结构边缘的抗侧力单元的层间侧移最大。在结构设计时应注意扭转引起的附加变形不应太大，见 5.5.1 节中的规定。

（4）在上、下布置都相同的框-剪结构中，各层的刚心并不一定在同一根竖轴上，有时刚心位置还会相差较大。此时，各层结构的偏心距和扭矩会改变，各层结构的扭转修正系数也会改变。

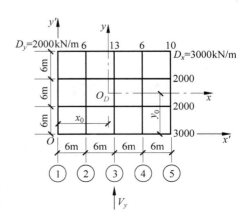

图 5-24　例 5-1 平面图

【例 5-1】 图 5-24 表示某结构第 $j$ 层的平面图,图中所注数字为各榀结构沿 $x$ 方向和 $y$ 方向的层间抗推刚度 $D$ 值(单位为 kN/m),$y$ 方向总剪力 $V_y=100$kN,求考虑扭转后每榀结构的层间位移和层间剪力。

【解】 基本数据列表计算见表 5-1。选 $Ox'y'$ 为参考坐标,计算刚度中心位置。

表 5-1 例 5-1 表 1

| $i$ | $D_{yi}$ /(kN·m) | $x'_i$ /m | $D_{yi}x'_i$ /kN | $x_i^2$ /m² | $D_{yi}x'^2_i$ /(kN·m) | $k$ | $D_{xk}$ /(kN·m) | $y'_k$ /m | $D_{xk}y'_k$ /kN | $y'^2_k$ /m² | $D_{xk}y'^2_k$ /(kN·m) |
|---|---|---|---|---|---|---|---|---|---|---|---|
| 1 | 2000 | 0 | 0 | 0 | 0 | 1 | 3000 | 0 | 0 | 0 | 0 |
| 2 | 600 | 6 | 3600 | 36 | 21600 | 2 | 2000 | 6 | 12000 | 36 | 72000 |
| 3 | 1300 | 12 | 15600 | 144 | 187200 | 3 | 2000 | 12 | 24000 | 144 | 288000 |
| 4 | 600 | 18 | 10800 | 324 | 194400 | 4 | 3000 | 18 | 54000 | 324 | 972000 |
| 5 | 1000 | 24 | 24000 | 576 | 576000 | | | | | | |
| $\sum$ | 5500 | | 54000 | | 979200 | $\sum$ | 10000 | | 90000 | | 1332000 |

刚度中心

$$x_0 = \frac{\sum D_{yi}x'_i}{\sum D_{yi}} = \frac{54000}{5500} = 9.82(\text{m})$$

$$y_0 = \frac{\sum D_{xk}y'_k}{\sum D_{xk}} = \frac{90000}{10000} = 9(\text{m})$$

偏心距

$$e_x = 12 - 9.82 = 2.18(\text{m})$$

$$e_y = 0$$

以刚度中心为原点,建立坐标系 $O_D xy$。因为 $y = y' - y_0$,$\sum D_{xk}y'_k = y_0 \sum D_{xk}$,所以

$$\sum D_{xk}y_k^2 = \sum D_{xk}(y'_k - y_0)^2 = \sum D_{xk}y'^2_k - 2y_0 \sum D_{xk}y'_k + \sum D_{xk}y_0^2$$

$$= \sum D_{xk}y'^2_k - 2y_0^2 \sum D_{xk} + y_0^2 \sum D_{xk} = \sum D_{xk}y'^2_k - y_0^2 \sum D_{xk}$$

$$= 1332000 - 9^2 \times 10000 = 522000(\text{kN·m})$$

类似地,

$$\sum D_{yi}x_i^2 = \sum D_{yi}x'^2_i - x_0^2 \sum D_{yi} = 979200 - 9.82^2 \times 5500 = 448800(\text{kN·m})$$

层间位移

$$\delta = \frac{V_y}{\sum D_{yi}} = \frac{100}{5500} = 0.01818(\text{m})$$

$$\theta = \frac{V_y e_x}{\sum D_{yi}x_i^2 + \sum D_{xk}y_k^2} = \frac{100 \times 2.18}{448800 + 522000} = 2.246 \times 10^{-4}$$

由式(5-57)和式(5-58)计算各榀结构层间位移

$$\delta_{yi} = \delta + \theta x_i$$

$$\delta_{xk} = -\theta y_k$$

计算结果列于表 5-2。

表 5-2　例 5-1 表 2

| $i$ | $y$ 向 | | | $k$ | $x$ 向 | |
|---|---|---|---|---|---|---|
| | $x_i/\text{m}$ | $\theta x_i/\text{m}$ | $\delta_{yi}/\text{m}$ | | $y_k/\text{m}$ | $\delta_{xk}/\text{m}$ |
| 1 | $-9.82$ | $-0.0022$ | 0.0160 | 1 | $-9.0$ | 0.00202 |
| 2 | $-3.82$ | $-0.000858$ | 0.0173 | 2 | $-3.0$ | 0.00067 |
| 3 | 2.18 | 0.000489 | 0.0187 | 3 | 3.0 | $-0.00067$ |
| 4 | 8.18 | 0.001837 | 0.0200 | 4 | 9.0 | $-0.00202$ |
| 5 | 14.18 | 0.003185 | 0.0214 | | | |

各榀结构层间剪力

由式(5-64)

$$\alpha_{yi} = 1 + \frac{(\sum D_{yi})e_x}{\sum D_{yi}x_i^2 + \sum D_{xk}y_k^2}x_i = 1 + \frac{5500 \times 2.18}{448800 + 522000}x = 1 + 0.01235x_i$$

各榀结构的 $\alpha_y$ 值如下：

$$x_1 = -9.82\text{m}, \quad \alpha_{y1} = 1 - 0.01235 \times 9.82 = 0.879$$

$$x_2 = -3.82\text{m}, \quad \alpha_{y2} = 1 - 0.01235 \times 3.82 = 0.953$$

$$x_3 = 2.18\text{m}, \quad \alpha_{y3} = 1 + 0.01235 \times 2.18 = 1.026$$

$$x_4 = 8.18\text{m}, \quad \alpha_{y4} = 1 + 0.01235 \times 8.18 = 1.101$$

$$x_5 = 14.18\text{m}, \quad \alpha_{y5} = 1 + 0.01235 \times 14.18 = 1.175$$

由式(5-63)各榀结构承担的层间剪力分别为

$$V_{y1} = \alpha_{y1}\frac{D_{yi}}{\sum D_{yi}}V_y = 0.879 \times \frac{2000}{5500} \times 100 = 31.96(\text{kN})$$

$$V_{y2} = 0.953 \times \frac{600}{5500} \times 100 = 10.40(\text{kN})$$

$$V_{y3} = 1.026 \times \frac{1300}{5500} \times 100 = 24.25(\text{kN})$$

$$V_{y4} = 1.101 \times \frac{600}{5500} \times 100 = 12.01(\text{kN})$$

$$V_{y5} = 1.175 \times \frac{1000}{5500} \times 100 = 21.36(\text{kN})$$

# 5.6　框架-剪力墙结构协同工作计算实例

　　某 12 层住宅楼,建筑尺寸及结构布置如图 5-25 和图 5-26 所示。设计烈度过 8 度,场地类别为 I₁ 类,设计地震分组为第二组。计算横向地震作用时框架-剪力墙协同工作的内力和位移。

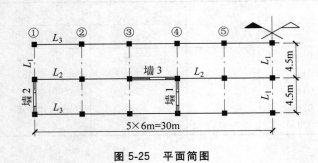

图 5-25 平面简图

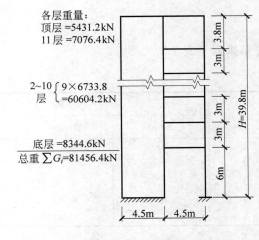

图 5-26 剖面简图

## 5.6.1 结构刚度的计算

### 1. 梁柱刚度计算

梁：$L_1$ 25cm×55cm,混凝土强度等级为 C20

$$I_b = \frac{1}{12} \times 25 \times 55^3 \times 1.2 = 4.16 \times 10^5 (\text{cm}^4) \quad (1.2\ \text{为考虑 T 形截面乘的系数})$$

$$i_b = E \frac{I_b}{l} = 2.55 \times 10^4 \times \frac{4.16 \times 10^5}{450} = 2.36 \times 10^4 (\text{kN} \cdot \text{m})$$

柱：计算结果列于表 5-3 中。

表 5-3 柱线刚度

| 层数 | 断面 | 混凝土等级 | $I_c / \text{cm}^4$ | $\dfrac{I_c}{h} \Big/ \text{cm}^3$ | $i_c = E \dfrac{I_c}{h} \Big/ (\text{kN} \cdot \text{m})$ |
|---|---|---|---|---|---|
| 12 | 45×45 | C20 | $3.42 \times 10^5$ | $\dfrac{3.42}{3.8} \times 10^3 = 900$ | $0.90 \times 2.55 \times 10^4 = 2.30 \times 10^4$ |
| 8~11 | 45×45 | C20 | $3.42 \times 10^5$ | $\dfrac{3.42}{3.00} \times 10^3 = 1140$ | $1.140 \times 2.55 \times 10^4 = 2.91 \times 10^4$ |
| 4~7 | 45×45 | C30 | $3.42 \times 10^5$ | 1140 | $1.140 \times 2.95 \times 10^4 = 3.36 \times 10^4$ |
| 2~3 | 45×45 | C40 | $3.42 \times 10^5$ | 1140 | $1.140 \times 3.25 \times 10^4 = 3.70 \times 10^4$ |
| 1 | 50×50 | C40 | $5.21 \times 10^5$ | $\dfrac{5.21}{6.00} \times 10^3 = 867$ | $0.867 \times 3.25 \times 10^4 = 2.82 \times 10^4$ |

## 2. 框架刚度计算

用 $D$ 值法计算。中柱 7 根,边柱 18 根。

标准层:

$$K = \frac{\sum i_b}{2i_o}, \quad \alpha = \frac{K}{2+K}$$

底层:

$$K = \frac{\sum i_b}{i_o}, \quad \alpha = \frac{0.5+K}{2+K}$$

框架刚度:

$$C_F = Dh = \sum \alpha i_o \frac{12}{h}$$

计算结果列于表 5-4 中。

**表 5-4　框架刚度**

| 层数 | 中　柱 | | | 边　柱 | | | 总刚度 |
|---|---|---|---|---|---|---|---|
| | $K$ | $\alpha$ | $C/\text{kN}$ | $K$ | $\alpha$ | $C/\text{kN}$ | $C_F/\text{kN}$ |
| 12 | $\frac{4\times2.36\times10^4}{2\times2.30\times10^4}$ $=2.05$ | $\frac{2.05}{2+2.05}$ $=0.506$ | $7\times0.506\times$ $2.30\times10^4\times$ $\frac{12}{3.8}=2.57\times10^5$ | $\frac{2\times2.36}{2\times2.30}$ $=1.025$ | $\frac{1.025}{3.025}$ $=0.339$ | $18\times0.339\times$ $2.30\times10^4\times\frac{12}{3.8}$ $=4.43\times10^5$ | $7.0\times10^5$ |
| 8~11 | 1.622 | 0.448 | $3.65\times10^5$ | 0.811 | 0.289 | $6.06\times10^5$ | $9.71\times10^5$ |
| 4~7 | 1.404 | 0.413 | $3.88\times10^5$ | 0.702 | 0.260 | $6.29\times10^5$ | $10.17\times10^5$ |
| 2~3 | 1.276 | 0.390 | $4.04\times10^5$ | 0.638 | 0.242 | $6.45\times10^5$ | $10.49\times10^5$ |
| 1 | $\frac{2\times2.36}{2.82}$ $=1.672$ | $\frac{0.5+1.672}{3.672}$ $=0.591$ | $2.33\times10^5$ | 0.836 | $\frac{0.5+0.836}{2.836}$ $=0.471$ | $4.78\times10^5$ | $7.11\times10^5$ |

注:平均总刚度 $C_F = \left(\dfrac{7.0\times3.8+9.71\times12+10.17\times12+10.49\times6+7.11\times6}{39.8}\right)\times10^5 = 93.16\times10^4(\text{kN})$。

## 3. 剪力墙刚度计算

剪力墙厚度为 12cm,混凝土强度等级与柱相同。

墙1:有效翼缘宽度取 2.0m(见图 5-27(a))

首层　　　$I_w = 3.92\text{m}^4$, 　$EI_w = 3.92\times3.25\times10^7$
　　　　　　　　　　　　　　　　　$= 12.7\times10^7(\text{kN}\cdot\text{m}^2)$

2~3 层　$I_w = 3.435\text{m}^4$, 　$EI_w = 11.1\times10^7(\text{kN}\cdot\text{m}^2)$

4~7 层　$I_w = 3.435\text{m}^4$, 　$EI_w = 10.1\times10^7(\text{kN}\cdot\text{m}^2)$

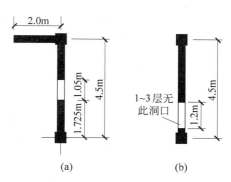

图 5-27　剪力墙截面

8~12 层 $I_w = 3.435 \text{m}^4$, $EI_w = 8.7 \times 10^7 (\text{kN} \cdot \text{m}^2)$

平均

$$EI_w = \frac{12.7 \times 6 + 11.1 \times 6 + 10.1 \times 12 + 8.7 \times 15.8}{39.8} \times 10^7$$

$$= 10.08 \times 10^7 (\text{kN} \cdot \text{m}^2)$$

墙 2(见图 5-27(b))

首层 $I_w = 3.18 \text{m}^4$, $EI_w = 3.18 \times 3.25 \times 10^7$

$$= 10.3 \times 10^7 (\text{kN} \cdot \text{m}^2)$$

2~3 层 $I_w = 2.71 \text{m}^4$, $EI_w = 8.80 \times 10^7 (\text{kN} \cdot \text{m}^2)$

4~7 层 $I_w = 2.36 \text{m}^4$, $EI_w = 6.96 \times 10^7 (\text{kN} \cdot \text{m}^2)$

8~12 层 $I_w = 2.36 \text{m}^4$, $EI_w = 6.02 \times 10^7 (\text{kN} \cdot \text{m}^2)$

平均 $EI_w = 7.37 \times 10^7 (\text{kN} \cdot \text{m}^2)$

$$\sum EI_w = 34.90 \times 10^7 (\text{kN} \cdot \text{m}^2)$$

## 5.6.2 地震作用计算

### 1. 铰结体系(不考虑梁的约束弯矩)

计算地震作用,先要确定自振周期。有剪力墙的高层框架结构,自振周期可参考第 2 章式(2-27)确定:

$$T_j = \varphi_j H^2 \sqrt{\frac{w}{g EI_w}} \text{ (s)}$$

式中:$w$——沿建筑高度单位长度的平均重量,kN/m;

$g = 9.81 \text{m/s}^2$;

$\varphi_j$ 根据刚度特征值 $\lambda$ 由图 2-14 查出。

在本例中

$$\lambda = H \sqrt{\frac{C_F}{EI_w}} = 39.8 \times \sqrt{\frac{93.16 \times 10^4}{34.90 \times 10^7}} = 2.056$$

查得 $\varphi_j = 1.12$

$$w = \frac{81456.4}{39.8} = 2040 (\text{kN/m})$$

$$T_1 = \varphi_1 H^2 \sqrt{\frac{w}{g EI_w}} = 1.12 \times (39.8)^2 \times \sqrt{\frac{2040}{9.81 \times 34.90 \times 10^7}} = 1.37 (\text{s})$$

修正周期

$$T_1 = 0.8 \times 1.37 = 1.1 (\text{s})$$

由图 2-9(结构阻尼比为 0.05),表 2-10 查得特征周期 $T_g = 0.3 (\text{s})$

$$\alpha_1 = \left(\frac{T_g}{T}\right)^{0.9} \alpha_{\max} = \left(\frac{0.3}{1.1}\right)^{0.9} \times 0.16 = 0.05$$

由式(2-11),结构底部剪力(总水平地震作用)为

$$F_{EK} = \alpha_1 G_{eq} = 0.05 \times 0.85 \times 81456.4 = 3461.9 (kN)$$

由式(2-12)及表 2-12 顶点附加水平作用(见图 5-28)为

$$\Delta F_n = \delta_n F_{EK} = (0.08 T_1 + 0.07) F_{EK} = 0.098 \times 3461.9 = 339.2 (kN)$$

沿高度分布的地震作用

$$F_i = (1 - \delta_n) F_{EK} \frac{G_i H_i}{\sum G_i H_i} = 3122.7 \times \frac{G_i H_i}{\sum G_i H_i}$$

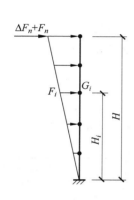

图 5-28  地震作用

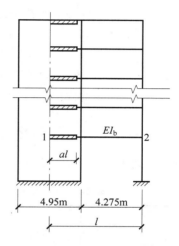

图 5-29  刚结体系

## 2. 刚结体系(考虑梁的约束弯矩,见图 5-29)

$$\lambda = H \sqrt{\frac{C_F + \sum \dfrac{m_{ij}}{h}}{EI_w}}$$

由式(5-35),忽略剪切变形影响

$$m_{12} = \frac{6 EI_b (1 + a)}{l (1 - a)^3}$$

$$al = \frac{1}{2} \times 4.95 - \frac{1}{4} \times 0.55 = 2.34 (m)$$

$$l = 4.5 + 2.25 = 6.75 (m)$$

$$a = \frac{2.34}{6.75} = 0.347$$

$$m_{12} = \frac{6 \times 2.55 \times 10^7 \times 0.416 \times 10^{-2}}{6.75} \times \frac{(1 + 0.347)}{(1 - 0.347)^3} = 45.60 \times 10^4 (kN \cdot m)$$

平均约束弯矩:

$$\frac{\sum m_{ij}}{\sum h_i} = \frac{12 \times 45.60 \times 10^4}{39.8} = 13.75 \times 10^4 (kN \cdot m/m)$$

$$\sum \frac{m_{ij}}{h} = 4 \times 13.75 \times 10^4 = 55.0 \times 10^4 \text{(式中乘 4 是因有 4 处梁与剪力墙连接)}$$

$$\lambda = 39.8 \times \sqrt{\frac{(93.16 + 55.0) \times 10^4}{34.90 \times 10^7}} = 2.59$$

查得 $\varphi_1 = 1.0$

$$T_1 = 1.0 \times 39.8^2 \times \sqrt{\frac{2040}{9.81 \times 34.90 \times 10^7}} = 1.22(\text{s})$$

修正周期

$$T_1 = 0.8 \times 1.22 = 0.98(\text{s})$$

$$\alpha_1 = \left(\frac{0.3}{0.98}\right)^{0.9} \times 0.16 = 0.055$$

总地震作用

$$F_{EK} = 0.055 \times 0.85 \times 81456.4 = 3808.1(\text{kN})$$

$$\Delta F_n = (0.08T_1 + 0.07) \times F_{EK} = 0.088 \times 3808.1 = 335.1(\text{kN})$$

$$F_i = \frac{(3808.1 - 335.1) \times G_i H_i}{\sum G_i H_i} = 3473 \times \frac{G_i H_i}{\sum G_i H_i}$$

$F_i, V_i, F_i H_i$ 值列表计算见表 5-5。

**表 5-5　$F_i, V_i$ 及 $F_i H_i$ 值计算表(顶点地震作用为 $F_i + \Delta F_n$)**

| 层数 | $H_i$/m | $G_i$/kN | $G_i H_i/10^5$ /(kN·m) | $\dfrac{G_i H_i}{\sum G_i H_i}$ | 不考虑梁约束 | | | 考虑梁约束 | | |
|---|---|---|---|---|---|---|---|---|---|---|
| | | | | | $F_i$/kN | $V_i$/kN | $F_i H_i/10^3$ /(kN·m) | $F_i$/kN | $Q_i$/kN | $F_i H_i/10^3$ /(kN·m) |
| 12 | 39.8 | 5431.2 | 2.16 | 0.1205 | 715.5 | 715.5 | 28.477 | 753.6 | 753.6 | 29.993 |
| 11 | 36 | 7076.4 | 2.54 | 0.1415 | 441.9 | 1157.4 | 15.908 | 491.4 | 1245.0 | 17.690 |
| 10 | 33 | 6733.8 | 2.22 | 0.1240 | 387.2 | 1544.6 | 12.778 | 430.7 | 1675.7 | 14.213 |
| 9 | 30 | 6733.8 | 2.02 | 0.1125 | 351.3 | 1895.9 | 10.539 | 390.7 | 2066.4 | 11.721 |
| 8 | 27 | 6733.8 | 1.816 | 0.1015 | 317.0 | 2212.9 | 8.559 | 352.5 | 2418.9 | 9.517 |
| 7 | 24 | 6733.8 | 1.615 | 0.0903 | 282.0 | 2494.9 | 6.768 | 313.6 | 2732.5 | 7.526 |
| 6 | 21 | 6733.8 | 1.413 | 0.0790 | 246.7 | 2741.6 | 5.180 | 274.4 | 3006.9 | 5.762 |
| 5 | 18 | 6733.8 | 1.21 | 0.0675 | 210.8 | 2952.4 | 3.794 | 234.4 | 3241.3 | 4.219 |
| 4 | 15 | 6733.8 | 1.01 | 0.0563 | 175.8 | 3128.2 | 2.637 | 195.5 | 3436.8 | 2.933 |
| 3 | 12 | 6733.8 | 0.808 | 0.0451 | 140.8 | 3269.0 | 1.689 | 156.6 | 3593.4 | 1.879 |
| 2 | 9 | 6733.8 | 0.605 | 0.0338 | 105.5 | 3374.5 | 0.950 | 117.4 | 3710.8 | 1.057 |
| 1 | 6 | 8344.6 | 0.500 | 0.0280 | 87.4 | 3461.9 | 0.524 | 97.3 | 3808.1 | 0.584 |
| $\sum$ | | 81456.4 | 17.92 | | 3461.9 | | 97.803 | 3808.1 | | 107.094 |

将楼层处集中力按基底等弯矩折算成倒三角形荷载,计算列于表 5-6。

表 5-6　折算倒三角形荷载

| 荷 载 形 式 | 不 考 虑 梁 约 束 | 考 虑 梁 约 束 |
|---|---|---|
| | $M_0 = 97.803 \times 10^3 = \dfrac{1}{3}qH^2$ <br><br> $q = \dfrac{3M_0}{H^2} = \dfrac{3 \times 97.803 \times 10^3}{39.8^2} = 185.2(\text{kN/m})$ <br><br> $V_0 = \dfrac{qH}{2} = \dfrac{1}{2} \times 185.2 \times 39.8 = 3685.5(\text{kN})$ | $M_0 = 107.094 \times 10^3$ <br><br> $q = \dfrac{3 \times 107.094 \times 10^3}{39.8^2} = 202.8(\text{kN/m})$ <br><br> $V_0 = \dfrac{1}{2} \times 202.8 \times 39.8 = 4035.7(\text{kN})$ |

## 5.6.3　框架-剪力墙协同工作计算

### 1. 由 $\lambda$ 值及荷载类型查图表计算总内力

当不考虑梁的约束弯矩影响时,计算内力、位移所用的 $\lambda$ 值与计算地震力时相同,取

$$\lambda = 2.06$$

当考虑梁的约束弯矩影响时,内力计算中考虑连梁塑性变形的影响,将连梁刚度系数乘以 0.55,重新计算 $\lambda$ 值。

$$\sum \frac{m_{ij}}{h} = 55.0 \times 10^4 \times 0.55 = 30.25 \times 10^4 (\text{kN} \cdot \text{m/m})$$

$$\lambda = 39.8 \times \sqrt{\frac{(93.16 + 30.25) \times 10^4}{34.90 \times 10^7}} = 2.37$$

由式(5-44),总框架分担的剪力为

$$V_\text{F} = \frac{C_\text{F}}{C_\text{m}} \overline{V}_\text{F} = \frac{93.16}{93.16 + 30.25} \times \overline{V}_\text{F} = 0.755 \overline{V}_\text{F}$$

总连梁的总线约束弯矩为

$$m = \frac{\sum \dfrac{m_{ij}}{h}}{C_\text{m}} \overline{V}_\text{F} = \frac{30.25}{93.16 + 30.25} \times \overline{V}_\text{F} = 0.245 \overline{V}_\text{F}$$

由式(5-45),剪力墙的总剪力为

$$V_\text{w} = \overline{V}_\text{w} + m$$

上述计算均列表进行,见表 5-7。

各层剪力墙底截面内力 $M_\text{w}$,$V_\text{w}$ 即为表中计算结果。

各层总框架柱剪力可由上、下楼层处 $V_\text{F}$ 值取平均计算

$$V_{\text{F}j} = \frac{V_{\text{F},j-1} + V_{\text{F}j}}{2}$$

表 5-7　倒三角荷载作用内力计算表

| 层数 | 标高 $x$/m | $\xi=\dfrac{x}{H}$ | 不考虑梁约束 $\lambda=2.06$ $M_0=97.8\times10^3$ (kN·m) $V_0=3685.5$ (kN) | | | | | | 考虑梁约束 $\lambda=2.37$ $M_0=107.1\times10^3$ (kN·m) $V_0=4035.7$ (kN) | | | | | | | | |
|---|---|---|---|---|---|---|---|---|---|---|---|---|---|---|---|---|---|
| | | | $\dfrac{M_\mathrm{w}}{M_0}$ | $M_\mathrm{w}/10^3$ (kN·m) | $\dfrac{V_\mathrm{w}}{V_0}$ | $V_\mathrm{w}/$ $10^3$ kN | $\dfrac{V_\mathrm{F}}{V_0}$ | $V_\mathrm{F}/$ $10^3$ kN | $\dfrac{M_\mathrm{w}}{M_0}$ | $M_\mathrm{w}/10^3$ (kN·m) | $\dfrac{\overline{V}_\mathrm{w}}{V_0}$ | $\overline{V}_\mathrm{w}/$ $10^3$ kN | $\dfrac{\overline{V}_\mathrm{F}}{V_0}$ | $\overline{V}_\mathrm{F}/$ $10^3$ kN | $V_\mathrm{F}/$ $10^3$ kN | $m/$ $10^3$ kN | $V_\mathrm{w}/$ $10^3$ kN |
| 12 | 39.8 | 1.0 | 0 | 0 | -0.34 | -1.25 | 0.34 | 1.25 | 0 | 0 | -0.345 | -1.39 | 0.345 | 1.39 | 1.05 | 0.34 | -1.05 |
| 11 | 36 | 0.905 | -0.035 | -3.42 | -0.17 | -0.63 | 0.35 | 1.29 | -0.035 | -3.75 | -0.175 | -0.71 | 0.356 | 1.44 | 1.09 | 0.35 | -0.36 |
| 10 | 33 | 0.829 | -0.045 | -4.40 | -0.04 | -0.15 | 0.352 | 1.30 | -0.045 | -4.82 | -0.06 | -0.24 | 0.372 | 1.50 | 1.13 | 0.37 | 0.13 |
| 9 | 30 | 0.754 | -0.04 | -3.91 | 0.07 | 0.26 | 0.36 | 1.33 | -0.05 | -5.36 | 0.04 | -0.16 | 0.39 | 1.57 | 1.19 | 0.38 | 0.22 |
| 8 | 27 | 0.679 | -0.03 | -2.93 | 0.17 | 0.63 | 0.37 | 1.36 | -0.04 | -4.28 | 0.14 | 0.56 | 0.395 | 1.59 | 1.20 | 0.39 | 0.95 |
| 7 | 24 | 0.603 | -0.01 | 0.978 | 0.26 | 0.96 | 0.38 | 1.40 | -0.02 | -2.14 | 0.23 | 0.93 | 0.41 | 1.65 | 1.25 | 0.40 | 1.33 |
| 6 | 21 | 0.528 | 0.03 | 2.93 | 0.34 | 1.33 | 0.38 | 1.40 | 0.02 | 2.14 | 0.30 | 1.21 | 0.42 | 1.69 | 1.28 | 0.41 | 1.62 |
| 5 | 18 | 0.452 | 0.07 | 6.85 | 0.43 | 1.58 | 0.37 | 1.36 | 0.06 | 6.43 | 0.38 | 1.53 | 0.42 | 1.69 | 1.28 | 0.41 | 1.94 |
| 4 | 15 | 0.377 | 0.13 | 12.71 | 0.52 | 1.92 | 0.34 | 1.25 | 0.10 | 10.71 | 0.47 | 1.90 | 0.39 | 1.57 | 1.18 | 0.39 | 2.29 |
| 3 | 12 | 0.302 | 0.19 | 18.58 | 0.61 | 2.25 | 0.30 | 1.11 | 0.16 | 17.14 | 0.55 | 2.22 | 0.36 | 1.45 | 1.09 | 0.36 | 2.58 |
| 2 | 9 | 0.226 | 0.26 | 25.43 | 0.69 | 2.54 | 0.26 | 0.96 | 0.23 | 24.63 | 0.65 | 2.62 | 0.30 | 1.21 | 0.91 | 0.30 | 2.92 |
| 1 | 6 | 0.151 | 0.34 | 33.25 | 0.78 | 2.87 | 0.20 | 0.74 | 0.30 | 32.13 | 0.76 | 3.07 | 0.22 | 0.89 | 0.67 | 0.22 | 3.29 |
| | 0 | 0 | 0.55 | 53.79 | 1.0 | 3.68 | 0 | 0 | 0.51 | 54.62 | 1.0 | 4.04 | 0 | 0 | 0 | 0 | 4.04 |

查本章后附图 5-5,附图 5-6,或用式(5-19)和式(5-20)计算

各层连梁总约束弯矩由下式计算

$$M_{bj} = m(\xi)\frac{h_j + h_{j+1}}{2}$$

计算结果均列于总内力表 5-8 内。

表 5-8　总内力

| 楼层 | 不 考 虑 梁 约 束 | | | 考 虑 梁 约 束 | | | |
|---|---|---|---|---|---|---|---|
| | 总 剪 力 墙 | | 总框架 | 总 剪 力 墙 | | 总框架 | 总连梁 |
| | $M_w/10^3(\text{kN}\cdot\text{m})$ | $V_w/10^3\text{kN}$ | $V_F/10^3\text{kN}$ | $M_w/10^3(\text{kN}\cdot\text{m})$ | $V_w/10^3\text{kN}$ | $V_F/10^3\text{kN}$ | $M_b/10^3(\text{kN}\cdot\text{m})$ |
| 12 | 0 | −1.25 | 1.27 | 0 | −1.05 | 1.07 | 0.65 |
| 11 | −3.42 | −0.63 | 1.295 | −3.75 | −0.36 | 1.11 | 1.19 |
| 10 | −4.40 | −0.15 | 1.315 | −4.82 | 0.13 | 1.16 | 1.11 |
| 9 | −3.91 | 0.26 | 1.415 | −5.36 | 0.22 | 1.195 | 1.14 |
| 8 | −2.93 | 0.63 | 1.38 | −4.28 | 0.95 | 1.225 | 1.17 |
| 7 | 0.978 | 0.96 | 1.40 | −2.14 | 1.33 | 1.265 | 1.20 |
| 6 | 2.93 | 1.33 | 1.38 | 2.14 | 1.62 | 1.28 | 1.23 |
| 5 | 6.85 | 1.58 | 1.305 | 6.43 | 1.94 | 1.23 | 1.23 |
| 4 | 12.71 | 1.92 | 1.18 | 10.71 | 2.29 | 1.135 | 1.17 |
| 3 | 18.58 | 2.25 | 1.04 | 17.14 | 2.58 | 1.0 | 1.08 |
| 2 | 25.43 | 2.54 | 0.85 | 24.63 | 2.92 | 0.79 | 0.9 |
| 1 | 33.25 | 2.87 | 0.37 | 32.13 | 3.29 | 0.335 | 0.99 |
| 0 | 53.79 | 3.68 | — | 54.62 | 4.04 | — | — |

## 2. 位移计算

位移计算查图表 5-4，或用式(5-18)计算，结果列于表 5-9 内。

表 5-9　位移

| | 不考虑梁约束 $\lambda=2.06$ | 考虑梁约束 $\lambda=2.37$ |
|---|---|---|
| 顶点位移 | $f_H = \dfrac{11}{120}\dfrac{qH^4}{EI_w} = \dfrac{11\times185.2\times39.8^4}{120\times34.9\times10^7} = 0.122(\text{m})$<br>当 $x=H$ 时，$\dfrac{y_H}{f_H} = 0.39$<br>$y_H = 4.76\text{cm}$, $\dfrac{y_H}{H} = \dfrac{1}{836} < \left[\dfrac{1}{700}\right]$ | $f_H = \dfrac{11\times202.8\times39.8^4}{120\times34.9\times10^7} = 0.136(\text{m})$<br>$\dfrac{y_H}{f_H} = 0.34$<br>$y_H = 4.62\text{cm}$, $\dfrac{y_H}{H} = \dfrac{1}{861} < \left[\dfrac{1}{700}\right]$ |

| | 不考虑梁约束 λ=2.06 | 考虑梁约束 λ=2.37 |
|---|---|---|
| 层间位移 | 7 层 $\frac{x}{H}=0.603$，$\frac{y_x}{f_H}=0.2$<br><br>8 层 $\frac{x}{H}=0.679$，$\frac{y_x}{f_H}=0.24$<br><br>$\delta_{max}=(0.24-0.2)\times12.2=0.49(\text{cm})$<br><br>$\frac{\delta}{h}=\frac{0.49}{300}=\frac{1}{612}>\left[\frac{1}{800}\right]$ | 7 层 $\frac{x}{H}=0.603$，$\frac{y_x}{f_H}=0.18$<br><br>8 层 $\frac{x}{H}=0.679$，$\frac{y_x}{f_H}=0.22$<br><br>$\delta_{max}=0.04\times13.6=0.544(\text{cm})$<br><br>$\frac{\delta}{h}=\frac{0.544}{300}=\frac{1}{551}>\left[\frac{1}{800}\right]$ |

均不满足表 2-15 侧向位移的限制条件。

### 5.6.4　讨论

（1）考虑梁的约束作用时，结构刚度特征值 λ 增大，自振周期 $T_1$ 减小，地震作用增大，因而总基底剪力增大；剪力墙承担的剪力加大，但除底层外，截面弯矩反而有所减小；框架承担的剪力减小；建筑物顶点位移减小，但层间位移加大。

（2）本例题中连梁断面较小，因而考虑与不考虑梁约束计算得到的内力及位移相差不大。在连梁刚度很小时，近似计算中可忽略其刚度而按铰接体系计算。

（3）在求得总剪力墙、总框架、总连梁内力以后，需根据各构件刚度进行第二步分配并进行构件内力计算：

各片剪力墙弯矩及剪力均按墙刚度 $EI_{eq}$ 分配；

各柱剪力按柱 D 值进行分配，然后计算柱弯矩、梁弯矩、梁剪力及柱轴力；

各连梁端约束弯矩按刚度 $m_{ij}$ 进行分配，然后由各梁两端的约束弯矩计算梁截面弯矩（洞口边）及梁剪力。

注意，在刚接体系中还应计算由连梁剪力引起的墙肢及柱中轴力。这些将在第 6 章和第 7 章中继续完成。

（4）本工程的框架截面设计和剪力墙截面设计将在本节计算出的总内力基础上，分别在第 6 章和第 7 章继续完成。

## 5.7　框架、剪力墙及框架-剪力墙结构平面为斜向布置时的近似计算

### 5.7.1　主轴方向与刚度中心

#### 1. 主轴的概念

抗侧力结构在平面内为斜向布置时，在水平荷载作用下（见图 5-30）结构将产生怎样的侧移呢？

为了回答这个问题,先看图 5-31 所示在平面内正交布置的体系受斜向水平荷载作用时的情况。设通过刚度中心 $O$ 的斜向总层剪力为 $V$,与 $x$ 轴的夹角为 $\alpha$。$V$ 在 $x$ 和 $y$ 方向的分力为

$$V_x = V\cos\alpha$$
$$V_y = V\sin\alpha$$

由于 $V_x$ 和 $V_y$ 的作用,在 $x$ 和 $y$ 方向的层间位移为

$$\left.\begin{aligned} \delta_x &= \frac{V_x}{\sum D_{xk}} = \frac{V\cos\alpha}{\sum D_{xk}} \\ \delta_y &= \frac{V_y}{\sum D_{yi}} = \frac{V\sin\alpha}{\sum D_{yi}} \end{aligned}\right\} \tag{5-67}$$

总层间位移的大小为

$$\delta = \sqrt{\delta_x^2 + \delta_y^2}$$

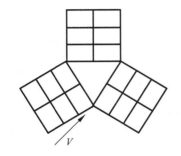

图 5-30　斜向布置的抗侧力结构

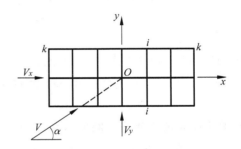

图 5-31　正交布置的抗侧力结构受斜向水平力作用

总层间位移的方向为

$$\tan\beta = \frac{\delta_y}{\delta_x} = \frac{V\sin\alpha}{\sum D_{yi}} \bigg/ \frac{V\cos\alpha}{\sum D_{xk}} = \frac{\sum D_{xk}}{\sum D_{yi}}\tan\alpha \tag{5-68}$$

式中:$\beta$ ——总层间位移与 $x$ 轴的夹角。

在一般情况下,$\sum D_{xk} \neq \sum D_{yi}$,因而由式(5-68),$\alpha \neq \beta$,即层间剪力作用的方向与层间位移的方向是不同的。

从式(5-67)可以看出,当层间剪力 $V$ 沿 $x$ 方向作用,即 $\alpha = 0°$ 时,$\delta_y = 0$,结构只产生 $x$ 方向层间位移 $\delta_x$;当层间剪力 $V$ 沿 $y$ 方向作用,即 $\alpha = 90°$ 时,$\delta_x = 0$,结构只产生 $y$ 方向的位移 $\delta_y$,这两种情况的层间位移和层间剪力作用方向一致。这种作用的层间剪力和产生的层间位移相一致的方向,称为主轴方向。抗侧力结构在平面内沿 $x$ 和 $y$ 方向正交布置的结构体系,$x$ 和 $y$ 方向都是主轴方向。

抗侧力结构在平面内为斜向布置时,设层间剪力通过刚度中心作用于某方向,若结构产生的层间位移与层间剪力作用的方向一致,则这个方向称为主轴方向。

图 5-30 中,若层间剪力 $V$ 作用的方向是主轴方向,则层间位移亦沿 $V$ 的方向;若 $V$ 作用的方向不是主轴方向,则层间位移不同于 $V$ 的方向。

### 2. 主轴方向

图 5-32 所示为一抗侧力结构在平面内为斜向布置的体系。任取参考坐标系 $x'Oy'$，第 $s_i$ 榀抗侧力结构在平面内的方向用 $s_i$ 表示，它与参考坐标轴 $Ox'$ 间的夹角为 $\alpha'_{si}$，$\alpha'_{si}$ 以自参考轴 $Ox'$ 逆时针方向到 $s_i$ 为正。第 $s_i$ 榀抗侧力结构沿 $s_i$ 方向的抗推刚度为 $D_{si}$，现求结构的主轴方向。

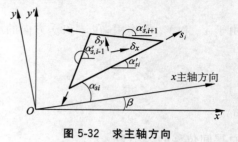

**图 5-32  求主轴方向**

用 $Ox$ 和 $Oy$ 表示结构的主轴方向，令整个结构沿主轴 $Ox$ 和 $Oy$ 方向各有层间位移 $\delta_x$ 和 $\delta_y$，则第 $s_i$ 榀抗侧力结构沿 $s_i$ 方向的位移为

$$\delta_{si} = \delta_x \cos\alpha_{si} + \delta_y \sin\alpha_{si}$$

式中：$\alpha_{si}$——第 $s_i$ 榀抗侧力结构的方向 $s_i$ 与结构主轴 $Ox$ 方向间的夹角，以自 $Ox$ 逆时针方向到 $s_i$ 为正。

第 $s_i$ 榀抗侧力结构能承担的层间剪力为

$$\begin{aligned}
V_{si} &= D_{si}\delta_{si} \\
&= D_{si}(\delta_x \cos\alpha_{si} + \delta_y \sin\alpha_{si})
\end{aligned} \tag{5-69}$$

上式中的层间剪力在两主轴方向的分力为

$$\left.\begin{aligned}
V_{x,si} &= V_{si}\cos\alpha_{si} = D_{si}\cos^2\alpha_{si}\delta_x + D_{si}\sin\alpha_{si}\cos\alpha_{si}\delta_y \\
V_{y,si} &= V_{si}\sin\alpha_{si} = D_{si}\sin\alpha_{si}\cos\alpha_{si}\delta_x + D_{si}\sin^2\alpha_{si}\delta_y
\end{aligned}\right\} \tag{5-70}$$

各榀抗侧力结构能承担的层间剪力在 $x$ 和 $y$ 方向的分力总和为

$$\left.\begin{aligned}
\sum V_{x,si} &= \left(\sum D_{si}\cos^2\alpha_{si}\right)\delta_x + \left(\sum D_{si}\sin\alpha_{si}\cos\alpha_{si}\right)\delta_y \\
\sum V_{y,si} &= \left(\sum D_{si}\sin\alpha_{si}\cos\alpha_{si}\right)\delta_x + \left(\sum D_{si}\sin^2\alpha_{si}\right)\delta_y
\end{aligned}\right\} \tag{5-71}$$

根据主轴的定义，在式(5-71)中应有

$$\sum D_{si}\sin\alpha_{si}\cos\alpha_{si} = 0 \tag{5-72}$$

将关系式 $\alpha_{si} = \alpha'_{si} - \beta$(见图 5-32)代入式(5-71)，整理后可得

$$\tan2\beta = \frac{\sum D_{si}\sin2\alpha'_{si}}{\sum D_{si}\cos2\alpha'_{si}} \tag{5-73}$$

式中：$\beta$——参考坐标轴 $Ox'$ 与主轴 $Ox$ 之间的夹角，自 $Ox'$ 逆时针方向为正。

由式(5-50)求出 $\beta$，从而求出主轴方向。

顺便指出，当结构的平面布置有对称轴时，此对称轴就是主轴。因为主轴是一对互为正交(夹角为 $90°$)的轴，所以另一轴线将垂直于对称轴。当结构的平面布置有多个对称轴时，此结构有多组主轴，如图 5-33 所示。

### 3. 刚度中心的位置

图 5-34 中，以 $O_D$ 表示刚度中心的位置，它在 $xOy$ 坐标系中的坐标为 $x_0$ 和 $y_0$，这里 $x,y$ 是主轴方向。

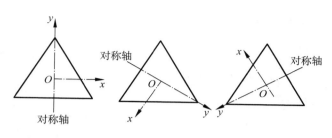

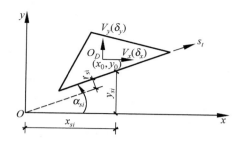

图 5-33　对称轴与主轴　　　　　　　　图 5-34　求刚度中心

刚度中心的定义为：当不考虑扭转时，各抗侧力结构按刚度所分配的层间剪力 $V$ 的合力中心。现按此定义求刚度中心的位置。

各榀抗侧力结构能承担的层剪力对坐标原点 $O$ 的力矩总和为

$$\sum V_{si} r_{si} = V_y x_0 - V_x y_0 \tag{5-74}$$

$$r_{si} = x_{si} \sin\alpha_{si} - y_{si} \cos\alpha_{si} \tag{5-75}$$

式中：$r_{si}$——坐标原点 $O$ 到第 $s_i$ 榀抗侧力结构的垂直距离（见图 5-34）；

$x_{si}, y_{si}$——第 $s_i$ 榀抗侧力结构截面刚心（$s_i$ 榀结构组合截面的形心）在 $xOy$ 坐标系中的坐标。

$V_x$ 和 $V_y$ 为 $x$ 方向和 $y$ 方向的总层间剪力，由 $x$ 方向和 $y$ 方向的平衡条件

$$V_x = \sum V_{x,si}$$

$$V_y = \sum V_{y,si}$$

利用式(5-71)和式(5-72)后，得

$$\left. \begin{aligned} V_x &= \left( \sum D_{si} \cos^2\alpha_{si} \right) \delta_x \\ V_y &= \left( \sum D_{si} \sin^2\alpha_{si} \right) \delta_y \end{aligned} \right\} \tag{5-76}$$

将式(5-69)和式(5-76)代入式(5-74)，得

$$\left( \sum D_{si} r_{si} \cos\alpha_{si} + y_0 \sum D_{si} \cos^2\alpha_{si} \right) \delta_x$$

$$+ \left( \sum D_{si} r_{si} \sin\alpha_{si} - x_0 \sum D_{si} \sin^2\alpha_{si} \right) \delta_y = 0$$

因为 $\delta_x$ 和 $\delta_y$ 是互相独立的任意值，故上式要求 $\delta_x$ 和 $\delta_y$ 前的系数均为零，即

$$\sum D_{si} r_{si} \cos\alpha_{si} + y_0 \sum D_{si} \cos^2\alpha_{si} = 0$$

$$\sum D_{si} r_{si} \sin\alpha_{si} - x_0 \sum D_{si} \sin^2\alpha_{si} = 0$$

得

$$x_0 = \frac{\sum D_{si} r_{si} \sin\alpha_{si}}{\sum D_{si} \sin^2\alpha_{si}}$$

$$y_0 = \frac{\sum D_{si} r_{si} \cos\alpha_{si}}{\sum D_{si} \cos^2\alpha_{si}}$$

利用式(5-75)的关系后,可表为

$$
\left.
\begin{aligned}
x_0 &= \frac{\sum x_{si} D_{si} \sin^2 \alpha_{si} - \sum y_{si} D_{si} \sin \alpha_{si} \cos \alpha_{si}}{\sum D_{si} \sin^2 \alpha_{si}} \\[2mm]
y_0 &= \frac{\sum y_{si} D_{si} \cos^2 \alpha_{si} - \sum x_{si} D_{si} \sin \alpha_{si} \cos \alpha_{si}}{\sum D_{si} \cos^2 \alpha_{si}}
\end{aligned}
\right\}
\tag{5-77}
$$

式(5-77)就是求刚度中心位置的计算公式。

当结构的平面布置有对称轴时,刚度中心位于对称轴上;当结构有多组对称轴时,刚度中心位于对称轴的交点上。

图 5-35 为一有三个对称轴的三叉形结构。由于主轴平行(垂直)于对称轴,故此结构有三组主轴。由于有三组对称轴,刚度中心位于对称轴的交点 $O$ 上。所以,对图 5-35 这样有多组对称轴的结构,不必经过计算,即可直接定出其主轴方向和刚度中心位置。

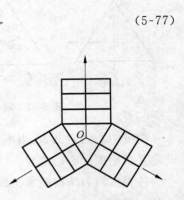

图 5-35 有多个对称轴的结构

## 5.7.2 每榀结构所承受的力和层间位移

图 5-36 所示为一抗侧力结构平面为斜向布置的体系。坐标轴 $xO_D y$ 为结构的主轴坐标系,即以刚度中心 $O_D$ 为坐标原点、以主轴方向为坐标轴的坐标系。设结构受到任意的层间剪力,其总作用可等效地化为通过刚度中心并沿主轴方向的 $V_x$,$V_y$ 和绕刚度中心的扭矩 $M_t$。现讨论在此荷载作用下,每榀结构所承担的荷载和结构层间位移的计算。

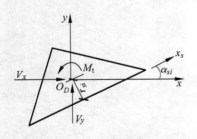

图 5-36 求每榀结构受力

前面曾给出结构楼层沿主轴 $Ox$ 和 $Oy$ 方向各有层间位移 $\delta_x$ 和 $\delta_y$ 时,第 $s_i$ 榀抗侧力结构沿 $s_i$ 方向的位移;现在再补充给出当楼层绕刚度中心 $O_D$ 有相对层间转动 $\theta$ 的影响,则第 $s_i$ 榀抗侧力结构沿 $s_i$ 方向的总位移为

$$
\delta_{si} = \delta_x \cos \alpha_{si} + \delta_y \sin \alpha_{si} + \theta r_{si}
$$

式中:$\theta$——层间相对转角,以逆时针为正;

$r_{si}$——刚度中心 $O_D$ 到第 $s_i$ 榀抗侧力结构的垂直距离(见图 5-36)。

根据 $\delta_{si}$ 可求出第 $s_i$ 榀抗侧力结构所能承担的层剪力为

$$
V_{si} = D_{si} \delta_{si} = D_{si} (\delta_x \cos \alpha_{si} + \delta_y \sin \alpha_{si} + \theta r_{si})
\tag{5-78}
$$

由三个平衡条件,即 $x$ 方向和 $y$ 方向的力的平衡条件和绕刚度中心的力矩平衡条件,可得

$$
\sum X = 0, \quad V_x = \left( \sum D_{si} \cos^2 \alpha_{si} \right) \delta_x
$$

$$
\sum Y = 0, \quad V_y = \left( \sum D_{si} \sin^2 \alpha_{si} \right) \delta_y
$$

$$
\sum M = 0, \quad M_t = \left( \sum D_{si} r_{si}^2 \right) \theta
$$

由此,求得层间位移和转角为

$$
\left.\begin{array}{l}
\delta_x = \dfrac{V_x}{D_x} \\[2mm]
\delta_y = \dfrac{V_y}{D_y} \\[2mm]
\theta = \dfrac{M_t}{D_t}
\end{array}\right\} \tag{5-79}
$$

式中

$$
\left.\begin{array}{l}
D_x = \sum D_{si}\cos^2\alpha_{si} \\[2mm]
D_y = \sum D_{si}\sin^2\alpha_{si} \\[2mm]
D_t = \sum D_{si}r_{si}^2
\end{array}\right\} \tag{5-80}
$$

将式(5-79)和式(5-80)代入式(5-78),可得第 $s_i$ 榀抗侧力结构所承担的层剪力为

$$
V_{si} = D_{si}\left(\cos\alpha_{si}\frac{V_x}{D_x} + \sin\alpha_{si}\frac{V_y}{D_y} + r_{si}\frac{M_t}{D_t}\right) \tag{5-81}
$$

式中,前两项为总层剪力产生的影响,后一项为总扭矩产生的影响。

## 5.7.3 计算步骤小结

抗侧力结构在平面内为斜向布置的体系,其每榀结构所受之力和层间位移的计算,可按以下步骤进行:

(1) 任选参考坐标系 $x'Oy'$,用式(5-73)求 $\beta$ 决定主轴方向。

(2) 将参考坐标系 $x'Oy'$ 旋转 $\beta$ 角,得到沿主轴方向的坐标系 $xOy$。用式(5-77)求 $x_0$,$y_0$,决定刚度中心的位置。

(3) 建立以刚度中心为原点、主轴方向为坐标方向的坐标系 $xO_Dy$。

(4) 用式(5-81)和式(5-80)求各榀抗侧力结构所承担的层剪力。用式(5-79)和式(5-80)求结构的层间位移和扭转角。自低层开始,自下而上累加各层间位移和扭转角,得结构各层的总位移和总扭转角。

【例 5-2】 图 5-37(a)所示某斜向布置结构第 $j$ 层的平面图。图中用箭头方向表明各榀结构的方向,其抗推刚度 $D_{si}$ 的相对比值在下面列表时给出。沿 $y'$ 方向总层剪力 $V_y = 100\text{kN}$,求结构的层间位移和每榀结构的层间剪力。

【解】 (1) 主轴方向。主轴方向基本数据列表 5-10 计算。

由式(5-50),得

$$
\tan 2\beta = \frac{\sum D_{si}\sin 2\alpha'_{si}}{\sum D_{si}\cos 2\alpha'_{si}} = \frac{4.33}{17.5} = 0.247428
$$

$$2\beta = 13.897°, \quad \beta = 6.948°$$

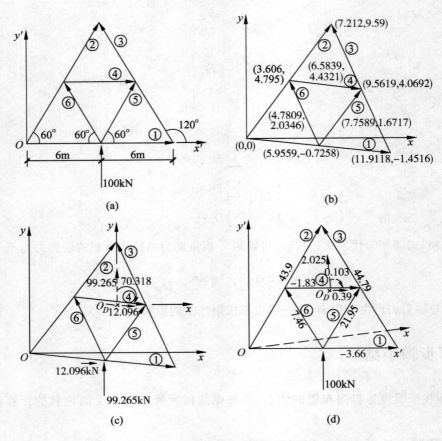

图 5-37　例 5-2 斜向布置结构计算

表 5-10　主轴方向基本数据计算结果

| $s_i$ | $D_{si}$ | $\alpha'_{si}$ | $\sin2\alpha'_{si}$ | $\cos2\alpha'_{si}$ | $D_{si}\sin2\alpha'_{si}$ | $D_{si}\cos2\alpha'_{si}$ |
|---|---|---|---|---|---|---|
| 1 | 10 | 0 | 0 | 1 | 0 | 10 |
| 2 | 20 | 60 | 0.866 | −0.5 | 17.32 | −10 |
| 3 | 30 | 120 | −0.866 | −0.5 | −25.98 | −15 |
| 4 | 5 | 0 | 0 | 1 | 0 | 5 |
| 5 | 10 | 60 | 0.866 | −0.5 | 8.66 | −5 |
| 6 | 5 | 120 | −0.866 | −0.5 | −4.33 | −2.5 |
| $\sum$ | | | | | −4.33 | −17.5 |

　(2) 刚度中心。将参考坐标 $x'Oy'$ 旋转 $\beta$ 角后,得主轴方向的坐标系 $xOy$,示于图 5-37(b)。图中括号内数字为该点的坐标值,各榀抗侧力结构组合截面的形心均在该截面的中间点。列表 5-11 计算。

表 5-11　刚度中心数据计算结果

| $s_i$ | $\sin\alpha_{si}$ | $\cos\alpha_{si}$ | $D_{si}\sin^2\alpha_{si}$ | $D_{si}\cos^2\alpha_{si}$ |
|---|---|---|---|---|
| 1 | $-0.12097$ | 0.99265 | 0.1463 | 9.8535 |
| 2 | 0.79918 | 0.60109 | 12.7737 | 7.2262 |
| 3 | 0.92015 | $-0.39156$ | 25.4003 | 4.5996 |
| 4 | $-0.12097$ | 0.99265 | 0.0731 | 4.9267 |
| 5 | 0.79918 | 0.60109 | 6.3868 | 3.6131 |
| 6 | 0.92015 | $-0.39156$ | 4.2334 | 0.7666 |
| $\sum$ | | | $D_y = 49.0136$ | $D_x = 30.9857$ |

| $s_i$ | $x_{si}D_{si}\sin^2\alpha_{si}$ | $y_{si}D_{si}\cos^2\alpha_{si}$ | $-x_{si}D_{si}\sin\alpha_{si}\cos\alpha_{si}$ | $-y_{si}D_{si}\sin\alpha_{si}\cos\alpha_{si}$ |
|---|---|---|---|---|
| 1 | 0.8713 | $-7.1516$ | 7.1475 | $-0.8710$ |
| 2 | 46.0619 | 34.6496 | $-34.6450$ | $-46.0684$ |
| 3 | 242.8715 | 18.7167 | 103.3528 | 43.9832 |
| 4 | 0.4813 | 21.8356 | 3.9506 | 2.6594 |
| 5 | 49.5545 | 6.0400 | $-37.2722$ | $-8.0305$ |
| 6 | 20.2394 | 1.5597 | 8.6123 | 3.6651 |
| $\sum$ | 360.0835 | 75.65 | 51.146 | $-4.6622$ |

由式(5-51),得

$$x_0 = \frac{\sum x_{si}D_{si}\sin^2\alpha_{si} - \sum y_{si}D_{si}\sin\alpha_{si}\cos\alpha_{si}}{\sum D_{si}\sin^2\alpha_{si}}$$

$$= \frac{360.0835 - 4.6622}{49.0136} = 7.2514$$

$$y_0 = \frac{\sum y_{si}D_{si}\cos^2\alpha_{si} - \sum x_{si}D_{si}\sin\alpha_{si}\cos\alpha_{si}}{\sum D_{si}\cos^2\alpha_{si}}$$

$$= \frac{75.650 + 51.146}{30.9857} = 4.0920$$

（3）层间位移和各榀剪力。建立以刚度中心为原点、主轴方向为坐标方向的坐标系 $xO_Dy$（见图 5-37(c)）。总层剪力移至刚度中心后的三个分量为

$$V_x = 100\sin6.948° = 12.0968(\text{kN})$$

$$V_y = 100\cos6.948° = 99.2656(\text{kN})$$

$$M_t = 12.0968(4.092 + 0.7258) - 99.2656(7.2514 - 5.9559)$$

$$= -70.3186(\text{kN} \cdot \text{m})$$

自刚度中心到各榀结构间的垂直距离 $r_{si}$ 算得后列于表 5-12 中。

表 5-12  自刚度中心到各榀结构间的数据计算结果

| $s_i$ | $r_{si}$ | $D_{si}r_{si}^2$ | $\cos\alpha_{si}\dfrac{V_x}{D_x}$ | $\sin\alpha_{si}\dfrac{V_y}{D_y}$ | $r_{si}\dfrac{M_t}{D_t}$ | $V_{si}/\mathrm{kN}$ |
|---|---|---|---|---|---|---|
| 1 | 4.939 | 243.937 | 0.387 | −0.245 | −0.508 | −3.66 |
| 2 | 3.336 | 222.577 | 0.234 | 1.618 | 0.343 | 43.9 |
| 3 | 2.117 | 134.450 | −0.152 | 1.863 | −0.218 | 44.79 |
| 4 | 0.25 | 0.312 | 0.387 | −0.245 | 0.025 | −1.83 |
| 5 | 1.86 | 34.596 | 0.234 | 1.618 | −0.191 | 21.95 |
| 6 | 3.078 | 47.370 | −0.152 | 1.863 | 0.317 | 7.46 |
| $\sum$ | | $D_t=683.242$ | | | | |

层间位移由式(5-52)求得(注意,本题因为刚度没给出真值,故下面的位移也不是真值)

$$\delta_x = \frac{V_x}{D_x} = \frac{12.0968}{30.9857} = 0.39$$

$$\delta_y = \frac{V_y}{D_y} = \frac{99.2656}{49.0136} = 2.025$$

$$\theta = \frac{M_t}{D_t} = -\frac{70.3186}{683.242} = -0.103$$

各榀抗侧力结构所承担的层剪力由式(5-54)求得

$$V_{si} = D_{si}\left(\cos\alpha_{si}\frac{V_x}{D_x} + \sin\alpha_{si}\frac{V_y}{D_y} + r_{si}\frac{M_t}{D_t}\right)$$

计算结果列于表 5-12。计算时注意 $r_{si}$ 应根据扭矩 $M_t$ 的方向和各榀平面结构对刚度中心的相对位置、方向取正或负值。各榀结构的层剪力示于图 5-37(d)。

# 5.8  框架-剪力墙-薄壁筒斜交结构的弯扭耦连计算

## 5.8.1  框架-剪力墙-薄壁筒结构

在三大结构体系中,常有由墙体围成筒状的薄壁筒。这种薄壁筒的作用与平面框架、平面剪力墙是不同的,它不仅在两个方向上都有相当的侧向刚度,即在两个方向能承受水平荷载;还有相当大的扭转刚度,能够承受相当大的扭矩。这种框架、剪力墙和薄壁筒通过楼板组合在一起共同抵抗水平荷载的结构体系,称为框架-剪力墙-薄壁筒结构。这种结构体系实际上是由三种受力性能不同的构件通过刚性楼板连接在一起共同承担侧力的工作体系的。这种框架-剪力墙-薄壁筒结构,在平面内可以是正交布置的(见图 5-38(a)),也可以是斜交布置的(见图 5-38(b))。图 5-38 中 $Q_x$,$Q_y$ 及 $M_T$ 分别表示楼层的剪力和扭矩。这种结构体系在水平荷载作用下,除结构和荷载都是对称的情况外,一般情况下结构会产生弯曲和扭转,而且弯扭是耦连的。

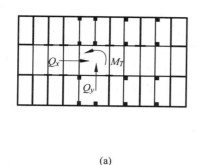

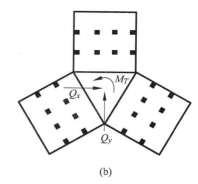

$$(a) \qquad\qquad\qquad (b)$$

**图 5-38　结构的平面图**

本节将讨论当平面布置不对称(含斜交布置)时,这种框架-剪力墙-薄壁筒结构在水平荷载作用下的计算方法。该计算方法适用于沿竖向结构刚度均匀的框架-剪力墙-薄壁筒结构。当沿竖向结构刚度不完全均匀时,可以采用平均值,但这种方法不适用于沿竖向结构刚度有巨大变化(如框支剪力墙)的情况,也不适用于框筒。本节把计算结果用图表曲线表示,计算时可以直接查用。

## 5.8.2　基本方程的建立

### 1. 基本假定与计算简图

在选取计算简图时,假设:

(1)楼板在自身平面内的刚度为无限大,楼板平面外的刚度忽略不计。

(2)框架、剪力墙在其自身平面内有刚度,楼板平面外的刚度忽略不计。

在这两个基本假定下,此框架-剪力墙-薄壁筒结构在水平荷载作用下,同一楼层标高处框架、剪力墙与薄壁筒有相同的侧移和转角。

本节把薄壁筒视为薄壁杆件,刚性楼板可以保证它在扭转时截面形状不变。薄壁筒和剪力墙合在一起成为一组合悬臂杆(其作用如框架-剪力墙结构中的剪力墙),平面框架可视为此组合悬臂杆的弹性地基。于是,问题变为此弹性地基上的组合悬臂杆在水平荷载作用下的弯曲和扭转耦连计算。

下面为了建立微分方程,须进一步将每层处的楼板作用沿层高连续化。也就是,此框架-剪力墙-薄壁筒结构,在水平荷载作用下,同一水平标高处,框架、剪力墙与薄壁筒有相同的侧移和转角。

从上述基本假设与计算简图可以看出:本节计算方法属于高层建筑结构计算中的协同工作法;只考虑了各抗侧力结构间水平变形的协调,而没有考虑各抗侧力结构间竖向变形的协调,因而,对竖向协调要求高的结构(如框筒结构),本节方法不适用。

### 2. 力的平衡条件

为了便于表示各抗侧力结构间位移的协调关系和力的平衡条件,设置了两套坐标系:整体坐标系和局部坐标系(见图 5-39)。它们均为右手坐标系,$Z$ 轴向上,坐标原点取在底面处。整体坐标系为 $OXYZ$。

第 $i$ 个构件的局部坐标系为 $\overline{O}_i\overline{x}_i\overline{y}_i\overline{z}_i$，$\overline{z}_i$ 轴为其剪切中心轴，$\overline{O}_i\overline{x}_i$，$\overline{O}_i\overline{y}_i$ 轴为其截面主轴。$\overline{O}_i$ 在整体坐标系中的坐标为 $X_i^0$，$Y_i^0$，$\overline{O}_i\overline{x}_i$ 轴与 $OX$ 轴的夹角为 $\alpha_i$。

设第 $i\,(i=1,2,\cdots,n_1)$ 个薄壁筒（含剪力墙）上受有沿局部坐标系方向的横向剪力 $\overline{Q}_{xi}$，$\overline{Q}_{yi}$ 和扭矩 $\overline{M}_i$，称为薄壁筒 $i$ 在局部坐标系中的内力分量向量，用 $\overline{\boldsymbol{Q}}_i$ 表示。将其作用移至整体坐标系的原点，并用 $Q_{Xi}$，$Q_{Yi}$ 和 $M_i$ 表示，称为薄壁筒 $i$ 在整体坐标系中的内力分量向量，用 $\boldsymbol{Q}_i$ 表示。利用力的投影和取矩关系可以建立下述坐标变换关系

$$\boldsymbol{Q}_i = \boldsymbol{N}_i\overline{\boldsymbol{Q}}_i \tag{5-82}$$

$$\left.\begin{array}{l}
\boldsymbol{Q}_i = \begin{bmatrix} Q_{Xi} & Q_{Yi} & M_i \end{bmatrix}^{\mathrm{T}} \\[4pt]
\overline{\boldsymbol{Q}}_i = \begin{bmatrix} \overline{Q}_{xi} & \overline{Q}_{yi} & \overline{M}_i \end{bmatrix}^{\mathrm{T}} \\[4pt]
\boldsymbol{N}_i = \begin{bmatrix} \cos\alpha_i & -\sin\alpha_i & 0 \\[4pt] \sin\alpha_i & \cos\alpha_i & 0 \\[4pt] X_i^0\sin\alpha_i - Y_i^0\cos\alpha_i & X_i^0\cos\alpha_i + Y_i^0\sin\alpha_i & 1 \end{bmatrix}
\end{array}\right\} \tag{5-83}$$

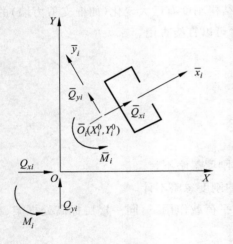

图 5-39　薄壁筒

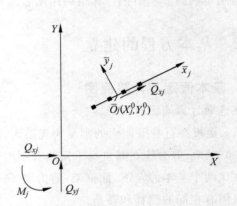

图 5-40　框架

至于框架，因为框架平面外的刚度忽略不计，出平面方向没有横向力。设 $\overline{x}_j$ 轴为框架平面内的主轴，则其上只受有横向力 $\overline{Q}_{xj}$，称为框架 $j$ 在局部坐标系中的内力分量，用 $\overline{\boldsymbol{Q}}_j$ 表示（见图 5-40）。将其作用移至整体坐标系的原点，并用 $Q_{Xj}$，$Q_{Yj}$ 和 $M_j$ 表示，称为框架 $j$ 在整体坐标系中的内力分量向量，用 $\boldsymbol{Q}_j$ 表示。它们之间的坐标变换关系为

$$\boldsymbol{Q}_j = \boldsymbol{N}_j\overline{\boldsymbol{Q}}_j \tag{5-84}$$

式中：

$$\left.\begin{array}{l}
\boldsymbol{Q}_j = \begin{pmatrix} Q_{Xj} & Q_{Yj} & M_j \end{pmatrix}^{\mathrm{T}} \\[4pt]
\overline{\boldsymbol{Q}}_j = \overline{Q}_{xj} \\[4pt]
\boldsymbol{N}_j = \begin{bmatrix} \cos\alpha_j \\[4pt] \sin\alpha_j \\[4pt] X_j^0\sin\alpha_j - Y_j^0\cos\alpha_j \end{bmatrix}
\end{array}\right\} \tag{5-85}$$

设高度为 $Z$ 的截面上沿整体坐标系的总内力分量为

$$\boldsymbol{Q} = (Q_X \quad Q_Y \quad M)^T$$

式中：$Q_X$ 和 $Q_Y$——沿 $X$ 和 $Y$ 方向的总内力，$M$ 为对坐标原点的总扭矩。

根据截面 $z$ 的三个平衡条件，即所有薄壁筒（含剪力墙）和框架的内力分量之和应等于结构的总内力分量，则

$$\sum_{i=1}^{n_1} \boldsymbol{Q}_i + \sum_{j=1}^{n_2} \boldsymbol{Q}_j = \boldsymbol{Q} \tag{5-86}$$

式中：$n_1$——薄壁筒（含剪力墙）的数目；

$n_2$——框架的数目。

将式（5-82）和式（5-84）代入式（5-86），得

$$\sum \boldsymbol{N}_i \bar{\boldsymbol{Q}}_i + \sum \boldsymbol{N}_j \bar{\boldsymbol{Q}}_j = \boldsymbol{Q} \tag{5-87}$$

上式就是此结构的力的平衡条件。

### 3. 各构件力与位移的关系

首先讨论薄壁筒（含剪力墙）。薄壁筒为薄壁杆，有两个方向的弯曲和扭转（扭转参见 8.6 节）。设薄壁杆 $i$ 在局部坐标系中截面剪切中心处的三个位移分量分别为 $\bar{u}_i, \bar{v}_i, \bar{\theta}_i$，其中 $\bar{u}_i$ 为 $\bar{x}_i$ 方向的位移，$\bar{v}_i$ 为 $\bar{y}_i$ 方向的位移，$\bar{\theta}_i$ 为扭转角，则有下述力与位移的关系式

$$\left.\begin{aligned}
EI_{yi} \frac{\mathrm{d}^3 \bar{u}_i}{\mathrm{d}z^3} &= -\bar{Q}_{xi} \\
EI_{xi} \frac{\mathrm{d}^3 \bar{v}_i}{\mathrm{d}z^3} &= -\bar{Q}_{yi} \\
EI_{\omega i} \frac{\mathrm{d}^3 \bar{\theta}_i}{\mathrm{d}z^3} - GI_{ti} \frac{\mathrm{d}\bar{\theta}_i}{\mathrm{d}z} &= -\bar{M}_i
\end{aligned}\right\} \tag{5-88}$$

式中：$I_{yi}, I_{xi}$——杆 $i$ 截面对 $\bar{y}_i$ 轴和 $\bar{x}_i$ 轴的惯性矩；

$I_{\omega i}$——杆 $i$ 截面的扇性惯性矩；

$I_{ti}$——杆 $i$ 截面的抗（纯）扭惯性矩；

$z$——纵坐标，因在局部坐标系中与整体坐标系中纵坐标是一样的，故上面没有加横线，即 $\bar{z} = Z = z$。

式（5-88）中的前两式是两个方向弯曲时的力与位移关系式，后一式是约束扭转时的力与位移的关系。

式（5-88）可写成如下矩阵形式

$$\boldsymbol{D}_i \bar{\boldsymbol{u}}_i''' - \boldsymbol{D}_{ti} \bar{\boldsymbol{u}}_i' = -\bar{\boldsymbol{Q}}_i \tag{5-89}$$

式中"′"号表示对 $z$ 微分，

$$\left.\begin{array}{l} \bar{\boldsymbol{u}}_i = (\bar{u}_i \quad \bar{v}_i \quad \bar{\theta}_i)^{\mathrm{T}} \\[2mm] \boldsymbol{D}_i = \begin{bmatrix} EI_{yi} & 0 & 0 \\ 0 & EI_{xi} & 0 \\ 0 & 0 & EI_{\omega i} \end{bmatrix} \\[10mm] \boldsymbol{D}_{ti} = \begin{bmatrix} 0 & 0 & 0 \\ 0 & 0 & 0 \\ 0 & 0 & GI_{ti} \end{bmatrix} \end{array}\right\} \tag{5-90}$$

其次讨论框架。设第 $j$ 榀框架沿局部坐标系 $\bar{x}_j$ 方向的位移为 $\bar{u}_j$,框架的层剪切刚度为 $C_{Fj}$,则有

$$\bar{Q}_{xj} = C_{Fj} \frac{\mathrm{d}\bar{u}_j}{\mathrm{d}z}$$

或写成

$$\bar{\boldsymbol{Q}}_j = \boldsymbol{D}_{Fj} \bar{\boldsymbol{u}}_j' \tag{5-91}$$

式中

$$\left.\begin{array}{l} \bar{\boldsymbol{u}}_j = \bar{u}_j \\ \boldsymbol{D}_{Fj} = C_{Fj} \end{array}\right\} \tag{5-92}$$

### 4. 用整体位移表示的平衡方程

设在整体坐标系中沿整体坐标轴 $X$ 方向的位移为 $u$,沿坐标轴 $Y$ 方向的位移为 $v$,绕 $Z$ 轴的转角为 $\theta$,以它们作为计算的基本未知量,表示为

$$\boldsymbol{u} = (u \quad v \quad \theta)^{\mathrm{T}}$$

因为在局部坐标系和整体坐标系两种坐标系的坐标变换关系中,位移之间的变换关系与力之间的变换关系是完全一样的。所以,用式(5-82)的类似关系,可求出薄壁筒在局部坐标系和整体坐标系之间的位移变换关系为

$$\bar{\boldsymbol{u}}_i = \boldsymbol{N}_i^{\mathrm{T}} \boldsymbol{u} \tag{5-93}$$

用式(5-84)的类似关系,可求出框架在局部坐标系和整体坐标系间的位移变换关系为

$$\bar{\boldsymbol{u}}_j = \boldsymbol{N}_j^{\mathrm{T}} \boldsymbol{u} \tag{5-94}$$

将式(5-93)和式(5-94)分别代入式(5-89)和式(5-91),可得整体坐标位移 $\boldsymbol{u}$ 表示的内力分量 $\bar{\boldsymbol{Q}}_i$ 和 $\bar{\boldsymbol{Q}}_j$。再将 $\bar{\boldsymbol{Q}}_i$ 和 $\bar{\boldsymbol{Q}}_j$ 代入式(5-87)的平衡条件,经整理后,可得整体位移 $\boldsymbol{u}$ 表示的平衡方程

$$\boldsymbol{A}\boldsymbol{u}''' - \boldsymbol{B}\boldsymbol{u}' = -\boldsymbol{Q} \tag{5-95}$$

式中

$$\left.\begin{array}{l} \boldsymbol{A} = \displaystyle\sum_{i=1}^{n_1} \boldsymbol{N}_i \boldsymbol{D}_i \boldsymbol{N}_i^{\mathrm{T}} \\[6mm] \boldsymbol{B} = \displaystyle\sum_{i=1}^{n_1} \boldsymbol{N}_i \boldsymbol{D}_{Fi} \boldsymbol{N}_i^{\mathrm{T}} + \sum_{j=1}^{n_2} \boldsymbol{N}_j \boldsymbol{D}_{Fj} \boldsymbol{N}_j^{\mathrm{T}} \end{array}\right\} \tag{5-96}$$

矩阵 $\boldsymbol{A}$ 和 $\boldsymbol{B}$ 均为 $3 \times 3$ 阶的方阵,其中的各元素如下

$$
\left.
\begin{aligned}
a_{11} &= E \sum_{i=1}^{n_1} (I_{yi} \cos^2\alpha_i + I_{xi} \sin^2\alpha_i) \\[4pt]
a_{12} &= a_{21} = E \sum_{i=1}^{n_1} (I_{yi} - I_{xi}) \sin\alpha_i \cos\alpha_i \\[4pt]
a_{13} &= a_{31} = E \sum_{i=1}^{n_1} \big[ (X_i^0 \sin\alpha_i - Y_i^0 \cos\alpha_i) I_{yi} \cos\alpha_i \\
&\qquad\qquad - (X_i^0 \cos\alpha_i + Y_i^0 \sin\alpha_i) I_{xi} \sin\alpha_i \big] \\[4pt]
a_{22} &= E \sum_{i=1}^{n_1} (I_{yi} \sin^2\alpha_i + I_{xi} \cos^2\alpha_i) \\[4pt]
a_{23} &= a_{32} = E \sum_{i=1}^{n_1} \big[ (X_i^0 \sin\alpha_i - Y_i^0 \cos\alpha_i) I_{yi} \sin\alpha_i \\
&\qquad\qquad + (X_i^0 \cos\alpha_i + Y_i^0 \sin\alpha_i) I_{xi} \cos\alpha_i \big] \\[4pt]
a_{33} &= E \sum_{i=1}^{n_1} \big[ (X_i^0 \sin\alpha_i - Y_i^0 \cos\alpha_i)^2 I_{yi} \\
&\qquad\qquad + (X_i^0 \cos\alpha_i + Y_i^0 \sin\alpha_i)^2 I_{xi} + I_{\omega i} \big] \\[4pt]
b_{11} &= \sum_i C_{Fj} \cos^2\alpha_i \\[4pt]
b_{12} &= b_{21} = \sum_j C_{Fj} \sin\alpha_j \cos\alpha_i \\[4pt]
b_{13} &= b_{31} = \sum_j C_{Fj} (X_i^0 \sin\alpha_j - Y_j^0 \cos\alpha_j) \cos\alpha_j \\[4pt]
b_{22} &= \sum_j C_{Fj} \sin^2\alpha_j \\[4pt]
b_{23} &= b_{32} = \sum_j C_{Fj} (X_j^0 \sin\alpha_j - Y_j^0 \cos\alpha_j) \sin\alpha_j \\[4pt]
b_{33} &= \sum_j C_{Fj} (X_j^0 \sin\alpha_j - Y_j^0 \cos\alpha_j)^2 + \sum_i G I_{ti}
\end{aligned}
\right\}
\tag{5-97}
$$

将式(5-95)两边对 $z$ 微分一次,并令

$$
\boldsymbol{q} = (q_X \quad q_Y \quad m)^{\mathrm{T}} = -(Q_X' \quad Q_Y' \quad M')^{\mathrm{T}}
$$

得

$$
\boldsymbol{A} \boldsymbol{u}^{(4)} - \boldsymbol{B} \boldsymbol{u}'' = \boldsymbol{q}
\tag{5-98}
$$

　　式(5-98)就是用整体坐标位移 $\boldsymbol{u}$ 表示的平衡方程。$\boldsymbol{q}$ 的三个分量,$q_X$,$q_Y$ 分别为沿 $X$,$Y$ 方向的水平荷载,$m$ 为绕 $Z$ 轴的扭矩。

　　式(5-98)是一组三元四阶的常系数微分方程,式中 $\boldsymbol{A}$,$\boldsymbol{B}$ 均为对称矩阵。这就是框架-剪力墙-薄壁筒弯扭耦连协同工作的基本方程。

## 5.8.3 基本方程的解

直接求解式(5-98)的三元四阶微分方程组是很困难的。通过坐标变换,使其正则化,变为在正则坐标系下的三个独立的微分方程。这样就很容易求解。

由于矩阵 $A$ 和 $B$ 都是非负定的实对称矩阵,广义特征值问题

$$| \mu A - B | = 0 \tag{5-99}$$

必有三个非负实特征值,分别记为 $\mu_1^2 \geqslant 0, \mu_2^2 \geqslant 0, \mu_3^2 \geqslant 0$;相应的三个特征向量记为 $C_1, C_2$ 和 $C_3$,它们所构成的广义正交矩阵为 $C$,即

$$C = \begin{bmatrix} C_1 & C_2 & C_3 \end{bmatrix}$$

令

$$u = C\tilde{u} \tag{5-100}$$

将式(5-100)代入基本方程式(5-98),然后在方程两边同时前乘矩阵 $C^{\mathrm{T}}$,可得

$$P\tilde{u}^{(4)①} - Q\tilde{u}'' = C^{\mathrm{T}}q \tag{5-101}$$

式中

$$\left. \begin{aligned} P &= C^{\mathrm{T}}AC \\ Q &= C^{\mathrm{T}}BC \end{aligned} \right\} \tag{5-102}$$

这里 $P$ 和 $Q$ 都是对角矩阵。

将式(5-101)两边同时前乘 $P^{-1}$,得

$$\tilde{u}^{(4)} - \mu^2\tilde{u}'' = \tilde{q} \tag{5-103}$$

式中

$$\left. \begin{aligned} \mu^2 &= \begin{bmatrix} \mu_1^2 & & \\ & \mu_2^2 & \\ & & \mu_3^2 \end{bmatrix} = P^{-1}Q \\ \tilde{q} &= P^{-1}C^{\mathrm{T}}q \end{aligned} \right\} \tag{5-104}$$

且 $\mu_l^2 (l=1,2,3)$ 为广义特征值问题(式(5-99))的三个特征值。

为了计算方便,引入无量纲坐标

$$\xi = \frac{z}{H}, \quad 0 \leqslant \xi \leqslant 1 \tag{5-105}$$

式中:$H$——结构的总高度。

并设

$$\lambda^2 = \begin{bmatrix} \lambda_1^2 & & \\ & \lambda_2^2 & \\ & & \lambda_3^2 \end{bmatrix} = H^2\mu^2 \tag{5-106}$$

引用式(5-105)和式(5-106)的关系后,式(5-103)可变为

---

① $u^{(4)}$ 中,(4)表示对坐标 $z$ 的 4 次求导,全书同。

$$\frac{\mathrm{d}^4 \widetilde{\pmb{u}}(\xi)}{\mathrm{d}\xi^4} - \pmb{\lambda}^2 \frac{\mathrm{d}^2 \widetilde{\pmb{u}}(\xi)}{\mathrm{d}\xi^2} = H^4 \widetilde{\pmb{q}}(\xi) \qquad (5\text{-}107)$$

由于矩阵 $\pmb{\lambda}^2$ 为对角矩阵,所以式(5-107)表示三个相互独立的微分方程。

式(5-107)中第 $l(l=1,2,3)$ 个方程的一般解可表示为

$$\widetilde{u}_l(\xi) = A_l \,\mathrm{sh}\lambda_l\xi + B_l \,\mathrm{ch}\lambda_l\xi + C_l\xi + D_l + \widetilde{u}_l^*(\xi) \qquad (5\text{-}108)$$

式中 $\widetilde{u}_l^*(\xi)$ 为式(5-107)的特解, $A_l$, $B_l$, $C_l$, $D_l$ 为任意常数,由边界条件来确定。

对于本问题,边界条件为:

1) 当 $\xi=0$ 时,

$$\left. \begin{array}{l} \widetilde{u}_l(\xi) = 0 \\[2mm] \dfrac{\mathrm{d}\widetilde{u}_l(\xi)}{\mathrm{d}\xi} = 0 \end{array} \right\} \qquad (5\text{-}109)$$

2) 当 $\xi=1$ 时,

(1) 若顶部无集中荷载,则

$$\left. \begin{array}{l} \dfrac{\mathrm{d}^2 \widetilde{u}_l(\xi)}{\mathrm{d}\xi^2} = 0 \\[4mm] \dfrac{\mathrm{d}^3 \widetilde{u}_l(\xi)}{\mathrm{d}\xi^3} - \lambda_l^2 \dfrac{\mathrm{d}\widetilde{u}_l(\xi)}{\mathrm{d}\xi} = 0 \end{array} \right\}$$

(2) 若顶部有集中荷载 $\widetilde{P}_l$ 时,则

$$\left. \begin{array}{l} \dfrac{\mathrm{d}^2 \widetilde{u}_l(\xi)}{\mathrm{d}\xi^2} = 0 \\[4mm] \dfrac{\mathrm{d}^3 \widetilde{u}_l(\xi)}{\mathrm{d}\xi^3} - \lambda_l^2 \dfrac{\mathrm{d}\widetilde{u}_l(\xi)}{\mathrm{d}\xi} = -H^3 \widetilde{P}_l \end{array} \right\} \qquad (5\text{-}110)$$

利用上述边界条件可求出四个任意常数,进而可由此求出薄壁筒和剪力墙的内力和框架的内力。

## 5.8.4　三种典型荷载作用下的计算公式和图表

### 1. 顶部集中荷载

设结构在顶部沿整体坐标方向承受集中荷载 $\pmb{P} = (P_x \quad P_y \quad M)^{\mathrm{T}}$,则在斜交正则坐标系下的荷载向量为

$$\widetilde{\pmb{P}} = \begin{bmatrix} \widetilde{P}_1 \\ \widetilde{P}_2 \\ \widetilde{P}_3 \end{bmatrix} = \pmb{P}^{-1}\pmb{C}^{\mathrm{T}}\pmb{P}$$

注意到在集中荷载作用下,式(5-107)的第 $l$ 个方程的特解为 $\widetilde{u}_l^*(\xi)=0$。由通解式(5-108)和边界条件式(5-109)和式(5-110),可以求得第 $l$ 个方程的解为

$$\widetilde{u}_l(\xi) = \frac{\widetilde{P}_l H^3}{\lambda_l^3} \left[ \frac{\mathrm{sh}\lambda_l}{\mathrm{ch}\lambda_l}(\mathrm{ch}\lambda_l\xi - 1) - \mathrm{sh}\lambda_l\xi + \lambda_l\xi \right]$$

经整理后,方程式(5-107)的解可以写成

$$\tilde{u}(\xi) = \tilde{u}(H)F_u(\xi) \tag{5-111}$$

式中:$\tilde{u}(H)$——对角矩阵,各对角元素表示单独由组合悬臂杆承受荷载时顶部的最大位移;

　　　$F_u(\xi)$——位移的计算系数向量。

对于顶部承受集中荷载的情况

$$\tilde{u}(H) = \frac{H^3}{3}\tilde{P} \tag{5-112}$$

式中

$$\tilde{P} = \begin{bmatrix} \tilde{P}_1 & & \\ & \tilde{P}_2 & \\ & & \tilde{P}_3 \end{bmatrix} \tag{5-113}$$

$$F_u(\xi) = \begin{bmatrix} F_{u1}(\xi) & F_{u2}(\xi) & F_{u3}(\xi) \end{bmatrix}^{\mathrm{T}} \tag{5-114}$$

式中

$$F_{ul}(\xi) = \frac{3}{\lambda_l^3}\left[\frac{\mathrm{sh}\lambda_l}{\mathrm{ch}\lambda_l}(\mathrm{ch}\lambda_l\xi - 1) - \mathrm{sh}\lambda_l\xi + \lambda_l\xi\right] \tag{5-115}$$

求出 $\tilde{u}(\xi)$ 以后,可以由式(5-93)和式(5-94)所示的坐标变换关系求得在局部坐标系下各构件的相应位移,再由力与位移间的关系式求得内力。

1) 位移计算公式

(1) 对第 $i$ 个薄壁筒或剪力墙:由式(5-93)和式(5-100)可得

$$\bar{u}_i = N_i^{\mathrm{T}}C\tilde{u} = \bar{u}_i(H)F_u(\xi) \tag{5-116}$$

式中

$$\bar{u}_i(H) = \frac{H^3}{3}N_i^{\mathrm{T}}C\tilde{P} \tag{5-117}$$

这是一个 $3\times3$ 的矩阵,其中元素 $\bar{u}_{i,kl}(H)$ 表示当荷载 $\tilde{P}_l$ 单独由组合悬臂杆承担时,第 $i$ 个构件沿 $k$ 方向所产生的顶部位移。

(2) 对第 $j$ 榀框架:公式同式(5-117),只需将下角标 $i$ 换成 $j$ 即可。

式(5-115)与式(5-30)是一样的,可根据附图 5-7 查得位移计算系数。

2) 内力计算公式

(1) 对薄壁筒或剪力墙:对第 $i$ 个薄壁筒(或剪力墙),按局部坐标所示的右手坐标系,其弯矩、双力矩与位移之间的关系为

$$\left.\begin{aligned} \overline{M}_{yi} &= EI_{yi}\bar{u}_i'' \\ \overline{M}_{xi} &= -EI_{xi}\bar{v}_i'' \\ \overline{B}_i &= -EI_{\omega i}\bar{\theta}_i'' \end{aligned}\right\} \tag{5-118}$$

写成矩阵形式,为

$$\overline{M}_i = \overline{D}_i\bar{u}_i'' \tag{5-119}$$

式中

$$\bar{\boldsymbol{D}}_i = \begin{bmatrix} EI_{yi} & & \\ & -EI_{xi} & \\ & & -EI_{\omega i} \end{bmatrix}$$

将式(5-116)和式(5-114)代入式(5-119),得

$$\bar{\boldsymbol{M}}_i = \bar{\boldsymbol{D}}_i \boldsymbol{N}_i^{\mathrm{T}} \boldsymbol{C} \tilde{\boldsymbol{u}}'' = \bar{\boldsymbol{M}}_i(0) \boldsymbol{F}_M(\xi) \tag{5-120}$$

式中

$$\bar{\boldsymbol{M}}_i(0) = 2H \bar{\boldsymbol{D}}_i \boldsymbol{N}_i^{\mathrm{T}} \boldsymbol{C} \tilde{\boldsymbol{P}} \tag{5-121}$$

这是一个 $3 \times 3$ 的矩阵,其中元素 $\bar{M}_{i,kl}(0)$ 表示当荷载 $\tilde{P}_l$ 单独由组合悬臂杆承担时,第 $i$ 个构件绕 $k$ 轴在底面处所产生的弯矩或双力矩。

$\boldsymbol{F}_M(\xi)$ 为力矩计算系数向量,有 3 个元素,其第 $l$ 个元素为

$$F_{Ml}(\xi) = \frac{1}{\lambda_l}(\mathrm{th}\lambda_l \mathrm{ch}\lambda_l\xi - \mathrm{sh}\lambda_l\xi) \tag{5-122}$$

式(5-122)与式(5-31)相同,可根据附图 5-8 查得力矩计算系数。

剪力和扭矩可由式(5-88)求得

$$\begin{aligned} \bar{\boldsymbol{Q}}_i &= -\boldsymbol{D}_i \boldsymbol{N}_i^{\mathrm{T}} \boldsymbol{C} \tilde{\boldsymbol{u}}''' + \boldsymbol{D}_{\mathrm{t}i} \boldsymbol{N}_i^{\mathrm{T}} \boldsymbol{C} \tilde{\boldsymbol{u}}' \\ &= -\bar{\boldsymbol{Q}}_i(0) \boldsymbol{F}_Q(\xi) + \bar{\boldsymbol{Q}}_i^*(0) \boldsymbol{F}_{\mathrm{t}}(\xi) \end{aligned} \tag{5-123}$$

式中

$$\left. \begin{aligned} \bar{\boldsymbol{Q}}_i(0) &= \boldsymbol{D}_i \boldsymbol{N}_i^{\mathrm{T}} \boldsymbol{C} \tilde{\boldsymbol{P}} \\ \bar{\boldsymbol{Q}}_i^*(0) &= \boldsymbol{D}_{\mathrm{t}i} \boldsymbol{N}_i^{\mathrm{T}} \boldsymbol{C} \tilde{\boldsymbol{P}} H^2 \end{aligned} \right\} \tag{5-124}$$

$\boldsymbol{F}_Q(\xi)$ 为剪力计算系数(应为弯曲和约束扭转产生的剪力、扭矩计算系数,简称剪力计算系数)向量,有 3 个元素,其第 $l$ 个元素为

$$F_{Ql}(\xi) = \mathrm{th}\lambda_l \mathrm{sh}\lambda_l\xi - \mathrm{ch}\lambda_l\xi \tag{5-125}$$

式(5-125)与式(5-32)是相同的(只差一个正负号),可根据附图 5-9(注意,差一个正负号)查得剪力计算系数。

$\boldsymbol{F}_{\mathrm{t}}(\xi)$ 为扭矩计算系数(应为纯扭转产生的剪力、扭转计算系数,简称扭转计算系数)向量,有 3 个元素,其第 $l$ 个元素为

$$F_{tl}(\xi) = \frac{1}{\lambda_l^2}(\mathrm{th}\lambda_l \mathrm{sh}\lambda_l\xi - \mathrm{ch}\lambda_l\xi + 1) \tag{5-126}$$

扭矩计算系数在框架-剪力墙中是没有的。根据式(5-126)绘制出 $F_{\mathrm{t}}(\xi)$ 曲线见附图 5-10。

(2) 对框架:对第 $j$ 榀框架,由式(5-91)和式(5-116)可求得

$$\bar{\boldsymbol{Q}}_j(\xi) = \bar{\boldsymbol{Q}}_j(0) \boldsymbol{F}_{\mathrm{t}}(\xi)$$

式中

$$\bar{\boldsymbol{Q}}_j(0) = \boldsymbol{D}_{\mathrm{F}j} \boldsymbol{N}_j^{\mathrm{T}} \boldsymbol{C} \tilde{\boldsymbol{P}}$$

应指出,框架用局部坐标系表示的内力分量实际上只有一项 $\bar{Q}_{xj}$,故上式求得的结果也只有此一项。

## 2. 均布荷载

均布荷载作用下各个构件的位移和内力计算公式可用与前面类似的方法求出。下面直接给出相应

的结果。

设结构沿整体坐标系承受均布荷载

$$\boldsymbol{q} = (q_X \quad q_Y \quad m)^{\mathrm{T}}$$

在正则坐标系下的荷载分量为

$$\tilde{\boldsymbol{q}} = (\tilde{q}_1 \quad \tilde{q}_2 \quad \tilde{q}_3)^{\mathrm{T}} = \boldsymbol{P}^{-1}\boldsymbol{C}^{\mathrm{T}}\boldsymbol{q} \tag{5-127}$$

设

$$\tilde{\boldsymbol{q}} = \begin{bmatrix} \tilde{q}_1 & & \\ & \tilde{q}_2 & \\ & & \tilde{q}_3 \end{bmatrix} \tag{5-128}$$

则第 $i$ 个薄壁筒或剪力墙的位移计算公式为

$$\tilde{\boldsymbol{u}}_i = \bar{\boldsymbol{u}}_i(H)\boldsymbol{F}_u(\xi) \tag{5-129}$$

$$\bar{\boldsymbol{u}}_i(H) = \frac{H^4}{8}\boldsymbol{N}_i{}^{\mathrm{T}}\boldsymbol{C}\tilde{\boldsymbol{q}}$$

式中：$\bar{\boldsymbol{u}}_i(H)$——单独组合悬臂杆受载时的顶部位移；

$\boldsymbol{F}_u(\xi)$——位移的计算系数向量。

$\boldsymbol{F}_u(\xi)$ 有 3 个元素，其第 $l$ 个元素为

$$F_{ul}(\xi) = \frac{8}{\lambda_l^4}\left[\frac{1+\lambda_l \mathrm{sh}\lambda_l}{\mathrm{ch}\lambda_l}(\mathrm{ch}\lambda_l\xi - 1) - \lambda_l \mathrm{sh}\lambda_l\xi + \lambda_l^2\left(\xi - \frac{1}{2}\xi^2\right)\right] \tag{5-130}$$

式(5-130)与式(5-22)是相同的,据之绘制的关系曲线见附图 5-1。

第 $i$ 个薄壁筒或剪力墙的弯矩和双力矩的计算公式为

$$\bar{\boldsymbol{M}}_i = \bar{\boldsymbol{M}}_i(0)\boldsymbol{F}_M(\xi) \tag{5-131}$$

$$\bar{\boldsymbol{M}}_i(0) = \frac{H^2}{2}\bar{\boldsymbol{D}}_i\boldsymbol{N}_i{}^{\mathrm{T}}\boldsymbol{C}\tilde{\boldsymbol{q}}$$

式中：$\bar{\boldsymbol{M}}_i(0)$——单独组合悬臂杆受载时的底部力矩；

$\boldsymbol{F}_M(\xi)$——力矩计算系数向量。

$\boldsymbol{F}_M(\xi)$ 有 3 个元素,其第 $l$ 个元素为

$$F_{Ml}(\xi) = \frac{2}{\lambda_l^2}\left(\frac{1+\lambda_l \mathrm{sh}\lambda_l}{\mathrm{ch}\lambda_l}\mathrm{ch}\lambda_l\xi - \lambda_l \mathrm{sh}\lambda_l\xi - 1\right) \tag{5-132}$$

式(5-132)与式(5-23)是相同的,根据该式绘制的关系曲线见附图 5-2。

第 $i$ 个薄壁筒或剪力墙的剪力和扭矩的计算公式为

$$\bar{\boldsymbol{Q}}_i = -\bar{\boldsymbol{Q}}_i(0)\boldsymbol{F}_Q(\xi) + \bar{\boldsymbol{Q}}_i^*(0)\boldsymbol{F}_t(\xi) \tag{5-133}$$

式中

$$\bar{\boldsymbol{Q}}_i(0) = H\boldsymbol{D}_i\boldsymbol{N}_i{}^{\mathrm{T}}\boldsymbol{C}\tilde{\boldsymbol{q}}$$

$\boldsymbol{F}_Q(\xi)$ 为剪力计算系数向量,有 3 个元素,其第 $l$ 个元素为

$$F_{Ql}(\xi) = \frac{1}{\lambda_l}\left(\frac{1+\lambda_l \mathrm{sh}\lambda_l}{\mathrm{ch}\lambda_l}\mathrm{sh}\lambda_l\xi - \lambda_l \mathrm{ch}\lambda_l\xi\right) \tag{5-134}$$

式(5-134)与剪力计算系数式(5-24)只差一个正负号,根据该式绘制的关系曲线见附图 5-3(注意差

一个正负号)。

$$\overline{\boldsymbol{Q}}_i^*(0) = H^3 \boldsymbol{D}_{ti} \boldsymbol{N}_i{}^{\mathrm{T}} \boldsymbol{C} \tilde{\boldsymbol{q}}$$

$\boldsymbol{F}_t(\xi)$ 为扭矩计算系数向量,有 3 个元素,其第 $l$ 个元素为

$$F_{tl}(\xi) = \frac{1}{\lambda_l^3}\left[\frac{1+\lambda_l \mathrm{sh}\lambda_l}{\mathrm{ch}\lambda_l}\mathrm{sh}\lambda_l\xi - \lambda_l \mathrm{ch}\lambda_l\xi + \lambda_l(1-\xi)\right] \tag{5-135}$$

据式(5-135)绘制的关系曲线,见附图 5-11。

第 $j$ 榀框架的剪力计算公式为

$$\tilde{\boldsymbol{Q}}_j(\xi) = \overline{\boldsymbol{Q}}_j(0)\boldsymbol{F}_t(\xi) \tag{5-136}$$

式中

$$\overline{\boldsymbol{Q}}_j(0) = H^3 \boldsymbol{D}_{Fj} \boldsymbol{N}_j{}^{\mathrm{T}} \boldsymbol{C} \tilde{\boldsymbol{q}} \tag{5-137}$$

### 3. 倒三角形分布荷载

计算方法与集中荷载类似,下面直接给出相应的结果。

设结构沿整体坐标系承受倒三角形分布荷载

$$\tilde{\boldsymbol{q}}(\xi) = \frac{Z}{H}\tilde{\boldsymbol{q}}^0 = \xi\tilde{\boldsymbol{q}}^0$$

式中

$$\tilde{\boldsymbol{q}}^0 = (\tilde{q}_1^0 \quad \tilde{q}_2^0 \quad \tilde{q}_3^0)^{\mathrm{T}} = \boldsymbol{P}^{-1}\boldsymbol{C}^{\mathrm{T}}\boldsymbol{q}^0$$

$\boldsymbol{q}^0 = (q_X^0 \quad q_Y^0 \quad m^0)^{\mathrm{T}}$,为结构顶部沿整体坐标方向所受的荷载集度。

设

$$\tilde{\boldsymbol{q}}^0 = \begin{bmatrix} \tilde{q}_1^0 & & \\ & \tilde{q}_2^0 & \\ & & \tilde{q}_3^0 \end{bmatrix} \tag{5-138}$$

则第 $i$ 个薄壁筒或剪力墙的位移计算公式为

$$\tilde{\boldsymbol{u}}_i = \overline{\boldsymbol{u}}_i(H)\boldsymbol{F}_u(\xi) \tag{5-139}$$

$$\overline{\boldsymbol{u}}_i(H) = \frac{11}{120}H^4 \boldsymbol{N}_i{}^{\mathrm{T}}\boldsymbol{C}\tilde{\boldsymbol{q}}^0$$

式中: $\overline{\boldsymbol{u}}_i(H)$——单独组合悬臂杆受载时的顶部位移;

$\boldsymbol{F}_u(\xi)$——位移计算系数向量。

$\boldsymbol{F}_u(\xi)$ 有 3 个元素,其第 $l$ 个元素为

$$F_{ul}(\xi) = \frac{120}{11}\frac{1}{\lambda_l^2}\left[\left(\frac{\mathrm{sh}\lambda_l}{2\lambda_l} - \frac{\mathrm{sh}\lambda_l}{\lambda_l^3} + \frac{1}{\lambda_l^2}\right)\left(\frac{\mathrm{ch}\lambda_l\xi - 1}{\mathrm{ch}\lambda_l}\right) + \left(\xi - \frac{\mathrm{sh}\lambda_l\xi}{\lambda_l}\right)\left(\frac{1}{2} - \frac{1}{\lambda_l^2}\right) - \frac{\xi^3}{6}\right]$$

上式与位移计算系数式(5-26)是相同的,根据它绘制的图表曲线 $F_u(\xi)$ 见附图 5-4。

第 $i$ 个薄壁筒或剪力墙的弯矩和双力矩的计算公式为

$$\overline{\boldsymbol{M}}_i = \overline{\boldsymbol{M}}_i(0)\boldsymbol{F}_M(\xi) \tag{5-140}$$

$$\overline{\boldsymbol{M}}_i(0) = \frac{H^3}{3}\boldsymbol{D}_i \boldsymbol{N}_i{}^{\mathrm{T}}\boldsymbol{C}\tilde{\boldsymbol{q}}^0$$

式中:$\overline{M}_i(0)$——简称单独组合悬臂杆受载时的底部力矩;

$F_M(\xi)$——力矩计算系数向量,有 3 个元素,其第 $l$ 个元素为

$$F_{Ml}(\xi) = \frac{3}{\lambda_l^3}\left[\left(\frac{\lambda_l^2\,\mathrm{sh}\lambda_l}{2} - \mathrm{sh}\lambda_l + \lambda_l\right)\frac{\mathrm{ch}\lambda_l\xi}{\mathrm{ch}\lambda_l} - \left(\frac{\lambda_l^2}{2} - 1\right)\mathrm{sh}\lambda_l\xi - \lambda_l\xi\right]$$

上式与弯矩计算系数式(5-16)是相同的,根据它绘制的关系曲线见附图 5-5。

第 $i$ 个薄壁筒或剪力墙的剪力和扭矩的计算公式为

$$\overline{Q}_i = -\overline{Q}_i(0)F_Q(\xi) + \overline{Q}_i^*(0)F_t(\xi) \tag{5-141}$$

式中

$$\overline{Q}_i(0) = \frac{H}{2}D_i N_i{}^{\mathrm{T}}C\tilde{q}^0$$

$F_Q(\xi)$ 为剪力计算系数向量,有 3 个元素,其第 $l$ 个元素为

$$F_{Ql}(\xi) = \frac{2}{\lambda_l^2}\left[\left(\frac{\lambda_l^2\,\mathrm{sh}\lambda_l}{2} - \mathrm{sh}\lambda_l + \lambda_l\right)\frac{\mathrm{sh}\lambda_l\xi}{\mathrm{ch}\lambda_l} - \left(\frac{\lambda_l^2}{2} - 1\right)\mathrm{ch}\lambda_l\xi - 1\right]$$

上式与剪力计算系数式(5-28)只差一个正负号,根据它绘制的关系曲线见附图 5-6(注意,差一个正负号)。

$$\overline{Q}_i^*(0) = \frac{H^3}{2}D_{ti} N_i{}^{\mathrm{T}}C\tilde{q}^0$$

$F_t(\xi)$ 为扭矩计算系数向量,有 3 个元素,其第 $l$ 个元素为

$$F_{ul}(\xi) = \frac{2}{\lambda_l^4}\left[\left(\frac{\lambda_l^2\,\mathrm{sh}\lambda_l}{2} - \mathrm{sh}\lambda_l + \lambda_l\right)\frac{\mathrm{sh}\lambda_l\xi}{\mathrm{ch}\lambda_l} + (1 - \mathrm{ch}\lambda_l\xi)\left(\frac{\lambda_l^2}{2} - 1\right) - \frac{\lambda_l^2\xi^2}{2}\right]$$

据此式绘制的图表曲线 $F_t(\xi)$,见附图 5-12。

第 $j$ 榀框架的剪力计算公式为

$$\overline{Q}_j(\xi) = \overline{Q}_j(0)F_t(\xi) \tag{5-142}$$

式中

$$\overline{Q}_j(0) = \frac{H^3}{2}D_{Fj} N_j{}^{\mathrm{T}}C\tilde{q}^0$$

## 5.8.5  计算步骤与算例

计算步骤如下:

(1) 选坐标系,各构件几何特征参数的计算。

(2) 局部坐标与整体坐标中力和位移的转换关系矩阵计算,见式(5-83)和式(5-85)。

(3) 矩阵 $A$ 和 $B$ 的计算,见式(5-96)或式(5-97)。

(4) 求广义特征值问题的特征值和特征向量,见式(5-99)。

(5) 各种广义参数 $P,Q,\lambda^2$ 和 $\tilde{P},\tilde{q},\tilde{q}^0$ 的计算,见式(5-102)、式(5-106)和式(5-113)、式(5-128)及式(5-138)。

（6）位移计算。三种典型荷载作用下的位移计算公式分别见式（5-116）、式（5-129）和式（5-139）。

（7）内力计算。三种典型荷载作用下的内力计算公式分别见式（5-120）、式（5-123）；式（5-131）～式（5-136）；式（5-140）～式（5-142）。

最后说明，用本节简化计算方法，即采用楼板连续化和无量纲坐标的微分方程解法，计算工作步骤与层数和结构实际高度无直接关系，无论多少层的结构计算步骤都是一样的。所以，下面用一个三层结构作为计算例题，予以说明。

【**例 5-3**】　图 5-41 是一个三层框架-剪力墙-薄壁筒结构的平面图，层高 300cm，材料的弹性模量 $E = 2.5 \times 10^4$ MPa，泊松比 $\nu = 0.1$。薄壁筒 1 为闭口截面，壁厚 15cm。剪力墙 2 为 L 形截面，壁厚 20cm。框架 3、4 的柱截面尺寸为 50cm×50cm，梁截面尺寸为 24cm×60cm，承受集度为 500N·cm$^{-1}$ 的均布荷载。其他尺寸和坐标系如图 5-12 所示。求结构的位移和内力。

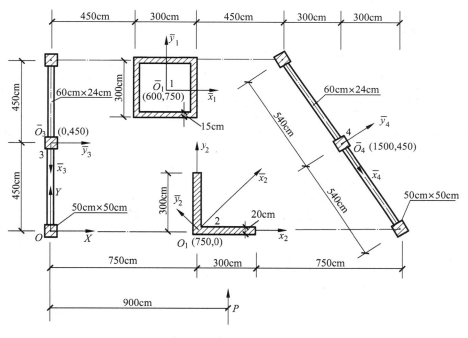

图 5-41　例 5-3 平面图

【**解**】　1）坐标系和几何特征参数

结构的整体坐标 $(X, Y)$ 和各构件的局部坐标 $(\bar{x}_i, \bar{y}_i)$ 如图 5-41 所示。局部坐标的原点对构件 1 和构件 2 为构件的剪力中心。图中括号内数值为局部坐标原点 $\bar{O}_i$ 在整体坐标中的坐标值 $\bar{O}_i(X_i^0, Y_i^0)$。

各构件的几何特征参数计算如下。

（1）构件 1

$$I_{\bar{x}1} = I_{\bar{y}1} = \frac{315 \times 315^3}{12} - \frac{285 \times 285^3}{12}$$
$$= 2.707 \times 10^8 \,(\text{cm}^4)$$

宽 $d_2$、高 $d_1$、壁厚 $t$ 的矩形闭口截面的主扇性惯性矩 $I_{\bar{\omega}}$ 和抗纯扭惯性矩 $I_t$ 分别按下面公式计算[11]

$$I_{\bar{\omega}} = \frac{d_1^2 d_2^2 (d_1 - d_2)^2}{24(d_1 + d_2)^2} t, \quad I_t = \frac{d_1 d_2}{2}(d_1 + d_2)t$$

将本题的数据 $d_1 = 300\text{cm}, d_2 = 300\text{cm}, t = 15\text{cm}$ 代入上式,得

$$I_{\bar{\omega}1} = 0$$

$$I_{t1} = \frac{300 \times 300}{2}(300 + 300) \times 15 = 4.05 \times 10^8 (\text{cm}^4)$$

(2) 构件 2

对 $x_2$ 和 $y_2$ 轴的惯性矩为

$$I_{y2} = I_{x2} = \frac{300 \times 20^3}{12} + \frac{20 \times 280^3}{12} + 20 \times 280 \times 150^2 = 1.628 \times 10^8 (\text{cm}^4)$$

$$I_{x2y2} = \int x_2 y_2 \mathrm{d}A = 0$$

利用转轴公式后,可求得

$$I_{\bar{x}2} = I_{\bar{y}2} = 1.628 \times 10^8 (\text{cm}^4)$$

$$I_{\bar{\omega}2} = 0$$

$$I_{t2} = \frac{1}{3} \sum d_i t_i^3 = \frac{1}{3}(300 \times 20^3 + 300 \times 20^3) = 16 \times 10^5 (\text{cm}^4)$$

(3) 框架 3 和框架 4

用反弯点法求框架的层剪切刚度 $C_F$

$$C_{F3} = \frac{12}{h\left(\dfrac{h}{\sum EI_c} + \dfrac{l}{\sum EI_b}\right)} = \frac{12E}{300\left(\dfrac{300}{3 \times \dfrac{50^4}{12}} + \dfrac{450}{2 \times \dfrac{24 \times 60^3}{12}}\right)} = 56.114E$$

$$C_{F4} = \frac{12}{h\left(\dfrac{h}{\sum EI_c} + \dfrac{l}{\sum EI_b}\right)} = \frac{12E}{300\left(\dfrac{300}{3 \times \dfrac{50^4}{12}} + \dfrac{540}{2 \times \dfrac{24 \times 60^3}{12}}\right)} = 48.959E$$

式中:$h$——层高;

$l$——跨度;

$I_c$——柱惯性矩;

$I_b$——梁惯性矩。

2) 局部坐标与整体坐标中力和位移的转换关系矩阵

各构件的坐标转换矩阵(式(5-83))为

$$N_i = \begin{bmatrix} \cos\alpha_i & -\sin\alpha_i & 0 \\ \sin\alpha_i & \cos\alpha_i & 0 \\ X_i^0 \sin\alpha_i - Y_i^0 \cos\alpha_i & X_i^0 \cos\alpha_i + Y_i^0 \sin\alpha_i & 1 \end{bmatrix}$$

(1) 构件 1

$\alpha_1 = 0$, $\cos\alpha_1 = 1$, $\sin\alpha_1 = 0$, $X_1^0 = 600\text{cm}$, $Y_1^0 = 750\text{cm}$,所以

$$\boldsymbol{N}_1 = \begin{bmatrix} 1 & 0 & 0 \\ 0 & 1 & 0 \\ -750 & 600 & 1 \end{bmatrix}$$

（2）构件 2

$\alpha_2 = 45°$，$\cos\alpha_2 = 0.707$，$\sin\alpha_2 = 0.707$，$X_2^0 = 750\text{cm}$，$Y_2^0 = 0\text{cm}$，所以

$$\boldsymbol{N}_2 = \begin{bmatrix} 0.707 & -0.707 & 0 \\ 0.707 & 0.707 & 0 \\ 750 \times 0.707 & 750 \times 0.707 & 1 \end{bmatrix} = \begin{bmatrix} 0.707 & -0.707 & 0 \\ 0.707 & 0.707 & 0 \\ 530.25 & 530.25 & 1 \end{bmatrix}$$

框架的坐标转换矩阵（式(5-85)）为

$$\boldsymbol{N}_j = \begin{bmatrix} \cos\alpha_j \\ \sin\alpha_j \\ X_j^0 \sin\alpha_j - Y_j^0 \cos\alpha_j \end{bmatrix}$$

（3）框架 3

$\alpha_3 = -90°$，$\cos\alpha_3 = 0$，$\sin\alpha_3 = -1$，$X_3^0 = 0\text{cm}$，$Y_3^0 = 450\text{cm}$，所以，

$$\boldsymbol{N}_3 = \begin{bmatrix} 0 \\ -1 \\ 0 \end{bmatrix}$$

（4）框架 4

$\cos\alpha_4 = \dfrac{300}{540} = 0.555$，$\sin\alpha_4 = -\dfrac{450}{540} = -0.833$，$X_4^0 = 1500\text{cm}$，$Y_4^0 = 450\text{cm}$，所以

$$\boldsymbol{N}_4 = \begin{bmatrix} 0.555 \\ -0.833 \\ 1500 \times (-0.833) - 450 \times 0.555 \end{bmatrix} = \begin{bmatrix} -0.555 \\ -0.833 \\ -1499.25 \end{bmatrix}$$

3）用整体位移表示的平衡方程

矩阵 $\boldsymbol{A}$ 和矩阵 $\boldsymbol{B}$ 的计算，可以由式(5-96)，通过矩阵运算完成，也可以通过给出的各元素的计算公式(5-97)计算。下面按后一种方法计算。

$a_{11} = E\sum\limits_{i=1}^{2}(I_{yi}\cos^2\alpha_i + I_{xi}\sin^2\alpha_i) = E(2.707 + 1.628 \times 0.707^2 + 1.628 \times 0.707^2) \times 10^8$

$\quad = E \times 4.3345 \times 10^8$

$a_{12} = a_{21} = E\sum\limits_{i=1}^{2}(I_{yi} - I_{xi})\sin\alpha_i\cos\alpha_i = 0$

$a_{13} = a_{31} = E\sum\limits_{i=1}^{2}\left[(X_i^0\sin\alpha_i - Y_i^0\cos\alpha_i)I_{yi}\cos\alpha_i - (X_i^0\cos\alpha_i + Y_i^0\sin\alpha_i)I_{xi}\sin\alpha_i\right]$

$\quad = E[-750 \times 2.707 + (750 \times 0.707 \times 1.628 \times 0.707 - 750 \times 0.707 \times 1.628 \times 0.707)] \times 10^8$

$\quad = E \times (-2030.25) \times 10^8$

$$a_{22} = E\sum_{i=1}^{2}(I_{yi}\sin^2\alpha_i + I_{xi}\cos^2\alpha_i) = E(2.707 + 1.628 \times 0.707^2 + 1.628 \times 0.707^2) \times 10^8$$

$$= E \times 4.3345 \times 10^8$$

$$a_{23} = a_{32} = E\sum_{i=1}^{2}[(X_i^0\sin\alpha_i - Y_i^0\cos\alpha_i)I_{yi}\sin\alpha_i + (X_i^0\cos\alpha_i + Y_i^0\sin\alpha_i)I_{xi}\cos\alpha_i]$$

$$= E[600 \times 2.707 + (750 \times 0.707 \times 1.628 \times 0.707 + 750 \times 0.707 \times 1.628 \times 0.707)] \times 10^8$$

$$= E \times 2844.83 \times 10^8$$

$$a_{33} = E[(X_i^0\sin\alpha_i - Y_i^0\cos\alpha_i)^2 I_{yi} + (X_i^0\cos\alpha_i + Y_i^0\sin\alpha_i)^2 I_{xi} + I_{\omega i}]$$

$$= E[(-750)^2 \times 2.707 + (600)^2 \times 2.707 + (750 \times 0.707)^2$$

$$\times 1.628 + (750 \times 0.707)^2 \times 1.628] \times 10^8$$

$$= E \times 3412680.94 \times 10^8$$

$$b_{11} = \sum_{j=3}^{4}C_{Fj}\cos^2\alpha_j = 48.959E \times 0.555^2 = E \times 15.08059$$

$$b_{12} = b_{21} = \sum_{j=3}^{4}C_{Fj}\sin\alpha_j\cos\alpha_j = 48.959E \times 0.555 \times (-0.833) = -E \times 22.63448$$

$$b_{13} = b_{31} = \sum_{j=3}^{4}C_{Fj}(X_j^0\sin\alpha_j - Y_j^0\cos\alpha_j)\cos\alpha_j$$

$$= 48.959E[1500 \times (-0.833) - (450 \times 0.555)] \times 0.555$$

$$= -E \times 4.073798 \times 10^4$$

$$b_{22} = \sum_{j=3}^{4}C_{Fj}\sin^2\alpha_j = 56.114E + 48.959E \times 0.833^2 = E \times 90.0811$$

$$b_{23} = b_{32} = \sum_{j=3}^{4}C_{Fj}(X_j^0\sin\alpha_j - Y_j^0\cos\alpha_j)\sin\alpha_j$$

$$= 48.959E[1500 \times (-0.833) - 450 \times 0.555] \times (-0.833) = E \times 6.114368 \times 10^4$$

$$b_{33} = \sum_{j=3}^{4}C_{Fj}(X_j^0\sin\alpha_j - Y_j^0\cos\alpha_j)^2 + \sum_{i=1}^{2}GI_{ti}$$

$$= 48.959E[1500 \times (-0.833) - (450 \times 0.555)]^2 + \frac{E}{2.2}(4.05 \times 10^8 + 16 \times 10^5)$$

$$= E \times 2.948658 \times 10^8$$

$$A = E\begin{bmatrix} 4.3345 & 0 & -2030.25 \\ 0 & 4.3345 & 2844.83 \\ -2030.25 & 2844.83 & 3412680.94 \end{bmatrix} \times 10^8$$

$$B = E\begin{bmatrix} 15.08059 & -22.63448 & -40737.98 \\ -22.63448 & 90.08611 & 61143.68 \\ -40737.98 & 61143.68 & 294865800.0 \end{bmatrix}$$

4）广义特征值及特征向量

广义特征值问题的特征多项式为

$$|\mu A - B| = 0$$

即

$$\left| \mu \begin{bmatrix} 4.3345 & 0 & -2030.25 \\ 0 & 4.3345 & 2844.83 \\ -2030.25 & 2844.83 & 3412680.94 \end{bmatrix} - \begin{bmatrix} 15.08059 & -22.63448 & -40737.98 \\ -22.63448 & 90.08611 & 61143.68 \\ -40737.98 & 61143.68 & 294865800.0 \end{bmatrix} \right| = 0$$

上式展开后为一含 $\mu$ 的三次方程[14]，其三个根就是特征值，三个特征值（记作 $\mu_l^2$）为

$$\mu_1^2 = 4.179461 \times 10^{-6}$$

$$\mu_2^2 = 1.757599 \times 10^{-8}$$

$$\mu_3^2 = 2.437099 \times 10^{-7}$$

对每一个特征值，有一个对应的特征向量（记作 $C_l$），结果为

$$C_1 = (1 \quad -1.553278 \quad 2.328386 \times 10^{-3})^T$$

$$C_2 = (1 \quad 0.2116211 \quad 8.871174 \times 10^{-5})^T$$

$$C_3 = (1 \quad -3.599853 \quad -5.362651 \times 10^{-5})^T$$

这三个特征向量所组成的广义正交矩阵 $C$ 就是转换矩阵，其结果如下

$$C = \begin{bmatrix} 1 & 1 & 1 \\ -1.553278 & 0.2116211 & -3.599853 \\ 2.328386 \times 10^{-3} & 8.871174 \times 10^{-5} & -5.362651 \times 10^{-5} \end{bmatrix}$$

5）基本方程的解

由式（5-102）可求得

$$P = C^T A C = E \begin{bmatrix} 3.036037 \times 10^8 & & \\ & 3.937269 \times 10^8 & \\ & & 5.630365 \times 10^9 \end{bmatrix}$$

$$Q = C^T B C = E \begin{bmatrix} 1268.898 & & \\ & 6.920885 & \\ & & 1372.186 \end{bmatrix}$$

上两式中的非对角线上的系数与主对角线上的系数相比，均很小，可认为零，故没有写出。

由式（5-104）

$$\mu^2 = \begin{bmatrix} \mu_1^2 & & \\ & \mu_2^2 & \\ & & \mu_3^2 \end{bmatrix} = P^{-1} Q$$

由 $P^{-1} Q$ 求得

$$\boldsymbol{P}^{-1}\boldsymbol{Q} = \begin{bmatrix} \dfrac{1268.898}{3.036037} \times 10^{-8} & & \\ & \dfrac{6.920885}{3.937269} \times 10^{-8} & \\ & & \dfrac{1372.186}{5.630365} \times 10^{-9} \end{bmatrix}$$

$$= \begin{bmatrix} 4.179454 \times 10^{-6} & & \\ & 1.757788 \times 10^{-8} & \\ & & 2.437121 \times 10^{-7} \end{bmatrix}$$

与前面求得的 $\mu_1^2, \mu_2^2, \mu_3^2$ 基本上是一样的。

由式(5-106)可求得

$$\boldsymbol{\lambda}^2 = H^2 \boldsymbol{\mu}^2 = \begin{bmatrix} 3.3852 & & \\ & 1.4237 \times 10^{-2} & \\ & & 19.740 \times 10^{-2} \end{bmatrix}$$

$$\lambda_1 = 1.8398, \quad \lambda_2 = 0.11931, \quad \lambda_3 = 0.44429$$

均布荷载分量

$$\boldsymbol{q} = (q_x \quad q_y \quad m)^{\mathrm{T}} = (0 \quad 500 \quad 500 \times 900)^{\mathrm{T}}$$

斜交坐标下的荷载分量为

$$\tilde{\boldsymbol{q}} = \boldsymbol{P}^{-1}\boldsymbol{C}^{\mathrm{T}}\boldsymbol{q} = \begin{bmatrix} 3.5724 \\ 1.4792 \\ -1.2612 \end{bmatrix} \times 10^{-13}$$

利用斜交坐标后,基本方程式(5-107)已经解耦,即为三个相互独立的微分方程。可以利用导出的计算公式及附图 5-10~附图 5-12 直接计算位移和内力。

6) 位移计算

均布荷载作用下,第 $i$ 个薄壁筒或剪力墙的位移计算公式由式(5-129)给出,为

$$\tilde{\boldsymbol{u}}_i = \bar{\boldsymbol{u}}_i(H)\boldsymbol{F}_u(\boldsymbol{\xi})$$

式中

$$\bar{\boldsymbol{u}}_i(H) = \frac{H^4}{8}\boldsymbol{N}_i^{\mathrm{T}}\boldsymbol{C}\tilde{\boldsymbol{q}}$$

如构件 1,利用上式求得结果为

$$\bar{\boldsymbol{u}}_1(H) = \frac{900^4}{8} \times \begin{bmatrix} 1 & 0 & -750 \\ 0 & 1 & 600 \\ 0 & 0 & 1 \end{bmatrix} \begin{bmatrix} 1 & 1 & 1 \\ -1.5532 & 0.2116 & -3.5998 \\ 2.3283 \times 10^{-3} & 8.8711 \times 10^{-5} & -5.3626 \times 10^{-5} \end{bmatrix}$$

$$\times \begin{bmatrix} 3.5724 \\ & 1.4792 \\ & & -1.2612 \end{bmatrix} \times 10^{-13}$$

$$= \begin{bmatrix} 21.8619 & 10.504 & -10.7591 \\ 4.5787 & 3.2115 & 37.5655 \\ 6.8514 \times 10^{-2} & 1.0761 \times 10^{-3} & 5.5467 \times 10^{-4} \end{bmatrix} \times 10^{-3}$$

式中

$$\boldsymbol{F}_u(\xi) = \begin{bmatrix} F_{u1}(\xi) & F_{u2}(\xi) & F_{u3}(\xi) \end{bmatrix}^{\mathrm{T}}$$

其中的三个元素 $F_{ul}(\xi)$ 可按式(5-130)计算,或查附图 5-1 求得,它们是 $\lambda_l$ 与高度 $\xi$ 的函数。三个高度处的 $F_{ul}(\xi)$ 见表 5-13。

表 5-13　三个高度处的 $F_{ul}(\xi)$

|  | $\xi=0.3333$ | $\xi=0.6666$ | $\xi=1$ |
|---|---|---|---|
| $F_{u1}$ | 0.1 | 0.27 | 0.42 |
| $F_{u2}$ | 0.18 | 0.54 | 0.99 |
| $F_{u3}$ | 0.17 | 0.52 | 0.93 |

由此可算出各楼层处的位移。如构件 1 顶点($\xi=1$)位移为

$$\tilde{\boldsymbol{u}}_1(1) = \bar{\boldsymbol{u}}(H)\boldsymbol{F}_u(1)$$

$$= 10^{-3} \begin{bmatrix} 21.8619 & 10.504 & -10.759 \\ 4.5787 & 3.2115 & 37.5655 \\ 6.8214 \times 10^{-2} & 1.0761 \times 10^{-3} & 5.5467 \end{bmatrix} \begin{bmatrix} 0.42 \\ 0.99 \\ 0.93 \end{bmatrix}$$

$$= 10^{-3} \begin{bmatrix} 9.5749 \\ 40.0352 \\ 3.0229 \times 10^{-2} \end{bmatrix}$$

各构件和框架的位移计算结果在表 5-14 中给出。

表 5-14　位移计算结果

|  |  | 构件 1 | 构件 2 | 框架 3 | 框架 4 |
|---|---|---|---|---|---|
| 顶部 | $\bar{u}$ | 9.5749 | 23.1509 | $-12.9727$ | $-52.2006$ |
| ($Z=900$) | $\bar{v}$ | 40.0352 | 2.3754 |  |  |
|  | $\bar{\theta}$ | 0.030229 | 0.030229 |  |  |
| 二层顶 | $\bar{u}$ | 5.9801 | 12.4035 | $-8.4594$ | $-30.9192$ |
| ($Z=600$) | $\bar{v}$ | 22.5044 | $-0.4394$ |  |  |
|  | $\bar{\theta}$ | 0.019286 | 0.019284 |  |  |
| 一层顶 | $\bar{u}$ | 2.2478 | 3.9556 | $-2.2407$ | $-10.6621$ |
| ($Z=300$) | $\bar{v}$ | 7.4219 | $-0.7873$ |  |  |
|  | $\bar{\theta}$ | 0.007108 | 0.00718 |  |  |

注:线位移单位:$\times 10^{-3}$ cm;转角单位:$\times 10^{-3}$ rad。

**7)内力计算**

均布荷载作用下,第 $i$ 个薄壁筒或剪力墙的弯矩和双力矩计算公式由式(5-131)给出,为

$$\bar{\boldsymbol{M}}_i = \bar{\boldsymbol{M}}_i(0)\boldsymbol{F}_M(\xi)$$

式中

$$\overline{\boldsymbol{M}}_i(0) = \frac{H^2}{2}\overline{\boldsymbol{D}}_i\boldsymbol{N}_i^{\mathrm{T}}\boldsymbol{C}\tilde{\boldsymbol{q}}$$

如构件 1,利用上式求得结果为

$$\overline{\boldsymbol{M}}_1(0) = \frac{900^2}{2} \times \begin{bmatrix} E2.707 \times 10^8 & & \\ & -2.707 \times 10^8 E & \\ & & 0 \end{bmatrix} \begin{bmatrix} 1 & 0 & -750 \\ 0 & 1 & 600 \\ 0 & 0 & 1 \end{bmatrix}$$

$$\times \begin{bmatrix} 1 & 1 & 1 \\ -1.5532 & 0.2116 & -3.5998 \\ 2.3283 \times 10^{-3} & 8.8711 \times 10^{-5} & -5.3626 \times 10^{-5} \end{bmatrix}$$

$$\times \begin{bmatrix} 3.5724 & & \\ & 1.4792 & \\ & & -1.2612 \end{bmatrix} \times 10^{-13}$$

$$= 10^6 \begin{bmatrix} 73.0282 & 35.0879 & 35.940 \\ -15.2948 & -10.7267 & -125.4852 \\ 0 & 0 & 0 \end{bmatrix}$$

式中

$$\boldsymbol{F}_M(\xi) = \begin{bmatrix} F_{M1}(\xi) & F_{M2}(\xi) & F_{M3}(\xi) \end{bmatrix}^{\mathrm{T}}$$

其中的三个元素 $F_{Ml}(\xi)$ 可按式(5-131)计算,或查附图 5-2 求得,它们是 $\lambda_l$ 与 $\xi$ 的函数。三个高度处的 $F_{Ml}(\xi)$ 见表 5-15。

表 5-15　三个高度处的 $F_{Ml}(\xi)$

| | $\xi=0$ | $\xi=0.3333$ | $\xi=0.6666$ | $\xi=1$ |
|---|---|---|---|---|
| $F_{M1}$ | 0.62 | 0.16 | $-0.02$ | 0 |
| $F_{M2}$ | 0.98 | 0.43 | 0.12 | 0 |
| $F_{M3}$ | 0.96 | 0.42 | 0.10 | 0 |

由此可算出各高度处的弯矩和双力矩。如构件 1 底部($z=0$,即 $\xi=0$)的弯矩和双力矩为

$$\overline{\boldsymbol{M}}_1(0) = \overline{\boldsymbol{M}}_1(0)\boldsymbol{F}_M(1)$$

$$= 10^6 \begin{bmatrix} 73.0282 & 35.0879 & 35.940 \\ -15.2948 & -10.7267 & -125.4852 \\ 0 & 0 & 0 \end{bmatrix} \begin{bmatrix} 0.62 \\ 0.98 \\ 0.96 \end{bmatrix}$$

$$= 10^6 \begin{bmatrix} 114.1659 \\ -140.4605 \\ 0 \end{bmatrix}$$

均布荷载作用下,第 $i$ 个薄壁筒或剪力墙的剪力和扭矩的计算公式由式(5-133)给出为

$$\overline{\boldsymbol{Q}}_i = -\overline{\boldsymbol{Q}}_i(0)\boldsymbol{F}_Q(\xi) + \overline{\boldsymbol{Q}}_i^*(0)\boldsymbol{F}_t(\xi)$$

式中

$$\overline{\boldsymbol{Q}}_i(0) = H\boldsymbol{D}_i\boldsymbol{N}_i^{\mathrm{T}}\boldsymbol{C}\tilde{\boldsymbol{q}}$$

$$\overline{\boldsymbol{Q}}_i^*(0) = H^3\boldsymbol{D}_{\mathrm{t}i}\boldsymbol{N}_i^{\mathrm{T}}\boldsymbol{C}\tilde{\boldsymbol{q}}$$

如构件 1,利用上式求得结果为

$$\overline{\boldsymbol{Q}}_1(0) = 900E \times \begin{bmatrix} 2.707\times 10^8 & & \\ & 2.707\times 10^8 & \\ & & 0 \end{bmatrix} \begin{bmatrix} 1 & 0 & -750 \\ 0 & 1 & 600 \\ 0 & 0 & 1 \end{bmatrix}$$

$$\times \begin{bmatrix} 1 & 1 & 1 \\ -1.5532 & 0.2116 & -3.5998 \\ 2.3283\times 10^{-3} & 8.8711\times 10^{-5} & -5.3626\times 10^{-5} \end{bmatrix}$$

$$\times \begin{bmatrix} 3.5724 & & \\ & 1.4792 & \\ & & -1.2612 \end{bmatrix} 10^{-13}$$

$$= 10^3 \times \begin{bmatrix} 162.3310 & 77.9952 & -79.8893 \\ 33.9981 & 23.8440 & 278.9351 \\ 0 & 0 & 0 \end{bmatrix}$$

$$\overline{\boldsymbol{Q}}_i^*(0) = 900^3 \begin{bmatrix} 0 & 0 & 0 \\ 0 & 0 & 0 \\ 0 & 0 & GI_{\mathrm{t}I} \end{bmatrix} \begin{bmatrix} 1 & 0 & -750 \\ 0 & 1 & 600 \\ 0 & 0 & 1 \end{bmatrix}$$

$$\times \begin{bmatrix} 1 & 1 & 1 \\ -1.5532 & 0.2116 & -3.5998 \\ 2.3283\times 10^{-3} & 8.8711\times 10^{-5} & -5.3626\times 10^{-5} \end{bmatrix}$$

$$\times \begin{bmatrix} 3.5724 & & \\ & 1.4792 & \\ & & -1.2612 \end{bmatrix}$$

$$= 10^3 \times \begin{bmatrix} 0 & 0 & 0 \\ 0 & 0 & 0 \\ 2.7905\times 10^5 & 4.4022\times 10^3 & 2.269\times 10^3 \end{bmatrix}$$

式中

$$\boldsymbol{F}_Q(\xi) = \begin{bmatrix} F_{Q1}(\xi) & F_{Q2}(\xi) & F_{Q3}(\xi) \end{bmatrix}^{\mathrm{T}}$$

$$\boldsymbol{F}_{\mathrm{t}}(\xi) = \begin{bmatrix} F_{\mathrm{t}1}(\xi) & F_{\mathrm{t}2}(\xi) & F_{\mathrm{t}3}(\xi) \end{bmatrix}^{\mathrm{T}}$$

其中的三个元素 $F_{Ql}(\xi)$, $F_{\mathrm{t}l}(\xi)$ 可按式(5-134)和式(5-135)计算,或查附图 5-3 和附图 5-11 求得,它们是 $\lambda_l$ 与 $\xi$ 的函数。已知 $\boldsymbol{F}_Q(\xi)$ 和 $\boldsymbol{F}_{\mathrm{t}}(\xi)$,就可求出各高度处的剪力的扭矩。

第 $j$ 榀框架的剪力计算公式由式(5-137)给出为

$$\overline{\boldsymbol{Q}}_j(\xi) = \overline{\boldsymbol{Q}}_j(0)\boldsymbol{F}_{\mathrm{t}}(\xi)$$

式中

$$\bar{Q}_j(0) = H^3 D_{Fj} N_j^T C \tilde{q}$$

各构件和框架的内力计算结果在表 5-16 中给出。

表 5-16　内力计算结果　　　　剪力单位：kN；弯、扭矩单位：kN·cm

| | | 构件 1 | 构件 2 | 框架 3 | 框架 4 |
|---|---|---|---|---|---|
| 顶部<br>($Z=900$) | $\bar{M}_y$ | 0 | 0 | | |
| | $\bar{M}_x$ | 0 | 0 | | |
| | $\bar{B}$ | 0 | 0 | | |
| | $\bar{Q}_x$ | $-25.18$ | $-15.1436$ | $-4.434$ | $-8.5572$ |
| | $\bar{Q}_y$ | $-17.17$ | $-10.3094$ | | |
| | $\bar{M}_z$ | 17260.0 | 67.5854 | | |
| 二层顶<br>($Z=600$) | $\bar{M}_y$ | 9265.0 | $-507.9$ | | |
| | $\bar{M}_x$ | $-14141.5$ | $-8137.0$ | | |
| | $\bar{B}$ | 0 | 0 | | |
| | $\bar{Q}_x$ | 18.82 | 11.3238 | $-3.782$ | $-8.7508$ |
| | $\bar{Q}_y$ | 98.07 | 58.8289 | | |
| | $\bar{M}_z$ | 19170.0 | 75.0623 | | |
| 一层顶<br>($Z=300$) | $\bar{M}_y$ | 41867.0 | 7023.0 | | |
| | $\bar{M}_x$ | $-59763.2$ | $-35942.1$ | | |
| | $\bar{B}$ | 0 | 0 | | |
| | $\bar{Q}_x$ | 73.39 | 44.1408 | $-2.42$ | $-7.1528$ |
| | $\bar{Q}_y$ | 209.5 | 125.7076 | | |
| | $\bar{M}_z$ | 16950.0 | 66.3757 | | |
| 底部<br>($Z=0$) | $\bar{M}_y$ | 114165.9 | 27160.5 | | |
| | $\bar{M}_x$ | $-140460.5$ | $-84474.0$ | | |
| | $\bar{B}$ | 0 | 0 | | |
| | $\bar{Q}_x$ | 160.4 | 96.4871 | 0 | 0 |
| | $\bar{Q}_y$ | 336.7 | 202.0402 | | |
| | $\bar{M}_z$ | 0 | 0 | | |

# 思 考 题

5-1　框架-剪力墙结构协同工作计算的目的是什么？总剪力在各榀抗侧力结构间的分配与纯剪力墙结构、纯框架结构有什么根本区别？

5-2　框剪结构近似计算方法作了哪些假定？

5-3　框剪结构微分方程中的未知量 $y$ 是什么？框剪结构的微分方程与普通梁的挠曲微分方程，与弹性地基上梁的挠曲微分方程有哪些相同和不同的地方？

5-4　求解微分方程的边界条件有哪些？

5-5　求得总框架和总剪力墙的剪力后,怎样求各杆件的 $M,N,V$？

5-6　怎么区分铰结体系和刚结体系？在计算内容和计算步骤上有什么不同？

5-7　总框架、总剪力墙和总连梁的刚度如何计算？$D$ 值和 $C_F$ 值的物理意义有什么不同？它们有什么关系？

5-8　当框架或剪力墙沿高度方向刚度变化时,怎样计算 $\lambda$ 值？

5-9　什么是刚度特征值 $\lambda$？它对内力分配、侧移变形有什么影响？

5-10　在图 5-4 所示的结构中,是否可以把②、⑥轴线的剪力墙算做二片双肢剪力墙参加协同工作计算？如果可以,这是铰结体系还是刚结体系？总剪力墙刚度 $EI_{\mathrm{ew}}$ 如何计算？如何求墙肢和连梁内力？

5-11　刚结体系中如何确定连梁的计算简图及连梁跨度 $l$？什么时候两端有刚域？什么时候一端有刚域？刚域尺寸怎么定？

5-12　式(5-14)~式(5-17)中,$y(\xi)/f_{\mathrm{H}}$,$M_{\mathrm{w}}(\xi)/M_0$,$V_{\mathrm{w}}(\xi)/M_0$ 表示什么？如何从给出的曲线查这些值？它们有什么用处？怎样利用上述曲线求框架总剪力 $V_{\mathrm{F}}$？在利用曲线时,刚结体系与铰结体系有何差别？

5-13　怎样求刚结体系中连梁的内力？什么是连梁截面的设计弯矩和设计剪力？它们和连梁总约束弯矩 $m$ 有什么关系？

5-14　连梁刚度乘以刚度降低系数 $\beta_{\mathrm{h}}$ 后,内力会有什么变化？

5-15　广义剪力 $\overline{V}_{\mathrm{F}}$ 是什么？怎样求 $\overline{V}_{\mathrm{F}}$,$V_{\mathrm{F}}$,$m$？

5-16　刚结体系中,$\overline{V}_{\mathrm{w}}$ 与 $V_{\mathrm{w}}$ 有何区别？为什么 $V_{\mathrm{w}}=\overline{V}_{\mathrm{w}}+m$？为什么说刚结连梁的作用相当于一个"等代剪力"？

# 习　题

5-1　图 5-42 所示的 12 层钢筋混凝土框剪结构,其中框架几何尺寸:梁截面尺寸为 0.25m×0.6m,柱截面尺寸为 0.4m×0.4m;剪力墙截面尺寸为 0.2m×6m。材料的弹性模量 $E=2.8\times10^4\,\mathrm{MPa}$。试求:

(1) 剪力墙各层高处的弯矩;

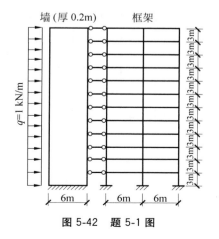

**图 5-42　题 5-1 图**

(2) 各层框架柱的总剪力;

(3) 各层的层间侧移。

5-2  图 5-43 所示的 12 层钢筋混凝土框-剪结构由 5 榀框架和 2 榀双肢墙组成,其中框架几何尺寸为梁截面尺寸 $0.25m \times 0.6m$,柱截面尺寸 $0.4m \times 0.4m$;剪力墙尺寸为:厚 $0.16m$,墙边框柱截面尺寸 $0.4m \times 0.4m$,连梁截面尺寸 $0.16m \times 1.0m$。材料的弹性模量 $E = 2.8 \times 10^4 MPa$。试求:

(1) 剪力墙各层高处的弯矩;

(2) 各层框架柱的总剪力;

(3) 连梁的总约束弯矩;

(4) 各层的层间侧移。

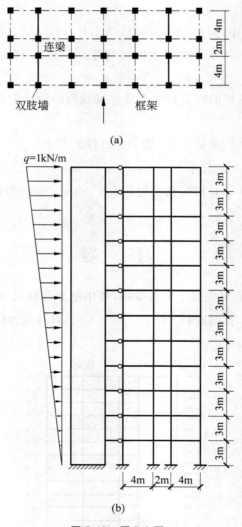

(a)

(b)

**图 5-43  题 5-2 图**

(a) 平面布置;(b) 剖面示意图

# 附　　录

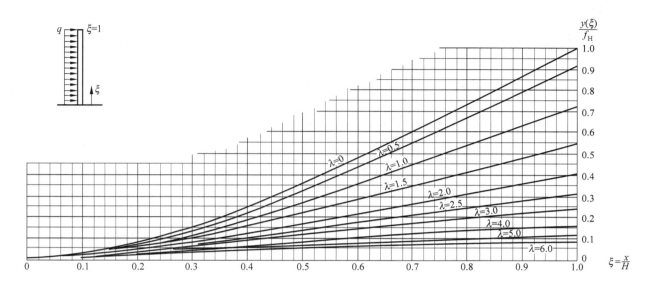

附图 5-1　均布荷载位移系数

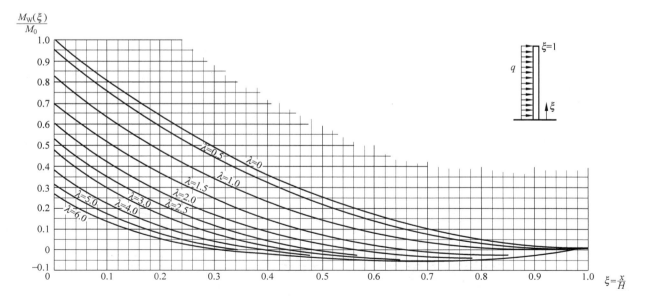

附图 5-2　均布荷载剪力墙弯矩系数

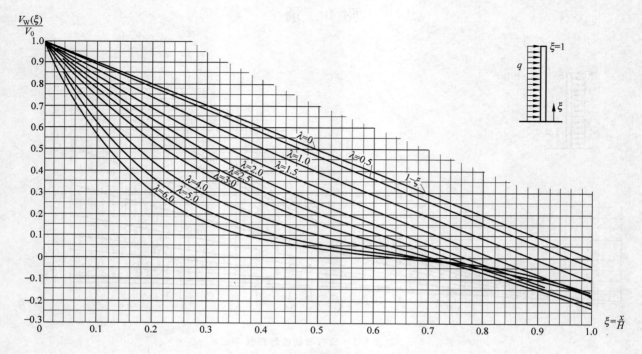

附图 5-3 均布荷载剪力墙剪力系数

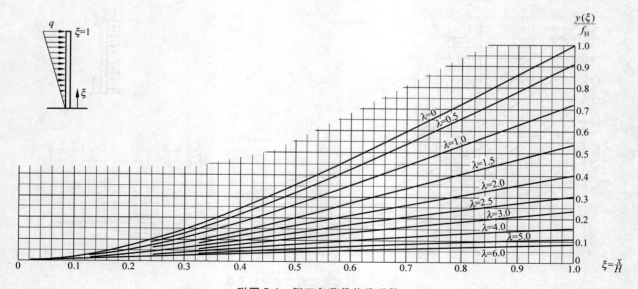

附图 5-4 倒三角荷载位移系数

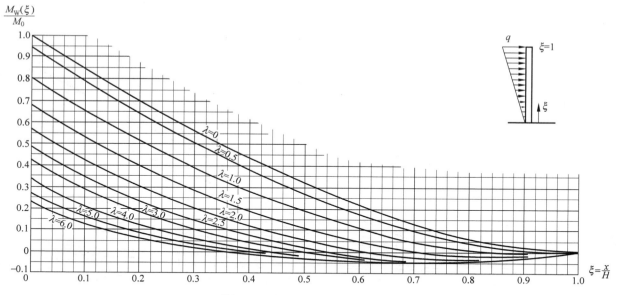

附图 5-5　倒三角荷载墙弯矩系数

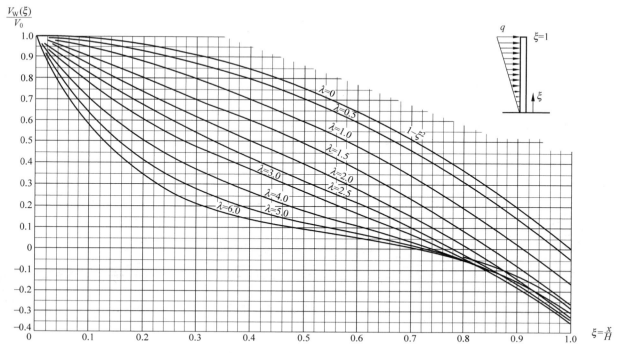

附图 5-6　倒三角荷载墙剪力系数

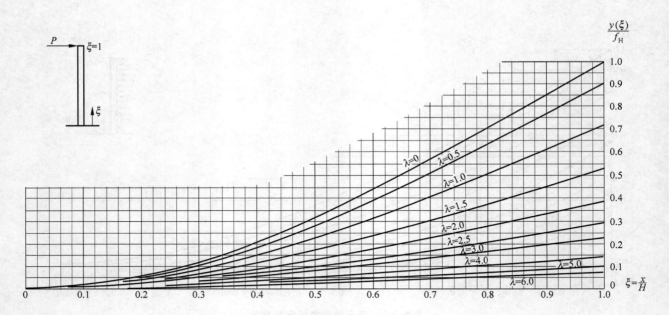

附图 5-7　集中荷载位移系数

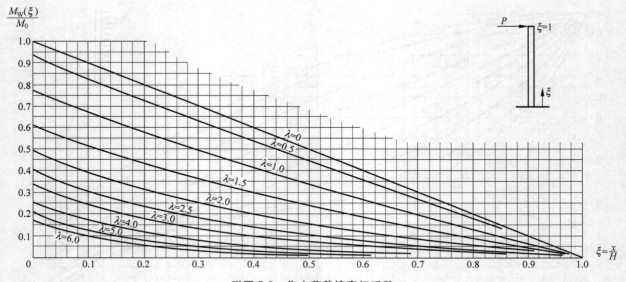

附图 5-8　集中荷载墙弯矩系数

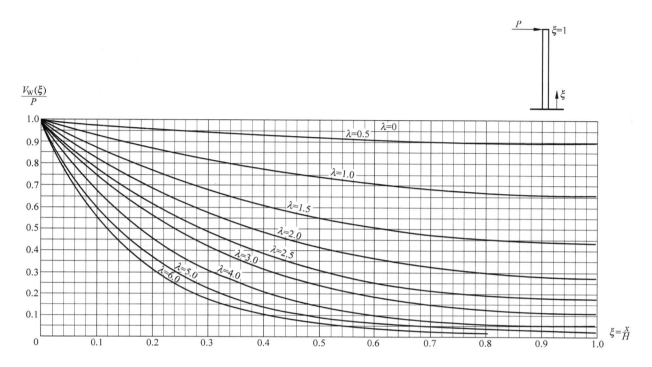

附图 5-9　集中荷载墙剪力系数

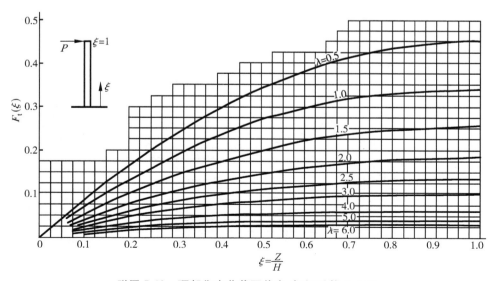

附图 5-10　顶部集中荷载下剪力、扭矩系数 $F_t(\xi)$

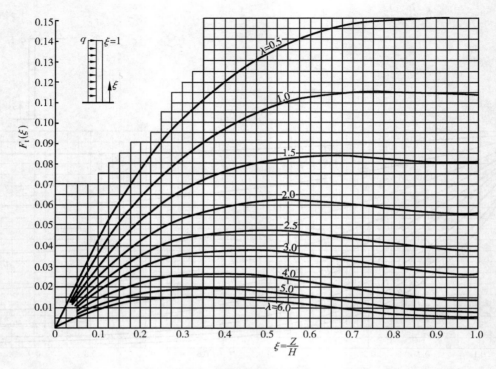

附图 5-11  均布荷载下剪力、扭矩系数 $F_t(\xi)$

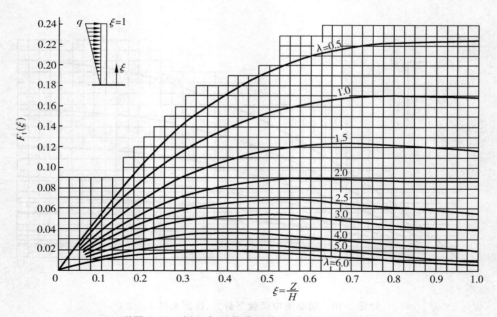

附图 5-12  倒三角形荷载下剪力、扭矩系数 $F_t(\xi)$

# 第6章 框架设计和构造

框架不仅是框架结构体系的主体承重结构,还是框架-剪力墙结构体系及框筒结构中的基本抗侧力单元,其主要构件是梁、柱及梁柱的连接节点。本章不再重复《钢筋混凝土基本构件》等教材中已讲过的梁、柱等基本构件的一般设计方法。而着重介绍在高层钢筋混凝土框架中,如何估算各构件的截面尺寸,如何确定各构件的设计内力,截面设计及构件配筋构造的特殊要求,特别是在地震作用下抗震结构截面计算、构造设计方法及延性要求等。

## 6.1 框架结构布置、截面尺寸估算和材料强度等级

### 6.1.1 框架结构布置

框架结构在进行结构布置时,首先要确定柱网,即柱子的平面布置位置。柱网的尺寸必须满足建筑使用和结构受力合理的要求,同时也要考虑施工的方便和经济因素,由建筑师和结构工程师共同商讨确定。

结构方面,除了第1章中所讲到的关于结构总体布置的各种要求外,框架结构还要考虑以下一些问题。

1) 高层框架结构,可采用全现浇,也可采用装配整体式。装配整体式框架宜优先采用预制梁板现浇注方案,梁应采用叠合梁,使预制楼板端部钢筋锚接在梁的叠合层内,以加强梁板的整体性。在高层建筑中,不宜采用全装配式框架结构。

2) 框架结构的柱网布置,即柱距的大小,应根据建筑使用功能要求、结构受力的合理性、有利于方便施工及经济合理等因素确定。

柱网的开间和进深,可设计成大柱网或小柱网(见图6-1)。大柱网适用于建筑平面要求有较大空间的房屋,但将增大梁柱的截面尺寸;小柱网梁柱截面尺寸小,适用于饭店、办公楼、医院病房楼等分隔墙体较多的建筑。在有抗震设防的框架房屋中,过大的柱网将给实现强柱弱梁及延性框架增加一定困难。

3) 框架按支承楼板方式,可分为横向承重框架、纵向承重框架和双向承重框架(见图6-2)。但是,对抗风荷载和地震作用而言,无论横向承重还是纵向承重,框架都是抗侧力结构。

有抗震设防的框架结构,或非地震区层数较多的房屋框架结构,横向和纵向均应设计成刚结框架,成为双向梁柱抗侧力体系。主体结构除个别部位外,不应采用铰接。

抗震设计的框架结构不宜采用单跨框架。

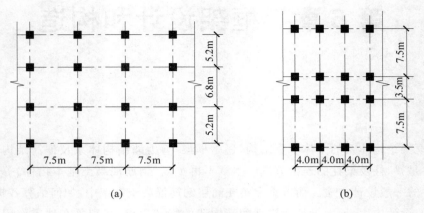

图 6-1 柱网布置

(a) 大柱网；(b) 小柱网

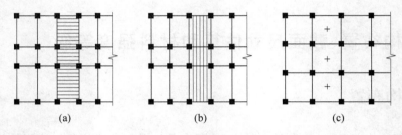

图 6-2 框架承重方式

(a) 横向承重；(b) 纵向承重；(c) 双向承重

4）框架梁、柱中心线宜重合。当梁、柱中心线不能重合时，在计算中应考虑偏心对梁、柱节点核心区受力和构造的不利影响，同时也应考虑梁荷载对柱子的偏心影响。为承托隔墙而又要尽量减少梁轴线与柱轴线的偏心距，可采用梁上挑板承托墙体的处理方法（见图 6-3(a)、(b)、(c)）。

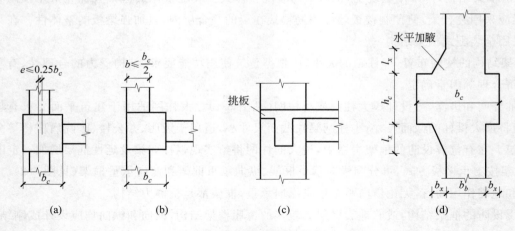

图 6-3 梁柱轴线偏心处理

(a)～(c) 框架梁柱轴线；(d) 水平加腋梁

梁、柱中心线之间的偏心距不宜大于柱截面在该方向宽度的 1/4。当为 8 度或 9 度抗震设防时,如偏心距大于该方向柱宽的 1/4 时,可采取增设梁的水平加腋(见图 6-3(d))等措施。设置水平加腋后,仍需考虑梁荷载对柱子的偏心影响。

(1) 梁的水平加腋厚度可取梁截面高度,水平尺寸宜满足下列要求:

$$\frac{b_x}{l_x} \leqslant \frac{1}{2}$$

$$b_b + b_x + x \geqslant \frac{1}{2} b_c$$

$$b_x \leqslant \frac{2}{3} b_b$$

式中:$b_x$ 为梁水平加腋宽度;$l_x$ 为梁水平加腋长度;$b_b$ 为梁截面宽度;$b_c$ 为偏心方向上柱截面宽度;$x$ 为非加腋侧梁边到柱边的距离。

(2) 梁采用水平加腋时,框架节点有效宽度 $b_j$ 宜符合下列规定:

当 $x=0$ 时,按下式计算:

$$b_j \leqslant b_b + b_x$$

当 $x \neq 0$ 时,按以下二式计算的较大值采用:

$$b_j \leqslant b_b + b_x + x$$
$$b_j \leqslant b_b + 2x$$

而且需满足下式:

$$b_j \leqslant b_b + 0.5h_c$$

式中:$h_c$ 为柱截面高度。

5) 框架结构按抗震设计时,不得采用部分由砌体墙承重的混合形式。框架结构中的楼、电梯间及局部出屋顶的电梯机房、楼梯间、水箱间等,应采用框架承重,不应采用砌体墙承重。

抗震设计的框架结构中,当楼、电梯间采用钢筋混凝土墙时,结构分析计算中,应考虑该剪力墙与框架的协同工作。如因楼、电梯间位置较偏等原因,不宜作为剪力墙考虑时,可采取将此种剪力墙变薄、开竖缝、开结构洞、配置少量单排钢筋等方法,以减少墙的作用。此时与墙相连的柱子,配筋宜适当增加。

6) 框架沿高度方向各层平面柱网尺寸宜相同。柱子截面变化时,尽可能使轴线不变,或上下仅有较小的偏心。当某楼层高度不等而形成错层时,或上部楼层某些框架柱取消形成不规则框架时,应视不规则程度采取措施加强楼层,如加厚楼板、增加边梁配筋。

7) 框架结构的填充墙及隔墙宜选用轻质墙体。抗震设计时,框架结构如采用砌体填充墙在平面和竖向布置宜均匀对称,其布置宜符合下列要求:

(1) 避免形成上、下层刚度变化过大。

(2) 避免形成短柱。

(3) 减少因抗侧刚度偏心所造成的扭转。

8) 抗震设计时,填充墙及隔墙应注意与框架及楼板拉结,并注意填充墙及隔墙自身的稳定性:

(1) 砌体的砂浆强度不应低于 M5,墙顶应与框架梁或楼板密切结合。

（2）填充墙应沿框架柱全高每隔 500mm 左右(结合砌体的皮数)设 2φ6 拉筋,拉筋伸入墙内的长度,6、7 度时不应小于墙长的 1/5 且不应小于 700mm,8、9 度时宜沿墙全长贯通。

（3）墙长大于 5m 时,墙顶与梁(板)宜有拉结;墙高超过 4m 时,墙体半高处(或门洞上皮)宜设置与柱连接且沿墙全长贯通的钢筋混凝土水平系梁,梁高度为 100～120mm,纵向钢筋不少于 3φ8,分布筋为 φ6@300,混凝土等级为 C20。

（4）一、二级框架的围护墙和分隔墙,宜采用轻质墙体。

## 6.1.2 框架结构截面尺寸估算及材料强度等级

### 1. 框架梁截面尺寸估算

在一般荷载作用下,满足下列要求的梁,可不进行刚度计算。框架主梁截面高度 $h_b$,可取 $\left(\frac{1}{10}\sim\frac{1}{18}\right)l_b$,且不小于 400mm,$l_b$ 为主梁的计算跨度。$h_b$ 不宜大于 1/4 净跨。主梁截面宽度 $b_b$ 不宜小于 $\frac{h_b}{4}$ 及 $\frac{b_c}{2}$,$b_c$ 为柱子宽度,且不宜小于 200mm。

### 2. 框架柱截面尺寸估算

框架柱截面可做成方形、圆形或边长相差不大的矩形。初步设计时,可根据柱支承的楼板面积计算由竖向荷载产生的轴力 $N_v$(考虑分项系数 1.25),并由下式估算柱面积 $A_c$,然后确定柱边长尺寸。

仅有风载作用或抗震等级为四级时

$$N = (1.05 \sim 1.10)N_v$$

$$A_c \geqslant \frac{N}{f_c}$$

有地震作用,抗震等级为一至三级时

$$N = (1.1 \sim 1.2)N_v$$

一级
$$A_c \geqslant \frac{N}{0.7f_c}$$

二级
$$A_c \geqslant \frac{N}{0.8f_c}$$

三级
$$A_c \geqslant \frac{N}{0.9f_c}$$

框架柱截面尺寸宜符合下列要求:矩形截面柱的边长,非抗震设计时不宜小于 250mm;抗震设计时,抗震等级四级不宜小于 300mm,一、二、三级时不宜小于 400mm;圆柱直径,非抗震和四级抗震设计时不宜小于 350mm,一、二、三级时不宜小于 450mm。

柱净高与截面长边之比宜大于 4。

### 3. 混凝土强度等级

混凝土强度等级不宜小于表 6-1 中所列数值。

表 6-1　框架混凝土强度等级

| 现 浇 框 架 | | | 装配整体式框架 | |
| --- | --- | --- | --- | --- |
| 梁、柱 | | 节点区 | 梁、柱 | 节点区 |
| 一级抗震 | 二级至四级抗震及非抗震 | | | |
| C30 | C20 | 与柱相同或与柱相差不超过 5MPa | C30 | 宜较柱提高 5MPa |

## 6.2　框架内力组合及最不利内力

第 2 章中介绍了荷载取值方法及内力组合(荷载效应组合)的要求。本节将根据框架构件的受力特点说明如何选择、设计控制截面及不利内力类型,各种荷载的布置方法,内力调整要求及组合方法,以便求出构件的设计内力。

### 6.2.1　控制截面及最不利内力类型

对于横梁,其两端支座截面常常是最大负弯矩及最大剪力作用处,在水平荷载作用下,端截面还有正弯矩。而跨中控制截面常常是最大正弯矩作用处。在梁端截面(指柱边缘处的梁截面),要组合最大负弯矩及最大剪力,也要组合可能出现的正弯矩。注意,由于内力分析结果都是轴线位置处梁的弯矩及剪力,因而在组合前应经过换算求得柱边截面的弯矩和剪力,见图 6-4。

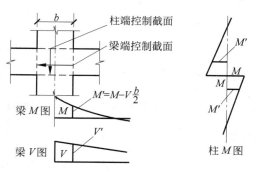

对于柱子,根据弯矩图可知,弯矩最大值在柱两端,剪力和轴力值在同一楼层内变化很小。因此,柱的设计控制截面为上、下两个端截面。注意,在轴线处的计算内力也要换算到梁上、下边缘处的柱截面内力,见图 6-4。柱可能出现大偏压破坏,此时 $M$ 越大越不利;也可能出现小偏压破

图 6-4　梁、柱端控制截面及内力

坏,此时 $N$ 越大越不利。此外,还应选择正弯矩或负弯矩中绝对值最大的弯矩进行截面配筋,因为柱子多数都设计成对称配筋。由以上分析可知,柱子弯矩和轴力组合要考虑下述四种可能情况:

(1) $|M|_{max}$ 及相应的 $N$。

(2) $N_{max}$ 及相应的 $M$。

(3) $N_{min}$ 及相应的 $M$。

在某些情况下,最大或最小内力不一定是最不利的。对大偏心受压构件,偏心距 $e_0 = \dfrac{M}{N}$ 越大,截面需要的配筋越多。因此有时 $M$ 虽不是最大,但相应的 $N$ 较小,此时 $e_0$ 最大,也能成为最不利内力;对于小

偏压构件,当 $N$ 可能不是最大,但相应的 $M$ 比较大时,配筋反而需要多一些,会成为最不利内力。所以,组合时常常要考虑第四种情况,并且经常是这种情况最危险。

(4) $|M|$ 比较大(不是绝对最大),但 $N$ 比较小或 $N$ 比较大(不是绝对最小或绝对最大)。

柱子还要组合最大剪力 $V_{max}$。

## 6.2.2 荷载布置

### 1. 恒载

恒载是长期作用在结构上的重力荷载,因此要按实际情况计算全部作用在结构上的构件内力,如图 6-5(a)所示。

### 2. 活载

活载是指暂时作用的竖向荷载,如使用荷载、雪载等。它们可能有各种布置方式,应当按照影响线分析原理,按最不利的方式布置荷载。例如,对于 $ab$ 跨梁,图 6-5(b)、(c)、(d)中分别表示了出现跨中最大 $M$,$b$ 端和 $a$ 端最大 $M$,$V$ 的荷载布置方式,称为活荷载不利布置。由于柱子有四种不利内力,活荷载不利布置的情况更为复杂多样,这将大大增加内力计算的工作量。在高层民用建筑中,活荷载仅为 $1.5 \sim 2.5 \mathrm{kN/m^2}$,与恒载及水平荷载产生的内力相比,它产生的内力比较小,因此可以不考虑活载的不利布置,而采用与恒载相同的满布方式作内力计算。为了安全起见,可以把框架梁的弯矩乘以 $1.1 \sim 1.2$ 的放大系数。但在贮藏室、书库或其他有很重使用荷载的结构中,各截面的内力仍应按不同的不利荷载计算。

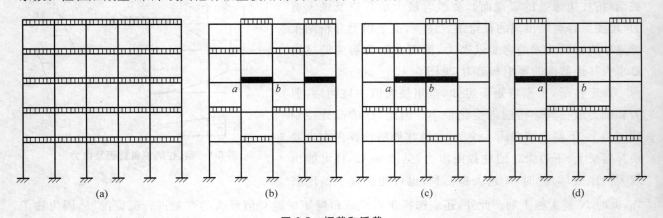

图 6-5 恒载和活载
(a) 恒载布置;(b)~(d) 梁的活载不利布置

### 3. 风载及地震作用

风载及等效地震荷载可能沿某方向的正、反两个方向作用。在对称结构中,只需进行一次内力计算,内力冠以正负符号即可,如图 6-6 所示。

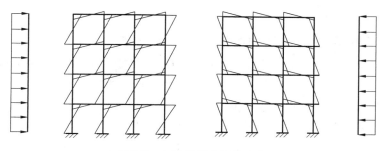

图 6-6 水平荷载作用的方向

## 6.2.3 内力调整

钢筋混凝土结构由弹塑性材料制成,在局部出现开裂或塑性铰后,会导致塑性内力重分布。出于不同的目的,有一些由弹性静力计算得到的内力需要进行局部调整,然后进行内力组合。

### 1. 竖向荷载作用下框架梁弯矩塑性调幅

在竖向荷载下,梁端截面往往有较大负弯矩,负钢筋配置过于拥挤。设计时允许进行弯矩调幅,降低负弯矩,以减少配筋面积。

对于现浇框架,支座弯矩调幅系数为 0.8~0.9。

对于装配整体式框架,由于钢筋焊接或接缝不密实等原因,节点可能产生变形。根据实测结果可知,节点变形会使梁端弯矩较弹性计算值减小约 10%,再考虑梁端允许出现塑性铰,因此,支座弯矩调幅系数可采用 0.7~0.8。

支座弯矩降低以后,经过塑性内力重分配,跨中弯矩将增大,如图 6-7(a) 所示,跨中弯矩可乘以 1.1~1.2 增大系数。调幅以后的各弯矩必须满足图 6-7(a) 中要求。

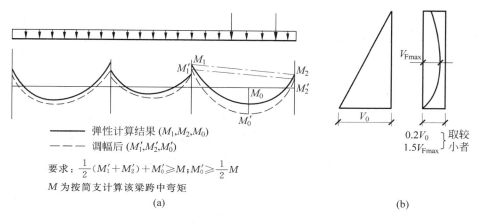

要求:$\frac{1}{2}(M_1'+M_2')+M_0' \geqslant M_1$;$M_0' \geqslant \frac{1}{2}M$

$M$ 为按简支计算该梁跨中弯矩

(a)

(b)

图 6-7 内力调整

(a) 框架梁塑性调幅;(b) 框-剪结构中框架总剪力调整

### 2. 水平力作用下框架-剪力墙结构中框架内力的调整

在弹性计算时,框剪结构中按剪力墙及框架的弹性刚度分配剪力,通常框架分配到的剪力很少。由于楼板在水平力作用下会有变形,框架的实际剪力会比计算内力大。在地震作用下,剪力墙会因为出现塑性变形而导致刚度降低,内力重分配的结果也会使框架内力比弹性计算值增大。为了保证框架的安全,设计时要调整加大其剪力。但是,对剪力墙而言,仍然以弹性计算内力作为设计内力。

《高层规程》规定,当第 $i$ 层全部框架总剪力 $V_{Fi}$ 小于结构基底总剪力的 20% 时(即 $V_{Fi} \leqslant 0.2V_0$),要按下两式中的较小值调整 $V_{Fi}$,然后再按弹性计算分配比例分配到各柱。

$$\left. \begin{array}{l} V_{Fi} = 1.5V_{F\max} \\ V_{Fi} = 0.2V_0 \end{array} \right\} \tag{6-1}$$

式中:$V_{F\max}$ 为各层框架承受总剪力中最大值。用此方法调整后的框架各层剪力如图 6-7(b)中实线所示。

框架柱剪力调整以后,柱端弯矩和梁端弯矩都要按调整比例放大。

上述调整只是在水平力作用下的内力调整,应取调整后的值与其他荷载下的内力进行组合。

## 6.2.4　内力组合

内力组合按照 2.5 节中关于荷载效应组合的规定进行。例 6-1 是一个内力组合的算例。在手算时,一般都通过表格进行。内力组合的步骤是:

(1) 恒载、活载、风载及地震等效荷载都分别按各自规律布置,进行内力分析;

(2) 取出各个构件的控制截面内力,经过内力调整后填入表内;

(3) 根据本建筑物的具体情况由表 2-12 中选出本结构可能出现的若干组组合。将各内力分别乘以相应的荷载分项系数 $\gamma$ 及组合系数 $\psi$;

(4) 按照不利内力的要求分组叠加内力;

(5) 在若干组不利内力中选取最不利内力作为构件截面的设计内力。有时要通过试算才能找到哪组内力得到的配筋最大。

【例 6-1】 某三跨六层框架如图 6-8 所示。在竖向荷载下采用分层算法计算内力;在水平荷载作用下用 $D$ 值法计算内力,内力计算过程从略。此处给出二层梁内力及二层柱内力组合过程及结果,见表 6-2、表 6-3。

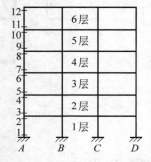
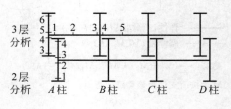

图 6-8　例 6-1 框架示意图

本例题是一个多层框架,只需考虑表 2-18 中的第 1、2、3 三种组合情况。

表 6-2　二层梁内力组合　　　　　　　　　　弯矩/kN·m;剪力/kN

| 荷载类型 / 截面号 | | 1 M | 1 V | 2 M | 3 M | 3 V | 4 M | 4 V | 5 M |
|---|---|---|---|---|---|---|---|---|---|
| 恒载 | ① | −26.19 (−31.4) | 36.6 (43.9) | 32.79 (39.43) | −46.56 (−55.87) | −42.42 (−50.9) | −41.22 (−49.46) | 33.9 (40.68) | 9.6 (11.52) |
| 竖向活荷载 | ② | −8.73 (−10.14) | 12.2 (14.64) | 10.93 (13.11) | −15.52 (−18.62) | −14.14 (−16.97) | −13.74 (−16.49) | 11.3 (13.56) | 3.2 (3.84) |
| 风荷载 | ③ | ±15.1 (±21.14) | ±2.7 (±3.78) | ±0.5 (±0.7) | ±12.3 (±17.22) | ±2.7 (±3.78) | ±6.8 (±9.52) | 0 | 0 |
| 地震作用 | ④ | ±26.85 (±34.9) | ±5.1 (±6.63) | ±1.67 (±2.17) | ±24.1 (±31.33) | ±5.1 (±6.63) | ±10.38 (±13.49) | ±3.46 (±4.5) | 0 |
| 竖向荷载 ①×1.2+②×1.4 | ⑤ | −43.65 | 61.0 | 54.65 | −77.6 | −70.7 | −68.7 | 56.5 | 16.0 |
| 竖向荷载+风荷载 ①×1.2+②×1.4 +③×1.4 | ⑥ | 所有内力均小于下一组合,不必进行计算 | | | | | | | |
| 重力荷载+水平地震 ①×1.2+②×0.5 ×1.2+④×1.3 | ⑦ | −71.37 / −1.57 | 57.85 | 48.06 | −96.51 | −66.01 | −71.20 | 51.96 | 13.44 |

内力组合

注:①、②项中(　)中数值为乘分项系数 $\gamma_Q=1.2$ 后的值;

　　③项中(　)中数值为乘分项系数 $\gamma_w=1.4$ 后的值;

　　④项中(　)中值为乘 $\gamma_{Eh}=1.3$ 后的值。

表 6-3　二层柱内力组合　　　　　　　　　　弯矩/kN·m;轴力、剪力/kN

| 荷载类型 | | 截面内力 | A 柱(D 柱) | | | | B 柱(C 柱) | | | |
|---|---|---|---|---|---|---|---|---|---|---|
| | | | $M_3$ | $M_4$ | $N$ | $V$ | $M_3$ | $M_4$ | $N$ | $V$ |
| 恒载 | | ① | 12.52 (15.02) | 10.56 (12.67) | 83.1 (99.72) | 7.7 (9.23) | −5.35 (−6.42) | −4.49 (−5.39) | 83.26 (99.91) | 3.28 (3.93) |
| 竖向活荷载 | | ② | 6.11 (7.33) | 6.02 (7.22) | 12.25 (14.7) | 4.04 (4.85) | −1.23 (−1.48) | −1.21 (−1.45) | 13.1 (15.72) | 0.81 (0.98) |
| | 上层传来 | ③ | — | — | 25.2 (30.2) | — | — | — | 25.2 (30.2) | — |
| 地震作用 | | ④ | ±11.9 (±15.47) | ±11.05 (±14.37) | ±4.2 (±5.46) | ±7.65 (±9.9) | ±8.68 (±11.28) | ±8.68 (±11.28) | ±1.1 (±1.43) | ±5.79 (±7.52) |
| 内力组合 | 竖向荷载 ①×1.2+②×1.4 ⑤ | $N_{max}$ M ①+②+③ | 23.57 | 21.10 | 147.1 | — | −8.14 | −7.10 | 148.5 | — |
| | | $N_{min}$ M ① | 15.02 | 12.67 | 99.72 | — | −6.42 | −5.39 | 99.91 | — |
| | | N M ①+② | 23.57 | 21.10 | 116.9 | — | −8.14 | −7.10 | 118.25 | — |
| | | $V_{max}$ ①+② | — | — | — | 14.89 | — | — | — | 5.06 |
| | 重力荷载+水平地震 (①+②×0.5)×1.2+④×1.3 ⑥ | $N_{max}$ M ①+②+③+④ | 34.15 | 30.65 | 127.63 | — | −18.16 | −17.40 | 124.30 | — |
| | | $N_{min}$ M ①+④ | 30.49 | 27.04 | 105.18 | — | −17.7 | −16.67 | 101.34 | — |
| | | N M ①+②+④ | 34.15 | 30.65 | 112.53 | — | −18.16 | −17.40 | 109.20 | — |

续表

| 荷载类型 | | 截面内力 | | | A柱(D柱) | | | | B柱(C柱) | | | |
|---|---|---|---|---|---|---|---|---|---|---|---|---|
| | | | | | $M_3$ | $M_4$ | $N$ | $V$ | $M_3$ | $M_4$ | $N$ | $V$ |
| 内力组合 | 重力荷载＋水平地震<br>(①＋②×0.5)<br>×1.2＋④×1.3 | ⑥ | $V_{max}$ | ①+②+④ | — | — | — | 21.56 | — | — | — | 11.94 |

注：同表 6-2 注。

三层梁的控制截面为 1、2、3、4、5 五个截面(见图 6-8)，表 6-2 中所给竖向荷载下弯矩已经经过塑性调幅(调幅系数取 0.8)，跨中弯矩也已按要求加大，所有弯矩及剪力值都已换算到梁端截面。组合结果为⑤、⑥、⑦三栏。

二层柱的控制截面为图 6-8 中 3、4 截面。按分层法计算竖向荷载下内力时，二层及三层分析所得内力相加后(见图 6-8)才得到 $M_3$ 及 $M_4$，即表 6-3 中所给值。第③栏中给出上层竖向活荷载传来的轴力 $N$，组合时可以加入，也可以不加入。内力组合时只组合了 $N_{max}$、相应的 $M$、$N_{min}$、相应的 $M$，较大的 $M$、相应较小的 $N$ 三种不利内力，因为 $M_{max}$、相应的 $N$ 与上述情况数值重复。

组合的结果，每个截面都有好几组内力，应选择最不利内力，得到截面的最大配筋。在抗震结构中，有时可能选用不包括地震作用的组合内力作配筋计算，此时，应按无地震作用组合的强度计算公式(2-30)计算配筋。

# 6.3　框架抗震设计的延性要求

## 6.3.1　延性结构

图 6-9 表示一个钢筋混凝土构件受力后，荷载与位移、弯矩与曲率的关系曲线。$f_y$，$\varphi_y$ 分别表示截面钢筋开始屈服时的跨中挠度与曲率，$f_u$，$\varphi_u$ 分别为截面达极限状态时的极限挠度与极限曲率。可见，当截面钢筋开始屈服后，构件挠度及截面转角迅速增加，截面抵抗弯矩的能力继续有所提高，直到压区混凝土被压碎，跨中出现了塑性铰，构件才丧失承载能力。

截面和构件的塑性变形能力常常用延性比来衡量，延性比定义为：

构件位移延性比

$$\mu_f = \frac{f_u}{f_y}$$

截面曲率延性比

$$\mu_\varphi = \frac{\varphi_u}{\varphi_y}$$

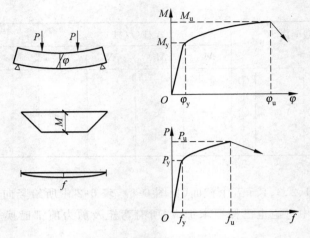

图 6-9　构件的延性

对一个结构而言,弹性状态是指外荷载与结构位移成线性关系的状态;当结构中某些部位出现塑性铰后,荷载与位移将呈现非线性关系,如图 6-10 所示;当荷载增加很少而位移迅速增加时,可认为结构"屈服";当承载能力明显下降或结构处于不稳定状态时,认为结构破坏,达到极限位移。结构的延性常常用顶点位移延性比表示,即

$$\mu = \frac{\Delta_u}{\Delta_y}$$

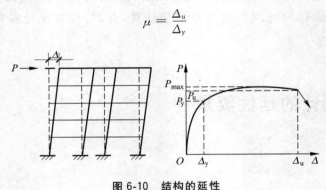

图 6-10　结构的延性

图 6-11 对弹性及弹塑性结构进行了比较,弹塑性结构的荷载-位移曲线表示为理想弹塑性关系。据大量结构弹塑性分析可知,在低频结构中,在同一个地震波作用下的弹性与弹塑性位移反应接近。如令 $\Delta_T = \Delta_S$,从图 6-11(a)根据几何比例关系可得弹塑性结构荷载 $P_S$ 只是弹性结构荷载 $P_T$ 的 $\frac{1}{\mu_0}$ 倍。在中频结构中,二者在同一个地震波作用下吸收的能量相近,图 6-11(b)中不同方向的阴影线分别表示两种结构吸收的能量。根据面积相等关系可以得出 $P_S$ 与 $P_T$ 比值等于 $\frac{1}{\sqrt{2\mu_0 - 1}}$。$\mu_0 = \frac{\Delta_S}{\Delta_y}$ 是弹塑性结构塑性位移与屈服位移之比。图 6-11(c)表示了 $P_S/P_T$ 与 $\Delta_S/\Delta_y$ 的函数关系。由上述比较可见:

(1) 在同样的地震作用下,弹塑性结构所受的等效地震力比弹性结构大大降低。因此,在设防烈度地震作用下,利用结构弹塑性性能吸收地震能量,可大大降低对结构承载能力的要求,达到节省材料的目的。

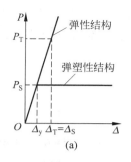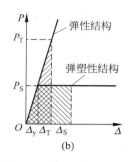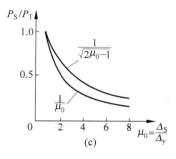

图 6-11　地震荷载与塑性变形关系

（a）$\dfrac{P_S}{P_T}=\dfrac{1}{\Delta_s/\Delta_y}$；（b）$\dfrac{P_S}{P_T}=\dfrac{1}{\sqrt{2\Delta_s/\Delta_y-1}}$；（c）$\dfrac{P_S}{P_T}$ 与 $\dfrac{\Delta_s}{\Delta_y}$ 的函数关系

（2）对弹塑性结构承载能力的要求降低了，但对结构塑性变形能力的要求却提高了。可以说，弹塑性结构是利用结构变形能力抵抗地震。例如，钢结构材料延性好，可抵抗强烈地震而不倒塌；而砖石结构变形能力差，在强烈地震下容易出现脆性破坏而倒塌。钢筋混凝土材料具有双重性，如果设计合理，能消除或减少混凝土脆性性质的危害，充分发挥钢筋塑性性能，实现延性结构。抗震的钢筋混凝土结构都应按照延性结构要求进行抗震设计。

我国抗震规范规定：用常遇烈度地震作用下的内力与其他使用荷载的内力组合，对构件截面进行极限状态设计，就保证了在小震作用下结构处于弹性状态；采取在弹性计算内力基础上调整配筋数量，设置抗震所需的钢筋，加强锚固连接等一系列构造措施，以实现延性结构在中等及强烈地震作用下的设计目标——中震可修，大震不倒。

## 6.3.2　延性框架设计基本措施

根据国内外近 30 年的研究，钢筋混凝土框架可以设计成具有较好塑性变形能力的延性框架。震害调查分析和结构试验研究表明，钢筋混凝土结构的"塑性铰控制"理论在抗震结构设计中发挥着越来越重要的作用，其基本要点是：

（1）钢筋混凝土结构可以通过选择合理截面形式及配筋构造控制塑性铰出现部位。

（2）抗震延性结构应当选择并设计有利于抗震的塑性铰部位。所谓有利，就是一方面要求塑性铰本身有较好的塑性变形能力和吸收耗散能量的能力；另一方面要求这些塑性铰能使结构具有较大的延性而不会造成其他不利后果，例如，不会使结构局部破坏或出现不稳定现象。

（3）在预期出现塑性铰的部位，应通过合理的配筋构造增大它的塑性变形能力，防止过早出现脆性的剪切及锚固破坏。在其他部位，也要防止过早出现剪切及锚固破坏。

根据这一理论及试验研究结果，钢筋混凝土延性框架的基本措施是：

（1）塑性铰应尽可能出在梁的两端，设计成强柱弱梁框架；

（2）避免梁、柱构件过早剪坏，在可能出现塑性铰的区段内，应设计成强剪弱弯；

（3）避免出现节点区破坏及钢筋的锚固破坏，要设计成强节点、强锚固。

许多经过地震考验的结构证明上述措施是有效的。由于延性框架设计方法的改进,近 20 年来,在美国、日本及我国都已相继建成 20～30 层的抗震钢筋混凝土框架结构。现在,延性框架结构的理论和设计方法仍在继续研究和改进中。

### 6.3.3 强柱弱梁设计原则

在地震作用下,框架中塑性铰可能出现在梁上,也可能出现在柱上,但是不允许在梁的跨中出现。梁的跨中出铰将导致局部破坏。在梁端和柱端的塑性铰都必须具有延性,这才能使结构在形成机构之前,结构可以抵抗外荷载并具有延性,见图 6-12。

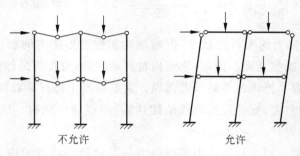

不允许            允许

**图 6-12  框架塑性铰**

在随机的地震作用下,对某个构件的延性比要求很难定量。其影响因素很多,其中,地震地面运动的不确定性是首要原因;其次,结构层数、结构体系、布置、断面尺寸以及配筋多少都会改变塑性铰出现位置及出现次序,都会改变对构件延性比要求。但是,由大量计算及实验分析,可找到某些规律:

(1)当梁相对较弱、柱相对较强时,大部分铰出在梁端,柱内塑性铰数量减少。而且,柱相对较强时,对梁的延性比要求增加,对柱的延性比要求降低。

(2)当柱相对较弱时,柱中塑性铰数量增加,对其延性比要求也会增至较高数值。

(3)当梁较强时,柱中轴力增大,会减小柱的延性。

通过分析,并考虑到以下一些原因,延性框架要求设计成强柱弱梁型。

(1)塑性铰出现在梁端,不易形成破坏机构,可能出现的塑性铰数量多,耗能部位分散。图 6-13(a)是所有梁端都有塑性铰的理想情况,只要柱脚处不出现铰,则结构不会形成机构。

(2)塑性铰出现在柱上,结构很容易形成机构。例如,图 6-13(b)是典型的出现软弱层的情况。此时,塑性铰数量虽少,但该层已形成机构,$P\text{-}\Delta$ 效应增大,楼层可能倒塌。

(3)柱通常都承受较大轴力,在高轴压下,钢筋混凝土柱很难具有高延性性能。而梁是受弯构件,比较容易实现高延性比要求。

(4)柱是主要承重构件,出现较大的塑性变形后难于修复,柱子破坏可能引起整个结构倒塌。

在震害调查中,也发现了由于强梁弱柱引起的结构震害比较严重这一规律。1976 年唐山地震以后,石油规划设计院曾对 48 幢框架结构作了调查统计,发现凡是具有现浇楼板的框架,由于现浇楼板大大加强了梁的强度和刚度,地震破坏都发生在柱中,破坏较严重;凡是没有楼板的构架式框架,裂缝出在梁中,

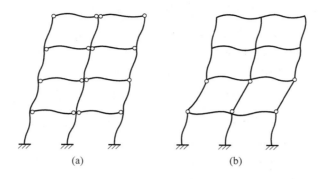

**图 6-13 框架中塑性铰部位**
(a) 梁端塑性铰；(b) 柱端塑性铰

破坏较轻。

所谓强柱弱梁型框架是指：要使梁中的塑性铰先出、多出，尽量减少或推迟柱中塑性铰的出现，特别是要避免在同一层各柱的两端都出塑性铰，即避免软弱层。

要使梁端塑性铰先于柱端铰出现，则应适当提高柱端截面配筋，使柱的相对强度大于梁的相对强度，要求在同一个节点周围的梁柱满足

$$\frac{M_{cu}}{M_c} > \frac{M_{bu}}{M_b}$$

式中：$M_c$，$M_b$——在外荷载作用下的柱端和梁端弯矩；

$M_{cu}$，$M_{bu}$——柱、梁配筋后的抵抗弯矩。

试验证明，楼板对梁的抵抗弯矩有很大影响，在考虑强柱弱梁的设计中，应当取一定宽度楼板作为翼缘，考虑楼板中钢筋对梁极限抗弯承载力的影响。

应当特别提出的是，为保证实现强柱弱梁的延性框架设计，除了上述截面配筋要求外，必须设计合理的结构方案和结构布置。框支剪力墙或上下层刚度突变的结构，不可能避免软弱层。又如，当设计跨度很大的框架梁或由于其他要求（窗裙梁），可能造成梁断面过大、配筋很多的情况，除非把柱子断面加大，否则很难做到强柱弱梁。

# 6.4 框架梁截面设计和配筋构造

在非抗震框架中，框架梁应满足强度要求并注意钢筋切断位置、锚固等构造要求。

在抗震框架中，除了强度要求以外，应设计具有良好延性的框架梁。在强柱弱梁的延性框架中，结构延性主要由梁的延性提供。

## 6.4.1 梁的破坏形态与影响延性的因素

钢筋混凝土受弯构件有两种破坏可能：弯曲破坏与剪切破坏。

由于纵筋配筋率的影响,可能发生三种弯曲破坏形态,见图 6-14 中实线。少筋梁在钢筋屈服之后立即被拉断,从而发生断裂破坏,这是一种脆性的破坏形态。超筋梁由于受拉钢筋配置过多,在钢筋未屈服以前混凝土就被压碎而丧失了承载能力。这种破坏事先无预告,也是一种脆性破坏形态。只有适筋梁是在钢筋屈服以后,由钢筋流动形成塑性铰,在压区混凝土压碎之前,梁具有塑性变形能力,是具有延性的。

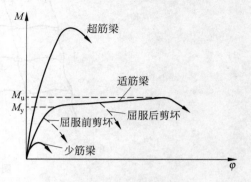

**图 6-14 梁的破坏形态**

超筋梁与适筋梁的配筋率界限为平衡配筋率。以名义压区高度表示,即 $x/h_0 < \xi_b$ 时为适筋梁。在适筋梁范围内,梁塑性变形能力主要与名义压区相对高度 $x/h_0$ 有关,当 $x/h_0$ 减小时,塑性变形能力加大。

图 6-15 为一组钢筋混凝土梁在反复加载试验时得到的弯矩-曲率关系曲线。试验用的六个试件压区相对高度 $\xi$ 值不同。由图可见,$\xi$ 值越大的梁,截面抵抗弯矩亦大,但延性减小。

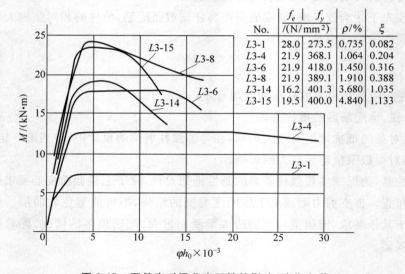

| No. | $f_c$ | $f_y$ | $\rho$/% | $\xi$ |
|---|---|---|---|---|
| | /(N/mm²) | | | |
| L3-1 | 28.0 | 273.5 | 0.735 | 0.082 |
| L3-4 | 21.9 | 368.1 | 1.064 | 0.204 |
| L3-6 | 21.9 | 418.0 | 1.450 | 0.316 |
| L3-8 | 21.9 | 389.1 | 1.910 | 0.388 |
| L3-14 | 16.2 | 401.3 | 3.680 | 1.035 |
| L3-15 | 19.5 | 400.0 | 4.840 | 1.133 |

**图 6-15 配筋率对梁曲率延性的影响(清华大学)**

由受弯构件截面平衡方程可知,混凝土压区高度取决于下面一些因素:

(1) 受拉钢筋数量 受拉钢筋数量减少,压区高度亦可减小;

(2) 受压钢筋数量 双筋截面压区高度减小;

(3) 截面形状 T 形或 I 形截面可减小受压区高度。

图 6-16 统计了试验构件的 $\xi$ 值与曲率延性比的关系。图中每一个黑点代表一个构件的试验结果,试件包括单筋、双筋以及 T 形截面梁等各种情况。由试验结果可见,随着 $\xi$ 值的减小,延性比按双曲线的规律增大。设计时,可根据所要求的延性,调整配筋以控制压区高度。

梁的剪切破坏形态是脆性的(剪拉破坏),或者延性很小(剪压破坏)。非抗震结构梁应当满足抗剪承载力验算,以抵抗外荷载产生的最大剪力。但是,对于抗震的延性框架,不仅应当要求框架梁在塑性铰出

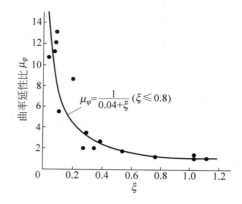

**图 6-16** 曲率延性比与名义压区相对高度关系（清华大学）

现之前不被剪坏，而且还要要求在塑性铰出现之后也不要过早剪坏，图 6-14 中虚线表示剪切破坏情况。为此，要求延性梁的抗剪承载能力大于抗弯承载能力，即强剪弱弯。

## 6.4.2 框架梁的配筋计算

### 1. 抗弯配筋

由受弯构件极限状态平衡条件：

$$bx\alpha_1 f_c + A_s' f_y = A_s f_y$$

得到名义压区高度为

$$x/h_{b0} = (\rho - \rho')\frac{f_y}{\alpha_1 f_c} \tag{6-2}$$

另一极限状态平衡条件为
不考虑地震作用时

$$M_{bmax} \leqslant (A_s - A_s')f_y(h_{b0} - 0.5x) + A_s' f_y(h_{b0} - a') \tag{6-3}$$

考虑地震作用时

$$M_{bmax} \leqslant \frac{1}{\gamma_{RE}}[(A_s - A_s')f_y(h_{b0} - 0.5x) + A_s' f_y(h_{b0} - a')] \tag{6-4}$$

式中：$A_s$, $A_s'$——构件截面受拉及受压钢筋面积；

$\rho$, $\rho'$——受拉及受压钢筋配筋率；

$f_y$, $f_c$——钢筋设计强度及混凝土轴心抗压设计强度；

$a'$——等效矩形应力图形系数，当混凝土强度等级不超过 C50 时，取为 1.0，当混凝土强度等级为 C80 时，取为 0.94，其间按线性内插取值；

$\gamma_{RE}$——承载力抗震调整系数，由表 2-14 选用；

$M_{bmax}$——由荷载效应组合得到的最大计算弯矩。

为避免设计超筋梁，不考虑地震作用时要求

$$\frac{x}{h_{b0}} \leqslant \xi_b \tag{6-5}$$

$$\xi_b = \frac{x_b}{h_{b0}} = \frac{\beta_1}{1 + \frac{f_y}{0.0033E_s}} \tag{6-6}$$

式中：$\beta_1$ 为混凝土等效矩形受压区高度与中和轴高度的比值。当混凝土强度等级不大于 C50 时,取 0.8;当为 C80 时,取 0.74;其他情况按线性内插取用;$E_s$ 为钢筋弹性模量。同时,受拉钢筋最小配筋率为 0.25%(支座截面)及 0.20%(跨中截面)。

在地震作用下,框架梁的塑性铰出现在端部,为保证塑性铰的延性,设计时要求端部截面必须配置一定比例的受压钢筋(双筋截面),并控制名义压区高度如下

$$\left.\begin{array}{ll} \text{一级抗震} & \dfrac{x}{h_{b0}} \leqslant 0.25 \quad \dfrac{A_s'}{A_s} \geqslant 0.5 \\[3mm] \text{二、三级抗震} & \dfrac{x}{h_{b0}} \leqslant 0.35 \quad \dfrac{A_s'}{A_s} \geqslant 0.3 \end{array}\right\} \tag{6-7}$$

同时,抗震结构中的梁应满足表 6-2 中最小含钢率的要求。

非抗震设计时,纵向受拉钢筋的最小配筋百分率 $\rho_{min}$(%)不应小于 0.2 和 $0.45f_t/f_y$ 二者的较大值。

表 6-4　抗震设计框架梁纵向受拉钢筋最小配筋百分率 $\rho_{min}$（取较大值）　　　　%

| 抗震等级 | 一 | 二 | 三、四 |
|---|---|---|---|
| 支　　座 | 0.40 和 $80f_t/f_y$ | 0.3 和 $65f_t/f_y$ | 0.25 和 $55f_t/f_y$ |
| 跨　　中 | 0.30 和 $65f_t/f_y$ | 0.25 和 $55f_t/f_y$ | 0.20 和 $45f_t/f_y$ |

梁跨中截面受压区高度控制与非抗震设计时相同。

### 2. 抗剪配筋及截面平均剪应力控制

在反复荷载作用下,钢筋混凝土构件斜截面抗剪强度降低,因此在抗震设计和非抗震设计时抗剪承载力有所不同。抗剪承载力验算公式为

无地震作用组合时：

$$V_b \leqslant 0.7f_t b_b h_{b0} + 1.25f_{yv}\frac{A_{sv}}{s}h_{b0} \tag{6-8}$$

有地震作用组合时：

$$V_b \leqslant \frac{1}{\gamma_{RE}}\left(0.42f_t b_b h_{b0} + 1.25f_{yv}\frac{A_{sv}}{s}h_{b0}\right) \tag{6-9}$$

式中：$A_{sv}$,$s$,$f_{yv}$——箍筋面积、间距及箍筋抗拉设计强度;

　　　$f_t$——混凝土轴心抗拉强度设计值;

　　　$V_b$——梁设计剪力。

为了保证延性框架梁塑性铰区的强剪弱弯,一级至三级抗震时要根据梁的抗弯承载能力计算其设计剪力 $V_b$。图 6-17 为梁的受力简图,当梁端弯矩已知时,由平衡条件可得支座截面的设计剪力。为了设计方便,在较低的抗震等级要求下,不

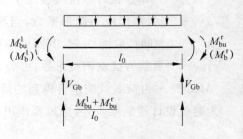

图 6-17　梁设计剪力

用极限弯矩而用计算弯矩求 $V_b$。

一级至三级抗震时：

$$V_b = \eta_{vb}(M_b^l + M_b^r)/l_0 + V_{Gb} \tag{6-10}$$

9 度和一级抗震时尚应符合：

$$V_b = 1.1(M_{bu}^l + M_{bu}^r)/l_0 + V_{Gb} \tag{6-11}$$

式中：$M_{bu}^l$，$M_{bu}^r$——框架梁左、右端的极限抗弯承载力。要按梁的实际配筋计算，当一端取上部纵向钢筋受拉时，另一端取下部纵向钢筋受拉，且应找出如图中实线及虚线两种弯矩组合情况中的较大值。计算时取钢筋的标准抗拉强度 $f_{yk}$，并可按下述简化公式计算 $M_{bu}$：

$$M_{bu} = A_s f_{yk}(h_{b0} - a) \tag{6-12}$$

$M_b^l$，$M_b^r$——组合得到的梁左、右端计算弯矩，也要取图 6-17 中实线与虚线两种组合中的较大值。如果某一端不可能出现正弯矩，则令该端弯矩值为零；

$V_{Gb}$——本跨竖向重力荷载产生的简支支座反力；

$\eta_{vb}$——梁剪力增大系数，一级为 1.3，二级为 1.2，三级为 1.1；超限高层建筑结构的特一级，按一级再增大 20%。

楼板中配筋会提高梁的抗弯承载力，也就会提高梁中剪力，因此在设计延性要求较高的框架梁时，要把楼板中部分钢筋面积计入梁纵向钢筋面积 $A_s$，再行计算梁的极限抗弯承载力则可更加安全。

在塑性铰区以外的各个梁截面，仍按照弹性计算所得的组合剪力，计算所需箍筋数量及间距。

当梁的截面尺寸太小或混凝土强度等级太低时，按抗剪承载力公式计算的箍筋数量会很多。由试验可知，配箍过多并不能充分发挥钢箍的作用。因此，在设计时要限制梁截面的平均剪应力，使箍筋数量不至于太多，同时，也可有效地防止斜裂缝过早出现，减轻混凝土碎裂程度。

无地震作用组合时：

$$V_b \leqslant 0.25\beta_c f_c b_b h_{b0} \tag{6-13}$$

有地震作用组合时：

跨高比大于 2.5 的梁

$$V_b \leqslant \frac{1}{\gamma_{RE}}(0.2\beta_c f_c b_b h_{b0}) \tag{6-14}$$

跨高比不大于 2.5 的梁

$$V_b \leqslant \frac{1}{\gamma_{RE}}(0.15\beta_c f_c b_b h_{b0}) \tag{6-15}$$

式中：$\beta_c$——混凝土强度折减系数；当混凝土强度等级不超过 C50 时，取 1.0；当强度等级等于 C80 时，取 0.8；中间可按线性内插取用；

$V_b$——剪力设计值，计算方法同式（6-10）和式（6-11）。

当上式不满足时，可加宽梁的截面或者提高混凝土等级。

在延性框架要求强柱弱梁和强剪弱弯的情况下，不宜采用加大梁高度的作法。相反地，在延性框架中，常常采用截面高宽比较小的扁梁。但为了使梁中纵筋有效地锚固在梁、柱相交的核心区，梁宽度不宜超过柱宽;若超过时,每边超过宽度不应大于$\dfrac{h_c}{4}$,$h_c$为与梁跨度方向相平行的柱截面高度。

## 6.4.3 框架梁的配筋构造要求

2002年《高层规程》曾有框架梁端纵向钢筋最大配筋率不应大于2.5%的强制性要求。最大配筋率的限制主要考虑的是包括梁端截面的延性、梁端截面配筋不致过密而影响混凝土的浇筑质量等;但是不宜给一个确定性的数值作为强制性条文内容。新的《高层规程》相应地提出了梁的纵向钢筋配置,尚应符合下列规定:

(1) 抗震设计时,梁端纵向受拉钢筋的配筋率不宜大于2.5%,不应大于2.75%;当梁端受拉钢筋的配筋率大于2.5%时,受压钢筋的配筋率不应小于受拉钢筋的一半。

(2) 沿梁全长顶面和底面应至少各配置两根纵向配筋,一、二级抗震设计时钢筋直径不应小于14mm,且分别不应小于梁两端顶面和底面纵向配筋中较大截面面积的1/4;三、四级抗震设计和非抗震设计时钢筋直径不应小于12mm。

(3) 一、二、三级抗震等级的框架梁内贯通中柱的每根纵向钢筋的直径,对矩形截面柱,不宜大于柱在该方向截面尺寸的1/20;对圆形截面柱,不宜大于纵向钢筋所在位置柱截面弦长的1/20。

框架梁按照强剪弱弯原则设计的箍筋主要配置在梁端塑性铰区,称为箍筋加密区。通过试验可知,箍筋加密区长度不得小于$2h_b$(一级抗震)、$1.5h_b$(二级至四级抗震),同时也不得小于500mm。

在塑性铰区,不仅有竖向裂缝,也有斜裂缝。在地震作用下,弯矩及剪力作用方向会改变,因而产生交叉斜裂缝,竖向弯曲裂缝也会贯通全截面,混凝土保护层可能脱落,混凝土的咬合作用会渐渐丧失,而主要依靠箍筋和纵向钢筋的销键作用以传递剪力(见图6-18),这是十分不利的。加密箍筋可以起到约束混凝土的作用,防止混凝土过早破碎;钢箍还可以减少受压钢筋的自由长度,减少压屈现象。因此,在箍筋加密区必须采取下列措施:

(1) 不能用弯起钢筋抗剪,第一个箍筋应设置在距支座边缘50mm处。

(2) 钢箍数量除满足承载力计算要求外,钢箍最小直径和最大间距应满足表6-5的要求。当纵向配筋率大于2%时,箍筋最小直径比表内要求还要增加2mm。表中$d$为纵筋直径。

**表6-5 框架梁梁端箍筋加密区钢箍构造要求**

| 抗震等级 | 箍筋最大间距(取较小值) | 箍筋最小直径(取较大值) |
| --- | --- | --- |
| 一 | $h_b/4,6d,100mm$ | $\Phi10,d/4$ |
| 二 | $h_b/4,8d,100mm$ | $\Phi8,d/4$ |
| 三 | $h_b/4,8d,150mm$ | $\Phi8,d/4$ |
| 四 | $h_b/4,8d,150mm$ | $\Phi6,d/4$ |

注:一、二级抗震等级框架梁,当箍筋直径小于12mm、肢数不少于4枝且支距不大于150mm时,箍筋加密区最大间距应允许适当放松,但不应大于150mm。

(3) 钢箍必须做成封闭箍,加135°弯钩,弯钩端头直段长度应为10$d$,且不小于75mm,见图6-19。

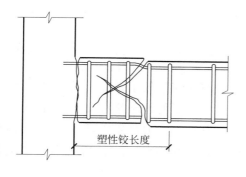

图 6-18　塑性铰区裂缝

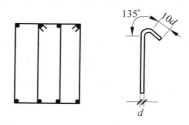

图 6-19　钢箍弯钩

（4）箍筋肢距：一级抗震时不宜大于 200mm 和 20 倍箍筋直径的较大值；二、三级不宜大于 250mm 和 20 倍箍筋直径的较大值；四级不应大于 300mm。

（5）保证施工质量，使钢箍与纵筋贴紧，混凝土浇注应当密实。

在塑性铰区之外，箍筋的配置应按表 6-6 采用，并不少于加密区箍筋数量的 50%，否则破坏可能转移到加密区之外。沿梁全长箍筋的面积配筋率 $\rho_{sv}$ 应符合下列规定：

一级抗震等级，$\qquad\qquad$ $\rho_{sv} \geqslant 0.30 f_t / f_y$
二级抗震等级，$\qquad\qquad$ $\rho_{sv} \geqslant 0.28 f_t / f_y$
三、四级抗震等级，$\qquad\quad$ $\rho_{sv} \geqslant 0.26 f_t / f_y$

表 6-6　非加密区箍筋最大间距　　　　　　　　　　　　　　　　　　　　　　　mm

| 梁高 $h$ | $V_b > 0.7 f_t b_b h_{b0}$ | $V_b \leqslant 0.7 f_t b_b h_{b0}$ |
| --- | --- | --- |
| $150 < h \leqslant 300$ | 150 | 200 |
| $300 < h \leqslant 500$ | 200 | 250 |
| $500 < h \leqslant 800$ | 200 | 300 |
| $h > 800$ | 250 | 350 |

非抗震设计时，梁的箍筋间距应符合表 6-7 的要求。当梁的剪力设计值 $V_b > 0.7 f_t b_b h_{b0}$ 时，其箍筋的面积配筋率尚不应小于 $0.24 f_t / f_{yv}$。

表 6-7　非抗震设计梁箍筋最大间距　　　　　　　　　　　　　　　　　　　　　mm

| 梁高度 $h$ | $V_b > 0.7 f_t b_b h_{b0}$ | $V_b \leqslant 0.7 f_t b_b h_{b0}$ |
| --- | --- | --- |
| $h \leqslant 300$ | 150 | 200 |
| $300 < h \leqslant 500$ | 200 | 300 |
| $500 < h \leqslant 800$ | 250 | 350 |
| $h > 800$ | 300 | 400 |

# 6.5　框架柱截面设计和配筋构造

虽然强调了框架设计应符合"强柱弱梁"的设计原则,尽可能使柱处于弹性阶段,但是实际上地震作用具有不确定性,同时也不可能绝对防止在柱中出现塑性铰。为了使柱子具有安全贮备,还是要保证柱子也有一定的延性。在国内外历次大地震中,由钢筋混凝土柱破坏造成的震害是很多的,房屋是否能够坏而不倒,很大程度上与柱的延性好坏有关。近年来国内外对钢筋混凝土柱的抗震性能作了大量试验研究,提出了保证柱子延性的设计方法及一些构造措施。

柱承受压、弯和剪的共同作用,有弯曲破坏、剪切破坏和小偏压破坏等多种破坏形式。为了保证延性,要防止脆性的剪切破坏,也要避免几乎没有延性的小偏压破坏。

## 6.5.1　影响框架柱延性的几个重要参数

### 1. 剪跨比

剪跨比是反映柱截面所承受的弯矩与剪力相对大小的一个参数,表示为

$$\lambda = \frac{M}{Vh} \tag{6-16}$$

式中:$M,V$——柱端部截面的弯矩和剪力;

　　　$h$——柱截面高度。

剪跨比是影响钢筋混凝土柱破坏形态的最重要的因素。剪跨比较小的柱子会出现斜裂缝而导致剪切破坏。通过试验研究可得出如下规律:

剪跨比 $\lambda > 2$ 时,称为长柱,多数发生弯曲破坏,但仍然需要配置足够的抗剪箍筋。

剪跨比 $\lambda \leqslant 2$ 时,称为短柱,多数会出现剪切破坏,但当提高混凝土等级并配有足够的抗剪箍筋后,可能出现稍有延性的剪切受压破坏。

剪跨比 $\lambda < 1.5$ 时,称为极短柱,一般都会发生剪切斜拉破坏,几乎没有延性。

考虑到框架柱中反弯点大都接近中点,为了设计方便,常常用柱的长细比近似表示剪跨比的影响。令 $\lambda = M/Vh = H_0/2h$,则可得

$$\frac{H_0}{h} > 4 \qquad (为长柱)$$

$$3 \leqslant \frac{H_0}{h} \leqslant 4 \qquad (为短柱)$$

$$\frac{H_0}{h} < 3 \qquad (为极短柱)$$

式中:$H_0$——柱净高。

由于高层建筑框架结构中柱的剪力较大,无论是非抗震结构,还是抗震结构,都应进行抗剪承载力验算。新抗震规范中规定,框架柱的净高与截面高度比宜大于 4。所以,抗震结构中,在确定方案和结构布

置时,就应避免短柱,特别是应避免在同一层中同时存在长柱和短柱的情况,否则需要采取特殊措施,慎重设计。

### 2. 轴压比

轴压比是指柱的轴向压应力与混凝土轴心抗压强度的比值,表示为

$$n = \frac{N}{f_c A} \tag{6-17}$$

式中：$N$——柱所受压力；

　　$A$——柱截面面积；

　　$f_c$——混凝土轴心抗压强度。

轴压比是影响钢筋混凝土柱承载力和延性的另一个重要参数。大量试验表明,随着轴压比的增大,柱的极限抗弯承载力提高,但极限变形能力、耗散地震能量的能力都降低。而且轴压比对短柱的影响更大。

西安建筑科技大学等单位所做的试验表明(见图 6-20)：在长柱中,轴压比越大,混凝土压区高度越大,压弯构件会从大偏压破坏状态向小偏压破坏过渡,小偏压破坏延性很小或者没有延性。在短柱中,轴压比加大也会改变柱的破坏形态,会从剪压破坏变成脆性的剪拉破坏,破坏时承载能力突然丧失。图 6-20 所示长柱及短柱的试验结果表明,轴压比越大,塑性变形段越短,承载能力下降越快,即延性减小。

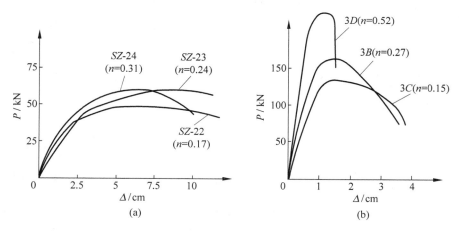

**图 6-20　轴压比对柱承载力变形性能的影响(西安建筑科技大学)**

(a) 长柱；(b) 短柱

## 6.5.2　正截面抗弯承载力计算及最小配筋率

柱按压弯构件的正截面抗弯承载力计算柱纵向抗弯钢筋：不考虑地震荷载的组合内力时按式(2-43)计算,考虑地震荷载组合时,则按式(2-44)计算。

在对称配筋的矩形截面中,计算公式如下:

无地震作用组合时

$$x = \frac{N}{\alpha_1 f_c b_c} \\ Ne \leqslant \alpha_1 f_c b_c x \left( h_{c0} - \frac{x}{2} \right) + f_y A'_s (h_{c0} - a') \right\} \tag{6-18}$$

有地震作用组合时

$$x = \frac{\gamma_{RE} N}{\alpha_1 f_c b_c} \\ Ne \leqslant \frac{1}{\gamma_{RE}} \left[ \alpha_1 f_c b_c x \left( h_{c0} - \frac{x}{2} \right) + f_y A'_s (h_{c0} - a') \right] \right\} \tag{6-19}$$

式中:$e = \eta e_0 + \frac{h_o}{2} - a$,$e_0 = \frac{M}{N}$。$\eta$ 为偏压构件考虑挠曲影响的轴向力偏心距增大系数,按混凝土结构设计规范规定计算。

式(6-19)中,$M$,$N$ 分别为柱端弯矩及轴力设计值。在无地震作用组合时,取最不利内力组合值;在有地震作用组合时,$N$ 取内力组合值,$M$ 则要在内力组合值及强柱弱梁要求的弯矩值(见式(6-20))中选用较大者作为设计弯矩。

在抗震结构中要符合强柱弱梁设计原则,即在一个节点的上下柱端截面抗弯承载力要大于左右两梁端截面的抗弯承载力。因此,在计算纵向钢筋时,一个节点上下端柱截面的设计弯矩值之和应取满足下式的值,见图6-21。如不满足,则调整(加大)柱的设计弯矩值

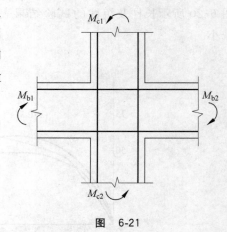

图 6-21

$$\sum M_c \geqslant \eta_c \sum M_b \tag{6-20}$$

抗震设防烈度9度和一级框架尚应满足

$$\sum M_c \geqslant 1.2 \sum M_{bu} \tag{6-21}$$

式中:$\sum M_c$——同一节点上下柱端截面设计弯矩总和;

$\sum M_b$——同一节点左右梁端截面设计弯矩总和;

$\sum M_{bu}$——同一节点左右梁端截面抗弯承载力总和,与式(6-11)中 $M^l_{bu}$,$M^r_{bu}$ 计算要求相同,可根据实际配筋面积和材料强度标准值确定;

$\eta_c$——柱端弯矩增大系数;对框架结构,二级抗震为1.5,三级为1.3;对其他结构中的框架,一级为1.4,二级为1.2,三、四级为1.1。

顶层柱及轴压比小于0.15的柱,可以不按式(6-20)和式(6-21)调整柱设计弯矩。

抗震设计时,还要考虑下述原因而调整柱设计弯矩。

为了增加底层框架柱柱脚处的抗弯能力,推迟柱脚处形成塑性铰的时间,抗震要求较高的一、二、三级抗震框架底层柱底截面设计弯矩宜适当加大,可将计算弯矩分别乘以1.7、1.5和1.3的增大系数。框

架角柱受力不利,地震时破坏可能性大,设计时应按双向偏心计算配筋;在一、二、三、四级抗震时,应按以上调整后的弯矩、剪力设计值乘以不小于 1.1 的增大系数;底层角柱下端的弯矩设计值应取上述两者的较大值。

四级抗震时,可不考虑强柱弱梁的要求。

框架柱截面抗弯钢筋需要量,除按压弯构件承载力计算外,还应满足最小含钢率要求。抗震结构中柱截面最小含钢率要求比非抗震结构高,特别是角柱的纵向钢筋含钢率要求更高。表 6-8 中的最小含钢率是指全部抗弯纵向钢筋面积与截面有效面积的比值。

表 6-8　柱纵向钢筋最小配筋率　　　　　　　　　　　　　%

| 柱类型 | 抗震等级 | | | | 非抗震 |
|---|---|---|---|---|---|
| | 一级 | 二级 | 三级 | 四级 | |
| 中柱、边柱 | 0.9(1.0) | 0.7(0.8) | 0.6(0.7) | 0.5(0.6) | 0.5 |
| 角柱 | 1.1 | 0.9 | 0.8 | 0.7 | 0.5 |
| 框支柱 | 1.1 | 0.9 | — | — | 0.7 |

注:(1) 表中括号内数值适用于框架结构;
(2) 柱每一侧纵向钢筋配筋率不应小于 0.2%;
(3) 当混凝土强度等级大于 C60 时,纵向钢筋最小配筋率应增加 0.1%;
(4) 采用 335MPa 级、400MPa 级纵向受力钢筋时,应分别按表中数值增加 0.1 和 0.05 采用;
(5) 对 Ⅳ 类场地土上较高的高层建筑,表中数值应增加 0.1。

柱的纵向钢筋配置,尚应满足下列规定:

(1) 抗震设计时,宜采用对称配筋。

(2) 截面尺寸大于 400mm 的柱,一、二、三级抗震设计时其纵向钢筋间距不宜大于 200mm;抗震等级为四级和非抗震设计时,柱纵向钢筋间距不宜大于 300mm;柱纵向钢筋净距均不应小于 50mm。

(3) 全部纵向钢筋的配筋率,非抗震设计时不宜大于 5%、不应大于 6%,抗震设计时不应大于 5%。

(4) 一级且剪跨比不大于 2 的柱,其单侧纵向受拉钢筋的配筋率不宜大于 1.2%。

(5) 边柱、角柱及剪力墙端柱考虑地震作用组合产生小偏心受拉时,柱内纵筋总截面面积应比计算值增加 25%。

(6) 柱的纵筋不应与箍筋、拉筋及预埋件等焊接。

强柱弱梁的设计要求应贯彻在整个设计过程中,从各方面保证增大柱子的安全度,使梁成为较弱的构件。例如在框架柱中增加一些纵向配筋是有益的,但是盲目增大梁中的纵向钢筋不但无益,有时反而是有害的(这与非抗震设计有很大不同)。又如,为了实现强柱弱梁,梁、柱截面尺寸,混凝土等级的选取,甚至柱网尺寸选用都要仔细。从实践经验中知道,在延性框架中,采用扁而宽的梁截面形状有时较为有利,因为这可加大梁截面的抗剪能力,并易于实现强柱弱梁。当然,在竖向荷载下梁的刚度要求必须满足。

### 6.5.3 斜截面抗剪承载力计算及配箍

高层建筑中,柱的剪力较大,无论抗震或不抗震,框架柱都应作抗剪承载力计算,按计算结果配置钢箍。试验表明,在反复荷载作用下,钢筋混凝土柱抗剪承载力降低,因此,有地震与无地震作用时柱抗剪计算公式不同。

无地震作用组合时

$$V_c \leqslant \frac{1.75}{\lambda+1} f_t b_c b_{c0} + f_{yv} \frac{A_{sv}}{s} h_{c0} + 0.07N \tag{6-22}$$

有地震作用组合时

$$V_c \leqslant \frac{1}{\gamma_{RE}} \left( \frac{1.05}{\lambda+1} f_t b_c h_{c0} + f_{yv} \frac{A_{sv}}{s} h_{c0} + 0.056N \right) \tag{6-23}$$

式中:$V_c$——设计剪力;

$\lambda$——框架柱的剪跨比,$\lambda = \frac{M}{Vh_{c0}}$,设计时可近似取 $\lambda = \frac{H_{c0}}{2h_c}$,$H_{c0}$ 为柱净高,当 $\lambda > 3$ 时,取 $\lambda = 3$,当 $\lambda < 1$ 时取 $\lambda = 1$;

$N$——与设计剪力相应的轴向压力,当 $N > 0.3 f_c b_c h_{c0}$ 时,取 $N = 0.3 f_c b_c h_{c0}$;

$f_{yv}$——钢箍抗拉设计强度;

$A_{sv}$——与剪力方向平行的一个平面中各肢箍筋总面积;

$s$——钢箍间距。

当框架柱中出现拉力时,抗剪承载力将降低,无地震作用组合时,可将式(6-22)中最后一项改为 $-0.2N$,但公式右端不应小于 $f_{yv} \frac{A_{sv}}{s} h_{c0}$;有地震作用组合时,将公式(6-23)中最后一项改为 $-0.2N$,但公式右端不小于 $\frac{1}{\gamma_{RE}} \left( f_{yv} \frac{A_{sv}}{s} h_{c0} \right)$,且此值不小于 $0.36 f_t b h_0$。

当所设计柱为极短柱时($H_{c0}/h_c < 3$),为防止柱混凝土过早破碎,改善在剪切破坏下的抗震性能,抗震设计时要增加箍筋数量。在计算时只考虑钢箍抗剪,验算时要求

$$V_c \leqslant \frac{1}{\gamma_{RE}} \left( f_{yv} \frac{A_{sv}}{s} h_{c0} \right) \tag{6-24}$$

为了抗剪安全,柱的截面也不能太小,用下式保证柱截面面积

无地震作用时:

$$V_c \leqslant 0.25 \beta_c f_c b_c h_{c0} \tag{6-25}$$

有地震作用时:

剪跨比大于 2 的柱

$$V_c \leqslant \frac{1}{\gamma_{RE}} (0.2 \beta_c f_c b_c h_{c0}) \tag{6-26}$$

剪跨比不大于 2 的柱

$$V_c \leqslant \frac{1}{\gamma_{RE}}(0.15\beta_c f_c b_c h_{c0}) \tag{6-27}$$

式中：$\beta_c$——混凝土强度折减系数，当混凝土强度等级小于 C60 时，取 1.0；强度等级大于 C60 时，取 0.9。

为了保证强剪弱弯，在一、二、三、四级抗震设计时，框架柱和框支柱端部截面的剪力设计值应按下式调整：

$$V_c = \eta_{vc}(M_c^t + M_c^b)/H_{c0} \tag{6-28}$$

抗震设防烈度 9 度和一级框架尚应符合

$$V_c = 1.2(M_{cu}^t + M_{cu}^b)/H_{c0} \tag{6-29}$$

式中：$H_{c0}$——柱的净高；

$M_c^t$，$M_c^b$——由内力组合得到的柱上下端的最不利设计弯矩；

$M_{cu}^t$，$M_{cu}^b$——柱上下端截面的抗弯承载力，可按实际配筋面积和材料强度标准值确定；

$\eta_{vc}$——柱剪力增大系数，对框架结构，二、三级分别取 1.3、1.2，对其他结构类型中的框架分别取一级 1.4，二级 1.2，三、四级均为 1.1。

在长柱中，按照强剪弱弯要求计算得到的箍筋数量只需配置在柱端塑性铰区，即箍筋加密区，柱其余部分的钢箍按内力组合得到的计算剪力进行计算得出。

在短柱中，由于出现剪切破坏的可能性大，对抗震十分不利，因此，按照强剪弱弯要求计算得到的箍筋数量应在柱全高配置。

在其他情况下，设计剪力取内力组合所得的最大剪力 $V_{max}$。

## 6.5.4　轴压比限制及配箍

如前所述，轴压比加大会减小延性。因此，抗震设计时，希望延性框架中柱的轴压比较小，主要措施是加大柱截面及提高混凝土等级。但是在高层高筑中，底下几层柱子往往轴力都很大，要把轴压比限制在很小的范围内是有困难的。为此，国内外对改进柱的抗震性能做了大量试验研究，结果表明，配置箍筋是提高柱延性的很有效的措施，原因是箍筋约束了混凝土的横向变形，从而提高了混凝土的极限变形能力，也就提高了延性。

一般来说，箍筋用量越多，间距越密，对混凝土的约束作用就越大。在衡量箍筋对混凝土的约束程度时，箍筋的多少可以用体积配箍率表示（注意，前面涉及抗剪计算时，箍筋数量是用面积配筋率表示的）。

体积配箍率

$$\rho_v = \frac{A_{sv} l_{sv}}{l_1 l_2 s} \tag{6-30}$$

含箍特征值

$$\lambda_v = \rho_v \frac{f_{yv}}{f_c} \tag{6-31}$$

或

$$\rho_v = \lambda_v \frac{f_c}{f_{yv}} \qquad (6\text{-}32)$$

式中：$A_{sv}$——钢箍单肢面积；

$\quad l_{sv}$——钢箍总长；

$\quad l_1, l_2$——矩形钢箍包围的混凝土核芯面积的两个边长；

$\quad s$——钢箍间距；

$\quad f_{yv}$——钢箍受拉强度。

含箍特征值宜按表 6-9 采用。

按式(6-31)和式(6-32)计算时,应遵守：

(1) 一级抗震等级,$\rho_v$ 应不小于 0.8%；二级时,$\rho_v$ 应不小于 0.6%；三、四级时,$\rho_v$ 应不小于 0.4%；

(2) 当柱混凝土强度等级小于 C35 时,$f_c$ 按 C35 取值。

在体积配箍率相同的情况下,各种不同箍筋形式对混凝土核芯的约束作用是不同的。图 6-22 给出了一些常用的箍筋形式。图 6-23 是各种箍筋受力示意图。普通箍筋只能在四个转角区域对混凝土产生有效的约束,在直段上,混凝土对箍筋的侧压力使钢箍外鼓,从而减小了约束作用。螺旋箍筋或环形箍可产生对混凝土核心均匀的侧压力,约束效果提高。图 6-23(c)所示的复式箍的无支长度大大减小,在侧压力下箍筋的变形随之减小,约束效果可以提高。此外,还应注意复式箍的拐角处必须配有纵向钢箍,箍筋与纵筋实际上形成网格状,才能使约束混凝土作用进一步提高。

表 6-9  柱端箍筋加密区最小含箍特征值 $\lambda_v$

| 抗震等级 | 箍筋形式 | 柱 轴 压 比 | | | | | | | | |
|---|---|---|---|---|---|---|---|---|---|---|
| | | ≤0.30 | 0.40 | 0.50 | 0.60 | 0.70 | 0.80 | 0.90 | 1.00 | 1.05 |
| 一 | 普通箍、复合箍 | 0.10 | 0.11 | 0.13 | 0.15 | 0.17 | 0.20 | 0.23 | — | — |
| | 螺旋箍、复合或连续复合螺旋箍 | 0.08 | 0.09 | 0.11 | 0.13 | 0.15 | 0.18 | 0.21 | — | — |
| 二 | 普通箍、复合箍 | 0.08 | 0.09 | 0.11 | 0.13 | 0.15 | 0.17 | 0.19 | 0.22 | 0.24 |
| | 螺旋箍、复合或连续复合螺旋箍 | 0.06 | 0.07 | 0.09 | 0.11 | 0.13 | 0.15 | 0.17 | 0.20 | 0.22 |
| 三 | 普通箍、复合箍 | 0.06 | 0.07 | 0.09 | 0.11 | 0.13 | 0.15 | 0.17 | 0.20 | 0.22 |
| | 螺旋箍、复合或连续复合螺旋箍 | 0.05 | 0.06 | 0.07 | 0.09 | 0.11 | 0.13 | 0.15 | 0.18 | 0.20 |

注：(1) 普通箍指单个矩形箍或单个圆形箍；复合箍指由矩形与菱形、多边形、圆形箍或拉筋组成的箍筋；复合螺旋箍指由螺旋箍与矩形、多边形、圆形箍或拉筋组成的箍筋；连续复合螺旋箍指全部螺旋箍由同一根钢筋加工而成的箍筋。

(2) 井字复合箍的肢距不大于 200mm,且直径不小于 $\phi 10$ 时,可采用表中螺旋箍的对应数值。

(3) 框支柱宜按轴压比增加 0.10 查表,宜采用复合螺旋箍或井字复合箍；一、二级框支柱的含箍特征值不应小于 0.12。

(4) 剪跨比不大于 2 的柱宜按轴压比增加 0.05 查表,宜采用复合螺旋箍或井字复合箍,其含箍特征值,一、二级框架不应小于 0.12,三级框架不应小于 0.10；设防烈度为 9 度时,不应小于 1.5。

(5) 四级框架柱采用普通箍时,含箍特征值不应小于 0.06。

(6) 框架-剪力墙结构中的柱,可按轴压比减 0.05 查表。

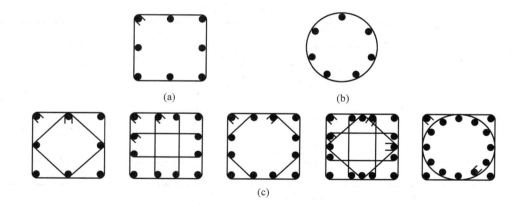

**图 6-22　箍筋形式**

(a) 普通矩形箍；(b) 螺旋箍；(c) 复式箍

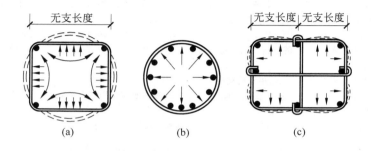

**图 6-23　箍筋约束作用示意图**

(a) 普通矩形箍；(b) 螺旋箍；(c) 复式箍

螺旋箍加工复杂,非特殊需要,一般很少采用。在高轴压比下,复式箍是较好的箍筋形式(柱中宜留出 300mm×300mm 的空间便于浇注混凝土时下导管),在抗震结构中应用日益增多。

试验表明,随着轴压比增大,增加箍筋的效果将降低。因此,一方面可以在大轴压比下多用一些钢箍,另一方面也要限制抗震结构中柱的轴压比。表 6-10 给出了最大轴压比限值。

## 6.5.5　钢筋配置构造要求

非抗震设计时,钢箍的作用除了抗剪以外,主要是防止纵筋压屈。钢箍及纵向钢筋构造要求如下:

(1) 柱箍筋应做成封闭式,其直径不小于 $d/4$ 及 6mm。箍筋间距不大于柱截面短边尺寸且不大于 400mm;同时,在绑扎骨架中,不应大于 $15d$;在焊接骨架中不应大于 $20d$,$d$ 为纵向钢筋的最小直径。

(2) 当纵向钢筋配筋率超过 3% 时,要加强箍筋,其直径不小于 8mm,间距不大于 200mm 及 $10d$。

(3) 柱纵向钢筋间距不大于 350mm,为了浇注混凝土方便,其净距也不要小于 50mm。当柱截面每边钢筋数目多于 3 根时,箍筋各肢间要加拉筋或做成复式箍,使每隔一根纵筋都有箍筋的拐角作为支点。

表 6-10 柱轴压比的规定

| 结构类型 | 抗 震 等 级 | | | |
|---|---|---|---|---|
| | 一 | 二 | 三 | 四 |
| 框架 | 0.65 | 0.75 | 0.85 | — |
| 板柱-剪力墙<br>框架-剪力墙<br>框架-核芯筒<br>筒中筒 | 0.75 | 0.85 | 0.90 | 0.95 |
| 框支结构 | 0.6 | 0.7 | — | — |

注：(1) 表内限值适用于剪跨比≥2,混凝土强度等级不高于 C60 的各类结构柱。

(2) 剪跨比小于 2 但不小于 1.5 的各类结构柱轴压比限值应降低 0.05。

(3) 剪跨比小于 1.5 的柱轴压比可参照框支柱的数值,并加强约束构造。

(4) 当沿柱全高采用井字复合箍,箍筋间距不大于 100mm、肢距不大于 200mm、直径不小于 12mm 时,柱轴压比限值可增加 0.10;当沿柱全高采用复合螺旋箍,箍筋螺距不大于 100mm、肢距不大于 200mm、直径不小于 12mm 时,轴压比限值可增加 0.10;当沿柱全高采用全连续的复合螺旋箍,螺距不大于 80mm、肢距不大于 200mm、直径不小于 10mm 时,轴压比限值可增加 0.10。以上三种配箍类别的含箍特征值应按增大的轴压比由表 6-9 求出。

(5) 当柱截面中部设置由附加纵向钢筋形成的芯柱,且附加纵向钢筋的截面面积不小于柱截面面积的 0.8% 时,柱轴压比限值可增加 0.05。当本项措施与注(4)的措施共同采用时,柱轴压比限值可比表中数值增加 0.15,但箍筋的配箍特征值仍可找轴压比增加 0.10 的要求确定。

(6) 本注第(4)、(5)两款之放宽措施,也适用于框支柱。

(7) 6 度抗震设计时,计算框架柱轴压比所采用的轴力 $N$,可采用考虑地震作用组合的轴力设计值,也可采用竖向荷载设计值与风荷载轴力设计值的 20% 的组合值。

(8) 调整后框支柱的轴压比限值不应大于 0.85,其他各类柱轴压比限值不应大于 1.05。

(4) 在纵向钢筋搭接处,箍筋间距要加密。钢筋受拉时,间距不大于 100mm 及 $5d$,受压时间距不大于 200mm 及 $10d$。

在抗震结构中,还要考虑塑性铰区的特殊配箍要求。长柱塑性铰都出现在柱的两端,为了改善柱延性而配置的钢筋——按强剪弱弯要求或按约束混凝土要求计算的钢箍,都应配置在塑性铰区,称为箍筋加密区。在其他一切可能出现剪切破坏的部位,钢箍也都要加密,这些区域亦称为箍筋加密区。现将我国规范中有关加密区的构造要求归纳如下。

### 1. 箍筋加密区范围

在长柱中,箍筋加密区范围取柱净高的 1/6、矩形截面柱长边尺寸 $h_c$(或圆形截面柱的直径)或 500mm 三者中的较大值。

在短柱中,一、二级抗震等级的角柱和框支柱中,箍筋沿全高加密。

在底层柱基础较深而又遇有刚性地坪时,在地坪上下各 500mm 范围内,钢箍要加密。如果彻筑的砖填充墙只有部分柱高时,墙高处上下各 500mm 范围内柱箍筋也要加密,见图 6-24。

### 2. 加密箍筋数量

除了按强剪弱弯计算以及约束混凝土的最小体积配箍率要求外,加密区箍筋还有如表 6-11 所列的

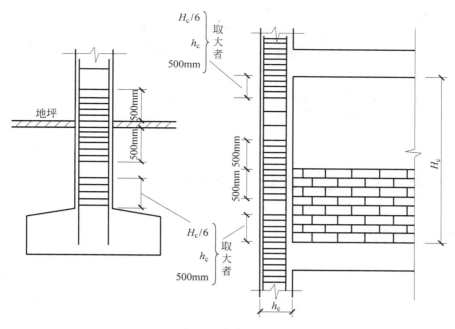

图 6-24　箍筋加密区

最小构造要求。应该由上述三种要求中选最大值,作为加密区的钢箍。采用直径较细而间距较密一些的箍筋效果较好。

表 6-11　柱端箍筋加密区的构造要求

| 抗 震 等 级 | 箍筋最大间距(取较小值) | 箍筋最小直径(取较大值) |
|---|---|---|
| 一 | $6d$,100mm | $d/4$,$\phi10$ |
| 二 | $8d$,100mm | $d/4$,$\phi8$ |
| 三 | $8d$,150mm(柱根 100mm) | $d/4$,$\phi8$ |
| 四 | $8d$,150mm(柱根 100mm) | $d/4$,$\phi6$(柱根 $\phi8$) |

注:(1) 表中 $d$ 为柱纵向钢筋直径,单位为 mm;
　(2) 框支柱和剪跨比不大于 2 的柱,箍筋间距不应大于 100mm;
　(3) 一级框架柱的箍筋直径大于 12mm 且箍筋肢距不大于 150mm 及二级框架柱箍筋直径不小于 $\phi10$ 且肢距不大于 200mm 时,除根柱外最大间距可采用 150mm;三级框架的柱截面尺寸不大于 400mm 时,箍筋最小直径可采用 $\phi6$;四级框架柱的剪跨比不大于 2 或柱中全部纵向钢筋的配筋率大于 3% 时,箍筋直径不应小于 8mm;
　(4) 剪跨比不大于 2 的柱,箍筋间距不应大于 100mm;
　(5) 柱根指框架柱底部嵌固部位。

在非加密区,箍筋不应少于加密区箍筋数量的 50%,箍筋间距不大于 $10d$(一、二级抗震)及 $15d$(三、四级抗震)。如果非加密区箍筋配置过少,破坏部位可能转移到非加密区。

### 3. 箍筋构造及无支长度要求

为了提高钢箍对混凝土约束的效果,抗震时要求柱纵向钢筋之间距离(即箍筋的无支长度),一级抗震不宜大于200mm和20倍箍筋直径的较大值;二、三级不宜大于250mm和20倍箍筋直径的较大值;四级不宜大于300mm。为了使浇注混凝土方便,纵筋间距也不宜小于50mm。每隔一根纵向钢筋宜在两个方向有箍筋约束;采用拉筋组合箍时,拉筋宜紧靠纵向钢筋并钩住封闭箍。柱箍筋弯钩也必须做成135°,见图6-19。

最后值得注意的是,应当要求钢箍制作形状规则准确,纵向钢筋和钢箍绑扎时能互相贴紧,混凝土浇注密实,因为施工质量的好坏对构件延性影响是很大的。

# 6.6 框架节点核心区截面设计和配筋构造

## 6.6.1 强节点、强锚固

在设计延性框架时,除了保证梁、柱构件具有足够的承载力和延性以外,保证节点区的承载力,使之不过早破坏是十分重要的。因为节点区破坏或者变形过大,梁、柱构件就不再能形成抗侧力的框架结构了。

由震害调查可见,节点区的破坏大都是由于节点区无箍筋或少箍筋,在剪压作用下混凝土出现斜裂缝,然后挤压破碎,纵向钢筋压屈成灯笼状所致。保证节点区不发生剪切破坏的主要措施是,通过抗剪验算,在节点区配置足够的箍筋,并保证混凝土的强度及密实性,实现强节点。

在竖向压力及梁端柱端弯矩、剪力作用下,节点区存在较复杂的应力状态。由图6-25所示的节点区受力简图中可以看到,主要是在压力和剪力作用下,节点区产生剪切变形,沿受压力的对角线出现斜裂缝,在反复荷载作用下则产生交叉状的斜裂缝。

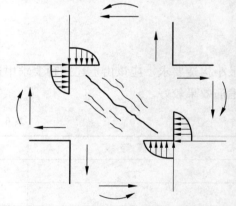

**图6-25 节点区受力简图、裂缝和破坏**

从节点试验可知,节点的破坏过程大致可分为两个阶段:第一阶段为通裂阶段,当作用于核心的剪力达到60%~70%时,核心区出现贯通斜裂缝,裂缝宽度约0.1~0.2mm,钢筋应力很小(不超过20MPa),这个阶段剪力主要由混凝土承担;第二阶段为破裂阶段,随着反复荷载逐渐加大,贯通裂缝加宽,剪力主要由箍筋承担,箍筋陆续达到屈服,在混凝土挤碎前达到最大承载能力。设计时以第二阶段作为极限状态。

在节点试验中注意到的另一个重要现象是,梁内纵向钢筋在节点区内的滑移。由图6-25可见,在地震作用下,通过节点区的梁纵向钢筋在节点区两边应力变号。无论是正筋还是负筋,都是一侧受拉,另一侧受压,造成节点区内钢筋与混凝土的黏结应力较一般情况下为大,很容易出现黏结破坏。主筋在节点区内滑移不仅造成传递剪力的能力减弱,也会使梁端塑性铰区裂缝加大。为此,设计中应处理好纵向钢筋在节点区的锚固构造,做到强锚固。

## 6.6.2　节点区设计剪力

由强节点的设计要求,节点区应能抵抗当节点区两边梁端出现塑性铰时的剪力。该剪力称为节点设计剪力。

图 6-26 表示一个中柱节点核心区。当梁端出现塑性铰后,钢筋总拉力及压区混凝土的总压力都是已知的,取节点上半部为隔离体,由平衡条件可得节点剪力为

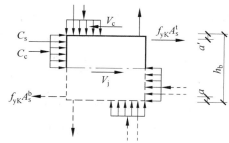

**图 6-26　节点设计剪力**

$$V_j = C_s + C_c + f_{yK} A_s^t - V_c$$
$$= f_{yK} A_s^b + f_{yK} A_s^t - V_c$$

式中:$f_{yK}$——钢筋标准强度;

$V_c$——柱剪力,可以由柱上、下端弯矩求得。

再利用节点处梁、柱弯矩的平衡条件(见图 6-21),可得

$$V_c = \frac{M_c^b + M_c^t}{H_c - h_b} = \frac{M_{bu}^l + M_{bu}^r}{H_c - h_b}$$

将 $V_c$ 代入 $V_j$,利用式(6-12)的条件,得

$$V_j = \frac{\sum M_b}{h_{b0} - a'}\left(1 - \frac{h_{b0} - a'}{H_c - h_b}\right)$$

再考虑设计剪力的提高系数后,可得《高层规程》中给出的剪力设计值公式:

一级、二级抗震

$$V_j = \frac{\eta_{jb} \sum M_b}{h_{b0} - a'}\left(1 - \frac{h_{b0} - a'}{H_c - h_b}\right) \tag{6-33}$$

抗震设防烈度 9 度和一级框架尚应符合

$$V_j = \frac{1.15 \sum M_{bu}}{h_{b0} - a'}\left(1 - \frac{h_{b0} - a'}{H_c - h_b}\right) \tag{6-34}$$

式中:$\sum M_b$——节点左右梁端组合弯矩设计值之和;

$\sum M_{bu}$——节点左右梁端按实际钢筋面积和材料强度标准值计算的受弯承载力所对应的弯矩设计值之和;

$\eta_{jb}$——节点剪力增大系数,一级取 1.35,二级取 1.2;

$H_c$——柱的计算高度,可采用节点上下柱反弯点之间的距离。

框架边柱节点的设计剪力公式与中柱不同,读者不难从平衡条件出发自行推导或查阅有关规范及资料。

三级抗震和非抗震框架节点区可不进行抗剪验算。

## 6.6.3　节点区抗剪验算

节点区的抗剪承载力公式由试验得到,设计时要求

$$V_j \leqslant \frac{1}{\gamma_{RE}} \left[ \left( 1.1\eta_j f_t b_j h_j + 0.05\eta_j N \frac{b_j}{b_c} + f_{yv} \frac{A_{svj}}{s}(h_{j0} - a') \right) \right] \tag{6-35}$$

抗震设防烈度 9 度时要求

$$V_j \leqslant \frac{1}{\gamma_{RE}} \left( 0.9\eta_j f_t b_j h_j + f_{yv} A_{svj} \frac{h_{j0} - a'}{s} \right) \tag{6-36}$$

式中：$N$——上部结构传至节点区的轴力，可采用由内力组合得到的最小柱轴力，当 $N > 0.5 f_c b_c h_c$ 时，取 $N = 0.5 f_c b_c h_c$；当 $N$ 为拉力时，取 $N = 0$；

$\eta_j$——节点区混凝土约束系数。对四边有梁的中柱节点，当两个方向的梁高相差不大于主梁高度的 1/4，且梁宽不小于柱宽的 1/2 时，取 $\eta_j = 1.5$；其他情况均取 $\eta_j = 1.0$；

$b_c, h_c$——柱截面宽度、高度；

$h_j$——节点核心区水平截面的高度，可采用验算方向的柱截面高度；

$b_j$——节点核心区水平截面的宽度，按下列方法取值：当 $b_b$ 不小于 $\frac{b_c}{2}$ 时，可取 $b_j = b_c$；当 $b_b$ 小于 $\frac{b_c}{2}$ 时，$b_j$ 取 $b_b + 0.5 h_c$ 和 $b_c$ 二者中的较小者。当梁、柱轴线有偏心距 $e_0$ 时，$e_0$ 不宜大于柱截面宽度的 1/4，此时，节点宽度应取 $0.5(b_c + b_b) + 0.25 h_c - e_0$，$b_b + 0.5 h_c$ 和 $b_c$ 三者中的最小值。梁偏心不仅对柱产生附加弯矩，对节点区受力也是很不利的，柱箍筋宜沿柱全高加密；

$A_{svj}, s$——节点核心区在同一截面中箍筋各肢总面积及箍筋间距；

$\gamma_{RE}$——承载力抗震调整系数，可采用 0.85。

在一、二级抗震的框架节点区，当梁、柱截面尺寸及混凝土等级已知时，可由式(6-35)和式(6-36)求出节点区所需的箍筋面积及间距。钢箍还应满足构造要求。

在三、四级抗震的框架中，节点区不需进行抗剪验算，按构造要求配置箍筋。节点区配置钢箍的构造要求是至少要与柱中箍筋加密区的箍筋数量相等。

此外，为了使柱节点区的平均剪应力不过高，不过早出现斜裂缝，也不过多配置钢箍，应按下式限制节点区平均剪应力

$$V_j \leqslant \frac{1}{\gamma_{RE}} (0.30\eta_j \beta_c f_c b_j h_j) \tag{6-37}$$

式中：$\beta_c$ 的物理意义及取值见式(6-25)~式(6-27)。

如不满足上式，要加大柱截面或提高混凝土等级。

在节点区的混凝土等级应与柱的混凝土等级相同。由于施工顺序安排，节点区混凝土常常与梁板混凝土一起浇注。此时，必须注意节点区混凝土等级不能降低太多，与柱混凝土等级相差不应超过 5MPa。

框架节点核心区应设置水平箍筋，且应符合下列规定：

(1) 非抗震设计时，箍筋配置应符合 6.5.5 节的规定，但箍筋间距不宜大于 250mm；对四边有梁与之相连的节点，可仅沿节点周边设置矩形箍筋。

(2) 抗震设计时，箍筋的最大间距和最小直径宜符合表 6-11 的规定。一、二、三级框架节点核心区配箍特征值分别不宜小于 0.12、0.10 和 0.08，且箍筋体积配箍率分别不宜小于 0.6%、0.5% 和 0.4%。柱剪跨比不大于 2 的框架节点核心区的体积配箍率不宜小于核心区上、下柱端体积配箍率中的较大值。

### 6.6.4　梁、柱钢筋锚固及搭接

　　框架设计时,纵向钢筋搭接以及纵向钢筋在节点区的锚固都需要仔细设计,并保证施工质量。它们往往是容易被忽视而酿成事故的部位。

　　抗震设计时,这些连接部位更要引起重视。这是因为,地震是在短时间内的反复作用,钢筋和混凝土的黏结力容易退化。其次,梁端和柱端都是塑性铰出现的部位。由图 6-18 可见,梁的塑性铰区有竖向裂缝,也有斜裂缝,如果纵向钢筋锚固和搭接不好,裂缝宽度便会加大而使混凝土更易碎裂。因此,在抗震设计时,纵向受力钢筋的锚固和搭接长度要求比非抗震设计时加大。

#### 1. 纵筋锚固要求

纵向钢筋的最小锚固长度按下列各式采用:

| 一、二级抗震等级 | $l_{aE} = 1.15 l_a$ | (6-38) |
| 三级抗震等级 | $l_{aE} = 1.05 l_a$ | (6-39) |
| 四级抗震等级 | $l_{aE} = 1.0 l_a$ | (6-40) |

式中:$l_a$ 为非抗震设计时受拉钢筋的锚固长度,按《混凝土结构设计规范》(GB 50010—2010)采用,即按下式计算(并附有若干修正,详见规范)

$$l_a = \alpha_a \frac{f_y}{f_t} d \tag{6-41}$$

式中:$f_y$——锚固钢筋的抗拉强度设计值;

　　　$f_t$——锚固区混凝土的抗拉强度设计值;

　　　$d$——锚固钢筋的直径;

　　　$\alpha_a$——锚固钢筋的外形系数,与钢筋类型有关,对光面钢筋 $\alpha_a = 0.16$,对带肋钢筋 $\alpha_a = 0.14$。

#### 2. 纵筋搭接要求

　　当钢筋材料长度不够要进行搭接时,受力钢筋的接头位置宜设置在构件受力较小部位;宜避开梁端、柱端箍筋加密区。当接头位置无法避开梁端、柱端箍筋加密区时,应采用满足等强度要求的机械连接接头,且钢筋接头面积率不宜超过 50%,位于同一连接区段内的受拉钢筋接头面积百分率不宜超过 50%。此外,还要注意,当需要连接的钢筋数量较多时,不要在同一截面上做钢筋接头,应错开 $35d$ 或 $500\sim 600mm$ 以上,再进行第二批钢筋的搭接。

　　搭接方法有绑扎搭接接头、机械接头和焊接接头。各种接头做法及质量要求均有有关标准、规范的规定,应当遵守。一般来说,焊接或机械接头连接可靠,而且可以减少连接处钢筋的拥挤,节省钢材用量,宜优先选用。

　　当采用绑扎搭接接头时,其搭接长度应不小于以下规定

$$l_{lE} = \xi l_{aE}$$

式中:$\xi$——受拉钢筋搭接长度系数,按表 6-12 采用;

$l_{aE}$——纵向钢筋的最小锚固长度,按式(6-38)～式(6-41)采用。

表 6-12 纵向受拉钢筋搭接长度修正系数 $\xi$

| 同一连接范围内搭接钢筋面积百分率 $\psi/\%$ | $\leqslant 25$ | 50 | 100 |
|---|---|---|---|
| 受拉搭接长度修正系数 $\xi$ | 1.20 | 1.40 | 1.60 |

注:同一连接区段内搭接钢筋面积百分率取在同一连接区段内有搭接接头的受力钢筋与全部受力钢筋面积之比。

受拉钢筋直径大于 25mm 及受压钢筋直径大于 28mm 时,不宜采用绑扎搭接接头。

各种钢筋混凝土结构构件纵向受力钢筋的连接方法,应遵守以下规定:

(1)框架柱

一、二级抗震等级及三级抗震等级的底层,宜采用机械接头,也可采用绑扎搭接或焊接接头;

三级抗震等级的其他部位和四级抗震等级,可采用绑扎搭接或焊接接头。

(2)框支梁、柱

框支梁、柱宜采用机械接头。

(3)框架梁

一级抗震等级宜采用机械接头;

非抗震和二、三、四级可采用绑扎搭接或焊接接头。

当纵向受力钢筋采用搭接做法时,在钢筋搭接长度范围内应配置箍筋,其直径不应小于搭接钢筋较大直径的 1/4。当钢筋受拉时,箍筋间距不应大于搭接钢筋较小直径的 5 倍,且不应大于 100mm;当钢筋受压时,箍筋间距不应大于搭接钢筋较小直径的 10 倍,且不应大于 200mm。当受压钢筋直径大于 25mm 时,尚应在搭接接头两个端面外 100mm 范围内各设置两道箍筋。

### 3. 节点区钢筋锚固

1)非抗震设计时,框架梁、柱的纵向钢筋在框架节点区的锚固和搭接(见图 6-27)应符合下列要求:

(1)顶层中节点柱纵向钢筋和边节点柱内侧纵向钢筋应伸至柱顶;当从梁底边计算的直线锚固长度不小于 $l_a$ 时,可不必水平弯折,否则应向柱内或梁、板内水平弯折,当充分利用柱纵向钢筋的抗拉强度时,其锚固段弯折前的竖直投影长度不应小于 $0.5l_{ab}$,弯折后的水平投影长度不宜小于 12 倍的柱纵向钢筋直径。

(2)顶层端节点处,在梁宽范围以内的柱外侧纵向钢筋可与梁上部纵向钢筋搭接,搭接长度不应小于 $1.5l_a$;在梁宽范围以外的柱外侧纵向钢筋可伸入现浇板内,其伸入长度与伸入梁内的相同。当柱外侧纵向钢筋的配筋率大于 1.2% 时,伸入梁内的柱纵向钢筋宜分两批截断,其截断点之间的距离不宜小于 20 倍的柱纵向钢筋直径。

(3)梁上部纵向钢筋伸入端节点的锚固长度,直线锚固时不应小于 $l_a$,且伸过柱中心线的长度不宜小于 5 倍的梁纵向钢筋直径;当柱截面尺寸不足时,梁上部纵向钢筋应伸至节点对边并向下弯折,弯折水平段的投影长度不应小于 $0.4l_a$,弯折后竖直投影长度不应小于 15 倍纵向钢筋直径。

(4)当计算中不利用梁下部纵向钢筋的强度时,其伸入节点内的锚固长度应取不小于 12 倍的梁纵

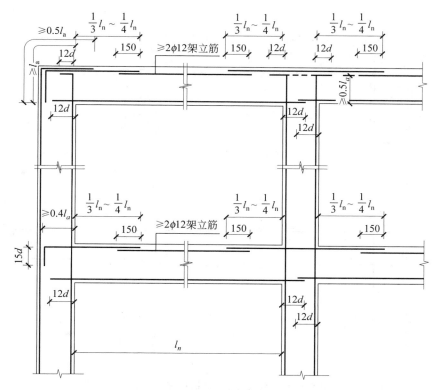

图 6-27　非抗震设计时框架梁、柱纵向钢筋在节点区的锚固示意图

向钢筋直径。当计算中充分利用梁下部钢筋的抗拉强度时,梁下部纵向钢筋可采用直线方式或向上 90°弯折方式锚固于节点内,直线锚固时的锚固长度不应小于 $l_a$;弯折锚固时,弯折水平段的投影长度不应小于 $0.4 l_a$,弯折后竖直投影长度不应小于 15 倍纵向钢筋直径。

　　2)抗震设计时,框架梁、柱的纵向钢筋在框架节点区的锚固和搭接(图 6-28)应符合下列要求:

　　(1)顶层中节点柱纵向钢筋和边节点柱内侧纵向钢筋应伸至柱顶。当从梁底边计算的直线锚固长度不小于 $l_{aE}$ 时,可不必水平弯折,否则应向柱内或梁内、板内水平弯折,锚固段弯折前的竖直投影长度不应小于 $0.5 l_{aE}$,弯折后的水平投影长度不宜小于 12 倍的柱纵向钢筋直径。

　　(2)顶层端节点处,柱外侧纵向钢筋可与梁上部纵向钢筋搭接,搭接长度不应小于 $1.5 l_{aE}$,且伸入梁内的柱外侧纵向钢筋截面面积不宜小于柱外侧全部纵向钢筋截面面积的 65%;在梁宽范围以外的柱外侧纵向钢筋可伸入现浇板内,其伸入长度与伸入梁内的相同。当柱外侧纵向钢筋的配筋率大于 1.2% 时,伸入梁内的柱纵向钢筋宜分两批截断,其截断点之间的距离不宜小于 20 倍的柱纵向钢筋直径。

　　(3)梁上部纵向钢筋伸入端节点的锚固长度,直线锚固时不应小于 $l_{aE}$,且伸过柱中心线的长度不应小于 5 倍的梁纵向钢筋直径;当柱截面尺寸不足时,梁上部纵向钢筋应伸至节点对边并向下弯折,锚固段弯折前的水平投影长度不应小于 $0.4 l_{aE}$,弯折后的竖直投影长度应取 15 倍的梁纵向钢筋直径。

　　(4)梁下部纵向钢筋的锚固与梁上部纵向钢筋相同,但采用 90° 弯折方式锚固时,竖直段应向上弯入节点内。

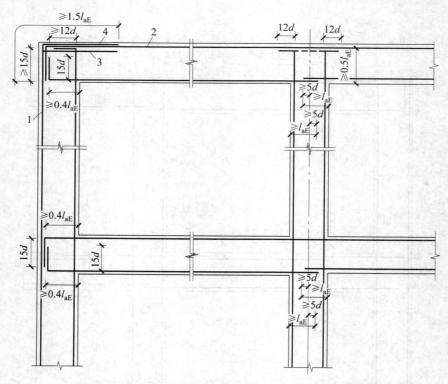

**图 6-28  抗震设计时框架梁、柱纵向钢筋在节点区的锚固示意图**

1—柱外侧纵向钢筋；2—梁上部纵向钢筋；3—伸入梁内的柱外侧纵向钢筋；

4—不能伸入梁内的柱外侧纵向钢筋,可伸入板内

# 6.7  框架-剪力墙结构框架截面设计实例——5.6 节计算实例续一

【例 6-2】  对 5.6 节的框架-剪力墙结构的第⑤轴线框架进行梁、柱、节点抗震设计。具体条件见 5.6 节。在 5.6 节中已算出了地震作用下此框架-剪力墙结构的总内力和总侧移。在此基础上,继续进行抗震截面设计。本例题中未考虑风荷载的作用,只考虑了重力荷载及水平地震作用的组合。为简单计,下面只给出第 6 层柱、梁、节点的计算结果。

## 6.7.1  竖向荷载下结构的内力计算

楼面荷载,恒载取 100%,使用荷载和雪载取 50%,各层重量已在图 5-26 中给出。

各层单位面积荷载如表 6-13 所示。

竖向荷载按平面面积分配给各榀结构。⑤轴框架的楼面线荷载为单位面积楼面重量乘以框架柱间距,如第 6 层楼面线荷载 $q=12.47\times6=74.82\text{kN/m}$。由表 5-8 可知框架总剪力 $V_F$ 在第 6 层为最大。所以,下面以第 6 层框架梁、柱、节点为例,说明其抗震设计的步骤。

表 6-13  各层荷载

| 层数 | 层重量/kN | 层面积/m² | 单位面积重量/(kN/m²) |
|---|---|---|---|
| 12 | 5431.2 | 540 | 10.06 |
| 11 | 7076.4 | 540 | 13.10 |
| 2～10 | 6733.8 | 540 | 12.47 |
| 1 | 8344.6 | 540 | 15.45 |

竖向荷载作用下用分层计算法,自顶层开始,由上而下,依次计算每层内力。

先用分层计算法计算梁柱的弯矩和剪力。当楼面荷载在第 5、6 层作用时,其分层框架是一样的,如图 6-29(a)所示。用弯矩分配法计算的过程示于图 6-29(b)。因为框架是对称的,所以只需计算半个框架即可。另外,柱的线刚度乘以 0.9 的折减系数,柱的传递系数取 $\frac{1}{3}$。第 6 层柱的弯矩应取楼面荷载在第 5、6 层作用时的代数和。所以,边柱弯矩(上下端相同)

$$M = 46.59 + 15.53 = 62.12(\text{kN} \cdot \text{m})$$

边柱剪力

$$V = \frac{2 \times 62.12}{3} = 41.42(\text{kN})$$

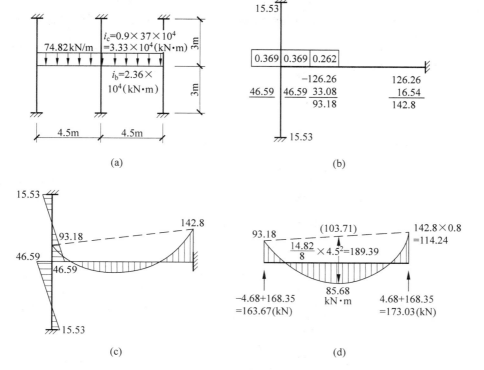

图 6-29  竖向荷载计算

(a) 第 5、6 层分层框架;(b) 弯矩分配过程;(c) 弯矩图;(d) 调幅后梁的弯矩和剪力因为结构左右对称,中柱无弯矩和剪力。

梁的弯矩图示于图 6-29(c)。梁在中结点取 0.8 塑性调幅系数,调幅后的弯矩图和剪力如图 6-29(d) 所示。

根据梁的剪力,可求出柱的轴力。应注意,求柱轴力时应计入上部各层楼面线荷载通过上层各柱的轴力作用而直接传下来的那部分轴力。

为了简便说明,下面用了更简便的方法计算第 6 层柱的轴力。将第 6 层以上全部竖向荷载按平面面积分配给边、中柱。这相当于将上部各梁均视为简支(或两端支座弯矩相等)时的情况。从图 6-29(d)调幅后梁的弯矩图可以看出,边、中支座弯矩是接近的,即梁端弯矩差值引起的那一部分梁剪力(柱轴力)是不大的。求得

边柱:
$$N_6 = (10.06 + 13.10 + 5 \times 12.47) \times 6 \times \frac{4.5}{2} = 1154.39 \text{(kN)}$$

中柱:
$$N_6 = (10.06 + 13.10 + 5 \times 12.47) \times 6 \times 4.5 = 2308.77 \text{(kN)}$$

## 6.7.2 水平地震作用下结构的内力

已在 5.6 节中算出此框架-剪力墙结构的总内力,见表 5-8。将表中框架总剪力 $V_F$,按 $D$ 值(已在 5.6 节中求出,见表 5-4)分配,求出各层每柱的剪力,根据反弯点的位置,求出柱端弯矩,进而求得梁的弯矩。根据梁端弯矩可求出梁的剪力。自上而下,由梁的剪力可求出各层柱的轴力。

根据框架总剪力 $V_F$,用 $D$ 值法求⑤轴框架柱端弯矩的过程见图 6-30。图中只计算到第 6 层,6 层以下未示出。

| | 边柱 | 中柱 |
|---|---|---|
| $n=12, j=12$ $V_F = 1.07 \times 10^3$ | $\mu = \dfrac{4.43}{7 \times 18} = 0.0752$ $V_c = 37.66, y = 0.35$ $M_{上} = 93.02$ $M_{下} = 50.09$ | $\mu = \dfrac{2.57}{7 \times 7} = 0.0524$ $V_c = 56.07, y = 0.4$ $M_{上} = 127.84$ $M_{下} = 85.23$ |
| $j=11$ $V_F = 1.11 \times 10^3$ | $\mu = \dfrac{6.06}{9.71 \times 18} = 0.0347$ $V_c = 38.52, y = 0.4$ $M_{上} = 69.34$ $M_{下} = 46.22$ | $\mu = \dfrac{3.65}{9.71 \times 7} = 0.0537$ $V_c = 59.61, y = 0.43$ $M_{上} = 101.93$ $M_{下} = 76.90$ |
| $j=10$ $V_F = 1.16 \times 10^3$ | $\mu = 0.0347$ $V_c = 40.25, y = 0.45$ $M_{上} = 66.1$ $M_{下} = 54.34$ | $\mu = 0.0537$ $V_c = 62.29, y = 0.45$ $M_{上} = 102.78$ $M_{下} = 84.09$ |

剪力单位:kN;弯矩单位:kN·m

**图 6-30 ⑤轴框架地震作用下柱端弯矩计算过程**

| | 边柱 | 中柱 |
|---|---|---|
| $j=9$<br>$V_F=1.195\times10^3$ | $\mu=0.0347$<br>$V_c=41.47,y=0.45$<br>$M_上=68.42$<br>$M_下=55.98$ | $\mu=0.0537$<br>$V_c=64.17,y=0.45$<br>$M_上=105.88$<br>$M_下=86.63$ |
| $j=8$<br>$V_F=1.225\times10^3$ | $\mu=0.0347$<br>$V_c=42.51,y=0.45$<br>$M_上=70.14$<br>$M_下=57.39$ | $\mu=0.0537$<br>$V_c=65.78,y=0.48$<br>$M_上=102.62$<br>$M_下=94.72$ |
| $j=7$<br>$V_F=1.265\times10^3$ | $\mu=\dfrac{6.29}{10.17\times18}=0.0344$<br>$V_c=43.52,y=0.45$<br>$M_上=71.81$<br>$M_下=58.75$ | $\mu=\dfrac{3.88}{10.17\times7}=0.0545$<br>$V_c=68.94,y=0.5$<br>$M_上=103.41$<br>$M_下=103.41$ |
| $j=6$<br>$V_F=1.28\times10^3$ | $\mu=0.0344$<br>$V_c=44.03,y=0.5$<br>$M_上=M_下=66.05$ | $\mu=0.0545$<br>$V_c=69.76,y=0.5$<br>$M_上=M_下=104.64$ |

剪力单位：kN；弯矩单位：kN·m

**图 6-30（续）**

⑤轴框架柱、梁弯矩图，梁的剪力 $V_6$ 及各层柱的轴力计算示于图 6-31。从中可得出第 6 层柱的轴力为

边柱：

$$N_6=\sum_{j=6}^{12}V_b=326.24(\text{kN})$$

中柱：

$$N_6=0$$

## 6.7.3　构件内力组合

只考虑竖向重力荷载与水平地震作用的内力组合。竖向重力荷载分项系数 $\gamma_G=1.2$，水平地震作用分项系数 $\gamma_{Eh}=1.3$。当重力荷载效应对结构承载力有利时，分项系数 $\gamma_G=1$，见表 6-15。⑤轴框架 6 层梁的内力组合结果见表 6-14。⑤轴框架 6 层边、中柱的内力组合结果见表 6-15。中柱在竖向荷载作用时无弯矩、剪力；中柱在水平地震作用时无轴力，

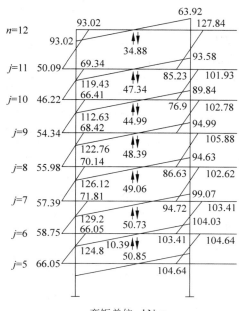

弯矩单位：kN·m
剪力单位：kN

**图 6-31　⑤轴框架梁柱弯矩图**

且柱上、下端弯矩相同,故中柱上、下端组合内力是一样的。

表 6-14  ⑤轴框架 6 层梁内力组合  弯矩/(kN·m);轴力、剪力/kN

| 部位 | 组号 | 内力 | 竖向荷载作用下 | 水平地震作用下 | 组合内力 |
|---|---|---|---|---|---|
| 左端 | 1 | $M_{max}$ | $1.2(-93.18)=-111.82$ | $1.3(124.8)=162.24$ | $50.42$ |
| | | $V$ | $1.2(163.67)=196.40$ | $1.3(-50.85)=-66.11$ | $130.29$ |
| | 2 | $M_{min}$ | $1.2(-93.18)=-111.82$ | $1.3(-124.8)=-162.24$ | $-274.06$ |
| | | $V$ | $1.2(163.67)=196.40$ | $1.3(50.85)=66.11$ | $262.51$ |
| 跨中 | 1 | $M_{max}$ | $1.2(85.68)=102.82$ | $1.3(10.39)=13.51$ | $116.32$ |
| | 2 | $M_{min}$ | $1.2(85.68)=102.82$ | $1.3(-10.39)=-13.51$ | $89.31$ |
| 右端 | 1 | $M_{max}$ | $1.2(-114.24)=-137.09$ | $1.3(104.03)=135.24$ | $-1.85$ |
| | | $V$ | $1.2(-173.03)=-207.64$ | $1.3(50.85)=66.11$ | $-141.53$ |
| | 2 | $M_{min}$ | $1.2(-114.24)=-137.09$ | $1.3(-104.64)=-135.24$ | $-272.33$ |
| | | $V$ | $1.2(-173.03)=-207.64$ | $1.3(-50.85)=-66.11$ | $-273.75$ |

表 6-15  ⑤轴框架 6 层柱内力组合  弯矩/(kN·m);轴力、剪力/kN

| 部位 | 组号 | 内力 | 竖向荷载作用下 | 水平地震作用下 | 组合内力 |
|---|---|---|---|---|---|
| 边柱 上端 | 1 | $\|M\|_{max}$ | $1.2(62.12)=74.54$ | $1.3(66.05)=85.87$ | $160.41$ |
| | | | $[1.0(62.12)=62.12]$ | | $[147.99]$ |
| | | $N$ | $1.2(1154.39)=1385.27$ | $1.3(326.24)=424.11$ | $1809.38$ |
| | | | $[1.0(1154.39)=1154.39]$ | | $[1578.5]$ |
| | | $V$ | $1.2(-41.42)=-49.70$ | $1.3(-44.03)=-57.24$ | $-106.94$ |
| | | | $[1.0(-41.42)=-41.42]$ | | $[-98.66]$ |
| | 2 | $M$ | $1.2(62.12)=74.54$ | $1.3(66.05)=85.87$ | $160.41$ |
| | | $N_{max}$ | $1.2(1154.39)=1385.27$ | $1.3(326.24)=424.11$ | $1809.38$ |
| | | $V$ | $1.2(-41.42)=-49.70$ | $1.3(-44.03)=-57.24$ | $-106.94$ |
| 边柱 下端 | 1 | $\|M\|_{max}$ | $1.2(-62.12)=-74.54$ | $1.3(-66.05)=-85.87$ | $-160.41$ |
| | | | $[1.0(-62.12)=-62.12]$ | | $[-147.99]$ |
| | | $N$ | $1.2(1154.39)=1385.27$ | $1.3(326.24)=424.11$ | $1809.38$ |
| | | | $[1.0(1154.39)=1154.39]$ | | $[1578.5]$ |
| | | $V$ | $1.2(-41.42)=-49.70$ | $1.3(-44.03)=-57.24$ | $-106.94$ |
| | | | $[1.0(-41.42)=-41.42]$ | | $[-98.66]$ |
| | 2 | $M$ | $1.2(-62.12)=-74.54$ | $1.3(-66.05)=-85.87$ | $-160.41$ |
| | | $N_{max}$ | $1.2(1154.39)=1385.27$ | $1.3(326.24)=424.11$ | $1809.38$ |
| | | $V$ | $1.2(-41.42)=-49.70$ | $1.3(-44.03)=-57.24$ | $-106.94$ |

| 部位 | 组号 | 内力 | 竖向荷载作用下 | 水平地震作用下 | 组合内力 |
|---|---|---|---|---|---|
| 中柱<br>上、下端 | 1 | $\|M\|_{max}$ | 0 | $1.3(104.64)=136.03$ | 136.03 |
| | | $N$ | $[1.0(2308.77)=2308.77]$ | 0 | $[2308.77]$ |
| | | $V$ | 0 | $1.3(69.76)=90.69$ | 90.69 |
| | 2 | $M$ | 0 | $1.3(104.64)=136.03$ | 136.03 |
| | | $N_{max}$ | $1.2(2308.77)=2770.52$ | 0 | 2770.52 |
| | | $V$ | 0 | $1.3(69.76)=90.69$ | 90.69 |

## 6.7.4　构件截面设计

本工程高度为 39.8m。抗震设防烈度为 8 度,场地土为 $I_1$ 类,由表 2-23,决定抗震构造措施时选用烈度为 7 度。由表 2-14,框架部分抗震等级为三级。

混凝土,梁用 C20,柱用 C30。主筋用 HRB335(Ⅱ级钢),箍筋用 HPB235(Ⅰ级钢)。由《混凝土结构设计规范》(GB 50010—2010)查得混凝土及钢筋强度示于表 6-16。

表 6-16　混凝土及钢筋强度　　　　　　　　　　　　　　MPa

| 混凝土强度 | $f_c$ | $f_{ck}$ | $f_t$ | $f_{tk}$ | 钢筋强度 | $f_y,f_y'$ | $f_{yk}$ |
|---|---|---|---|---|---|---|---|
| C20 | 9.6 | 13.4 | 1.10 | 1.54 | HRB335 | 300 | 335 |
| C30 | 14.3 | 20.1 | 1.43 | 2.01 | HPB235 | 210 | 235 |

6 层柱的轴压比,由表 6-15 组合出的轴力求得

边柱

$$\frac{N}{bhf_c}=\frac{1809.38}{0.45^2\times14.3\times10^3}=0.62$$

中柱

$$\frac{N}{bhf_c}=\frac{2770.52}{0.45^2\times14.3\times10^3}=0.96$$

满足表 6-8 给出的最大轴压比限值。

构件承载力抗震调整系数,由表 2-14

梁受弯　　　　　　　　　　　　　　$\gamma_{RE}=0.75$

偏压柱　　　　　　　　　　　　　　$\gamma_{RE}=0.8$

受剪(梁、柱、节点)　　　　　　　　$\gamma_{RE}=0.85$

### 1. 梁截面设计

1) 梁正截面抗弯配筋

(1) 梁中支座处负弯矩配筋

梁中支座处(即梁右端)按表 6-14 第 2 种组合内力进行计算。将组合弯矩(轴线弯矩)换算为控制截

面弯矩

$$M = 272.33 - 273.75 \times \frac{0.45}{2} = 210.74 (\text{kN} \cdot \text{m})$$

采用双筋截面。

按三级抗震等级要求的混凝土受压区高度条件,取 $x = 0.25h_{b0} = 0.25 \times (550 - 60) = 122.5 (\text{mm})$,此时混凝土和相应单筋截面的抗弯承载力为

$$M_1 = \alpha_1 f_c b_b x \left( h_{b0} - \frac{x}{2} \right) = 1.0 \times 9.6 \times 250 \times 122.5 \times \left( 490 - \frac{122.5}{2} \right)$$

$$= 1.261 \times 10^8 (\text{N} \cdot \text{mm}) = 126.1 (\text{kN} \cdot \text{m})$$

相应钢筋面积为

$$A_{s1} = b_b x \frac{\alpha_1 f_c}{f_y} = 250 \times 122.5 \times \frac{1.0 \times 9.6}{300} = 980 (\text{mm}^2)$$

计算 $A_{s2}$

$$M_2 = \gamma_{RE} M - M_1 = 0.75 \times 210.74 - 126.1 = 31.96 (\text{kN} \cdot \text{m})$$

$$A_{s2} = A_s' = \frac{M_2}{f_y (h_{b0} - a_s')} = \frac{31.94 \times 10^6}{300(490 - 40)} = 236.7 (\text{mm}^2)$$

$$A_s = A_{s1} + A_{s2} = 980 + 236.7 = 1216.7 (\text{mm}^2)$$

取上部配筋 $4 \, \Phi 20$,$\qquad\qquad A_s^t = 1256 \text{mm}^2$

取下部配筋 $2 \, \Phi 18$,$\qquad\qquad A_s^b = 509 \text{mm}^2$

满足三级抗震等级时的下述要求(见式(6-7))

$$\frac{A_s^b}{A_s^t} = \frac{509}{1256} = 0.41 > 0.3$$

$$\frac{x}{h_{b0}} = 0.25 < 0.35$$

梁中支座处(即梁右端)不出现正弯矩,故上述配筋能满足该支座处正弯矩配筋要求。

(2) 梁跨中正弯矩配筋

设 $\qquad\qquad h_{b0} = 550 - 40 = 510 (\text{mm})$

取跨中下部配筋 $3 \, \Phi 18$,$\qquad\qquad A_s = 763 \text{mm}^2$

则

$$x = \frac{A_s f_y}{b_b \alpha_1 f_c} = \frac{763 \times 300}{250 \times 1.0 \times 9.6} = 95.38 (\text{mm})$$

能承担的弯矩为

$$M = \alpha_1 f_c b_b x \left( h_{b0} - \frac{x}{2} \right) = 1.0 \times 9.6 \times 250 \times 95.38 \times \left( 510 - \frac{95.38}{2} \right)$$

$$= 105.8 \times 10^6 (\text{N} \cdot \text{mm}) = 105.8 \text{kN} \cdot \text{m}$$

$$M > 116.32 \gamma_{RE} = 87.24 (\text{kN} \cdot \text{m})$$

$$M < \frac{1.2}{2} \left( \frac{q l^2}{8} \right) = 1.2 \times 94.70 = 113.64 (\text{kN} \cdot \text{m})$$

上式中第二式的右端是简支梁受均布线荷载作用时,跨中弯矩值的一半;不满足调幅后对跨中抵抗弯矩的要求。

跨中上部为构造配筋。

（3）梁左端支座配筋

设梁底部 3 Φ 18 钢筋直通左端,则在抵抗梁左端支座负弯矩时,$A'_s = 763\text{mm}^2$,故

$$M' = A'_s f_y (h_{b0} - a') = 763 \times 300 \times (510 - 40) = 107.58 \times 10^6 (\text{N} \cdot \text{mm})$$
$$= 107.58\text{kN} \cdot \text{m}$$

剩下由钢筋和混凝土承担弯矩为

$$\gamma_{RE} M - M' = 0.75 \times 274.06 - 107.58 = 97.97 (\text{kN} \cdot \text{m})$$

即

$$\alpha_1 f_c b_b x \left( h_{b0} - \frac{x}{2} \right) = \gamma_{RE} M - M'$$

$$1.0 \times 9.6 \times 250x \left( 510 - \frac{x}{2} \right) = 97.97 \times 10^6 (\text{N} \cdot \text{mm})$$

即

$$x^2 - 1020x + 81642 = 0$$

由此求出

$$x = 87.56\text{mm}$$

相应钢筋面积为

$$A_{s1} = \frac{\alpha_1 f_c b_b x}{f_y} = \frac{1.0 \times 9.6 \times 250 \times 87.56}{300} = 700.48 (\text{mm}^2)$$

$$A_s^t = 763 + 700.48 = 1463.48 (\text{mm}^2)$$

取上部钢筋 5 Φ 20,　　　　　　　$A_s^t = 1570\text{mm}^2$

梁左端正弯矩受弯承载力

$$M = A_s^b f_y (h_{b0} - a') = 763 \times 300 \times (510 - 40) = 107.58 \times 10^6 (\text{N} \cdot \text{mm})$$
$$= 107.58 (\text{kN} \cdot \text{m}) > 50.42\gamma_{RE} = 50.42 \times 0.75 = 37.68 (\text{kN} \cdot \text{m})$$

满足要求。

该左端支座截面

$$\frac{x}{h_{b0}} = \frac{87.56}{510} = 0.17 < 0.35$$

$$\frac{A_s^b}{A_s^t} = \frac{763}{1570} = 0.48 > 0.3$$

均满足式(6-7)要求。

2）梁箍筋及剪压比验算

梁端箍筋加密区剪力设计值由强剪弱弯要求计算,取左端正弯矩和右端负弯矩组合。

先将组合的轴线处弯矩换算为控制截面弯矩

$$M_b^l = 50.42 + 130.29 \times \frac{0.45}{2} = 79.74 (\text{kN} \cdot \text{m})$$

$$M_b^r = 272.33 - 273.75 \times \frac{0.45}{2} = 210.74(\text{kN})$$

$$V_{Gb} = 1.2 \times \frac{74.82 \times (4.5 - 0.45)}{2} = 1.2 \times 151.51\text{kN} = 181.81(\text{kN})$$

则

$$V_b = \eta_{vb} \frac{M_b^l + M_b^r}{l_o} + V_{Gb} = 1.1 \times \frac{79.74 + 210.74}{4.05} + 181.81 = 258.74(\text{kN})$$

抗剪配筋

$$\frac{A_{sv}}{s} = \frac{\gamma_{RE} V_b - 0.42 f_t b_b h_{b0}}{1.25 f_{yv} h_{b0}}$$

$$= \frac{0.85 \times 258.74 \times 10^3 - 0.42 \times 1.10 \times 250 \times 510}{1.25 \times 210 \times 510} = 1.203$$

配双肢箍,直径 $\Phi 10$, $A_{sv} = 157\text{mm}^2$

$$s = \frac{A_{sv}}{1.203} = \frac{157}{1.203} = 130.51(\text{mm})$$

由构造要求($h_b/4, 8d$, 150 三者中之较小值),取 $\Phi 10@120$。加密区长度取 800mm(约 $1.5h_b$)。

非加密区由组合剪力值计算箍筋。通常组合出的剪力只有梁端剪力,即只有控制截面的剪力,可只用它计算箍筋。

控制截面弯矩

$$M_b^l = -274.06 + 262.51 \times \frac{0.45}{2} = -214.99(\text{kN} \cdot \text{m})$$

$$M_b^r = 272.33 - 273.75 \times \frac{0.45}{2} = 210.74(\text{kN} \cdot \text{m})$$

$$V_{Gb} = 1.2 \times \frac{74.82 \times (4.5 - 0.45)}{2} = 181.8(\text{kN})$$

控制截面剪力

$$V_b = \frac{214.99 - 210.74}{4.05} + 181.81 = 182.86(\text{kN})$$

抗剪配筋

$$\frac{A_{sv}}{s} = \frac{0.85 \times 182.26 \times 10^3 - 0.42 \times 1.10 \times 250 \times 510}{1.25 \times 210 \times 510}$$

$$= 0.717$$

配双肢箍 $\Phi 8$, $A_{sv} = 101\text{mm}^2$

$$s = \frac{A_{sv}}{0.717} = \frac{101}{0.717} = 140.86(\text{mm})$$

由梁全长箍筋的面积配筋率的要求

$$\rho_{sv} = \frac{A_{sv}}{bs} = 0.26 \frac{f_t}{f_{yv}} = 0.26 \times \frac{1.10}{210} = 0.136\%$$

$$s = \frac{A_{sv}}{b\rho_{sv}} = \frac{101 \times 100}{250 \times 0.136} = 297(\text{mm})$$

所以非加密区配箍为Φ8@140。

梁剪压比验算

$$\frac{\gamma_{RE}V_b}{\beta_c f_c b_b h_{b0}} = \frac{0.85 \times 258.74 \times 10^3}{1.0 \times 9.6 \times 250 \times 510} = 0.18 < 0.2$$

满足要求。

## 2. 柱截面设计

以中柱为例。

（1）中柱轴压比验算及抗弯配筋

轴压比验算用最大轴力设计值

$$\frac{N_{max}}{f_c b_c h_c} = \frac{2770.52 \times 10^3}{14.3 \times 450 \times 450} = 0.957（限值为0.95）$$

刚好满足要求。

按强柱弱梁要求计算柱弯矩设计值

$$\sum M_c = \eta_c \sum M_b = 1.1 \times (272.33 - 1.85) = 297.53（kN \cdot m）$$

按表 6-14 中组合内力计算

$$\sum M_c = 136.03 + 1.3 \times 103.41 = 270.46（kN \cdot m）$$

所以按强柱弱梁要求的弯矩值配筋。

7 层柱　　　　　　　$M_c = 297.53 \times \frac{134.43}{270.46} = 147.88（kN \cdot m）$

6 层柱　　　　　　　$M_c = 297.53 \times \frac{136.03}{207.46} = 149.65（kN \cdot m）$

6 层柱控制截面弯矩

$$M_c = 149.65 \times \frac{2.45}{3} = 122.21（kN \cdot m）$$

偏心距

$$e_o = \frac{M_c}{N} = \frac{122.21}{2308.77} = 0.053（m）< 0.3h_{c0} = 0.123m$$

$$< 0.15h_{c0} = 0.0615m$$

按小偏心受压进行设计。

附加偏心距取 20mm 和 $\frac{h_c}{30} = \frac{450}{30} = 15（mm）$ 两者中的较大值，故取 $e_a = 0.020m$。

$$e_i = e_o + e_a = 0.053 + 0.020 = 0.073（m）$$

中柱的计算长度　$l_o = 1.25 \times 3 = 3.75（m）$

长细比　　　　　　$\frac{l_o}{h_c} = \frac{3.75}{0.45} = 8.333 < 15，　取　\zeta_2 = 1$

偏心距增大系数

$$\eta = 1 + \frac{1}{1400 \frac{e_i}{h_o}} \left(\frac{l_o}{h}\right)^2 \zeta_1 \zeta_2$$

$$\zeta_1 = \frac{0.5 f_c A}{N} = \frac{0.5 \times 14300 \times 0.45 \times 0.45}{2308.77} = 0.627$$

所以

$$\eta = 1 + \frac{1}{1400 \times \frac{0.073}{0.41}} \times 8.33^2 \times 0.627 = 1.175$$

$$e = \eta e_i + \frac{h_c}{2} - a = 1.175 \times 0.073 + \frac{0.45}{2} - 0.04 = 0.271 (\text{m})$$

矩形截面对称配筋小偏心受压按下式计算钢筋截面面积

$$A'_s = \frac{\gamma_{RE} Ne - \xi(1 - 0.5\xi)\alpha_1 f_c b h_o^2}{f'_y(h_o - a'_s)}$$

其中,相对受压区高度按下式计算

$$\xi = \frac{\gamma_{RE} N - \xi_b \alpha_1 f_c b h_o}{\frac{\gamma_{RE} Ne - 0.43\alpha_1 f_c b h_o^2}{(\beta_1 - \xi_b)(h_o - a'_s)} + \alpha_1 f_c b h_o} + \xi_b$$

相对界限受压区高度

$$\xi_b = \frac{\beta_1}{1 + \frac{f_y}{0.0033 E_s}} = \frac{0.8}{1 + \frac{300}{0.0033 \times 2.0 \times 10^5}} = 0.55$$

$$\xi = \frac{0.8 \times 2308.77 \times 10^3 - 0.55 \times 1.0 \times 14.3 \times 450 \times 410}{\frac{0.8 \times 2308.77 \times 10^3 \times 271 - 0.43 \times 1.0 \times 14.3 \times 450 \times 410^2}{(0.8 - 0.55)(410 - 40)} + 1.0 \times 14.3 \times 450 \times 410} + 0.55$$

$$= 0.68$$

$$A_s = A'_s = \frac{0.8 \times 2308.77 \times 10^3 \times 271 - 0.68 \times (1 - 0.5 \times 0.68) \times 14.3 \times 450 \times 410^2}{300 \times (410 - 40)}$$

$$= 361.02 (\text{mm}^2)$$

由表 6-8,柱的最小配筋率为 0.7%

$$A_s = A'_s = \frac{1}{2} \times \frac{0.7}{100} \times 450 \times 410 = 645.75 (\text{mm}^2)$$

选用 3 Φ 22,$A_s = A'_s = 1140 \text{mm}^2$。

（2）中柱箍筋及剪压比验算

按强剪弱弯计算柱剪力设计值

$$V_c = \eta_{vc} \frac{M_c^t + M_c^b}{H_{c0}} = 1.1 \times \frac{136.03 + 136.03}{3000}$$

$$= 1.1 \times 90.69 = 99.76 \times 10^3 (\text{N})$$

上式中,因为柱顶、底弯矩 136.03kN·m 为节点值(不是控制截面处值),因而求剪力时分母中用的是 $H_c = 3000 \text{mm}$。

抗剪计算：

$$\gamma_{RE} = 0.85, \quad \lambda = \frac{H_{c0}}{2h_c} = \frac{3000-550}{2\times450} = 2.72$$

为长柱。

$$N = 0.3f_cb_ch_{c0} = 0.3\times14.3\times450\times410 = 791.51\times10^3(N)$$

取 $N = 791.51$kN。

$$
\begin{aligned}
\frac{A_{sv}}{s} &= \frac{1}{f_{yv}h_{c0}}\left[\gamma_{RE}V_c - \left(\frac{1.05}{\lambda+1}f_tb_ch_{c0} + 0.056N\right)\right]\\
&= \frac{1}{210\times410}\times\left[0.85\times99.76\times10^3 - \left(\frac{1.05}{2.72+1}\times1.43\times450\times410 + 0.056\times791.51\times10^3\right)\right]\\
&= \frac{1}{210\times410}\times(84.80\times10^3 - 118.79\times10^3)\\
&< 0
\end{aligned}
$$

不需要计算。

按体积配箍率要求配置。由表 6-9 查得柱端箍筋加密区最小含箍特征值 $\lambda_v = 0.185$，由式(6-30)～式(6-32)

$$\rho_v = \lambda_v\frac{f_c}{f_{yv}} = 0.185\times\frac{14.3}{210} = 0.0126 = 1.26\%$$

$$s = \frac{A_{sv}l_{sv}}{l_1l_2\rho_v} = \frac{113.1\times8\times400}{400\times400\times0.0126} = 179.5(mm)$$

上式中是按取复式箍 4 肢Φ12 计算的。

最后根据表 6-11 按构造取复式箍 4 肢Φ12@100。

在长柱中，柱端箍筋加密区长度取 $\frac{H_{c0}}{6}$，$h_c$ 及 500mm 三者中较大值，现取 500mm。加密区箍筋用 4 肢Φ12，间距 100mm。

在非加密区，取 4 肢箍Φ12，间距 200mm。

柱剪压比

$$\frac{\gamma_{RE}V_c}{\beta_cf_cb_ch_{c0}} = \frac{0.85\times99.76\times10^3}{1.0\times14.3\times450\times410} = 0.0321 < 0.2$$

满足要求。

### 3. 节点设计

以中柱节点为例。

由式(6-33)计算节点区剪力设计值

$$
\begin{aligned}
V_j &= \frac{\eta_{jb}\sum M_b}{h_{b0}-a'}\left(1 - \frac{h_{b0}-a'}{H_c-h_b}\right)\\
&= \frac{1.0\times(272.33-1.85)\times10^6}{510-40}\times\left(1 - \frac{510-40}{3000-550}\right)\\
&= 465.1\times10^3(N)
\end{aligned}
$$

由式(6-35)进行配筋计算。

节点四面有梁,且梁宽不小于柱宽的 1/2,取 $\eta_j=1.5$,节点区混凝土等级与梁相同,取 C20。因 $N>0.5f_cb_ch_c$,所以取 $N=0.5f_cb_ch_c=0.5\times9.6\times450\times450=972\times10^3$(N)。取 $b_j=b_c$,$h_j=h_c$。

$$f_{yv}\frac{A_{svj}}{s}(h_{jo}-a') \geqslant \gamma_{RE}V_j-1.1\eta_j f_tb_jh_j-0.05\eta_j N\frac{b_j}{b_c}$$
$$= 0.85\times465.1\times10^3-1.1\times1.5\times1.1\times250\times550$$
$$-0.05\times1.5\times972\times10^3$$
$$= 297.48\times10^3\text{(N)}$$

$$\frac{A_{svj}}{s}=\frac{297.48\times10^3}{f_{yv}(h_{jo}-a')}=\frac{297.48\times10^3}{210(510-40)}=3.01$$

节点区配箍与柱端加密区相同,取 4 肢Φ12,则

$$s=\frac{4\times113.1}{3.01}=150.3\text{(mm)}$$

取节点区箍筋 4 肢Φ12@100。

节点区剪压比,式(6-37)

$$\frac{\gamma_{RE}V_j}{\eta_j\beta_c f_cb_jh_j}=\frac{0.85\times465.1\times10^3}{1.5\times1.0\times9.6\times250\times550}=0.199<0.3$$

满足要求。

# 思 考 题

6-1 内力组合和最不利内力有什么关系?在做内力计算时,最不利荷载布置如何确定?它和最不利内力又有什么关系?

6-2 试从框架的内力组合及选择最不利内力的方法中找到一般性规律。哪些做法在其他类型的结构中也适用?

6-3 延性框架的特点是什么?怎样才能实现延性框架设计?

6-4 影响梁延性的因素有哪些?如何设计延性梁?

6-5 影响柱延性的因素有哪些?如何设计延性柱?

6-6 为什么要设计强柱弱梁框架结构?怎样才能设计强柱弱梁框架?下面几个概念是否正确?为什么?

(1) 柱子断面大于梁断面就是强柱弱梁。

(2) 柱子线刚度大于梁线刚度就是强柱弱梁。

(3) 柱承载力大于梁承载力就是强柱弱梁。

6-7 为什么抗震结构中构件的设计剪力要从它的抗弯承载力计算得到?式(6-10)、式(6-24)和式(6-28)中的增大系数起什么作用?

6-8 钢箍的作用是什么?为什么抗震结构中钢箍特别重要?

6-9 短柱和长柱在破坏形态、配筋计算及钢筋构造方面有什么不同?

6-10 为什么延性框架的节点区必须配置一定数量的钢箍?中柱、边柱、角柱的节点区有什么不同?

计算有什么不同？

6-11　抗震等级对梁、柱、节点区配筋有什么影响？对承载力计算有何影响？

6-12　归纳一下梁、柱、节点抗震设计的构造要求有哪些异同？找出共同点，从而更好地理解延性框架设计的要点。

# 习　题

某 12 层框架，总高 43m，位于 8 度设防区，Ⅱ 类场地土上。已知框架尺寸及一、二层截面如图 6-32 所示。一、二层梁、柱组合后内力示于题 6-1 表，表中数值都已乘分项系数，并已换算到控制截面处。混凝土用 C30（柱）和 C25（梁），主筋用 HRB335（Ⅱ级钢）、箍筋用 HPB235（Ⅰ级钢）。

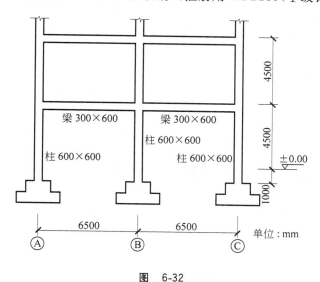

图　6-32

要求设计第一层梁，第一层中柱及其节点配筋。

表 6-17　梁、柱控制截面组合后内力

| 层数 | 梁 | | | | 边柱 | | | 中柱 | | |
|---|---|---|---|---|---|---|---|---|---|---|
| | $M_A$ /(kN·m) | $M_中$ /(kN·m) | $M_B$ /(kN·m) | $V$/kN | $M_上$ $M_下$ /(kN·m) | $N$/kN | $V$/kN | $M_上$ $M_下$ /(kN·m) | $N$/kN | $V$/kN |
| 二 | | | | | 303.0 398.6 | 2500 | 120.1 | 260.0 375.2 | 3000 | 125.1 |
| 一 | −460.5 183.1 | 274.7 | −614.6 216.5 | 214.5 | 364.2 534.5 | 2800 | 128.2 | 295.0 430.1 | 3300 ($N_{max}$=3500) | 130.5 |

# 第7章 剪力墙和框架-剪力墙结构设计和构造

剪力墙是一种抵抗侧向力的结构单元。它可以组成完全由剪力墙抵抗侧力的剪力墙结构,也可以和框架共同抵抗侧向力而形成框架-剪力墙结构,实腹筒也是由剪力墙组成。剪力墙具有较大刚度,在结构中往往承受水平力的大部分,成为一种有效的抗侧力结构。在地震区,设置剪力墙(筒体)可以改善结构抗震性能。在抗震结构中剪力墙也称为抗震墙。近30年来,国内外对延性剪力墙进行了许多试验研究,提出了很多改进设计的建议。

在各种不同结构体系中,按照不同的计算方法分别计算剪力墙在水平荷载及竖向荷载下的内力,然后进行荷载效应组合,求得最不利内力进行截面配筋。荷载效应组合与框架类似,但比框架简单得多,不再赘述。

钢筋混凝土剪力墙的设计要求是:在正常使用荷载及风载、小震作用下,结构应处于弹性工作阶段,裂缝宽度不能过大;在中等强度地震作用下(设防烈度),允许进入弹塑性状态,必须保证在非弹性变形的反复作用下,有足够的承载力、延性及良好吸收地震能量的能力;在强烈地震作用(罕遇烈度)下,剪力墙不允许倒塌,要保证剪力墙结构仍能站住。

按照墙的几何形状及有无洞口,剪力墙可分为如图7-1所示的各种类型。它们的破坏形态和配筋构

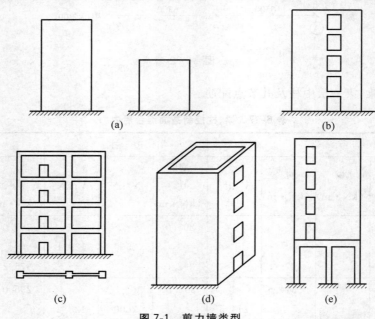

**图 7-1　剪力墙类型**

(a)悬臂剪力墙;(b)开口剪力墙;(c)带边框剪力墙;(d)井筒;(e)框支剪力墙

造既有共性,又各有特殊性。剪力墙通常可分为墙肢及连梁两类构件。下面先介绍墙肢截面配筋计算,然后分别介绍各类剪力墙的设计和构造要求,特别是抗震设计和构造要求。连梁设计和构造将在开洞剪力墙中介绍。

# 7.1　剪力墙结构的布置和构造一般要求

1) 高层剪力墙结构,墙体应沿主轴方向或其他方向双向布置,形成承受竖向荷载、抗侧力刚度大的平面和竖向布局。在抗震结构中,应避免仅单向有墙的结构布置形式。剪力墙墙肢截面宜简单、规则,剪力墙结构两个方向的侧向刚度不宜相差过大,剪力墙间距不宜太密,宜采用大开间布置。剪力墙宜自下而上连续布置,避免刚度突变。

2) 一般剪力墙是指墙肢截面高度与厚度之比大于 8 的剪力墙,短肢剪力墙是指墙肢截面高度与厚度之比为 5～8 的剪力墙。

高层建筑结构不应采用全部为短肢剪力墙的剪力墙结构;B 级和 9 度 A 级的高层建筑,不宜布置短肢剪力墙,不应采用具有较多短肢剪力墙的剪力墙结构。当短肢剪力墙较多时(指在规定的水平地震作用下,短肢剪力墙承担的底部倾覆力矩不小于结构底部总地震倾覆力矩的 30%),应布置筒体(或一般剪力墙),形成短肢剪力墙与筒体(或一般剪力墙)共同抵抗水平力的剪力墙结构,并应符合下列规定:

(1) 其最大适用高度应比表 1-2 中剪力墙结构的规定值适当降低,且 7 度、8 度(0.20g)和 8 度(0.30g)抗震设计时分别不应大于 100m、80m 和 60m。

(2) 抗震设计时,筒体和一般剪力墙承受的第一振型底部地震倾覆力矩不宜小于结构总底部地震倾覆力矩的 50%。

(3) 抗震设计时,短肢剪力墙的抗震等级应比表 2-24 规定的剪力墙的抗震等级提高一级采用。

(4) 抗震设计时,各层短肢剪力墙在重力荷载代表值作用下产生的轴力设计值的轴压比,抗震等级为一、二、三级时分别不宜大于 0.5、0.6 和 0.7;对于无翼缘或端柱的一字形短肢剪力墙,其轴压比限值相应降低 0.1。

(5) 抗震设计时,除底部加强部位应按式(7-32)和式(7-33)调整剪力设计值外,其他各层短肢剪力墙的剪力设计值,一、二级抗震等级应分别乘以增大系数 1.4 和增大系数 1.2。

(6) 抗震设计时,短肢剪力墙截面的全部纵向钢筋的配筋率,底部加强部位不宜小于 1.2%,其他部位不宜小于 1.0%。

(7) 短肢剪力墙截面厚度不应小于 200mm。

(8) 7 度和 8 度抗震设计时,短肢剪力墙宜设置翼缘。一字形短肢剪力墙平面外不宜设置与之单侧相交的楼面梁。

(9) B 级高度高层建筑和 9 度抗震设计的 A 级高度高层建筑,不应采用具有较多短肢剪力墙的剪力墙结构。

3) 较长的剪力墙可用跨高比不小于 5 的弱连梁分成较为均匀的若干个独立墙段(见图 7-2),每个独立墙段可为整体墙或联肢墙,每个独立墙段的总高度和墙段长度之比不应小于 2,避免剪切破坏,提高变形能力。每个墙段具有若干墙肢,每个墙肢的长度不宜大于8m。当墙肢长度超过8m时,应采用施工时墙上留洞,完工时砌填充墙的结构洞方法。把长墙肢分成短墙肢(见图7-3),或仅在计算简图开洞处理。

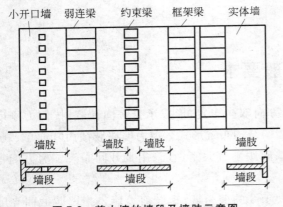

图7-2 剪力墙的墙段及墙肢示意图

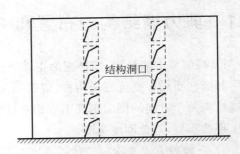

图7-3 长墙肢留结构洞

4)当剪力墙或核心筒墙肢与其平面外相交的楼面梁刚接时,可沿楼面梁轴线方向设置与梁相连的剪力墙、扶壁柱或在墙内设置暗柱,并应符合下列规定:

(1)设置沿楼面梁轴线方向与梁相连的剪力墙时,墙的厚度不宜小于梁的截面宽度。

(2)设置扶壁柱时,其截面宽度不应小于梁宽,其截面高度可计入墙厚。

(3)墙内设置暗柱时,暗柱的截面高度可取墙的厚度,暗柱的截面宽度可取梁宽加2倍墙厚。

(4)应通过计算确定暗柱或扶壁柱的纵向钢筋(或型钢),纵向钢筋的总配筋率不宜小于表7-1的规定。

表7-1 暗柱、扶壁柱纵向钢筋的构造配筋率

| 设计状况 | 抗 震 设 计 | | | | 非抗震设计 |
|---|---|---|---|---|---|
| | 一级 | 二级 | 三级 | 四级 | |
| 配筋率/% | 0.9 | 0.7 | 0.6 | 0.5 | 0.5 |

注:采用400MPa、335MPa级钢筋时,表中数值宜分别增加0.05和0.10。

(5)楼面梁的水平钢筋应伸入剪力墙或扶壁柱,伸入长度应符合钢筋锚固要求。钢筋锚固段的水平投影长度,非抗震设计时不宜小于$0.4l_a$,抗震设计时不宜小于$0.4l_{aE}$;当锚固段的水平投影长度不满足要求时,可将楼面梁伸出墙面形成梁头,梁的纵筋伸入梁头后弯折锚固(图7-4),也可采取其他可靠的锚固措施。

(6)暗柱或扶壁柱应设置箍筋,箍筋直径,一、二、三级时不应小于8mm,四级及非抗震时不应小于6mm,且均不应小于纵向钢筋直径的1/4;箍筋间距,一、二、三级时不应大于150mm,四级及非抗震时不应大于200mm。

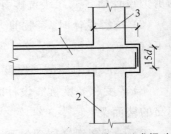

图7-4 楼面梁伸出墙面形成梁头

1—楼面梁;2—剪力墙;
3—楼面梁钢筋锚固水平投影长度

5) 当墙肢的截面高度与厚度之比不大于 4 时, 宜按框架柱进行截面设计。

6) 抗震设计时, 剪力墙底部加强部位的范围, 应符合下列规定:

(1) 底部加强部位的高度, 应从地下室顶板算起;

(2) 底部加强部位的高度可取底部两层和墙体总高度的 1/10 二者的较大值, 部分框支剪力墙结构底部加强部位的高度应符合 7.7 节的规定;

(3) 当结构计算嵌固端位于地下一层底板或以下时, 底部加强部位宜延伸到计算嵌固端。

7) 剪力墙开洞形成的跨高比小于 5 的连梁, 按本章有关规定进行设计; 当跨高比不小于 5 时, 宜按框架梁进行设计。不宜将楼板主梁支承在剪力墙或核心筒的连梁上。

8) 剪力墙结构的剪力墙沿竖向宜连续分布, 上到顶、下到底, 中间楼层不宜中断。墙厚度沿竖向逐渐减薄, 截面厚度变化时不宜太大。厚度改变与混凝土强度等级的改变宜错开楼层, 避免结构刚度突变。

当设防烈度为 8 度或小于 8 度的剪力墙结构, 顶层需减少部分剪力墙时, 该层刚度不应小于相邻下层刚度的 70%, 楼、顶板按转换层处理。

当底部需要大空间而部分剪力墙不落到底时, 应设置转换层, 按框支剪力墙结构设计, 见 7.7 节。

9) 高层剪力墙结构, 应尽量减轻建筑物重量, 宜采用大开间结构方案, 在保证结构安全的条件下尽量减小构件截面尺寸, 采用轻质高强材料。剪力墙的混凝土强度等级不应低于 C20。非承重隔墙宜采用轻质材料。短肢剪力墙-筒体结构的混凝土强度等级不应低于 C25。

10) 剪力墙的厚度及尺寸应满足以下要求:

(1) 按一、二级抗震等级设计的剪力墙, 当两端有翼墙或端柱时, 厚度不应小于层高的 1/20, 且不应小于 160mm; 底部加强区截面厚度不应小于层高或剪力墙无支长度的 1/16, 且不应小于 200mm。当无端柱或翼墙一字形剪力墙时, 厚度不应小于层高的 1/15, 且不应小于 180mm; 无端柱或翼墙一字形剪力墙的底部加强区截面厚度不宜小于层高的 1/12, 不宜小于 220mm。

(2) 按三、四级抗震等级和非抗震设计的剪力墙, 厚度不应小于楼层高度的 1/25, 且不应小于 160mm; 一字形独立剪力墙的底部加强区厚度不宜小于层高或剪力墙无支长度的 1/20, 且不应小于 180mm。

(3) 当墙厚不能满足上述 (1)、(2) 款时, 可按下列要求验算:

① 剪力墙墙肢应满足下式的局部稳定要求:

$$q \leqslant \frac{E_c t^3}{10 l_0^2} \tag{7-1}$$

式中: $q$ 为作用于墙顶的竖向均布荷载设计值; $E_c$ 为剪力墙混凝土弹性模量; $t$ 为剪力墙墙肢截面厚度; $l_0$ 为剪力墙墙肢计算长度, 应按式 (7-2) 确定。

② 剪力墙墙肢计算长度应按下式采用:

$$l_0 = \beta h \tag{7-2}$$

式中: $\beta$ 为墙肢计算长度系数, 应按下款中不同情况确定; $h$ 为墙肢所在楼层的层高。

③ 墙肢计算长度系数 $\beta$ 应根据墙肢的支承条件按下列公式计算:

a. 单片独立墙肢 (两边支承) 应按下式采用:

$$\beta = 1.00 \tag{7-3}$$

b. T 形、L 形、槽形和工字形剪力墙的翼缘墙肢(见图 7-5),采用三边支承板按下式计算(当计算结果小于 0.25 时,取 0.25):

$$\beta = \frac{1}{1 + \left(\dfrac{h}{3b_{\mathrm{f}}}\right)^2} \tag{7-4}$$

式中:$b_{\mathrm{f}}$ 为 T 形、L 形、槽形和工字形剪力墙的单侧翼缘截面高度,取图 7-5 中各 $b_{\mathrm{fi}}$ 的较大值或最大值。

c. T 形剪力墙的腹板墙肢也按三边支承板计算,但应将式(7-4)中的 $b_{\mathrm{f}}$ 代以 $b_{\mathrm{w}}$。

d. 槽形和工字形剪力墙的腹板墙肢(见图 7-5),采用四边支承板按下式计算(当计算结果小于 0.20 时,取 0.20):

$$\beta = \frac{1}{1 + \left(\dfrac{h}{b_{\mathrm{w}}}\right)^2} \tag{7-5}$$

式中:$b_{\mathrm{w}}$ 为槽形、工字形剪力墙的腹板截面高度。

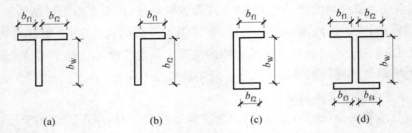

**图 7-5　剪力墙腹板与单侧翼缘截面高度示意图**
(a) T 形;(b) L 形;(c) 槽形;(d) 工字形

(4) 剪力墙井筒中,分隔电梯井或管道井的墙厚度可适当减小,但不宜小于 160mm。

11) 当剪力墙的截面高度或宽度较小且层高较大时,其整体失稳可能先于各墙肢局部失稳,因此,当 T 形、L 形、槽形、工字形剪力墙的翼缘截面高度或 T 形、L 形剪力墙的腹板截面高度与翼缘截面厚度之和小于截面厚度的 2 倍和 800mm 时,尚宜按下式验算剪力墙的整体稳定:

$$N \leqslant \frac{1.2 E_{\mathrm{c}} I}{h^2} \tag{7-6}$$

式中:$N$——作用于墙顶组合的竖向荷载设计值;

　　　$I$——剪力墙整体截面的惯性矩,取两个方向的较小值。

12) 为减少上下剪力墙的偏心,内墙厚度变化宜两侧同时内收。为保持外墙面平整,楼梯间墙为上下完整,电梯井墙为安装电梯方便,可以一侧内收。

13) 剪力墙的门窗洞口宜上下对齐,成列布置,形成明确的墙肢和连梁。洞口设置应避免墙肢刚度相差悬殊。抗震设计时,一级、二级、三级抗震等级的剪力墙底部加强部位不应采用错洞墙;一级、二级、三级抗震等级的剪力墙底部加强部位均不宜采用叠合错洞墙。当必须错洞时,洞口错开距离不宜小于 2m(见图 7-6),应按图 7-7 设暗框架。

底层局部有错洞墙时,应在一层、二层形成暗框架,将底层墙的暗柱伸入二层,二层的洞口下边设暗梁。

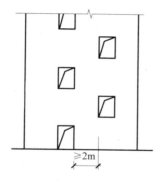

图 7-6　错洞剪力墙

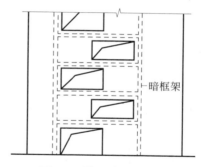

图 7-7　错洞墙设暗框架

14）高层剪力墙结构，当采用预制圆孔板、预制大楼板等预制装配式楼板时，剪力墙厚度不宜小于
160mm。预制板板缝宽度不宜小于 40mm，板缝大于
60mm 时应在板缝内配置钢筋。

有抗震设防时，高度大于 50m 的剪力墙结构中，宜
采用现浇楼板或装配整体式叠合楼板。

15）高层剪力墙结构在平面中，门窗洞口距墙边距
离一般要求宜按图 7-8 所示。应避免三个以上门洞集中
于同一十字交叉墙附近。

16）高层剪力墙结构的女儿墙宜采用现浇。当采用
预制女儿墙板时，高度一般不宜大于 1.5m，且拼接板缝
应设置现浇钢筋混凝土小柱。

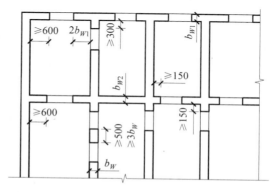

图 7-8　剪力墙平面示意图

屋顶局部突出的电梯机房、楼梯间、水箱间等小房
墙体，应采用现浇钢筋混凝土，且尽量使下部剪力墙延伸，不得采用砖砌体结构。

17）高层剪力墙结构，当在顶层设置大房间而将部分剪力墙去掉时，大房间应尽量设在结构单元的
中间部位。楼板和屋顶板宜采用现浇或其他整体性好的楼板，板厚不宜小于 180mm，配筋按转换层要求
配置。当设屋顶梁时，为保证剪力墙有足够的承压承载力，可将梁做成宽梁。

# 7.2　墙肢截面承载力计算

剪力墙应进行平面内的斜截面受剪、偏心受压或偏心受拉、平面外轴心受压承载力验算。在集中荷
载作用下，墙内无暗柱时还应进行局部受压承载力验算。

## 7.2.1　正截面抗弯承载力计算

剪力墙属于偏心受压或偏心受拉构件。它的特点是：截面呈片状（截面高度 $h_w$ 远大于截面墙板厚度

$b_w$);墙板内配有均匀的竖向分布钢筋,如图 7-9(a)所示。通过试验可见,这些分布钢筋都能参加受力,对抵抗弯矩有一定作用,计算中应加以考虑。但是,由于竖向分布钢筋都比较细(多数在 $\phi12$ 以下),容易产生压屈现象,所以计算时忽略受压区分布钢筋作用,使设计偏于安全。如有可靠措施防止分布筋压屈,也可在计算中计入其受压作用。

和柱一样,墙肢也可根据破坏形态不同分为大偏压、小偏压、大偏拉和小偏拉等四种情况。根据平截面假定及极限状态下截面应力分布假定,并进行简化后得到截面计算公式。

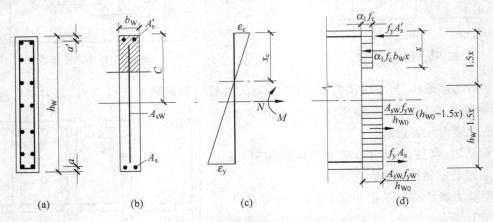

图 7-9 大偏心受压极限应力状态

### 1. 大偏心受压承载力计算公式($\xi \leqslant \xi_b$)

根据平截面假定,当 $\xi \leqslant \xi_b$ 时,构件为大偏心受压,平衡配筋的受压区高度为

$$\xi_b = \frac{\beta_1}{1 + \dfrac{f_y}{0.0033E_s}} \tag{7-7}$$

式中:$\beta_1$——随混凝土强度提高而逐渐降低的系数,见式(7-6)后的说明。

大偏心受压时,极限状态下截面应变状态如图 7-9(c)所示。受拉钢筋应力 $\sigma_s = f_y$,分布钢筋达到屈服应力 $f_{yw}$。图 7-9(d)为端部钢筋受压区混凝土及经过简化处理的分布钢筋应力分布。除了未考虑受压区的分布筋外,在中和轴附近的分布钢筋应力较小,也不计入,因此,只计算 $h_{w0} - 1.5x$ 范围内的分布钢筋,并认为它们都达到了屈服应力。根据平衡条件,可写出 $\sum N = 0$,$\sum M = 0$ 两个方程式。

在矩形截面中,对混凝土受压区中心取矩可得

$$N = \alpha_1 f_c b_w x + A_s' f_y - A_s f_y - (h_{w0} - 1.5x)\frac{A_{sw}}{h_{w0}}f_{yw} \tag{7-8}$$

$$N\left(e_0 - \frac{h_w}{2} + \frac{x}{2}\right) = A_s f_y\left(h_{w0} - \frac{x}{2}\right) + A_s' f_y\left(\frac{x}{2} - a'\right) + (h_{w0} - 1.5x)\frac{A_{sw}f_{yw}}{h_{w0}}\left(\frac{h_{w0}}{2} + \frac{x}{4}\right) \tag{7-9}$$

式中各符号见图 7-9。$A_{sw}$ 为剪力墙腹板中竖向分布钢筋总面积,布置在 $h_{w0}$ 高度范围内,$e_0 = \dfrac{M}{N}$。

在对称配筋下,$A_s = A_s'$,由基本公式(7-8)得到受压区相对高度 $\xi$ 的计算公式

$$\xi = \frac{x}{h_{w0}} = \frac{N + A_{sw}f_{yw}}{\alpha_1 f_c b_w h_{w0} + 1.5 A_{sw} f_{yw}}$$

由基本公式(7-9)展开、移项、忽略 $x^2$ 项,整理后可得

$$M = \frac{A_{sw}f_{yw}}{2} h_{w0} \left(1 - \frac{x}{h_{w0}}\right)\left(1 + \frac{N}{A_{sw}f_{yw}}\right) + A'_s f_y (h_{w0} - a')$$

式中第一项为竖向分布筋抵抗弯矩,用 $M_{sw}$ 表示;第二项为端部筋抵抗弯矩。设计时要求

$$M \leqslant M_{sw} + A'_s f_y (h_{w0} - a') \tag{7-10}$$

即

$$A_s = A'_s \geqslant \frac{M - M_{sw}}{f_y (h_{w0} - a')} \tag{7-11}$$

式中

$$M_{sw} = \frac{A_{sw}f_{yw}}{2} h_{w0} \left(1 - \frac{x}{h_{w0}}\right)\left(1 + \frac{N}{A_{sw}f_{yw}}\right) \tag{7-12}$$

在设计时,先根据构造要求给定竖向分布筋 $A_{sw}$ 及 $f_{yw}$,即可求出 $M_{sw}$ 及端部配筋 $A_s$ 和 $A'_s$。

必须验算是否 $\xi \leqslant \xi_b$,如不满足,则应按小偏压计算配筋。

在非对称配筋时,$A_s \neq A'_s$,则需先给定 $A_{sw}$ 及任意一端配筋 $A_s$ 或 $A'_s$,由基本公式求解 $\xi$ 及另一端配筋,求出的 $\xi$ 必须满足 $\xi \leqslant \xi_b$ 的要求。

当截面为 T 形或工字形时,要首先判断中和轴的位置,区别中和轴在翼缘中和在腹板中两种情况,分别建立截面平衡方程。上述简化处理仍可适用,读者可自行推导计算公式。

无论在哪种情况下,都必须符合 $x \geqslant 2a'$ 条件,否则按 $x = 2a'$ 进行计算。

## 2. 小偏心受压承载力计算($\xi > \xi_b$)

在小偏心受压时,截面全部受压或大部分受压,受拉部分的钢筋未达到屈服应力,因此所有分布钢筋都不计入抗弯。这时,剪力墙截面的抗弯承载力计算和柱相同,如图 7-10 所示,计算基本公式为

$$N = \alpha_1 f_c b_w x + A'_s f_y - A_s \sigma_s \tag{7-13}$$

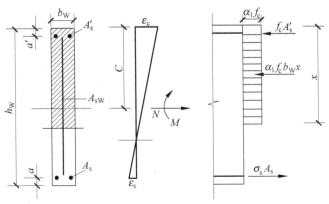

图 7-10　小偏心受压极限应力状态

$$N\left(e_0+\frac{h_{\mathrm{w}}}{2}-a\right)=\alpha_1 f_{\mathrm{c}}b_{\mathrm{w}}x\left(h_{\mathrm{w0}}-\frac{x}{2}\right)+A_{\mathrm{s}}'f_{\mathrm{y}}(h_{\mathrm{w0}}-a') \tag{7-14}$$

受拉钢筋应力 $\sigma_{\mathrm{s}}$ 根据平截面假定确定,为简化计算,可以采用下述公式

$$\sigma_{\mathrm{s}}=\frac{\xi-\beta_1}{\xi_{\mathrm{b}}-\beta_1}f_{\mathrm{y}}$$

在对称配筋情况下,对于常用的 Ⅰ 、Ⅱ 级钢筋,在求解 $\xi$ 时用下述近似方程

$$\xi=\frac{N-\xi_{\mathrm{b}}\alpha_1 f_{\mathrm{c}}b_{\mathrm{w}}h_{\mathrm{w0}}}{\dfrac{Ne-0.45\alpha_1 f_{\mathrm{c}}b_{\mathrm{w}}h_{\mathrm{w0}}^2}{(\beta_1-\xi_{\mathrm{b}})(h_{\mathrm{w0}}-a')}+\alpha_1 f_{\mathrm{c}}b_{\mathrm{w}}h_{\mathrm{w0}}}+\xi_{\mathrm{b}}$$

式中: $e=e_0+\dfrac{h_{\mathrm{w}}}{2}-a$ 。

将求出的 $\xi$ 值代入式(7-14)可得

$$A_{\mathrm{s}}=A_{\mathrm{s}}'=\frac{Ne-\xi(1-0.5\xi)\alpha_1 f_{\mathrm{c}}b_{\mathrm{w}}h_{\mathrm{w0}}^2}{f_{\mathrm{y}}(h_{\mathrm{w0}}-a')} \tag{7-15}$$

在非对称配筋下,可先按端部构造配筋要求给定 $A_{\mathrm{s}}$ ,然后由基本公式(7-13)和式(7-14)求解 $\xi$ 及 $A_{\mathrm{s}}'$ 。

如果 $\xi\geqslant\dfrac{h_{\mathrm{w}}}{h_{\mathrm{w0}}}$ ,即全截面受压,此时, $A_{\mathrm{s}}'$ 可直接由下式求出

$$A_{\mathrm{s}}'=\frac{Ne-\alpha_1 f_{\mathrm{c}}b_{\mathrm{w}}h_{\mathrm{w}}\left(h_{\mathrm{w0}}-\dfrac{h_{\mathrm{w}}}{2}\right)}{f_{\mathrm{y}}(h_{\mathrm{w0}}-a')} \tag{7-16}$$

墙腹板中的竖向分布钢筋按构造要求配置。

在小偏心受压时,要求验算剪力墙平面外的稳定,此时,按轴心受压构件计算。

### 3. 偏心受拉承载力计算

当墙肢截面承受拉力时,由偏心距大小判别其属于大偏心受拉还是小偏心受拉。

$$e_0\geqslant\frac{h}{2}-a\ \text{时为大偏心受拉,}$$

$$e_0<\frac{h}{2}-a\ \text{时为小偏心受拉。}$$

在大偏心受拉情况下(见图 7-11),截面部分受压,极限状态下的截面应力分布与大偏心受压相同,忽略压区及中和轴附近分布钢筋作用的假定也相同。因而,基本计算公式与大偏心受压相似,仅轴力的符号不同,即

$$-N=\alpha_1 f_{\mathrm{c}}b_{\mathrm{w}}x+A_{\mathrm{s}}'f_{\mathrm{y}}-A_{\mathrm{s}}f_{\mathrm{y}}-(h_{\mathrm{w0}}-1.5x)\frac{A_{\mathrm{sw}}}{h_{\mathrm{w0}}}f_{\mathrm{yw}} \tag{7-17}$$

$$N\left(e_0+\frac{h_{\mathrm{w}}}{2}-\frac{x}{2}\right)=A_{\mathrm{s}}f_{\mathrm{y}}\left(h_{\mathrm{w0}}-\frac{x}{2}\right)+A_{\mathrm{s}}'f_{\mathrm{y}}\left(\frac{x}{2}-a'\right)$$
$$+(h_{\mathrm{w0}}-1.5x)\frac{A_{\mathrm{sw}}f_{\mathrm{yw}}}{h_{\mathrm{w0}}}\left(\frac{h_{\mathrm{w0}}}{2}+\frac{x}{4}\right) \tag{7-18}$$

因此,在对称配筋时,计算公式与大偏压相似,仅轴力 $N$ 的有关项需变号

$$\xi = \frac{-N + A_{sw}f_{yw}}{\alpha_1 f_c b_w h_{w0} + 1.5A_{sw}f_{yw}} \tag{7-19}$$

$$M \leqslant M_{sw} + A'_s f_y (h_{w0} - a') \tag{7-20}$$

$$M_{sw} = \frac{A_{sw}f_{yw}}{2} h_{w0} \left(1 - \frac{x}{h_{w0}}\right) \left(1 - \frac{N}{A_{sw}f_{yw}}\right) \tag{7-21}$$

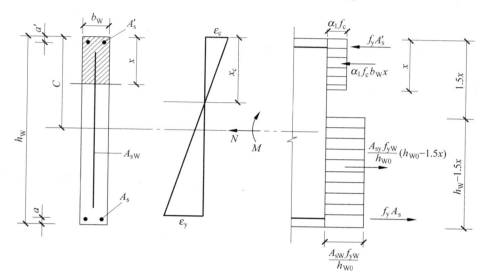

**图 7-11　大偏心受拉极限应力状态**

与大偏心受压情况类似,需先给定分布筋 $A_{sw}$ 及 $f_{yw}$。但是,由式(7-19)可知,给定的分布钢筋除应满足构造要求外,还必须满足下式,才能保证截面上 $\xi>0$,即存在受压区。

$$A_{sw} > \frac{N}{f_{yw}}$$

计算 $A_s$ 和 $A'_s$ 的公式用(7-11),与大偏压相同。

在小偏心受拉情况下,或大偏心受拉而混凝土压区很小($x \leqslant 2a'$)时,按全截面受拉假定计算配筋。当对称配筋时,用下面近似公式校核承载能力

$$N \leqslant \frac{1}{\dfrac{1}{N_{0u}} + \dfrac{e_0}{M_{wu}}} \tag{7-22}$$

式中:

$$N_{0u} = 2A_s f_y + A_{sw}f_{yw} \tag{7-23}$$

$$M_{wu} = A_s f_y (h_{w0} - a') + 0.5 h_{w0} A_{sw}f_{yw} \tag{7-24}$$

考虑地震作用或不考虑地震作用,正截面抗弯承载力的计算公式都是相同的。但必须注意,在考虑地震作用时,承载力计算公式要采用承载力抗震调整系数,即在各类情况中的承载力验算公式右边都要乘以 $\dfrac{1}{\gamma_{RE}}$。

## 7.2.2 斜截面抗剪承载力计算

剪力墙中斜裂缝出现可能有两种情况。一是由弯曲受拉边缘先出现水平裂缝,然后向倾斜方向发展成为斜裂缝;另一是因腹板中部主拉应力过大而出现斜向裂缝,然后向两边缘发展。

斜裂缝出现后的剪切破坏可能有三种情况:

(1) 当无腹部钢筋或腹部钢筋过少时,斜裂缝一旦出现,很快会形成一条主裂缝,使构件劈裂而丧失承载能力。避免这类剪拉破坏的主要措施是配置必需的腹部钢筋。

(2) 当配置足够的腹部钢筋时,腹部钢筋可抵抗斜裂缝的开展。随着裂缝逐步扩大,混凝土受剪的区域减小,最后在压应力及剪应力的共同作用下,混凝土破碎而丧失承载能力。剪力墙抗剪腹筋计算主要是建立在这种破坏形态基础上的。

(3) 当剪力墙截面过小或混凝土强度等级选择不恰当时,截面剪应力过高,腹板中较早出现斜裂缝。尽管按照计算需要可以配置许多腹部钢筋,但过多的腹部钢筋并不能充分发挥作用——钢筋应力较小时,混凝土就被剪压破碎了。这种破坏只能用加大混凝土截面或提高混凝土等级来防止,在设计中则从限制截面的剪压比来体现这一要求。

### 1. 抗剪承载力计算公式

剪力墙腹板中存在竖向及水平分布钢筋,二者对抵抗斜裂缝都有作用,它们各自作用的大小与剪跨比、斜裂缝倾斜度有关。但是在设计中,通常将二者的功能分开:竖向分布筋抵抗弯矩,而水平分布筋抵抗剪力。因此,斜截面抗剪承载力计算的主要目的是在已定的截面尺寸及混凝土等级下,计算水平分布筋的面积。

由试验可知,截面上存在一定的轴向压力对抗剪承载力是有利的,而轴向拉力会减小斜截面抗剪承载力。此外,在反复荷载作用下,抗剪承载力将降低,因此,考虑地震作用时应采用较低的抗剪承载力。

偏心受压及受拉斜截面抗剪承载力验算公式如下(偏心受拉时与 $N$ 有关,项取"一"号):无地震作用组合时

$$V \leqslant \frac{1}{\lambda - 0.5}\left(0.5 f_t b_w h_{w0} \pm 0.13 N \frac{A_w}{A}\right) + f_{yh}\frac{A_{sh}}{s}h_{w0} \tag{7-25}$$

有地震作用组合时

$$V \leqslant \frac{1}{\gamma_{RE}}\left[\frac{1}{\lambda - 0.5}\left(0.4 f_t b_w h_{w0} \pm 0.1 N \frac{A_w}{A}\right) + 0.8 f_{yh}\frac{A_{sh}}{s}h_{w0}\right] \tag{7-26}$$

式中: $V$——设计剪力,一级至三级抗震设计及 9 度设防时由强剪弱弯要求计算得到,其他情况则取内力组合得到的最大计算剪力;

$A$——剪力墙截面全面积;

$A_w$——工字形或 T 形截面中腹板的面积,矩形截面 $A_w = A$;

$N$——与剪力相应的轴向压力或拉力,如 $N > 0.2 f_c b_w h_{w0}$,则取 $N = 0.2 f_c b_w h_{w0}$;

$f_{yh}$——水平钢筋抗拉设计强度;

$A_{sh}$——配置在同一水平截面内水平分布钢筋的全部截面面积；

$s$——水平钢筋间距；

$\lambda$——截面剪跨比，当 $\lambda < 1.5$ 时，取 $\lambda = 1.5$；当 $\lambda > 2.2$ 时，取 $\lambda = 2.2$。剪跨比由计算截面所承受的弯矩和剪力及截面高度求出

$$\lambda = \frac{M}{V h_{w0}}$$

当截面受拉力而使公式右边第一项小于零时，取其等于零，验算时不考虑混凝土作用，即

$$V \leqslant f_{yh} \frac{A_{sh}}{s} h_{w0}$$

或

$$V \leqslant \frac{1}{\gamma_{RE}} \left( 0.8 f_{yh} \frac{A_{sh}}{s} h_{w0} \right)$$

### 2. 剪力墙截面尺寸及剪压比限制

剪力墙结构混凝土强度等级不应低于 C20，短肢剪力墙-筒体结构的混凝土强度等级不应低于 C25。短肢剪力墙是指墙肢截面高度与厚度之比为 5~8 的剪力墙，且墙厚不小于 200mm。

为保证墙体的稳定及浇灌混凝土的质量，非抗震设计和按三级、四级抗震等级的剪力墙厚度不应小于 160mm，一字形独立剪力墙的底部加强区厚度不应小于 180mm。两端有翼墙或端柱的剪力墙厚度一级、二级不应小于 160mm；其底部加厚区厚度不应小于 200mm；当底部加强部位为无端柱或翼墙的一字形独立墙时，截面厚度不应小于 220mm，其他部位不应小于 180mm。剪力墙井筒中，分隔电梯井或管道井的墙厚度可适当减小，但不宜小于 160mm。

为了避免剪力墙斜压破坏，要限制剪压比，即混凝土截面平均剪应力与混凝土抗压强度比值，为此，剪力的截面尚应符合下列要求：

无地震作用组合时

$$V_w \leqslant 0.25 \beta_c f_c b_w h_{w0} \tag{7-27}$$

有地震作用组合时

剪跨比 $> 2.5$ 时，

$$V_w \leqslant \frac{1}{\gamma_{RE}} (0.20 \beta_c f_c b_w h_{w0}) \tag{7-28}$$

剪跨比 $\leqslant 2.5$ 时，

$$V_w \leqslant \frac{1}{\gamma_{RE}} (0.15 \beta_c f_c b_w h_{w0}) \tag{7-29}$$

当不能满足上述要求时，应加大截面尺寸或提高混凝土强度等级。

## 7.3　悬臂剪力墙设计和构造要求

悬臂剪力墙是剪力墙中的基本形式，是只有一个墙肢的构件，其设计方法也是其他各类剪力墙设计的基础。本节将介绍墙肢构件基本的设计方法、影响墙肢延性的主要因素及提高延性的构造措施。

### 7.3.1 破坏形态和设计要求

悬臂剪力墙可能出现弯曲、剪切和滑移(剪切滑移或施工缝滑移)等多种破坏形态,如图 7-12 所示。

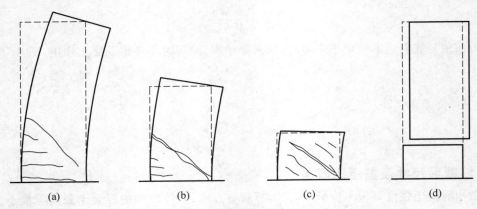

(a)　　　　　　(b)　　　　　　(c)　　　　　　(d)

**图 7-12　悬臂剪力墙的破坏形态**

(a) 弯曲破坏;(b) 剪切破坏;(c) 剪切破坏;(d) 滑移破坏

在正常使用及风荷载作用下,剪力墙应当处于弹性工作阶段,不出现裂缝或仅有微小裂缝。因此,抗风设计的基本方法是:按弹性方法计算内力及位移,限制结构位移并按极限状态方法计算截面配筋,满足各种构造要求。

在地震作用下,先以小震作用按弹性方法计算内力及位移,进行截面设计。在中等地震作用下,剪力墙将进入塑性阶段,剪力墙应当具有延性和耗散地震能量的能力。因此,应当按照抗震等级进行剪力墙构造和截面验算,满足延性剪力墙的要求,以实现中震可修、大震不倒的设计目标。

悬臂剪力墙是静定结构,只要有一个截面达到极限承载力,构件就丧失承载能力。在水平荷载作用下,剪力墙的弯矩和剪力都在基底部位最大,因而,基底截面是设计的控制断面。沿高度方向,在剪力墙断面尺寸改变或配筋变化的地方,也是控制断面,也要进行承载力验算,包括前节讲过的正截面抗弯和斜截面抗剪的承载力计算。

## 7.3.2　剪力墙截面配筋构造

### 1. 配筋型式

剪力墙内竖向和水平分布钢筋有单排配筋及多排配筋两种形式,见图 7-13。单排配筋施工方便,因为在同样含钢率下,钢筋直径较粗。但是,当墙厚度较大时,表面容易出现温度收缩裂缝。此外,在山墙及楼电梯间墙上仅一侧有楼板,竖向力产生平面外偏心受压;在水平力作用下,垂直于力作用方向的剪力墙也会产生平面外弯矩。因此,在高层剪力墙中,不允许采用单排配筋。当剪力墙厚度 $b_w$ 不大于 500mm 时,可采用双排配筋;当 $b_w$ 为 500~800mm 时,宜采用三排配筋;当 $b_w$ 大于 800mm 时,宜采用四排配筋。各排分布钢筋之间的拉结筋间距不应大于 700mm,直径不宜小于 6mm,在底部加强部位,约束边缘构件以外的拉结筋间距尚应适当加密。

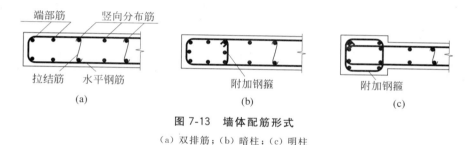

图 7-13　墙体配筋形式

（a）双排筋；（b）暗柱；（c）明柱

## 2. 分布钢筋最小配筋率

墙板内分布钢筋有以下两方面作用：①当斜裂缝出现后能限制斜裂缝的扩展，防止混凝土开裂后发生脆性破坏，并使墙在破坏前有一定预兆，使剪压破坏有一定的延性；②如因温度收缩或其他原因产生裂缝时，剪力墙仍能抵抗外荷载。

虽然在截面计算中竖向和水平分布钢筋分别抵抗弯矩和剪力，但是在上述两方面，它们的作用是类似的。因此，剪力墙中竖向分布筋和水平分布筋的最小配筋率是相同的。根据试验及设计经验，《高层规程》规定的分布筋构造要求如表 7-2 所列。

表 7-2　剪力墙竖向和水平分布钢筋最小配筋率

| 适用情况 | 抗震等级 | 最小配筋率/% | 最大间距/mm | 最小直径/mm |
|---|---|---|---|---|
| 一般<br>剪力墙 | 非抗震，四级 | 0.2 | 300 | 8 |
| | 一、二、三级 | 0.25 | 300 | 8 |
| B 级高度剪力墙 | 特一级 | 0.35<br>0.40（底部加强部位） | 300 | 8 |
| 1. 房屋顶层<br>2. 长矩形平面的楼电梯间<br>3. 纵向剪力墙的端开间<br>4. 端山墙 | 抗震与非抗震 | 0.25 | 200 | — |

分布筋的配筋率按下式计算：

$$\rho_{sw} = \frac{A_{sw}}{b_w s} \tag{7-30}$$

式中：$A_{sw}$——间距 $s$ 范围内配置在同一截面内的竖向或水平分布钢筋各肢总面积。

加强部位是指一些应力情况比较复杂，温度收缩应力大或者容易出现裂缝的部位，这些部位的配筋率应提高。这些部位是：剪力墙底层及顶层；现浇山墙；楼电梯间墙；内纵墙端开间；抗震剪力墙的塑性铰区。

抗震剪力墙的塑性铰部位将在下面各节中具体讨论。

## 3. 纵向钢筋的切断点位置

剪力墙的纵向受力钢筋宜在端部设置直径较大的钢筋，即使计算不需端部竖向钢筋时，也应按构造要求配置。这一点将在下一段中专门讨论。现在先说明纵向钢筋的切断点位置,要考虑由斜裂缝引起的计算弯矩的变化。在水平荷载作用下,剪力墙的弯矩图如图 7-14(a)所示。如果按弯矩图可在 B 点切断的钢筋,称 B 点为理论切断点。当纵向钢筋在 B 点切断后,水平裂缝可能向压区倾斜发展成斜裂缝,如图 7-14(b)中所示,C 截面的钢筋仍将承受 $M_B$ 弯矩。假定斜裂缝为 45°倾斜,则竖向钢筋应伸至 B 点之外 $h_w$ 长度处,再加上适当的锚固长度后切断,才能抵抗 $M_B$,所以,实际切断点应为 D 点,即从理论切断点延伸一个墙高和一个锚固长度后,为实际切断点,如图 7-14(c)中所示。

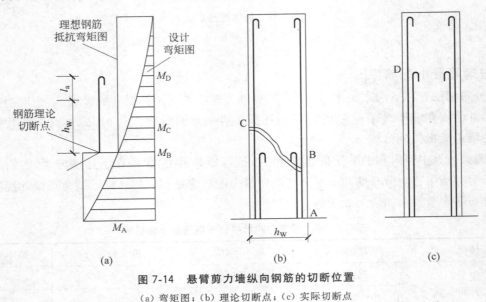

图 7-14 悬臂剪力墙纵向钢筋的切断位置

(a) 弯矩图;(b) 理论切断点;(c) 实际切断点

#### 4. 剪力墙洞口配筋

当剪力墙上开洞时,在洞口边缘必须配置竖向及水平钢筋以抵抗洞口角部的应力集中,必要时还可配斜向(成 45°角)钢筋。

当墙上开门窗洞口时,洞口边缘钢筋必须按连梁及墙肢等构件截面计算结果配置。当计算不需要时,应在洞口每侧分别设置两根面积不小于 $0.6A_{sh}$ 的构造钢筋,$A_{sh}$ 为被洞口切断的分布钢筋的总截面面积。构造钢筋直径不宜小于 12mm,自孔边伸入墙内的长度应不小于第 6 章对纵筋的锚固要求(式(6-38)~式(6-41)),见图 7-15。

当剪力墙上开小洞口(如穿管道需要的小洞),而未切断原有分布筋时,可利用分布筋作洞口边的钢筋;当洞口已切断分布筋时,则每边应放置不小于切断的钢筋面积,并且不少于 2Φ8 构造筋。

### 7.3.3 抗震延性悬臂剪力墙的设计和构造

在抗震结构中,应当设计延性剪力墙。要使悬臂剪力墙具有延性,就要:①控制塑性铰在某个恰当的部位出现;②在塑性铰区防止过早出现剪切破坏(即按强剪弱弯设计),并防止过早出现锚固破坏(强

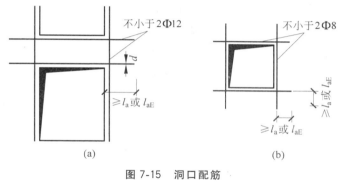

**图 7-15　洞口配筋**

(a) 门窗洞口；(b) 小洞口

锚固)；③在塑性铰区改善抗弯及抗剪钢筋构造，控制斜裂缝开展，充分发挥弯曲作用下抗拉钢筋的延性作用。

悬臂剪力墙的塑性铰通常出现在底截面。因此，剪力墙下部 $h_w$ 高度范围内($h_w$ 为截面高度)是塑性铰区，称为底部加强区。与此相应，《高层规程》规定了抗震设计时，剪力墙底部加强部位的范围，应符合以下规定：底部加强部位的高度，应从地下室顶板算起；底部加强部位的高度可取底部两层和墙体总高度的 1/10 二者的较大值；当结构计算嵌固端位于地下一层底板或以下时，底部加强部位宜延伸到计算嵌固端。

### 1. 试验结果的警示

试验研究表明(详细的试验资料见参考文献[1]中的 10-2 节)：

①剪力墙截面有无翼缘对剪力墙延性影响很大。当截面没有翼缘时，延性较差；有了翼缘和端柱后，延性大大提高。②剪力墙轴向力加大，截面承载力提高了，但延性明显降低。③总钢筋用量基本相等，但端部钢筋与分布钢筋的分配比例不同时，当端部钢筋增加、分布钢筋减少时，既可提高承载力，又可提高延性。④混凝土强度等级对抗弯承载力影响不大，但对延性影响很大。当混凝土强度等级低于 C20 时，延性将很小。

进一步的分析还表明，与压弯构件情况一样，在弯曲破坏条件下影响延性最根本的因素是受压区高度和混凝土极限应变值。受压区高度减小或混凝土极限应变加大都可以增加截面的极限曲率，延性会提高；反之，则延性会降低。

在不对称配筋时，可能由于受拉钢筋过多而加大受压区高度；在对称配筋时，可能由于轴压力较大而使受压区高度增加，这都会使剪力墙延性降低。此时，应设法提高混凝土的极限应变值，以提高延性。因此，在剪力墙端部钢筋较多而成多排布置时，或在高度大于 50m 的建筑中，宜在混凝土压区配置钢箍，形成暗柱或明柱，如图 7-13(b) 及 (c) 所示。暗柱或明柱内箍筋都要加密，不仅可以约束混凝土，提高混凝土极限应变，还可以使剪力墙具有较强的边框，阻止剪切裂缝迅速贯通全墙；即使在腹板混凝土酥裂后，端柱仍可抗弯和抗剪，使结构不至于倒塌，这对抗震是很有利的。

### 2. 剪力墙的轴压比、边缘构件和约束边缘构件

轴压比是影响剪力墙在地震作用下塑性变形能力的主要因素。相同条件的剪力墙，轴压比低的，其

延性大；轴压比高的，其延性小。因此《高层规程》增加了剪力墙最大平均轴压比限制的规定，以保证剪力墙的延性要求；并根据剪力墙轴压比的大小规定了设置剪力墙边缘构件及配筋的构造要求。

重力荷载代表值作用下，一、二、三级剪力墙墙肢的轴压比不宜超过表 7-3 的限值。

表 7-3　剪力墙墙肢轴压比限值

| 等级或烈度 | 一级（9 度） | 一级（6、7、8 度） | 二、三级 |
|---|---|---|---|
| 轴压比 $\dfrac{N}{f_c A_w}$ | 0.4 | 0.5 | 0.6 |

注：$N$——重力荷载作用下剪力墙肢的最大轴力；

　　$A_w$——剪力墙段或墙肢截面面积。

1）约束边缘构件与构造边缘构件的应用范围

剪力墙两端和洞口两侧应设置边缘构件，并应符合下列规定：

（1）一、二、三级剪力墙底层墙肢底截面的轴压比大于表 7-4 的规定值时，以及部分框支剪力墙结构的剪力墙，应在底部加强部位及相邻的上一层设置约束边缘构件，约束边缘构件应符合下面的规定；

（2）除（1）所列部位外，剪力墙应按下面第 2）条设置构造边缘构件；

（3）B 级高度高层建筑的剪力墙，宜在约束边缘构件层与构造边缘构件层之间设置 1～2 层过渡层，过渡层边缘构件的箍筋配置要求可低于约束边缘构件的要求，但应高于构造边缘构件的要求。

表 7-4　剪力墙可不设约束边缘构件的最大平均轴压比

| 等级或烈度 | 一级（9 度） | 一级（6、7、8 度） | 二、三级 |
|---|---|---|---|
| 轴压比 $\dfrac{N}{f_c A_w}$ | 0.1 | 0.2 | 0.3 |

2）构造边缘构件的要求

剪力墙构造边缘构件的范围宜按图 7-16 中阴影部分采用，其最小配筋应满足表 7-5 的规定，并应符合下列规定：

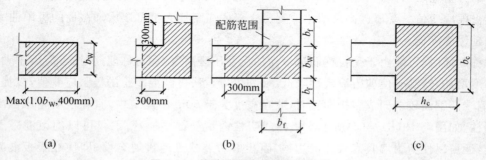

图 7-16　构造边缘构件的配筋范围
(a) 暗柱；(b) 翼柱；(c) 端柱

（1）竖向配筋应满足正截面受压（受拉）承载力的要求。

（2）当端柱承受集中荷载时，其竖向钢筋、箍筋直径和间距应满足框架柱的相应要求。

（3）箍筋、拉筋沿水平方向的肢距不宜大于 300mm，不应大于竖向钢筋间距的 2 倍。

（4）抗震设计时，对于连体结构、错层结构以及 B 级高度高层建筑结构中的剪力墙（筒体），其构造边缘构件的最小配筋应符合下列要求：

① 竖向钢筋最小量应比表 7-5 中的数值提高 $0.001A_c$ 采用；

② 箍筋的配筋范围宜取图 7-16 中阴影部分，其配箍特征值 $\lambda_v$ 不宜小于 0.1。

（5）非抗震设计的剪力墙，墙肢端部应配置不少于 4Φ12 的纵向钢筋，箍筋直径不应小于 6mm、间距不宜大于 250mm。

表 7-5　剪力墙构造边缘构件的最小配筋要求

| 设 计 等 级 | | 一 般 部 位 | | 底 部 加 强 部 位 | |
|---|---|---|---|---|---|
| | | 竖向钢筋最小量（取较大值） | 钢箍最小量 | 竖向钢筋最小量（取较大值） | 钢箍最小量 |
| 非抗震 | | — | — | 4Φ12 或 2Φ16 | Φ6@250 |
| 抗震 | 一级 | $0.008A_c$，6Φ4 | Φ8@150 | $0.010A_c$，6Φ16 | Φ8@100 |
| | 二级 | $0.006A_c$，6Φ12 | Φ8@200 | $0.008A_c$，6Φ14 | Φ8@150 |
| | 三级 | $0.004A_c$，4Φ12 | Φ6@200 | $0.006A_c$，4Φ12 | Φ6@150 |
| | 四级 | $0.004A_c$，4Φ12 | Φ6@250 | $0.005A_c$，4Φ12 | Φ6@200 |

注：（1）$A_c$ 为构造边缘构件纵向构造钢筋的墙体面积，即图 7-16 中剪力墙截面的阴影部分。

　　（2）其他部位的转角处宜采用箍筋。

3）约束边缘构件的要求

对上述的剪力墙墙段或墙肢，最大轴压比介于表 7-3 与表 7-4 之间时，应设置符合表 7-6 要求的约束边缘构件。剪力墙的约束边缘构件可为暗柱、端柱和翼墙（见图 7-17），并应符合下列规定：

（1）约束边缘构件沿墙肢的长度 $l_c$ 和箍筋配箍特征值 $\lambda_v$ 应符合表 7-6 的要求，其体积配箍率 $\rho_v$ 应按下式计算：

$$\rho_v = \lambda_v \frac{f_c}{f_{yv}} \tag{7-31}$$

式中：$\rho_v$——箍筋体积配箍率，可计入箍筋、拉筋以及符合构造要求的水平分布钢筋，计入的水平分布钢筋的体积配箍率不应大于总体积配箍率的 30%；

　　　　$\lambda_v$——约束边缘构件配箍特征值；

　　　　$f_c$——混凝土轴心抗压强度设计值，混凝土强度等级低于 C35 时，应取 C35 的混凝土轴心抗压强度设计值；

　　　　$f_{yv}$——箍筋、拉筋或水平分布钢筋的抗拉强度设计值。

（2）剪力墙约束边缘构件阴影部分（见图 7-17）的竖向钢筋除应满足正截面受压（受拉）承载力计算要求外，其配筋率一、二、三级时分别不应小于 1.2%、1.0% 和 1.0%，并分别不应少于 8Φ16、6Φ16 和 6Φ14 的钢筋（Φ 表示钢筋直径）。

表 7-6　约束边缘构件沿墙肢的长度 $l_c$ 及其配箍特征值 $\lambda_v$

| 项　目 | 一级(9 度) | | 一级(6、7、8 度) | | 二、三级 | |
|---|---|---|---|---|---|---|
| | $\mu_N \leqslant 0.2$ | $\mu_N > 0.2$ | $\mu_N \leqslant 0.3$ | $\mu_N > 0.3$ | $\mu_N \leqslant 0.4$ | $\mu_N > 0.4$ |
| $l_c$(暗柱) | $0.20h_w$ | $0.25h_w$ | $0.15h_w$ | $0.20h_w$ | $0.15h_w$ | $0.20h_w$ |
| $l_c$(翼墙或端柱) | $0.15h_w$ | $0.20h_w$ | $0.10h_w$ | $0.15h_w$ | $0.10h_w$ | $0.15h_w$ |
| $\lambda_v$ | 0.12 | 0.20 | 0.12 | 0.20 | 0.12 | 0.20 |

注：(1) $\mu_N$ 为墙肢在重力荷载代表值作用下的轴压比，$h_w$ 为墙肢的长度。

　　(2) 剪力墙的翼墙长度小于翼墙厚度的 3 倍或端柱截面边长小于 2 倍墙厚时，按无翼墙、无端柱查表。

　　(3) $l_c$ 为约束边缘构件沿墙肢的长度(见图 7-17)。对暗柱不应小于墙厚和 400mm 的较大值；有翼墙或端柱时，不应小于翼墙厚度或端柱沿墙肢方向截面高度加 300mm。

（3）约束边缘构件内箍筋或拉筋沿竖向的间距，一级不宜大于 100mm，二、三级不宜大于 150mm；箍筋、拉筋沿水平方向的肢距不宜大于 300mm，不应大于竖向钢筋间距的 2 倍。

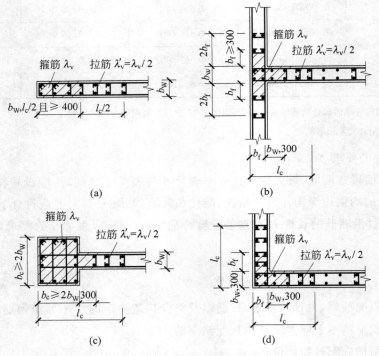

图 7-17　剪力墙的约束边缘构件

（a）矩形和无翼墙端部(暗柱)；（b）有翼墙的端部；（c）有端柱的端部；（d）转角墙端部

约束边缘构件的高度，应向上延伸到底部加强部位以上，不小于约束边缘构件纵向钢筋锚固长度的高度。

### 3. 强剪切、强锚固

由于剪力墙截面高度较大,腹板厚度较小,对剪切变形比较敏感。首先,在塑性铰区必须按照强剪弱弯的设计原则,用截面达到屈服时的剪力进行截面抗剪验算,以保证在出现塑性铰之前,墙肢不剪坏。此外,墙肢很容易出现斜裂缝。截面屈服以后,在反复荷载作用下,斜裂缝扩展,会使腹板混凝土酥裂破碎,剪力墙的塑性铰区会出现很大滑移,使构件丧失承载能力而延性减小。因此,在塑性铰区,限制剪压比应当更加严格,分布钢筋的数量应适当增加,配筋形式亦可改进,以改善腹板混凝土的性能。

为保证塑性铰范围内不过早出现剪切破坏,一、二、三级抗震时,要使截面抗剪承载力超过抗弯承载力。为此,剪力墙底部加强区截面的剪力设计值 $V$ 在一、二、三级抗震时应按下式调整,在四级抗震及无地震作用组合时可不调整。

$$V = \eta_{vw} V_w \tag{7-32}$$

9 度时尚应符合

$$V = 1.1 \frac{M_{Wu}}{M_W} V_w \tag{7-33}$$

式中: $V$——考虑地震作用组合的剪力墙加强部位的剪力设计值;

$V_w$——考虑地震作用组合的剪力墙加强部位的剪力计算值;

$M_{Wu}$——除以承载力抗震调整系数 $\gamma_{RE}$ 后的正截面抗弯承载力,按实际配筋面积、材料强度标准值和轴向力设计值确定,有翼墙时考虑两侧各一倍翼墙厚度范围内配筋;

$\eta_{vw}$——剪力增大系数,一级为 1.6,二级为 1.4,三级为 1.2。

延性剪力墙塑性铰区的抗剪配筋,用式(7-32)或式(7-33)得到的剪力值代入式(7-25)或式(7-26)进行验算。验算剪压比是否满足要求时,式(7-28)和式(7-29)中也要用式(7-32)或式(7-33)所得的剪力值。

在其他情况下,设计剪力值均取内力组合时得到的最大剪力。

由于剪力墙刚度及强度都比较大,因此由水平荷载产生的倾覆力矩很大,当剪力墙本身设计得足够安全时,要注意校核基础的抗倾覆能力。基础承台要按剪力墙出现塑性铰时达到的弯矩(并考虑有可能超强)进行设计。

还要注意剪力墙钢筋在基础中的锚固。1964 年美国阿拉斯加地震时,四季公寓中剪力墙筒体整体倒塌,引起结构倒塌,据分析原因之一是筒体底部钢筋锚固失效。

### 4. 水平施工缝截面抗滑移验算

由于施工工艺要求,在各层楼板标高处都存在施工缝。施工缝可能形成薄弱部位,出现剪切滑移,见图 7-12(d)。特别是在地震作用下,施工缝容易开裂,开裂后主要依靠竖向钢筋和摩擦力抵抗滑移,而在竖向地震作用下,摩擦力将减小。因此,在一级抗震设计中,水平施工缝抗滑移验算公式如下:

$$V_{Wj} \leqslant \frac{1}{\gamma_{RE}} (0.6 f_y A_s + 0.8 N) \tag{7-34}$$

式中:$V_{wj}$——水平施工缝处设计剪力,由式(7-32)计算得到;

$N$——水平施工缝处考虑地震作用组合的最不利轴向力设计值,压力取正值,拉力取负值;

$A_s$——剪力墙水平施工缝处腹板内竖向分布钢筋、竖向插筋和边缘构件(不包括两侧翼墙)纵向钢筋的总截面面积。

当用上式验算不能满足时,可以配置抗滑移竖向附加筋,附加筋在施工缝上下均应满足锚固长度要求,其面积可计入 $A_s$。

## 7.3.4 延性悬臂剪力墙截面设计和构造要求要点

上面分段对延性悬臂剪力墙截面设计和构造要求进行了讨论。为了使条理更为清楚,现将其要点小结如下。

### 1. 截面承载力计算

(1) 正截面抗弯承载力计算,主要用来求纵向受力钢筋,分三种情形:

大偏心受压,基本计算公式为式(7-8)和式(7-9);小偏心受压,基本计算公式为式(7-13)和式(7-14);偏心受拉,其中大偏心受拉基本计算公式为式(7-17)和式(7-18)。

(2) 斜截面抗剪承载力计算,基本计算公式为式(7-25)和式(7-26)。

(3) 剪力墙截面尺寸及剪压比限制,计算公式为式(7-27)~式(7-29)。

### 2. 按剪力墙轴压比的大小分三种情况

(1) 不应超过的最大平均轴压比限值,见表 7-3;

(2) 按构造要求设置剪力墙边缘构件的最大平均轴压比限值,见表 7-4,满足时按表 7-5 配置边缘构件钢筋;

(3) 应设置约束边缘构件的剪力墙,最大平均轴压比介于表 7-3 与表 7-4 所规定的数值之间,边缘构件竖向钢筋按表 7-4 配置,约束边缘构件范围 $l_c$ 和其含箍特征值 $\lambda_v$ 见表 7-6。

### 3. 塑性铰区强剪弱弯的剪力设计值

为保证塑性铰区强剪弱弯的剪力设计值,按式(7-32)和式(7-33)选用。

### 4. 其他配筋构造要求

混凝土强度等级不应低于 C20。必须特别注意墙基底处钢筋的锚固与搭接;尽量把抗弯要求的钢筋放在剪力墙的端部;水平和竖向分布钢筋的配置(见表 7-2)等。

## 7.4　开洞剪力墙设计和构造

### 7.4.1　开洞剪力墙的破坏形态和设计要求

开洞剪力墙,或称联肢剪力墙,简称联肢墙,是指由连梁和墙肢构件组成的开有较大规则洞口的剪力墙。

开洞剪力墙在水平荷载作用下的破坏形态与开洞的大小、连梁与墙肢的刚度及承载力等有很大的关系(有关试验资料可参见参考文献[1]10-3 节),下面作一些示意性的说明。

当连梁的刚度及抗弯承载力大大小于墙肢的刚度和抗弯承载力,且连梁具有足够的延性时,则塑性铰先在连梁端部出现,待墙肢底部出现塑性铰以后,才能形成图 7-18(a)所示的机构。数量众多的连梁端部塑性铰在形成过程中既能吸收地震能量,又能继续传递弯矩与剪力,对墙肢形成的约束弯矩使剪力墙保持足够的刚度与承载力,墙肢底部的塑性铰亦具有延性。这样的开洞剪力墙延性最好。

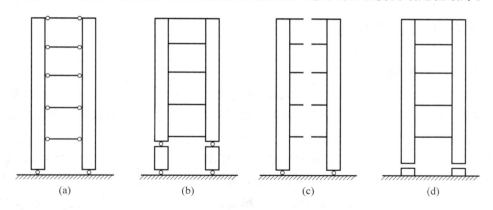

**图 7-18　开洞剪力墙的破坏机构**

(a) 连梁端出现塑性铰；(b) 墙肢出现塑性铰；(c) 连梁剪坏；(d) 墙肢剪坏

当连梁的刚度及承载力很大时,连梁不会屈服,这时开洞墙与整体悬臂墙类似,要靠底层出现塑性铰,如图 7-18(b)所示,然后才能破坏。只要墙肢不过早剪坏,则这种破坏仍然属于有延性的弯曲破坏,但是与图 7-18(a)相比,耗能集中在底层少数几个铰上。这样的破坏远不如前面的多铰机构抗震性能好。

当连梁的抗剪承载力很小,首先受到剪切破坏时,会使墙肢失去约束而形成单独墙肢(见图 7-18(c))。与连梁不破坏的墙相比,墙肢中轴力减小,弯矩加大,墙的侧向刚度大大降低,但是,如果能保持墙肢处于良好的工作状态,那么结构仍可继续承载,直到墙肢截面屈服才会形成机构。只要墙肢塑性铰具有延性,这种破坏也是属于延性的弯曲破坏。

墙肢剪坏是一种脆性破坏,因而没有延性或延性很小(见图 7-18(d))。值得引起注意的是由于连梁过强而引起的墙肢剪坏。当连梁刚度和屈服弯矩较大时，在水平荷载下墙肢内的轴力很大，造成两个墙肢轴力相差悬殊，在受拉墙肢出现水平裂缝或屈服以后，塑性内力重分配的结果会使受压墙肢担负大部分剪力，如果设计时未充分考虑这一因素，将会造成该墙肢过早剪坏，延性减小。

从上面的破坏形态分析可知，按照"强墙弱梁"原则设计开洞剪力墙，并按照"强剪弱弯"要求设计墙肢及连梁构件，可以得到较为理想的延性剪力墙结构。它比悬臂墙更为合理。如果连梁较强而形成整体墙，则要注意与悬臂墙相类似的塑性铰区的加强设计。如果连梁跨高比较大而可能出现剪切破坏，则要按照抗震结构"多道设防"的原则（见7.4.3节），考虑几个独立墙肢抵抗地震作用的情况设计墙肢。

开洞剪力墙在风荷载及小地震作用下，按照弹性计算内力进行荷载组合后，再进行连梁及墙肢的截面，配筋计算。

应当注意，沿房屋高度方向，内力最大的连梁不在底层。应选择内力最大的连梁进行截面和配筋计算；或沿高度方向分成几段，选择每段中内力最大的梁进行截面和配筋计算。

沿高度方向墙肢截面、配筋也可以改变，由底层向上逐渐减少，分成几段分别进行截面、配筋计算。开洞剪力墙的截面尺寸、混凝土等级、正截面抗弯计算，斜截面抗剪计算和配筋构造要求等都与悬臂墙相同，不再重复。

## 7.4.2 连梁截面设计和构造

### 1. 连梁受力与变形特点

剪力墙中的连梁通常跨度较小而梁高较大，在住宅、旅馆等建筑中采用剪力墙结构时，连梁跨高比可能小于2.5，有时接近1。这种连梁的受力性能与一般垂直荷载下的深梁不同（竖向荷载产生的弯矩与剪力不大），在水平荷载下它与墙肢相互作用产生的约束弯矩与剪力较大，约束弯矩和剪力在梁两端方向相反。这种反弯作用使梁产生很大的剪切变形，对剪应力十分敏感，容易出现斜裂缝。特别在反复荷载作用下易形成交叉裂缝，使混凝土酥裂，导致剪切破坏（见图7-19），延性较差。因此，有地震作用时，连梁抗剪承载力降低，其中跨高比小于2.5的连梁抗剪承载力更低。

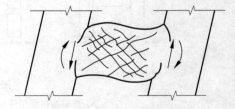

**图7-19 连梁受力与变形**

### 2. 连梁截面配筋计算

抗弯承载力验算，按普通受弯构件的抗弯承载力公式进行计算。

连梁通常都采用对称配筋（$A_s = A_s'$）。试验实测结果表明，在对称配筋时可以采用下面的简化公式

$$M \leqslant f_y A_s (h_{b0} - a') \tag{7-35}$$

式中：$A_s$——受力纵向钢筋面积；

$h_{b0} - a'$——上下受力钢筋中心之间的距离。

连梁的剪力设计值 $V_b$ 应按下节延性联肢墙设计要求的"强剪弱弯"原则，按式(7-42)和式(7-43)进行调整。

抗剪承载力验算按下列公式计算。

无地震作用组合时

$$V_b \leqslant 0.7 f_t b_b h_{b0} + f_{yv} \frac{A_{sv}}{s} h_{b0} \qquad (7\text{-}36)$$

有地震作用组合时

跨高比大于 2.5 时

$$V_b \leqslant \frac{1}{\gamma_{RE}} \left( 0.42 f_t b_b h_{b0} + f_{yv} \frac{A_{sv}}{s} h_{b0} \right) \qquad (7\text{-}37)$$

跨高比不大于 2.5 时

$$V_b \leqslant \frac{1}{\gamma_{RE}} \left( 0.38 f_t b_b h_{b0} + 0.9 f_{yv} \frac{A_{sv}}{s} h_{b0} \right) \qquad (7\text{-}38)$$

同时,为了不使斜裂缝过早出现,或混凝土过早破坏,连梁截面尺寸不应太小,应符合下列要求:

无地震作用组合时

$$V_b \leqslant 0.25 \beta_c f_c b_b h_{b0} \qquad (7\text{-}39)$$

有地震作用组合时

跨高比大于 2.5 时
$$V_b \leqslant \frac{1}{\gamma_{RE}} (0.20 \beta_c f_c b_b h_{b0}) \qquad (7\text{-}40)$$

跨高比不大于 2.5 时
$$V_b \leqslant \frac{1}{\gamma_{RE}} (0.15 \beta_c f_c b_b h_{b0}) \qquad (7\text{-}41)$$

剪力墙的连梁不满足式(7-39)~式(7-41)的要求时,可采取下列措施:

(1) 减小连梁截面高度或采取其他减小连梁刚度的措施。

(2) 抗震设计剪力墙连梁的弯矩可塑性调幅;内力计算时已经按规定降低了刚度的连梁(见下段),其弯矩值不宜再调幅,或限制再调幅范围。此时,应取弯矩调幅后相应的剪力设计值校核其是否满足(式(7-39)~式(7-41))的规定;剪力墙中其他连梁和墙肢的弯矩设计值宜视调幅连梁数量的多少而相应适当增大。

(3) 当连梁破坏对承受竖向荷载无明显影响时,可按独立墙肢的计算简图进行第二次多遇地震作用下的内力分析,墙肢截面应按两次计算的较大值计算配筋。

### 3. 连梁配筋构造

一般连梁的跨高比都较小,容易出现剪切斜裂缝,为防止斜裂缝出现后的脆性破坏,除了采取减小其名义剪应力、加大其箍筋配置的措施外,还应在构造上提出一些特殊要求,如对钢筋锚固、箍筋加密区范围、腰筋配置等作了规定。连梁中配筋构造见图 7-20 和图 7-21。

抗震等级为一、二级时,连梁上下纵向受力钢筋伸入墙内的长度 $l_{aE}$ 不应小于 $1.15 l_a$;三级时,不应小于 $1.05 l_a$;四级及非抗震设计时,不应小于 $l_a$;并且伸入墙内长度不应小于 600mm(见图 7-21)。$l_a$ 为钢筋的锚固长度。

抗震设计时,沿连梁全长箍筋的构造要求应按框架梁梁端加密区箍筋构造要求采用,见表 6-2;非抗震设计时,箍筋直径应不小于 6mm,间距不大于 150mm。

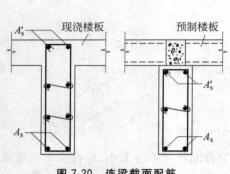

图 7-20 连梁截面配筋

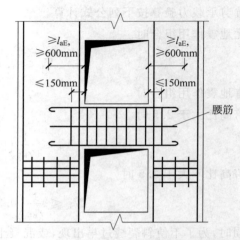

图 7-21 连梁配筋与锚固

在顶层连梁伸入墙体的钢筋长度范围内，应配置间距不大于 150mm 的构造箍筋，构造箍筋直径与该连梁的箍筋直径相同。

截面高度大于 700mm 的连梁，在梁的两侧沿高度每隔 200mm 应设置一根直径不小于 8mm 的纵向构造钢筋（腰筋），间距不应大于 200mm 两排腰筋之间要设置一些拉结筋，如图 7-20 和图 7-21 所示。

在跨高比不大于 2.5 的连梁中，梁两侧的纵向分布筋的面积配筋率应不低于 0.3%，并可将墙肢中水平钢筋与连梁沿梁高配置的腰筋连续配置，以加强剪力墙的整体性。

跨高比（$l/h_b$）不大于 1.5 倍的连梁，非抗震设计时，其纵向钢筋的最小配筋率可取为 0.2%；抗震设计时，其纵向钢筋的最小配筋率宜符合表 7-7 的要求；跨高比大于 1.5 的连梁，其纵向钢筋的最小配筋率可按框架梁的要求采用。

表 7-7　跨高比不大于 1.5 的连梁纵向钢筋的最小配筋率　　　　　　　　　　　　　　%

| 跨　高　比 | 最小配筋率（采用较大值） |
| --- | --- |
| $l/h_b \leqslant 0.5$ | $0.20, 45 f_t/f_y$ |
| $0.5 < l/h_b \leqslant 1.5$ | $0.25, 55 f_t/f_y$ |

剪力墙结构连梁中，非抗震设计时，顶面及底面单侧纵向钢筋的最大配筋率不宜大于 2.5%；抗震设计时，顶面及底面单侧纵向钢筋的最大配筋率宜符合表 7-8 的要求。如不满足，则应按实配钢筋进行连梁强剪弱弯的验算。

表 7-8　连梁纵向钢筋的最大配筋率　　　　　　　　　　　　　　%

| 跨　高　比 | 最大配筋率 |
| --- | --- |
| $l/h_b \leqslant 1.0$ | 0.6 |
| $1.0 < l/h_b \leqslant 2.0$ | 1.2 |
| $2.0 < l/h_b \leqslant 2.5$ | 1.5 |

## 7.4.3 延性联肢墙设计

### 1."强墙弱梁"的整体设计和"强剪弱弯"的构件设计

联肢剪力墙是多次超静定结构,设计时应使联肢剪力墙的连梁上首先出现塑性铰吸收地震能量,从而避免墙肢的严重破坏,它具有比悬臂剪力墙更好的抗震性能。

要设计"强墙弱梁"的联肢剪力墙,首先要保证墙肢不过早出现脆性的剪切破坏,应设计延性的墙肢;其次应使连梁屈服早于墙肢屈服;同时尽可能避免连梁中过早出现脆性的剪切破坏,即要设计延性的连梁。这样,当连梁屈服以后,可以吸收地震能量,同时又能继续起到约束墙肢的作用,使联肢墙的刚度与承载力均维持在一定水平。如果部分连梁剪坏或全部剪坏,则墙肢间约束将削弱或全部消失,使联肢墙蜕化为两个或多个独立墙肢,结构的刚度会大大降低,承载力也将随之降低。

在延性联肢墙中,延性连梁的设计是主要矛盾。但防止墙肢过早破坏,设计延性墙肢则是保证整幢结构安全抗震的关键。

为了使连梁首先屈服,可以对连梁中的弯矩进行调整。降低连梁弯矩,按降低后弯矩进行配筋,可以使连梁抗弯承载力降低,从而使连梁较早出现塑性铰,又降低了梁中的平均剪应力,可以改善其延性。降低连梁弯矩可以采用以下方法:

(1)在进行弹性内力分析时,适当降低连梁刚度,(《高层规程》中规定高层建筑结构地震作用效应计算时,可对剪力墙连梁刚度予以折减,折减系数不宜小于 0.5)。例如在联肢墙中,取 $l = l_0 + h_b/2$ 作为连梁的计算跨度(见 4.4 节);计算框剪结构时,将连梁刚度乘以折减系数 $\beta_h$(见 5.3 节);或直接采用连梁的开裂刚度等。这种方法与一般弹性计算方法并无区别,且可自动调整墙肢内力(增大),比较简便。

(2)用弹性分析所得的内力进行内力调幅,按调幅以后的弯矩设计连梁配筋。一般是将中部弯矩最大的一些连梁的弯矩调小,调幅(比弹性计算降低)大约在 20% 以内。中部连梁的弯矩设计值降低以后,其余部位的连梁和墙肢弯矩设计值应相应地提高,如图 7-22 所示,以维持静力平衡。

无论哪一种方法,如果与弹性内力相比,连梁弯矩降低得越多,它就越早出现塑性铰,塑性转动也会越大,对连梁的延性要求就越高。所以,应当限制连梁的调幅值,同时注意应使这些连梁能抵抗正常使用荷载和风荷载下的内力,钢筋不能在这些内力下屈服。

要使连梁具有延性,还要按照"强剪弱弯"的构件设计要求,使连梁的剪力设计值等于或大于连梁的抗弯极限状态相应的剪力,即连梁的剪力设计值应按下列规定计算。

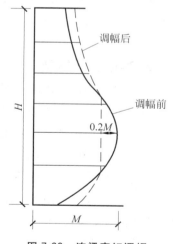

**图 7-22 连梁弯矩调幅**

无地震作用组合时,以及有地震作用组合的四级抗震时,取考虑水平荷载组合的剪力设计值。

有地震作用组合的一、二、三级抗震时,连梁剪力设计值应按下式进行调整

$$V_b = \eta_{vb} \frac{M_b^l + M_b^r}{l_n} + V_{Gb} \tag{7-42}$$

9 度设防时尚应符合

$$V_b = 1.1 \frac{M_{bu}^l + M_{bu}^r}{l_n} + V_{Gb} \tag{7-43}$$

式中：$M_{bu}^l$，$M_{bu}^r$——连梁两端截面考虑抗震调整系数的极限弯矩值,分别取上下实际纵向配筋为受拉钢筋,并按钢筋标准设计强度计算;

$\quad\quad\quad M_b^l$，$M_b^r$——考虑地震作用组合得到的梁左右端计算弯矩,取一对较大弯矩值计算,当两端均为负弯矩时,绝对值较小一端的弯矩取零;

$\quad\quad\quad V_{Gb}$——竖向荷载作用下按简支梁计算的端部剪力;

$\quad\quad\quad l_n$——连梁净跨;

$\quad\quad\quad \eta_{vb}$——连梁剪力的增大系数,一级为 1.3,二级为 1.2,三级为 1.1。

　　另外,对联肢墙的墙肢作抗剪验算时,也要按强剪弱弯的要求进行,避免墙肢过早出现剪切破坏。特别要提出的是,当连梁屈服形成强墙弱梁状态时,由于下面一些因素影响,墙肢剪力可能加大:

　　(1) 连梁屈服以后,连梁剪力较弹性计算时加大,墙肢轴力也相应改变,这将改变墙肢的抵抗弯矩。轴压力增大的墙肢抵抗弯矩增大,轴压力减小的墙肢则抵抗弯矩减小。

　　(2) 墙肢轴力加大,会使轴力形成的力偶 $Nl$ 加大,这将进一步提高联肢墙的抵抗弯矩及剪力。

　　(3) 由于不同墙肢承受轴力和弯矩相差悬殊,出现裂缝及塑性变形后,墙肢刚度发生变化,墙肢之间剪力将产生重分配。

　　其中特别是拉压墙肢之间的塑性重分配现象,影响较大。受压墙肢刚度变大,剪力将比弹性计算时增大;受拉墙肢刚度变小,剪力相应减小。因此,当一个墙肢可能出现偏心受拉时,另一个受压墙肢的弯矩和剪力应适当加大,乘以 1.25 增大系数后进行抗弯及抗剪承载力计算。

### 2. 其他设计措施

　　下面的一些设计措施对实现延性联肢墙有利,可供参考。

　　(1) 连梁采用扁梁、交叉配筋梁和开缝连梁。

　　当连梁截面尺寸不能满足式(7-36)~式(7-41)的要求时,可以如此处理:

　　减小连梁截面高度,加大连梁截面宽度,做成扁梁。

　　在连梁中采用交叉配筋方式(见图 7-23(a)),可以大大改善连梁的延性。试验研究(见参考文献[1] 10-3 节)表明,斜交叉配筋梁的滞回线丰满、稳定,吸收能量性能好,延性大。不仅连梁本身性能得到改善,对具有斜交叉配筋连梁的双肢墙滞回性能也较好。

　　在斜交叉配筋的梁中,剪力和弯矩的传递是通过斜筋的拉力和压力实现的,它对混凝土的依赖较少,只要斜筋不压屈、锚固不失效,它就可以继续承载,对墙肢仍然有约束作用。

　　在斜交叉配筋的连梁中,钢筋内力可以由图 7-23(b)表示的力平衡关系求得

$$T = C = \frac{V_b}{2\sin\alpha}$$

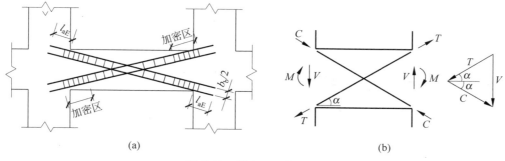

**图 7-23　斜交叉配筋连梁**

(a) 斜交叉配筋；(b) 斜交叉配筋连梁受力简图

$$M_{\mathrm{b}} = T\cos\alpha(h_{\mathrm{b0}} - a')$$

可以由 $T,C$ 求得所需钢筋面积,为了防止受压时钢筋压屈,需要将几根受压钢筋用钢箍固定,形成小柱。在连梁内还要按构造要求配置纵向及横向钢筋,形成网格状,以分散和减小混凝土中因斜筋受力出现的裂缝。采用斜交叉配筋时,梁截面宽度不能太小,不宜小于 300mm。有关斜交叉配筋连梁配筋和构造要求,见 8.3 节。

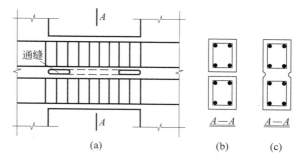

**图 7-24　开缝连梁和双功能连梁**

为了加大连梁跨高比,又能较好地起到在墙肢间传递剪力和弯矩的作用,可以在连梁中间预留一道水平缝,形成开缝连梁,如图 7-24 所示。图 7-24(c) 的梁是在截面中间形成薄弱部分,大变形下在此处开裂形成水平缝,分割为两根梁(见图 7-24(b)),这种梁亦可称为双功能连梁。试验证明,由于跨高比加大,减小了剪切变形影响,可以有效地防止斜拉剪切破坏,增加了延性。

开缝梁还适合于框筒结构中的高窗裙梁。

(2) 采用多道设防方法设计联肢墙。

在某些情况下,当连梁的延性不能保证时,或需要考虑在强震下结构的安全时,可采用另一种设计方法,即考虑连梁破坏后退出工作,按照单独墙肢工作,使墙肢处于弹性工作状态,以保证结构的安全。这种所谓"多道设防"的设计思想曾在马那瓜的美洲银行设计中运用,取得了很好的效果。美洲银行经过了 1972 年 12 月 23 日尼加拉瓜马那瓜地震,连梁出现剪切破坏,但整个结构没有受到损坏,而在美洲银行周围的建筑物大都破坏十分严重。

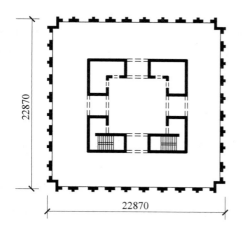

**图 7-25　美洲银行平面图**

美洲银行的平面图见图 7-25,主要抗侧力结构是四个小井筒,在每层都有连梁将它们联结成一个大井筒。因为需要走管道,在连梁中部开了很大的洞,使连梁抗剪能力大大削弱,设计时分别考虑了由大井筒抵抗侧力以及由四个独立小井筒抵抗侧力两种情况,因而墙肢中配筋较强。

## 7.5　框架-剪力墙结构设计和构造

　　框架-剪力结构是由框架和剪力墙两种构件组成的结构体系。框架作为一种构件已在第 6 章中讨论,剪力墙作为一种构件已在本章的前几节中讨论。本节将讨论框架-剪力墙结构中一些前面尚未涉及的设计和构造问题:框-剪结构中剪力墙的合理数量和布置,框-剪结构中框架内力的调整,有边框剪力墙设计和构造,板柱-剪力墙设计和构造等。

### 7.5.1　框架-剪力墙结构中剪力墙的合理数量

　　框架-剪力墙结构中,剪力墙布置多一些好,还是少一些好,一直是广大设计人员关注的焦点。近 40 年来,通过对多次地震中实际震害情况的分析表明,在钢筋混凝土结构中,剪力墙数量越多,地震震害减轻得越多。日本曾分析十胜冲地震和福井地震中钢筋混凝土建筑物的震害,揭示了一个重要规律:墙越多,震害越轻。1978 年罗马尼亚地震和 1988 年前苏联亚美尼亚地震都有明显的规律:框架结构在强震中大量破坏、倒塌,而剪力墙结构震害轻微。

　　因此,一般来说,多设剪力墙对抗震是有利的。但是,剪力墙超过了必要的限度,是不经济的,剪力墙太多,虽然有较强的抗震能力,但由于刚度太大,周期太短,地震作用要加大,不仅使上部结构材料增加,而且带来基础设计的困难。另外,框-剪结构中,框架的设计水平剪力有最低限值(见 7.5.4 节),剪力墙再增多,框架的材料消耗也不能再减少。所以,单从抗震的角度来说,剪力墙数量以多为好;从经济的角度看,剪力墙则不宜过多。这样,就有一个剪力墙合理数量的问题,既兼顾抗震性又考虑经济性两方面的要求。

　　目前已经有一些框架-剪力墙结构优化程序,可以在符合规范规定的前提下,合理布置剪力墙,使得用钢量或造价最低。但这类计算程序较为复杂,对于实际工程设计,尤其是在方案阶段,还多采用更简便、更实用的设计方法。

#### 1. 参照国内实际工程中的剪力墙数量

　　国内已建成大量框架-剪力墙结构,这些工程一般都有足够的剪力墙,使其刚度能满足要求,自振周期在合理范围,地震作用的大小也较合适。这些工程的设计经验,可以作为布置剪力墙时的参考。

　　作为一个指标,可以采用底层结构截面(即剪力墙截面面积 $A_w$ 和柱截面面积 $A_c$ 之和)与楼面面积 $A_f$ 之比,剪力墙截面面积 $A_w$ 与楼面面积 $A_f$ 之比。从一些设计较合理的工程来看,$(A_w+A_c)/A_f$ 值或 $A_w/A_f$ 值大约分布在表 7-9 的范围内。

表 7-9  底层结构截面面积与楼面面积之比  %

| 设计条件 | $(A_w + A_c)/A_f$ | $A_w/A_f$ |
|---|---|---|
| 7 度、Ⅱ类土 | 3～5 | 2～3 |
| 8 度、Ⅱ类土 | 4～6 | 3～4 |

当设防烈度、场地土情况不同时,可根据上述数值适当增减。

层数多、高度大的框架-剪力墙结构,宜取表 7-9 中的上限值。

剪力墙纵横两个方向总量在上述范围内,两个方向剪力墙的数量宜相近。

## 2. 剪力墙的数量按许可位移值确定

一般工程布置了剪力墙之后,就要按《高层规程》中关于许可位移的限值来核算结构的必要刚度。《高层规程》规定,按弹性方法计算的楼层层间最大位移与层高之比 $\Delta u/h$,对高度不大于 150m 的框-剪结构,其限值为 1/800。

对高度不超过 50m,重量和刚度沿高度分布比较均匀的框-剪结构。根据满足弹性阶段层间位移比限制值的条件和剪力墙承受的底部地震弯矩值不少于结构底部总地震弯矩值的 50% 的条件,按框-剪铰结体系并在结构基本周期中考虑了非结构填充墙影响的折减系数 $\psi_T = 0.75$。在以上的条件下,给出了在框-剪结构中,剪力墙刚度 $E_w I_w$ 的计算方法如下。

(1) 按表 7-10 查得 $\varphi$ 值,用下式计算参数 $\gamma$

$$\gamma = \varphi H^{0.45} \left( \frac{C_F}{G_E} \right)^{0.56} \tag{7-44}$$

表 7-10  $\varphi$ 值表

| 设防烈度 | $\Delta u/h$ | 场 地 类 别 | | | |
|---|---|---|---|---|---|
| | | Ⅰ | Ⅱ | Ⅲ | Ⅳ |
| 7 | 1/800 | 0.4172 | 0.2896 | 0.2235 | 0.1444 |
| 8 | 1/800 | 0.2086 | 0.1448 | 0.1118 | 0.0722 |
| 9 | 1/800 | 0.1043 | 0.0721 | 0.0559 | |

表 7-11  $\gamma$,$\lambda$ 关系表

| $\lambda$ | 1.00 | 1.05 | 1.10 | 1.15 | 1.20 | 1.25 | 1.30 | 1.35 | 1.40 | 1.45 | 1.50 | 1.55 | 1.60 | 1.65 | 1.70 |
|---|---|---|---|---|---|---|---|---|---|---|---|---|---|---|---|
| $\gamma$ | 2.454 | 2.549 | 2.640 | 2.730 | 2.815 | 2.897 | 2.977 | 3.050 | 3.122 | 3.192 | 3.258 | 3.321 | 3.383 | 3.440 | 3.497 |
| $\lambda$ | 1.75 | 1.80 | 1.85 | 1.90 | 1.95 | 2.00 | 2.05 | 2.10 | 2.15 | 2.20 | 2.25 | 2.30 | 2.35 | 2.40 | |
| $\gamma$ | 3.550 | 3.602 | 3.651 | 3.699 | 3.746 | 3.708 | 3.829 | 3.873 | 3.911 | 3.948 | 3.985 | 4.020 | 4.055 | 4.085 | |

（2）由计算参数 $\gamma$ 查表 7-11，得到结构刚度特征值 $\lambda$，按下式求得所需剪力墙平均总刚度 $E_{\mathrm{w}} I_{\mathrm{w}}(\mathrm{kN \cdot m^2})$

$$E_{\mathrm{w}} I_{\mathrm{w}} = \frac{H^2 C_{\mathrm{F}}}{\lambda^2} \tag{7-45}$$

式中：$C_{\mathrm{F}}$——框架平均总刚度，kN；

　　　$H$——总高度，m；

　　　$G_{\mathrm{E}}$——总重力荷载，kN。

为了满足剪力墙承受的底部地震弯矩不少于结构底部总地震弯矩的 50%，应使结构刚度特征值 $\lambda$ 不大于 2.4。为了使框架充分发挥作用，达到框架最大楼层剪力 $V_{\mathrm{Fmax}} \geqslant 0.2 V_0$，剪力墙刚度不宜过大，应使 $\lambda$ 值不小于 1.15。

### 3. 用结构自振周期和地震作用的大小来衡量结构的侧向刚度

选择足够的剪力墙以满足位移限值是一个必要条件，但并不是充分条件，更不是唯一的条件，还要根据综合的考虑最后确定剪力墙的数量和布置。

有时会有这样的情况：结构侧向刚度很小，剪力墙数量很少，位移限值也能满足要求，但并不符合工程设计的一般要求。这是由于水平地震作用本身与结构侧向刚度有关，刚度小，地震作用也小，位移限值也可能被满足。所以，只满足位移限值要求，不一定能说明这个结构就是合理的。

综合反映结构侧向刚度特征的参数是结构的自振周期。从国内已建成的框架-剪力墙结构的工程实例来看，截面尺寸、结构布置和剪力墙数量较为合理的工程其基本自振周期大约在以下范围内：

$$T_1 = (0.09 \sim 0.12)n \quad (\text{计算周期}, \psi_{\mathrm{T}} = 1.0)$$
$$T_1 = (0.06 \sim 0.08)n \quad (\text{实际值}, \text{考虑} \psi_{\mathrm{T}} = 0.7 \sim 0.8)$$

式中，$n$——结构层数。

对新设计的项目，在决定方案时，还可以再适当把基本周期加长，以使经济技术指标更好一些。所以，在校核剪力墙数量时，计算基本周期 $T_1 = (0.10 \sim 0.15)n$ 也还是可以接受的（在计算 $T_1$ 时，$\psi_{\mathrm{T}}$ 取为 1.0）。

相应地，比较合理的框架-剪力墙结构，其底部总剪力 $F_{\mathrm{EK}} = \alpha G$ 中的 $\alpha$ 值宜在表 7-12 范围内。

当自振周期和底部剪力偏离上述范围太远时，应适当调整结构的截面尺寸。

表 7-12　比较适宜的地震影响系数 $\alpha$ 的范围

| 场地类别 | 设防烈度 | | |
|---|---|---|---|
| | 7 度 | 8 度 | 9 度 |
| Ⅰ | 0.01～0.02 | 0.02～0.04 | 0.03～0.08 |
| Ⅱ | 0.02～0.03 | 0.03～0.06 | 0.05～0.12 |
| Ⅲ | 0.02～0.04 | 0.04～0.08 | 0.08～0.16 |
| Ⅳ | 0.03～0.05 | 0.05～0.09 | 0.10～0.20 |

## 7.5.2　框架-剪力墙结构设计的一般规定

### 1. 框架-剪力墙结构的形式

框架-剪力墙结构可采用下列形式：

（1）框架与剪力墙（单片墙、联肢墙或较小井筒）分开布置；

（2）在框架结构的若干跨内嵌入剪力墙（带边框剪力墙）；

（3）在单片抗侧力结构内连续分别布置框架和剪力墙；

（4）上述两种或三种形式的混合。

### 2. 框架-剪力墙结构的设计方法

抗震设计的框架-剪力墙结构，应根据在规定的水平力作用下结构底层框架部分承受的地震倾覆力矩与结构总地震倾覆力矩的比值，确定相应的设计方法，并应符合下列规定：

（1）框架部分承受的地震倾覆力矩不大于结构总地震倾覆力矩的 10% 时，按剪力墙结构进行设计，其中的框架部分应按框架-剪力墙结构的框架进行设计；

（2）当框架部分承受的地震倾覆力矩大于结构总地震倾覆力矩的 10% 但不大于 50% 时，按框架-剪力墙结构进行设计；

（3）当框架部分承受的地震倾覆力矩大于结构总地震倾覆力矩的 50% 但不大于 80% 时，按框架-剪力墙结构进行设计，其最大适用高度可比框架结构适当增加，框架部分的抗震等级和轴压比限值宜按框架结构的规定采用；

（4）当框架部分承受的地震倾覆力矩大于结构总地震倾覆力矩的 80% 时，按框架-剪力墙结构进行设计，但其最大适用高度宜按框架结构采用，框架部分的抗震等级和轴压比限值应按框架结构的规定采用。当结构的层间位移角不满足框架-剪力墙结构的规定时，可按 2.7 节的有关规定进行结构抗震性能分析和论证。

框架-剪力墙结构应设计成双向抗侧力体系；抗震设计时，结构两主轴方向均应布置剪力墙。

框架-剪力墙结构中，主体结构构件之间除个别节点外不应采用铰接；梁与柱或柱与剪力墙的中线宜重合；框架梁、柱中心线之间有偏离时，应符合 6.1.1 节的有关规定。

## 7.5.3　框架-剪力墙结构中剪力墙的布置和间距

框架-剪力墙结构中，框架应在各主轴方向做成刚接，剪力墙应沿各主轴布置。在非抗震设计、层数不多的长矩形平面中，允许只在横向设剪力墙，纵向不设剪力墙。因为，此时风力较小，框架跨数较多，可以由框架承受。

剪力墙的布置，应遵循"均匀、分散、对称、周边"的原则。均匀、分散是指剪力墙宜片数较多，均匀、分散布置在建筑平面上。对称是指剪力墙在结构单元的平面上应尽可能对称布置,使水平力作用线尽可能靠近刚度中心,避免产生过大的扭转。周边是指剪力墙应尽可能布置在建筑平面周边,以加大其抗扭转的力臂,提高其抵抗扭转的能力;同时,在端附近设剪力墙可以避免端部楼板外排长度过大。

一般情况下,剪力墙宜布置在结构平面的以下部位:

(1)竖向荷载较大处  这是因为,用剪力墙承受大的竖向荷载,可以避免设置截面尺寸过大的柱子,满足结构布置的要求;剪力墙是主要的抗侧力结构,承受很大的弯矩和剪力,需要较大的竖向荷载来避免出现轴向拉力,提高截面承载力,也便于基础设计。

(2)平面形状变化较大的角隅部位  这是因为这些部位楼面上容易产生大的应力集中,地震时也常常发生震害,设置剪力墙予以加强。

(3)建筑物端部附近  这样可以有较大的抗扭刚度,同时减少楼面外伸段的长度。

但为避免纵向端部约束而使结构产生大的温度应力和收缩应力,纵向剪力墙宜布置在中部附近。

(4)楼梯、电梯间  楼梯、电梯间楼板开洞大,削弱严重,特别是在端角和凹角处设置楼梯、电梯间时,受力更为不利,采用楼梯、电梯竖井(作为剪力墙)来加强是有效的措施。

另外,还要注意:

(1)纵、横剪力墙宜组成L形、T形和〔形等形式;

(2)单片剪力墙底部承担的水平剪力不应超过结构底部总水平剪力的30%;

(3)剪力墙宜贯通建筑物的全高,宜避免刚度突变,剪力墙开洞时,洞口宜上下对齐;

(4)抗震设计时,剪力墙的布置宜使结构各主轴方向的侧向刚度接近。

从结构布置上看,在长矩形平面或平面有一部分较长的建筑中,在两片剪力墙(或两个筒体)之间布置框架时,如图7-26所示情况,楼盖必须有足够的平面内刚度,才能将水平剪力传递到两端的剪力墙上去,发挥剪力墙为主要抗侧力结构的作用。否则,楼盖在水平力作用下将产生弯曲变形,如图中虚线所示,这将导致框架侧移增大,框架水平剪力也将成倍增大。通常以限制 $L/B$ 比值作为保证楼盖刚度的主要措施。这个数值与楼盖的类型和构造有关,与地震烈度有关。《高层规程》规定的剪力墙间距 $L$ 见表7-13。楼面有较大开洞时,剪力墙间距应予以减小。

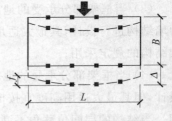

图 7-26  剪力墙的间距

表 7-13  剪力墙间距 $L$(取较小值) m

| 楼盖形式 | 非抗震设计 | 抗震设防烈度 | | |
|---|---|---|---|---|
| | | 6、7度 | 8度 | 9度 |
| 现浇 | 5.0B,60 | 4.0B,50 | 3.0B,40 | 2.0B,30 |
| 装配整体 | 3.5B,50 | 3.0B,40 | 2.5B,30 | — |

注:(1)表中 $B$ 为楼面宽度,单位为 m;

(2)现浇层厚度大于 60mm 的叠合楼板可作为现浇板考虑;

(3)当房屋端部未布置剪力墙时,第一片剪力墙与房屋端部的距离,不宜大于表中剪力墙间距的1/2。

## 7.5.4　框架-剪力墙结构中框架内力的调整

框架-剪力墙结构中,框架和剪力墙的截面设计除按第 6 章和本章中有关框架和剪力墙截面设计的规定外,尚应符合下面的规定。

抗震设计时,框架-剪力墙结构计算所得的框架各层总剪力应按下列方法予以调整。

(1) 框架柱数量从下至上基本不变的规则建筑,按下列方法调整框架各层总剪力:

① $V_F \geqslant 0.2V_0$ 的楼层不必调整,$V_F$ 直接采用计算值;

② $V_F < 0.2V_0$ 的楼层,$V_F$ 取 $0.2V_0$ 和 $1.5V_{Fmax}$ 的较小值。

其中:$V_0$——地震作用产生的结构底部总剪力;

$\qquad$ $V_F$——各层框架部分承担的剪力计算值;

$\qquad$ $V_{Fmax}$——各层框架部分承担的剪力计算值中的最大值。

(2) 框架柱数量从下至上分段有规律减少时,则分段按上面第(1)条所述方法进行调整,其中每段的底层总剪力取该段最下一层的剪力。

(3) 下列情况可直接对各层柱的总剪力乘以 2 予以放大:

① 剪力墙结构中,仅设置少量的柱而未构成框架时;

② 采用框架-剪力墙结构的屋面凸出部分。

框架内力的调整,不是力学计算的要求,而是一种保证框架安全的设计措施。这是因为,在框架-剪力墙结构的计算中,都采用了楼板在平面内为刚性的假设,而实际上由于剪力墙间距较大,在框架部位由于框架的刚度较小,因此楼板位移较大,相应地框架的水平力较计算值大。更重要的是,剪力墙刚度较大,承受了大部分水平力,在地震作用下,剪力墙首先开裂,使刚度降低,从而使一部分地震力向框架转移,框架承受的地震力增加。由于框架在框架-剪力墙结构中抵抗地震作用是第二道防线,所以有必要提高其设计的抗震能力,使强度有更大的储备。

按振型分解反应谱法计算地震作用时,上述各项调整均在振型组合之后进行。各层框架总剪力调整后,按调整前后总剪力的比值调整各柱和梁的剪力及端部弯矩,柱的轴力不必调整。

框架-剪力墙中,一侧连接框架,另一侧连接剪力墙的梁,其内力较大时,可以按连梁的办法对其刚度予以折减,但折减系数不宜小于 0.5。

## 7.5.5　有边框剪力墙设计和构造

框架-剪力墙结构中的钢筋混凝土剪力墙,常常和梁、柱连在一起形成有边框剪力墙。当剪力墙和梁、柱现浇成整体时,或者预制梁、柱和现浇剪力墙形成整体连接构造,并有可靠的锚固措施时,墙和梁柱是整体工作,柱即剪力墙的端柱,形成工形或 T 形截面。剪力墙正截面、斜截面承载力计算及构造设计均可采用 7.1 节和 7.2 节的公式及构造要求。正如前面所述,墙截面的端部钢筋在端柱中,再配以钢箍约束混凝土,将大大有利于剪力的抗弯、抗剪及延性性能。

在各层楼板标高处,剪力墙内设有横梁(与剪力墙重合的框架梁),这种梁亦可做成宽度与墙厚相同的暗梁,暗梁高度可取墙厚的 2 倍或与该榀框架梁截面等高。这种边框横梁并不承受弯矩,在剪力墙的截面承载力计算中也不起什么作用,但是从构造上它有两个作用:楼板中有次梁时,它可以作为次梁的支座将垂直荷载传到墙上,减少支座下剪力墙内的应力集中;周边梁、柱共同约束剪力墙,墙内的斜裂缝贯穿横梁时,将受到约束而不致开展过大。这种剪力墙的边框梁的截面尺寸及配筋均按框架梁的构造要求设置。

在框架-剪力墙结构中,剪力墙的数量不会很多,但它们担负了整个结构大部分的剪力,是主要的抗侧力结构。为了保证这些剪力墙的安全,除了应符合一般剪力墙的构造要求外,还要注意下面一些要求:

(1) 抗震设计时,一、二级剪力墙的底部加强部位厚度不应小于 200mm;其他情况厚度不应小于 160mm。其混凝土强度等级宜与边柱相同;

(2) 有边柱但边梁做成暗梁时,暗梁的配筋可按构造配置,且应符合一般框架梁的最小配筋要求;

(3) 边框柱的配筋应符合一般框架柱配筋的规定;

(4) 剪力墙宜按工字形截面设计,其端部的纵向受力钢筋应配置在边柱截面内;

(5) 抗震设计时剪力墙水平和竖向分布钢筋的配筋率均不应小于 0.25%,非抗震设计时均不应小于 0.20%,并应双排布置。各排分布筋之间应设置拉筋,拉筋直径不应小于 6mm。拉筋间距不应大于 600mm;

(6) 剪力墙的水平钢筋应全部锚入边柱内,锚固长度不应小于 $l_a$(非抗震设计)或 $l_{aE}$(抗震设计);

(7) 剪力墙底部加强部位边框柱的箍筋宜沿全高加密;当带边框剪力墙上的洞口紧邻边框柱时,边框柱的箍筋宜沿全高加密。

## 7.5.6 板柱-剪力墙结构设计和构造

板柱本身侧向刚度较弱,加上剪力墙后共同组合成板柱-剪力墙结构,是《高层规程》新增加的一种可供高层建筑选用的结构体系。板柱-剪力墙结构在水平荷载作用下的受力与变形特点同框架-剪力墙是相同的;因而,在水平荷载作用下其内力和侧移的计算方法均可采用第 5 章的计算方法。结构分析时规则的板柱结构可用等代框架法,其等代梁的宽度宜采用垂直于等代框架方向两侧柱距各 1/4,宜采用空间有限元模型进行更准确的计算。板柱-剪力墙结构的组成构件是:板、柱和剪力墙,其设计和构造要求应按照这三种构件的要求进行。下面补充一些布置和构造方面的要求。

板柱-剪力墙结构的布置应符合下面要求:

(1) 应布置成双向抗侧力体系,结构平面的两主轴方向均应设置剪力墙。

(2) 房屋的顶层及地下一层顶板宜采用梁板结构,这是因为这些部位的楼板从协同工作原理看,受有较大的楼板平面内的剪力,因此要求楼板有较大的刚度。

(3) 横向及纵向剪力墙应能承担该方向全部地震作用,板柱部分仍应能承担相应方向地震作用的 20%。

(4) 抗震设计时,楼盖周边不应布置外挑板,并应设置周边柱间框架梁。

(5) 楼盖有楼梯、电梯间等较大开洞时,洞口周围宜设置框架梁和洞边设边梁。

(6) 抗震设计时,纵横柱轴线均应设置暗梁,暗梁宽可取与柱宽相同。

（7）无梁板可采用无柱帽板，当板不能满足冲切承载力要求和建筑许可时，可采用平托板式柱帽，平托板的长度和厚度按冲切要求确定，且每个方向长度不宜小于板跨度的 1/6，其厚度不小于 1/4 无梁板的厚度，平托板处总厚度不应小于 16 倍柱纵筋的直径。不能设平托板式柱帽时可采用剪力架，此时板的厚度，非抗震设计时不应小于 150mm，抗震设计时不应小于 200mm。

（8）楼板跨度在 8m 以内时，可采用钢筋混凝土平板。跨度较大而采用预应力楼板且做抗震设计时，楼板的纵向受力钢筋应以非预应力低碳钢筋为主，部分预应力钢筋主要用作提高楼板刚度和加强板的抗裂能力。

（9）双向无梁板厚度与长跨之比，不宜小于表 7-14 所规定的最小比值。

表 7-14　双向无梁板厚度与长跨的最小比值

| 非预应力楼板 | | 预应力楼板 | |
|---|---|---|---|
| 无柱托板 | 有柱托板 | 无柱托板 | 有柱托板 |
| $\dfrac{1}{30}$ | $\dfrac{1}{35}$ | $\dfrac{1}{40}$ | $\dfrac{1}{45}$ |

板柱-剪力墙结构中，板的构造应符合下面规定：

（1）抗震设计时，无梁板中所设置的沿纵横柱轴线的暗梁，应按下列规定配置钢筋：

① 柱上板带的暗梁宽度取柱宽及两侧各 1.5 倍板厚之和，暗梁支座上部纵向钢筋截面积不宜小于柱上板带钢筋截面积的 50%，且均拉通全跨；暗梁支座下部钢筋应不小于上部钢筋的 1/2。

② 暗梁的箍筋，当计算不需要时，在构造上应配置四肢箍，直径不小于 8mm，间距不宜大于 $3h_0/4$，肢距不宜大于 $2h_0$；当计算需要时按计算确定，且直径不应小于 10mm，间距不宜大于 $h_0/2$，肢距不宜大于 $1.5h_0$。

（2）抗震设计时，柱上板带暗梁以外的支座纵向钢筋宜有不少于 1/3 拉通全跨。与暗梁相垂直方向的板下钢筋应搁置于暗梁下部钢筋之上。

（3）当设置平托板时，非抗震设计时平托板底部宜布置构造钢筋；抗震设计时，应按计算确定。计算柱上板带的支座钢筋时，可以考虑平托板的厚度。

（4）无梁板允许开局部洞口，但应验算满足承载力及刚度要求，当不作专门分析时，板的开洞位置和大小应符合图 7-27 的要求。所有洞边均应设补强钢筋。在柱边开洞时，冲切计算的有效长度 $U_m$ 应取图 7-28 虚线所示的长度。

最后提出防止无梁板脱落的措施。在地震作用下无梁板与柱的连接是最薄弱的部位。在地震时的反复作用下易出现板、柱交接处的裂缝，严重时发展成为通缝，板失去支承而脱落。为防止板的完全脱落而下坠，沿两个主轴方向布置通过柱截面的板底连续钢筋不应过小（连续钢筋的总拉力等于该层楼板对该柱的轴压力），以便把趋于下坠的楼板吊住而不至于倒塌。可按下式计算：

$$A_s \geqslant N_G / f_y$$

式中：$A_s$——通过柱截面的板底连续钢筋的总截面面积；

$\qquad N_G$——该层楼面重力荷载代表值作用下的柱轴向压力设计值，8 度时尚宜计入竖向地震影响；

$\qquad f_y$——通过柱截面的板底连续钢筋的抗拉强度设计值。

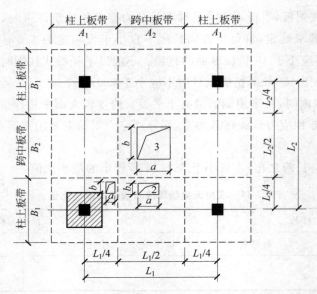

洞 1：$b \leqslant b_c/4$ 且 $b \leqslant t/2$；其中，$b$ 为洞口长边尺寸，$b_c$ 为相应于洞口长边方向的柱宽，$t$ 为板厚；

洞 2：$a \leqslant A_2/4$ 且 $b \leqslant B_2/4$；洞 3：$a \leqslant A_2/4$ 且 $b \leqslant B_2/4$

**图 7-27　无梁楼板开洞位置要求**

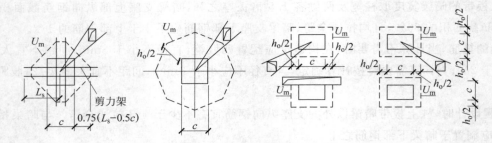

**图 7-28　柱边附近开洞冲切面周长**

# 7.6　框架-剪力墙结构剪力墙截面设计实例
## ——5.6 节计算实例续二

对 5.6 节的框架-剪力墙结构的第④轴线框架-剪力墙中的剪力墙和连梁进行抗震设计。具体条件见 5.6 节和 6.7 节。下面只给出第 1 层剪力墙和连梁的计算结果。

## 7.6.1　竖向荷载下结构的内力计算

楼面竖向荷载按平面面积分配给各榀结构。④轴框架-剪力墙楼面线荷载为单位面积楼面重量乘各榀间距。竖向荷载作用下用分层计算法,自顶层开始,由上而下,依次计算每层内力。

第 1 层楼面线荷载作用时的计算简图如图 7-29(a)所示。左跨荷载直接作用在剪力墙上,使剪力墙产生轴力。右跨荷载作用在连梁上,通过连梁将此部分荷载的作用传至剪力墙和柱。计算此部分荷载作用的影响可按图 7-29(b)所示的框架计算,连梁在左端可视为固定支座。用力矩分配法计算,计算过程示于图 7-29(c)中。

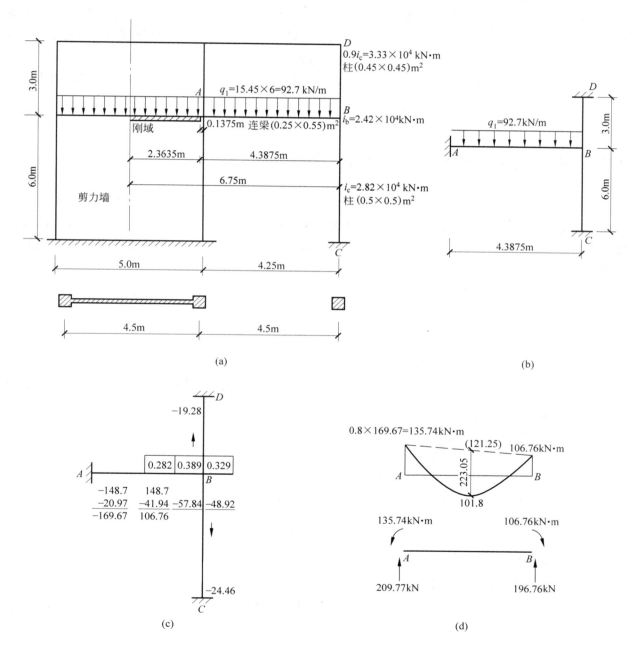

图 7-29　竖向荷载下结构内力和弯矩的计算

将图 7-29(d)中求得的连梁左端弯矩乘以 0.8 的调幅系数,得连梁的弯矩图如图 7-29(d)所示。连梁的剪力为

$$V_b = \pm \frac{135.74 - 106.7}{4.3875} + \frac{92.7 \times 4.3875}{2} = \pm 6.605 + 203.36 = \begin{cases} 209.97(\text{kN}) \\ 196.76(\text{kN}) \end{cases}$$

从以上计算中可以看出,连梁左端的弯矩和剪力传给墙肢,使墙肢产生弯矩和轴力。以第 1 层左端弯矩 135.74kN·m 为例,按上下墙肢的刚度分配给墙肢的近端,再乘以传递系数传至墙肢的远端,对墙肢产生的弯矩约为 2 位数字的量级,比起水平荷载作用时墙肢的巨大弯矩,这部分弯矩的影响完全可以忽略。所以,竖向荷载作用时,可以不计算对剪力墙弯矩的影响。

至于竖向荷载对墙肢和柱的轴力,可以用按面积分配的方法直接求得。如第 1 层剪力墙轴力为

$$N_1 = (10.06 + 13.10 + 9 \times 12.47 + 15.45) \times 6 \times \left(4.5 + \frac{4.5}{2}\right) = 6109.02(\text{kN})$$

## 7.6.2 水平地震作用下结构的内力

已在 5.6 节中算出此框架-剪力墙结构的总内力,见表 5-8。将表中剪力墙总弯矩 $M_w$ 和总剪力 $V_w$ 按相对刚度分配,可得④轴线剪力墙的弯矩和剪力。至于连梁的弯矩可由表 5-8 中总连梁弯矩 $M_b$,按刚度比分配给每根连梁。再由连梁弯矩算出连梁剪力,从而求出墙肢轴力。下面分别给出相应的计算结果。

第 1 层下端墙肢总弯矩计算

由表 5-8,第 1 层下端墙肢总弯矩

$$M_w = 54.62 \times 10^3 (\text{kN} \cdot \text{m})$$

按墙肢的 $E\bar{I}_w$ 进行分配,得④轴线墙肢 1 的弯矩

$$M_{w1} = \frac{10.08 \times 10^7}{34.9 \times 10^7} \times 54.62 \times 10^3 = 15.664 \times 10^3 (\text{kN} \cdot \text{m})$$

上式中 $EI_w$ 用的是 5.6 节算得的平均刚度。

第 1 层下端墙肢剪力计算

由表 5-8,第 1 层下端墙肢总剪力

$$V_w = 4.04 \times 10^3 (\text{kN})$$

应按墙肢的折算刚度 $E\bar{I}_w$ 进行分配。下面仍用 5.6 节的平均刚度进行分配

$$V_{w1} = \frac{10.08 \times 10^7}{34.9 \times 10^7} \times 4.04 \times 10^3 = 1.168 \times 10^3 (\text{kN})$$

第 1 层连梁弯矩和剪力计算

由表 5-8,第 1 层总连梁弯矩

$$M_b = 0.99 \times 10^3 \text{kN} \cdot \text{m}$$

每一根连梁弯矩为

$$M_{b1} = \frac{M_b}{4} = \frac{0.99}{4} \times 10^3 = 0.2475 \times 10^3 (\text{kN} \cdot \text{m})$$

以上为连梁在轴线处的弯矩。为设计连梁截面需换算出梁端控制截面的弯矩和剪力。图 7-30 为左端有刚域的连梁的弯矩图。由式(4-71)，可知梁两端弯矩系数的比为

$$\frac{m_{21}}{m_{12}} = \frac{\dfrac{6EI(1-a)}{l(1-a)^3}}{\dfrac{6EI(1+a)}{l(1-a)^3}} = \frac{1-a}{1+a}$$

设连梁左轴线处弯矩为 $M_{12}$，则右轴线处弯矩为 $M_{21} = \dfrac{1-a}{1+a}M_{12}$。连梁剪力为

$$V_b = \frac{M_{12}+M_{21}}{l} = \frac{2}{(1+a)l}M_{12}$$

控制截面弯矩为

$$M_{1'2} = M_{21'} = V_b \cdot \frac{(1-a)l}{2} = \frac{1-a}{1+a}M_{12}$$

第 1 层连梁，$a=\dfrac{2.363}{6.75}=0.35$，由上式可求得第 1 层连梁控制截面弯矩和剪力如下

$$M_b = \frac{1-0.35}{1+0.35} \times 247.5 = 119.17(\text{kN} \cdot \text{m})$$

$$V_b = \frac{2}{(1+0.35) \times 6.75} \times 247.5 = 54.32(\text{kN})$$

用类似的方法，自上而下，可求出每层连梁的弯矩和剪力，示于图 7-31 中。

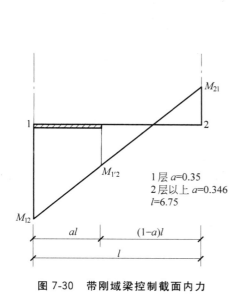

图 7-30　带刚域梁控制截面内力

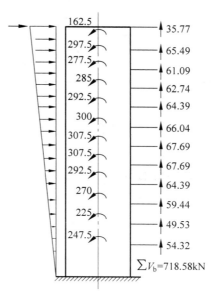

图 7-31　每层连梁弯矩和剪力

## 7.6.3　构件内力组合

只考虑竖向重力荷载与水平地震作用的内力组合。只给出④轴线第一层墙肢底部和连梁的内力组

合结果,见表 7-15。

表 7-15　④轴剪力墙第 1 层墙肢底部和第 1 层连梁的内力组合

| 部位 | 组号 | 内力 | 竖向荷载作用下 | 水平地震作用下 | 组合内力/(kN,kN·m) |
|---|---|---|---|---|---|
| 墙肢下端 | 1 | $\lvert M_W \rvert_{max}$ | 0 | $1.3 \times 15664 = 20363.2$ | 20363.2 |
| | | $N_W$ | $1.2 \times 6109.02 = 7330.82$ | $-1.3 \times 718.58 = -934.15$ | 6396.67 |
| | | | $[1.0 \times 6109.02 = 6109.02]$ | $-1.3 \times 718.58 = -934.15$ | $[5174.87]$ |
| | | $V_W$ | 0 | $1.3 \times 1168 = 1518.4$ | 1518.4 |
| | 2 | $M_W$ | 0 | $1.3 \times 15664 = 20363.2$ | 20363.2 |
| | | $N_{max}$ | $1.2 \times 6109.02 = 7330.82$ | $1.3 \times 718.58 = 934.15$ | 8264.97 |
| | | $V_W$ | 0 | $1.3 \times 1168 = 1518.4$ | 1518.4 |
| 连梁左端 | 1 | $M_{bmax}$ | $-1.2 \times 135.74 = -162.89$ | $1.3 \times 119.17 = 154.92$ | $-7.97$ |
| | | $V_b$ | $1.2 \times 209.97 = 251.96$ | $-1.3 \times 54.32 = -70.62$ | 181.34 |
| | 2 | $M_{min}$ | $-1.2 \times 135.74 = -162.89$ | $-1.3 \times 119.17 = -154.92$ | $-317.81$ |
| | | $V_b$ | $1.2 \times 209.97 = 251.96$ | $1.3 \times 54.32 = 70.62$ | 322.58 |
| 连梁跨中 | 1 | $M_{max}$ | $1.2 \times 101.8 = 122.16$ | 0 | 122.16 |
| | 2 | $M_{min}$ | $1.2 \times 101.8 = 122.16$ | 0 | 122.16 |
| 连梁右端 | 1 | $M_{bmax}$ | $-1.2 \times 106.76 = -128.11$ | $1.3 \times 119.17 = 154.92$ | 26.81 |
| | | $V_b$ | $-1.2 \times 196.76 = -236.11$ | $1.3 \times 54.32 = 70.62$ | $-165.49$ |
| | 2 | $M_{bmin}$ | $-1.2 \times 106.76 = -128.11$ | $-1.3 \times 119.17 = -154.92$ | $-283.03$ |
| | | $V_b$ | $-1.2 \times 196.76 = -236.11$ | $-1.3 \times 54.32 = -70.62$ | $-306.73$ |

## 7.6.4　构件截面设计

### 1. 剪力墙截面设计

墙肢 1 第 1 层截面详细尺寸见图 7-32。材料强度:C40 级混凝土:$f_c = 19.1 \text{MPa}$,$f_t = 1.71 \text{MPa}$。

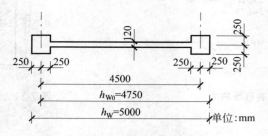

图 7-32　墙肢 1 第 1 层截面尺寸

分布筋用 HPB235 级钢:　　　　$f_{yw} = 210 \text{MPa}$,　　　$f_{ywk} = 235 \text{MPa}$

端部筋用 HRB335 级钢：　　　$f_y = 300\text{MPa}$，　　$f_{yk} = 335\text{MPa}$，　　$E_s = 2 \times 10^5\,\text{MPa}$

墙肢轴力较小的组合，对截面配筋起控制作用，组合内力为：$M_w = 20363.2\text{kN} \cdot \text{m}$，$N_w = 5174.87\text{kN}$，$V_w = 1518.4\text{kN}$。

剪力墙偏压，$\gamma_{RE} = 0.85$。由表 2-23，剪力墙抗震等级为二级。

（1）墙肢竖向钢筋

第 1 层为加强部位。由表 7-2 分布筋的构造要求，设墙体竖向分布筋用双层网片配筋 $\Phi 8 @250$，即

$$\rho_{sw} = \frac{A_{sw}}{b_w s} = \frac{101}{120 \times 250} = 0.337\%，则竖向分布筋总面积为$$

$$A_{sw} = b_w h_{w0} \rho_{sw} = 120 \times 4750 \times 0.337\% = 1920.9\,(\text{mm}^2)$$

假定墙肢为大偏心受压，对称配筋 $A_s = A'_s$，$\sigma_s = f'_y$。

由大偏心受压的第一个平衡条件 $\sum N = 0$，即式（7-8）

$$\gamma_{RE} N = \alpha_1 f_c b'_f x + A'_s f'_y - A_s f_y - (h_{w0} - 1.5x)\frac{A_{sw}}{h_{w0}} f_{yw}$$

即

$$x = \frac{\gamma_{RE} N + f_{yw} A_{sw}}{\alpha_1 f_c b'_f + \dfrac{1.5 f_{yw} A_{sw}}{h_{w0}}} = \frac{0.85 \times 5174.8 \times 10^3 + 210 \times 1920.9}{1.0 \times 19.1 \times 500 + \dfrac{1.5 \times 210 \times 1920.9}{4750}} = 496.2\,(\text{mm})$$

上式中 $b'_f$ 为受压翼缘宽度，即柱宽 $b_c$。

$x < h'_f$（$h'_f$ 为受压翼缘厚度，即端柱高 $h_c = 500$）

$$\xi = \frac{x}{h_{w0}} = \frac{496.2}{4750} = 0.104$$

大小偏心受压界限

$$\xi_b = \frac{\beta_1}{1 + \dfrac{f_y}{0.0033 E_s}} = \frac{0.8}{1 + \dfrac{300}{0.0033 \times 2.0 \times 10^5}} = 0.55$$

$\xi < \xi_b$，为大偏压。

由式（7-12），分布钢筋抵抗弯矩为

$$M_{sw} = \frac{A_{sw} f_{yw}}{2} h_{w0} \left(1 - \frac{x}{h_{w0}}\right)\left(1 + \frac{N \gamma_{RE}}{A_{sw} f_{yw}}\right)$$

$$= \frac{1920.9 \times 210 \times 4750}{2}\left(1 - \frac{496.2}{4750}\right)\left(1 + \frac{5174.87 \times 10^3 \times 0.85}{1920.9 \times 210}\right)$$

$$= 1.0218 \times 10^{10}\,(\text{N} \cdot \text{mm}) = 10218\text{kN} \cdot \text{m}$$

端部需要配筋为

$$A_s = \frac{\gamma_{RE} M - M_{sw}}{f_y(h_{w0} - a')} = \frac{(0.85 \times 20363.2 - 10218) \times 10^6}{300 \times (4750 - 250)}$$

$$= 5253.9\,(\text{mm}^2)$$

剪力墙轴压比验算

$$\frac{N}{f_c A_w} = \frac{5174.87 \times 10^3}{19.1 \times (2 \times 500 \times 500 + 4000 \times 120)} = 0.276 < 0.3$$

满足表 7-4 按构造要求设置剪力墙边缘构件的最大平均轴压比。

按构造设置边缘构件时,最小配筋查表 7-5,为 $0.008A_c$,$A_c$ 由图 7-16(c)中阴影面积确定。$A_c = b_c h_c = 500 \times 500 = 250000 (\text{mm}^2)$,$0.008A_c = 0.008 \times 250000 = 2000(\text{mm}^2)$。

端部配筋由计算所需确定,选 11 $\Phi$ 25($A_s = 5399.9\text{mm}^2$)。

钢箍按柱的体积配箍率要求配置。由表 6-7 查得柱端箍筋加密区最小含箍特征值 $\lambda_v = 0.08$,由式(6-30)~式(6-32)得

$$\rho_v = \lambda_v \frac{f_c}{f_{yv}} = 0.08 \times \frac{19.1}{210} = 0.728\%$$

$$s = \frac{A_{sv} l_{sv}}{l_1 l_2 \rho_v} = \frac{131.1 \times 8 \times 450}{450 \times 450 \times 0.00728} = 320.15(\text{mm})$$

上式是按取复式箍 4 肢 $\Phi$ 12 计算的。

最后按表 6-11,按构造取复式箍 4 肢 $\Phi$ 12@100。

(2)墙肢抗剪钢筋

由强剪弱弯要求,二级抗震时墙肢剪力按式(7-32)计算

$$V = \eta_{vw} V_w = 1.4 \times 1518.4 = 2125.76\text{kN}$$

剪跨比

$$\lambda = \frac{M}{V h_{w0}} = \frac{20363.2}{2125.76 \times 4.75} = 2.02$$

抗剪水平分布筋取双排 $\Phi$ 12@100,按式(7-26)验算抗剪承载力。

$$N > 0.2 f_c b_w h_{w0} = 0.2 \times 19.1 \times 120 \times 4750(\text{N}) = 2177.4\text{kN}$$

取 $N = 2177.4\text{kN}$。

$$V < \frac{1}{\gamma_{RE}} \left[ \frac{1}{\lambda - 0.5} \left( 0.4 f_t b_w h_{w0} + 0.1 N \frac{A_w}{A} \right) + 0.8 f_{yh} \frac{A_{sh}}{s} h_{w0} \right]$$

$$= \frac{1}{0.85} \left[ \frac{1}{2.02 - 0.5} \times \left( 0.4 \times 1.71 \times 120 \times 4750 + 0.1 \times 2177400 \right. \right.$$

$$\left. \left. \times \frac{4000 \times 120}{4000 \times 120 + 2 \times 500 \times 500} \right) + 0.8 \times 210 \times \frac{2 \times 113.1}{100} \times 4750 \right]$$

$$= 2507928.6(\text{N}) = 2507.93\text{kN}$$

满足要求。

校核截面尺寸,用式(7-29)

$$V_w > \frac{1}{\gamma_{RE}} (0.15 \beta_c f_c b_w h_{w0})$$

$$= \frac{1}{0.85} (0.15 \times 1.0 \times 19.1 \times 120 \times 4750)(\text{N})$$

$$= 1921.23\text{kN}$$

不满足要求,应增加墙肢厚度。

此外,本算例剪力墙底部墙厚也不满足《高层规程》要求的加强部位墙厚不应小于 160mm,且不应小

于层高的 $\frac{1}{20}\left(\frac{6000}{20}=300\text{mm}\right)$ 的要求。

### 2. 连梁截面设计

本算例中的连梁是高跨比较小的连梁,截面设计同框架梁。第④轴线连梁和柱组合内力求出后,均按框架梁柱进行截面设计,见 6.4 节,此处不再重复。

## 7.7　底部大空间剪力墙结构设计和构造

### 7.7.1　结构特点及抗震措施

底部大空间剪力墙结构由落地剪力墙和框支剪力墙两类抗侧力单元,以及将它们二者连接在一起的转换层单元共同组成。从结构上说,它的主要特点是:框支剪力墙中的软弱层由落地剪力墙加强,大部分剪力转移到落地剪力墙上,从而避免软弱层引起的严重震害,但这种剪力的转移是通过转换层楼板实现的,因而对转换层楼板提出了较高的要求。

为避免因设置框支而引起的结构刚度突变,落地剪力墙数量不能太少,并应加大落地剪力墙底部的厚度,提高加厚部分的混凝土等级,尽可能使上下层刚度接近,同时,尽可能把落地剪力墙布置成筒体。

为使框支剪力墙与落地剪力墙协同工作而减轻框支柱的负担,落地剪力墙之间的距离不能过大。由试验可知,当落地剪力墙间距过大时,转换层楼板会产生水平变形(见图 7-26),这对底部柱受力十分不利。除了限制落地剪力墙的间距外,还应重视转换层楼板的设计,加强其水平面内刚度。

为实现上述这些要求,根据试验研究及设计经验,《高层规程》中对底部大空间剪力墙结构的布置提出了下列要求:

1) 底部落地剪力墙和筒体应加厚,必要时可在底部楼层周边增设部分剪力墙。

2) 转换层上部结构与下部结构的侧向刚度比应符合以下规定:

(1) 当转换层设置在 1、2 层时,可近似采用转换层与其相邻上层结构的等效剪切刚度比 $\gamma_{e1}$ 表示转换层上、下层结构刚度的变化,$\gamma_{e1}$ 宜接近 1,非抗震设计时 $\gamma_{e1}$ 不应小于 0.4,抗震设计时 $\gamma_{e1}$ 不应小于 0.5。$\gamma_{e1}$ 可按下列公式计算:

$$\gamma_{e1} = \frac{G_1 A_1}{G_2 A_2} \times \frac{h_2}{h_1} \tag{7-46}$$

$$A_i = A_{w,i} + \sum_j C_{i,j} A_{ci,j}, \quad i = 1,2 \tag{7-47}$$

$$C_{i,j} = 2.5\left(\frac{h_{ci,j}}{h_i}\right)^2, \quad i = 1,2 \tag{7-48}$$

式中:$G_1,G_2$——转换层和转换层上层的混凝土剪变模量;

$A_1,A_2$——转换层和转换层上层的折算抗剪截面面积,可按式(7-47)计算;

$A_{w,i}$——第 $i$ 层全部剪力墙在计算方向的有效截面面积(不包括翼缘面积);

$A_{ci,j}$——第 $i$ 层第 $j$ 根柱的截面面积;

$h_i$——第 $i$ 层的层高;

$h_{ci,j}$——第 $i$ 层第 $j$ 根柱沿计算方向的截面高度;

$C_{i,j}$——第 $i$ 层第 $j$ 根柱截面面积折算系数,当计算值大于 1 时取 1。

（2）当转换层设置在第 2 层以上时,按式(1-1)和式(1-2)计算的转换层与其相邻上层的侧向刚度比不应小于 0.6。

（3）当转换层设置在第 2 层以上时,尚宜采用图 7-33 所示的计算模型按式(7-49)计算转换层下部结构与上部结构的等效侧向刚度比 $\gamma_{e2}$。$\gamma_{e2}$ 宜接近 1,非抗震设计时 $\gamma_{e2}$ 不应小于 0.5,抗震设计时 $\gamma_{e2}$ 不应小于 0.8。

$$\gamma_{e2} = \frac{\Delta_2 H_1}{\Delta_1 H_2} \tag{7-49}$$

式中:$\gamma_{e2}$——转换层下部结构与上部结构的等效侧向刚度比;

$\quad\quad H_1$——转换层及其下部结构(计算模型 1)的高度;

$\quad\quad \Delta_1$——转换层及其下部结构(计算模型 1)的顶部在单位水平力作用下的侧向位移;

$\quad\quad H_2$——转换层上部若干层结构(计算模型 2)的高度,其值应等于或接近计算模型 1 的高度 $H_1$,且不大于 $H_1$;

$\quad\quad \Delta_2$——转换层上部若干层结构(计算模型 2)的顶部在单位水平力作用下的侧向位移。

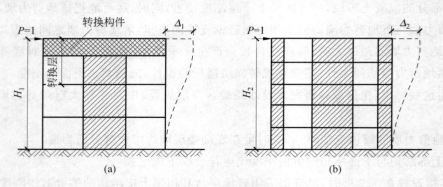

**图 7-33 转换层上、下等效侧向刚度计算模型**

(a) 计算模型 1——转换层及下部结构;(b) 计算模型 2——转换层上部结构

3）框支层周围楼板不应错层布置。

4）落地剪力墙和筒体的洞口宜布置在墙体的中部。

5）框支剪力墙转换梁上一层墙体内不宜设边门洞,不宜在中柱上方设门洞。

6）长矩形平面建筑中落地剪力墙的间距 $L$ 宜符合以下规定:

非抗震设计:$L \leqslant 3B$,且 $L \leqslant 36\text{m}$;

抗震设计:

底部为 1～2 层框支层时:$L \leqslant 2B$,且 $L \leqslant 24\text{m}$;

底部为 3 层及 3 层以上框支层时：$L \leqslant 1.5B$，且 $L \leqslant 20m$。

其中，$B$ 为楼盖宽度。

7）落地剪力墙与相邻框支柱的距离，1～2 层框支层时不宜大于 12m，3 层及 3 层以上框支层时不宜大于 10m；

8）框支框架承担的地震倾覆力矩不应大于结构总地震倾覆力矩的 50％；

9）带托柱转换层的筒体结构，外围转换柱与内筒、核心筒的间距不宜大于 12m；

10）转换层上部的竖向抗侧力构件（墙、柱）宜直接落在转换层的主要转换构件上。

底部大空间剪力墙结构的抗震等级按表 2-23 和表 2-24 的规定采用。

在抗震的底部大空间结构中，仍然要设计延性剪力墙结构。其主要措施是：控制剪力墙的塑性铰出现在上部墙体中，以避免框支层出现大变形；加强落地剪力墙的下层，防止剪切破坏，防止屈服；加强框支柱设计，使其具有足够的安全贮备及延性。下面，将结合构件设计进一步讨论这些措施的细节。

## 7.7.2　落地剪力墙设计和构造

落地剪力墙底部加强部位范围应从地下室顶板算起，宜取至转换层以上两层的高度，不宜小于墙肢总高度的 1/10。

为了使塑性铰在上部墙体中出现，可采用增大底部抗弯承载力的方法，使底部墙的安全系数大于上部。为此，《高层规程》中采用了增大系数的办法。对特一、一、二、三级落地墙底部加强部位的弯矩设计值分别按墙底截面弯矩设计值乘以增大系数 1.8、1.5、1.3 和 1.1 采用。

落地剪力墙墙肢不宜出现偏心受拉。上部墙要考虑强剪弱弯要求，按式（7-32）和式（7-33）计算设计剪力。剪力设计值按 7.3.3 节进行调整。

由底部大空间剪力墙结构的内力分析可知，框支剪力墙抵抗的剪力大部分通过过渡层楼板转移到落地剪力墙上。这样，落地剪力墙底部墙体承受的剪力较上层会突然增大，使落地剪力墙底部墙肢的剪跨比 $M/Vh_w$ 减小，可能出现矮墙情况，容易剪坏。

落地剪力墙数量越少，也就越可能使底部墙的剪跨比减小。设计时要检查落地剪力墙底部的剪跨比，尽可能使它大于 2。当剪跨比小于 1.5 时，应当按矮墙要求设计底部墙，即其截面应符合下面要求

无地震作用组合

$$V_w \leqslant 0.2\beta_c f_c b_w h_{w0} \tag{7-50}$$

有地震作用组合

$$V_w \leqslant \frac{1}{\gamma_{RE}} 0.15\beta_c f_c b_w h_{w0} \tag{7-51}$$

式中，$V_w$ 为落地剪力墙设计值，按式（7-32）和式（7-33）的规定采用，有地震作用组合时尚应符合前面提到的乘以增大系数的规定。

落地剪力墙底部加强部位的墙体，其水平和竖向分布钢筋最小配筋率，抗震设计时不应小于 0.3％，非抗震设计时不应小于 0.25％；抗震设计时钢筋间距不应大于 200mm，钢筋直径不应小于 8mm。

落地剪力墙底部加强部位墙体，两端宜设置翼墙或端柱；抗震设计时，两端应设置约束边缘构件。

落地剪力墙基础应有良好的整体性和抗转动的能力。

## 7.7.3 框支剪力墙设计和构造

### 1. 框支柱

框支柱是整个结构中的薄弱部位,它的破坏可能造成房屋倒塌等严重后果。因此,应考虑可能出现的不利情况,保证柱的安全。

在竖向荷载和倾覆力矩作用下,柱承受的轴力很大,因此柱断面不宜太小。在非地震区,柱截面不宜小于 400mm × 400mm,且柱截面高度不宜小于柱间距的 1/15;在地震区,柱截面不应小于 450mm × 450mm,柱截面高度不宜小于柱间距的 1/12。

框支柱的混凝土强度等级不应低于 C30。

由于在弹性计算中假定楼板在平面内为无限刚性,框支柱的计算剪力会小于实际分配到的剪力,试验实测内力也证实了这一点。考虑到框支柱的安全,设计时应适当调整柱的设计剪力及弯矩。另外,考虑使上部剪力墙出现塑性铰的设计要求,也应将框支柱内力进行调整。为此,《高层规程》规定,一、二级框支柱各层两端截面的弯矩设计值应分别乘以增大系数 1.5 和 1.25。一、二级框支柱由地震作用引起的轴力应分别乘以增大系数 1.5 和 1.2,但计算柱轴压比时可不考虑该增大系数。与转换构件相连的一、二级转换柱的上端和底层柱下端截面的弯矩应分别乘以增大系数 1.5 和 1.2。转换角柱的弯矩和剪力设计值应分别在以上基础上乘以增大系数 1.1。

框支柱承受的剪力设计值应按以下规定采用:每层框支柱的数目少于 10 根时,当底部为 1~2 层的框支柱时,各层每根柱所受的剪力至少取楼层剪力的 2%;当底部为 3 层及 3 层以上的框支柱时,各层每根柱所受的剪力至少取楼层剪力的 3%。每层框支柱的数目多于 10 根时,当底部为 1~2 层的框支柱时,每层框支柱承受剪力之和应至少取基底剪力的 20%;当底部为 3 层及 3 层以上的框支柱时,每层框支柱承受剪力之和应至少取基底剪力的 30%。

框支柱剪力调整后,应相应调整框支柱的弯矩及柱端框架梁的剪力和弯矩,但框支梁的剪力、弯矩,框支柱的轴力可不调整。

在地震区,框支柱轴压比的限制要比一般柱严格,柱内纵向钢筋最小含钢率也要提高,见表 6-10 和表 6-8。

柱内全部纵向钢筋配筋率:抗震设计时一级不应小于 1.1%,二级不应小于 0.9%,三、四级及非抗震设计时不应小于 0.7%。纵向钢筋间距,抗震设计时不宜大于 200mm;非抗震设计时,不宜大于 250mm,且均不应小于 80mm。柱内全部纵向钢筋配筋率不宜大于 4%,超过时,箍筋应焊成封闭式。

为了提高框支柱的延性,框支柱箍筋应沿全高加密。箍筋体积配筋率应按式(6-30)~式(6-32)后规定的要求采用,抗震设计时,箍筋配箍特征值应比普通框架柱的要求增加 0.02 采用,且箍筋体积配箍率不应小于 1.5%;加密区箍筋应采用复合螺旋箍或井字复合箍,箍筋直径不应小于 10mm,间距不应大于 100mm 和 6 倍纵向钢筋直径的较小值。非抗震设计时,框支柱宜采用复合螺旋箍或井字复合箍,其箍筋体积配箍率不宜小于 0.8%,箍筋直径不宜小于 10mm,间距不宜大于 150mm。

当采用大截面钢筋混凝土柱时,宜在截面中部配置附加纵向受力钢筋,并配置箍筋。

框支柱截面的组合剪力设计值应符合下列规定：

持久、短暂设计状况　　　　　　　　$V \leqslant 0.20\beta_c f_c b h_0$

地震设计状况　　　　　　　　　　$V \leqslant \dfrac{1}{\gamma_{RE}}(0.15\beta_c f_c b h_0)$

框支柱在上部墙体范围内的纵向钢筋应伸入上部墙体内不少于一层，其余柱纵筋应锚入转换层梁内或板内；从柱边算起，锚入梁内、板内的钢筋长度，抗震设计时不应小于 $l_{aE}$，非抗震设计时不应小于 $l_a$。

### 2. 框支墙托梁

可简称为框支梁。

由 4.7 节内力分布可知框支剪力墙的墙板下部形成"拱"作用，使墙面产生水平方向的拉应力及压应力；越接近底部边缘，拉应力越大，形成了"拱的拉杆"作用。故此常常在墙的底部设计"托梁"，抵抗边缘区域内的拉力和弯矩。实际上，托梁只是墙体底部边缘的一个加厚部分，见图 7-34。为了抵抗支座附近的较大剪力，有时可以在支座附近加大梁断面，形成"加腋托梁"。

在托梁高度范围内，把分析（有时要用平面有限元分析）得到的水平拉应力（见图 7-26(b)）换算为拉力和弯矩，选择沿梁长度内的最大拉力和弯矩截面作为控制截面，按照钢筋混凝土拉弯构件计算纵向钢筋。

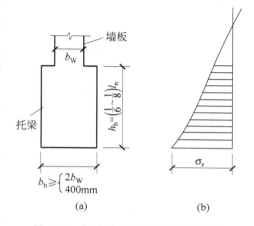

图 7-34　框支墙托梁截面及应力分布

框支梁设计应符合下列要求：

（1）框支梁与框支柱截面中线宜重合。框支梁的混凝土强度等级不应低于 C30。

（2）框支梁截面宽度 $b_b$ 不宜大于框支柱相应方向的截面宽度，且不宜小于上层墙体厚度的 2 倍和 400mm 的较大值；梁截面高度 $h_b$ 抗震设计时不应小于跨度的 1/6，非抗震设计时不应小于跨度的 1/8；框支梁可采用加腋梁。框支梁截面的组合最大剪力设计值应满足下列要求：

无地震作用组合时

$$V \leqslant 0.20\beta_c f_c b h_0 \tag{7-52}$$

有地震作用组合时

$$V \leqslant \dfrac{1}{\gamma_{RE}}(0.15\beta_c f_c b h_0) \tag{7-53}$$

（3）框支梁的纵向钢筋应按以下要求配置

① 梁上、下部纵筋的最小配筋率，非抗震设计时均不应小于 0.30%；抗震设计时，抗震等级特一级、一级和二级分别不应小于 0.60%，0.50% 和 0.40%。纵筋不宜有接头；有接头时，宜采用机械连接接头，同一截面内接头钢筋面积不应超过全部纵筋截面面积的 50%，接头位置应避开上部墙体开洞部位及受力较大部位。

② 偏心受拉的框支梁,其支座上部纵筋至少应有 50% 沿梁全长贯通,下部纵筋应全部直通到柱内;沿梁高应配置间距不大于 200mm,直径不小于 16mm 的腰筋。梁上下纵筋和腰筋的锚固要求见图 7-35,当梁上部配置多排钢筋时,其内排钢筋的锚固长度可适当减小。

(4) 梁支座处(离柱边 $0.2l_0$ 或 $1.5h_b$ 范围内)箍筋应加密,加密区箍筋直径不应小于 10mm,间距不应大于 100mm。加密区箍筋最小面积含箍率非抗震设计时不应小于 $0.9f_t/f_{yv}$;抗震设计时,对抗震等级特一级、一级和二级分别不应小于 $1.3f_t/f_{yv}$,$1.2f_t/f_{yv}$ 和 $1.1f_t/f_{yv}$。框支墙门洞下方梁的箍筋也应按上述要求加密。

(5) 框支梁不宜开洞。若需开洞时,洞口位置宜远离框支柱边,以减小开洞部位上下弦杆的内力值。上下弦杆应加强抗剪配筋,开洞部位应配置加强钢筋,或用型钢加强。

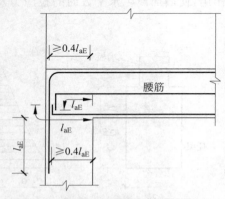

**图 7-35 框支梁主筋和腰筋的锚固**

注:非抗震设计时图中 $l_{aE}$ 取为 $l_a$。

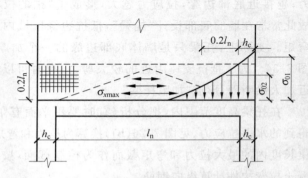

**图 7-36 框支墙板配筋应力示意图**

### 3. 框支墙板

托梁以上的墙板根据有限元分析得到的应力计算配筋,具体要求如下(见图 7-36)。

柱上墙体的端部竖向钢筋:

$$A_s = \frac{h_c b_W (\sigma_{01} - f_c)}{f_y} \tag{7-54}$$

柱边 $0.2l_n$ 宽度内竖向分布钢筋:

$$A_{sW} = \frac{0.2l_n (\sigma_{02} - f_c) b_W}{f_{yW}} \tag{7-55}$$

梁上 $0.2l_n$ 高度范围内水平分布筋:

$$A_{sh} = \frac{0.2l_n b_W \sigma_{x,max}}{f_{yh}} \tag{7-56}$$

式中:$\sigma_{01}$——柱上墙体 $h_c$ 范围内考虑风荷载、地震作用组合的平均竖向应力;

$\sigma_{02}$——柱边墙体 $0.2l_n$ 范围内考虑风荷载、地震作用组合的平均竖向应力;

$\sigma_{x max}$——框支梁与墙体交接面上考虑风荷载、地震作用组合的水平拉应力(墙体内最大水平拉应力);

$l_n$——框支梁净跨；

$A_s,A_{sw},A_{sh}$——计算范围内的配筋总量。

抗震设计时,上述公式中的$\sigma_{01}$,$\sigma_{02}$,$\sigma_{xmax}$均应乘以承载力抗震调整系数$\gamma_{RE}$,$\gamma_{RE}$可取$0.85$。

框支梁与其上部墙体的水平施工缝处宜按7.3.3节中的第4段规定验算抗滑移能力。

框支墙板的构造应满足下面要求:

（1）框支梁上部的墙体当开有门洞时,应加强小墙肢,同时应提高该部位框支梁的抗剪承载力并可采用加腋梁。图7-37中的边墙肢应设置外墙翼缘或外墙加厚。

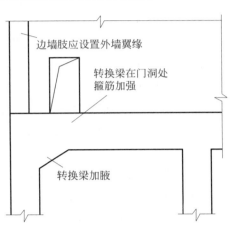

（2）框支柱宜有部分受力钢筋延伸到转换梁以上墙体,延伸长度等于层高。

（3）框支梁上墙体竖向钢筋在转换梁内的锚固长度,抗震设计时,一、二级不应小于$1.15l_a$,三级不应小于$1.05l_a$,四级和非抗震设计时不应小于$l_a$。

（4）框支梁上墙板内分布钢筋除按上式计算外,还应满足最小配筋率的要求。最小配筋率与剪力墙加强部位的要求相同,见表7-2。在过渡层以上,可以按一般部位最小配筋率配置。

**图 7-37  转换梁上墙体有边门洞时的构造**

## 7.7.4  转换层楼板

底部大空间剪力墙结构中底部框支墙和落地剪力墙的整体作用是靠转换层结构的强度和刚度来实现的。转换层结构构件可采用转换梁、桁架、空腹桁架、箱形结构、斜撑等,非抗震设计和6度抗震设计时可采用厚板,7、8度抗震设计时地下室的转换结构可采用厚板。特一级、一级和二级转换结构构件的水平地震作用计算内力应分别乘以增大系数1.9、1.6和1.3;转换结构构件应按2.3节的规定考虑竖向地震作用。前面几段中已经涉及了转换层结构的构件设计和构造,本段补充几点转换层楼板的设计和构造问题。

（1）转换层楼板（框支层与上部层之间的楼板）必须采用现浇楼盖,楼板厚度不宜小于180mm,混凝土等级不宜低于C30,并应采用上下双层配筋,每层方向的配筋率不小于0.25%。楼板边缘和较大洞口周边应设置边梁,其宽度不宜小于板厚的2倍,全截面纵向钢筋配筋率不应小于1%,接头宜采用机械连接或焊接,楼板中钢筋应锚固在边梁内。落地剪力墙和筒体外周围的楼板不宜开洞。与转换层相邻楼层的楼板也应适当加强。

（2）转换层楼板截面还应符合以下要求:

无地震作用组合时

$$V_f \leqslant 0.15\beta_c f_c b_f t_f \tag{7-57}$$

$$V_f \leqslant 0.8 f_y A_s \tag{7-58}$$

有地震作用组合时

$$V_f \leqslant \frac{1}{\gamma_{RE}}(0.1\beta_c f_c b_f t_f) \tag{7-59}$$

$$V_f \leqslant \frac{1}{\gamma_{RE}}(f_y A_s) \tag{7-60}$$

式中：$V_f$——框支结构由不落地剪力墙传到落地剪力墙处框支层楼板组合的剪力设计值,8 度抗震时应乘以增大系数 2,7 度抗震时应乘以增大系数 1.5,验算落地剪力墙时不考虑此增大系数；

$b_f$,$t_f$——分别为框支层楼板的宽度和厚度；

$A_s$——穿过落地抗震墙的框支层楼盖(包括梁和板)的全部钢筋的截面面积；

$\gamma_{RE}$——承载力抗震调整系数,可采用 0.85。

对建筑平面较长、或不规则、或各剪力墙内力相差较大,必要时可用简化方法验算楼板平面内的受弯承载力。

(3) 转换层厚板设计应符合下列规定：

① 转换厚板的厚度可由抗弯、抗剪、抗冲切截面验算确定。

② 转换厚板可局部做成薄板,薄板与厚板交界处可加腋；转换厚板亦可局部做成夹心板。

③ 转换厚板宜按整体计算时所划分的主要交叉梁系的剪力和弯矩设计值进行截面设计并按有限元法分析结果进行配筋校核；受弯纵向钢筋可沿转换板上、下部双层双向配置,每一方向总配筋率不宜小于 0.6%；转换板内暗梁的抗剪箍筋面积配筋率不宜小于 0.45%。

④ 厚板外周边宜配置钢筋骨架网。

⑤ 转换厚板上、下部的剪力墙、柱的纵向钢筋均应在转换厚板内可靠锚固。

⑥ 转换厚板上、下一层的楼板应适当加强,楼板厚度不宜小于 150mm。

(4) 箱形转换结构上、下楼板厚度均不宜小于 180mm,应根据转换柱的布置和建筑功能要求设置双向横隔板；上、下板配筋设计应同时考虑板局部弯曲和箱形转换层整体弯曲的影响,横隔板宜按深梁设计。

(5) 抗震设计时,转换梁、柱的节点核心区应进行抗震验算,节点应符合构造措施的要求。转换梁、柱的节点核心区应按 6.6.3 节的规定设置水平箍筋。

# 思　考　题

7-1　试写出 I 形截面剪力墙大偏压和小偏压的正截面抗弯承载力计算公式。

7-2　在大偏压、小偏压、大偏拉各种情况下的正截面抗弯计算公式中,承载力抗震调整系数应怎样应用? 请写出包含 $\gamma_{RE}$ 的计算公式。

7-3　为什么说如果经过合理设计,联肢墙的抗震性能比悬臂墙好? 请说明"合理设计"有哪些要求?

7-4　为什么在墙端部有明柱或暗柱的剪力墙延性较好? 影响剪力墙截面延性性能的因素有哪些?

7-5　开洞剪力墙中,连梁性能对剪力墙破坏形式、延性性能有些什么影响? 怎样设计连梁?

7-6　为保证底部大空间剪力墙结构底部结构安全,请归纳出从方案、布置到配筋构造等各方面采取的主要措施是哪些?

7-7　请讨论落地剪力墙、框支剪力墙和一般剪力墙在受力、截面计算、配筋构造等方面的异同。

7-8　哪些部位计算截面时要考虑强剪弱弯?怎样计算设计剪力?其他部位是否要作抗剪承载力计算,如何确定设计剪力?

<h1 style="text-align:center">习　题</h1>

7-1　某 12 层高层剪力墙结构中一片横墙截面为单肢悬臂墙,$h_w = 8900\text{mm}$,$b_w = 160\text{mm}$。层高 2.9m,总高 $H = 34.8\text{m}$,用 C20 级混凝土现浇。8 度设防,二级抗震。已知底层墙内力组合结果如下: $M_w = \pm 4211.1\text{kN·m}$,$N = -1173.9\text{kN}$ 和 $-434.1\text{kN}$,$V = \pm 430.8\text{kN}$,要求设计墙肢配筋。

7-2　同题 7-1 高层剪力墙结构中的另一片横墙截面如图 7-38 所示,连梁截面尺寸:$h_b = 900\text{mm}$, $b_b = 160\text{mm}$,$l_n = 900\text{mm}$。已知底层墙墙肢内力组合结果如下:

$M_w = \pm 2162.9\text{kN·m}$,$N = -483.4\text{kN}$ 和 $-383.3\text{kN}$,$V = \pm 430\text{kN}$;连梁计算剪力 $V = 170\text{kN}$。要求设计墙肢 1 和连梁配筋。

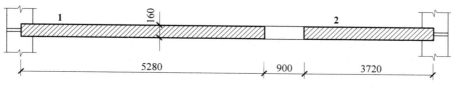

图 7-38　题 7-2 图

# 第8章 筒体结构的计算和设计

## 8.1 筒体结构及不适合协同工作原理的空间结构的 计算图和计算方法

### 8.1.1 协同工作原理适应和不适应的场合

高层建筑结构,上面讲过三大结构体系(框架、剪力墙和框架-剪力墙),它们都是用平面抗侧力结构假定按协同工作原理的计算图和计算方法进行计算;除此之外,还有筒体结构、不适合协同工作原理的结构体系,以及以空间受力为特征的空间结构,等等。

筒体结构是指由一个或几个筒体作为承受水平和竖向荷载的高层建筑结构。筒体结构适用于层数较多的高层建筑。采用这种结构的建筑平面,最好为正方形或接近于正方形。

按筒体的形式、布置和数目上的不同,筒体结构又可分为单筒、筒中筒和组合筒。图 8-1 为单筒结构的示意,采用一个实腹筒作为承载结构。图 8-2 为筒中筒结构示意,采用一个空腹筒和一人实腹筒共同作为承载结构。实腹筒置于空腹筒中,故称为筒中筒。组合筒(见图 8-3)是由几个连在一起的空腹筒组成一个整体,共同承受竖向荷载和水平荷载。

实腹筒体结构实际上是一个箱形梁。图 8-4 表示箱形梁的受力图。上面薄板中的拉应力实际上是由于槽钢传到板边的剪应力而引起的,因此这个拉应力在薄板宽度上的分布并不是均匀的,而是两边大,中间小。对于宽度较大的箱形梁,正应力两边大、中间小的这种不均匀现象称为剪力滞后。剪力滞后与梁宽、荷载、弹性模量及侧板和翼缘的相对刚度等因素有关。对于宽度较大的箱形梁,忽略剪力滞后作用将对梁的强度估计过高,是不合适的。

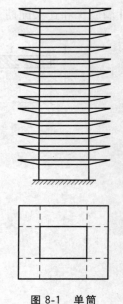

图 8-1 单筒

框筒结构是由密排的柱在每层楼板平面用窗裙墙梁连接起来的空腹筒。框筒的受力特点比一个简单的封闭筒要复杂一些。这主要是由于连梁的柔性产生了剪力滞后现象,它使角部的柱子轴向应力增加而使中间的柱子轴向应力减小(见图 8-5)。这一作用使楼板产生翘曲,并因此而引起内部间隔和次要结构的变形。

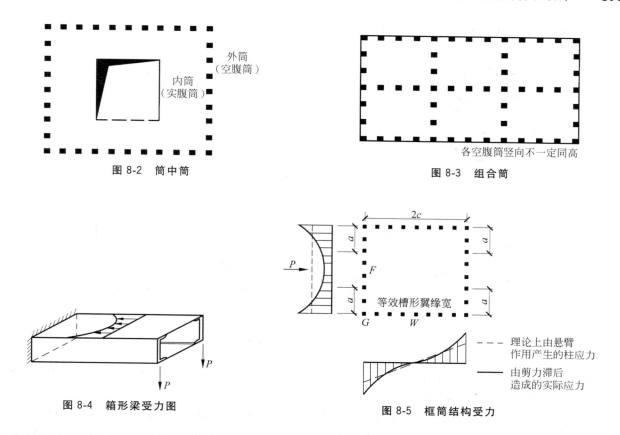

图 8-2　筒中筒

图 8-3　组合筒

各空腹筒竖向不一定同高

外筒（空腹筒）

内筒（实腹筒）

图 8-4　箱形梁受力图

图 8-5　框筒结构受力

2c

等效槽形翼缘宽

- - - - 理论上由悬臂作用产生的柱应力

—— 由剪力滞后造成的实际应力

　　筒体结构受力的这些特点说明 2.7 节对体型规整的三大结构体系计算的基本假定（平面抗侧力结构的假定）已不适用,需要考虑结构的空间作用。

　　这里,我们将对 2.7 节以平面抗侧力结构和刚性楼板假定为基础的协同工作计算方法作进一步的分析,以使读者了解它的适用（或不适用）场合。

　　协同工作计算方法是将一些只在平面内有抗侧力能力的平面结构,通过平面内为刚性的楼板连接在一起共同工作的。这样的计算图对结构的整体作用有所反映,因而在三大结构体系中可以采用,并成为主导的计算方法。但同时,这样的计算图对结构的整体性反映得并不完全,如各片平面结构在相交处的竖向协调条件就没有考虑。像图 8-5 所示的框筒,如不考虑竖向的协调条件,在图示水平荷载作用下,它只是两片平面框架,不能形成筒的作用。又如图 8-6(a)所示平面布置为圆形的结构及图 8-6(b)所示八角形结构,它们均具有很强的空间整体性。图 8-6(b)所示结构,如不考虑竖向的协调,只是 8 片不同方向的平面框架,也显示不出原空间结构的特征。又如,在协同工作计算方法中,按不同方向划分为平面结构,这在规则的三大结构体系中是容易办到的。但当结构平面布置复杂时,特别是剪力墙结构平面布置复杂时(如图 8-6(d)所示端部和中部),很难划分出其平面结构的方向,强行人为地划分,会失去结构原有的空间特征。再如,刚性楼板的假定,在符合第 2 章平面布置原则的条件下可以采用。在图 8-6(e)所示平面布置中,左右两部分被一段细长的楼板带连接在一起。左右两部分自身可以采用刚性楼板假定,但左右两部分之间却不能采用刚性楼板假定,即不能按整个楼板均视为刚性楼板的协同工作方法计算,而必须考虑中间段楼板的变形，按空间结构计算。

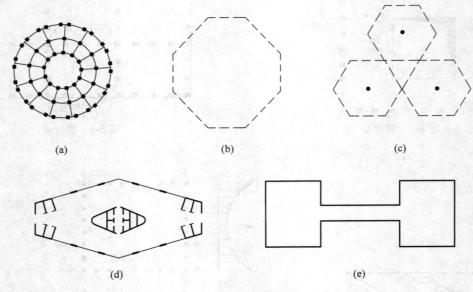

图 8-6 空间结构示意图

此外，当结构在平面布置上很不规则，在竖向布置上有较大的变化，质量、刚度沿竖向也很不均匀时，常需按空间结构计算，以反映结构的实际受力和变形特征。

空间结构计算方法通常是按空间杆系（含薄壁杆），即空间框架，用矩阵位移法求解。平面框架每个结点有 3 个内力（位移）分量；空间框架每个结点有 6 个内力（位移）分量（见图 8-7），薄壁杆则每个结点有 7 个内力（位移）分量。空间结构的计算是通过程序由计算机实现的。详细内容可参见参考文献[1]，本书中不再讨论。

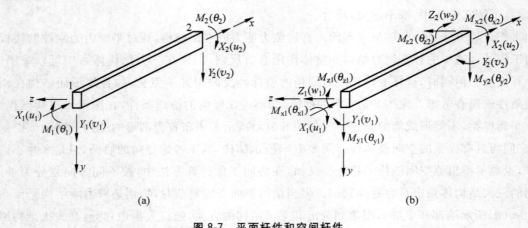

图 8-7 平面杆件和空间杆件

（a）平面杆件受力（位移）；（b）空间杆件受力（位移）

## 8.1.2　简体结构的计算方法

　　框筒与筒中筒属于空间结构,应该按照空间结构的计算方法求其内力和位移。精确的空间计算工作量很大,在工程应用中都要作一些简化。由于简化的方法和程度不同,框筒和筒中筒结构的计算方法有很多种,各有特点,将在第 11 章中详细讨论,本章先作一点简单介绍。

### 1. 空间杆系有限元矩阵位移法

　　将框筒的梁柱简化为带刚域的杆件,按空间框架方法求解,每个结点有 6 个自由度。内筒则视为薄壁杆件,每个结点有 7 个自由度。外筒与内筒通过楼板连接协同工作。通常将楼板视为平面内元限刚性板,忽略其平面外刚度。楼板的作用只是保证内外筒在同一楼层具有相同的水平位移,楼板与筒之间不传递楼板平面外的弯矩。进一步的计算图可以考虑楼板平面外的刚度。

　　经过这样简化后的空间框架,自由度将大为减少,但仍保留了空间框架的性能,是目前用得最多的方法。本方法要通过计算机实现计算。

### 2. 等效连续体法

　　把框筒结构连续化,即把空间杆系折合成等效的连续体,按连续体进行计算,最后再把连续体结果变换为框架杆件的内力。对连续体的计算可用能量解法,也可用有限条法。

### 3. 有限条方法

　　将框筒和内筒沿高度方向划分为竖向的条带,取条带连结线上的位移为未知函数,条带内的位移和应力用插值函数表示,通过连结线上的平衡和协调条件,求出连接线上的位移函数,进而求得条带内的应力。有限条方法只是一个方向离散化,比两个方向均离散化的平面有限元方法未知量少得多,适合于在较规则的高层建筑结构的空间分析中采用。框筒和内筒仍通过平面内无限刚性的楼板连接协同工作。

### 4. 简化为平面结构的计算方法

　　对矩形平面的框筒结构,在水平荷载作用下,可以把腹板框架和翼缘框架组成的空间受力体系展开成等效的平面框架,这样就可以利用平面框架分析程序,比较简便。F. R. Khan 用此方法推导了供设计使用的内力系数曲线;也可以将翼缘框架的作用简化成一个等效的角柱,框筒结构也变成平面框架。

### 5. 粗略计算

　　根据剪力滞后现象,把框筒抵抗倾覆力矩的有效外形简化为两个等效的槽形(图 8-5)。由两个槽形抵抗的倾覆力矩,在槽形内的密排柱中产生轴向力,同时在连接柱子的窗裙墙梁中产生剪力。柱内轴力和梁内剪力可根据初等梁理论计算如下:

$$N = \frac{M_p c}{I_e} A_c$$

$$V = \frac{V_p S}{I_e} h$$

(8-1)

式中：$M_p$, $V_p$ ——水平荷载产生的弯矩和剪力；

      $A_c$ ——柱子截面面积；

      $S$ ——柱对框筒中性轴面积矩之和；

      $h$ ——层高；

      $c$ ——等效槽形(即框筒)截面的半高；

      $I_e$ ——筒的有效惯性矩。

等效槽形的翼缘宽一般不大于腹板高度的一半,也不大于建筑物高度的 10%。这一粗略计算,只能供初步设计估算之用。

## 8.2 框筒和筒中筒结构在水平和扭转荷载下的等效平面法

矩形平面的框筒结构在水平荷载和扭转荷载作用下的计算,常可简化为等效的平面结构,然后按平面结构进行计算。

### 8.2.1 翼缘展开法

此法常用于具有对称平面的矩形框筒结构。现以图 8-8(a)所示有两个对称轴的框筒受对称荷载的情况为例说明展开的方法。

先看此结构的受力和变形特点。荷载使框筒产生两种主要变形:正面和背面翼缘框架主要受轴力,产生轴向变形;两侧腹板框架受剪力和弯矩,产生剪切和弯曲变形。翼缘框架与腹板框架之间的整体作用,主要是通过角柱传递的竖向力及角柱处竖向位移的协调来实现的。各框架平面外的刚度很小,可忽略不计。

根据这些特点,计算时可用等效的平面框架代替此空间框架。图 8-8 因为有两个对称轴,可取 1/4 框筒进行分析,把翼缘框架在腹板框架平面内展开,水平荷载可视为作用在腹板框架上。腹板框架和翼缘框架之间通过虚拟剪切梁相连,此虚拟梁只能传递腹板框架和翼缘框架间通过角柱传递的竖向作用力,并保证腹板框架和翼缘框架在角柱处的竖向协调。此虚拟梁可通过以下处理实现:取其剪切刚度为一个非常大的有限值,轴向刚度为零。角柱分别属于腹板框架和翼缘框架。在两片框架中,计算角柱的轴向刚度时,截面面积可各取真实角柱面积的 1/2;当计算弯曲刚度时,惯性矩可取各自方向上的值。当角柱为矩形或圆形截面时(见图 8-8(c)),角柱截面的两个形心主轴分别位于腹板框架和翼缘框架平面内,两框架端柱的截面惯性矩各用相应的主轴惯性矩即可。当角柱为其他复杂截面时(如图 8-8(d)之 L 形),角柱截面的两个形心主轴不在腹板框架和翼缘框架平面内,在腹板框架和翼缘框架中的角柱都不是平面弯曲,而是斜弯曲;对两框架端柱的截面惯性矩的取值需作进一步的简化,如图 8-8(d)中之 L 形角柱,可分别取 L 形截面的一个肢,作为矩形截面来计算。

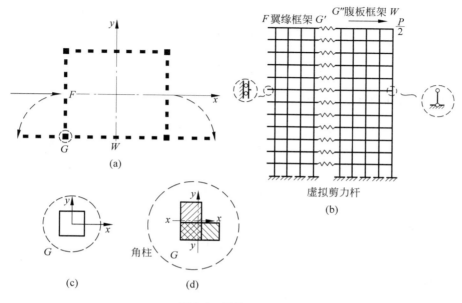

图 8-8　翼缘展开法

至于在结构 1/2 或 1/4 的对称面上,计算图形的边界条件应根据原结构在对称轴处的内力和位移状态确定。如图 8-8(a)所示框筒中,$F$ 在对称轴上,水平位移和转角为零,竖向位移自由,故在 $F$ 轴处为滚轴支承;$W$ 在反对称轴上,竖向位移为零,水平位移和转角为自由,故在 $W$ 轴处为铰支承。

对图 8-8(b)所示的平面框架,可用平面框架适用的方法进行计算。如:用矩阵位移法计算时,先按图 8-8(b)平面框架建立总刚度矩阵 $\boldsymbol{K}$,然后用聚缩自由度的方法,求出只对应于腹板框架水平结点位移的侧向刚度矩阵 $\boldsymbol{K}_x$,得

$$\boldsymbol{K}_x \boldsymbol{\Delta}_x = \boldsymbol{P}_x \tag{8-2}$$

式中:$\boldsymbol{\Delta}_x$——水平位移向量;

　　　$\boldsymbol{P}_x$——水平力向量。

按式(8-2)解出 $\boldsymbol{\Delta}_x$,进而求得框架全部结点位移,以及梁、柱的内力。

本方法以平面框架的计算为基础。平面框架的分析大家较熟悉,且编好的计算机程序也较多,是一种切实可行的计算方法。

## 8.2.2　框筒结构的内力系数图表

F. R. Khan 用上述方法求出了矩形平面的框筒结构在水平荷载作用下的内力系数曲线,在没有计算机的条件下,可以利用它们求出框筒底层的柱轴力和腹板框架梁的剪力,以供初步设计。下面,我们利用这些曲线来说明影响框筒结构受力特点的一些因素。

图 8-9 为底层柱的轴力系数曲线。图 8-10 为腹板框架梁的剪力系数曲线。框筒的内力等于按平截面假定用材料力学公式求得的内力乘以图表中的内力系数。图中曲线的主要参数有:

(1) 弯曲刚度

$$K_c = \frac{I_c}{h} \tag{8-3}$$

柱

$$K_b = \frac{I_b}{l} \tag{8-4}$$

梁

式中: $I_c$, $I_b$——柱、梁截面惯性矩;

　　　$h$——柱高;

　　　$l$——梁的有效跨度。

(2) 梁的剪切刚度

$$S_b = \frac{12EI_b}{l^3} \tag{8-5}$$

(3) 轴的轴向刚度

$$S_c = \frac{EA}{h} \tag{8-6}$$

式中: $A$——柱的截面面积。

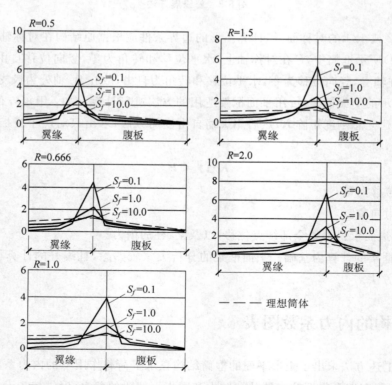

图 8-9　底层柱轴力系数($K_f$ 由顶层的 0.75 变化至底层的 0.50)

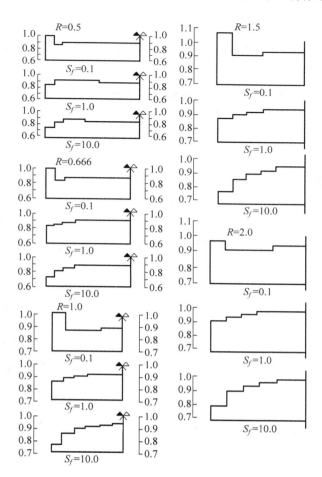

图 8-10　腹板框架梁的剪力系数

（4）框筒的控制参数

$$K_f = \frac{K_c}{K_b}, \quad S_f = \frac{S_b}{S_c}\left(\frac{N}{10}\right)^2, \quad R = \frac{L}{B} \qquad (8\text{-}7)$$

式中：$B$——腹板框架长度；

　　　$L$——翼缘框架长度；

　　　$N$——层数。

图 8-9 和图 8-10 中所示曲线是根据 10 层的框筒结构的各种参数，通过计算机计算求得的。因为框筒结构的柱、梁刚度比 $K_f$ 自顶层到底层通常是变化的，作曲线时假设 $K_f$ 由顶层的 0.75 变化至底层的 0.50；另取柱、梁刚度比为常数 1 上机计算，实际上并未影响结果。对于层数超过 10 层的框筒，求 $S_f$ 时已考虑了层数影响的系数。

从图 8-9 和图 8-10 所示的曲线可以看出框筒结构的受力特点及影响剪力滞后的一些因素：

（1）梁的剪切刚度与柱的轴向刚度之比 $S_f$

$S_f$ 越小，剪力滞后越大，结构的应力分布与整截面梁的应力分布偏离越远。由于框筒不是实截面梁,竖向力由角柱向中间柱的传递需要通过梁的剪力来实现,梁的剪切刚度越小,截面的整体性越小,剪力滞后越严重。框筒结构要用高的窗裙梁、密排柱组成,正是为了加强结构的整体性和减少剪力滞后。

(2)框筒的高宽比 $H/B$

框筒的高宽比对结构的整体作用起着重要的影响。当高宽比很小时,整体的弯曲作用不大,水平荷载主要由平行于荷载的腹板框架承担,翼缘框架的轴力很小,担负的弯矩不大。一般说,框筒的高宽比 $H/B \geqslant 3$ 时,空间整体作用才显著。对于高宽比很小的结构,既使做成筒状也起不了筒的作用。

(3)框筒的长宽比 $L/B$

框筒的长宽比 $L/B$ 越大,剪力滞后越大,结构的整体性越差。所以,矩形框筒的长宽比不宜太大,一般宜取 $L/B \leqslant 2$。

**【例 8-1】** 某框筒结构的平面图示于图 8-11,层高均为 3.00m,共 20 层。角柱截面 0.9m×0.9m,中柱截面 0.5m×0.9m,柱距 3.00m,梁截面均为 0.35m× 0.8m,荷载为顶部受集中力 $P=2000$kN。钢筋混凝土弹性模量 $E=3\times10^4$MPa,求底层各柱轴力和梁剪力。

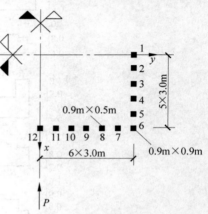

图 8-11 例 8-1 平面图

**【解】** (1)求各主要参数

柱弯曲刚度

角柱　　$K_c = \dfrac{\dfrac{1}{12}\times 0.9\times 0.9^3}{3} = 0.01823(\text{m}^3)$

中柱　　$K_c = \dfrac{\dfrac{1}{12}\times 0.5\times 0.9^3}{3} = 0.01013(\text{m}^3)$

平均值　$K_c = \dfrac{0.01823\times 2 + 0.01013\times 20}{2+20}$

$= 0.01087(\text{m}^3)$(此处只计算了半个结构,下同)

梁弯曲刚度

$$K_b = \dfrac{\dfrac{1}{12}\times 0.35\times 0.8^3}{3} = 0.00498(\text{m}^3)$$

梁的剪切刚度

$$S_b = \dfrac{12\times 3\times 10^7\times \dfrac{1}{12}\times 0.35\times 0.8^3}{3^3} = 0.01991\times 10^7(\text{kN/m})$$

柱的轴向刚度

角柱　　$S_c = \dfrac{0.9\times 0.9\times 3\times 10^7}{3} = 0.81\times 10^7(\text{kN/m})$

中柱　　$S_c = \dfrac{0.5\times 0.9\times 3\times 10^7}{3} = 0.45\times 10^7(\text{kN/m})$

平均值　$S_c = \dfrac{0.81\times 2 + 0.45\times 20}{2+20}\times 10^7 = 0.48273\times 10^7(\text{kN/m})$

（2）框筒的控制参数

刚度比
$$K_f = \frac{K_c}{K_b} = \frac{0.01087}{0.00498} = 2.1827$$

$$S_f = \frac{S_b}{S_c}\left(\frac{N}{10}\right)^2 = \frac{0.01991}{0.48273}\left(\frac{20}{10}\right)^2 = 0.165$$

长宽比
$$R = \frac{L}{B} = \frac{36}{30} = 1.2$$

（3）按材料力学公式计算各柱轴力

平均柱截面面积
$$A = \frac{0.81 \times 2 + 0.45 \times 20}{2 + 20} = 0.4827 (\text{m}^2)$$

整截面惯性矩
$$I_y = 2[0.4827(7 \times 15^2 + 12^2 + 9^2 + 6^2 + 3^2)]$$
$$= 1781.16 (\text{m}^4)$$

底层各柱轴力
$$N_i = \frac{Mx_i A}{I_y}$$

结果列于表 8-1 中。

（4）按内力系数曲线求各柱轴力

由图 8-9(c)和(d)得 $S_f = 0.165$ 时长宽比各为 $R = 1.0$ 和 $R = 1.5$ 时的轴力系数，然后求插入值 $R = 1.2$ 时的轴力系数。将此轴力系数乘以按材料力学公式得出的各柱轴力，即得最后轴力。

计算结果列于表 8-1 中。表中为了比较，同时列出了按空间结构计算所得的柱轴力。

表 8-1　柱轴力计算

| 柱号 | $S_f = 0.165$ 时的柱轴力系数 | | | 各柱轴力/kN | | |
|---|---|---|---|---|---|---|
| | $R=1.0$ | $R=1.5$ | $R=1.2$ | 材料力学法 | 内力系数法 | 空间计算法 |
| 1 | 0 | 0 | 0 | 0 | 0 | 0 |
| 2 | 0.1 | 0.25 | 0.16 | 48.8 | 7.8 | 30.9 |
| 3 | 0.2 | 0.3 | 0.24 | 97.6 | 23.2 | 69.7 |
| 4 | 0.35 | 0.5 | 0.41 | 146.3 | 60 | 126.4 |
| 5 | 0.6 | 0.9 | 0.72 | 195.1 | 140.5 | 214.2 |
| 6 | 3.7 | 4.9 | 4.18 | 243.9 | 1019.5 | 964.2 |
| 7 | 1.9 | 2.4 | 2.02 | 243.9 | 492.7 | 282 |
| 8 | 0.7 | 0.9 | 0.78 | 243.9 | 190 | 160.9 |
| 9 | 0.25 | 0.4 | 0.31 | 243.9 | 75.6 | |
| 10 | 0.1 | 0.2 | 0.14 | 243.9 | 34.1 | |
| 11 | 0 | 0 | 0 | 243.9 | 0 | |
| 12 | 0 | 0 | 0 | 243.9 | 0 | |

（5）梁剪力计算

腹板框架梁的剪力按材料力学公式计算为

$$V = \frac{V_p S}{I_c} h$$

最大剪力发生在腹板框架的中部，其 $S_{max}$ 值为

$$S_{max} = 0.9 \times 0.9 \times 15 + 0.5 \times 0.9(5.5 \times 15 + 12 + 9 + 6 + 3)$$
$$= 62.78 (m^3)$$

边跨梁处的 $S$ 值为

$$S = 0.9 \times 0.9 \times 15 + 0.5 \times 0.9 \times 5.5 \times 15 = 49.28 (m^3)$$

腹板框架中部及边跨处梁的剪力为

$$V_{中} = \frac{1000 \times 62.78 \times 3}{1781.16} = 105.74 (kN)$$

$$V_{边} = \frac{1000 \times 49.28 \times 3}{1781.16} = 83.0 (kN)$$

由图 8-10 查得，当 $R = 1.2$ 及 $S_f = 0.165$ 时，中部梁及边跨梁处的剪力系数均约为 0.9。所以，梁剪力

$$V_{中} = 0.9 \times 105.74 = 95.17 (kN)(85.4kN)$$

$$V_{边} = 0.9 \times 83.0 = 74.7 (kN)$$

括号内值为空间计算结果。

## 8.2.3 框筒结构在扭转荷载下的等效平面法

矩形平面的框筒结构在扭转荷载作用下，框筒的水平横截面产生扭转角，并使横截面产生出平面的翘曲变形。其作用可视为由四个平面框架的作用组成：两个 $x$ 向的腹板框架（连同相应的 $y$ 向翼缘框架），其侧向刚度矩阵为 $\boldsymbol{K}_x$；两个 $y$ 向的腹板框架（连同相应的 $x$ 向翼缘框架），其侧向刚度矩阵为 $\boldsymbol{K}_y$。因为要考虑两对正交框架在角柱处的竖向相互作用，故求 $x$ 向框架的 $\boldsymbol{K}_x$ 时，用虚拟剪切梁把 $y$ 向的翼缘框架放在计算简图内；同理，求 $\boldsymbol{K}_y$ 时，也要把 $x$ 向翼缘框架放在计算简图内（见图 8-12）。图中因为有两个对称轴，故只画了 1/4 框筒。图中 $F$ 轴和 $W$ 轴在两方向的框架中都是反对称轴，故均取为铰支承。

因为楼板在自身平面内假定为刚性板，在扭转荷载作用下楼板绕竖轴发生扭转，扭转角为 $\theta$，用 $\Delta_x$ 和 $\Delta_y$ 分别表示 $x$ 向和 $y$ 向框架在其自身平面内的侧向位移，它们之间有如下关系（见图 8-12(a)）

$$\theta = \frac{\Delta_x}{b} = \frac{\Delta_y}{c} \tag{8-8}$$

另外，由力矩平衡条件，有

$$P_x 2b + P_y 2c = M \tag{8-9}$$

式(8-8)和式(8-9)是任一层的变形协调和平衡方程。

考虑整个框筒结构，各楼层处受扭矩 $\boldsymbol{M}$，产生扭转角 $\boldsymbol{\theta}$ 和侧向位移 $\boldsymbol{\Delta}_x$、$\boldsymbol{\Delta}_y$，两个方向框架承担的水平剪力为 $\boldsymbol{P}_x$、$\boldsymbol{P}_y$ 等各量都是向量，其每个分量各对应一个楼板处的相关量。采用向量的形式后，整个框筒

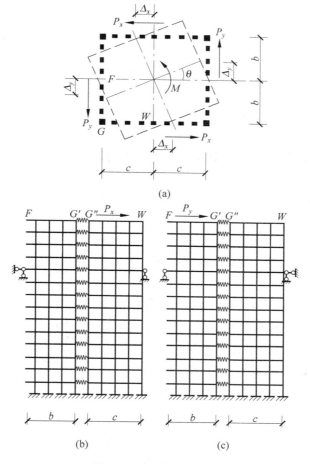

图 8-12　框筒扭转荷载

结构的变形协调和平衡条件为

$$\boldsymbol{\theta} = \frac{1}{b}\boldsymbol{\Delta}_x = \frac{1}{c}\boldsymbol{\Delta}_y \tag{8-10}$$

$$2b\boldsymbol{P}_x + 2c\boldsymbol{P}_y = \boldsymbol{M} \tag{8-11}$$

框架的水平剪力和水平位移间的关系为

$$\boldsymbol{K}_x\boldsymbol{\Delta}_x = \boldsymbol{P}_x \tag{8-12}$$

$$\boldsymbol{K}_y\boldsymbol{\Delta}_y = \boldsymbol{P}_y \tag{8-13}$$

式中：$\boldsymbol{K}_x$、$\boldsymbol{K}_y$——$x,y$ 向框架的侧向刚度矩阵(图见 8-12(b)、(c))。

由式(8-10),得

$$\boldsymbol{\Delta}_y = \frac{c}{b}\boldsymbol{\Delta}_x$$

代入式(8-13),再把式(8-12)、式(8-13)代入式(8-11),得

$$\frac{1}{b}(2b^2\boldsymbol{K}_x + 2c^2\boldsymbol{K}_y)\boldsymbol{\Delta}_x = \boldsymbol{M}$$

或写为

$$K_\theta \boldsymbol{\theta} = \boldsymbol{M} \tag{8-14}$$

式中

$$K_\theta = 2b^2 K_x + 2c^2 K_y \tag{8-15}$$

为框筒的扭转刚度矩阵。

由式(8-14)可以解出 $\boldsymbol{\theta}$,代入式(8-10)可得 $\boldsymbol{\Delta}_x$ 及 $\boldsymbol{\Delta}_y$,从而可求出各平面框架的内力。

### 8.2.4　筒中筒结构在水平荷载下的等效平面法

筒中筒结构是由外框筒和内筒通过楼板连接在一起的空间结构。其计算方法将在第 11 章中详细讨论。这里介绍一种简化为等效平面结构的算法。

在筒中筒结构的计算中,通常采用刚性楼板的假设,即楼板在自身平面内刚度为无限大,楼板平面外刚度很小,可忽略不计。

矩形平面的筒中筒结构在水平荷载作用下的计算也可简化为等效的平面结构计算图。图 8-13(a)所示的对称筒中筒结构,受对称轴方向的水平荷载作用只产生侧向位移不产生扭转,图中只画出了半个结构。根据本章前面的介绍,外框筒可用翼缘展开法(见图 8-13(b))简化为平面框架。内筒在水平荷载方向的剪力墙(考虑翼缘的作用),按等效刚度的原则,可视为单肢或多肢剪力墙。外框筒与内筒由平面内刚度为无限大、平面外刚度为零的楼板连接在一起,故计算图为平面框

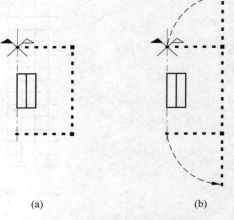

(a)　　　　　　(b)

**图 8-13　筒中筒水平荷载**

架-剪力墙结构。第 5 章所讨论的框-剪结构的计算方法以及以后将要介绍的协同工作的计算方法均可用来计算此类结构。

## 8.3　框筒结构在水平荷载下的等效连续体法

### 8.3.1　等效筒的特征

用连续化方法计算框筒结构时,每一面梁柱体系的框架可以由一个等效均匀的正交异性平板来代替,这样便形成一个闭合的实体等效筒(见图 8-14)。因为楼板平面内的刚度很大,能约束壁板平面外变形,所以对每一壁板只需考虑平面内的作用。正交异性等代板的物理特性应这样确定:其水平和竖直方向的弹性模量应能代表梁和柱的轴向刚度,其剪切模量应能代表框架的剪切刚度。

假设层高相等,各层柱距均匀,梁柱截面尺寸不变,等效板的竖向弹性模量 $E_c$ 可按下式计算:

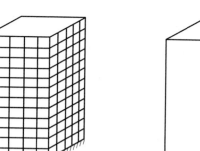

图 8-14　框筒及其等效筒

$$AE = dtE_c \tag{8-16}$$

式中：$A$——每根柱的截面面积；

$E$——材料的弹性模量；

$d$——柱距；

$t$——等效板厚。

若取等效板的截面面积 $dt$ 和柱子截面面积相等，则

$$E_c = E \tag{8-17}$$

对于等效板的剪切模量，可以根据框架和等效板受到相同剪力 $V$ 时，两者具有相等的水平位移求得（见图 8-15）。框架的作用可以用一个梁柱单元来表示。这个单元是假设每梁在跨中有反弯点，每柱在中点有反弯点，然后从反弯点处截取出来。梁柱结点处可视为刚域，其宽度等于柱宽，其高度等于梁高。这里，刚域取法与壁式框架中略有不同。

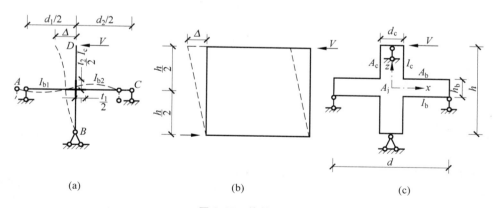

(a)　　　　　　　(b)　　　　　　　(c)

图 8-15　等效单元

从图 8-15(a)中，求得荷载和位移的关系为

$$V\frac{h}{2} = \frac{6EI_c}{e^2}\left(1+\frac{t_2}{e}\right)\cfrac{\Delta}{1+\cfrac{2\dfrac{I_c}{e}\left(1+\dfrac{t_2}{e}\right)^2}{\dfrac{I_{b1}}{l_1}\left(1+\dfrac{t_1}{l_1}\right)^2+\dfrac{I_{b2}}{l_2}\left(1+\dfrac{t_1}{l_2}\right)^2}}$$

式中,

$$e = h - t_2, \quad l_1 = d_1 - t_1, \quad l_2 = d_2 - t_1$$

等效板(见图 8-15(b))荷载和位移的关系为

$$\Delta = \frac{V}{GA}h$$

由以上两式,可得等效板的剪切刚度为

$$GA = \frac{12EI_c}{e^2}\left(1 + \frac{t_2}{e}\right)\cfrac{1}{1 + \cfrac{2I_c\left(1 + \frac{t_2}{e}\right)^2}{e\left[\frac{I_{b1}}{l_1}\left(1 + \frac{t_1}{l_1}\right)^2 + \frac{I_{b2}}{l_2}\left(1 + \frac{t_1}{l_2}\right)^2\right]}}$$

设其中一梁的惯性矩为零,即可用于边柱。

如前面假设的那样,$I_{b1} = I_{b2} = I_b, d_1 = d_2 = d, l_1 = l_2 = d - t_1$,则

$$GA = \frac{12EI_c}{e^2}\left(1 + \frac{t_2}{e}\right)\cfrac{1}{1 + \cfrac{l}{e}\cfrac{I_c\left(1 + \frac{t_2}{e}\right)^2}{I_b\left(1 + \frac{t_1}{l}\right)^2}} \tag{8-18}$$

等效板的全部剪切刚度等于各单独柱剪切刚度值之和。

更精确一些的等效剪切刚度是在图 8-15(c)中考虑杆件的弯曲变形和剪切变形,同时考虑有限结点的剪切变形(不视结点区为刚域,而视为弹性体)。下面直接给出其计算公式:

$$G_{xz} = \frac{E}{tdc_{xz}} \tag{8-19}$$

其中

$$c_{xz} = \frac{(h - h_b)^3}{12hI_c} + \frac{h(d - d_c)^3}{12d^2I_b} + \frac{E}{G}\left[\frac{h(d - d_c)}{d^2A_b} + \frac{h - h_b}{hA_c} + \frac{h}{A_jh_b}\left(1 - \frac{d_c}{d} - \frac{h_b}{h}\right)^2\right] \tag{8-20}$$

式中,$A_j$——有限结点的截面面积;

$G$——材料的剪切模量。

## 8.3.2 内力计算

图 8-16 示出了等效筒坐标和应力系统。假如结构通过竖直中心轴具有两个水平对称轴,则在图示荷载作用下,两个侧面板(以后称侧向面板)上的应力状态是相同的,而在垂直荷载的两个面板上(以后称法向面板),应力相等而方向相反。

法向面板的平衡方程为

$$\left.\begin{array}{l}\dfrac{\partial\sigma_y}{\partial y} + \dfrac{\partial\tau_{yz}}{\partial z} = 0\\[2mm]\dfrac{\partial\tau_{yz}}{\partial y} + \dfrac{\partial\sigma_z}{\partial z} = 0\end{array}\right\} \tag{8-21}$$

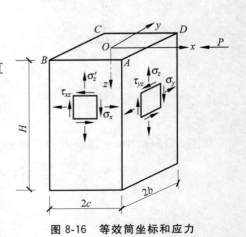

图 8-16 等效筒坐标和应力

侧向面板的平衡方程为

$$\left.\begin{aligned}
\frac{\partial \sigma_x}{\partial x} + \frac{\partial \tau_{xz}}{\partial z} &= 0 \\
\frac{\partial \tau_{xz}}{\partial x} + \frac{\partial \sigma_z'}{\partial z} &= 0
\end{aligned}\right\} \tag{8-22}$$

两正交板的应力应变关系可表如下：

在法向面板上

$$\left.\begin{aligned}
\sigma_y &= E_y e_y + E_{yz} e_z \\
\sigma_z &= E_z e_z + E_{yz} e_y \\
\tau_{yz} &= G_{yz} \gamma_{yz}
\end{aligned}\right\} \tag{8-23}$$

在侧向面板上

$$\left.\begin{aligned}
\sigma_x &= E_x e_x + E_{xz} e_z' \\
\sigma_z' &= E_z' e_z' + E_{xz} e_x \\
\tau_{xz} &= G_{xz} \gamma_{xz}
\end{aligned}\right\} \tag{8-24}$$

在上述式子中，交叉弹性项 $E_{yz}$ 和 $E_{xz}$ 可以忽略。另外，因为梁和柱是均匀布置的，所以

$$E_z = E_z' = E, \quad G_{xz} = G_{yz} = G \tag{8-25}$$

在等效的法向面板中，由于剪力滞后的影响，竖向应力 $\sigma_z$ 两头大中间小，假设可用下述对 $y$ 轴对称的二次抛物线分布来表示

$$\sigma_z = \frac{M}{I}c + S_0(z) + \left(\frac{y}{b}\right)^2 S(z) \tag{8-26}$$

式中：$S_0(z)$ 和 $S(z)$ 仅是坐标 $z$ 的函数。第一项是初等梁理论的结果，后两项是对第一项的修正。$I$ 为等效简体的惯性矩，

$$I = \frac{4}{3}tc^2(3b+c) + 4A_c c^2 \tag{8-27}$$

式中：$A_c$——角柱的加强截面面积，即角柱与中柱的截面面积差。

侧向面板中，竖向应力 $\sigma_z'$ 是一个对 $x$ 轴反对称的曲线，假设可用下述对 $x$ 轴反对称的三次曲线来表示：

$$\sigma_z' = \frac{M}{I}x + \left(\frac{x}{c}\right)^3 S_1(z) \tag{8-28}$$

式中：$S_1(z)$ 仅是坐标 $z$ 的函数。第一项是初等梁理论的结果，第二项是对第一项的修正。

在任意高度处，总的力矩平衡条件为

$$2\int_{-b}^{b} \sigma_z tc\, \mathrm{d}y + 2\int_{-c}^{c} \sigma_z' tx\, \mathrm{d}x + 4A_c c\sigma_c = M \tag{8-29}$$

式中：$\sigma_c$——角柱中的轴向应力；

$M$——水平荷载对任意截面处的总力矩。

在角隅处，两面板的竖向应变应协调，其条件为

$$\frac{\sigma_z}{E}(\pm b, z) = \frac{\sigma_z'}{E}(c, z) = \frac{\sigma_c}{E} \tag{8-30}$$

由式(8-26),可得

$$\sigma_c = \sigma_z \bigg|_{y=b} = \frac{M}{I}c + S_0(z) + S(z) \tag{8-31}$$

将式(8-26)和式(8-28)代入式(8-30),得

$$S_1(z) = S_0(z) + S(z) \tag{8-32}$$

将式(8-26)、式(8-28)和式(8-32)代入式(8-29)并积分之,得

$$S_0(z) = -\frac{1}{3}mS(z) \tag{8-33}$$

式中,

$$m = \frac{5b + 3c + 15\dfrac{A_c}{t}}{5b + c + 5\dfrac{A_c}{t}} \tag{8-34}$$

这样,竖向应力 $\sigma_z$ 和 $\sigma_z'$ 就可用单一的未知函数 $S(z)$ 表示如下:

$$\sigma_z = \frac{M}{I}c - \left[\frac{1}{3}m - \left(\frac{y}{b}\right)^2\right]S(z) \tag{8-35}$$

$$\sigma_z' = \frac{M}{I}x + \left(1 - \frac{1}{3}m\right)\left(\frac{x}{c}\right)^3 S(z) \tag{8-36}$$

角柱中的应力为

$$\sigma_c = \sigma_z \bigg|_{y=b} = \frac{M}{I}c + \left(1 - \frac{1}{3}m\right)S(z) \tag{8-37}$$

将式(8-35)和式(8-36)代入平衡方程式(8-21)和式(8-22),积分后,可求得其余的应力分量为

$$\sigma_y = \frac{b^2 c}{2I}\left[\left(\frac{y}{b}\right)^2 - 1\right]\frac{\mathrm{d}^2 M}{\mathrm{d}z^2} - \frac{b^2}{12}\left[2m\left(\frac{y}{b}\right)^2 - \left(\frac{y}{b}\right)^4 - (2m-1)\right]\frac{\mathrm{d}^2 S}{\mathrm{d}z^2} \tag{8-38}$$

$$\tau_{yz} = -y\left\{\frac{c}{I}\frac{\mathrm{d}M}{\mathrm{d}z} - \frac{1}{3}\left[m - \left(\frac{y}{b}\right)^2\right]\frac{\mathrm{d}S}{\mathrm{d}z}\right\} \tag{8-39}$$

$$\sigma_x = -\frac{c^3}{2I}\left[2\left(\frac{1}{3} + \frac{b}{c} + \frac{A_c}{ct}\right) + \left(1 + \frac{2b}{c} + \frac{2A_c}{ct}\right)\frac{x}{c} - \frac{1}{3}\left(\frac{x}{c}\right)^3\right]\frac{\mathrm{d}^2 M}{\mathrm{d}z^2}$$
$$- \left(1 - \frac{1}{3}m\right)\frac{c^2}{20}\left[\left(\frac{x}{c}\right) - \left(\frac{x}{c}\right)^5\right]\frac{\mathrm{d}^2 S}{\mathrm{d}z^2} \tag{8-40}$$

$$\tau_{xz} = \frac{c^2}{2I}\left[1 + 2\frac{b}{c} + 2\frac{A_c}{ct} - \left(\frac{x}{c}\right)^2\right]\frac{\mathrm{d}M}{\mathrm{d}z} + \left(1 - \frac{1}{3}m\right)\frac{c}{4} \times \left[\frac{1}{5} - \left(\frac{x}{c}\right)^4\right]\frac{\mathrm{d}S}{\mathrm{d}z} \tag{8-41}$$

积分常数利用下列边界条件求出其值:

当 $x=c$ 时 
$$\sigma_x = \frac{p}{2t} = -\frac{1}{2t}\frac{\mathrm{d}^2 M}{\mathrm{d}z^2}$$

式中,$p$——单位高度上的侧向荷载强度值。

当 $x=-c$ 时 
$$\sigma_x = 0$$

当 $y=\pm b$ 时 
$$\sigma_y = 0$$

角柱处的平衡方程式: 
$$\tau_{xz}\big|_{x=0} + \tau_{yz}\big|_{y=b} = \frac{A_c}{t}\frac{\partial \sigma_c}{\partial z}$$

此外，$\tau_{yz}$ 对轴 $y=0$ 呈反对称。

由于对称，每一侧向框架将承受总剪力的一半，所以

$$t\int_{-c}^{c}\tau_{xz}\,\mathrm{d}x = \frac{V}{2} = \frac{1}{2}\int_{0}^{z}p\,\mathrm{d}z = \frac{1}{2}\frac{\mathrm{d}M}{\mathrm{d}z}$$

式中：$p$——每单位高度上的总荷载；

$V$——总剪力。

结构中的总应变能为

$$U = t\int_{0}^{H}\left\{\int_{-b}^{b}\left(\frac{\sigma_z^2}{E}+\frac{\tau_{yz}^2}{G}\right)\mathrm{d}y + \int_{-c}^{c}\left(\frac{\sigma_z'^2}{E}+\frac{\tau_{xz}^2}{G}\right)\mathrm{d}x\right\}\mathrm{d}z + 4\frac{A_c}{2E}\int_{0}^{H}\sigma_c^2\,\mathrm{d}z \tag{8-42}$$

由于楼板在平面内刚度很大，可以忽略水平应变，因而水平方向的正应力 $\sigma_x$ 和 $\sigma_y$ 产生的应变能也可略去。

将式(8-38)~式(8-41)代入式(8-42)，对 $x$ 和 $y$ 积分后，应变能 $U$ 可表示为

$$U = \int_{0}^{H}f\left(z,S,\frac{\mathrm{d}S}{\mathrm{d}z}\right)\mathrm{d}z$$

根据最小余能原理，使积分值为驻值，可得出下面的控制微分方程和边界条件：

$$\frac{\mathrm{d}^2S}{\mathrm{d}z^2} - \left(\frac{K}{H}\right)^2 S = \lambda^2\frac{\mathrm{d}^2\sigma_b}{\mathrm{d}z^2} \tag{8-43}$$

$$\left.\begin{array}{ll} S = 0, & z=0 \\ \dfrac{\mathrm{d}S}{\mathrm{d}z} - \lambda^2\dfrac{\mathrm{d}\sigma_b}{\mathrm{d}z} = 0, & z=H \end{array}\right\} \tag{8-44}$$

其中，

$$\left.\begin{array}{l} K^2 = 15\dfrac{G}{E}\dfrac{H^2}{b^2}\dfrac{\frac{1}{5}(5m^2-10m+9)+(3-m)^2\frac{c}{b}\left(\frac{1}{7}+\frac{A_c}{ct}\right)}{\frac{1}{7}(35m^2-42m+15)+\frac{1}{15}\left(\frac{c}{b}\right)^3(3-m)^2} \\[4mm] \lambda^2 = 3\dfrac{(5m-3)-\frac{1}{7}\left(\frac{c}{b}\right)^3(3-m)}{\frac{1}{7}(35m^2-42m+15)+\frac{1}{15}\left(\frac{c}{b}\right)^3(3-m)^2} \\[4mm] \sigma_b = \dfrac{Mc}{I} \end{array}\right\} \tag{8-45}$$

其中 $m$ 如式(8-34)所示。

当角柱与中柱截面相同时，角柱已作为等效正交异性板的一部分包括在内，这时可认为加强面积 $A_c$ 为零，参数 $K^2$ 和 $\lambda^2$ 可简化为

$$\left.\begin{array}{l} K^2 = 9\dfrac{GH^2}{Eb^2}\dfrac{(5m^2+15m-6)(3-m)}{35m^3-42m^2+51m-20} \\[4mm] \lambda^2 = -9\dfrac{45m^3-72m^2-33m+32}{(3-m)(35m^3-42m^2+51m-20)} \end{array}\right\} \tag{8-46}$$

其中，$m=\dfrac{5b+3c}{5b+c}$。

对于三种常用的荷载，可求得式(8-43)的全解。

（1）倒三角荷载

$$S(\xi) = 3\frac{\lambda^2}{K^2}\sigma_b(H)\left[\frac{2K\mathrm{ch}K(1-\xi)+(K^2-2)\mathrm{sh}K\xi}{2K\mathrm{ch}K}-(1-\xi)\right] \tag{8-47}$$

式中，

$$\sigma_b(H) = \frac{1}{3}\frac{pH^2c}{I}, \quad \xi = \frac{z}{H}$$

（2）均布荷载

$$S(\xi) = \frac{2\lambda^2}{K^2}\sigma_b(H)\left[\frac{\mathrm{ch}K(1-\xi)+K\mathrm{sh}K\xi}{\mathrm{ch}K}-1\right] \tag{8-48}$$

式中，

$$\sigma_b(H) = \frac{qH^2c}{2I}$$

（3）顶部集中力

$$S(\xi) = \frac{\lambda^2}{K}\sigma_b(H)\frac{\mathrm{sh}K\xi}{\mathrm{ch}K} \tag{8-49}$$

式中，

$$\sigma_b(H) = \frac{PHc}{I}$$

有了应力函数 $S(\xi)$，由式(8-35)～式(8-41)可以求出各应力分量。

对于设计中比较重要的四个应力分量 $\sigma_z,\sigma_z',\tau_{yz}$ 和 $\tau_{xz}$，按式(8-35)、式(8-36)、式(8-39)和式(8-40)，可将结果表为如下的形式：

$$\left.\begin{aligned}
\sigma_z &= \sigma_b - \left[\frac{1}{3}m-\left(\frac{y}{b}\right)^2\right]\sigma_b(H)F_1F_2 \\
\sigma_z' &= \sigma_b\frac{x}{c}+\left(1-\frac{1}{3}m\right)\left(\frac{x}{c}\right)^3\sigma_b(H)F_1F_2 \\
\tau_{yz} &= -\frac{y}{H}\frac{d\sigma_b}{d\xi}+\frac{y}{3H}\left[m-\left(\frac{y}{b}\right)^2\right]\sigma_b(H)F_1F_3 \\
\tau_{xz} &= \frac{c}{2H}\left[1+2\frac{b}{c}+2\frac{A_c}{ct}-\left(\frac{x}{c}\right)^2\right]\frac{d\sigma_b}{d\xi}+\left(1-\frac{1}{3}m\right)\times\frac{c}{4H}\left[\frac{1}{5}-\left(\frac{x}{c}\right)^4\right]\sigma_b(H)F_1F_3
\end{aligned}\right\} \tag{8-50}$$

对三种常用的荷载情况，参数和函数 $\sigma_b,\dfrac{d\sigma_b}{d\xi},F_1,F_2$ 和 $F_3$ 的结果列于表 8-2 中。

函数 $F_1$ 等于 $\lambda^2$，是一个只和横截面形式以及角柱的相对尺寸有关的函数，由式(8-34)的参数 $m$ 确定。

函数 $F_2$ 和 $F_3$ 由参数 $K$ 和高度坐标 $\xi$ 确定。由式(8-45)和式(8-46)的第一式知参数 $K$ 本身又是 $\dfrac{G}{E}$，$\dfrac{H}{b}$ 和 $m$ 等参数的函数。

对于三种常用荷载的 $F_1,F_2$ 和 $F_3$ 函数的变化曲线，如图 8-17～图 8-20 所示。

表 8-2　计算结果

| 函数 | 倒 三 角 荷 载 | 均 布 荷 载 | 顶部集中力 |
|---|---|---|---|
| $\sigma_b$ | $\dfrac{pH^2c}{2I}\left(\xi^2-\dfrac{1}{3}\xi^3\right)$ | $\dfrac{qH^2c}{2I}\xi^2$ | $\dfrac{PHc}{I}\xi$ |
| $\dfrac{\mathrm{d}\sigma_b}{\mathrm{d}\xi}$ | $\dfrac{pH^2c}{2I}(2\xi-\xi^2)$ | $\dfrac{pH^2c}{I}\xi$ | $\dfrac{PHc}{I}$ |
| $F_1$ | $\lambda^2$ | $\lambda^2$ | $\lambda^2$ |
| $F_2$ | $\dfrac{3}{K^2}\left[\dfrac{2K\mathrm{ch}K(1-\xi)+(K^2-2)\mathrm{sh}K\xi}{2K\mathrm{ch}K}-(1-\xi)\right]$ | $\dfrac{2}{K^2}\left[\dfrac{\mathrm{ch}K(1-\xi)K+\mathrm{sh}K\xi}{\mathrm{ch}K}-1\right]$ | $\dfrac{\mathrm{sh}K\xi}{K\mathrm{ch}K}$ |
| $F_3$ | $\dfrac{3}{K^2}\left[\dfrac{(K^2-2)\mathrm{ch}K\xi-2K\mathrm{sh}K(1-\xi)}{2\mathrm{ch}K}+1\right]$ | $\dfrac{2}{K}\left[\dfrac{K\mathrm{ch}K\xi-\mathrm{sh}K(1-\xi)}{\mathrm{ch}K}\right]$ | $\dfrac{\mathrm{sh}K\xi}{\mathrm{ch}K}$ |

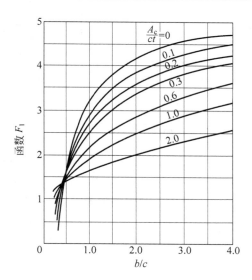

图 8-17　函数 $F_1$ 图

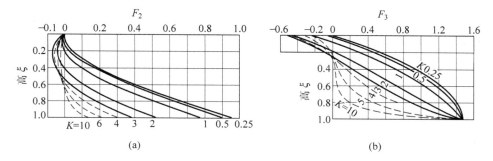

图 8-18　倒三角荷载应力函数 $F_2$，$F_3$

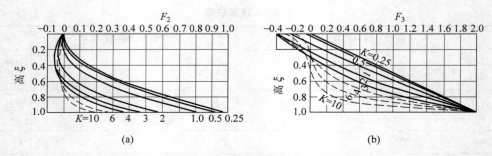

图 8-19 均布荷载应力函数 $F_2$，$F_3$

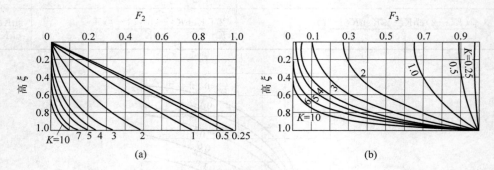

图 8-20 顶部集中力应力函数 $F_2$，$F_3$

计算时，先按式(8-17)和式(8-18)确定等效筒的有效弹性模量 $E$ 和剪切模量 $G$。根据横截面尺寸 $b$，$c$ 和角柱的面积 $A_c$，从式(8-34)计算 $m$，从式(8-45)的第一式计算 $K$。函数 $F_1$（即 $\lambda^2$）可以从式(8-45)的第二式中算出，也可从图 8-7 中查出。对于三种常用的荷载，函数 $F_2$ 和 $F_3$ 可根据已知的 $K$ 值和需求的水平截面的位置 $\xi$，由图 8-18～图 8-20 中查得。各应力分量可根据式(8-50)求得。

最后，还要把从等效连续体中得到的应力，转换到不连续结构的梁和柱中去。这只要把式(8-50)中的应力分量进行积分(或求和)即可实现。

法向框架中，位于 $y_i$ 处的柱中轴力为

$$N_i = t\int_{y_i-\frac{d}{2}}^{y_i+\frac{d}{2}} \sigma_z \mathrm{d}y = td\left\{\sigma_\mathrm{b} - \frac{1}{3}\left[m - \frac{1}{b^2}\left(3y_i^2 + \frac{d^2}{4}\right)\right]S\right\} \tag{8-51}$$

式中：$d$ 为柱间距；$S = \sigma_\mathrm{b}(H)F_1F_2$。

侧向框架中，位于 $x_i$ 处的柱中轴力为

$$N_i = t\int_{x_i-\frac{d}{2}}^{x_i+\frac{d}{2}} \sigma'_z \mathrm{d}x = \frac{tdx_i}{c}\left[\sigma_\mathrm{b} + \left(1 - \frac{1}{3}m\right)\frac{1}{c^2}\left(x_i^2 + \frac{d^2}{4}\right)\sigma_\mathrm{b}(H)F_1F_2\right] \tag{8-52}$$

对于角柱轴力，应分两种情况：

(1) 角柱与中柱截面相同时，有

$$N_\mathrm{b,c} = t\int_{b-\frac{d}{2}}^{b} \sigma_z \mathrm{d}y + t\int_{c-\frac{d}{2}}^{c} \sigma'_z \mathrm{d}x$$

$$= td\left\{\left[\frac{1}{2} + \frac{1}{2c}\left(c - \frac{d}{4}\right)\right]\sigma_\mathrm{b} - \left[\frac{1}{6}m - \left(\frac{1}{2} - \frac{d}{4b} + \frac{d^2}{24b^2}\right)\right.\right.$$

$$-\left(1-\frac{1}{3}m\right)\left(\frac{1}{2}-\frac{3d}{8c}+\frac{d^2}{8c^2}-\frac{d^3}{64c^3}\right)\Big]S\Big\} \tag{8-53}$$

其中，$m=\dfrac{5b+3c}{5b+c}$。

（2）角柱加强时，有

$$N'_{b,c}=A_c\Big[\sigma_b+\left(1-\frac{1}{3}m\right)S\Big]+N_{b,c} \tag{8-54}$$

其中，$m$ 见式(8-34)。

侧向框架中，位于 $x_i$ 处，$z_i$ 水平面上的柱的剪力为

$$V_{ci}=t\int_{x_i-\frac{d}{2}}^{x_i+\frac{d}{2}}\tau_{xz}\,\mathrm{d}x=\frac{tcd}{2H}\left\{\left[1+\frac{2b}{c}+\frac{2A_c}{ct}-\frac{1}{3c^2}\left(3x_i^2+\frac{d^2}{4}\right)\right]\frac{\mathrm{d}\sigma_b}{\mathrm{d}\xi}\right.$$
$$\left.+\frac{1}{10}\left(1-\frac{1}{3}m\right)\left[1-\frac{1}{c^4}\left(5x_i^4+\frac{5}{2}d^2x_i^2+\frac{d^4}{16}\right)\right]\sigma_b(H)F_1F_3\right\} \tag{8-55}$$

侧向框架中，位于 $x_i$ 处，$z_i$ 水平面上窗裙梁的剪力为

$$V_{bi}=t\int_{z_i-\frac{h}{2}}^{z_i+\frac{h}{2}}\tau_{xz}\,\mathrm{d}z=\frac{tc}{2}\left\{\left[1+\frac{2b}{c}+\frac{2A_c}{ct}-\left(\frac{x_i}{c}\right)^2\right]\left[\sigma_b\left(z_i+\frac{h}{2}\right)-\sigma_b\left(z_i-\frac{h}{2}\right)\right]\right.$$
$$\left.+\frac{1}{2}\left(1-\frac{1}{3}m\right)\left[\frac{1}{5}-\left(\frac{x_i}{c}\right)^4\right]\sigma_b(H)F_1\left[F_2\left(z_i+\frac{h}{2}\right)-F_2\left(z_i-\frac{h}{2}\right)\right]\right\} \tag{8-56}$$

### 8.3.3　位移计算

前面已求出了框筒结构在侧向荷载作用下的应力。有了应力可以求出框筒结构的位移。

以框筒在 $xOz$ 平面内受有水平均布荷载的情况为例（荷载方向参见图 8-21）。侧向面板上的应力-应变-位移关系为

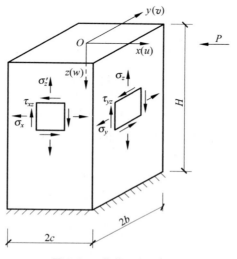

**图 8-21　荷载和位移方向**

$$\varepsilon'_x = \frac{\partial w'}{\partial z} = \frac{\sigma'_z}{E} \tag{8-57}$$

$$\gamma_{xz} = \frac{\partial w'}{\partial x} + \frac{\partial u}{\partial z} = \frac{\tau_{xz}}{G} \tag{8-58}$$

将式(8-50)中的 $\sigma'_z$ 代入式(8-57),对 $z$ 积分,并考虑边界条件:当 $z=H$ 时,$w'=0$,可求出竖向位移 $w'$ 为

$$w' = \frac{qH^3 x}{6EI}(\xi^3 - 1) + \frac{qc\lambda^2 H^3}{K^3 EI}\gamma\left(\frac{x}{c}\right)^3 \times (\mathrm{sh}K\xi + K_1 \mathrm{ch}K\xi - K\xi) \tag{8-59}$$

将式(8-59)和式(8-50)中的 $\tau_{xz}$ 代入式(8-58),得 $\frac{\partial u}{\partial z}$。对 $z$ 积分,并考虑 $z=H$(即 $\xi=1$ 时),$u=0$ 的边界条件,可求得中和轴处($x=0$)的水平位移为

$$u = -\frac{qH^4}{24EI}(3 + \xi^4 - 4\xi) + \frac{qc^2 H^2}{4GI}\left[g_1(\xi^2 - 1) + \frac{\lambda^2 \gamma}{5K^2}(f_1 + K_1 f_2)\right] \tag{8-60}$$

顶点($\xi=0$)最大水平位移为

$$u_n = -\frac{qH^4}{8EI} - \frac{qc^2 H^2}{4GI}\left\{g_1 - \frac{\lambda^2 \gamma}{5K^2}[f_1(0) + K_1 f_2(0)]\right\} \tag{8-61}$$

对于法向面板,应力-应变-位移关系为

$$\varepsilon_z = \frac{\partial w}{\partial z} = \frac{1}{H}\frac{\partial w}{\partial \xi} = \frac{\sigma_z}{E} \tag{8-62}$$

将式(8-50)中的 $\sigma_z$ 代入式(8-62),对 $z$ 积分,并考虑 $z=H$ 时,$w=0$ 的边界条件,可求出竖向位移 $w$ 为

$$w = -\frac{qcH^3}{6EI}(1 - \xi^3) - \frac{qc\lambda^2 H^3}{K^3 EI}\varphi(\mathrm{sh}K\xi + K_1 \mathrm{ch}K\xi - K\xi) \tag{8-63}$$

顶点($\xi=0$)竖向位移为

$$w_n = -\frac{qcH^3}{6EI} - \frac{qc\lambda^2 H^3}{K^3 EI}K_1 \varphi \tag{8-64}$$

式(8-59)、式(8-60)、式(8-61)和式(8-63)中的第一项为由简单梁理论得到的位移值,其余的项是由剪力滞后产生的影响,其中

$$\left.\begin{aligned} &g_1 = 1 + 2\frac{b}{c} + 2\frac{A_c}{ct}, \quad \gamma = 1 - \frac{1}{3}m, \quad \varphi = \frac{1}{3}m - \left(\frac{y}{b}\right)^2 \\ &K_1 = \frac{K - \mathrm{sh}K}{\mathrm{ch}K}, \quad K_2 = \frac{K^2 - 2 - 2K\mathrm{sh}K}{2K^2 \mathrm{ch}K} \\ &f_1(\xi) = \mathrm{ch}K\xi - \mathrm{ch}K, \quad f_2(\xi) = \mathrm{sh}K\xi - \mathrm{sh}K \end{aligned}\right\} \tag{8-65}$$

对于其他的荷载情况,可用类似的方法求出其位移。下面给出计算结果。

(1) 倒三角荷载

$$w' = \frac{pH^3 x}{24EI}(4\xi^3 - \xi^4 - 3) + \frac{pc\lambda^2 H^3}{K^2 EI}\gamma\left(\frac{x}{c}\right)^3\left(\frac{1}{K^2} + \frac{1}{K}\mathrm{sh}K\xi + K_2 \mathrm{ch}K\xi - \xi + \frac{1}{2}\xi^2\right) \tag{8-66}$$

$$u = -\frac{pH^4}{120EI}(5\xi^4 - \xi^5 - 15\xi + 11) + \frac{pc^2 H^3}{4GI}\left\{\frac{1}{3}g_1(3\xi^2 - \xi^3 - 2)\right.$$

$$\left. + \frac{\lambda^2 \gamma}{5K^2}[f_1 + KK_2 f_2 + (\xi - 1)]\right\} \tag{8-67}$$

$$w = \frac{pcH^3}{24EI}(4\xi^3 - \xi^4 - 3) - \frac{pc\lambda^2 H^3}{K^2 EI}\varphi\left(\frac{1}{K}\text{sh}K\xi - \xi + \frac{1}{2}\xi^2 + \frac{1}{K^2} + K_2\text{ch}K\xi\right) \tag{8-68}$$

顶点($\xi=0$)最大水平位移和竖向位移为

$$u_n = -\frac{11pH^4}{120EI} - \frac{pc^2 H^2}{4GI}\left\{\frac{2}{3}g_1 - \frac{\lambda^2\gamma}{5K^2}[f_1(0) + KK_2 f_2(0) - 1]\right\} \tag{8-69}$$

$$w_n = -\frac{pcH^3}{8EI} - \frac{pc\lambda^2 H^3}{K^2 EI}\left(\frac{1}{K^2} + K_2\right)\varphi \tag{8-70}$$

（2）顶部集中力

$$w = \frac{PH^2 x}{2EI}(\xi^2 - 1) + \frac{Pc\lambda^2 H^2}{K^2 EI}\gamma\left(\frac{x}{c}\right)^3 \frac{f_1}{\text{ch}K} \tag{8-71}$$

$$u = -\frac{PH^3}{6EI}(2 - 3\xi + \xi^3) + \frac{Pc^2 H}{2GI}\left[g_1(\xi-1) + \frac{\lambda^2\gamma}{10K}\frac{f_2}{\text{ch}K}\right] \tag{8-72}$$

$$w = -\frac{PcH^2}{2EI}(1 - \xi^2) - \frac{Pc\lambda^2 H^2}{K^2 EI}\varphi\frac{f_1}{\text{ch}K} \tag{8-73}$$

顶点($\xi=0$)最大水平位移和竖向位移为

$$u_n = -\frac{PH^3}{3EI} - \frac{Pc^2 H}{2GI}\left[g_1 - \frac{\lambda^2\gamma}{10K}\frac{f_2(0)}{\text{ch}K}\right] \tag{8-74}$$

$$w_n = -\frac{PcH^2}{2EI} - \frac{Pc\lambda^2 H^2}{K^2 EI}\varphi\frac{f_1(0)}{\text{ch}K}$$

## 8.3.4　算例

【例 8-2】　题同例 8-1 和图 8-11，求各柱轴力、边跨梁剪力和顶部侧移。

【解】　（1）等效弹性模量和剪切模量等参数的计算

等效板竖向弹性模量取为 $E = 3 \times 10^4$ MPa；按等效板的截面面积 $dt$ 和柱截面面积相等，确定等效板厚度为

$$t = \frac{A}{d} = \frac{0.5 \times 0.9}{3.0} = 0.15\text{(m)}$$

由式(8-18)，得等效筒的惯性矩为

$$I = \frac{4}{3}tc^2(3b+c) + 4A_c c^2 = \frac{4}{3} \times 0.15 \times 15^2(3 \times 18 + 15) + 4 \times (0.81 - 0.45) \times 15^2$$

$$= 3429\text{(m}^4\text{)}$$

由式(8-18)及其前一式求等效板的剪切刚度。中跨部分各形常数为

$$I_c = \frac{1}{12} \times 0.5 \times 0.9^3 = 0.03038\text{m}^4, \quad e = 3 - 0.8 = 2.2\text{m}, \quad t_1 = 0.9\text{m}$$

$$t_2 = 0.8\text{m}, \quad l = d - t_1 = 3 - 0.9 = 2.1\text{(m)}, \quad I_b = \frac{1}{12} \times 0.35 \times 0.8^3 = 0.01493\text{(m}^4\text{)}$$

$$GA = \frac{12EI_c}{e^2}\left(1+\frac{t_2}{e}\right)\frac{1}{1+\frac{l}{e}\frac{I_c\left(1+\frac{t_2}{e}\right)^2}{I_b\left(1+\frac{t_1}{l}\right)^2}} = \frac{12\times3\times10^7\times0.03038}{2.2^2}\left(1+\frac{0.8}{2.2}\right)$$

$$\times\frac{1}{1+\frac{2.1}{2.2}\times\frac{0.03038\left(1+\frac{0.8}{2.2}\right)^2}{0.01493\left(1+\frac{0.9}{2.1}\right)^2}} = 0.1113\times10^7$$

所以,
$$G=\frac{0.1113\times10^7}{0.45}=0.2473\times10^7$$

边跨部分各形常数为

$$I_c = \frac{1}{12}\times0.9^4 = 0.0547(\text{m}^4),\quad I_{b1}=0.01493\text{m}^4,\quad l_1=2.1\text{m}$$

$$GA = \frac{12EI_c}{e^2}\left(1+\frac{t_2}{e}\right)\frac{1}{1+\frac{2I_c\left(1+\frac{t_2}{e}\right)^2}{e\left[\frac{I_{b1}}{l_1}\left(1+\frac{t_1}{l_1}\right)^2\right]}}$$

$$= \frac{12\times3\times10^7\times0.0547}{2.2^2}\left(1+\frac{0.8}{2.2}\right)\times\frac{1}{1+\frac{2\times0.0547\left(1+\frac{0.8}{2.2}\right)^2}{2.2\times\left[\frac{0.01493}{2.1}\left(1+\frac{0.9}{2.1}\right)^2\right]}}$$

$$= 0.1655\times10^7$$

所以,
$$G=\frac{0.1655}{0.81}\times10^7=0.2043\times10^7$$

为便于计算,取加权平均值作为等效板的剪切模量
$$G = \frac{9\times0.2473+2\times0.2043}{9+2}\times10^7 = 0.2395\times10^7$$

由式(8-34),得

$$m = \frac{5b+3c+15\frac{A_c}{t}}{5b+c+5\frac{A_c}{t}} = \frac{5\times18+3\times15+15\times\frac{0.36}{0.15}}{5\times18+15+5\times\frac{0.36}{0.15}} = 1.4615$$

由式(8-45),得

$$K^2 = 15\frac{G}{E}\frac{H^2}{b^2}\frac{\frac{1}{5}(5m^2-10m+9)+(3-m)^2\frac{c}{b}\left(\frac{1}{7}+\frac{A_c}{ct}\right)}{\frac{1}{7}(35m^2-42m+15)+\frac{1}{15}\left(\frac{c}{b}\right)^3(3-m)^2} = 5.1693$$

$$K = 2.2736$$

$$\lambda^2 = 3\,\frac{(5m-3)-\dfrac{1}{7}\left(\dfrac{c}{b}\right)^3(3-m)}{\dfrac{1}{7}(35m^2-42m+15)+\dfrac{1}{15}\left(\dfrac{c}{b}\right)^3(3-m)^2} = 3.2097 = F_1$$

由图 8-17，根据 $\dfrac{A_c}{ct}=\dfrac{0.36}{15\times0.15}=0.16$ 及 $\dfrac{b}{c}=\dfrac{18}{15}=1.2$ 查得 $F_1=3.2$。

对顶部作用集中力的情形，由表 8-2 知有关参数和函数为

$$\sigma_b = \frac{PHc}{I}\xi, \quad F_2 = \frac{\mathrm{sh}K\xi}{K\mathrm{ch}K}$$

$$F_3 = \frac{\mathrm{ch}K\xi}{\mathrm{ch}K}, \quad S = \sigma_b(H)F_1F_2$$

对各高程处的函数值可按上述算式或图 8-20 查得。

（2）柱、梁内力计算

下面以底层柱、梁内力为例，计算其结果如下。

当 $\xi=1$ 时，

$$\sigma_b(H) = \frac{2000\times60\times15}{3429}\times1 = 524.9(\mathrm{kN/m^2})$$

$$F_2 = \frac{\mathrm{sh}2.2736}{2.2736\mathrm{ch}2.2736} = 0.4306, \quad F_3 = 1$$

或自图 8-20 查得 $F_2=0.43,F_3=1$。

$$S = 524.9\times3.2097\times0.43 = 724.4(\mathrm{kN/m^2})$$

由式(8-51)求得法向框架中底层柱中轴力为

$$N_i = td\left\{\sigma_b - \frac{1}{3}\left[m-\frac{1}{b^2}\left(3y_i^2+\frac{d^2}{4}\right)\right]S\right\}$$

$$= 0.15\times3\left\{524.9 - \frac{1}{3}\left[1.4615 - \frac{1}{18^2}\left(3y_i^2+\frac{3^2}{4}\right)\right]\times724.4\right\}$$

由此求得 $N_7\sim N_{12}$ 示于表 8-3 中。

由式(8-52)求得侧向框架中底层柱中轴力为

$$N_i = \frac{tdx_i}{c}\left[\sigma_b + \left(1-\frac{1}{3}m\right)\frac{1}{c^2}\left(x_i^2+\frac{d^2}{4}\right)\sigma_b(H)F_1F_2\right]$$

$$= \frac{0.15\times3x_i}{15}\left[524.9 + \left(1-\frac{1.4615}{3}\right)\frac{1}{15^2}\left(x_i^2+\frac{3^2}{4}\right)\times724.4\right]$$

由此求得 $N_1\sim N_5$ 示于表 8-3 中。

由式(8-52)和式(8-53)求得底层角柱轴力为

$$N_6 = 0.36\left[524.9 + \left(1-\frac{1.4615}{3}\right)724.4\right] + 0.15\times3\left\{\left[\frac{1}{2}+\frac{1}{2\times15}\left(15-\frac{3}{4}\right)\right]524.9\right.$$

$$\left. - \left[\frac{1}{6}\times1.4615 - \left(\frac{1}{2}-\frac{1}{4}\times\frac{3}{18}+\frac{1}{24}\times\frac{3^2}{18^2}\right) - \left(1-\frac{1.4615}{3}\right)\left(\frac{1}{2}-\frac{3}{8}\times\frac{3}{15}\right)\right.\right.$$

$$+\frac{1}{8}\times\frac{3^2}{15^2}-\frac{1}{64}\times\frac{3^3}{15^3}\big)\big]\times724.4\big\}$$

$$=322.7+375.3=698.0(\text{kN})$$

表 8-3  底层柱轴力

| 柱号 | 1 | 2 | 3 | 4 | 5 | 6 | 7 | 8 | 9 | 10 | 11 | 12 |
|---|---|---|---|---|---|---|---|---|---|---|---|---|
| $x_i$ 或 $y_i$/m | 0 | 3 | 6 | 9 | 12 | | 15 | 12 | 9 | 6 | 3 | 0 |
| $N_i$/kN | 0 | 48.9 | 105.8 | 178.8 | 275.9 | 698.0 | 304.5 | 223.0 | 159.6 | 114.4 | 87.2 | 78.1 |

由式(8-56)求得侧向框架中底层边跨梁剪力为

$$V_b=\frac{0.15\times15}{2}\Big\{\Big[1+\frac{2\times18}{15}+\frac{2\times0.36}{15\times0.15}-\big(\frac{12}{15}\big)^2\Big]\Big[\frac{2000\times60\times15}{3425}\big(\frac{57+1.5}{60}\big)$$

$$-\frac{2000\times60\times15}{3425}\big(\frac{57-1.5}{60}\big)\Big]+\frac{1}{2}\big(1-\frac{1.4615}{3}\big)\Big[\frac{1}{5}-\big(\frac{12}{15}\big)^4\Big]524.9\times3.2097$$

$$\times\frac{1}{2.2736}\Big[\frac{\text{sh}2.2736\times\frac{58.5}{60}}{\text{ch}2.2736}-\frac{\text{sh}2.2736\times\frac{55.5}{60}}{\text{ch}2.2736}\Big]\Big\}$$

$$=1.125\Big\{3.08\times26.2+\frac{1}{2}\times0.5128\times(-0.2)\times1684.8\times\frac{1}{2.2736}\Big[\frac{4.5342}{4.9086}-\frac{4.0346}{4.9086}\Big]\Big\}$$

$$=1.125(80.7-3.9)=86.4(\text{kN})$$

(3) 位移计算

顶点($\xi=0$)最大水平位移为

$$u_n=-\frac{PH^3}{3EI}-\frac{Pc^2H}{2GI}\Big[g_1-\frac{\lambda^2\gamma}{10K}-\frac{f_2(0)}{\text{ch}K}\Big]=-\frac{2000\times60^3}{3\times3\times10^7\times3429}$$

$$-\frac{2000\times15^2\times60}{2\times0.2395\times10^7\times3429}\Big[\big(1+2\times\frac{18}{15}+2\times\frac{0.36}{15\times0.15}\big)$$

$$-\frac{3.2097\big(1-\frac{1.4615}{3}\big)}{10\times2.2736}\times\frac{(-\text{sh}2.2736)}{\text{ch}2.2736}\Big]$$

$$=-0.0014-0.0016\times3.7909=-0.0075(\text{m})$$

顶点最大竖向位移为(发生在 $y=b$ 处)

$$w_n=-\frac{PcH^2}{2EI}-\frac{Pc\lambda^2H^2}{K^2EI}\big(\frac{1}{3}m-1\big)\frac{1-\text{ch}K}{\text{ch}K}$$

$$=-\frac{2000\times15\times60^2}{2\times3\times10^7\times3429}-\frac{2000\times15\times3.2097\times60^2}{5.1693\times3\times10^7\times3429}\big(\frac{1.4615}{3}-1\big)\times\frac{1-\text{ch}2.2736}{\text{ch}2.2736}$$

$$=(-5.249-2.662)\times10^{-4}=-7.991\times10^{-4}(\text{m})$$

以上结果中,第一项是初等梁理论的计算结果;第二项是考虑剪力滞后现象的附加计算结果。

## 8.4　框筒结构在扭转荷载下的等效连续体法

### 8.4.1　内力计算

框筒结构的扭转计算,仍采用前述的连续化等效筒作为计算图(见图 8-22),计算方法也是类似的。

在等效筒的面板中,假设剪应力可用下述的对 $x$ 轴和 $y$ 轴对称的二次抛物线分布来表示:

$$\left.\begin{aligned} -\,\tau_{xz} &= \frac{\mathrm{d}r_0}{\mathrm{d}z} + \left(\frac{x}{c}\right)^2 \frac{\mathrm{d}r}{\mathrm{d}z} \\ \tau_{yz} &= \frac{\mathrm{d}r_1}{\mathrm{d}z} + \left(\frac{y}{b}\right)^2 \frac{\mathrm{d}r_2}{\mathrm{d}z} \end{aligned}\right\} \tag{8-75}$$

式中,$r_0$,$r$,$r_1$ 和 $r_2$ 仅是坐标 $z$ 的函数。因为结构对 $x$ 轴和 $y$ 轴是对称的,在扭矩作用下正应力是反对称的,剪应力是对称的,所以可以作上述的假设。

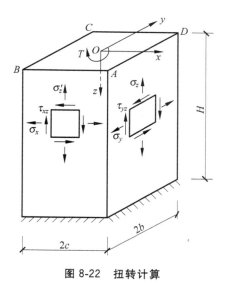

**图 8-22　扭转计算**

在任意高度处,总的扭矩平衡条件为

$$2bS_1 + 2cS_2 = T(z) \tag{8-76}$$

式中:

$$S_1 = \int_{-c}^{c} -\tau_{xz} t\,\mathrm{d}x \quad \text{为 } AB \text{ 和 } CD \text{ 面上的剪力}$$

$$S_2 = \int_{-b}^{b} \tau_{yz} t\,\mathrm{d}y \quad \text{为 } BC \text{ 和 } DA \text{ 面上的剪力}$$

将式(8-75)代入式(8-76),得

$$\frac{\mathrm{d}r_0}{\mathrm{d}z} + \frac{\mathrm{d}r_1}{\mathrm{d}z} + \frac{1}{3}\left(\frac{\mathrm{d}r}{\mathrm{d}z} + \frac{\mathrm{d}r_2}{\mathrm{d}z}\right) = 2\tau_s(z) \tag{8-77}$$

式中：$\tau_s(z) = \dfrac{T(z)}{8bct}$。

由上节平衡微分方程式(8-21)和(8-22)，可求得

$$\left.\begin{array}{l} \sigma_z = -\displaystyle\int \dfrac{\partial \tau_{yz}}{\partial y}dz = -\dfrac{2}{b^2}y[r_2(z) - r_2(0)] \\[4mm] \sigma_z' = -\displaystyle\int \dfrac{\partial \tau_{xz}}{\partial x}dz = \dfrac{2}{c^2}x[r(z) - r(0)] \end{array}\right\} \tag{8-78}$$

将式(8-78)代入角柱 $D$ 处的应变协调方程

$$\dfrac{\sigma_z'}{E}(c,z) = \dfrac{\sigma_z}{E}(b,z) = \dfrac{\sigma_c}{E}$$

得

$$r_2 = -\dfrac{b}{c}[r - r(0)] + r_2(0) \tag{8-79}$$

将式(8-75)代入角柱 $D$ 处的平衡条件

$$\tau_{yz}\mid_{y=b} + \tau_{xz}\mid_{x=c} = \dfrac{A_c}{t}\dfrac{d\sigma_c}{dz}$$

得

$$-\dfrac{dr_0}{dz} - \dfrac{dr}{dz} + \dfrac{dr_1}{dz} + \dfrac{dr_2}{dz} = -\dfrac{A_c}{t}\dfrac{2}{b}\dfrac{dr_2}{dz}$$

因而

$$\dfrac{dr_0}{dz} = -\left(\dfrac{2A_c}{ct} + \dfrac{b}{c} + 1\right)\dfrac{dr}{dz} + \dfrac{dr_1}{dz} \tag{8-80}$$

将式(8-79)和式(8-80)代入式(8-77)，得

$$\dfrac{dr_1}{dz} = \tau_s(z) + \left[\dfrac{A_c}{ct} + \dfrac{1}{3}\left(\dfrac{2b}{c} + 1\right)\right]\dfrac{dr}{dz}$$

$$\dfrac{dr_0}{dz} = \tau_s(z) - \left[\dfrac{A_c}{ct} + \dfrac{2}{3}\left(\dfrac{b}{2c} + 1\right)\right]\dfrac{dr}{dz}$$

将式(8-80)和式(8-79)代入式(8-75)和式(8-78)，得

$$\left.\begin{array}{l} \tau_{xz} = -\tau_s(z) + \left[\dfrac{1}{3}(3n + m + 2) - \left(\dfrac{x}{c}\right)^2\right]\dfrac{dr}{dz} \\[4mm] \tau_{yz} = \tau_s(z) + \left[\dfrac{1}{3}(3n + 2m + 1) - m\left(\dfrac{y}{b}\right)^2\right]\dfrac{dr}{dz} \\[4mm] \sigma_z = \dfrac{2y}{bc}[r - r(0)] \\[4mm] \sigma_z' = \dfrac{2x}{c^2}[r - r(0)] \end{array}\right\} \tag{8-81}$$

式中

$$m = \dfrac{b}{c}, \quad n = \dfrac{A_c}{ct} \tag{8-82}$$

以上将所有的应力分量均用 $r(z)$ 来表示。将式(8-81)代入上节式(8-42)，求得结构的总应变能。

根据最小余能原理,使积分值为驻值,可得出下面的控制微分方程和边界条件

$$\frac{\mathrm{d}^2 r}{\mathrm{d}z^2} - \left(\frac{K}{H}\right)r = \lambda^2 \frac{\mathrm{d}\tau_s(z)}{\mathrm{d}z} \tag{8-83}$$

当 $z=0$ 时,　　　　　　　　　　$r(0) = 0$

当 $z=H$ 时,　　　　　　　　　　$\left. \dfrac{\mathrm{d}r}{\mathrm{d}z} + \lambda^2 \tau_s(z) = 0 \right\}$ $\qquad$ (8-84)

其中

$$\left. \begin{aligned} K^2 &= 20 \frac{G}{E} \frac{H^2}{b^2} \frac{m^2(m+3n+1)}{(m+1)(3m^2+15n^2+10mn+2m+10n+3)} \\ \lambda^2 &= \frac{5(m-1)(m+3n+1)}{(m+1)(3m^2+15n^2+10mn+2m+10n+3)} \end{aligned} \right\} \tag{8-85}$$

与水平荷载作用时的情况一样,根据荷载情况,求出式(8-84)的全解 $r(z)$,然后由式(8-81)可得全部应力分量的公式。为了方便,可将结果表为如下形式:

$$\left. \begin{aligned} \sigma_z &= -\frac{2y}{bc} H \tau_s(H) R_1 R_2 \\ \sigma'_z &= -\frac{2x}{c^2} H \tau_s(H) R_1 R_2 \\ \tau_{yz} &= \tau_s - \left[\frac{1}{3}(2m+3n+1) - m\left(\frac{y}{b}\right)^2\right]\tau_s(H) R_1 R_3 \\ \tau_{xz} &= -\tau_s - \left[\frac{1}{3}(m+3n+2) - \left(\frac{x}{c}\right)^2\right]\tau_s(H) R_1 R_3 \end{aligned} \right\} \tag{8-86}$$

对三种常用的荷载情况,参数和函数 $\tau_s$、$\tau_s(H)$、$R_1$、$R_2$ 和 $R_3$,均在表 8-4 中给出。

在上述方程中,取框筒长边的边长为 $2b$,因此边长比 $m$ 永远大于 1 或等于 1;参数 $K^2$ 和 $\lambda^2$ 永远为正值。

$\tau_s(z)$ 和 $\tau_s(H)$ 是只与荷载形式有关的函数。

表 8-4　参数及函数

| 函　数 | 倒三角分布的扭矩 $t_0(1-\xi)$ | 均布扭矩 $t_0$ | 顶部集中扭矩 $T_0$ |
|---|---|---|---|
| $\tau_s$ | $\dfrac{t_0 H}{8bct}\left(\xi - \dfrac{\xi^2}{2}\right)$ | $\dfrac{t_0 H \xi}{8bct}$ | $\dfrac{T_0}{8bct}$ |
| $\tau_s(H)$ | $\dfrac{t_0 H}{16bct}$ | $\dfrac{t_0 H}{8bct}$ | $\dfrac{T_0}{8bct}$ |
| $R_1$ | $\lambda^2$ | $\lambda^2$ | $\lambda^2$ |
| $R_2$ | $\dfrac{2}{K^2}\left[\dfrac{2K\mathrm{ch}K(1-\xi)+(K^2-2)\mathrm{sh}K\xi}{2K\mathrm{ch}K} - (1-\xi)\right]$ | $\dfrac{1}{K^2}\left[\dfrac{\mathrm{ch}K(1-\xi)+K\mathrm{sh}K\xi}{\mathrm{ch}K} - 1\right]$ | $\dfrac{\mathrm{sh}K\xi}{K\mathrm{ch}K}$ |
| $R_3$ | $\dfrac{2}{K^2}\left[\dfrac{(K^2-2)\mathrm{ch}K\xi-2K\mathrm{sh}K(1-\xi)+1}{2\mathrm{ch}K}\right]$ | $\dfrac{K\mathrm{ch}K\xi-\mathrm{sh}K(1-\xi)}{K\mathrm{ch}K}$ | $\dfrac{\mathrm{ch}K\xi}{\mathrm{ch}K}$ |
| $\dfrac{R_2}{F_2}$ 或 $\dfrac{R_3}{F_3}$ | $\dfrac{2}{3}$ | $\dfrac{1}{2}$ | 1 |

函数 $R_1$ 等于 $\lambda^2$,只与横截面边长比 $m$ 及角柱的相对尺寸 $n$ 有关。

函数 $R_2$ 和 $R_3$ 是刚度参数 $K$ 与高度 $\xi$ 的函数。刚度参数 $K$ 又与比值 $\frac{G}{E}$、$\frac{H}{b}$、$m$ 和 $n$ 有关。这些函数与框筒在水平荷载作用下受弯时求得的函数 $F_2$ 和 $F_3$ 具有同样的形式。可以看出,当顶部作用集中扭矩时的函数 $R_2$ 和 $R_3$ 与顶部作用集中力时的函数 $F_2$ 和 $F_3$ 是完全一样的。作用均布扭矩时的函数值 $R_2$ 和 $R_3$,为均布水平荷载时的函数值 $F_2$ 和 $F_3$ 的一半。倒三角分布的扭矩其函数值 $R_2$ 和 $R_3$ 是倒三角分布水平荷载时函数值 $F_2$ 和 $F_3$ 的 $\frac{2}{3}$。

应力函数 $F_2$ 和 $F_3$ 随参数 $K$ 与 $\xi$ 的变化情况,已在图 8-18~图 8-20 中给出了。因此,在扭矩荷载作用下的函数 $R_2$ 和 $R_3$,可直接利用其相应的曲线,只需将其中函数值 $F_2$ 和 $F_3$ 乘一个系数$\left($相应三种荷载情况分别为 $\frac{2}{3}$、$\frac{1}{2}$ 和 $1\right)$,就可以得出如表 8-2 中所列之值。

在正方形的筒体中,$\lambda^2 = 0$。由于结构是对称的,应力状态就变成纯圣维南扭转的剪应力状态。

最后指出,从等效连续筒体中所得的结果,还要换算到真实框筒的离散结构中去,以求出梁与柱中的剪力、弯矩和轴力。这可以由分布在该水平间与该层高处的应力积分而得,方法同前。

## 8.4.2 位移计算

用前节类似的办法可以求出位移。水平位移除以该点到扭转中心的距离即为框筒的扭转角 $\theta$。下面给出三种荷载作用下的计算结果。

（1）倒三角分布扭矩作用时

$$\theta = \frac{t_0 H^2}{4K^2 Gb^2 ct}\left\{\frac{1}{12}(2 - 3\xi^2 + \xi^3) - \frac{\lambda^2 g_2}{6}(f_1 - KK_2 f_2 - 1 + \xi)\right.$$
$$\left. + \frac{\lambda^2 H^2 G}{K^2 c^2 E}\left[f_1 + KK_2 f_2 - \frac{K^2}{6}(3\xi^2 - \xi^3 - 2) - (1 - \xi)\right]\right\} \tag{8-87}$$

顶点($\xi = 0$)最大扭转角为

$$\theta_n = \frac{t_0 H^2}{4K^2 Gb^2 ct}\left\{\frac{1}{6} - \frac{\lambda^2 g_2}{6}[f_1(0) - KK_2 f_2(0) - 1]\right.$$
$$\left. + \frac{\lambda^2 H^2 G}{K^2 c^2 E}\left[f_1(0) + KK_2 f_2(0) + \frac{K^2}{3} - 1\right]\right\} \tag{8-88}$$

（2）均布扭矩作用时

$$\theta = \frac{t_0 H^2}{4Gb^2 ct}\left\{\frac{1}{4}(1 - \xi^2) - \frac{\lambda^2 g_2}{6K^2}(f_1 + K_1 f_2) + \frac{\lambda^2 H^2 G}{K^4 c^2 E}\left[f_1 + K_1 f_2 + \frac{1}{2}K^2(1 - \xi^2)\right]\right\} \tag{8-89}$$

顶点($\xi = 0$)最大扭转角为

$$\theta_n = \frac{t_0 H^2}{4Gb^2 ct}\left\{\frac{1}{4} - \frac{\lambda^2 g_2}{6K^2}[f_1(0) + K_1 f_2(0)] + \frac{\lambda^2 H^2 G}{K^4 c^2 E}\left[f_1(0) + K_1 f_2(0) + \frac{1}{2}K^2\right]\right\} \tag{8-90}$$

（3）顶部集中扭矩作用时

$$\theta = \frac{T_0 H}{4Gb^2 ct}\left\{\frac{1}{2}(1-\xi) - \frac{\lambda^2 g_2}{6K}\frac{f_2}{\mathrm{ch}K} + \frac{\lambda^2 H^2 G}{K^2 c^2 E}\left[(1-\xi) + \frac{f_2}{K\mathrm{ch}K}\right]\right\} \tag{8-91}$$

顶点（$\xi=0$）最大扭转角为

$$\theta_n = \frac{T_0 H}{4Gb^2 ct}\left\{\frac{1}{2} + \frac{\lambda^2 g_2}{6}\mathrm{th}K + \frac{\lambda^2 H^2 G}{K^2 c^2 E}\left(1 - \frac{1}{K}\mathrm{th}K\right)\right\} \tag{8-92}$$

上述公式中 $g_2 = \frac{b}{c} + 3\frac{A_c}{ct} + 2$，其他的符号见上节位移计算。

# 8.5　筒中筒结构在水平荷载下的等效连续体-力法计算

筒中筒结构是由外框筒和内筒通过楼板连接在一起的空间结构。解筒中筒结构的通用方法是按空间结构的计算方法和有限条法，本节介绍的等效连续体-力法是一种简化计算方法。

在筒中筒结构的计算中，通常采用刚性楼板的假设，即楼板在自身平面内刚度为无限大，楼板平面外刚度很小，可忽略不计。

## 8.5.1　计算图和计算方法

本方法除了刚性楼板的假设外，还采用了以下的假设：外框筒层高相等；各层柱距均匀，梁柱截面尺寸沿高度方向不变，可用等厚的连续板来等效；内筒截面尺寸沿高度方向不变。

在上述假设下，筒中筒结构受对称轴方向的水平荷载作用时（图 8-23（a））只产生侧向位移不产生扭转，计算图如图 8-23（b）所示。这里，外框筒采用 8.3 节所讨论的等效连续体计算图，其计算方法已在该节讨论；内筒一般为薄壁杆，因为对称荷载通过剪力中心，只产生弯曲，可按普通梁计算。

对图 8-23（b）所示的计算图，用力法进行计算。取链杆内力 $x_j$ 为基本未知力，基本体系如图 8-23（c）所示。由内、外筒在外荷载和基本未知力共同作用下，楼层处水平位移的协调条件建立力法方程如下

$$\left.\begin{aligned}
\delta_{00}x_0 + \delta_{01}x_1 + \cdots + \delta_{0j}x_j + \cdots + \delta_{0,n-1}x_{n-1} &= \Delta_{op} \\
\delta_{10}x_0 + \delta_{11}x_1 + \cdots + \delta_{1j}x_j + \cdots + \delta_{1,n-1}x_{n-1} &= \Delta_{1p} \\
&\vdots \\
\delta_{j0}x_0 + \delta_{j1}x_1 + \cdots + \delta_{jj}x_j + \cdots + \delta_{j,n-1}x_{n-1} &= \Delta_{jp} \\
&\vdots \\
\delta_{n-1,0}x_0 + \delta_{n-1,1}x_1 + \cdots + \delta_{n-1,j}x_j + \cdots + \delta_{n-1,n-1}x_{n-1} &= \Delta_{n-1,p}
\end{aligned}\right\} \tag{8-93}$$

式中：$\Delta_{jp}$——外荷载作用下外筒在 $j$ 层处的侧移；

　　　　$\delta_{ji} = \delta_{ji}^{(1)} + \delta_{ij}^{(2)}$——内、外筒在 $i$ 层处作用单位力时，$j$ 层处的侧移。上标（1）者为内筒，上标（2）者为外筒。

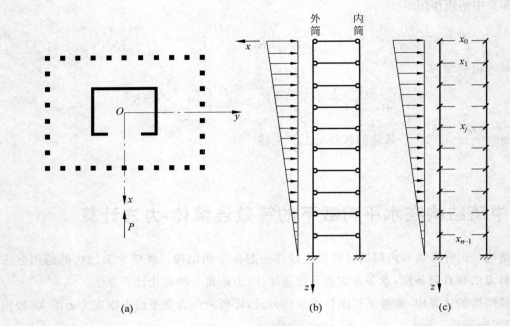

图 8-23　筒中筒受水平荷载

解力法方程式(8-93)，求得 $x_j$ 后，即可分别对内、外筒进行内力和位移计算。

## 8.5.2　力法方程系数和自由项的计算

因荷载合力通过截面的剪力中心，故不产生扭转。在三种典型荷载作用下外筒的侧向位移 $u$，前节已经求出，见式(8-60)、式(8-67)和式(8-72)。取其中 $\xi=\xi_i$，即得 $\Delta_{jp}$。

内筒为薄壁杆，因荷载通过截面剪力中心，柔度系数可按简单梁理论求得如下（见图 8-24）：

$$\delta_{ji}^{(1)} = \begin{cases} \dfrac{h^3}{6EI_1}(n-i)^2(2n-3j+i), & j \leqslant i \\[3mm] \dfrac{h^3}{6EI_1}(n-j)^2(2n-3i+j), & j \geqslant i \end{cases} \tag{8-94}$$

式中：$I_1$——内筒的惯性矩；

　　　$n$——结构的总层数；

　　　$i,j$——自坐标原点向下数的层数，$i,j=0\sim(n-1)$。

外筒的柔度系数，即当单位力作用于 $z_i$ 处时，高度 $z_j$ 处的位移 $\sigma_{ji}^{(2)}$，可根据 8.3 节类似的方法求出。当单位力作用于 $z_i$ 处时，任意高度 $z$ 处的弯矩为（见图 8-25）

$$M(z) = \begin{cases} 0, & 0 \leqslant z \leqslant z_i \\ z-z_i, & z_i \leqslant z \leqslant H \end{cases} \tag{8-95}$$

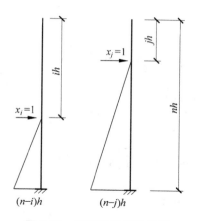

图 8-24　内筒柔度系数计算

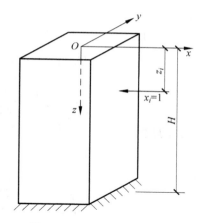

图 8-25　外筒柔度系数计算

将式(8-95)代入式(8-35)～式(8-41),考虑到 $z_i$ 截面处的应力平衡条件,代入结构的总应变能公式

$$U = t\int_0^{z_i}\left\{\int_{-b}^b\left(\frac{\bar{\sigma}_z}{E} + \frac{\bar{\tau}_{yz}}{G}\right)\mathrm{d}y + \int_{-c}^c\left(\frac{\bar{\sigma}_z'^2}{E} + \frac{\bar{\tau}_{xz}^2}{G}\right)\mathrm{d}x\right\}\mathrm{d}z + 4\,\frac{A_c}{2E}\int_0^{z_i}\bar{\sigma}_c^2\,\mathrm{d}z$$

$$+ t\int_{z_i}^H\left\{\int_{-b}^b\left(\frac{\sigma_z^2}{E} + \frac{\tau_{yz}^2}{G}\right)\mathrm{d}y + \int_{-c}^c\left(\frac{\sigma_z'^2}{E} + \frac{\tau_{xz}^2}{G}\right)\mathrm{d}x\right\}\mathrm{d}z + 4\,\frac{A_c}{2E}\int_{z_i}^H\sigma_c^2\,\mathrm{d}z$$

这里及以下,凡上面带横线"一"者表示上段的有关量,不带横线者表示下段的有关量。

根据最小余能原理,对上式进行变分可得下面的控制微分方程、边界条件和连续条件。

$$\left.\begin{array}{ll}\dfrac{\mathrm{d}^2\bar{S}}{\mathrm{d}z^2} - \left(\dfrac{K}{H}\right)^2\bar{S} = 0, & 0\leqslant z\leqslant z_i \\[2mm] \bar{S} = 0, & z = 0 \\[2mm] \bar{S} = S, & z = z_i\end{array}\right\} \tag{8-96}$$

$$\left.\begin{array}{ll}\dfrac{\mathrm{d}^2 S}{\mathrm{d}z^2} - \left(\dfrac{K}{H}\right)^2 S = 0, & z_i\leqslant z\leqslant H \\[2mm] \dfrac{\mathrm{d}S}{\mathrm{d}z} - \dfrac{c\lambda^2}{I} = \dfrac{\mathrm{d}\bar{S}}{\mathrm{d}z}, & z = z_i \\[2mm] \dfrac{\mathrm{d}S}{\mathrm{d}z} - \dfrac{c\lambda^2}{I} = 0, & z = H\end{array}\right\} \tag{8-97}$$

解式(8-96)和式(8-97),可得

$$\bar{S} = \frac{c\lambda^2 H}{KI\,\mathrm{ch}K}[1 - \mathrm{ch}K(1 - \xi_i)]\mathrm{sh}K\xi \tag{8-98}$$

$$S = \frac{c\lambda^2 H}{KI\,\mathrm{ch}K}[\mathrm{sh}K\xi - \mathrm{ch}K(1 - \xi)\mathrm{sh}K\xi_i] \tag{8-99}$$

有了 $\bar{S}$ 和 $S$,由式(8-35)～式(8-41)可求出各应力分量。按 8.3 节类似的方法可求得中和轴($x = 0$)处任意高度 $z$ 的侧移公式。当 $z_i$ 为第 $i$ 层楼面处的标高时,各楼层 $j$ 处的侧移值即为力法方程中的系数

$\delta_{ji}^{(2)}$ ，其公式如下：

当 $0 \leqslant z \leqslant z_i$ 时，

$$
\begin{aligned}
\delta_{ji}^{(2)} = & -\frac{H^3}{6EI}\big[\xi_i^3 + 2 - 3\xi_i^2\xi - 3\xi_i(1-2\xi) - 3\xi\big] + \frac{c^2 H}{2GI}\Big\{g_1(\xi_i - 1) \\
& + \frac{\gamma\lambda^2}{10K\mathrm{ch}K}\Big[\frac{f_2(\xi_i)}{\mathrm{sh}K\xi} + 1 - \mathrm{ch}K(1-\xi_i)\Big]\mathrm{sh}K\xi\Big\}
\end{aligned}
\tag{8-100}
$$

当 $z_i \leqslant z \leqslant H$ 时，

$$
\begin{aligned}
\delta_{ji}^{(2)} = & -\frac{H^3}{6EI}\big[\xi^3 + 2 - 3\xi^2\xi_i - 3\xi(1-2\xi_i) - 3\xi_i\big] + \frac{c^2 H}{2GI}\Big\{g_1(\xi - 1) \\
& + \frac{\gamma\lambda^2}{10K\mathrm{ch}K}\Big[\frac{f_2(\xi)}{\mathrm{sh}K\xi_i} + 1 - \mathrm{ch}K(1-\xi)\Big]\mathrm{sh}K\xi_i\Big\},
\end{aligned}
\tag{8-101}
$$

上两式中取 $\xi=\xi_j$，就得到各楼层 $j$ 处的 $\delta_{ji}$ 值。从上两式可以看出，柔度系数是对称的。

## 8.5.3 内外筒的内力和位移

由式(8-93)解出基本未知力 $x_j$ 后，内、外筒的内力和位移可求出如下。

内筒任一截面 $z$ 处的弯矩为

$$
M(z) = \sum_{j=0}^{[z/h]} x_j(z - jh)
\tag{8-102}
$$

式中：$[z/h]$——取 $z/h$ 的整数部分。

任意截面 $z$ 处的剪力为

$$
V(z) = \sum_{j=0}^{[z/h]} x_j
\tag{8-103}
$$

外筒的应力计算公式可求出如下：

$$
\left.
\begin{aligned}
\sigma_z &= \sigma_\mathrm{b} - \Big[\frac{1}{3}m - \Big(\frac{y}{b}\Big)^2\Big]F_1 F_2 \\
\sigma_z' &= \sigma_\mathrm{b}\frac{x}{c} + \gamma\Big(\frac{x}{c}\Big)^3 F_1 F_2 \\
\tau_{yz} &= -\frac{y}{H}\frac{\mathrm{d}\sigma_\mathrm{b}}{\mathrm{d}\xi} + \frac{y}{3H}\Big[m - \Big(\frac{y}{b}\Big)^2\Big]F_1 F_3 \\
\tau_{xz} &= \frac{c}{2H}\Big[g_1 - \Big(\frac{x}{c}\Big)^2\Big]\frac{\mathrm{d}\sigma_\mathrm{b}}{\mathrm{d}\xi} + \frac{c\gamma}{4H}\Big[\frac{1}{5} - \Big(\frac{x}{c}\Big)^4\Big]F_1 F_3
\end{aligned}
\right\}
\tag{8-104}
$$

式中：$\gamma = 1 - \dfrac{m}{3}$，$\sigma_\mathrm{b}$，$\dfrac{\mathrm{d}\sigma_\mathrm{b}}{\mathrm{d}\xi}$，$F_1$，$F_2$ 和 $F_3$ 的取值见表 8-5。

表 8-5　取值表

| 外载 函数 | 倒三角分布荷载：$p(1-\xi)$ | 均布荷载：$q$ | 顶部集中荷载：$P$ |
|---|---|---|---|
| $\sigma_b$ | $\dfrac{cH}{2I}\Big[pH\Big(\xi^2-\dfrac{\xi^3}{3}\Big)-2\sum\limits_{j=0}^{L}x_j(\xi-\xi_j)\Big]$ | $\dfrac{cH}{2I}\Big[qH\xi^2-2\sum\limits_{j=0}^{L}x_j(\xi-\xi_j)\Big]$ | $\dfrac{cH}{I}\Big[P\xi-\sum\limits_{j=0}^{L}x_j(\xi-\xi_j)\Big]$ |
| $\dfrac{d\sigma_b}{d\xi}$ | $\dfrac{cH}{2I}\Big[pH(2\xi-\xi^2)-2\sum\limits_{j=0}^{L}x_j\Big]$ | $\dfrac{cH}{I}\Big[qH\xi-\sum\limits_{j=0}^{L}x_j\Big]$ | $\dfrac{cH}{I}\Big[P-\sum\limits_{j=0}^{L}x_j\Big]$ |
| $F_1$ | $\lambda^2$ | $\lambda^2$ | $\lambda^2$ |
| $F_2$ | $\dfrac{cH^2p}{IK^2}\Big[\dfrac{2K\operatorname{ch}K(1-\xi)+(K^2-2)\operatorname{sh}K\xi}{2K\operatorname{ch}K}+\xi-1\Big]-B_1$ | $\dfrac{cH^2q}{IK^2}\Big[\dfrac{\operatorname{ch}K(1-\xi)+K\operatorname{sh}K\xi}{\operatorname{ch}K}-1\Big]-B_1$ | $\dfrac{cHP}{I}\dfrac{\operatorname{sh}K\xi}{K\operatorname{ch}K}-B_1$ |
| $F_3$ | $\dfrac{cH^2p}{IK^2}\Big[\dfrac{(K^2-2)\operatorname{ch}K\xi-2K\operatorname{sh}K(1-\xi)+1}{2\operatorname{ch}K}\Big]-B_2$ | $\dfrac{cH^2q}{IK}\dfrac{K\operatorname{ch}K\xi-\operatorname{sh}K(1-\xi)}{\operatorname{ch}K}-B_2$ | $\dfrac{cHP}{I}\dfrac{\operatorname{ch}K\xi}{\operatorname{ch}K}-B_2$ |

表 8-5 中

$$B_1=\frac{cH}{KI\operatorname{ch}K}\Big\{\sum_{j=0}^{L}\big[\operatorname{sh}K\xi-\operatorname{ch}K(1-\xi)\operatorname{sh}K\xi_j\big]x_j$$
$$+\sum_{j=L+1}^{n-1}\big[\operatorname{sh}K\xi-\operatorname{ch}K(1-\xi_j)\operatorname{sh}K\xi\big]x_j\Big\} \tag{8-105}$$

$$B_2=\frac{cH}{I\operatorname{ch}K}\Big\{\sum_{j=0}^{L}\big[\operatorname{ch}K\xi+\operatorname{sh}K(1-\xi)\operatorname{sh}K\xi_j\big]x_j$$
$$+\sum_{j=L+1}^{n-1}\big[\operatorname{ch}K\xi-\operatorname{ch}K(1-\xi_j)\operatorname{ch}K\xi\big]x_j\Big\} \tag{8-106}$$

式中：$L=[z/h]$；$[z/h]$ 表示 $z/h$ 取整。

求得等代筒的各种应力以后，可按式(8-51)～式(8-56)的公式求框筒梁、柱的轴力与剪力。

内筒的侧向位移值即为筒中筒结构的整体侧移值。第 $j$ 层处的侧移为

$$u_j=\sum_{i=0}^{n-1}\delta_{ji}^{(1)}x_i \tag{8-107}$$

顶部最大侧移为

$$u_0=\sum_{i=0}^{n-1}\delta_{0i}x_i \tag{8-108}$$

外筒的翘曲位移，可按 8.3 节的方法求得。在实际计算中，把荷载引起的翘曲位移与 $x_j(j=0\sim n-1)$ 引起的翘曲位移叠加即可。

## 8.5.4 算例

　　某筒中筒模型,平面图见图 8-26,外框筒柱分有肋、无肋两种。倒三角形荷载作用,主要内力的计算值与实验值的比较见图 8-27 和图 8-28。本节及 8.7.4 节算例中的实验值和空间计算值取自《筒中筒模型的试验研究》(上海市建筑科学研究所,上海工业建筑设计院 1982.6)。

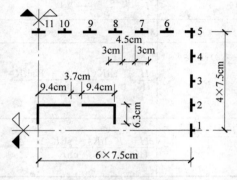

图 8-26　模型平面图

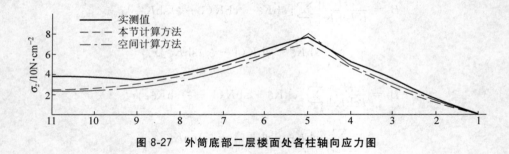

图 8-27　外筒底部二层楼面处各柱轴向应力图

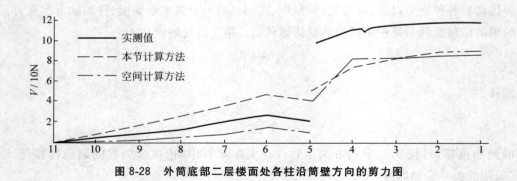

图 8-28　外筒底部二层楼面处各柱沿筒壁方向的剪力图

## 8.6　内筒结构在扭转荷载下的计算

内筒结构一般是由墙体围成的筒状结构。因为墙厚(壁厚)比截面宽度和杆的高度要小得多,故可视为薄壁杆。当横向荷载不通过截面的剪切中心时,杆件不仅弯曲,还会产生扭转。薄壁杆的扭转计算不同于实体杆,是力学分析中一个专门问题。内筒结构根据实筒壁间有无连梁(或连梁的强弱),可以分别按闭口截面薄壁杆、带连梁的薄壁杆和开口截面薄壁杆考虑。本节不进行推导,只给出内筒计算中用得较多的开口截面薄壁杆及带连梁薄壁杆扭转计算的一些主要结果。

### 8.6.1　开口截面薄壁杆的约束扭转

开口截面薄壁杆的约束扭转计算采用了以下假设:杆的中面上无剪应变;扭转前后截面在与纵轴垂直的面上投影不变。筒体结构中刚性楼板的假设正好可以保证上述假设的后一条实现,故可按开口薄壁杆理论进行扭转计算。

#### 1. 薄壁杆的位移、内力和应力计算公式

开口截面薄壁杆受扭转时,横截面不再保持为平面而发生翘曲(出平面的凹凸)。若端面有支座约束,使横截面的翘曲受到阻碍,截面上将产生不均匀的正应力,杆的每一部分在纵向平面内将产生弯曲,这种扭转称为约束扭转。

薄壁杆约束扭转时,截面上某点的纵向位移分量 $w$,又称为翘曲位移或翘曲,由下式求出:

$$w(z,s) = -\theta'\omega \tag{8-109}$$

式中:$\theta$——扭转角,"$'$"表示对纵轴 $z$ 微分;

$\omega = \int_s r\,ds$,称为一点的扇形面积或扇形坐标。$\omega$ 是与横截面位置 $z$ 无关,而仅与横截面形状有关的某点的一个几何量。

薄壁杆约束扭转时,截面上的内力分量有扭矩和双力矩

$$B_\omega = -EI_\omega\theta'' \tag{8-110}$$

$$L = M_t + M_\omega = GI_t\theta' - EI_\omega\theta''' \tag{8-111}$$

式中:$B_\omega$——双力矩,它是与约束扭转正应力 $\sigma_\omega$ 相对应的一个新的内力;

$L$——总扭矩。

总扭矩由两部分组成:自由扭转力矩,或称纯扭矩 $M_t$;约束扭转力矩,或称弯曲扭矩 $M_\omega$,它引起杆的每一部分各自在纵向平面内弯曲。

$$M_t = GI_t\theta' \tag{8-112}$$

$$M_\omega = -EI_\omega\theta''' \tag{8-113}$$

式中:$GI_t$——截面的抗自由扭转刚度;

$$I_\omega = \int_A \omega^2 \, dA \text{ —— 截面的主扇性惯性矩。}$$

薄壁杆约束扭转时,截面上的应力分量有正应力和剪应力,即

$$\sigma_\omega = \frac{B_\omega \omega}{I_\omega} \tag{8-114}$$

$$\tau_{t\max} = \frac{M_t t}{I_t} \tag{8-115}$$

$$\tau_\omega = -\frac{M_\omega S_\omega^\circ}{t I_\omega} \tag{8-116}$$

式中:$\sigma_\omega$——约束扭转正应力,又称翘曲应力;

$\tau_t$——纯扭转剪应力,或自由扭转剪应力,沿壁厚按直线规律变化,式中给出者为壁边最大值;

$\tau_\omega$——约束扭转剪应力,沿壁厚不变;

$S_\omega^\circ = \int_{A^\circ} \omega \, dA$ —— 所求 $\tau_\omega$ 点以外的部分横截面面积($A^\circ$)的扇性静面矩。

图 8-29 以工字形截面杆为例,表明约束扭转时各内力和应力分量以及变形的图形,以供初学者对照公式参阅,便于了解。

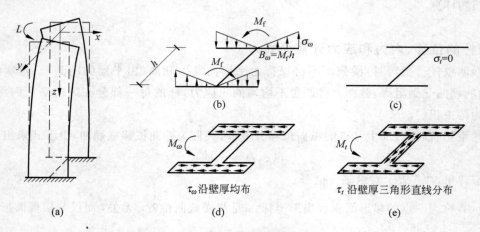

**图 8-29 薄壁杆约束扭转时的内力和应力**

## 2. 薄壁杆的基本微分方程及其解

根据开口截面薄壁杆在外扭矩作用下的平衡条件,可以得出以扭转角 $\theta$ 为未知量的微分方程为

$$EI_\omega \theta^{\text{IV}} - GI_t \theta'' = -m(z)$$

式中:$m(z)$——外扭矩集度。

令

$$K = \sqrt{\frac{GI_t}{EI_\omega}} \tag{8-117}$$

$K$ 称为杆的约束扭转特征。扭转角微分方程变为

$$\theta^{\mathrm{IV}} - K^2\theta'' = -\frac{m(z)}{EI_\omega} \tag{8-118}$$

式(8-118)的一般解由齐次方程的解 $\bar{\theta}$ 和任一特解 $\theta_1$ 组成。齐次方程 $m(z)=0$ 的解为

$$\bar{\theta} = C_1 \mathrm{sh}Kz + C_2 \mathrm{ch}Kz + C_3 z + C_4 \tag{8-119}$$

求出 $\bar{\theta}$ 的各阶导数,注意到式(8-116)、式(8-113)和式(8-111)的关系,得到

（因为这里只是齐次解相应的解,而不是全解,故在上面加横线以示区别）

$$\left.\begin{aligned}
\bar{\theta}' &= C_1 K\mathrm{ch}Kz + C_2 K\mathrm{sh}Kz + C_3 \\
\bar{B}_\omega &= -EI_\omega\theta'' = -EI_\omega(C_1 K^2\mathrm{sh}Kz + C_2 K^2\mathrm{ch}Kz) \\
\bar{M}_\omega &= -EI_\omega\theta''' = -EI_\omega(C_1 K^3\mathrm{ch}Kz + C_2 K^3\mathrm{sh}Kz) \\
\bar{L} &= M_t + M_\omega = GI_t(C_1 K\mathrm{ch}Kz + C_2 K\mathrm{sh}Kz + C_3) \\
&\quad - EI_\omega(C_1 K^3\mathrm{ch}Kz + C_2 K^3\mathrm{sh}Kz) = GJ_t C_3
\end{aligned}\right\} \tag{8-120}$$

积分常数 $C_1, C_2, C_3, C_4$ 由杆的边界条件确定。边界条件为

（1）当为固定端时,截面不能转动,也不能翘曲

$$\theta = 0, \quad \theta' = 0$$

（2）当为自由端时,如无外加扭矩和双力矩作用时

$$B_\omega = 0, \quad 即 \quad \theta'' = 0$$
$$L = 0$$

当有给定外加扭矩 $L_0$ 和双力矩 $B_0$ 时

$$B_\omega = B_0$$
$$L = L_0$$

以上给出了开口截面薄壁杆的有关计算公式。现将计算步骤归纳如下：

（1）根据荷载特点求出式(8-117)的特解,叠加齐次解式(8-119),得一般解。

（2）根据边界条件确定积分常数。

（3）由式(8-110)、式(8-112)和式(8-113)求内力。

（4）由式(8-114)～式(8-116)求应力。

**【例 8-3】**　底部固定、顶部自由的薄壁杆,顶部作用有集中扭矩,求扭转角 $\theta$ 和内力 $B_\omega$、$M_\omega$、$M_t$ 的表达式(见图 8-30)。

**【解】**　边界条件为

当 $z=0$ 时,
$$\theta(0)=0$$
$$\theta'(0)=0$$

当 $z=H$ 时,
$$B_\omega(H)=0, \quad 即 \quad \theta'(H)=0$$
$$L(H)=-Pe$$

此问题无特解,即特解为零。将式(8-119)和式(8-120)利用上述边界条件后,得

$$C_2 + C_4 = 0$$
$$C_1 K + C_3 = 0$$

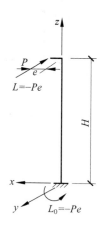

图 8-30　例 8-3 图

$$C_1 K^2 \mathrm{sh} KH + C_2 K^2 \mathrm{ch} KH = 0$$

$$GI_t C_3 = -Pe$$

由此求得

$$C_1 = \frac{Pe}{KGI_t}, \quad C_2 = -\frac{Pe}{KGI_t}\mathrm{th} KH, \quad C_3 = -\frac{Pe}{GI_t}, \quad C_4 = \frac{Pe}{KGI_t}\mathrm{th} KH$$

所以,扭转角的表达式为

$$\theta = \frac{Pe}{KGI_t}\left[\mathrm{th} KH(1 - \mathrm{ch} Kz) - (Kz - \mathrm{sh} Kz)\right] \tag{8-121}$$

各内力的表达式为

$$\left.\begin{aligned} B_\omega &= \frac{Pe}{K}\frac{\mathrm{sh} KH}{\mathrm{ch} KH}\mathrm{ch} Kz - \frac{Pe}{K}\mathrm{sh} Kz = \frac{Pe}{K\,\mathrm{ch} KH}\mathrm{sh} K(H-z) \\ M_\omega &= \frac{\mathrm{d} B_\omega}{\mathrm{d} z} = -\frac{Pe}{\mathrm{ch} KH}\mathrm{ch} K(H-z) \\ M_t &= -Pe\left[1 - \frac{\mathrm{ch}(H-z)}{\mathrm{ch} KH}\right] \end{aligned}\right\} \tag{8-122}$$

**【例 8-4】** 底部固定、顶部自由的薄壁杆,全杆作用有均布扭矩 $m = qe$,求扭转角 $\theta$ 和内力 $B_\omega, M_\omega, M_t$ 的表达式(见图 8-31)。

**【解】** 均布扭矩 $m = qe$ 作用时,式(8-118)的特解为

$$\theta_1 = \frac{m}{2GI_t}z^2$$

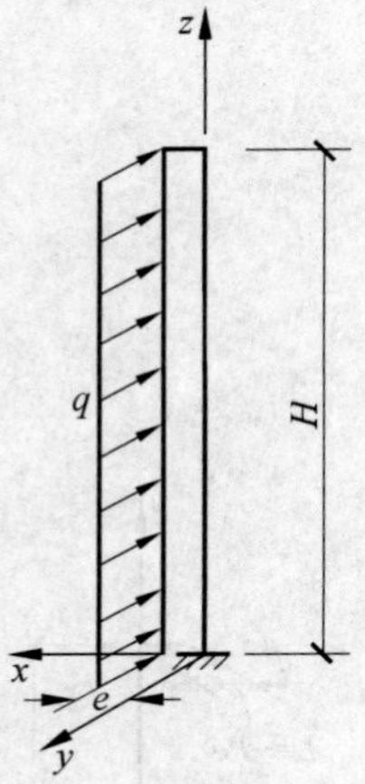

故一般解为

$$\theta = C_1 \mathrm{sh} Kz + C_2 \mathrm{ch} Kz + C_3 z + C_4 + \frac{m}{2GI_t}z^2$$

边界条件为

当 $z = 0$ 时, $\qquad \theta(0) = 0, \quad \theta'(0) = 0$

由整体平衡条件,知底部总扭矩为

$$L_0 = -qeH$$

当 $z = H$ 时, $\qquad B_\omega(H) = 0, \quad$ 即 $\quad \theta'(H) = 0$

利用上述边界条件后,得

$$C_2 + C_4 = 0$$

$$C_1 K + C_3 = 0$$

$$GI_t C_3 = -qeH$$

$$C_1 K^2 \mathrm{sh} KH + C_2 K^2 \mathrm{ch} KH + \frac{m}{GI_t} = 0$$

由此求得

$$C_1 = \frac{qeH}{KGI_t}$$

图 8-31 例 8-4 图

$$C_2 = -\frac{qeH}{KGI_t}\left(\text{th}KH + \frac{1}{KH\text{ch}KH}\right)$$

$$C_3 = -\frac{qeH}{GI_t}$$

$$C_4 = \frac{qeH}{KGI_t}\left(\text{th}KH + \frac{1}{KH\text{ch}KH}\right)$$

扭转角的表达式为

$$\theta = \frac{qeH}{KGI_t}\left[\left(\text{th}KH + \frac{1}{KH\text{ch}KH}\right)(1 - \text{ch}Kz) + \text{sh}Kz - Kz + \frac{K}{2H}z^2\right] \tag{8-123}$$

各内力的表达式求得为

$$M_t = qeH\left[-\left(\text{th}KH + \frac{1}{KH\text{ch}KH}\right)\text{sh}Kz + \text{ch}Kz - 1 + \frac{z}{H}\right]$$

$$B_\omega = \frac{qeH}{K}\left[\left(\text{th}KH + \frac{1}{KH\text{ch}KH}\right)\text{ch}Kz - \text{sh}Kz - \frac{1}{KH}\right] \tag{8-124}$$

$$M_\omega = qeH\left[\left(\text{th}KH + \frac{1}{KH\text{ch}KH}\right)\text{sh}Kz - \text{ch}Kz\right]$$

最后,给出底部固定、顶部自由的薄壁杆,在高度 $z = z_1$ 处作用有集中外扭矩 $m = Pe$ 时,扭转角 $\theta$ 及其导数 $\theta'$ 和内力 $B_\omega$ 的表达式(见图 8-32):

当 $0 \leqslant z \leqslant z_1$,

$$\theta = \frac{Pe}{KGI_t}\left\{\left[\frac{\text{sh}KH - \text{sh}K(H - z_1)}{\text{ch}KH}\right](1 - \text{ch}Kz) + \text{sh}Kz - Kz\right\}$$

$$\theta' = -\frac{Pe}{GI_t}\left[\frac{\text{sh}KH - \text{sh}K(H - z_1)}{\text{ch}KH}\text{sh}Kz + 1 - \text{ch}Kz\right] \tag{8-125}$$

$$B_\omega = \frac{Pe}{K}\left[\frac{\text{sh}KH - \text{sh}K(H - z_1)}{\text{ch}KH}\text{ch}Kz - \text{sh}Kz\right]$$

当 $z_1 \leqslant z \leqslant H$,

$$\theta = \frac{Pe}{KGI_t}\left[\frac{\text{sh}KH - \text{sh}K(H - z_1)}{\text{ch}KH}(1 - \text{ch}Kz) + \text{sh}Kz - Kz_1 - \text{sh}K(z - z_1)\right]$$

$$\theta' = -\frac{Pe}{GI_t}\left[\frac{\text{sh}KH - \text{sh}K(H - z_1)}{\text{ch}KH}\text{sh}Kz - \text{ch}Kz + \text{ch}K(z - z_1)\right] \tag{8-126}$$

$$B_\omega = \frac{Pe}{K}\left[\frac{\text{sh}KH - \text{sh}K(H - z_1)}{\text{ch}KH}\text{ch}Kz - \text{sh}Kz + \text{sh}K(z - z_1)\right]$$

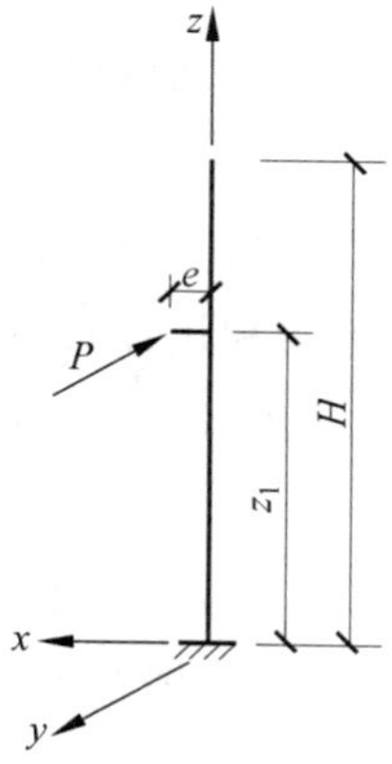

图 8-32 集中外扭矩作用

在下一节中求内筒的柔度系数和内筒的位移、内力时,使用了以上结果。但注意两者的坐标与符号是不同的。

## 8.6.2 连梁对开口截面薄壁杆约束扭转的影响

高层建筑结构中的内筒多为带有连梁的筒体(见图 8-33)。连梁的存在加大了薄壁筒体的抗扭能力,完全按照开口截面薄壁杆的扭转计算,没有反映连梁的影响。因此,应对上面的结果加以修正。

对带连梁的开口截面薄壁杆的约束扭转,有多种不同的分析方法。一种是广义扇性坐标的方法,通过引入广义扇性坐标来考虑连梁的影响,即令

$$\bar{\omega} = \omega - \frac{\Omega}{G\delta_t}\int_0^s \frac{\mathrm{d}s}{t}$$

式中:$\omega$——开口截面薄壁杆的扇性坐标;

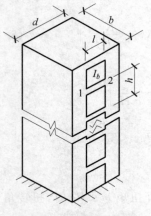

$\Omega$——截面轮廓线所围面积的 2 倍,$\Omega = 2bd$;

$$\delta_t = \frac{1}{G}\int_1^2 \frac{\mathrm{d}s}{t} + \frac{l^3 h\left(1 + \dfrac{12\mu EI_b}{GA_b l^2}\right)}{12EI_b}$$

$I_b$——连梁的惯性矩;

$A_b$——连梁的截面面积;

$l$——连梁的跨度;

$t$——筒壁的厚度;

$b$——内筒截面的宽度;

$d$——内筒截面的高度;

$\mu$——截面剪应力不均匀分布系数;

$h$——层高。

**图 8-33 带连梁的筒体**

采用上述广义扇性坐标后,所有的计算公式仍可采用开口截面薄壁杆的计算公式,参见文献[1]第 1 版(7-3 节)。

下面再介绍一种工程中考虑连梁影响的处理方法。

连梁和楼板对内筒的影响可视为相当增加一个抵抗双力矩 $B_\omega^*$ 的作用,即增加了对截面翘曲的约束作用,从而减小内筒的扭转变形。此连梁和楼板相应承担的双力矩为

$$B_\omega^* = -K^*\theta'$$

式中:$K^*$——连梁或板的双力矩附加系数。

对连梁,其值为

$$K^* = \frac{12EI_b b^2 d^2}{l^3}$$

此为单根连梁作用的双力矩系数。

对楼板(当只考虑起扭转约束作用),其值为

$$K^* = \frac{bdEt_b^3}{6(1+\nu)}$$

式中:$t_b$——楼板的厚度;

$\nu$——材料的泊松比。

考虑连梁的影响后,内筒扭转角的微分方程式变为

$$EI_\omega \theta^{\mathrm{IV}} - \left(GI_t + \frac{K^*}{h}\right)\theta'' = m(z)$$

式中已将连梁(或楼板)的作用沿层高 $h$ 连续化了。

令

$$K = \sqrt{\dfrac{GI_t + \dfrac{K^*}{h}}{EI_\omega}}$$

(8-127)

上式可变为

$$\theta^{\text{IV}} - K^2\theta' = \dfrac{m(z)}{EI_\omega}$$

上式与式(8-118)完全是一样的,因而上段所得的结果,本段都可以应用。要注意的是,这里杆的约束扭转特征按式(8-127)计算,与不考虑连梁约束的情况不一样,它考虑了连梁对约束扭转的影响。

## 8.7　筒中筒结构在扭转荷载下的等效连续体-力法计算

筒中筒结构是由外框筒和内筒通过楼板连在一起的空间结构。外框筒和内筒在扭转荷载下的计算前面均已讨论,本节介绍筒中筒结构在扭转荷载作用下的等效连续体-力法,计算中采用了刚性楼板的假设。

### 8.7.1　计算简图和计算方法

本段讨论筒中筒结构在扭转荷载作用下的计算问题(见图 8-34(a))。

基本假设同 8.5 节第二段。在上述假设下,筒中筒结构受扭转荷载作用时,楼板将内、外筒连接在一起,共同抵抗外扭矩。在楼层标高处,内、外筒的扭转角具有相同的值,计算图如图 8-34(b)所示。这里,外框筒采用 8.4 节所用的等效连续体计算图,其计算方法已在该节讨论过。内筒为薄壁杆,按 8.6 节的计算图,计算公式已在该节给出。

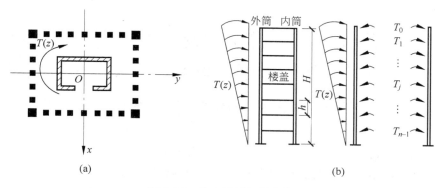

(a)　　　　　　　　　　　　　　(b)

图 8-34　筒中筒受扭转荷载

对图 8-34(b)所示的计算简图,用力法进行计算。取内、外筒在楼层标高处的相互作用的扭矩 $T_j$ 为

基本未知量。由内、外筒在外扭矩和基本未知量共同作用下,楼层处的扭转角应协调的条件建立力法方程如下

$$
\left.
\begin{aligned}
&\theta_{00} T_0 + \theta_{01} T_1 + \cdots + \theta_{0j} T_j + \cdots + \theta_{0,n-1} T_{n-1} = \theta_{0p} \\
&\theta_{10} T_0 + \theta_{11} T_1 + \cdots + \theta_{1j} T_j + \cdots + \theta_{1,n-1} T_{n-1} = \theta_{1p} \\
&\qquad\qquad\qquad\qquad\qquad\vdots \\
&\theta_{j0} T_0 + \theta_{j1} T_1 + \cdots + \theta_{jj} T_j + \cdots + \theta_{j,n-1} T_{n-1} = \theta_{jp} \\
&\qquad\qquad\qquad\qquad\qquad\vdots \\
&\theta_{n-1,0} T_0 + \theta_{n-1,1} T_1 + \cdots + \theta_{n-1,j} T_j + \cdots + \theta_{n-1,n-1} T_{n-1} = \theta_{n-1,p}
\end{aligned}
\right\}
\tag{8-128}
$$

式中:$\theta_{jp}$——外扭矩作用下外筒在 $j$ 层处的扭转角;

$\theta_{ji} = \theta_{ji}^{(1)} + \theta_{ji}^{(2)}$——内、外筒在 $i$ 层作用单位扭矩时,$j$ 层处的扭转角,上标(1)者为内筒,上标(2)者为外筒。

解力法方程式(8-128),求出 $T_j$ 后,即可分别对内、外筒进行内力和位移计算。

## 8.7.2 力法方程系数和自由项的计算

在三种典型扭转荷载下外筒的扭转角 $\theta$ 在 8.4 节中已经求出,见式(8-87)、式(8-89)和式(8-91)。取其中 $\xi = \xi_i$,即 $\theta_{jp}$。

外筒的柔度系数,即当单位扭矩作用于 $z_i$ 处时,高度 $z_j$ 处的扭转角 $\theta_{ji}^{(2)}$,可按 8.5 节的方法类似地求出。下面直接给出计算结果。

当 $0 \leqslant z \leqslant z_i$ 时,

$$
\theta_{ji}^{(2)} = -\frac{H}{8b^2 ct}\left\{\frac{1}{G}(\xi_i - 1) + \frac{\beta\lambda^2}{3GK\,\mathrm{ch}K}\left[f_2(\xi_i) + (1 - \mathrm{ch}K(1-\xi_i))\mathrm{sh}K\xi\right]\right.
$$
$$
\left. -\frac{2\lambda^2 H^2}{c^2 K^3 E\,\mathrm{ch}K}\left[\frac{f_2(\xi_i) - K(\xi_i - 1)\mathrm{ch}K}{\mathrm{sh}K\xi} + 1 - \mathrm{ch}K(1-\xi_i)\right]\mathrm{sh}K\xi\right\}
\tag{8-129}
$$

当 $z_i \leqslant z \leqslant H$ 时,

$$
\theta_{ji}^{(2)} = -\frac{H}{8b^2 ct}\left\{\frac{1}{G}(\xi - 1) + \frac{\beta\lambda^2}{3GK\,\mathrm{ch}K}\left[f_2(\xi) + (1 - \mathrm{ch}K(1-\xi))\mathrm{sh}K\xi_i\right]\right.
$$
$$
\left. -\frac{2\lambda^2 H^2}{c^2 K^3 E\,\mathrm{ch}K}\left[\frac{f_2(\xi) - K(\xi - 1)\mathrm{ch}K}{\mathrm{sh}K\xi_i} + 1 - \mathrm{ch}K(1-\xi)\right]\mathrm{sh}K\xi_i\right\}
\tag{8-130}
$$

式中 $\beta = m + 3n + 2$,其他的符号同前。取 $\xi = \xi_j$ 就得到各楼层 $j$ 处的 $\delta_{ji}$ 值。由上两式可以看出,柔度系数具有对称性。

内筒是带连梁的开口薄壁杆件,按照上节所述,可以对内筒引入广义扇性坐标的概念,也可以采用工程中的处理方法。两者的最后计算公式均归为开口薄壁杆的计算公式,只是计算参数分别按两者不同的方法各有其取法。在 8.6 节中已给出了在任意高度处作用有集中外扭矩时的解答,利用它就可以求出内筒柔度系数和其他影响系数的计算公式。因为在 8.6 节中坐标轴 $z$ 的方向与现在不同,应将其结果中的 $z$ 换成 $H-z$,$z_i$ 换成 $H-z_i$。改写后得内筒柔度系数的计算公式为

当 $0 \leqslant j \leqslant i$ 时，

$$\theta_{ji}^{(1)} = \frac{1}{\alpha GI_t}\left\{\frac{\text{sh}\alpha ih - \text{sh}\alpha nh}{\text{ch}\alpha nh}[1 - \text{ch}\alpha(j-n)h] - \alpha(i-n)h \right.$$
$$\left. + \text{sh}\alpha(j-n)h - \text{sh}\alpha(j-i)h\right\} \tag{8-131}$$

当 $i \leqslant j \leqslant n$ 时，

$$\theta_{ji}^{(1)} = \frac{1}{\alpha GI_t}\left\{\frac{\text{sh}\alpha ih - \text{sh}\alpha nh}{\text{ch}\alpha nh}[1 - \text{ch}\alpha(j-n)h] - \alpha(j-n)h + \text{sh}\alpha(j-n)h\right\} \tag{8-132}$$

式中

$$\alpha^2 = \frac{GI_t}{EI_\omega}\left[\text{有连梁时为}\ \alpha^2 = \frac{GI_t}{EI_\omega}\ \text{或}\ \alpha^2 = \frac{GI_t + \dfrac{K^*}{h}}{EI_\omega}\right] \tag{8-133}$$

这里为了避免内、外筒的 $K$ 混淆，在内筒计算中改用了 $\alpha$ 表示。

## 8.7.3　内外筒的内力和位移

由式(8-128)解出基本未知扭矩 $T_i$ 以后，内、外筒的内力和位移可求出如下。

内筒各楼层处的扭转角 $\theta_j$、转角率 $\theta_j'$、双力矩 $B_j$ 及扭矩 $T$ 分别为

$$\theta_j = \sum_{i=0}^{n-1}\theta_{ji}^{(1)} T_i \tag{8-134}$$

$$\theta_j' = \sum_{i=0}^{n-1}\theta_{ji}^{(1)'} T_i \tag{8-135}$$

$$B_j = \sum_{i=0}^{n-1}B_{ji} T_i \tag{8-136}$$

$$T = \sum_{i=0}^{j-1} T_i \tag{8-137}$$

式中影响系数已在 8.6 节中给出为

$$\theta_{ji}^{(1)'} = \begin{cases} -\dfrac{1}{GI_t}\left\{\dfrac{\text{sh}\alpha ih - \text{sh}\alpha nh}{\text{ch}\alpha nh}\text{sh}\alpha(j-n)h - \text{ch}\alpha(j-n)h + \text{ch}\alpha(j-i)h\right\}, \\ \qquad 0 \leqslant j \leqslant i \\ -\dfrac{1}{GI_t}\left\{\dfrac{\text{sh}\alpha ih - \text{sh}\alpha nh}{\text{ch}\alpha nh}\text{sh}\alpha(j-n)h + 1 - \text{ch}\alpha(j-n)h\right\}, \\ \qquad i \leqslant j \leqslant n \end{cases} \tag{8-138}$$

$$B_{ji} = \begin{cases} \dfrac{\text{sh}\alpha ih - \text{sh}\alpha nh}{\text{ch}\alpha nh}\text{ch}\alpha(j-n)h - \dfrac{\text{sh}\alpha(j-n)h}{\alpha} + \dfrac{\text{sh}\alpha(j-i)h}{\alpha}, \\ \qquad 0 \leqslant j \leqslant i \\ \dfrac{\text{sh}\alpha ih - \text{sh}\alpha nh}{\text{ch}\alpha nh}\text{ch}\alpha(j-n)h - \dfrac{\text{sh}\alpha(j-n)h}{\alpha}, \\ \qquad i \leqslant j \leqslant n \end{cases} \tag{8-139}$$

有了以上四个广义位移和广义内力，内筒的翘曲位移和应力可按下式计算：

$$w(z,s) = -\theta'(z)\omega(s) \tag{8-140}$$

$$\sigma(z,s) = \frac{B(z)}{I_\omega}\omega(s) \tag{8-141}$$

$$\tau(z,s) = -\frac{B'(z)}{tI_\omega}S_\omega^0(s) \tag{8-142}$$

式中 $t$ 为内筒壁厚,其他符号的意义见 8.6 节。当采用广义扇性坐标法考虑连梁影响时,式中 $\omega$ 均应变为 $\bar{\omega}$。

外筒的等代筒中的各应力可按下列公式计算:

$$\left. \begin{array}{l}
\sigma_z = -\dfrac{2y}{bc}R_1R_2 \\[3mm]
\sigma_z' = -\dfrac{2x}{c^2}R_1R_2 \\[3mm]
\tau_{yz} = \tau_s - \left[\dfrac{1}{3}(2m+3n+1) - m\left(\dfrac{y}{b}\right)^2\right]R_1R_3 \\[3mm]
\tau_{xz} = -\tau_s - \left[\dfrac{1}{3}(m+3n+2) - \left(\dfrac{x}{c}\right)^2\right]R_1R_3
\end{array} \right\} \tag{8-143}$$

式中: $\tau_s$, $R_1$, $R_2$ 和 $R_3$ 的取值见表 8-6。

表 8-6 取值表

| 外载<br>函数 | 倒三角分布扭矩 $t_0(1-\xi)$ | 均布扭矩 $t_0$ | 顶部集中扭矩 $T$ |
|---|---|---|---|
| $\tau_s$ | $\dfrac{1}{8bct}\left[t_0H\left(\xi-\dfrac{1}{2}\xi^2\right)-\sum\limits_{i=0}^{L}T_i\right]$ | $\dfrac{1}{8bct}\left(t_0H\xi-\sum\limits_{i=0}^{L}T_i\right)$ | $\dfrac{1}{8bct}\left(T-\sum\limits_{i=0}^{L}T_i\right)$ |
| $\tau_s(H)$ | $\dfrac{1}{8bct}\left[\dfrac{t_0H}{2}-\sum\limits_{i=0}^{n-1}T_i\right]$ | $\dfrac{1}{8bct}\left(t_0H-\sum\limits_{i=0}^{n-1}T_i\right)$ | $\dfrac{1}{8bct}\left(T-\sum\limits_{i=0}^{n-1}T_i\right)$ |
| $R_1$ | $\lambda^2$ | $\lambda^2$ | $\lambda^2$ |
| $R_2$ | $\dfrac{t_0H^2}{8bctK^2}\left[\dfrac{2K\mathrm{ch}K(1-\xi)+(K^2-2)\mathrm{sh}K\xi}{2K\mathrm{ch}K}+\xi-1\right]-B_1'$ | $\dfrac{t_0H^2}{8bctK^2}\left[\dfrac{\mathrm{ch}K(1-\xi)+K\mathrm{sh}K\xi}{\mathrm{ch}K}-1\right]-B_1'$ | $\dfrac{T}{8bct}\dfrac{\mathrm{sh}K\xi}{K\mathrm{ch}K}-B_1'$ |
| $R_3$ | $\dfrac{t_0H^2}{8bctK^2}\left[\dfrac{(K^2-2)K\mathrm{ch}K\xi-2K\mathrm{sh}K(1-\xi)}{2\mathrm{ch}K}+1\right]-B_2'$ | $\dfrac{t_0H^2}{8bctK}\dfrac{K\mathrm{ch}K\xi-\mathrm{sh}K(1-\xi)}{\mathrm{ch}K}-B_2'$ | $\dfrac{T}{8bct}\dfrac{\mathrm{ch}K\xi}{\mathrm{ch}K}-B_2'$ |

表 8-6 中

$$\begin{aligned}
B_1' = \frac{H}{8bctK\,\mathrm{ch}K}\Bigg\{ & \sum_{i=0}^{L}\left[\mathrm{sh}K\xi-\mathrm{ch}K(1-\xi)\mathrm{sh}K\xi_i\right]T_i \\
& + \sum_{i=L+1}^{n-1}\left[\mathrm{sh}K\xi-\mathrm{ch}K(1-\xi_i)\mathrm{sh}K\xi\right]T_i\Bigg\}
\end{aligned} \tag{8-144}$$

$$B'_2 = \frac{H}{8bctK\,\mathrm{ch}K}\left\{\sum_{i=0}^{L}\left[\mathrm{ch}K\xi + \mathrm{sh}K(1-\xi)\mathrm{sh}K\xi_i\right]T_i\right.$$
$$\left. + \sum_{i=L+1}^{n-1}\left[\mathrm{ch}K\xi - \mathrm{ch}K(1-\xi_i)\mathrm{ch}K\xi\right]T_i\right\} \tag{8-145}$$

其中：$L=\left[\dfrac{z}{h}\right]$。

有了等代筒的应力以后，可以将它们折算成梁、柱内力，方法同前。

## 8.7.4　算例

同 8.5 节筒中筒结构（见图 8-26）。顶部作用集中扭矩时，二层外柱沿筒壁方向的剪力分布的计算值与实验值见图 8-35。

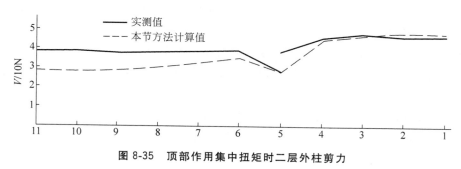

**图 8-35　顶部作用集中扭矩时二层外柱剪力**

# 8.8　简体结构设计和构造

组成简体结构的元件是梁、柱（如在框筒中）和剪力墙（如在实腹筒中），因而其截面设计和构造措施的有关要求可参见框架和剪力墙的相应要求。本节针对简体结构的特点，根据《高层规程》的规定，作一些补充。

无论是框架-核心筒结构还是筒中筒结构都应充分发挥其空间结构的性能，做成空间受力的筒式结构。

（1）简体结构的高度不宜低于 80m，筒中筒结构的高宽比不宜小于 3，简体结构的混凝土强度等级不宜低于 C30。

这是因为结构总高度与宽度之比（$H/B$）大于 3 时，才能充分发挥筒的作用，在矮而胖的结构中不宜采用框筒或筒中筒结构。对于高度不超过 60m 的框架-核心筒结构，可按框架-剪力墙结构设计。

（2）框筒和筒中筒结构的平面宜选用圆形、正多边形、椭圆形或矩形等。如为矩形平面，则长宽比不宜大于 2，否则在较长的一边，剪力滞后会比较严重，长边中部的柱子将不能充分发挥作用。

（3）框筒必须做成密柱深梁，以减小剪力滞后，充分发挥结构的空间作用。一般情况下，矩形平面的柱距不宜大于 4m,框筒柱的截面长边应沿筒壁方向布置,必要时可采用 T 形截面。这是因为框筒、梁柱的弯矩主要是在腹板框架和翼缘框架平面内,框架平面外的柱弯矩较小。

洞口面积不宜大于墙面面积的 60%,洞口高宽比宜与层高与柱距之比值相似。

角柱截面要增大,它承受较大轴向力,截面大可减少压缩变形,通常可取角柱面积为中柱面积的 1~2 倍。

框筒梁的截面高度不宜小于柱净距的 1/4 及 600mm,且应满足式(6-13)~式(6-15)对截面尺寸和混凝土等级的要求。

(4)内筒面积不宜过小,内筒的边长可为高度的 1/15~1/20,如有另外的角筒和剪力墙时,内筒平面尺寸还可适当减小。

内筒位置宜居中,墙肢宜均匀、对称布置,角部附近不宜开洞;当不可避免时,筒角内壁至洞口距离不应小于 500mm 和开洞墙截面厚度的较大值。内筒宜贯通建筑物全高,竖向刚度宜均匀变化。

筒体墙应按 7.1.3 节中验算墙体稳定,且外墙厚度不应小于 200mm,内墙厚度不应小于 160mm,必要时可设置扶壁柱或扶壁墙。

三角形平面宜切角,切角后空间受力性质会相应改善。外筒的切角长度不宜小于相应边长的 1/8,其角部可设置刚度较大的角柱或角筒;内筒的切角长度不宜小于相应边长的 1/10,切角处的筒壁宜适当加厚。

(5)楼盖体系在筒体结构中起着重要作用,一方面承受竖向荷载,另一方面在水平荷载作用下还起刚性隔板的作用,因而应具有良好的水平刚度和整体性。对框筒,它起着维持筒体平面形状的作用;对筒中筒,通过楼盖内、外筒才能协同工作。

楼板构件(包括楼板和梁)的高度不宜太大,要尽量减小楼盖构件与柱子间的弯矩传递,有的筒中筒结构将楼板与柱的连接处理成铰接;在多数钢筋混凝土筒中筒结构中,将楼盖做成平板式或密肋楼盖,减小端弯矩,使框筒及筒中筒结构的传力体系更加明确。内外筒间距(即楼盖跨度)通常约为 10m~12m,一般情况下,不再设柱。当非抗震设计跨距大于 15m、抗震设计跨距大于 12m 时,宜另设内柱或采用预应力混凝土楼盖等措施。

由于剪力滞后,框筒中各柱的竖向压缩量不同,角柱压缩变形最大,因而楼板四角下沉较多,出现翘曲现象。设计楼板时,对角板面宜设置双层双向附加钢筋(见图 8-36),防止角部面层混凝土出现裂缝。附加钢筋的单层单向配筋率不宜小于 0.3%,直径不应小于 8mm,间距不宜大于 150mm;配筋范围不宜小于外框架(或外筒)至内筒外墙中距的 1/3 和 3m。

(6)筒体墙的正截面承载力宜按双向偏心受压构件计算;截面复杂时,可分解为若干矩形截面,按单向偏心受压构件计算;斜截面承载力可取腹板部分,按矩形截面计算;当承受集中力时,尚应验算局部受压承载力。

筒体墙的配筋和加强部位,以及暗柱(或暗撑)等设置,与剪力墙结构相同,见 7.2 节。

核心筒或内筒的外墙不宜在水平方向连续开洞。洞间小墙肢的截面高度不宜小于 1.2m;当洞间墙肢的截面高度与厚度之比小于 4 时,宜按框架柱进行截面设计。

角柱应按双向偏心受压构件计算,纵向钢筋面积宜乘以增大系数 1.3。

(7)筒体墙的水平、竖向配筋不应少于两排,其最小配筋率应符合 7.2.2 节的规定。

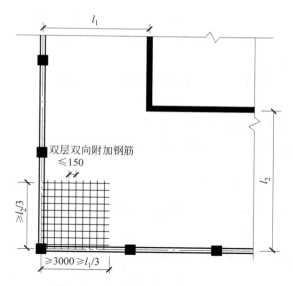

双层双向附加钢筋
≤150

图 8-36　**板角附加钢筋**（单位：mm）

抗震设计时，核心简墙体设计尚应符合以下规定：底部加强部位主要墙体的水平和竖向分布钢筋的配筋率均不宜小于 0.30%；底部加强部位约束边缘构件沿墙肢的长度宜取墙肢高度的 1/4，约束边缘构件范围内应主要采用箍筋；底部加强部位以上宜按 7.2.3 节的规定设置约束边缘构件。

（8）抗震设计时，对简体结构的框架部分按侧向刚度分配的楼层地震剪力标准值应符合下列规定：

① 框架部分分配的楼层地震剪力的最大值不宜小于结构底部总地震剪力的 10%。

② 当框架部分分配的地震剪力的最大值小于结构底部总剪力的 10% 时，各层框架部分承担的地震剪力应增大到结构底部总地震剪力值的 15%；此时，各层核心简墙体的地震剪力宜乘以增大系数 1.1，但可不大于结构底部总地震剪力，墙体的抗震构造应按抗震等级提高一级后采用，已为特一级的可不再提高。

③ 当框架部分分配的地震剪力小于结构底部总地震剪力的 20%，但其最大值不小于结构底部总地震剪力的 10% 时，应按结构底部总地震剪力的 20% 和框架部分楼层地震剪力值中最大值的 1.5 倍二者的较小值进行调整。

按以上第②或第③款调整框架柱的剪力后，框架柱端弯矩及与之相连的框架梁端弯矩、剪力应进行相应调整。

有加强层时，以上框架部分分配的楼层地震剪力的最大值不应包括加强层及其上、下层的框架剪力。

设计恰当时，框架-核心简结构可以形成外周框架与核心简协同工作的双重抗侧力结构体系。实际工程中，由于外周框架柱的柱距过大、梁高过小，造成其刚度过低、核心简刚度过高，结构底部剪力主要由核心简承担。在强烈地震作用下，核心简墙体可能损伤严重，经内力重分布后，外周框架会承担较大的地震作用。因此，上面第①款对外周框架按弹性刚度分配的地震剪力作了基本要求。

（9）内简偏置的框架-简体结构，其质心与刚心的偏心距较大，导致结构在地震作用下的扭转反应增大。对这类结构，应特别关注结构的扭转特性，控制结构的扭转反应，要求对结构的位移比和周期比均按

B 级高度高层建筑从严控制。要求在考虑偶然偏心影响的规定地震力作用下,最大楼层水平位移和层间位移不应大于该楼层平均值的 1.4 倍,结构扭转为主的第一自振周期 $T_1$ 与平动为主的第一自振周期 $T_1$ 之比不应大于 0.85,且 $T_1$ 的扭转成分不宜大于 30%。

当内筒偏置、长宽比大于 2 时,宜采用框架-双筒结构,增强结构的扭转刚度,减小结构在水平地震作用下的扭转效应。

当框架-双筒结构的双筒间楼板开洞时,其有效楼板宽度不宜小于楼板典型宽度的 50%,洞口附近楼板应加厚,并应采用双层双向配筋,每层单向配筋率不应小于 0.25%;双筒间楼板宜按弹性板进行细化分析。

(10) 框筒梁和内筒连梁

采用普通配筋的框筒梁和内筒连梁不宜设弯起钢筋抗剪,全部剪力应由箍筋和混凝土承受,构造配筋尚应符合下列要求:

① 箍筋直径沿梁长不变,非抗震设计时,不应小于 8mm,抗震设计时,不应小于 10mm。

② 箍筋间距在非抗震设计时,不应大于 150mm;抗震设计时,不应大于 100mm 及 $8d$,$d$ 为纵向钢筋的直径。

抗震设计时,框筒的梁或核心筒的连梁可通过配置交叉暗柱(对核心筒的连梁还可通过设水平缝或减小梁的高跨比)等措施来提高梁的延性。

跨高比不大于 2 的框筒梁和内筒连梁宜增配对角斜向钢筋。跨高比不大于 1 的框筒梁和内筒梁宜采用交叉暗柱。

采用交叉暗柱的框筒梁或内筒连梁应符合下列规定:

① 梁的截面宽度不宜小于 400mm。

② 全部剪力由暗柱承担。每根交叉暗柱由 4 根纵向钢筋组成,纵筋直径不应小于 14mm,其总面积 $A_s$ 按下式计算

无地震作用组合时

$$A_s \geqslant \frac{V_b}{2f_y \sin\alpha}$$

有地震作用组合时

$$A_s \geqslant \frac{\gamma_{RE} V_b}{2f_y \sin\alpha}$$

式中:$V_b$——梁的设计剪力;

$\alpha$——斜筋的倾角。

③ 两个方向的斜筋均应用矩形箍筋或螺旋筋绑扎成一体(见图 8-37),箍筋直径不应小于 8mm,箍筋间距不应大于 150mm 及 $b_b/2$;端部加密区的箍筋间距为 100mm,加密区长度不小于 600mm 及 $2b_b$,$b_b$ 为梁截面的宽度。

④ 斜筋伸入竖向构件的长度 $l_{aE}$,按下列规定采用:

非抗震设计时

$$l_{aE} = l_a$$

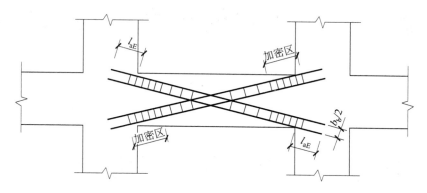

**图 8-37　梁内交叉暗柱的配筋**

抗震设计时

$$l_{aE} = 1.15 l_a$$

式中：$l_a$——钢筋的锚固长度。

⑤ 梁内普通箍筋的配置，应符合本段开始时的构造要求。

框筒梁上、下纵向钢筋的直径不应小于 16mm，腰筋的直径不应小于 10mm，腰筋间距不应大于 200mm。

最后再一次指出，简体的元件是梁、柱和剪力墙，故简体结构中各构件的截面设计和构造措施除上面这些规定外，尚应符合第 6 章（框架）和第 7 章（剪力墙）中的有关规定。

# 思　考　题

8-1　简体结构的高宽比、平面长宽比、柱距、立面开洞情况有哪些要求？为什么要提这些要求？

8-2　什么是剪力滞后效应？为什么会出现这些现象？对简体结构的受力有什么影响？

8-3　简体结构窗裙梁的设计与普通梁的设计相比有何特点？

# 第9章　底层大空间剪力墙结构的计算

## 9.1　底层大空间剪力墙结构的计算图和计算方法

底层为框架的剪力墙结构是适应底层要求大开间而采用的一种结构型式。标准层(底层以上)采用剪力墙结构,而底层则改用框架结构,即底层的竖向荷载和水平荷载全部由框架的梁柱承受。

这种结构的侧向刚度在底层楼盖处发生突变。震害表明,在地震力冲击下,底层框架常因刚度太弱、侧移过大、延性差以及强度不足而引起破坏,甚至导致整栋建筑物的倒塌。近年来,这种底层为纯框架的剪力墙结构在地震区已经很少采用。

为了改善结构的受力性能,提高建筑物的抗震能力,在结构的平面布置中可以将一部分剪力墙落地,并贯通至基础,称为落地剪力墙;而另一部分剪力墙则在底层改为框架,底层为框架的剪力墙称为框支剪力墙。这样,在水平力作用下,便形成落地剪力墙与框支剪力墙协同工作的体系:借助于框支剪力墙,可以形成较大的空间;依靠落地剪力墙,可以增强和保证结构的抗震能力。图9-1为框支剪力墙和落地剪力墙协同工作体系的底层结构平面示意图。

在水平力作用下,由于框支剪力墙底层侧向刚度急剧变小,底层框架承担的水平力亦急剧减小,而落地剪力墙在底层承担的水平力则急剧增加。水平力在底层分配关系的改变,是借助于底层刚性楼盖对内力的传递作用来实现的,因而,通常将底层墙体及底层楼盖特别加强。也就是说,落地剪力墙作为框支剪力墙的弹性支承,通过底层刚性楼盖,给框支剪力墙以水平支承力,此水平支承力与水平外力的方向相反。

图9-2表示框支剪力墙和落地剪力墙协同工作体系的计算图。框支剪力墙和落地剪力墙通过刚性连杆(楼盖)连接起来共同承受水平力。

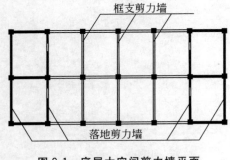

图9-1　底层大空间剪力墙平面

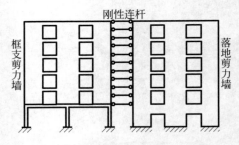

图9-2　底层大空间剪力墙计算图

底层为框架的剪力墙结构,由于上部墙体与底层框架的不同性质,给计算带来一些困难。底层为框架的剪力墙结构的计算包含两方面的内容:①底层为框架的剪力墙在水平荷载作用下的内力和位移计算,以及它们与落地剪力墙协同工作时的内力和位移计算问题;②底层为框架的剪力墙在竖向和水平荷载作用下墙框交接区的应力分布问题。前一方面,可以把上部墙体视为杆件结构,用杆件结构的计算理论来解决;后一方面,涉及两种不同性质的构件(一维的杆件结构和二维的平面问题)的接触问题,必须用弹性力学的理论来解决。

9.1 节～9.4 节用分区混合法,按杆件结构的计算理论讨论底层为框架的剪力墙结构在水平荷载作用下的内力和位移计算,以及它们与落地剪力墙协同工作时的内力和位移计算问题。上层剪力墙部分,采用普通剪力墙计算中采用的假定,连梁用连续连杆代替,取连续连杆的剪力为基本未知量,对连续连杆切口方向建立变形连续方程(力法方程)。底层框架部分,采用同层各结点水平位移相等、同层各结点转角相同的假定,取底层框架的结点位移为基本未知量,对框架结点的位移方向建立相应的平衡方程(位移法方程),用混合法求解。

应该指出的是,对开有多列竖向大开孔剪力墙的框支剪力墙,也可按壁式框架的方法计算。

9.5 节讨论框支剪力墙、落地剪力墙和壁式框架在水平荷载下共同工作时的内力和位移计算。这是框支剪力墙和落地剪力墙协同工作的推广,包含了目前能够遇到的三种不同结构型式的共同工作。框支剪力墙和落地剪力墙的共同工作,多肢剪力墙和框架的共同工作均为本节方法的特殊情况。

9.6 节、9.7 节用弹性力学的理论和分区混合有限元法分析框支剪力墙墙框交接区的应力集中和剪力墙角区的应力集中问题,属于提高的专题内容。

## 9.2　底层为框架的双肢剪力墙

### 9.2.1　双肢墙混合法的基本方程

图 9-3(a)所示底层为框架的双肢剪力墙,计算简图如图 9-3(b)所示。墙肢的连梁视为连续连杆。框架的横梁与墙肢相连部分刚度很大,可视为刚域。连梁与框架横梁均考虑剪切变形的影响。用混合法计算时,基本体系如图 9-3(c)所示。底层框架用位移法计算,基本未知量为结点位移:结点 $C$ 和结点 $D$ 的水平位移 $y_0$(向右为正),结点 $C$ 和结点 $D$ 的竖向位移差 $2\Delta$(左柱向上为正,右柱向下为正),结点 $C$ 和结点 $D$ 的转角 $\theta_C = \theta_D = \theta_0$(顺时针方向为正)。上部双肢墙用力法计算,基本未知量为连续连杆中点的剪应力 $\tau(x)$ 和正应力 $\sigma(x)$。

上部剪力墙连续连杆切口处的变形连续条件为

$$\frac{2\tau(x)a^3h}{3E\tilde{I}_b} + \frac{1}{E}\left(\frac{1}{A_1} + \frac{1}{A_2}\right)\int_x^H \int_0^x \tau(\lambda)\,\mathrm{d}\lambda\,\mathrm{d}x + 2c\frac{\mathrm{d}y_m}{\mathrm{d}x} + (2\Delta - 2l\theta_0) = 0 \qquad (9\text{-}1)$$

式中:最后一项为底层框架结点位移对切口处产生的相对位移,说明如下(见图 9-4):

设结点 $C$ 的竖向位移为 $\Delta_1$(向上为正),转角为 $\theta_C = \theta_0$,则左边墙肢底轴线处的竖向位移为 $\Delta_1 - \theta_0(l_1 - c_1)$,转角为 $\theta_0$。设结点 $D$ 的竖向位移为 $\Delta_2$(向下为正),转角为 $\theta_D = \theta_0$,则右边墙肢底轴线处的竖向位移为 $\Delta_2 - \theta_0(l_2 - c_2)$,转角为 $\theta_0$。墙肢底部轴线处的位移使 $x$ 截面连续连杆切口处产生的相对位

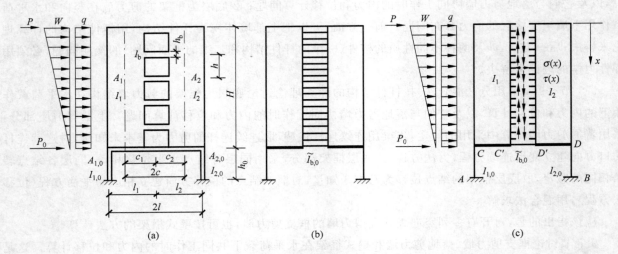

**图 9-3 底层为框架的双肢墙**

(a) 结构尺寸;(b) 计算简图;(c) 基本体系

移为

$$\delta_4 = \Delta_1 + \Delta_2 - \theta_0(l_1 - c_1 + l_2 - c_2) - 2c\theta_0 = 2\Delta - 2l\theta_0$$

上式中引用了关系式

$$2\Delta = \Delta_1 + \Delta_2$$

结点位移 $y_0$ 不影响切口处的竖向相对位移。

底层框架部分用位移法计算,用基本未知量 $y_0$,$\Delta$ 和 $\theta_0$ 表示的杆端弯矩为(凡用位移法的部分,杆端弯矩顺时针方向为正,下同)

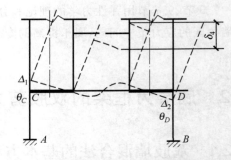

**图 9-4 底层框架结点位移对切口位移的影响**

$$M_{CA} = 4\frac{EI_{1,0}}{h_0}\theta_0 - \frac{6EI_{1,0}}{h_0^2}y_0$$

$$M_{AC} = 2\frac{EI_{1,0}}{h_0}\theta_0 - \frac{6EI_{1,0}}{h_0^2}y_0$$

$$M_{DB} = 4\frac{EI_{2,0}}{h_0}\theta_0 - \frac{6EI_{2,0}}{h_0^2}y_0$$

$$M_{BD} = 2\frac{EI_{2,0}}{h_0}\theta_0 - \frac{6EI_{2,0}}{h_0^2}y_0$$

$$M_{CD} = S_{CD}\left[\theta_0(1 + C_{CD}) - (1 + C_{CD})\frac{2\Delta}{2l}\right] = S_{CD}(1 + C_{CD})\left(\theta_0 - \frac{\Delta}{l}\right)$$

$$M_{DC} = S_{DC}\left[\theta_0(1 + C_{DC}) - (1 + C_{DC})\frac{2\Delta}{2l}\right] = S_{DC}(1 + C_{DC})\left(\theta_0 - \frac{\Delta}{l}\right)$$

底层框架横梁 $CD$ 为两端带刚域的杆,式中 $S_{CD}$、$S_{DC}$ 和 $C_{CD}$、$C_{DC}$ 为杆的转动刚度和传递系数。对两端带刚域的杆,考虑中间杆段剪切变形的影响,当两端有单位转角时,利用 4.6 节中推导的结果可求

$$S_{CD}(1 + C_{CD}) = \frac{3E\tilde{I}_{b,0}ll_1}{a^3}$$

$$S_{DC}(1 + C_{DC}) = \frac{3E\tilde{I}_{b,0}ll_2}{a^3}$$

式中：$\tilde{I}_{b,0} = \dfrac{I_{b,0}}{1 + \dfrac{3\mu E I_{b,0}}{G A_{b,0} a^2}}$——框架横梁考虑剪切变形影响的折算惯性矩。

下面写出相应于位移基本未知量 $y_0$，$\Delta$ 和 $\theta_0$ 的平衡方程式。

取框架顶截面以上为隔离体，由水平方向的平衡条件（见图 9-5(a)）有

$$V_{CA} + V_{DB} = V_0 + P_0$$

式中：$V_0$——底层以上水平荷载的总和；

$\qquad P_0$——作用于底层顶部的水平力。

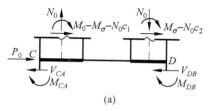

将上式用位移基本未知量表示

$$-\frac{6EI_{1,0}}{h_0^2}\theta_0 + \frac{12EI_{1,0}}{h_0^3}y_0 - \frac{6EI_{2,0}}{h_0^2}\theta_0 + \frac{12EI_{2,0}}{h_0^3}y_0 = V_0 + P_0$$

即

$$-\frac{6E}{h_0^2}(I_{1,0} + I_{2,0})\theta_0 + \frac{12E}{h_0^3}(I_{1,0} + I_{2,0})y_0 = V_0 + P_0$$

(9-2)

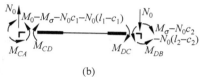

图 9-5　框架顶面隔离体

取结点 $C$ 和 $D$ 为隔离体，由垂直方向的平衡条件（见图 9-5(b)）有

$$\frac{EA_{1,0}}{h_0}\Delta_1 + \left(-\frac{M_{CD} + M_{DC}}{2l}\right) = N_0$$

$$\frac{EA_{2,0}}{h_0}\Delta_2 + \left(-\frac{M_{CD} + M_{DC}}{2l}\right) = N_0$$

以上两式叠加，然后将杆端弯矩 $M$ 用基本未知量表示，并设 $\Delta_1 = \Delta_2 = \Delta$，得

$$\frac{E(A_{1,0} + A_{2,0})}{h_0}\Delta + \frac{6E\tilde{I}_{b,0}}{a^3}[\Delta - \theta_0 l] = 2N_0$$

(9-3)

取结点 $C$ 和 $D$ 为隔离体，由结点的力矩平衡方程（见图 9-5(b)）有

$$M_{CA} + M_{CD} = M_0 - M_\sigma - N_0 c_1 - N_0(l_1 - c_1)$$

$$M_{DB} + M_{DC} = M_\sigma - N_0 c_2 - N_0(l_2 - c_2)$$

等式右端为上部墙肢作用于框架结点的力矩。

将以上两式叠加，然后将杆端弯矩用基本未知量表示，得

$$\frac{2E(I_{1,0} + I_{2,0})}{h_0}\left(2\theta_0 - \frac{3y_0}{h_0}\right) + \frac{6E\tilde{I}_{b,0}l}{a^3}(\theta_0 l - \Delta) = M_0 - 2lN_0$$

(9-4)

式(9-1)～式(9-4)即为混合法的基本方程，是包含有连续连杆剪应力 $\tau(x)$ 和框架结点位移 $y_0$，$\Delta$ 和 $\theta_0$ 的混合方程。

## 9.2.2　双肢墙基本方程的解

由式(9-2)～式(9-4)可以解出位移 $y_0$，$\Delta$ 和 $\theta_0$。应该指出的是，这时位移公式中的 $N_0$ 是与上部结构中的 $\tau(x)$ 有关的。

下面给出它们的简化公式：

$$\Delta = \frac{M_0 + (V_0 + P_0)\dfrac{h_0}{2}}{\dfrac{lE(A_{1,0} + A_{2,0})}{h_0}} \tag{9-5}$$

$$\theta_0 = \frac{M_0 + (V_0 + P_0)\dfrac{h_0}{2} - 2lN_0}{\dfrac{6E\tilde{I}_{b,0}l^2}{a^3}} \tag{9-6}$$

$$y_0 = \frac{V_0 + P_0}{\dfrac{12E}{h_0^3}(I_{1,0} + I_{2,0})} + \frac{h_0}{2}\theta_0 \tag{9-7}$$

求解上述位移时，为了简化采用了以下的假设

$$\frac{I_{1,0}}{h_0} + \frac{I_{2,0}}{h_0} + \frac{6\tilde{I}_{b,0}l^2}{a^3} \approx \frac{6\tilde{I}_{b,0}l^2}{a^3}$$

$$\frac{A_{1,0} + A_{2,0}}{h_0} + \frac{6\tilde{I}_{b,0}}{a^3} \approx \frac{A_{1,0} + A_{2,0}}{h_0}$$

因为略去项的数值比起保留项来是很小的，因而当结构的几何尺寸不满足上述简化要求时，可按式(9-2)~式(9-4)解出 $\Delta$，$\theta_0$ 和 $y_0$，计算公式要复杂些。

当不考虑框架柱的轴向变形时，$\Delta = 0$。位移 $\theta_0$ 和 $y_0$ 仍可按式(9-6)及式(9-7)计算。

将式(9-1)对 $x$ 微分两次，并利用 4.3 节中推导的截面曲率与荷载的关系式(4-21)和式(4-22)，得

$$\frac{2a^3h}{3E\tilde{I}_b}\tau''(x) - \frac{1}{E}\left(\frac{1}{A_1} + \frac{1}{A_2}\right)\tau(x) + \frac{2c}{E(I_1 + I_2)}\left[\frac{dM_p}{dx} - 2c\tau(x)\right] = 0 \tag{9-8}$$

对于常用的三种荷载有

$$V_p = V_0\left[1 - \left(1 - \frac{x}{H}\right)^2\right] \qquad \text{(倒三角荷载)}$$

$$V_p = V_0\frac{x}{H} \qquad \text{(均布荷载)}$$

$$V_p = V_0 \qquad \text{(顶部集中力)}$$

引用符号

$$m(x) = 2c\tau(x), \quad D = \frac{\tilde{I}_b c^2}{a^3}, \quad \alpha_1^2 = \frac{6H^2D}{h(I_1 + I_2)}, \quad S = \frac{2cA_1A_2}{A_1 + A_2}, \quad \alpha^2 = \alpha_1^2 + \frac{3H^2D}{hcS} \tag{9-9}$$

将式(9-8)整理后，得

$$m''(x) - \frac{\alpha^2}{H^2}m(x) = \begin{cases} -\dfrac{\alpha_1^2}{H^2}V_0\left[1 - \left(1 - \dfrac{x}{H}\right)^2\right] \\[2mm] -\dfrac{\alpha_1^2}{H^2}V_0\dfrac{x}{H} \\[2mm] -\dfrac{\alpha_1^2}{H^2}V_0 \end{cases} \tag{9-10}$$

再令 $\xi = \dfrac{x}{H}$，$m(x) = \Phi(x)V_0\alpha_1^2/\alpha^2$，则式(9-10)变为

$$\Phi''(\xi) - \alpha^2\Phi(\xi) = \begin{Bmatrix} -\alpha^2[1-(1-\xi)^2] \\ -\alpha^2\xi \\ -\alpha^2 \end{Bmatrix}$$

上式的解为

$$\Phi(\xi) = C_1\,\mathrm{ch}(\alpha\xi) + C_2\,\mathrm{sh}(\alpha\xi) + \begin{Bmatrix} 1-(1-\xi)^2 - \dfrac{2}{\alpha^2} \\ \xi \\ 1 \end{Bmatrix} \tag{9-11}$$

积分常数 $C_1$ 和 $C_2$ 由边界条件确定。

边界条件为：

(1) 当 $x=0$，即 $\xi=0$ 时，墙顶弯矩为零，因而

$$\frac{\mathrm{d}^2 y_m}{\mathrm{d}x^2} = 0 \tag{9-12}$$

(2) 当 $x=H$，即 $\xi=1$ 时，墙底转角与框架顶协调为

$$\frac{\mathrm{d}y_m}{\mathrm{d}x} = -\theta_0 \tag{9-13}$$

先考虑边界条件(1)：将式(9-1)对 $x$ 微分一次，利用条件(9-12)，并将式(9-11)求出的一般解代入后，得

$$C_2 = \frac{1}{\alpha}\begin{Bmatrix} 2 \\ -1 \\ 0 \end{Bmatrix} \tag{9-14}$$

再考虑边界条件(2)：式(9-1)利用条件(9-13)后，变为

$$\frac{2\tau(1)a^3 h}{3E\tilde{I}_b} - 2c\theta_0 + (2\Delta - 2l\theta_0) = 0 \tag{9-15}$$

将由式(9-5)、式(9-6)求出的位移 $\Delta$ 和 $\theta_0$ 代入式(9-15)，同时将式(9-11)求出的一般解也代入式(9-15)，整理后，可得 $C_1$ 的计算公式如下

$$C_1\left[\mathrm{ch}\alpha + \frac{\tilde{I}_b(l+c)H}{\tilde{I}_{b,0}hl}\frac{\mathrm{sh}\alpha}{\alpha}\right] + \frac{1}{\alpha}\begin{Bmatrix} -2 \\ -1 \\ 0 \end{Bmatrix}\left[\mathrm{sh}\alpha + \frac{H(l+c)\tilde{I}(\mathrm{ch}\alpha-1)}{hl\tilde{I}_{b,0}\alpha}\right]$$

$$= \frac{\alpha^2 c\tilde{I}_b}{V_0\alpha_1^2 hl}\left[(V_0+P_0)\frac{h_0}{2}+M_0\right]\left[\frac{l+c}{l\tilde{I}_{b,0}} - \frac{6h_0}{\alpha^3(A_{1,0}+A_{2,0})}\right]$$

$$- \begin{Bmatrix} 1-\dfrac{2}{\alpha^2} \\ 1 \\ 1 \end{Bmatrix} - \frac{H(l+c)\tilde{I}_b}{hl\tilde{I}_{b,0}}\begin{Bmatrix} \dfrac{2}{3}-\dfrac{2}{\alpha^2} \\ \dfrac{1}{2} \\ 1 \end{Bmatrix} \tag{9-16}$$

上式中当$(A_{1,0}+A_{2,0})\to\infty$时,即为不考虑框架柱轴向变形的结果。这时若框架横梁刚度很大,即$\bar{I}_{b,0}\to\infty$,上式就变成

$$C_1\,\mathrm{ch}\,\alpha+\frac{1}{\alpha}\left\{\begin{matrix}-2\\-1\\0\end{matrix}\right\}\mathrm{sh}\,\alpha=-\left\{\begin{matrix}1-\dfrac{2}{\alpha^2}\\1\\1\end{matrix}\right\}$$

此即底部为固定时的计算结果(见 4.3.3 节)。此时底层框架只使上层增加一个侧移 $y_0$,不影响其他结果。

最后应该说明的是,框支剪力墙的解 $\Phi(\xi)$ 与普通剪力墙的解 $\Phi(\xi)$,在形式上是完全一样的。这是因为用混合法计算框支剪力墙时,上部剪力墙仍用力法求解,没有改变解的形式。下部虽有框架,但其结点位移已用位移法求出了,只相应改变了墙底端的边界条件。积分常数 $C_2$ 是由上端边界条件确定的,所以框支墙与普通墙的 $C_2$ 仍是一样的;积分常数 $C_1$ 是由墙底端边界条件确定的,故框支墙与普通墙的 $C_1$ 就不同了。普通墙的 $C_1$ 只与墙的参数 $\alpha$ 有关,框支墙的 $C_1$ 则除了与墙的参数 $\alpha$ 有关外,还与底层框架的参数有关(见式(9-16))。

## 9.2.3 双肢墙内力计算

### 1. 上层墙内力

上面求出了任意高度 $\xi$ 处的 $\Phi(\xi)$ 值。由 $\Phi(\xi)$ 值可以求出墙肢的各种内力,计算方法与公式同前剪力墙,不再一一列出。

### 2. 底层框架内力

根据结点位移,可求出框架柱的内力如下

$$\left. \begin{aligned} M_{i\pm} &= \frac{4EI_{i,0}}{h_0}\theta_0 - \frac{6EI_{i,0}}{h_0^2}y_0 = \frac{EI_{i,0}}{h_0}\theta_0 - \frac{I_{i,0}}{\sum I_{i,0}}(V_0+P_0)\frac{h_0}{2} \\ M_{i\mathrm{下}} &= \frac{2EI_{i,0}}{h_0}\theta_0 - \frac{6EI_{i,0}}{h_0^2}y_0 = -\frac{EI_{i,0}}{h_0}\theta_0 - \frac{I_{i,0}}{\sum I_{i,0}}(V_0+P_0)\frac{h_0}{2} \end{aligned} \right\} \tag{9-17}$$

这里下标"上"表示柱上端,"下"表示柱下端,后同此。

$$\left. \begin{aligned} Q_i &= \frac{I_{i,0}}{\sum I_{i,0}}(V_0+P_0) \\ N_i &= \frac{M_0+(V_0+P_0)h_0-\sum M_{i\mathrm{下}}}{2l} \end{aligned} \right\} \tag{9-18}$$

框架横梁的内力可由结点位移求出,也可根据结点平衡条件由柱端内力求出。

## 9.2.4 双肢墙位移计算

剪力墙的水平位移可由下式求出:

$$y = y_0 + \theta_0(H - x) + y_m + y_v$$

$$= y_0 + \theta_0(H - x) + \frac{1}{E\sum_1^2 I_i} \int_H^x \int_H^x M_p \mathrm{d}x \mathrm{d}x$$

$$- \frac{1}{E\sum_1^2 I_i} \int_H^x \int_H^x \int_0^x m(x) \mathrm{d}x \mathrm{d}x \mathrm{d}x - \frac{\mu}{G\sum_1^2 A_i} \int_H^x V_p \mathrm{d}x$$

对于三种常用的荷载,可求得

$$y = y_0 + \theta_0 H(1 - \xi) + \left\{ \begin{array}{l} \dfrac{V_0 H^3}{60E\sum I_i}(1 - T)(11 - 15\xi + 5\xi^4 - \xi^5) \\[2mm] \dfrac{V_0 H^3}{24E\sum I_i}(1 - T)(3 - 4\xi + \xi^4) \\[2mm] \dfrac{V_0 H^3}{6E\sum I_i}(1 - T)(2 - 3\xi + \xi^3) \end{array} \right\}$$

$$+ \left\{ \begin{array}{l} \dfrac{\mu V_0 H}{G\sum A_i}\left[(1 - \xi^2) - \dfrac{1}{3}(1 - \xi^3)\right] \\[2mm] \dfrac{\mu V_0 H}{G\sum A_i}\dfrac{1}{2}(1 - \xi^2) \\[2mm] \dfrac{\mu V_0 H}{G\sum A_i}(1 - \xi) \end{array} \right\}$$

$$- \frac{V_0 H^3 T}{E\sum I_i} \left\{ C_1 \frac{1}{\alpha^3}[\operatorname{sh}\alpha\xi + (1 - \xi)\alpha\operatorname{ch}\alpha - \operatorname{sh}\alpha] \right.$$

$$+ \frac{1}{\alpha^4}\left\{ \begin{array}{c} -2 \\ -1 \\ 0 \end{array} \right\}\left[\operatorname{ch}\alpha\xi + (1 - \xi)\alpha\operatorname{sh}\alpha - \operatorname{ch}\alpha - \frac{1}{2}\alpha^2\xi^2 + \alpha^2\xi - \frac{1}{2}\alpha^2\right]$$

$$\left. + \left\{ \begin{array}{c} -\dfrac{1}{3\alpha^2}(2 - 3\xi + \xi^3) \\ 0 \\ 0 \end{array} \right\} \right\} \tag{9-19}$$

其中,$T = \dfrac{\alpha_1^2}{\alpha^2}$。

顶层水平位移为

$$y_n = y_0 + \theta_0 H + \left\{ \begin{array}{c} \dfrac{11 V_0 H^3}{60 E \sum I_i}(1-T) \\[2mm] \dfrac{V_0 H^3}{8 E \sum I_i}(1-T) \\[2mm] \dfrac{V_0 H^3}{3 E \sum I_i}(1-T) \end{array} \right\} + \left\{ \begin{array}{c} \dfrac{2 \mu V_0 H}{3 G \sum A_i} \\[2mm] \dfrac{\mu V_0 H}{2 G \sum A_i} \\[2mm] \dfrac{\mu V_0 H}{G \sum A_i} \end{array} \right\}$$

$$- \frac{V_0 H^3 T}{E \sum I_i} \left\{ C_1 \frac{1}{\alpha^3}(\alpha \mathrm{ch}\alpha - \mathrm{sh}\alpha) + \frac{1}{\alpha^4} \left\{ \begin{array}{c} -2 \\ -1 \\ 0 \end{array} \right\} \times \left( 1 + \alpha \mathrm{sh}\alpha - \mathrm{ch}\alpha - \frac{\alpha^2}{2} \right) + \left\{ \begin{array}{c} -\dfrac{2}{3\alpha^2} \\ 0 \\ 0 \end{array} \right\} \right\} \qquad (9\text{-}20)$$

应指出的是,这里的水平位移公式,自第三项以后与前剪力墙一章求出的水平位移公式(4-33)~式(4-38),在形式上是一样的。但框支剪力墙的积分常数 $C_1$,不仅与墙肢参数 $\alpha$ 有关,还与底层框架的参数有关。前剪力墙一章求出的等效刚度公式(4-41)在框支剪力墙中已不能使用了。

# 9.3 底层为框架的多肢剪力墙

## 9.3.1 多肢墙混合法的基本方程

图 9-6(a)所示底层为框架的多肢剪力墙,用混合法计算时基本体系如图 9-6(b)所示。底层框架用位移法计算,基本未知量为结点位移。为简化计,只考虑边柱竖向位移。因此,位移未知量为结点的水平位移 $y_0$,结点的转角为 $\theta_0$,边柱结点的竖向位移为 $2\Delta_1$(向上为正)和 $2\Delta_k$(向下为正)。上部多肢墙用力法计算,基本未知量为各跨连续连杆中点的剪应力 $\tau_i(x)$ 和正应力 $\sigma_i(x)$。

上部剪力墙部分连续连杆切口处的变形连续条件为

$$\frac{2\tau_i(x) a_i^3 h}{3 E \tilde{I}_{bi}} + \frac{1}{E} \left( \frac{1}{A_i} + \frac{1}{A_{i+1}} \right) \int_x^H \int_0^x \tau_i(\lambda) \mathrm{d}\lambda \mathrm{d}\lambda - \frac{1}{E A_i} \int_x^H \int_0^x \tau_{i-1}(\lambda) \mathrm{d}\lambda \mathrm{d}\lambda$$

$$- \frac{1}{E A_{i+1}} \int_x^H \int_0^x \tau_{i+1}(\lambda) \mathrm{d}\lambda \mathrm{d}\lambda + 2 c_i \frac{\mathrm{d} y_m}{\mathrm{d} x} + (2\Delta_i - 2\theta_0 l_i) = 0 \qquad (9\text{-}21)$$

式中,最后一项为底层框架结点位移对连续连杆切口处产生的相对位移。此处及以后,为了方程的一般化,采用了 $2\Delta_i$ 的符号。$2\Delta_i$ 表示第 $i$ 跨框架两结点的竖向位移差(左端向上为正,右端向下为正)。在假设只有边柱有竖向位移的情况下,除 $\Delta_1$ 和 $\Delta_k$ 有值外,其余 $\Delta_i$ 均为零。

将以上各式分别乘以 $2c_i$,并令 $m_i = 2c_i\tau_i$,$D_i = \dfrac{\tilde{I}_{b,i} c_i^2}{a_i^3}$,然后将各式叠加在一起,得

$$\sum_1^k m_i(x) + \frac{3}{2h} \sum_1^k \frac{D_i}{c_i^2} \left( \frac{1}{A_i} + \frac{1}{A_{i+1}} \right) \int_x^H \int_0^x m_i(\lambda) \mathrm{d}\lambda \mathrm{d}\lambda - \frac{3}{2h} \sum_1^k \frac{D_i}{c_i}$$

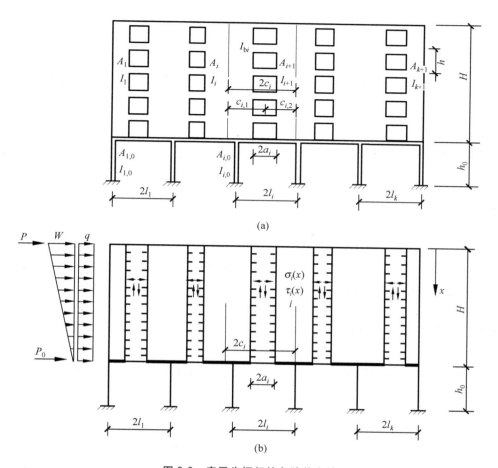

图 9-6　底层为框架的多肢剪力墙

$$\times \frac{1}{c_{i-1}A_i}\int_x^H\int_0^x m_{i-1}(\lambda)\,\mathrm{d}\lambda\mathrm{d}\lambda - \frac{3}{2h}\sum_1^{k-1}\frac{D_i}{c_i}\frac{1}{c_{i+1}A_{i+1}}\int_x^H\int_0^x m_{i+1}(\lambda)\,\mathrm{d}\lambda\mathrm{d}\lambda$$

$$+\frac{6E}{h}\sum_1^k D_i\frac{\mathrm{d}y_m}{\mathrm{d}x}+\frac{3E}{h}\sum_1^k\frac{D_i}{c_i}(2\Delta_i - 2\theta_0 l_i)=0 \tag{9-22}$$

令

$$m = \sum_1^k m_i,\quad m_i = \eta_i m,\quad \eta_i = \frac{D_i}{\sum D_i},\quad S_i = \frac{2c_i A_i A_{i+1}}{A_i + A_{i+1}}$$

$$T = 1\Big/\left\{1 + \frac{\sum I_i}{2\sum D_i}\sum\left[\frac{D_i}{c_i}\Big(\frac{1}{S_i}\eta_i - \frac{1}{2c_{i-1}A_i}\eta_{i-1} - \frac{1}{2c_{i+1}A_{i+1}}\eta_{i+1}\Big)\right]\right\} \tag{9-23}$$

式(b)可改写为

$$m(x)+\frac{6\sum D_i}{hT\sum I_i}(1-T)\int_x^H\int_0^x m(\lambda)\,\mathrm{d}\lambda\mathrm{d}\lambda+\frac{6E}{h}\sum D_i\frac{\mathrm{d}y_m}{\mathrm{d}x}+\frac{6E}{h}\sum\frac{D_i}{c_i}(\Delta_i - \theta_0 l_i)=0 \tag{9-24}$$

底层框架部分相应于位移 $y_0$,$\theta_0$,$2\Delta_1$ 和 $2\Delta_k$ 的总体平衡方程式为沿水平方向的平衡方程

$$-\frac{6E}{h_0^2}\sum_1^{k+1}I_{i,0}\theta_0+\frac{12E}{h_0^3}\sum_1^{k+1}I_{i,0}y_0=V_0+P_0 \tag{9-25}$$

各结点力矩平衡方程的总和

$$\frac{4E}{h_0}\sum_1^{k+1}I_{i,0}\theta_0-6\frac{E}{h_0^2}\sum_1^{k+1}I_{i,0}y_0+3E\sum_1^k\frac{\tilde{I}_{bi,0}l_i}{a_i^3}2l_i\left(\theta_0-\frac{\Delta_i}{l_i}\right)$$

$$=M_0-\sum_1^k\int_0^H\tau_i(\lambda)2l_i\mathrm{d}\lambda \tag{9-26}$$

左端结点的竖向平衡方程

$$2\frac{EA_{1,0}}{h_0}\Delta_1+\left[-\frac{3E\tilde{I}_{b1,0}2l_1^2}{2l_1a_1^3}\left(\theta_0-\frac{\Delta_1}{l_1}\right)\right]=N_{1,0} \tag{9-27}$$

右端结点的竖向平衡方程

$$2\frac{EA_{k+1,0}}{h_0}\Delta_k+\left[-\frac{3E\tilde{I}_{bk,0}2l_k}{2l_ka_k^3}\left(\theta_0-\frac{\Delta_k}{l_k}\right)\right]=N_{k+1,0} \tag{9-28}$$

式(9-24)～式(9-28)即为多肢墙混合法的基本方程,是包含有连梁剪力(以约束弯矩 $m(x)$ 的形式体现)和框架位移 $y_0,\theta_0,\Delta_1$ 和 $\Delta_k$ 的混合方程。

### 9.3.2　多肢墙基本方程的解

由式(9-25)～式(9-28)可以解出位移 $y_0,\theta_0,\Delta_1$ 和 $\Delta_k$,结果是和上部连梁中的剪力有关的。下面给出它们的简化公式:

$$\theta_0=\frac{(V_0+P_0)\dfrac{h_0}{2}+\left(M_0-\int_0^Hm(x)\mathrm{d}x\cdot\sum_1^k\dfrac{l_i}{c_i}\eta_i\right)}{6E\sum_1^k\dfrac{\tilde{I}_{bi,0}l_i^2}{a_i^3}} \tag{9-29}$$

$$y_0=\frac{V_0+P_0}{\dfrac{12E}{h_0^3}\sum_1^{k+1}I_{i,0}}+\frac{h_0}{2}\theta_0 \tag{9-30}$$

$$\Delta_1=\frac{N_{1,0}+\dfrac{3E\tilde{I}_{b1,0}l_1}{a_1^3}\theta_0}{2\dfrac{EA_{1,0}}{h_0}} \tag{9-31}$$

$$\Delta_k=\frac{N_{k+1,0}+\dfrac{3E\tilde{I}_{bk,0}l_k}{a_k^3}\theta_0}{2\dfrac{EA_{k+1,0}}{h_0}} \tag{9-32}$$

求解上述位移时,为了简化,采用了以下的假设:

$$\frac{1}{h_0}\sum_1^{k+1}I_{i,0}+6\sum_1^k\frac{\tilde{I}_{bi,0}l_i^2}{a_i^3}\approx6\sum_1^k\frac{\tilde{I}_{bi,0}l_i^2}{a_i^3}$$

$$\frac{2EA_{1,0}}{h_0}+\frac{2E\tilde{I}_{b1,0}}{a_1^3}\approx\frac{2EA_{1,0}}{h_0}$$

$$\frac{2EA_{k+1.0}}{h_0} + \frac{3E\tilde{I}_{bk.0}}{a_k^3} \approx \frac{2EA_{k+1.0}}{h_0}$$

当不考虑框架柱的轴向变形时，$\Delta_1 = \Delta_k = 0$，位移 $\theta_0$ 和 $y_0$ 仍可按式(9-29)及式(9-30)计算。

将式(9-24)对 $x$ 微分两次，得

$$m''(x) - \frac{6\sum D_i}{hT\sum I_i}(1-T)m(x) - \frac{6E}{h}\sum D_i \frac{\mathrm{d}^3 y_m}{\mathrm{d}x^3} = 0 \qquad (9\text{-}33)$$

令

$$\alpha_1^2 = \frac{6H^2 \sum D_i}{h \sum I_i}, \quad \alpha^2 = \frac{\alpha_1^2}{T} \qquad (9\text{-}34)$$

将式(9-33)整理后，对 3 种常用的荷载，得

$$m''(x) - \frac{\alpha^2}{H^2}m(x) = \frac{\alpha_1^2}{H^2}\left\{\begin{array}{c} \left[1 - \left(1 - \frac{x}{H}\right)^2\right]V_0 \\ \frac{x}{H}V_0 \\ -V_0 \end{array}\right\} \qquad (9\text{-}35)$$

再令

$$\xi = \frac{x}{H}, \quad \Phi(\xi) = \frac{m}{V_0 T} \qquad (9\text{-}36)$$

则式(9-35)变为

$$\Phi''(\xi) - \alpha^2 \Phi(\xi) = \left\{\begin{array}{c} -\alpha^2\left[1 - (1-\xi)^2\right] \\ -\alpha^2 \xi \\ -\alpha^2 \end{array}\right\} \qquad (9\text{-}37)$$

式(9-37)的解为

$$\Phi(\xi) = C_1 \operatorname{ch}(\alpha\xi) + C_2 \operatorname{sh}(\alpha\xi) + \left\{\begin{array}{c} 1 - (1-\xi)^2 - \dfrac{2}{\alpha^2} \\ \xi \\ 1 \end{array}\right\} \qquad (9\text{-}38)$$

积分常数 $C_1$ 和 $C_2$ 由边界条件确定。

边界条件为：

(1) 当 $x = 0$，即 $\xi = 0$ 时，墙顶弯矩为零，因而

$$\frac{\mathrm{d}^2 y_m}{\mathrm{d}x^2} = 0 \qquad (9\text{-}39)$$

(2) 当 $x = H$，即 $\xi = 1$ 时，墙底转角与框架顶协调，有

$$\frac{\mathrm{d} y_m}{\mathrm{d}x} = -\theta_0 \qquad (9\text{-}40)$$

先考虑边界条件(1)：将式(9-24)对 $x$ 微分一次，利用条件(9-39)，并将式(9-38)求出的一般解代入后，得

$$C_2 = \frac{1}{\alpha} \begin{Bmatrix} -2 \\ -1 \\ 0 \end{Bmatrix} \tag{9-41}$$

再考虑边界条件(2):将式(9-29)、式(9-31)和式(9-32)求出的 $\theta_0$, $\Delta_1$ 和 $\Delta_k$ 代入式(9-24),同时将式(9-38)求出的一般解也代入式(9-24),利用式(9-40)的条件,整理后,可得求 $C_1$ 的公式如下:

$$C_1 \left[ \mathrm{ch}\alpha + \frac{H}{h}\frac{\mathrm{sh}\alpha}{\alpha}(K_3 + K_2) \right] + \frac{1}{\alpha}\begin{Bmatrix} -2 \\ -1 \\ 0 \end{Bmatrix}\left[ \mathrm{sh}\alpha + \frac{H}{h}\frac{\mathrm{ch}\alpha - 1}{\alpha}(K_3 + K_2) \right]$$

$$= -\left[ \left\{ \begin{Bmatrix} \left(1 - \frac{2}{\alpha^2}\right) \\ 1 \\ 1 \end{Bmatrix} + \frac{H}{h}\begin{Bmatrix} \left(\frac{2}{3} - \frac{2}{\alpha^2}\right) \\ \frac{1}{2} \\ 1 \end{Bmatrix} \right\}(K_3 + K_2) + \frac{\alpha^2}{V_0 a_1^2 h}K_1\left[ M_0 + (V_0 + P_0)\frac{h_0}{2} \right] \right] \tag{9-42}$$

其中:

$$\left. \begin{aligned} K_1 &= \frac{\sum_1^k D_i + \sum_1^k \dfrac{D_i l_i}{c_i}}{\sum^k \dfrac{\tilde{I}_{bi,0} l_i^2}{a_i^3}} \\[6mm] K_2 &= \frac{\sum_1^k \dfrac{D_i l_i}{c_i}}{\sum_1^k D_i}K_1 \\[6mm] K_3 &= \frac{3h_0}{2\sum_1^k D_i}\left( \frac{D_1^2}{c_1^2 A_{1,0}} + \frac{D_k^2}{c_k^2 A_{k+1,0}} \right) \end{aligned} \right\} \tag{9-43}$$

在式(9-42)中,当不考虑框架柱轴向变形造成的影响时, $K_3 = 0$。这时若框架横梁刚度很大($\tilde{I}_{bi,0} \to \infty$), $K_1 = K_2 = 0$,式(9-42)变成

$$C_1 \mathrm{ch}\alpha + \frac{1}{\alpha}\begin{Bmatrix} -2 \\ -1 \\ 0 \end{Bmatrix}\mathrm{sh}\alpha = -\begin{Bmatrix} 1 - \dfrac{2}{\alpha^2} \\ 1 \\ 1 \end{Bmatrix}$$

此即底部为固定时的计算结果。此时底层框架只使上层增加一个侧移,不影响其他结果。

对于双肢墙,式(9-42)就变成了式(9-16)的计算结果。

### 9.3.3  多肢墙的内力计算

有了结点位移和 $\Phi(\xi)$ 后,可进一步求出各内力,计算方法与公式同前,不再一一列出。

## 9.3.4　多肢墙的位移计算

计算公式同双肢墙中的式(9-19)和式(9-20)。但注意积分常数 $C_1$ 和 $C_2$ 及有关参数均需用多肢墙的数据,即应按式(9-42)及式(9-41)计算 $C_1$ 和 $C_2$。

## 9.3.5　计算步骤和算例

计算步骤如下:

(1) 根据几何特征数据计算有关参数,由式(9-42)及式(9-41)计算积分常数 $C_1$ 和 $C_2$。这时 $\Phi(\xi)$ 已求出,如式(9-38)所示。

(2) 根据 $\Phi(\xi)$,可以计算墙肢内力,公式同前多肢墙。

(3) 根据求出的 $N_{1,0}$,$N_{k+1,0}$ 和 $\int_0^H m(x)\,\mathrm{d}x$,由式(9-29)及式(9-30)计算框架结点位移,进而计算框架内力。

(4) 由式(9-19)及式(9-20)计算水平位移。

【例 9-1】　求如图 9-7 所示框支剪力墙的内力和位移。

【解】　(1) 计算几何特征。

计算结果见表 9-1、表 9-2。

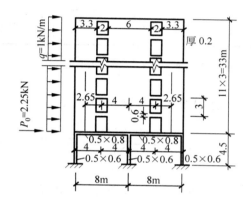

**图 9-7　例 9-1 图**

表 9-1　墙与柱的几何特征值

| 墙(柱)肢 | 1 | 2 | 3 | $\sum$ |
|---|---|---|---|---|
| $A_i$ | 0.66 | 1.20 | 0.66 | 2.52 |
| $A_{i,0}$ | 0.30 | 0.30 | 0.30 | 0.90 |
| $I_i$ | 0.59895 | 3.60 | 0.59895 | 4.7979 |
| $I_i\big/\sum I_i$ | 0.12484 | 0.75032 | 0.12484 | |
| $\bar{I}_i$ | 0.13438 | 0.28966 | 0.13438 | 0.55842 |
| $\bar{I}_i\big/\sum \bar{I}_i$ | 0.24064 | 0.51871 | 0.24064 | |
| $I_{i,0}$ | $9\times10^{-3}$ | $9\times10^{-3}$ | $9\times10^{-3}$ | $27\times10^{-3}$ |

表 9-2  梁的几何特征值

| 梁　跨 | 1 | 2 | $\sum$ |
|---|---|---|---|
| $c_i^2$ | 11.0556 | 11.0556 | |
| $D_i = \dfrac{c_i^2 \bar{I}_{bi}}{a_i^3}$ | $2.18 \times 10^{-2}$ | $2.18 \times 10^{-2}$ | $4.36 \times 10^{-2}$ |
| $\dfrac{l_i}{c_i}$ | 1.20301 | 1.20301 | |
| $D_i \dfrac{l_i}{c_i}$ | $2.622562 \times 10^{-2}$ | $2.622562 \times 10^{-2}$ | $5.245124 \times 10^{-2}$ |
| $\dfrac{\bar{I}_{bi,0} l_i^2}{a_i^3}$ | 0.1540219 | 0.1540219 | 0.3080437 |

注:计算跨度 $a_i = 1 + \dfrac{0.6}{4} = 1.15\text{m}$。

(2)计算综合参数

$$\alpha_1^2 = \frac{6H^2 \sum D_i}{h \sum I_i} = \frac{6 \times 33^2 \times 4.36 \times 10^{-2}}{3 \times 4.7979} = 19.79$$

$$\alpha^2 = \frac{\alpha_1^2}{T} = \frac{19.79}{0.8} = 24.73$$

$$\alpha = 4.973$$

$$K_1 = \frac{\sum D_i + \sum \dfrac{D_i l_i}{c_i}}{\sum \dfrac{I_{bi,0} l_i^2}{a_i^3}} = \frac{4.36 \times 10^{-2} + 5.245124 \times 10^{-2}}{0.3080437} = 0.311810$$

$$K_2 = \frac{\sum \dfrac{D_i l_i}{c_i}}{\sum D_i} K_1 = \frac{5.245124 \times 10^{-2}}{4.36 \times 10^{-2}} \times 0.311810 = 0.375110$$

$$K_3 = \frac{3h_0}{2 \sum D_i} \left( \frac{D_1^2}{c_1^2 A_{1,0}} + \frac{D_2^2}{c_2^2 A_{3,0}} \right) = \frac{3 \times 4.5 \times 2}{2 \times 4.36 \times 10^{-2}} \times \frac{2.18^2 \times 10^{-4}}{11.0556 \times 0.3} = 0.0443691$$

$$\text{sh}\alpha = 72.226347, \quad \text{ch}\alpha = 72.233269$$

$$\frac{\text{sh}\alpha}{\alpha} = 14.523697, \quad \frac{\text{ch}\alpha - 1}{\alpha} = 14.324004$$

由式(9-41)知

$$C_2 = -\frac{1}{\alpha} = -0.20108586$$

由式(9-42),可求得

$$C_1 = 0.19639648$$

因而

$$\Phi(\xi) = 0.19639648\mathrm{ch}\alpha\xi - 0.20108586\mathrm{sh}\alpha\xi + \xi$$

（3）墙肢内力计算

$j$ 层总约束弯矩为

$$m_j = hTV_0\Phi(\xi) = 15.554601\mathrm{ch}\alpha\xi - 15.926000\mathrm{sh}\alpha\xi + 79.2\xi$$

各层的 $m(\xi)$ 结果见表 9-3。顶层的总约束弯矩为上式的一半,表中以剪力墙底(即框架顶)作为 0 层。

表 9-3  各层的 $m(\xi)$ 结果

| 层顶 | $\xi$ | $\alpha\xi$ | $\mathrm{ch}\alpha\xi$ | $\mathrm{sh}\alpha\xi$ | $m_j$ | $\sum_{s=j}^{n} m_s$ |
|---|---|---|---|---|---|---|
| 11 | 0 | 0 | 1 | 0 | 7.77730 | 7.77730 |
| 10 | 0.0909 | 0.45205 | 1.103926 | 0.467604 | 16.923347 | 24.700647 |
| 9 | 0.1818 | 0.90409 | 1.437297 | 1.032387 | 20.313346 | 45.013993 |
| 8 | 0.2727 | 1.35614 | 2.069418 | 1.811765 | 24.932642 | 69.946635 |
| 7 | 0.3636 | 1.80818 | 3.131644 | 2.967692 | 30.245131 | 100.191766 |
| 6 | 0.4545 | 2.26023 | 4.844481 | 4.740483 | 35.853437 | 136.045203 |
| 5 | 0.5454 | 2.71227 | 7.564908 | 7.498522 | 41.443345 | 177.488548 |
| 4 | 0.6363 | 3.16432 | 11.857492 | 11.815199 | 46.66388 | 244.152428 |
| 3 | 0.7272 | 3.61636 | 18.614393 | 18.587513 | 51.108964 | 275.261392 |
| 2 | 0.8181 | 4.06841 | 29.240518 | 29.223413 | 54.206035 | 329.467427 |
| 1 | 0.9090 | 4.52045 | 45.943909 | 45.933025 | 55.102617 | 384.570044 |
| 0 | 0.9999 | 4.9730 | 72.233269 | 72.226347 | 26.241435 | 410.811479 |

各层连梁剪力(两梁是一样的)为

$$V_{bj} = \frac{m_j}{2c_i}\eta = \frac{m_j}{2\times 6.65} = \frac{m_j}{13.3}$$

连梁梁端弯矩(两梁是一样的)为

$$M_{bj} = V_{bj}a_{i0} = \frac{m_j}{13.3}$$

墙肢弯矩为

$$M_i = \frac{I_i}{\sum I_i}\left(M_p - \sum_{s=j}^{n} m_s\right)$$

墙肢剪力为

$$V_i = \frac{\tilde{I}_i}{\sum \tilde{I}_i}V_p$$

墙肢轴力为

$$N_{1j} = N_{3j} = \sum_{s=j}^{n} V_{bs}, \quad N_{2j} = 0$$

各层内力计算结果见表 9-4。

表 9-4　各层内力计算结果

| 层顶 | $V_{bj}/kN$ | $M_{bj}/$ $(kN \cdot m)$ | $M_1 = M_3/$ $(kN \cdot m)$ | $M_2/(kN \cdot m)$ | $V_1 = V_3/kN$ | $V_2/kN$ | $N_1 = N_3/kN$ |
|---|---|---|---|---|---|---|---|
| 11 | 0.58476 | 0.58476 | −0.9709 | −5.8355 | 0 | 0 | 0.58476 |
| 10 | 1.27243 | 1.27243 | −2.5220 | −15.1577 | 0.7218 | 1.5560 | 1.85719 |
| 9 | 1.52732 | 1.52732 | −3.3729 | −20.2721 | 1.4437 | 3.1119 | 3.38451 |
| 8 | 1.87463 | 1.87463 | −3.6771 | −22.1004 | 2.1655 | 4.6679 | 5.25914 |
| 7 | 2.27407 | 2.27407 | −3.5216 | −21.1656 | 2.8874 | 6.2239 | 7.53321 |
| 6 | 2.69575 | 2.69575 | −2.9423 | −17.6837 | 3.6092 | 7.7799 | 10.22896 |
| 5 | 3.11604 | 3.11604 | −1.9377 | −11.6461 | 4.3311 | 9.3358 | 13.3450 |
| 4 | 3.50856 | 3.50856 | −2.9581 | −17.7791 | 5.0529 | 10.8918 | 16.85356 |
| 3 | 3.84278 | 3.84278 | 1.5832 | 9.5153 | 5.7696 | 12.4365 | 20.69634 |
| 2 | 4.07564 | 4.07564 | 4.3644 | 26.2316 | 6.4966 | 14.0038 | 24.77198 |
| 1 | 4.14305 | 4.14305 | 8.1569 | 49.0251 | 7.2987 | 15.7326 | 28.91503 |
| 0 | 1.97304 | 16.6897 | 100.3092 | | 7.941 | 17.117 | 30.8881 |

将本例题内力计算结果与 4.5 节中的例题相比较,两者上部结构(底层框架以上)和荷载是一样的。由于墙底部边界条件的不同(第 4 章为固定,这里为框支),积分常数 $C_1$ 也不同,因而 $m_i$ 及由之求出的有关内力也不相同。两者相比(例如 $m_j$),越向上差别越小,越近底部差别越大。总的看,只是底部附近差别很大。至于墙肢剪力,因为是按折算惯性矩的比例分配的,两者相同。

(4)底层框架的结点位移和内力

由式(9-29)及式(9-30)可求得

$$\theta_0 = \frac{(V_0 + P_0)\dfrac{h_0}{2} + \left(M_0 - \displaystyle\int_0^H m(x)\,\mathrm{d}x \sum \dfrac{l_i}{c_i}\eta_i\right)}{6E \displaystyle\sum_1^k \dfrac{\tilde{I}_{bi,0}l_i^2}{a_i^3}}$$

$$= \frac{(33 + 2.25) \times 2.25 + \left(\dfrac{1 \times 33^2}{2} - 410.811 \times 1.203\right)}{6E \times 0.308014} = \frac{70.1236}{E}$$

$$= \frac{70.1236}{2.6 \times 10^7} = 2.697 \times 10^{-6}$$

$$y_0 = \frac{V_0 + P_0}{\dfrac{12E}{h_0^3}\sum I_{i,0}} + \frac{h_0}{2}\theta_0 = \frac{(33 + 2.25) \times 4.5^3}{12E \times 27 \times 10^{-3}} + \frac{2.25 \times 70.1236}{E}$$

$$= 3.884 \times 10^{-4}\,(\mathrm{m})$$

柱端弯矩(这里用的是位移法符号,杆端弯矩顺时针方向为正)为

$$M_{i\pm} = \frac{4EI_{i,0}}{h_0}\theta_0 - \frac{6EI_{i,0}}{h_0^2}y_0 = -26.3026(\text{kN} \cdot \text{m})$$

$$M_{i\mp} = \frac{2EI_{i,0}}{h_0}\theta_0 - \frac{6EI_{i,0}}{h_0^2}y_0 = -26.5724(\text{kN} \cdot \text{m})$$

柱剪力为

$$V_i = 11.75\text{kN}$$

柱轴力为

$$N_1 = N_3 = \frac{M_0 + (V_0 + P_0)h_0 - \sum_1^3 M_{\mp}}{2l_1 + 2l_2} = 38.96(\text{kN})$$

$$N_2 = 0$$

（5）位移计算

顶点位移由式（9-20）求得，为

$$y_n = y_0 + \theta_0 H + \frac{V_0 H^3}{8E\sum I_i}(1 - T) + \frac{\mu V_0 H}{2G\sum A_i}$$

$$- \frac{V_0 H^3 T}{E\sum I_i}\Big[C_1 \frac{1}{\alpha^3}(\alpha\text{ch}\alpha - \text{sh}\alpha) + C_2 \frac{1}{\alpha^3}\Big(1 + \alpha\text{sh}\alpha - \text{ch}\alpha - \frac{1}{2}\alpha^2\Big)\Big]$$

$$= 0.0003884 + 0.0000890 + 0.0002377 + 0.0000237 - 0.0000586$$

$$= 0.0006802(\text{m})$$

该式前两项的和为 0.0004774m，为底层框架结点位移的影响，超过全值的 2/3；后三项和为 0.0002028m，为上部墙肢的相对位移，与 4.5 节中例题的顶点位移 0.0003643m 是接近的。

# 9.4　框支剪力墙和落地剪力墙在水平荷载下的共同工作计算

本节用分区混合法求框支剪力墙和落地剪力墙在水平荷载下共同工作时的内力和位移。上层剪力墙部分采用了普通的剪力墙计算中常用的假定。底层框架和落地墙部分采用了底层顶各结点水平位移相等（均等于 $y_0$）、底层顶各结点的转角均相等（均等于 $\theta_0$）的假定。

## 9.4.1　混合法的基本方程

图 9-8(a)为框支剪力墙和落地剪力墙在水平荷载作用下共同工作时的计算图。上部墙肢的连梁视为连续连杆，底层框架的横梁与墙肢相连部分刚度很大，可视为刚域。底层落地剪力墙的横梁与墙肢相连部分亦视为刚域。底层落地墙肢和底层横梁由于截面很大，计算时均需考虑剪切变形的影响。框支剪力墙与落地剪力墙间用刚性连杆相连。

用混合法计算时，基本体系如图 9-8(b)所示。底层部分用位移法计算，基本未知量为结点位移：底

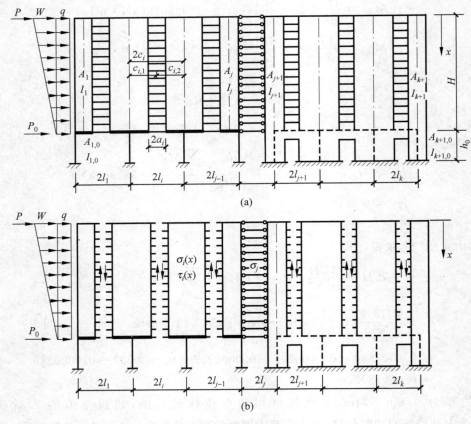

图 9-8 框支剪力墙和落地剪力墙共同工作

层顶各结点的水平位移 $y_0$，各结点转角 $\theta_0$，各跨结点竖向位移的差 $2\Delta_i$（左端向上，右端向下为正）。上部剪力墙部分用力法计算，基本未知量为连续连杆中点的剪应力 $\tau_i(x)$ 和正应力 $\sigma_i(x)$。

连续连杆切口处的变形连续条件为

$$\frac{2\tau_i(x)a_i^3h}{3E\widetilde{I}_{bi}} + \frac{1}{E}\left(\frac{1}{A_i} + \frac{1}{A_{i+1}}\right)\int_x^H\int_0^x\tau_i(\lambda)d\lambda d\lambda - \frac{1}{EA_i}\int_x^H\int_0^x\tau_{i-1}(\lambda)d\lambda d\lambda$$

$$- \frac{1}{EA_{i+1}}\int_x^H\int_0^x\tau_{i+1}(\lambda)d\lambda d\lambda + 2c_i\frac{dy_m}{dx} + (2\Delta_i - 2\theta_0l_i) = 0,$$

$$i = 1,2,\cdots,j-1,j+1,\cdots,k \tag{9-44}$$

这里及以后，为了方程的一般化，采用了通用的形式。应注意的是，第 $j$ 跨为刚性连杆，没有剪应力 $\tau_j(x)$，也没有相应的 $\tau_j$ 方向的变形连续条件。此外，在实际计算中，为了简化，底层框架和落地剪力墙可以只考虑边柱有竖向位移，即只需考虑 4 个边柱结点的竖向位移 $2\Delta_1$、$2\Delta_{j-1}$、$2\Delta_{j+1}$ 和 $2\Delta_k$，其余中间的 $2\Delta_i$ 均可取零。

将式(9-44)中各项分别乘以 $2c_i$，并令 $m_i = 2c_i\tau_i$，$D_i = \dfrac{\widetilde{I}_{bi}c_i^2}{a_i^3}$，然后将各式叠加得

$$\sum_{i=1}^k m_i(x) + \frac{3}{2h}\sum_{i=1}^k \frac{D_i}{c_i^2}\left(\frac{1}{A_i} + \frac{1}{A_{i+1}}\right)\int_x^H\int_0^x m_i(\lambda)d\lambda d\lambda - \frac{3}{2h}\sum_{i=2}^k \frac{D_i}{c_i}\frac{1}{c_{i-1}A_i}\times\int_x^H\int_0^x m_{i-1}(\lambda)d\lambda d\lambda$$

$$- \frac{3}{2h} \sum_{i=1}^{k-1} \frac{D_i}{c_i} \frac{1}{c_{i+1} A_{i+1}} \times \int_x^H \int_0^x m_{i+1}(\lambda) \mathrm{d}\lambda \mathrm{d}x$$

$$+ \frac{6E}{h} \sum_{i=1}^{k} D_i \frac{\mathrm{d}y_m}{\mathrm{d}x} + \frac{3E}{h} \sum_{i=1}^{k} \frac{D_i}{c_i} (2\Delta_i - 2\theta_0 l_i) = 0 \tag{9-45}$$

令

$$\begin{cases} m = \sum m_i, \quad m_i = \eta_i m, \quad \eta_i = \dfrac{D_i}{\sum D_i}, \quad S = \dfrac{2c_i A_i A_{i+1}}{A_i + A_{i+1}} \\[3mm] T = 1 \Big/ \left\{ 1 + \dfrac{\sum I_i}{2 \sum D_i} \sum \left[ \dfrac{D_i}{c_i} \left( \dfrac{1}{S_i} \eta_i - \dfrac{1}{2c_{i-1} A_i} \eta_{i-1} - \dfrac{1}{2c_{i+1} A_{i+1}} \eta_{i+1} \right) \right] \right\} \end{cases} \tag{9-46}$$

注意：在以上式子中，因为第 $j$ 跨为连杆，$m_j = 0$，$D_j = 0$，$\eta_j = 0$，因而实际上相当于式子中不存在 $i = j$ 的项。

式(9-45)可改写为

$$m(x) + \frac{6 \sum D_i}{hT \sum I_i} (1 - T) \int_x^H \int_0^x m(\lambda) \mathrm{d}\lambda \mathrm{d}x$$

$$+ \frac{6E}{h} \sum D_i \frac{\mathrm{d}y_m}{\mathrm{d}x} + \frac{6E}{h} \sum \frac{D_i}{c_i} (\Delta_i - \theta_0 l_i) = 0 \tag{9-47}$$

底层框架和落地剪力墙相应于位移（墙和横梁考虑了剪切变形的影响）$y_0, \theta_0, 2\Delta_1, 2\Delta_{j-1}, 2\Delta_{j+1}$ 和 $2\Delta_k$ 的总体平衡方程式为：

沿水平方向的平衡方程

$$- \frac{6E}{h_0^2} \Big( \sum_1^j I_{i,0} + \sum_{j+1}^{k+1} \tilde{I}_{i,0} \Big) \theta_0 + \frac{12E}{h_0^3} \Big( \sum_1^j I_{i,0} + \sum_{j+1}^{k+1} \tilde{I}_{i,0} \Big) y_0 = V_0 + P_0 \tag{9-48}$$

各结点力矩平衡方程的总和

$$\frac{4E}{h_0} \Big[ \sum_1^j I_{i,0} + \sum_{j+1}^{k+1} \Big( 1 + \frac{\beta_{i,0}}{4} \Big) \tilde{I}_{i,0} \Big] \theta_0 - \frac{6E}{h_0^2} \Big( \sum_1^j I_{i,0} + \sum_{j+1}^{k+1} \tilde{I}_{i,0} \Big) y_0$$

$$+ 3E \sum_1^k \frac{\tilde{I}_{bi,0} l_i 2l_i}{a_i^3} \times \Big( \theta_0 - \frac{\Delta_i}{l_i} \Big) = M_0 - \sum_1^k \int_0^H \tau_i(\lambda) 2l_i \mathrm{d}\lambda \tag{9-49}$$

框支墙左端结点的竖向平衡方程

$$\frac{2EA_{1,0}}{h_0} \Delta_1 + \Big[ - \frac{3E\tilde{I}_{b1,0} 2l_1^2}{2l_1 a_1^3} \Big( \theta_0 - \frac{\Delta_1}{l_1} \Big) \Big] = N_{1,0} \tag{9-50}$$

框支墙右端结点的竖向平衡方程

$$2 \frac{EA_{j,0}}{h_0} \Delta_{j-1} + \Big[ - \frac{3E\tilde{I}_{bj-1,0} 2l_{j-1}^2}{2l_{j-1} a_{j-1}^3} \Big( \theta_0 - \frac{\Delta_{j-1}}{l_{j-1}} \Big) \Big] = N_{j,0} \tag{9-51}$$

落地墙左端结点的竖向平衡方程

$$2 \frac{EA_{j+1,0}}{h_0} \Delta_{j+1} + \Big[ - \frac{3E\tilde{I}_{bj+1,0} 2l_{j+1}^2}{2l_{j+1} a_{j+1}^3} \Big( \theta_0 - \frac{\Delta_{j+1}}{l_{j+1}} \Big) \Big] = N_{j+1,0} \tag{9-52}$$

落地墙右端结点的竖向平衡方程

$$2 \frac{EA_{k+1,0}}{h_0} \Delta_k + \Big[ - \frac{3E\tilde{I}_{bk,0} 2l_k^2}{2l_k a_k^3} \Big( \theta_0 - \frac{\Delta_k}{l_k} \Big) \Big] = N_{k+1,0} \tag{9-53}$$

式中，$\tilde{I}_{bi,0} = \dfrac{I_{bi,0}}{1 + \dfrac{3\mu E I_{bi,0}}{a_i^2 G A_{bi,0}}}$ ——底层框架横梁考虑剪切变形影响后的折算惯性矩

$$\tilde{I}_{i,0} = \frac{I_{i,0}}{1 + \beta_{i,0}}, \quad \beta_{i,0} = \frac{12\mu E I_{i,0}}{h_0^2 G A_{i,0}}$$

式(9-47)～式(9-53)即为框支剪力墙和落地剪力墙共同工作时混合法的基本方程，是包含有上部连梁剪力(以约束弯矩 $m(x)$ 的形式体现)和底层结点位移 $y_0, \theta_0, \Delta_1, \Delta_{j-1}, \Delta_{j+1}$ 和 $\Delta_k$ 的混合方程。

## 9.4.2  基本方程的解

由式(9-48)～式(9-53)可以解出位移 $y_0, \theta_0, \Delta_1, \Delta_{j-1}, \Delta_{j+1}$ 和 $\Delta_k$，结果是和上部连梁中的剪力有关的。下面给出它们的简化公式：

$$\theta_0 = \frac{(V_0 + P_0)\dfrac{h_0}{2} + M_0 - \displaystyle\int_0^H m(x)\,\mathrm{d}x \sum_1^k \dfrac{l_i}{c_i}\eta_i}{6E\left(\dfrac{1}{6h_0}\displaystyle\sum_{j+1}^{k+1} \tilde{I}_{i,0} + \sum_1^k \dfrac{\tilde{I}_{bi,0} l_i^2}{a_i^3}\right)} \tag{9-54}$$

$$y_0 = \frac{V_0 + P_0}{\dfrac{12E}{h_0^3}\left(\displaystyle\sum_1^j I_{i,0} + \sum_{j+1}^{k+1} \tilde{I}_{i,0}\right)} + \frac{h_0}{2}\theta_0 \tag{9-55}$$

$$\Delta_i = \frac{N_{i,0} + \dfrac{3E\tilde{I}_{bi,0} l_i}{a_i^3}\theta_0}{\dfrac{2EA_{i,0}}{h_0}}, \quad i = 1, j+1 \tag{9-56}$$

$$\Delta_i = \frac{N_{i+1,0} + \dfrac{3E\tilde{I}_{b,i-1,0} l_{i-1}}{a_{i-1}^3}\theta_0}{\dfrac{2EA_{i+1,0}}{h_0}}, \quad i = j-1, k \tag{9-57}$$

求解上述位移时，为了简化采用了以下假设：

$$\frac{2EA_{i,0}}{h_0} + \frac{3E\tilde{I}_{bi,0}}{a_i^3} \approx \frac{2EA_{i,0}}{h_0}, \quad i = 1, j, j+1, k+1$$

$$\frac{1}{h_0}\left(\sum_1^j I_{i,0} + \sum_{j+1}^{k+1} \tilde{I}_{i,0}\right) + 6\sum_1^k \frac{I_{bi,0} l_i^2}{a_i^3} \approx \frac{1}{h_0}\sum_{j+1}^{k+1} \tilde{I}_{i,0} + 6\sum_1^k \frac{\tilde{I}_{bi,0} l_i^2}{a_i^3}$$

当不考虑底层柱和墙的轴向变形时，$\Delta_1 = \Delta_{j-1} = \Delta_{j+1} = \Delta_k = 0$，位移 $\theta_0$ 和 $y_0$ 仍按式(9-54)及式(9-55)计算。

将式(9-47)对 $x$ 微分两次，得

$$m''(x) - \frac{6\displaystyle\sum_1^k D_i}{hT\displaystyle\sum_1^{k+1} I_i}(1-T)m(x) - \frac{6E}{h}\sum_1^k D_i \frac{\mathrm{d}^3 y_m}{\mathrm{d}x^3} = 0 \tag{9-58}$$

令

$$\alpha_1^2 = \frac{6H^2 \sum\limits_1^k D_i}{h \sum\limits_1^{k+1} I_i}, \quad \alpha^2 = \frac{\alpha_1^2}{T} \tag{9-59}$$

将式(9-58)整理后,对 3 种常用的荷载,得

$$m''(x) - \frac{\alpha^2}{H^2} m(x) = -\frac{\alpha_1^2}{H^2} \begin{Bmatrix} \left[1 - \left(1 - \dfrac{x}{H}\right)^2\right] V_0 \\ \dfrac{x}{H} V_0 \\ V_0 \end{Bmatrix} \tag{9-60}$$

再令

$$\xi = \frac{x}{H}, \quad \Phi(\xi) = \frac{m}{V_0 T} \tag{9-61}$$

则式(9-60)变为

$$\Phi''(\xi) - \alpha^2 \Phi(\xi) = \begin{Bmatrix} -\alpha^2 \left[1 - (1 - \xi)^2\right] \\ -\alpha^2 \xi \\ -\alpha^2 \end{Bmatrix} \tag{9-62}$$

式(9-62)的解为

$$\Phi(\xi) = C_1 \text{ch}(\alpha\xi) + C_2 \text{sh}(\alpha\xi) + \begin{Bmatrix} 1 - (1 - \xi)^2 - \dfrac{2}{\alpha^2} \\ \xi \\ 1 \end{Bmatrix} \tag{9-63}$$

积分常数 $C_1$ 和 $C_2$ 由边界条件确定。

边界条件为:

(1) 当 $x=0$,即 $\xi=0$ 时,墙顶部弯矩为零,因而

$$\frac{\mathrm{d}^2 y_m}{\mathrm{d}x^2} = 0 \tag{9-64}$$

(2) 当 $x=H$,即 $\xi=1$ 时,墙底位移与框架横梁位移协调,有

$$\frac{\mathrm{d}y_m}{\mathrm{d}x} = -\theta_0 \tag{9-65}$$

先考虑边界条件(1):将式(9-47)对 $x$ 微分一次,利用条件式(9-64)和式(9-63)可求出

$$C_2 = \frac{1}{\alpha} \begin{Bmatrix} -2 \\ -1 \\ 0 \end{Bmatrix} \tag{9-66}$$

再考虑边界条件(2):将式(9-54)、式(9-56)和式(9-57)求出的 $\theta_0, \Delta_1, \Delta_{j-1}, \Delta_{j+1}$ 和 $\Delta_k$ 代入式(9-47),同时将式(9-63)求出的一般解也代入式(9-47),整理后可求出另一积分常数 $C_1$。

$$C_1 \left[\text{ch}\alpha + \frac{H}{h} \frac{\text{sh}\alpha}{\alpha}(K_2 + K_3)\right] + C_2 \left[\text{sh}\alpha + \frac{H}{h} \frac{\text{ch}\alpha - 1}{\alpha}(K_2 + K_3)\right]$$

$$=-\left\{\left\{\begin{array}{c}1-\dfrac{2}{\alpha^2}\\1\\1\end{array}\right\}+\dfrac{H}{h}\left\{\begin{array}{c}\left(\dfrac{2}{3}-\dfrac{2}{\alpha^2}\right)\\\dfrac{1}{2}\\1\end{array}\right\}\right\}(K_2+K_3)+\dfrac{\alpha^2}{V_0\alpha_1^2 h}K_1\left[M_0+(V_0+P_0)\dfrac{h_0}{2}\right] \tag{9-67}$$

其中:

$$\left.\begin{array}{c}K_1=\dfrac{\displaystyle\sum_1^k D_i+\sum_1^k \dfrac{D_i l_i}{c_i}}{\dfrac{1}{6h_0}\displaystyle\sum_{j+1}^{k+1} I_{i,0}+\sum_1^k \dfrac{\tilde{I}_{bi,0}\,l_i^2}{a_i^3}}\\[4mm]K_2=\dfrac{\displaystyle\sum_1^k \dfrac{D_i l_i}{c_i}}{\displaystyle\sum_1 D_i}K_1\\[4mm]K_3=\dfrac{3h_0}{2\displaystyle\sum D_i}\left(\displaystyle\sum_{i=1,j+1}\dfrac{D_i^2}{c_i^2 A_{i,0}}+\sum_{i=j-1,k}\dfrac{D_i^2}{c_i^2 A_{i+1,0}}\right)\end{array}\right\} \tag{9-68}$$

在式(9-67)中,当不考虑底层柱和墙的轴向变形时,$K_3=0$。这时若底层顶部横梁刚度很大($\tilde{I}_{bi,0}\rightarrow\infty$),$K_1=K_2=0$,式(9-67)就变成

$$C_1\,\mathrm{ch}\alpha+\dfrac{1}{\alpha}\left\{\begin{array}{c}-2\\-1\\0\end{array}\right\}=-\left\{\begin{array}{c}1-\dfrac{2}{\alpha^2}\\1\\1\end{array}\right\} \tag{9-69}$$

此即底部为固定时的计算结果,说明此时底层只使上层增加一个侧移 $y_0$,不影响内力。

## 9.4.3　内力和位移计算公式

### 1. 内力计算

墙肢截面曲率与弯矩有如下关系:

$$\left.\begin{array}{l}EI_1\dfrac{\mathrm{d}^2 y_m}{\mathrm{d}x^2}=M_1=M_p-c_{1,1}\displaystyle\int_0^x \tau_1(\lambda)\mathrm{d}\lambda-\int_0^x \sigma_1(\lambda)(x-\lambda)\mathrm{d}\lambda\\[4mm]\qquad\qquad\quad=M_p-c_{1,1}\displaystyle\int_0^x \tau_1(\lambda)\mathrm{d}\lambda-M_{\sigma1}\\[2mm]\quad\vdots\\[2mm]EI_i\dfrac{\mathrm{d}^2 y_m}{\mathrm{d}x^2}=M_i=c_{i-1,2}\displaystyle\int_0^x \tau_{i-1}(\lambda)\mathrm{d}\lambda-c_{i,1}\int_0^x \tau_i(\lambda)\mathrm{d}\lambda+M_{\sigma i-1}-M_{\sigma i}\\[2mm]\quad\vdots\\[2mm]EI_{k+1}\dfrac{\mathrm{d}^2 y_m}{\mathrm{d}x^2}=M_{k+1}=-c_{k,2}\displaystyle\int_0^x \tau_k(\lambda)\mathrm{d}\lambda+M_{\sigma k}\end{array}\right\} \tag{9-70}$$

注意：$\tau_j(x) = 0$。

叠加以上各式，得

$$E \sum_1^{k+1} I_i \frac{\mathrm{d}^2 y_m}{\mathrm{d}x^2} = M_p - \sum_1^k 2c_i \int_0^x \tau_i(\lambda)\,\mathrm{d}\lambda = M_p - \int_0^x m(\lambda)\,\mathrm{d}\lambda$$

因而

$$M_i = \frac{I_i}{\sum\limits_1^{k+1} I_i}\left(M_p - \int_0^x m(\lambda)\,\mathrm{d}\lambda\right) \tag{9-71}$$

墙肢剪力按折算惯性矩的比例分配

$$V_i = \frac{\tilde{I}_i}{\sum \tilde{I}_i} V_p \tag{9-72}$$

墙肢轴力为

$$\left.\begin{aligned}
N_1 &= \int_0^x \tau_1(\lambda)\,\mathrm{d}\lambda = \sum_{s=j}^n V_{\mathrm{b}1,s} \\
&\vdots \\
N_i &= -\int_0^x \tau_{i-1}(\lambda)\,\mathrm{d}\lambda + \int_0^x \tau_i(\lambda)\,\mathrm{d}\lambda = -\sum_{s=j}^n V_{\mathrm{b}(i-1),s} + \sum_{s=j}^n V_{\mathrm{b}i,s} \\
&\vdots \\
N_{k+1} &= \int_0^x \tau_k(\lambda)\,\mathrm{d}\lambda = \sum_{s=j}^n V_{\mathrm{b}k,s}
\end{aligned}\right\} \tag{9-73}$$

底层框架柱的杆端弯矩和剪力为

$$\left.\begin{aligned}
M_{i,0\pm} &= \frac{4EI_{i,0}}{h_0}\theta_0 - \frac{6EI_{i,0}}{h_0^2}y_0 = \frac{EI_{i,0}}{h_0}\theta_0 - \frac{I_{i,0}}{\sum\limits_1^j I_{i,0} + \sum\limits_{j+1}^{k+1} \tilde{I}_{i,0}}(V_0 + P_0)\frac{h_0}{2} \\
M_{i,0\mathrm{下}} &= \frac{2EI_{i,0}}{h_0}\theta_0 - \frac{6EI_{i,0}}{h_0^2}y_0 \\
&= -\frac{EI_{i,0}}{h_0}\theta_0 - \frac{I_{i,0}}{\sum\limits_1^j I_{i,0} + \sum\limits_{j+1}^{k+1} \tilde{I}_{i,0}}(V_0 + P_0)\frac{h_0}{2}
\end{aligned}\right\} \tag{9-74}$$

$$V_i = \frac{I_{i,0}}{\sum\limits_1^j I_{i,0} + \sum\limits_{j+1}^{k+1} \tilde{I}_{i,0}}(V_0 + P_0) \tag{9-75}$$

底层落地墙的端弯矩和剪力为

$$\left.\begin{aligned}
M_{i,0\pm} &= \frac{(4 + \beta_{i,0})EI_{i,0}}{(1 + \beta_{i,0})h_0}\theta_0 - \frac{6}{1 + \beta_{i,0}}\frac{EI_{i,0}}{h_0^2}y_0 \\
M_{i,0\mathrm{下}} &= \frac{(2 - \beta_{i,0})EI_{i,0}}{(1 + \beta_{i,0})h_0}\theta_0 - \frac{6}{1 + \beta_{i,0}}\frac{EI_{i,0}}{h_0^2}y_0
\end{aligned}\right\} \tag{9-76}$$

$$V_i = \frac{\tilde{I}_{i,0}}{\sum\limits_1^j I_{i,0} + \sum\limits_{j+1}^{k+1} \tilde{I}_{i,0}}(V_0 + P_0) \tag{9-77}$$

### 2. 位移计算

剪力墙的水平位移可用下式求出

$$y = y_0 + \theta_0(H-x) + y_m + y_Q = y_0 + \theta_0(H-x) + \frac{1}{E\sum I_i}\int_H^x\int_H^x M_p\,\mathrm{d}x\,\mathrm{d}x$$

$$- \frac{1}{E\sum I_i}\int_H^x\int_H^x\int_0^x m(x)\,\mathrm{d}x\,\mathrm{d}x\,\mathrm{d}x - \frac{\mu}{G\sum A_i}\int_H^x V_p\,\mathrm{d}x$$

对于三种常用荷载,可求得

$$y = y_0 + \theta_0 H(1-\xi) + \left\{ \begin{array}{l} \dfrac{V_0 H^3}{60E\sum I_i}(1-T)(11-15\xi+5\xi^4-\xi^5) \\[2mm] \dfrac{V_0 H^3}{24E\sum I_i}(1-T)(3-4\xi+\xi^4) \\[2mm] \dfrac{V_0 H^3}{6E\sum I_i}(1-T)(2-3\xi+\xi^3) \end{array} \right\}$$

$$+ \left\{ \begin{array}{l} \dfrac{\mu V_0 H}{G\sum A_i}\left[(1-\xi^2)-\dfrac{1}{3}(1-\xi^3)\right] \\[2mm] \dfrac{\mu V_0 H}{G\sum A_i}\dfrac{1}{2}(1-\xi^2) \\[2mm] \dfrac{\mu V_0 H}{G\sum A_i}(1-\xi) \end{array} \right\} - \dfrac{V_0 H^3 T}{E\sum I_i}\left\{ C_1\dfrac{1}{\alpha^3}\left[\operatorname{sh}\alpha\xi+(1-\xi)\alpha\operatorname{ch}\alpha-\operatorname{sh}\alpha\right] \right.$$

$$+ C_2\dfrac{1}{\alpha^3}\left[\operatorname{ch}\alpha\xi+(1-\xi)\alpha\operatorname{sh}\alpha-\operatorname{ch}\alpha-\dfrac{1}{2}\alpha^2\xi^2+\alpha^2\xi-\dfrac{1}{2}\alpha^2\right]$$

$$\left. + \left\{ \begin{array}{c} -\dfrac{1}{3\alpha^2}(2-3\xi+\xi^2) \\[2mm] 0 \\[2mm] 0 \end{array} \right\} \right\} \tag{9-78}$$

上式中: $T=\dfrac{\alpha_1^2}{\alpha^2}$。

顶层水平位移为

$$y_n = y_0 + \theta_0 H + \left\{ \begin{array}{l} \dfrac{11V_0 H^3}{60E\sum I_i}(1-T) \\[2mm] \dfrac{V_0 H^3}{8E\sum I_i}(1-T) \\[2mm] \dfrac{V_0 H^3}{3E\sum I_i}(1-T) \end{array} \right\} + \left\{ \begin{array}{l} \dfrac{2\mu V_0 H}{3G\sum A_i} \\[2mm] \dfrac{\mu V_0 H}{2G\sum A_i} \\[2mm] \dfrac{\mu V_0 H}{G\sum A_i} \end{array} \right\}$$

$$-\frac{V_0 H^3 T}{E \sum I_i} \left\{ C_1 \frac{1}{\alpha^3}(\alpha\mathrm{ch}\alpha - \mathrm{sh}\alpha) + \frac{1}{\alpha^4} \begin{Bmatrix} -2 \\ -1 \\ 0 \end{Bmatrix} \times \left( 1 + \alpha\mathrm{sh}\alpha - \mathrm{ch}\alpha - \frac{\alpha^2}{2} \right) + \begin{Bmatrix} -\dfrac{2}{3\alpha^2} \\ 0 \\ 0 \end{Bmatrix} \right\} \qquad (9\text{-}79)$$

## 9.4.4　计算步骤与算例

计算步骤如下：

（1）根据几何特征数据计算有关参数。由式（9-66）和式（9-67）计算积分常数 $C_1$ 和 $C_2$。$K_1$，$K_2$ 和 $K_3$ 按式（9-68）计算。

（2）有了 $C_1$ 和 $C_2$，由式（9-63），$\Phi(\xi)$ 为已知。据此，可以计算墙肢内力。

（3）计算框架结点位移 $\theta_0$，$y_0$ 和框架内力。按式（9-54）和式（9-55）计算 $\theta_0$ 和 $y_0$；有了框架结点位移，由式（9-74）～式（9-77）可计算框架内力。

（4）由式（9-78）和式（9-79）计算水平位移。

【例 9-2】　求如图 9-9 所示框支剪力墙和落地剪力墙共同工作时的内力和位移。

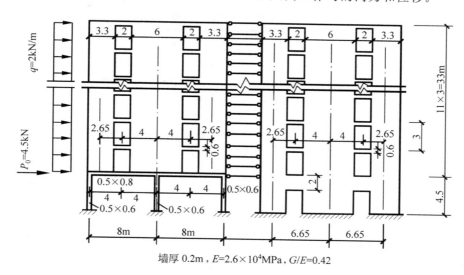

墙厚 0.2m，$E=2.6\times10^4$MPa，$G/E=0.42$

**图 9-9　例 9-2 图**

【解】　（1）计算几何特征

① 墙、柱（几何特征计算结果见表 9-5）。

表 9-5　墙、柱几何特征计算结果

| 墙(柱)肢 | 1 | 2 | 3 | $\sum_1^3$ | 4 | 5 | 6 | $\sum_4^6$ | $\sum_1^6$ |
|---|---|---|---|---|---|---|---|---|---|
| $A_i$ | 0.66 | 1.20 | 0.66 | 2.52 | 0.66 | 1.20 | 0.66 | 2.52 | 5.04 |
| $A_{i,0}$ | 0.30 | 0.30 | 0.30 | 0.90 | 0.66 | 1.20 | 0.66 | 2.52 | |
| $I_i$ | 0.59895 | 3.60 | 0.59895 | 4.7979 | 0.59895 | 3.60 | 0.59895 | 4.7979 | 9.5958 |
| $I_i/\sum I_i$ | 0.06242 | 0.37516 | 0.06242 | | 0.06242 | 0.37516 | 0.06242 | | |
| $\tilde{I}_i$ | 0.13438 | 0.28966 | 0.13438 | 0.55842 | 0.13438 | 0.28966 | 0.13438 | 0.55842 | 1.11684 |
| $\tilde{I}_i/\sum \tilde{I}_i$ | 0.12032 | 0.25936 | 0.12032 | | 0.12032 | 0.25936 | 0.12032 | | |
| $I_{i,0}$ 或 $\tilde{I}_{i,0}$ | $9\times10^{-3}$ | $9\times10^{-3}$ | $9\times10^{-8}$ | $27\times10^{-8}$ | 0.23613 | 0.59217 | 0.23613 | 1.06443 | 1.09143 |
| $I_{i,0}$ 或 $\tilde{I}_{i,0}/$ $\left(\sum I_{i,0}+\sum \tilde{I}_{i,0}\right)$ | 0.008246 | 0.008246 | 0.008246 | | 0.21635 | 0.54256 | 0.21635 | | |

② 梁$\left(\text{几何特征计算结果见表 9-6。其中,计算跨度 } a_i=1+\dfrac{0.6}{4}=1.15\text{m}\right)$。

表 9-6　梁的几何特征计算结果

| 梁　跨 | 1,2 | 4,5 | $\sum_1^6$ |
|---|---|---|---|
| $c_i^2$ | 11.0556 | 11.0556 | |
| $D_i=\dfrac{c_i^2 \tilde{I}_{bi}}{a_i^3}$ | $2.18\times10^{-2}$ | $2.18\times10^{-2}$ | $8.72\times10^{-2}$ |
| $\dfrac{l_i}{c_i}$ | 1.20301 | 1 | |
| $D_i\dfrac{l_i}{c_i}$ | $2.622562\times10^{-2}$ | $2.18\times10^{-2}$ | $9.60512\times10^{-2}$ |
| $\dfrac{\tilde{I}_{bi,0}\,l_i^2}{a_i^3}$ | 0.1540219 | 0.192400 | 0.692844 |

(2) 计算综合参数

由式(9-59),得

$$\alpha_1^2 = \frac{6H^2 \sum D_i}{h \sum I_i} = \frac{6\times 33^2 \times 8.72\times10^{-2}}{3\times 9.5958} = 19.79$$

$$\alpha^2 = \frac{\alpha_1^2}{T} = \frac{\alpha_1^2}{0.8} = 24.73$$

$$\alpha = 4.973$$

由式(9-68),得

$$K_1 = \frac{\sum\limits_{1}^{k} D_i + \sum\limits_{1}^{k} \frac{D_i l_i}{c_i}}{\frac{1}{6h_0}\sum\limits_{j+1}^{k+1} I_{i,0} + \sum\limits_{1}^{k} \frac{\tilde{I}_{bi,0} l_i^2}{a_i^3}} = 0.210502$$

$$K_2 = \frac{\sum \frac{D_i l_i}{c_i}}{\sum D_i} K_1 = 0.231870$$

$$K_3 = \frac{3h_0}{2\sum D_i}\left(\sum\limits_{i=1,j+1} \frac{D_i^2}{c_i^2 A_{i,0}} + \sum\limits_{i=j-1,k} \frac{D_i^2}{c_i^2 A_{i+1,0}}\right) = 0.0322666$$

$$\text{sh}\alpha = 72.226347, \quad \text{ch}\alpha = 72.233269$$

$$\frac{\text{sh}\alpha}{\alpha} = 14.523697, \quad \frac{\text{ch}\alpha}{\alpha} = 14.525089$$

由式(9-66)

$$C_2 = -\frac{1}{\alpha} = -0.20108586$$

由式(9-67),可求得

$$C_1 = 0.19310895$$

因而,由式(9-63)

$$\Phi(\xi) = 0.193108955\,\text{ch}\alpha\xi - 0.20108586\,\text{sh}\alpha\xi + \xi$$

（3）墙肢内力计算

由式(9-61)求得 $j$ 层总约束弯矩为

$$m_j = hTV_0\Phi(\xi) = 2(15.35216198\,\text{ch}\alpha\xi - 15.92600011\,\text{sh}\alpha\xi + 79.2\xi)$$

各层连梁剪力为

$$V_{bi,j} = \frac{m_j}{2c_i}\eta_i = \frac{m_j}{4 \times 2c_i} = \frac{m_j}{4 \times 6.65}$$

这里因为连梁布置是对称的,且几何尺寸相同,因而 $\eta_i = \frac{1}{4}$,各列连梁的剪力是一样的。

连梁梁端弯矩为

$$M_{bj} = V_{bj}a_{i0} = \frac{m_j}{2 \times 13.3}$$

墙肢弯矩为

$$M_i = \frac{I_i}{\sum I_i}\left(M_p - \sum_{s=j}^{n} m_s\right)$$

墙肢剪力为

$$V_i = \frac{\tilde{I}_i}{\sum \tilde{I}_i}V_p$$

墙肢轴力为

$$N_1 = N_3 = N_4 = N_6 = \sum_{s=j}^{n} V_{bs}$$

$$N_2 = N_5 = 0$$

各层计算结果如表 9-7。

表 9-7　各层墙肢内力

| 层顶 | $V_{bj}/\text{kN}$ | $M_{bj}/(\text{kN} \cdot \text{m})$ | $M_{1,3,4,6}/(\text{kN} \cdot \text{m})$ | $M_{2,5}/(\text{kN} \cdot \text{m})$ | $V_{1,3,4,6}/\text{kN}$ | $V_{2,5}/\text{kN}$ | $N_{1,3,4,6}/\text{kN}$ |
|---|---|---|---|---|---|---|---|
| 11 | 0.5771 | 0.5771 | −0.9583 | −5.7595 | 0 | 0 | 0.5771 |
| 10 | 1.2556 | 1.2556 | −2.4814 | −14.9140 | 0.7218 | 1.5560 | 1.8327 |
| 9 | 1.5054 | 1.5054 | −3.2961 | −19.8104 | 1.4937 | 3.1119 | 3.3381 |
| 8 | 1.8431 | 1.8431 | −3.5480 | −21.3243 | 2.1655 | 4.6679 | 5.1812 |
| 7 | 2.2264 | 2.2264 | −3.3133 | −19.9137 | 2.8874 | 6.2239 | 7.4076 |
| 6 | 2.6220 | 2.6220 | −2.6115 | −15.6955 | 3.6092 | 7.7799 | 10.0298 |
| 5 | 3.0009 | 3.0009 | −1.4158 | −8.5092 | 4.3311 | 9.3358 | 13.0305 |
| 4 | 3.3281 | 3.3281 | 0.3602 | 2.1653 | 5.0529 | 10.8918 | 16.3586 |
| 3 | 3.5594 | 3.5594 | 2.8751 | 17.2802 | 5.7696 | 12.4365 | 19.9180 |
| 2 | 3.6305 | 3.6305 | 6.3955 | 38.4387 | 6.4968 | 14.0038 | 23.5485 |
| 1 | 3.4437 | 3.4437 | 11.3491 | 68.2109 | 7.2987 | 15.7326 | 26.9922 |
| 0 | 1.4230 | | 20.7950 | 124.9835 | 7.9411 | 17.1178 | 28.4152 |

(4) 底层结点位移和内力计算

由式(9-54)及式(9-55)求得

$$\theta_0 = \frac{(V_0 + P_0)\dfrac{h_0}{2} + M_0 - \displaystyle\int_0^H m(x)\,\mathrm{d}x \sum_1^k \dfrac{l_i}{c_i}\eta_i}{6E\left(\dfrac{1}{6h_0}\displaystyle\sum_{j+1}^{k+1} I_{i,0} + \sum_1^k \dfrac{\tilde{I}_{bi,0}l_i^2}{a_i^3}\right)} = \frac{79.4624}{E}$$

$$y_0 = \frac{V_0 + P_0}{\dfrac{12E}{h_0^3}\left(\displaystyle\sum_1^j I_{i,0} + \sum_{j+1}^{k+1}\tilde{I}_{i,0}\right)} + \frac{h_0}{2}\theta_0 = \frac{669.4954}{E} = \frac{669.4954}{2.6 \times 10^7} = 0.0000257498(\text{m})$$

框支柱柱端弯矩为

$$M_{\text{上}} = \frac{4EI_{i,0}}{h_0}\theta_0 - \frac{6EI_{i,0}}{h_0^2}y_0 = -1.150(\text{kN} \cdot \text{m})$$

$$M_{\text{下}} = \frac{2EI_{i,0}}{h_0}\theta_0 - \frac{6EI_{i,0}}{h_0^2}y_0 = -1.467(\text{kN} \cdot \text{m})$$

框支柱剪力为

$$V = \frac{1.150 + 1.467}{4.5} = 0.5815(\text{kN})$$

底层落地墙端弯矩为

$$M_{4上} = \frac{4+\beta_{4,0}}{h_0}E\tilde{I}_{4,0}\theta_0 - \frac{6E}{h_0^2}\tilde{I}_{4,0}y_0 = -23.7555(\text{kN}\cdot\text{m})$$

$$M_{4下} = \frac{2-\beta_{4,0}}{h_0}E\tilde{I}_{4,0}\theta_0 - \frac{6E}{h_0^2}\tilde{I}_{4,0}y_0 = -44.9083(\text{kN}\cdot\text{m})$$

$$M_{5上} = \frac{4+\beta_{5,0}}{h_0}E\tilde{I}_{5,0}\theta_0 - \frac{6E}{h_0^2}\tilde{I}_{5,0}y_0 = -22.5277(\text{kN}\cdot\text{m})$$

$$M_{5下} = \frac{2-\beta_{5,0}}{h_0}E\tilde{I}_{5,0}\theta_0 - \frac{6E}{h_0^2}\tilde{I}_{5,0}y_0 = -149.6674(\text{kN}\cdot\text{m})$$

底层落地墙剪力为

$$V_4 = \frac{23.7555+44.9083}{4.5} = 15.26(\text{kN})$$

$$V_6 = \frac{22.5277+149.6674}{4.5} = 38.26(\text{kN})$$

　　按折算刚度比例分配的底层剪力式(9-75)和式(9-77)与上述结果应是一样的。底层框架可取反弯点在柱中点,底层落地墙可取反弯点在 $\frac{2}{3}h_0$ 处,按反弯点法近似计算杆端弯矩,或按 $D$ 值法计算杆端弯矩。

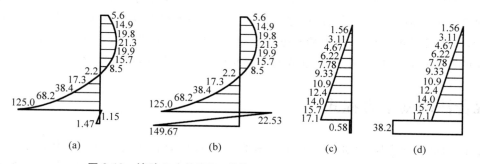

**图 9-10　墙肢 2、5 的弯矩(单位:kN·m)和剪力(单位:kN)**

(a) $M_2$; (b) $M_5$; (c) $V_2$; (d) $V_5$

　　图 9-10 画出了墙肢 2 和墙肢 5 的弯矩和剪力图,在底层楼顶处发生如本章开始时所说的急剧变化。本题中标出的落地剪力墙在底层顶给框支墙的水平支承力为 35.76kN,超过全部水平荷载总和的半数(35.25kN)。底层顶部附近的内力如图 9-11 所示。

　　将本题与前节框支剪力墙例题对比,两者上部墙肢的几何尺寸是一样的,荷载相差一倍。可以看出,除底层附近的底层框架和下部几层墙肢的内力差别较大外,上部墙肢内力差别很小。

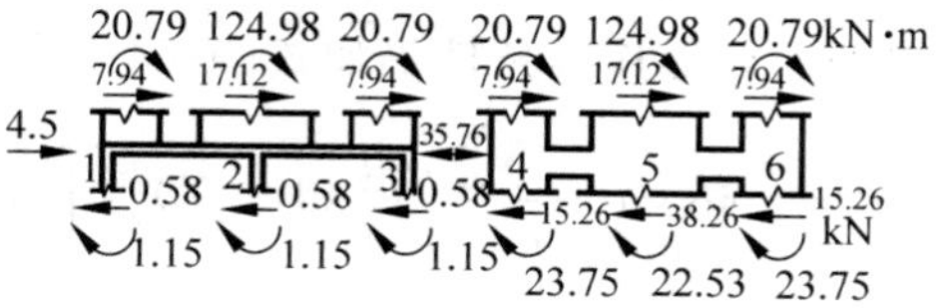

　　(5) 位移计算

　　由式(9-79)求出顶点位移为

$$y_n = y_0 + \theta_0 H + \frac{V_0 H^3}{8E\sum I_i}(1-T) + \frac{\mu V_0 H}{2G\sum A_i} - \frac{V_0 H^3 T}{E\sum I_i}$$

**图 9-11　底层顶部受力图**

$$\times \left[ C_1 \frac{1}{\alpha^3}(\alpha \operatorname{ch}\alpha - \operatorname{sh}\alpha) + C_2 \frac{1}{\alpha^3}\left(1 + \alpha \operatorname{sh}\alpha - \operatorname{ch}\alpha - \frac{\alpha^2}{2}\right) \right]$$

$$= 0.00002575 + 0.00010086 + 0.00023767 + 0.000023744 - 0.0000001688$$

$$= 0.0003878(\mathrm{m})$$

与前节的框支剪力墙例题相比,$y_0$ 显著减小。前两项和 0.00012661m 为底层结点位移的影响,只占全值的 33%;后三项和 0.00026124m 为上部墙肢的相对位移,与例 9-1 后三项的 0.0002028m 相差不大。

## 9.5 框支剪力墙、落地剪力墙和壁式框架在水平荷载下的共同工作计算

底层为框架的剪力墙结构是适应底层要求大开间而采用的一种结构型式。由于底层框架的侧向刚度很小,它常与落地剪力墙共同作用于同一结构之中。这种结构的外墙(特别是纵向外墙)常为具有大孔口的壁式框架。因此,框支剪力墙、落地剪力墙和壁式框架在水平荷载下共同工作时的内力和位移计算,是这类结构设计中需要解决的问题之一。本节提供一种简便易行适合手算的计算方法。

本节仍用分区混合法求解。上层剪力墙部分用力法计算,剪力墙的连梁连续化,取中点的剪力为基本未知量,建立剪力方向的变形连续方程,壁式框架对上层剪力墙部分的影响,通过壁式框架对墙肢的弹性反力来表示。底层部分有框架、落地墙和壁式框架,形式多样,且几何尺寸与上部不同,统一用位移法计算,取底层的结点位移为基本未知量,建立与位移相应的平衡方程,混合求解。

### 9.5.1 混合法的基本方程式

图 9-12(a)为框支剪力墙、落地剪力墙和壁式框架在水平荷载作用下共同工作时的计算图,上部墙肢的连梁已连续化。底层框架的横梁与墙肢相连部分刚度很大,可视为刚域。底层落地剪力墙的横梁与墙肢相连部分亦视为刚域。底层落地墙肢和底层横梁由于截面很大,计算时均需考虑剪切变形的影响。框支剪力墙与落地剪力墙间用刚性连杆相连。壁式框架与剪力墙间在楼层处用刚性连杆相连。

用混合法计算时,基本体系如图 9-12(b)所示。底层部分用位移法计算,基本未知量为结点位移:底层顶各结点水平位移 $y_0$,各结点转角 $\theta_0$,各跨结点竖向位移的差 $2\Delta_i$。

上部剪力墙部分用力法计算,基本未知量为连续连杆中点的剪应力 $\tau_i(x)$ 和正应力 $\sigma_i(x)$。连续连杆切口处的变形连续条件仍如式(9-44)、式(9-45)和式(9-47)所示。将式(9-47)重写如下

$$m(x) + \frac{6\sum D_i}{hT\sum I_i}(1-T)\int_x^H\int_0^x m(\lambda)\mathrm{d}\lambda\mathrm{d}\lambda + \frac{6E}{h}\sum D_i \frac{\mathrm{d}y_m}{\mathrm{d}x} + \frac{6E}{h}\sum \frac{D_i}{c_i}(\Delta_i - \theta_0 l_i) = 0 \tag{9-80}$$

将上式对 $x$ 微分两次,得

$$m''(x) - \frac{6\sum_1^k D_i}{hT\sum_1^{k+1} I_i}(1-T)m(x) - \frac{6E}{h}\sum_1^k D_i \frac{\mathrm{d}^3 y_m}{\mathrm{d}x^3} = 0 \tag{9-81}$$

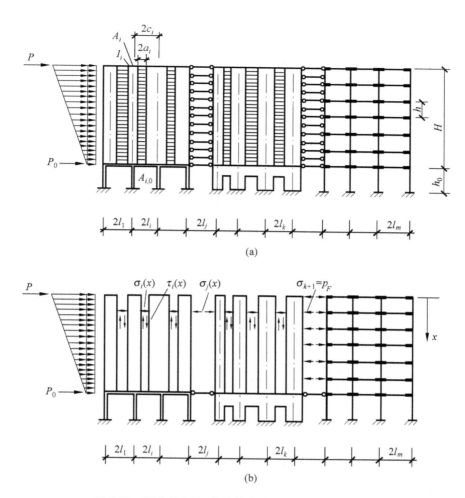

图 9-12　框支剪力墙、落地剪力墙和壁式框架共同工作

为了在上式中引进荷载和壁式框架的影响,给出墙肢截面的内力公式如下:

$$EI_1 \frac{\mathrm{d}^2 y_m}{\mathrm{d}x^3} = M_1 = M_P - c_{1,1} \int_0^x \tau_1(\lambda)\mathrm{d}\lambda - \int_0^x \sigma_1(\lambda)(x-\lambda)\mathrm{d}\lambda$$

$$= M_P - c_{1,1} \int_0^x \tau_1(\lambda)\mathrm{d}\lambda - M_{\sigma 1} \tag{9-82}$$

$$EI_2 \frac{\mathrm{d}^2 y_m}{\mathrm{d}x^2} = M_2 = -c_{1,2} \int_0^x \tau_1(\lambda)\mathrm{d}\lambda - c_{2,1} \int_0^x \tau_2(\lambda)\mathrm{d}\lambda + M_{\sigma 1} - M_{\sigma 2} \tag{9-83}$$

$$\vdots$$

$$EI_j \frac{\mathrm{d}^2 y_m}{\mathrm{d}x^2} = M_j = -c_{j-1,2} \int_0^x \tau_{j-1}(\lambda)\mathrm{d}\lambda + M_{\sigma j-1} - M_{\sigma j} \tag{9-84}$$

$$EI_{j+1} \frac{\mathrm{d}^2 y_m}{\mathrm{d}x^2} = M_{j+1} = -c_{j+1,1} \int_0^x \tau_{j+1}(\lambda)\mathrm{d}(\lambda) + M_{\sigma j} - M_{\sigma j+1} \tag{9-85}$$

$$\vdots$$

$$EI_{k+1} \frac{\mathrm{d}^2 y_m}{\mathrm{d}x^2} = M_{k+1} = -c_{k,2} \int_0^x \tau_k(\lambda)\mathrm{d}\lambda + M_{\alpha k} - M_F \tag{9-86}$$

上式中最后一项 $(-M_F)$ 是壁式框架弹性反力对墙肢的弯矩。

叠加以上各式，得

$$E \sum_1^{k+1} I_i \frac{\mathrm{d}^2 y_m}{\mathrm{d}x^2} = M_P - \sum_1^k 2c_i \int_0^x \tau_i(\lambda)\mathrm{d}\lambda - M_F$$

$$= M_P - \int_0^x m(\lambda)\mathrm{d}\lambda - M_F \tag{9-87}$$

因而

$$M_i = \frac{I_i}{\sum\limits_1^{k+1} I_i} \left( M_P - \int_0^x m(\lambda)\mathrm{d}\lambda - M_F \right) \tag{9-88}$$

墙肢剪力为

$$\left.\begin{array}{l} -\dfrac{GA_1}{\mu} \dfrac{\mathrm{d}y_v}{\mathrm{d}x} = V_1 = V_P - \displaystyle\int_0^x \sigma_1(\lambda)\mathrm{d}\lambda \\[3mm] -\dfrac{GA_2}{\mu} \dfrac{\mathrm{d}y_v}{\mathrm{d}x} = V_2 = \displaystyle\int_0^x \sigma_1(\lambda)\mathrm{d}\lambda - \int_0^x \sigma_2(\lambda)\mathrm{d}\lambda \\[3mm] \qquad\vdots \\[3mm] -\dfrac{GA_{k+1}}{\mu} \dfrac{\mathrm{d}y_v}{\mathrm{d}x} = V_{k+1} = \displaystyle\int_0^x \sigma_k(\lambda)\mathrm{d}\lambda - V_F \end{array}\right\} \tag{9-89}$$

上式中最后一项 $(-V_F)$ 是壁式框架弹性反力对墙肢的剪力。

叠加以上各式，得

$$-\frac{G}{\mu} \sum_1^{k+1} A_i \frac{\mathrm{d}y_v}{\mathrm{d}x} = V_P - V_F \tag{9-90}$$

壁式框架的剪力和弹性反力（参见 5.2 节）为

$$\left.\begin{array}{l} V_F = C_F \theta = -C_F \dfrac{\mathrm{d}y}{\mathrm{d}x} \\[3mm] p_F = \sigma_{k+1} = \dfrac{\mathrm{d}V_F}{\mathrm{d}x} = -C_F \dfrac{\mathrm{d}^2 y}{\mathrm{d}x^2} \end{array}\right\} \tag{9-91}$$

式中：$C_F$——壁式框架的剪切刚度，即楼层有单位剪切角时所需的楼层剪力（见图 9-13）。$C_F$ 值的计算可按一般的壁式框架的方法（如 $D$ 值法）进行。

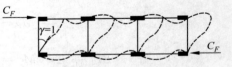

图 9-13　壁式框架剪切刚度

下面引进一个假设，考虑壁式框架对墙肢的影响时，忽略墙肢轴向变形的影响。在此假定下，墙肢转角和连梁约束弯矩间存在下列关系：

$$hm = 6E \sum D_i \theta \tag{9-92}$$

将式（9-92）中求出的 $\theta$ 代入式（9-91），得

$$V_F = \frac{C_F h}{6E \sum D_i} m \tag{9-93}$$

式(9-87)对 $x$ 微分一次,并利用式(9-93),得

$$E \sum I_i \frac{\mathrm{d}^3 y_m}{\mathrm{d}x^3} = V_P - m - V_F = V_P - \left(1 + \frac{C_F h}{6E \sum D_i}\right) m \tag{9-94}$$

令

$$\left.\begin{array}{l} \alpha_1^2 = \dfrac{6H^2 \sum\limits_{1}^{k} D_i}{h \sum\limits_{1}^{k+1} I_i} \quad \alpha^2 = \dfrac{\alpha_1^2}{T} \\[4mm] A^2 = \alpha^2 + \alpha_1^2 \dfrac{C_F h}{6E \sum\limits_{1}^{k} D_i} \end{array}\right\} \tag{9-95}$$

对于常用的三种荷载,任意 $x$ 截面总剪力为

$$V_P = V_0 \left[1 - \left(1 - \frac{x}{H}\right)^2\right] \qquad \text{(倒三角荷载)}$$

$$V_P = V_0 \frac{x}{H} \qquad \text{(均布荷载)}$$

$$V_P = V_0 \qquad \text{(顶部集中力)}$$

将式(9-81)整理后,得

$$m''(x) - \frac{A^2}{H^2} m(x) = -\frac{\alpha_1^2}{H^2} \left\{\begin{array}{c} \left[1 - \left(1 - \dfrac{x}{H}\right)^2\right] V_0 \\[3mm] \dfrac{x}{H} V_0 \\[3mm] V_0 \end{array}\right\}$$

再令

$$\xi = \frac{x}{H}, \quad \Phi(\xi) = \frac{m(x)}{V_0 T}$$

上式变为

$$\frac{\mathrm{d}^2 \Phi(\xi)}{\mathrm{d}\xi^2} - A^2 \Phi(\xi) = -\alpha^2 \left\{\begin{array}{c} 1 - (1 - \xi)^2 \\ \xi \\ 1 \end{array}\right\} \tag{9-96}$$

上式的解为

$$\Phi(\xi) = C_1 \mathrm{ch}(A\xi) + C_2 \mathrm{sh}(A\xi) + \frac{\alpha^2}{A^2} \left\{\begin{array}{c} 1 - (1 - \xi)^2 - \dfrac{2}{A^2} \\[3mm] \xi \\ 1 \end{array}\right\} \tag{9-97}$$

积分常数 $C_1$ 和 $C_2$ 由边界条件确定。

再对底层建立位移法方程。

底层框架、落地剪力墙和壁式框架相应于位移 $y_0$,$\theta_0$,$2\Delta_1$,$2\Delta_{j-1}$,$2\Delta_{j+1}$ 和 $2\Delta_k$ 的总体平衡方程式(墙和横梁考虑了剪切变形的影响)为

$$-\frac{6E}{h_0^2}\left(\sum_1^j I_{i,0} + \sum_{j+1}^{m+1}\tilde{I}_{i,0}\right)\theta_0 + \frac{12E}{h_0^3}\left(\sum_1^j I_{i,0} + \sum_{j+1}^{m+1}\tilde{I}_{i,0}\right)y_0 = V_0 + P_0 \tag{9-98}$$

沿 $\theta_0$ 方向的平衡方程

$$\frac{4E}{h_0^2}\left[\sum_1^j I_{i,0} + \sum_{j+1}^{m+1}\left(1+\frac{\beta_{i,0}}{4}\right)\tilde{I}_{i,0}\right]\theta_0 - \frac{6E}{h_0^2}\left(\sum_1^j I_{i,0} + \sum_{j+1}^{m+1}\tilde{I}_{i,0}\right)y_0 + 3E\sum_1^m \frac{\tilde{I}_{bi,0}l_i}{a_i^3}2l_i\left(\theta_0 - \frac{\Delta_i}{l_i}\right)$$

$$= M_0 - \sum_1^k\int_0^H \tau_i(\lambda)2l_i\mathrm{d}\lambda - \int_0^H m_F(\lambda)\mathrm{d}\lambda \tag{9-99}$$

上式中最后一项的 $m_F$ 为壁式框架横梁的杆端弯矩总和除以层高 $h$ 的平均值,在忽略轴向变形的假定下,它与转角的关系为

$$m_F h = 6E\sum D_F\theta \tag{9-100}$$

式中:$\sum D_F$——壁式框架横梁的转动刚度和。$D_F$ 按下式计算:

$$D_F = \frac{I_i}{l}(c+c')$$

式中:$c$,$c'$ 见式(4-71)。

由式(9-92)可知

$$m_F = \frac{6E\sum D_F}{h}\theta = \frac{\sum D_F}{\sum D_i}m \tag{9-101}$$

应该说明的是,式(9-92)、式(9-100)和式(9-101)的假定,即考虑壁式框架对墙肢影响时忽略轴向变形的影响,仅仅在中间过程建立方程这一步上用,最后求内力等时并不用它。

沿结点竖向位移方向的四个平衡方程为

$$\frac{2EA_{1,0}}{h_0}\Delta_1 + \left[-\frac{3E\tilde{I}_{b1,0}2l_1^2}{2l_1 a_1^3}\left(\theta_0 - \frac{\Delta_1}{l}\right)\right] = N_{1,0} \tag{9-102}$$

$$2\frac{EA_{j,0}}{h_0}\Delta_{j-1} + \left[-\frac{3E\tilde{I}_{bj-1,0}2l_{j-1}^2}{2l_{j-1}a_{j-1}^3}\left(\theta_0 - \frac{\Delta_{j-1}}{l_{j-1}}\right)\right] = N_{j,0} \tag{9-103}$$

$$2\frac{EA_{j+1,0}}{h_0}\Delta_{j+1} + \left[-\frac{3E\tilde{I}_{bj+1,0}2l_{j+1}^2}{2l_{j+1}a_{j+1}^3}\left(\theta_0 - \frac{\Delta_{j+1}}{l_{j+1}}\right)\right] = N_{j+1,0} \tag{9-104}$$

$$2\frac{EA_{k+1,0}}{h_0}\Delta_k + \left[-\frac{3E\tilde{I}_{bk,0}2l_k^2}{2l_k a_k^3}\left(\theta_0 - \frac{\Delta_k}{l_k}\right)\right] = N_{k+1,0} \tag{9-105}$$

式中:$\tilde{I}_{bi,0} = \dfrac{I_{bi,0}}{1+\dfrac{3\mu EI_{bi,0}}{a_i^2 GA_{bi,0}}}$——底层框架横梁考虑剪切变形影响后的折算惯性矩:

$$\tilde{I}_{i,0} = \frac{I_{i,0}}{1+\beta_{i,0}}, \quad \beta_{i,0} = \frac{12\mu EI_{i,0}}{h_0^2 GA_{i,0}}$$

式(9-80)(或式(9-96))和式(9-98)~式(9-105)即为框支剪力墙、落地剪力墙和壁式框架共同工作

时混合法的基本方程,是包含有上部连梁剪力(以约束弯矩 $m(x)$ 的形式体现)和底层结点位移 $y_0$ , $\theta_0$ , $\Delta_1$ , $\Delta_{j-1}$ , $\Delta_{j+1}$ 和 $\Delta_k$ 的混合方程。

## 9.5.2　基本方程的解

由式(9-98)～式(9-105)可以解出位移 $y_0$ , $\theta_0$ , $\Delta_1$ , $\Delta_{j-1}$ , $\Delta_{j+1}$ 和 $\Delta_k$ ,结果是和上部连梁中的剪力有关的。下面给出它们的简化公式:

$$\theta_0 = \frac{(V_0 + P_0)\dfrac{h_0}{2} + M_0 - \displaystyle\int_0^H m(x)\,\mathrm{d}x \left(\sum_1^k \dfrac{D_i l_i}{c_i} + \sum D_F\right)\left(\sum_1^k D_i\right)^{-1}}{6E\left(\dfrac{1}{6h_0}\displaystyle\sum_{j+1}^{m+1} I_{i,0} + \sum_1^m \dfrac{\tilde{I}_{bi,0} l_i^2}{a_i^3}\right)} \tag{9-106}$$

$$y_0 = \frac{V_0 + P_0}{\dfrac{12E}{h_0^3}\left(\displaystyle\sum_1^j I_{i,0} + \sum_{j+1}^{m+1} \tilde{I}_{i,0}\right)} + \frac{h_0}{2}\theta_0 \tag{9-107}$$

$$\Delta_i = \frac{N_{i,0} + \dfrac{3E\tilde{I}_{bi,0} l_i}{a_i^3}\theta_0}{\dfrac{2EA_{i,0}}{h_0}}, \quad i = 1, j+1 \tag{9-108}$$

$$\Delta_i = \frac{N_{i+1,0} + \dfrac{3E\tilde{I}_{bi,0} l_i}{a_i^3}\theta_0}{\dfrac{2EA_{i+1,0}}{h_0}}, \quad i = j-1, k \tag{9-109}$$

求解上述位移时,为了简化采用了以下假设

$$\frac{2EA_{i,0}}{h_0} + \frac{3E\tilde{I}_{bi,0}}{a_i^3} \approx \frac{2EA_{i,0}}{h_0}, \quad i = 1, j, j+1, k+1$$

$$\frac{1}{h_0}\left(\sum_1^j \tilde{I}_{i,0} + \sum_{j+1}^{m+1} \tilde{I}_{i,0}\right) + 6\sum_1^m \frac{I_{bi,0} l_i^2}{a_i^3} \approx \frac{1}{h_0}\sum_{j+1}^{m+1} \tilde{I}_{i,0} + 6\sum_1^m \frac{\tilde{I}_{bi,0} l_i^2}{a_i^3}$$

当不考虑底层柱和墙的轴向变形时, $\Delta_1 = \Delta_{j-1} = \Delta_{j+1} = \Delta_k = 0$ ,位移 $\theta_0$ 和 $y_0$ 仍按式(9-106)和式(9-107)计算。

式(9-97)中积分常数 $C_1$ 和 $C_2$ 由下列边界条件确定:

(1) 当 $x=0$ ,即 $\xi=0$ 时,墙顶部弯矩为零,因而

$$\frac{\mathrm{d}^2 y_m}{\mathrm{d}x^2} = 0$$

将式(9-80)对 $x$ 微分一次,并利用上述条件后,得

$$\frac{\mathrm{d}m}{\mathrm{d}x} = 0 \tag{9-110}$$

将式(9-97)代入式(9-110)后,可求出:

$$C_2 = -\frac{\alpha^2}{A^3}\left\{\begin{matrix} 2 \\ 1 \\ 0 \end{matrix}\right\} \tag{9-111}$$

(2) 当 $x=H$,即 $\xi=1$ 时,墙底位移与框架横梁位移协调,有

$$\frac{\mathrm{d}y_m}{\mathrm{d}x} = -\theta_0 \tag{9-112}$$

利用条件(9-112)后,式(9-80)变为

$$m(1) + \frac{6E}{h}\sum D_i(-\theta_0) + \frac{6E}{h}\sum \frac{D_i}{c_i}(\Delta_i - \theta_0 l_i) = 0$$

将式(9-97)求得的解和式(9-106)~式(9-109)求得的位移代入上式后,经过整理可得求解 $C_1$ 的公式如下:

$$C_1\left[\mathrm{ch}A + \frac{H}{h}\frac{\mathrm{sh}A}{A}(K_2 + K_3)\right] + C_2\left[\mathrm{sh}A + \frac{H}{h}\frac{\mathrm{ch}A-1}{A}(K_2 + K_3)\right]$$

$$= -\frac{\alpha^2}{A^2}\left\{\begin{matrix}1-\dfrac{2}{A}\\1\\1\end{matrix}\right\} + \frac{H}{h}(K_2+K_3)\left\{\begin{matrix}\dfrac{2}{3}-\dfrac{2}{A^2}\\\dfrac{1}{2}\\1\end{matrix}\right\} + \frac{K}{V_0 Th}\left[M_0 + (V_0 + P_0)\frac{h_0}{2}\right] \tag{9-113}$$

其中:

$$\left.\begin{aligned}K_1 &= \frac{\displaystyle\sum_1^k D_i + \sum_1^k \frac{D_i l_i}{c_i}}{\displaystyle\frac{1}{6h_0}\sum_{j+1}^{k+1}\tilde{I}_{i,0} + \sum_1^m \frac{\tilde{I}_{bi,0}l_i^2}{a_1^3}}\\[4mm]K_2 &= \frac{\displaystyle\sum_1^k \frac{D_i l_i}{c_i} + \sum D_F}{\displaystyle\sum_1^k D_i}\\[4mm]K_3 &= \frac{3h_0}{2\sum D_i}\left(\sum_{1,j+1}\frac{D_i^2}{c_i^2 A_{i,0}} + \sum_{j-1,k}\frac{D_i^2}{C_i^2 A_{i+1,0}}\right)\end{aligned}\right\} \tag{9-114}$$

当壁式框架的剪切刚度 $C_F=0$ 时,式(9-97)、式(9-111)和式(9-113)的解就变成了上节框支剪力墙和落地剪力墙在水平荷载下共同工作时的解。当不考虑底层柱和墙的轴向变形时,$K_2=0$,这时若底层横梁刚度很大时($\tilde{I}_{bi,0}\to\infty$),$K_1=K_2=0$,式(9-113)就变成

$$C_1\mathrm{ch}A + C_2\mathrm{sh}A = -\frac{\alpha^2}{A^2}\left\{\begin{matrix}1-\dfrac{2}{A}\\1\\1\end{matrix}\right\}$$

这时的解即底层顶部为固定时的计算结果,此时底层只使上层增加一个侧移 $y_0$,不影响内力。

### 9.5.3 位移计算公式

上段已求得 $y_0$ 和 $\theta_0$ 如式(9-107)和式(9-106)。

剪力墙任意点的水平位移可由下式求出：

$$y = y_0 + \theta_0(H-x) + y_m + y_v$$

$$= y_0 + \theta_0(H-x) + \frac{1}{E\sum I_i}\int_H^x\int_H^x M_P\,\mathrm{d}x\mathrm{d}x - \frac{1}{E\sum I_i}\int_H^x\int_H^x M_F\,\mathrm{d}x\mathrm{d}x$$

$$- \frac{1}{E\sum I_i}\int_H^x\int_H^x\int_0^x m(x)\,\mathrm{d}x\mathrm{d}x\mathrm{d}x - \frac{\mu}{G\sum A_i}\int_H^x(V_P - V_F)\,\mathrm{d}x$$

由 3 种常用荷载,可求得

$$y = y_0 + \theta_0 H(1-\xi) + \frac{V_0 H^3}{E\sum I_i}\left\{\begin{array}{l}\dfrac{1}{60}(11-15\xi+5\xi^4-\xi^5)\\[2mm]\dfrac{1}{24}(3-4\xi+\xi^4)\\[2mm]\dfrac{1}{6}(2-3\xi+\xi^3)\end{array}\right\}$$

$$\times\left[1-\frac{\alpha^2 T}{A^2}\left(1+\frac{C_F h}{6\sum ED_i}\right)\right] + \frac{\mu V_0 H}{G\sum A_i}\left\{\begin{array}{l}\left[(1-\xi^2)-\dfrac{1}{3}(1-\xi^3)\right]\\[2mm]\dfrac{1}{2}(1-\xi^2)\\[2mm](1-\xi)\end{array}\right\}$$

$$-\frac{V_0 H^3 T}{E\sum I_i}\left\{C_1\frac{1}{A^3}[\mathrm{sh}A\xi+(1-\xi)A\mathrm{ch}A-\mathrm{sh}A]\right.$$

$$+ C_2\frac{1}{A^3}\left[\mathrm{ch}A\xi+(1-\xi)A\mathrm{sh}A-\mathrm{ch}A-\frac{1}{2}A^2\xi^2+A^2\xi-\frac{A^2}{2}\right]$$

$$\left.+\frac{\alpha^2}{A^2}\left\{\begin{array}{l}-\dfrac{1}{3A^2}(2-3\xi+\xi^3)\\[2mm]0\\[2mm]0\end{array}\right\}\right\}\left(1+\frac{C_F h}{6E\sum D_i}\right) - \frac{\mu V_0 H}{G\sum A_i}\frac{TC_F h}{6E\sum D_i}$$

$$\times\left\{C_1\frac{\mathrm{sh}A-\mathrm{sh}A\xi}{A}+C_2\frac{\mathrm{ch}A-\mathrm{ch}A\xi}{A}+\frac{\alpha^2}{A^2}\left\{\begin{array}{l}\left(1-\dfrac{2}{A^2}\right)(1-\xi)-\dfrac{1}{3}(1-\xi)^3\\[2mm]\dfrac{1}{2}(1-\xi^2)\\[2mm]1-\xi\end{array}\right\}\right\} \quad (9\text{-}115)$$

顶层水平位移为

$$y_n = y_0 + \theta_0 H + \frac{V_0 H^3}{E\sum I_i}\left\{\begin{array}{l}\dfrac{11}{60}\\[2mm]\dfrac{1}{8}\\[2mm]\dfrac{1}{3}\end{array}\right\}\left[1-\frac{\alpha^2 T}{A^2}\left(1+\frac{C_F h}{6E\sum D_i}\right)\right] + \frac{\mu V_0 H}{G\sum A_i}\left\{\begin{array}{l}\dfrac{2}{3}\\[2mm]\dfrac{1}{2}\\[2mm]1\end{array}\right\}$$

$$-\frac{V_0 H^3 T}{E \sum I_i}\left(1+\frac{C_F h}{6E \sum D_i}\right)\left\{C_1 \frac{1}{A^3}(A\mathrm{ch}A-\mathrm{sh}A)+C_2 \frac{1}{A^3}\left(1+A\mathrm{sh}A-\mathrm{ch}A-\frac{A^2}{2}\right)\right.$$

$$\left.+\frac{\alpha^2}{A^2}\left\{\begin{array}{c}-\frac{1}{3A^2}\\0\\0\end{array}\right\}\right\}-\frac{\mu V_0 H}{G \sum A_i}\frac{TC_F h}{6E \sum D_i}\times\left\{C_1 \frac{\mathrm{sh}A}{A}+C_2 \frac{\mathrm{ch}A-1}{A}+\frac{\alpha^2}{A^2}\left\{\begin{array}{c}\frac{2}{3}-\frac{2}{A^2}\\\frac{1}{2}\\1\end{array}\right\}\right\} \tag{9-116}$$

当 $C_F=0$ 时,式(9-115)及式(9-116)就变成 9.4 节框支剪力墙和落地剪力墙共同工作时的结果。

## 9.5.4  内力计算公式

### 1. 上层墙内力

由 $\Phi(\xi)$ 可求得连梁的总约束弯矩,进而可求出各连梁的剪力、弯矩和轴力以及墙肢的轴力,计算公式均同前,不再列出。至于墙肢的弯矩和剪力,因为有壁式框架的影响,计算公式略有不同,给出如下。

$j$ 层墙肢的弯矩为

$$M_{ij}=\frac{I_i}{\sum I_i}M_j \tag{9-117}$$

这里

$$M_j=M_{Pj}-\sum_{s=j}^{n}m_s-M_{Fj} \tag{9-118}$$

墙肢剪力为

$$V_i=\frac{\tilde{I}_i}{\sum_1^{k+1}\tilde{I}_i}(V_P-V_F) \tag{9-119}$$

这里 $M_F$ 和 $V_F$ 分别为壁式框架弹性反力产生的弯矩和剪力,可根据下面壁式框架的受力求出。

### 2. 底层内力

底层框架、底层落地墙和壁式框架柱的杆端弯矩和剪力仍按 9.4 节计算公式计算,不再列出。

### 3. 壁式框架的内力

由式(9-91)和式(9-115),可求得壁式框架的总层间剪力为

$$V_F=-C_F \frac{\mathrm{d}y}{\mathrm{d}y}=C_F\left\{\theta_0+\frac{V_0 H^2}{E \sum I_i}\left\{\begin{array}{c}\frac{1}{12}(3-4\xi^3+\xi^4)\\\frac{1}{6}(1-\xi^3)\\\frac{1}{2}(1-\xi^2)\end{array}\right\}\left[1-\frac{\alpha^2 T}{A^2}\left(1+\frac{C_F h}{6E \sum D_i}\right)\right]\right.$$

$$
+ \frac{\mu V_0}{G \sum A_i}
\begin{Bmatrix} 2\xi - \xi^2 \\ \xi \\ 1 \end{Bmatrix}
+ \frac{V_0 T H^2}{E \sum I_i}
\left[ C_1 \frac{1}{A^2}(\mathrm{ch}A\xi - \mathrm{ch}A) + C_2 \frac{1}{A^2}(\mathrm{sh}A\xi \right.
$$

$$
\left. - \mathrm{sh}A - A\xi + A) + \frac{\alpha^2}{A^2}
\begin{Bmatrix} -\frac{1}{A^2}(-1 + \xi^2) \\ 0 \\ 0 \end{Bmatrix}
\right]
\left( 1 + \frac{C_F h}{6E \sum D_i} \right) - \frac{\mu V_0}{G \sum A_i}
$$

$$
\times \frac{C_F h T}{6E \sum D_i}
\left[ C_1 \mathrm{ch}A\xi + C_2 \mathrm{sh}A\xi + \frac{\alpha^2}{A^2}
\begin{Bmatrix} \left(1 - \frac{4}{A^2}\right) - (1 - \xi)^2 \\ \xi \\ 1 \end{Bmatrix}
\right]
\tag{9-120}
$$

有了层间剪力,可用 $D$ 值法求壁式框架各内力(略)。

## 9.5.5 计算步骤与算例

计算步骤如下:

(1)根据基本数据计算有关参数。由式(9-111)和式(9-113)计算 $C_2$ 和 $C_1$。有了 $C_1$ 和 $C_2$,由式(9-97)$\Phi(\xi)$ 为已知。

(2)由式(9-106)和式(9-107)计算底层顶结点位移 $\theta_0$ 和 $y_0$。

(3)由式(9-120)计算壁式框架层间剪力 $V_F$。据此,可计算壁式框架内力。

(4)由式(9-117)~式(9-120)计算上层剪力墙和底层框架和墙的内力。

(5)由式(9-115)和式(9-116)计算水平位移。

【例 9-3】 求如图 9-14 所示框支剪力墙、落地剪力墙和壁式框架共同工作时的内力和位移。为便于比较,本题中框支剪力墙和落地剪力墙与 9.4 节中的尺寸是一样的,荷载相应地增加了。

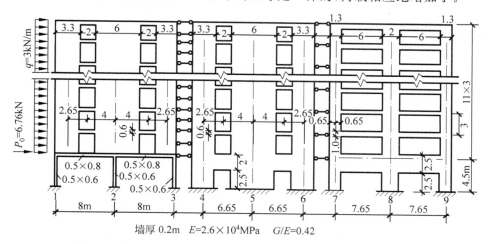

墙厚 0.2m $E = 2.6 \times 10^4 \mathrm{MPa}$ $G/E = 0.42$

图 9-14 框支剪力墙、落地剪力墙和壁式框架共同工作(单位:m)

**【解】** (1) 基本计算数据

① 墙、柱(见表 9-8)

表 9-8　墙、柱基本几何特征计算数据

| 墙(柱)肢 | 1,3 | 2 | 4,6 | 5 | $\sum\limits_1^6$ | 7,9 | 8 | $\sum\limits_1^9$ |
|---|---|---|---|---|---|---|---|---|
| $A_i$ | 0.66 | 1.20 | 0.66 | 1.20 | 5.04 | | | |
| $A_{i,0}$ | 0.30 | 0.30 | 0.66 | 1.20 | | | | |
| $I_i$ | 0.59895 | 3.60 | 0.59895 | 3.60 | 9.5958 | | | |
| $I_i\Big/\sum\limits_1^6 I_i$ | 0.06242 | 0.37516 | 0.06242 | 0.37516 | | | | |
| $\tilde{I}_i$ | 0.13438 | 0.28966 | 0.13438 | 0.28966 | 1.11684 | | | |
| $\tilde{I}_i\Big/\sum\limits_1^6 \tilde{I}_i$ | 0.12032 | 0.25936 | 0.12032 | 0.25936 | | | | |
| $I_{i,0}$ 或 $\tilde{I}_{i,0}$ | $9\times10^{-3}$ | $9\times10^{-3}$ | 0.23613 | 0.59217 | 1.09143 | 0.029569 | 0.08523 | 1.235798 |
| $(I_{i,0}$ 或 $\tilde{I}_{i,0})\Big/$ $\left(\sum I_{i,0}+\sum \tilde{I}_{i,0}\right)$ | 0.0072827 | 0.0072827 | 0.191075 | 0.47918 | | 0.023927 | 0.068967 | |

② 梁(见表 9-9)

表 9-9　梁的基本几何特征计算数据

| 梁　跨 | 1,2 | 4,5 | $\sum\limits_1^5$ | 7,8 | $\sum\limits_1^8$ |
|---|---|---|---|---|---|
| $c_i^2$ | 11.0556 | 11.0556 | | | |
| $a_i^3$ | 1.5209 | 1.5209 | | | |
| $D_i=\dfrac{c_i^2\tilde{I}_{bi}}{a_i^3}$ | $2.18\times10^{-2}$ | $2.18\times10^{-2}$ | $8.72\times10^{-2}$ | | |
| $D_F$ | | | | $0.6584\times10^{-2}$ | |
| $\dfrac{l_i}{c_i}$ | 1.20301 | 1 | | 1 | |
| $D_i\dfrac{l_i}{c_i}$ | $2.622562\times10^{-2}$ | $2.18\times10^{-2}$ | $9.60512\times10^{-2}$ | | |
| $\dfrac{\tilde{I}_{bi,0}l_i^2}{a_i^3}$ | 0.1540219 | 0.192400 | 0.692844 | 0.0556436 | 0.8041311 |

③ 壁柱(见表 9-10)

表 9-10　壁柱的基本几何特征计算数据

| 壁　柱 | 7 | 8 | 9 |
|---|---|---|---|
| $I_i$ | 0.03662 | 0.13333 | 0.03662 |
| $K_C$ | $0.858\dfrac{EI}{h}$ | $0.44\dfrac{EI}{h}$ | $0.858\dfrac{EI}{h}$ |
| $\overline{K}$ | 0.299 | 0.358 | 0.299 |
| $\alpha = \dfrac{\overline{K}}{2+\overline{K}}$ | 0.13 | 0.152 | 0.13 |

(2) 计算综合参数

$$C_F = h\sum \alpha K_C \frac{12}{h^3} = 5.9235\times10^5$$

$$\alpha_1^2 = \frac{6H^2\sum\limits_{1}^{5}D_i}{h\sum I_i} = \frac{6\times33^2\times8.72\times10^{-2}}{3\times9.5985} = 19.7866$$

$$\alpha^2 = \frac{\alpha_1^2}{T} = \frac{\alpha_1^2}{0.8} = 24.7332$$

$$\alpha = 4.973$$

$$\frac{C_F h}{6E\sum D_i} = \frac{5.9235\times10^5\times3}{6\times2.6\times10^6\times8.72\times10^{-2}} = 0.1306347$$

$$A^2 = \alpha^2 + \alpha_1^2\frac{C_F h}{6E\sum D_i} = 27.3180$$

$$A = 5.22666$$

$$K_1 = \frac{\sum\limits_{1}^{k}D_i + \sum D_i\dfrac{l_i}{c_i}}{\dfrac{1}{6h_0}\sum\limits_{j+1}^{k+1}I_{i,0} + \sum\limits_{1}^{m}\dfrac{\tilde{I}_{bi,0}l_i^2}{a_i^3}} = 0.186642$$

$$K_2 = \frac{\sum\limits_{1}^{k}\dfrac{D_i l_i}{c_i} + \sum D_F}{\sum\limits_{1}^{k}D_i}K_1 = 0.209464$$

$$K_3 = \frac{3h_0}{2\sum D_i}\left(\sum_{1,j+1}\frac{D_i^2}{c_i^2 A_{i,0}} + \sum_{j-1,k}\frac{D_i^2}{c_i^2 A_{i+1,0}}\right) = 0.0322666$$

$$shA = 93.0822924, \quad chA = 93.0876639$$

$$\frac{shA}{A} = 17.809135, \quad \frac{chA-1}{A} = 17.6188357$$

由式(9-111),求得

$$C_2 = -\frac{\alpha^2}{A^3} = -0.1732236$$

由式(9-113),可求得

$$C_1 = 0.1673183$$

因而

$$\Phi(\xi) = 0.1673183\,\mathrm{ch}A\xi - 0.1732236\,\mathrm{sh}A\xi + 0.9053811\xi$$

(3) 位移计算

由式(9-106)及式(9-107)求得

$$\theta_0 = \frac{(V_0 + P_0)\dfrac{h_0}{2} + M_0 - \displaystyle\int_0^H m(x)\left(\sum_1^k \dfrac{D_i l_i}{c_i} + \sum D_F\right)\dfrac{1}{\displaystyle\sum_1^k D_i}}{6E\left(\dfrac{1}{6h_0}\displaystyle\sum_{j+1}^{m+1} I_{i,0} + \sum_1^m \dfrac{\tilde{I}_{bi,0} l_i^2}{a_i^3}\right)} = 4.0834 \times 10^{-6}$$

$$y_0 = \frac{V_0 + P_0}{\dfrac{12E}{h_0^3}\left(\displaystyle\sum_1^j I_{i,0} + \sum_{j+1}^{m+1} \tilde{I}_{i,0}\right)} + \frac{h_0}{2}\theta_0 = (24.9928 + 9.1877) \times 10^{-6}$$

$$= 3.418 \times 10^{-5}(\mathrm{m})$$

上式中求 $\theta_0$ 时用到了约束弯矩的结果,见表 9-11。

顶点位移由式(9-116)求得为

$$y_n = y_0 + \theta_0 H + \frac{V_0 H^3}{8E\sum \tilde{I}_i}\left[1 - \frac{\alpha^2 T}{A^2}\left(1 + \frac{C_F h}{6E\sum D_i}\right)\right] + \frac{\mu V_0 H}{2G\sum A_i}$$

$$- \left(1 + \frac{C_F h}{6E\sum D_i}\right)\frac{V_0 H^3 T}{E\sum I_i}\left[C_1 \frac{1}{A^3}(A\,\mathrm{ch}A - \mathrm{sh}A)\right.$$

$$\left. + C_2 \frac{1}{A^3}\left(1 + A\,\mathrm{sh}A - \mathrm{ch}A - \frac{A^2}{2}\right)\right] - \frac{\mu V_0 H}{G\sum A_i}\frac{TC_F h}{6E\sum D_i}\left(C_1 \frac{\mathrm{sh}A}{A} + C_2 \frac{\mathrm{ch}A - 1}{A} + \frac{\alpha^2}{2A^2}\right)$$

$$= (1.689 + 0.936) \times 10^{-4}(\mathrm{m}) = 2.625 \times 10^{-4}(\mathrm{m})$$

前一项为底层的影响,后一项为上层相对位移。

(4) 壁式框架层间剪力计算

由式(9-120)可求得 $V_F$ 为

$$V_F = C_F\left\{\theta_0 + \frac{V_0 H^2}{6E\sum I_i}(1 - \xi^3)\left[1 - \frac{\alpha^2 T}{A^2}\left(1 + \frac{C_F h}{6E\sum D_i}\right)\right] + \frac{\mu V_0}{G\sum A_i}\xi\right.$$

$$+ \frac{V_0 T H^2}{E\sum I_i}\left[C_1 \frac{1}{A^2}(\mathrm{ch}A\xi - \mathrm{ch}A) + C_2 \frac{1}{A^2}(\mathrm{sh}A\xi - \mathrm{sh}A - A\xi + A)\right]\left(1 + \frac{C_F h}{6E\sum D_i}\right)$$

$$\left. + \frac{\mu V_0}{G\sum A_i}\frac{TC_F h}{6E\sum D_i}\left[-C_1 \mathrm{ch}A\xi - C_2 \mathrm{sh}A\xi - \frac{\alpha^2}{A^2}\xi\right]\right\}$$

$$= 5.9235(0.008107 + 1.511254\xi - 0.130412\xi^3 + 0.235621\mathrm{ch}A\xi - 0.243937\mathrm{sh}A\xi)$$

各层结果见表 9-11。有了 $V_F$，可按壁式框架方法求壁柱和壁梁内力。

表 9-11　各层内力计算结果

| 层顶 | $m_j$ | $\sum\limits_{s=j}^{n} m_s$ | $V_{bj}/\mathrm{kN}$ $M_{bj}/(\mathrm{kN \cdot m})$ | $M_{1,3,4,6}$ $/(\mathrm{kN \cdot m})$ | $M_{2,5}$ $/(\mathrm{kN \cdot m})$ | $V_{1,3,4,6}/\mathrm{kN}$ | $V_{2,5}/\mathrm{kN}$ | $V_F/\mathrm{kN}$ |
|---|---|---|---|---|---|---|---|---|
| 11 | 19.8774 | 19.877 | 0.747 | −1.240 | −7.457 | −0.174 | −0.374 | 1.445 |
| 10 | 43.5827 | 63.459 | 1.638 | −3.389 | −20.370 | 0.877 | 1.892 | 1.706 |
| 9 | 52.9370 | 116.396 | 1.990 | −4.485 | −26.959 | 1.906 | 4.109 | 2.156 |
| 8 | 65.4720 | 181.868 | 2.461 | −4.763 | −28.629 | 2.922 | 6.299 | 2.713 |
| 7 | 79.5732 | 261.441 | 2.991 | −4.341 | −26.093 | 3.933 | 8.478 | 3.311 |
| 6 | 93.9862 | 355.427 | 3.533 | −3.245 | −19.504 | 4.944 | 10.659 | 3.903 |
| 5 | 107.5287 | 462.955 | 4.042 | −1.420 | −8.537 | 5.960 | 12.848 | 4.460 |
| 4 | 118.8178 | 581.773 | 4.467 | −1.281 | −7.696 | 6.989 | 15.066 | 4.910 |
| 3 | 125.9526 | 707.725 | 4.735 | 5.136 | 30.872 | 8.038 | 17.326 | 5.195 |
| 2 | 126.0767 | 833.801 | 4.740 | 10.616 | 63.809 | 9.120 | 19.661 | 5.195 |
| 1 | 114.7209 | 948.521 | 4.313 | 18.490 | 111.131 | 10.255 | 22.107 | 4.762 |
| 0 | 42.388 | 990.909 |  | 32.666 | 196.330 | 11.472 | 24.730 | 3.649 |

（5）墙肢内力计算

$j$ 层总约束弯矩为

$$m_j = hTV_0\Phi(\xi)$$
$$= 39.754838\mathrm{ch}A\xi - 41.157927\mathrm{sh}A\xi + 215.118542\xi$$

各层连梁剪力为

$$V_{bi,j} = \frac{m_j}{2c_i}\eta_i = \frac{m_j}{4 \times 2c_i} = \frac{m_j}{4 \times 6.65}$$

连梁梁端弯矩为

$$M_{bi,j} = V_{bi,j} \times a_{i0} = \frac{m_j}{2 \times 13.3}$$

墙肢弯矩为

$$M_i = \frac{I_i}{\sum I_i}\left(M_p - \sum_{s=j}^{n} m_s - M_F\right)$$

墙肢剪力为

$$V_i = \frac{\tilde{I}_i}{\sum \tilde{I}_i}(V_p - V_F)$$

墙肢轴力为

$$N_j = \sum_{s=j}^{n} V_{bs}$$

各层计算结果见表 9-11。

(6)底层内力计算

底层柱弯矩和剪力为

$$M_{i,0上} = \frac{EI_{i,0}}{h_0}\theta_0 - \frac{I_{i,0}}{\sum_1^j I_{i,0} + \sum_{j+1}^{m+1} \tilde{I}_{i,0}}(V_0 + P_0)\frac{h_0}{2}$$

$$= 0.2123 - 1.7328 = -1.520(kN \cdot m)$$

$$M_{i,0下} = -\frac{EI_{i,0}}{h_0}\theta_0 - \frac{I_{i,0}}{\sum_1^j I_{i,0} + \sum_{j+1}^{m+1} \tilde{I}_{i,0}}(V_0 + P_0)\frac{h_0}{2}$$

$$= -0.2123 - 1.7328 = -1.945(kN \cdot m)$$

$$V_i = 0.77kN$$

底层墙和壁柱弯矩和剪力按式(9-74)和式(9-77)计算,结果见表 9-12。

表 9-12　底层内力计算结果

| 底层墙和柱号 | | 1,2,3 | 4,6 | 5 | 7,9 | 8 |
|---|---|---|---|---|---|---|
| $M$/<br>(kN · m) | 上端 | −1.520 | −31.334 | −29.082 | −4.829 | −13.266 |
| | 下端 | 1.945 | 59.596 | 198.951 | 6.557 | 19.556 |
| $V$/kN | | 0.77 | 20.206 | 50.674 | 2.530 | 7.293 |

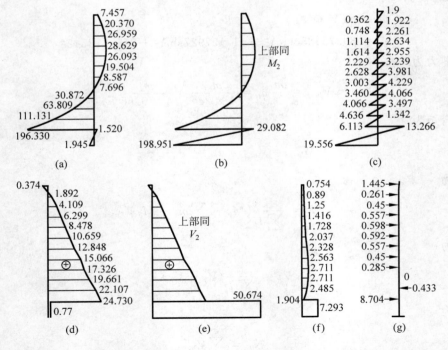

图 9-15　第 2、5、8 墙肢内力((a)~(c)单位:kN · m;(d)~(g)单位:kN)

第 2、5、8 墙肢的弯矩图、剪力图以及剪力墙和壁式框架间的相互作用力 $P_F$ 图如图 9-15 所示。有两点值得指出：

（1）弯矩图和剪力图在底层处均有较大的突变。底层框架的弯矩、剪力明显减小，而底层落地墙和壁框的弯矩和剪力则明显增大，表明在底层处荷载通过楼板进行了重分配。

（2）剪力墙与壁式框架间的作用力，自上而下方向有改变，且在顶层和底层顶处均有较大的集中力作用。这符合框支墙、落地墙和壁式框架共同工作的特点。

# 9.6　用分区混合有限元法分析框支剪力墙

## 9.6.1　剪力墙中的应力集中问题

剪力墙在竖向和水平荷载作用下，孔洞边有应力集中；底层为框架的剪力墙在竖向和水平荷载作用下，墙-框交接区的应力分布，属于两种不同性质的构件（一维的杆结构和二维的平面问题）的组合，也有应力集中问题。应力集中问题须用弹性力学的理论进行分析。

级数解法是分析框支剪力墙的一种解析解法，它是按照弹性力学平面问题的原理，假定墙-梁界面上的应力函数，由墙板和框架梁的变形协调条件，求出待定系数，从而求出墙板和框架梁的应力和内力。

目前，分析应力集中问题的通用方法是有限元法，可以分析任意开孔、任意形状和任意变厚度的剪力墙和框支剪力墙。

但用通常的有限元法（位移元）解决应力集中问题效果并不理想。在剪力墙开孔的角区和框支剪力墙的墙-框交接区的角区，应力应变数值非常大，在角点显示出奇异性。而通常使用的位移元的假定位移模式对这种含有奇异性的区域常常是不满足的。密集的网格需要很大的内存量和很长的计算时间，而且非常小的单元会提高刚度矩阵的条件数，可能导致一个很差的结果。

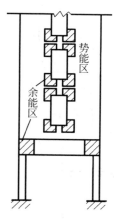

**图 9-16　分区有限元**

在剪力墙开孔的角区和框支剪力墙的墙-框交接区，应力的数值和梯度比周围区域大得多，应力分布的性质主要受其局部区域条件的支配。针对上述特点，将结构划分为两个区域（见图 9-16）：势能区，对应力数值和梯度较小的广大区域，仍采用位移元，以结点位移为基本未知量；余能区，对交接区和角区，应力数值和梯度较大，按照其受力特点，由弹性力学推导出应力单元，以应力参数为基本未知量。

根据分区混合能量原理（参见文献[13,14]），首先求出势能区的总势能、余能区的总余能以及两区交界线上的附加能量，得到分区混合总能量泛函。令总能量泛函为驻值，从而建立分区混合有限元法的基本方程。由基本方程，可以解出结点位移和应力参数，从而求得解答。

本节讨论用分区混合有限元法分析框支剪力墙，下节将讨论角区的应力集中问题。

## 9.6.2 计算简图和计算方法

框支剪力墙如图 9-17(a)所示,受竖向荷载作用。分析的重点放在中柱上方应力数值和梯度大的区域内的应力分布情况。由于对称,只考虑结构的右半部;在结构的 13m 高度以上,应力分布趋于均匀。因此,只对 13m 高度以下进行计算。

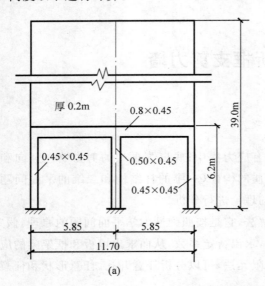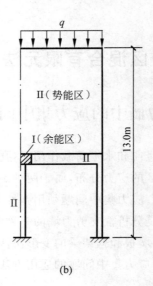

**图 9-17 框支剪力墙**

计算时将结构分为两区(见图 9-17(b)):Ⅰ余能区和Ⅱ势能区。Ⅰ余能区上边界取墙梁交界面,下边界取梁柱交界面,左边界取对称轴线,右边界取对称轴线至柱外缘距离的两倍处。假定梁柱交界面上有连续分布的力,Ⅰ区内的应力函数就选用受这些力作用时半无限平面问题的解,再叠加低次多项式组合而成。Ⅰ区以应力参数作为基本未知量,即变分的自变量。Ⅱ势能区,除Ⅰ区外的广大区域取为势能区,用八结点等参数单元。Ⅱ区以结点位移作为基本未知量,即变分的自变量。建立分区混合总能量泛函,其中包括了应力和结点位移两类参数。由泛函的驻值条件,得出混合法基本方程,从而求解出位移和应力。

## 9.6.3 Ⅰ区应力函数的组成

### 1. 半无限平面受几种边界力作用时的解

(1) $-a \leqslant x \leqslant a$, $y = 0$ 上作用竖向连续均布力 $a_1$

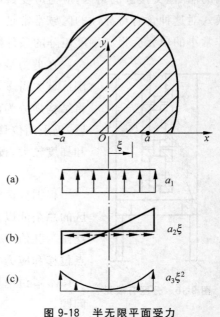

**图 9-18 半无限平面受力**

(图 9-18(a))时的应力为

$$\sigma_x = \frac{a_1}{\pi} E_1$$

$$\sigma_y = \frac{a_1}{\pi} F_1$$

$$\tau_{xy} = \frac{a_1}{\pi} G_1$$

式中

$$E_1 = \arctan \frac{x-a}{y} - \arctan \frac{x+a}{y} - \frac{y(x-a)}{y^2+(x-a)^2} + \frac{y(x+a)}{y^2+(x+a)^2}$$

$$F_1 = \arctan \frac{x-a}{y} - \arctan \frac{x+a}{y} + \frac{y(x-a)}{y^2+(x-a)^2} - \frac{y(x+a)}{y^2+(x+a)^2}$$

$$G_1 = \frac{(x-a)^2}{y^2+(x-a)^2} - \frac{(x+a)^2}{y^2+(x+a)^2}$$

(2) $-a \leqslant x \leqslant a, y=0$ 上作用水平一次连续分布力 $a_2 \xi$(见图 9-18(b))时的应力为

$$\sigma_x = \frac{a_2}{\pi} E_2$$

$$\sigma_y = \frac{a_2}{\pi} F_2$$

$$\tau_{xy} = \frac{a_2}{\pi} G_2$$

式中:

$$E_2 = 3y\left(\arctan \frac{x-a}{y} - \arctan \frac{x+a}{y}\right) - x\ln\frac{y^2+(x+a)^2}{y^2+(x-a)^2}$$
$$- \frac{(x-a)(x^2-xa+y^2)}{y^2+(x-a)^2} + \frac{(x+a)(x^2+xa+y^2)}{y^2+(x+a)^2} + 4a$$

$$F_2 = -y\left(\arctan \frac{x-a}{y} - \arctan \frac{x+a}{y}\right) + \frac{(x-a)(x^2-xa+y^2)}{y^2+(x-a)^2} - \frac{(x+a)(x^2+xa+y^2)}{y^2+(x+a)^2}$$

$$G_2 = x\left(\arctan \frac{x-a}{y} - \arctan \frac{x+a}{y}\right) + y\ln\frac{y^2+(x+a)^2}{y^2+(x-a)^2}$$
$$- \frac{ya(x-a)}{y^2+(x-a)^2} - \frac{ya(x+a)}{y^2+(x-a)^2}$$

(3) $-a \leqslant x \leqslant a, y=0$ 上作用竖向二次连续分布力 $a_3 \xi^2$(见图 9-18(c))

$$\sigma_x = \frac{a_3}{\pi} E_3$$

$$\sigma_y = \frac{a_3}{\pi} F_3$$

$$\tau_{xy} = \frac{a_3}{\pi} G_3$$

式中:

$$E_3 = (x^2 - 3y^3)\left(\arctan \frac{x-a}{y} - \arctan \frac{x+a}{y}\right) + 2xy\ln\frac{y_2+(x+a)^2}{y^2+(x-a)^2}$$
$$+ \frac{y(x-a)(x^2-2xa+y^2)}{y^2+(x-a)^2} - \frac{y(x+a)(x^2-2xa+y^2)}{y^2+(x+a)^2} - 4ay$$

$$F_3 = (x^2 + y^2)\left(\arctan\frac{x-a}{y} - \arctan\frac{x+a}{y}\right)$$
$$- \frac{y(x-a)(x^2 - 2xa + y^2)}{y^2 + (x-a)^2} + \frac{y(x+a)(x^2 + 2xa + y^2)}{y^2 + (x+a)^2}$$

$$G_3 = -2xy\left(\arctan\frac{x-a}{y} - \arctan\frac{x+a}{y}\right) - y^2\ln\frac{y^2 + (x+a)^2}{y^2 + (x-a)^2}$$
$$+ \frac{(x-a)(x^3 - x^2 a + xy^2 + y^2 a)}{y^2 + (x-a)^2} - \frac{(x+a)(x^3 + x^2 a + xy^2 - y^2 a)}{y^2 + (x+a)^2}$$

### 2. 应力函数的组成

图 9-17(a)为对称结构受对称荷载作用,因此反对称的未知力参数必等于零,即奇次竖向分布力和偶次水平分布力不存在。应力函数的组合为

$$\left.\begin{array}{l} \sigma_x = \dfrac{1}{\pi}(a_1 E_1 + a_2 E_2 + a_3 E_3) + a_4 y + a_5 \\[2mm] \sigma_y = \dfrac{1}{\pi}(a_1 F_1 + a_2 F_2 + a_3 F_3) \\[2mm] \tau_{xy} = \dfrac{1}{\pi}(a_1 G_1 + a_2 G_2 + a_3 G_3) \end{array}\right\} \tag{9-121}$$

式中: $a_1 \sim a_5$ ——应力参数。

为了反映梁的受弯特点,上式 $\sigma_x$ 中叠加了常数项及 $y$ 的一次项。上式中的应力分量,在不计 I 区自重时,满足平衡微分方程。

上述应力分量也可以表示为向量形式

$$\boldsymbol{\sigma} = \boldsymbol{Sa}$$

式中: $\boldsymbol{S}$ ——应力矩阵;

$\boldsymbol{a}$ ——应力参数向量。

## 9.6.4 分区混合总能量的表达式

分区混合总能量定义为

$$\Pi = \Pi_{P\text{II}} - \Pi_{C\text{I}} + H_{\text{I},\text{II}} \tag{9-122}$$

式中: $\Pi_{P\text{II}}$ ——II 区总势能;

$\Pi_{C\text{I}}$ ——I 区总余能;

$H_{\text{I},\text{II}}$ ——两区交界面 $S_{\text{I},\text{II}}$ 上的附加能。

### 1. $\Pi_{C\text{I}}$ 用 I 区应力函数中的应力参数表示

因为应变向量可通过应力向量表示为

$$\boldsymbol{\varepsilon} = \boldsymbol{D}^{-1}\boldsymbol{\sigma}$$

所以

$$\Pi_{C\text{I}} = \frac{1}{2}\iint\limits_{\Omega}\boldsymbol{\sigma}^{\text{T}}\boldsymbol{\varepsilon} t_{\text{I}}\,\mathrm{d}\Omega = \frac{1}{2}\iint\limits_{\Omega}\boldsymbol{\sigma}^{\text{T}}\boldsymbol{D}^{-1}\boldsymbol{\sigma} t_{\text{I}}\,\mathrm{d}\Omega$$

$$= \frac{1}{2} \boldsymbol{a}^{\mathrm{T}} \boldsymbol{F}_{\mathrm{I}} \boldsymbol{a} \tag{9-123}$$

式中：$\boldsymbol{D}^{-1} = \dfrac{1}{E_{\mathrm{I}}} \begin{bmatrix} 1 & -\mu & 0 \\ -\mu & 1 & 0 \\ 0 & 0 & 2(1+\mu) \end{bmatrix}$；

$\Omega, E_{\mathrm{I}}, t_{\mathrm{I}}$——Ⅰ区的面积、弹性模量和厚度；

$\boldsymbol{a}_{n_1}$——应力参数向量；

$n_1$——应力参数的个数，对式（9-121）的应力函数组合，$n_1 = 5$；

$\boldsymbol{F}_{\mathrm{I}\, n_1 \times n_1}$——Ⅰ区的柔度矩阵，由式（9-121），可求出

$$\boldsymbol{F}_{\mathrm{I}\, 5 \times 5} = \frac{t_{\mathrm{I}}}{E_{\mathrm{I}}}$$

$$\times \iint\limits_{\Omega} \begin{bmatrix} [E_1^2 + F_1^2 - 2\mu E_1 F_1 \\ \quad + 2(1+\mu)G_1^2]\frac{1}{\pi^2} & [E_1 E_2 + F_1 F_2 - \\ \quad \mu(E_1 F_2 + E_2 F_1) \\ \quad + 2(1+\mu)G_1 G_2]\frac{1}{\pi^2} & [E_1 E_3 + F_1 F_3 - \\ \quad \mu(E_1 F_3 + E_3 F_1) \\ \quad + 2(1+\mu)G_1 G_3]\frac{1}{\pi^2} & [E_1 - \mu F_1]\frac{y}{\pi} & [E_1 - \mu F_1]\frac{1}{\pi} \\[4pt] 对 & [E_2^2 + F_2^2 - 2\mu E_2 F_2 \\ \quad + 2(1+\mu)G_2^2]\frac{1}{\pi^2} & [E_2 E_3 + F_2 F_3 - \\ \quad \mu(E_2 F_3 + E_3 F_2) \\ \quad + 2(1+\mu)G_2 G_3]\frac{1}{\pi^2} & [E_2 - \mu F_2]\frac{y}{\pi} & [E_2 - \mu F_2]\frac{1}{\pi} \\[4pt] 称 & & [E_3^2 + F_3^2 - 2\mu E_3 F_3 \\ \quad + 2(1+\mu)G_3^2]\frac{1}{\pi^2} & [E_3 - \mu F_3]\frac{y}{\pi} & [E_3 - \mu F_3]\frac{1}{\pi} \\[4pt] & 对 & & y^2 & y \\[4pt] & 称 & & & 1 \end{bmatrix} \mathrm{d}\Omega$$

## 2. $\varPi_{P\mathrm{II}}$ 用 Ⅱ 区的结点位移参数表示

本项的表达式与通常的有限元法完全一样。

$$\varPi_{P\mathrm{II}} = \frac{1}{2} \boldsymbol{w}^{\mathrm{T}} \boldsymbol{K}_{\mathrm{II}} \boldsymbol{w} - \boldsymbol{w}^{\mathrm{T}} \boldsymbol{P} \tag{9-124}$$

式中：$\boldsymbol{K}_{\mathrm{II}\, 2n \times 2n}$——Ⅱ区总刚度矩阵，$n$ 为Ⅱ区结点数；

$\boldsymbol{w}_{2n}$——Ⅱ区结点位移参数向量，由Ⅱ区的内部结点位移 $\bar{w}$ 和Ⅰ、Ⅱ区交界面上的结点位移 $w^*$ 两部分组成；

$\boldsymbol{P}_{2n}$——Ⅱ区结点荷载向量。

## 3. $H_{\mathrm{I},\mathrm{II}}$ 用 Ⅰ 区的应力参数和交界面 $S_{\mathrm{I},\mathrm{II}}$ 上的结点位移参数混合表示

Ⅰ、Ⅱ两区交界面 $S_{\mathrm{I},\mathrm{II}}$ 上的附加能量定义为：在交界面 $S_{\mathrm{I},\mathrm{II}}$ 上，Ⅰ区的应力在Ⅱ区的相应位移上所

做的功,即

$$H_{\mathrm{I},\mathrm{II}} = t_{\mathrm{I}} \int_{S_{\mathrm{I},\mathrm{II}}} (T_x^{\mathrm{I}} u^{\mathrm{II}} + T_y^{\mathrm{I}} v^{\mathrm{II}}) \mathrm{d}S \tag{9-125}$$

式中: $T_x^{\mathrm{I}}$, $T_y^{\mathrm{I}}$ ——与 I 区内部应力场一致的在边界面 $S_{\mathrm{I},\mathrm{II}}$ 上的边界力,

$$\left. \begin{aligned} T_x^{\mathrm{I}} &= \sigma_x l + \tau_{xy} m = \sum_{i=1}^{n1} a_i T_{x(i)}^{\mathrm{I}} \\ T_y^{\mathrm{I}} &= \tau_{xy} l + \sigma_y m = \sum_{i=1}^{n1} a_i T_{y(i)}^{\mathrm{I}} \end{aligned} \right\} \tag{9-126}$$

式中: $l, m$ ——边界面 $S_{\mathrm{I},\mathrm{II}}$ 上外法线(对 I 区的外法线)的方向余弦。

式(9-125)中的 $u^{\mathrm{II}}$, $v^{\mathrm{II}}$ 是交界面上的位移,可表为

$$\left. \begin{aligned} u^{\mathrm{II}} &= \sum_{j=1}^{n_2} N_j u_j \\ v^{\mathrm{II}} &= \sum_{j=1}^{n_2} N_j v_j \end{aligned} \right\} \tag{9-127}$$

式中: $N_j$ ——形函数;

　　　 $n_2$ —— $S_{\mathrm{I},\mathrm{II}}$ 上位移单元的结点个数;

　　　 $u_j$, $v_j$ —— $S_{\mathrm{I},\mathrm{II}}$ 上位移单元的结点位移。

将式(9-126)及式(9-127)代入式(9-125),得

$$H_{\mathrm{I},\mathrm{II}} = \sum_{i=1}^{n_1} a_i \left( \sum_{j=1}^{n_2} h_{x(i,j)} u_j + \sum_{j=1}^{n_2} h_{y(i,j)} v_j \right) \tag{9-128}$$

其中

$$\left. \begin{aligned} h_{x(i,j)} &= t_{\mathrm{I}} \int_{S_{\mathrm{I},\mathrm{II}}} N_j(S) T_{xi}^{\mathrm{I}}(S) \mathrm{d}S \\ h_{y(i,j)} &= t_{\mathrm{I}} \int_{S_{\mathrm{I},\mathrm{II}}} N_j(S) T_{yi}^{\mathrm{I}}(S) \mathrm{d}S \end{aligned} \right\} \tag{9-129}$$

为表达简洁,式(9-128)可改写为

$$H_{\mathrm{I},\mathrm{II}} = \sum_{i=1}^{n_1} a_i \sum_{j=1}^{2n_2} h_{(i,j)} w_j \tag{9-130}$$

其中

$$\left. \begin{aligned} h_{(i,2j-1)} &= h_{x(i,j)} \\ h_{(i,2j)} &= h_{y(i,j)} \end{aligned} \right\}, \quad j = 1, 2, \cdots, n_2 \tag{9-131}$$

式(9-130)用矩阵表示,可写成

$$H_{\mathrm{I},\mathrm{II}} = \boldsymbol{a}^{\mathrm{T}} \boldsymbol{H} \boldsymbol{w}^* \tag{9-132}$$

式中: $w^*$ ——交界面 $S_{\mathrm{I},\mathrm{II}}$ 上位移元的结点位移参数,

$$\boldsymbol{w}^* = (u_1 \quad v_1 \quad u_2 \quad v_2 \quad \cdots \quad u_{n_2} \quad v_{n_2})^{\mathrm{T}}$$

### 4. H 矩阵中各元素的算式推导

I 区的范围如图 9-19 中阴影部分所示。 $S_{\mathrm{I},\mathrm{II}}$ 包括 $AB$、$BC$、$DO$ 三段。 $CD$ 段为自由边界。 $AO$ 为框

支剪力墙的对称边界。设 $AB$ 边上位移单元数为 $m_1$，$BC$ 和 $DO$ 边上位移单元数为 1。这样，$S_{\mathrm{I,II}}$ 上相邻位移单元总数为 $m_1+2$，结点总数为 $2m_1+6$。设 $AB$ 段长度为 $A_1$，$BC$ 段长度为 $A_2$，$DO$ 段长度为 $A_3$。$AB$ 上的结点间距 $c=\dfrac{A_1}{2m_1}$（取等间距），$BC$ 边上的结点间距为 $\dfrac{A_2}{2}$，$DO$ 边上的结点间距为 $\dfrac{A_3}{2}$。各边上的方向余弦为

$$l=\begin{cases}0, & AB\ \text{上}\\ 1, & BC\ \text{上}, \\ 0, & DO\ \text{上}\end{cases}\qquad m=\begin{cases}1, & AB\ \text{上}\\ 0, & BC\ \text{上}\\ -1, & DO\ \text{上}\end{cases} \tag{9-133}$$

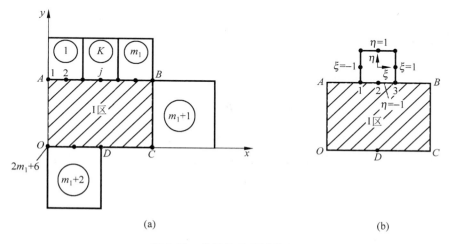

**图 9-19　Ⅰ区及其邻近单元**

八结点等参元与Ⅰ区的共同边界，在 $\xi$-$\eta$ 局部坐标系中是 $\eta=-1$ 边。形函数为

$$N_1=-\frac{1}{2}\xi(1-\xi),\quad N_2=1-\xi^2,\quad N_3=\frac{1}{2}\xi(1+\xi) \tag{9-134}$$

局部坐标 $\xi$ 与整体坐标 $x$ 或 $y$ 之间的关系为

$$\xi=\begin{cases}\dfrac{x-(2K-1)c}{c}, & \text{在 } AB\ \text{边上}\\[2mm] \dfrac{-2y+A_2}{A_2}, & \text{在 } BC\ \text{边上}\\[2mm] \dfrac{-2x+A_3}{A_3}, & \text{在 } DO\ \text{边上}\end{cases} \tag{9-135}$$

式中：$K$——$AB$ 边上从左到右的单元顺序；

　　　$\xi$——正方向沿 $S_{\mathrm{I,II}}$ 为顺时针方向；

　　　$c$——结点间距（见图 9-19）。

将式(9-135)依次代入式(9-134)，利用式(9-133)和边界力，由式(9-131)和式(9-129)或推导出式(9-132)中 **H** 矩阵中的各元素。如 $AB$ 边上第 $K$ 单元的中结点：$j=2K,1\leqslant K\leqslant m,1\leqslant i\leqslant n_1$，可求得

$$h_{(i,4K-1)}=t_{\mathrm{I}}\int_{(2K-2)c}^{2Kc}\left[-\frac{x^2}{c^2}+\frac{(4K-2)x}{c}+4(K^2-K)\right]T_{x(i)}^1\,\mathrm{d}x$$

$$h_{(i,4K)} = t_{\mathrm{I}} \int_{(2K-2)c}^{2Kc} \left[ -\frac{x^2}{c^2} + \frac{(4K-2)x}{c} + 4(K^2-K) \right] T_{y(i)}^{\mathrm{I}} \, \mathrm{d}x$$

又如 $BC$ 边中结点:$j=2m_1+2, 1 \leqslant i \leqslant n_1$,可求得

$$h_{(i,4m_1+3)} = t_{\mathrm{I}} \int_0^{A_2} \left( -\frac{4y^2}{A_2^2} + \frac{4y}{A_2} \right) T_{x(i)}^{\mathrm{I}} \, \mathrm{d}y$$

$$h_{(i,4m_1+4)} = t_{\mathrm{I}} \int_0^{A_2} \left( -\frac{4y^2}{A_2^2} + \frac{4y}{A_2} \right) T_{y(i)}^{\mathrm{I}} \, \mathrm{d}y$$

式中:$j$——$S_{\mathrm{I},\mathrm{II}}$ 上的结点编码;

$i$——应力参数的顺序。

### 9.6.5　混合法基本方程

将式(9-123)、式(9-124)和式(9-132)代入式(9-122),得

$$\Pi = \frac{1}{2} \boldsymbol{w}^{\mathrm{T}} \boldsymbol{K}_{\mathrm{II}} \boldsymbol{w} - \boldsymbol{w}^{\mathrm{T}} \boldsymbol{P} - \frac{1}{2} \boldsymbol{a}^{\mathrm{T}} \boldsymbol{F}_{\mathrm{I}} \boldsymbol{a} + \boldsymbol{a}^{\mathrm{T}} \boldsymbol{H} \boldsymbol{w}^* \tag{9-136}$$

由上式可知,分区混合总能量包含了应力参数和结点位移两类参数。

分区混合能量原理指出,基本未知量的真实解应使式(9-122)定义的泛函为驻值,即

$$\delta \Pi = 0$$

(1) 由 $\dfrac{\partial \Pi}{\partial \boldsymbol{a}} = 0, -\boldsymbol{F}_{\mathrm{I}} \boldsymbol{a} + \boldsymbol{H} \boldsymbol{w}^* = 0$

从而应力参数可用下式表示

$$\boldsymbol{a} = \boldsymbol{F}_{\mathrm{I}}^{-1} \boldsymbol{H} \boldsymbol{w}^* \tag{9-137}$$

将式(9-137)代入式(9-136),得

$$\Pi = \frac{1}{2} \boldsymbol{w}^{\mathrm{T}} \boldsymbol{K}_{\mathrm{II}} \boldsymbol{w} - \boldsymbol{w}^{\mathrm{T}} \boldsymbol{P} + \frac{1}{2} \boldsymbol{w}^{* \mathrm{T}} \boldsymbol{H}^{\mathrm{T}} \boldsymbol{F}_{\mathrm{I}}^{-1} \boldsymbol{H} \boldsymbol{w}^*$$

此式可改写为

$$\Pi = \frac{1}{2} \boldsymbol{w}^{\mathrm{T}} \boldsymbol{K}_{\mathrm{II}} \boldsymbol{w} - \boldsymbol{w}^{\mathrm{T}} \boldsymbol{P} + \frac{1}{2} \begin{bmatrix} \boldsymbol{w}^* \\ \hline \boldsymbol{w} \end{bmatrix}^{\mathrm{T}} \begin{bmatrix} \boldsymbol{H}^{\mathrm{T}} \boldsymbol{F}_{\mathrm{I}}^{-1} \boldsymbol{H} & \boldsymbol{0} \\ \boldsymbol{0} & \boldsymbol{0} \end{bmatrix} \begin{bmatrix} \boldsymbol{w}^* \\ \hline \boldsymbol{w} \end{bmatrix}$$

式中:$\boldsymbol{w} = \begin{bmatrix} \boldsymbol{w}^* \\ \hline \boldsymbol{w} \end{bmatrix}$。

(2) 由 $\dfrac{\partial \Pi}{\partial \boldsymbol{w}} = 0$,得到

$$\boldsymbol{K}_{\mathrm{II}} \boldsymbol{w} + \begin{bmatrix} \boldsymbol{H}^{\mathrm{T}} \boldsymbol{F}_{\mathrm{I}}^{-1} \boldsymbol{H} & \boldsymbol{0} \\ \boldsymbol{0} & \boldsymbol{0} \end{bmatrix} \boldsymbol{w} = \boldsymbol{P}$$

可写为

$$\left( \boldsymbol{K}_{\mathrm{II}} + \begin{bmatrix} \boldsymbol{K}' & \boldsymbol{0} \\ \boldsymbol{0} & \boldsymbol{0} \end{bmatrix} \right) \boldsymbol{w} = \boldsymbol{P} \tag{9-138}$$

式中:$\boldsymbol{K}_{\mathrm{II}}$——$2n$ 阶对称矩阵;

$K' = H^{\mathrm{T}} F_1^{-1} H$ ——$2n_2$ 阶对称矩阵。

式(9-138)具体形式为

$$
\left\{
\begin{bmatrix}
K_{11} & \cdots & K_{1,2n_2} & K_{1,2n_2+1} & \cdots & K_{1,2n} \\
\vdots & & \vdots & \vdots & & \vdots \\
K_{2n_2,1} & \cdots & K_{2n_2,2n_2} & K_{2n_2,2n_2+1} & \cdots & K_{2n_2,2n} \\
K_{2n_2+1,1} & \cdots & K_{2n_2+1,2n_2} & K_{2n_2+1,2n_2+1} & \cdots & K_{2n_2+1,2n} \\
\vdots & & \vdots & \vdots & & \vdots \\
K_{2n,1} & \cdots & K_{2n,2n_2} & K_{2n,2n_2+1} & \cdots & K_{2n,2n}
\end{bmatrix}
+
\begin{bmatrix}
K'_{11} & \cdots & K'_{1,2n_2} & 0 & \cdots & 0 \\
\vdots & & \vdots & \vdots & & \vdots \\
K'_{2n_2,1} & \cdots & K'_{2n_2,2n_2} & 0 & \cdots & 0 \\
0 & \cdots & 0 & 0 & \cdots & 0 \\
\vdots & & \vdots & \vdots & & \vdots \\
0 & \cdots & 0 & 0 & \cdots & 0
\end{bmatrix}
\right\}
\begin{bmatrix}
w_1 \\
\vdots \\
w_{2n_2} \\
w_{2n_2+1} \\
\vdots \\
w_{2n}
\end{bmatrix}
=
\begin{bmatrix}
P_1 \\
\vdots \\
P_{2n_2} \\
P_{2n_2+1} \\
\vdots \\
P_{2n}
\end{bmatrix}
$$

可以看出,上式的系数矩阵就是在通常的刚度矩阵 $K_{\mathrm{II}}$ 上增加一部分 $K'$ 的系数而形成,其中 $K'$ 的系数只有左上部的 $2n_2 \times 2n_2$ 个,其余全为零。因此,可以利用已有的有限元位移法程序,作少量的修改即可。

通过式(9-138)可求得结点位移 $w$,从而可求得 II 区的应力;将得到的 $w^*$ 代入式(9-137),可求得应力参数 $a$,从而可得 I 区的应力。

## 9.6.6　算例及结果

【例 9-4】　双跨框支剪力墙在竖向荷载作用下的应力分析。

如图 9-17(a)所示,结构尺寸:框支剪力墙结构总高 39m,总宽 11.7m,剪力墙厚 0.2m。底层框架中柱宽 0.5m,边柱宽 0.45m,梁高 0.8m,框架部分厚 0.45m。材料性质:$E = 2.6 \times 10^4 \mathrm{MPa}$,$\mu = 0.1667$。荷载:剪力墙每米高重 210kN,框架自重不计。

【解】　由于对称,只考虑结构的右半部;在结构的 13m 高度以上,应力分布比较均匀,所以只对 13m 高度以下进行计算。13m 高度以上部分重化作均布竖向荷载。计算图如图 9-17(b)所示。

网格的划分如图 9-20 所示,取一个应力单元和 15 个位移单元(八结点等参元)。部分计算结果如图 9-21~图 9-23 所示。这里只给出了中柱上方局部区域的应力,整个结构的应力与图 9-30 是接近的,不再画出。结果可参见文献[13]。

计算结果表明,本方法求得的应力分布和文献[15]5.2 节中用常规位移元求得的应力分布在总体上是一致的;但在中柱上方的局部应力集中处,本方法给出了更合理的计算值。

从总体看(见图 9-30),$\sigma_y$ 在剪力墙下部应力向框架柱上方集中,边柱上方大于中柱上方;而在跨中附近,$\sigma_y$ 值很小。剪力墙上部,$\sigma_y$ 分布趋于均匀。$\sigma_x$ 在梁内和墙下部,有正有负,以正为主,形成大致相当于三角形的拉应力区域(图 9-3(b)中虚线以下)。$\tau_{xy}$ 在梁内和墙下部有正有负,在梁柱及墙梁交界面上,数值较大。$\sigma_x$ 和 $\tau_{xy}$ 在墙上部均很小。

从局部看,光弹性试验研究表明,中柱外缘与横梁下缘交接的角点附近应力急剧变化。$\sigma_x$ 在角点处很大(负值),向跨中方向很快减小(绝对值),而后变为正值。本方法得到了相同的分析结果,且数值上也是很接近的。这种应力集中现象常规位移元不易反映。

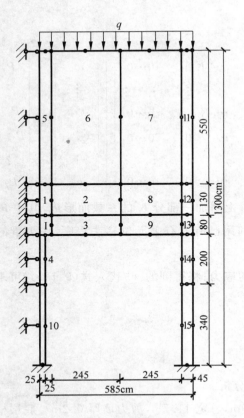

图 9-20　网格划分

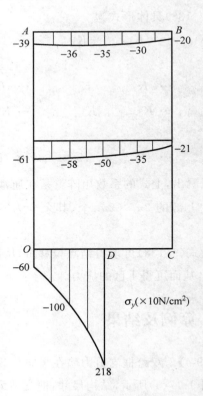

图 9-21　Ⅰ区 $\sigma_y$

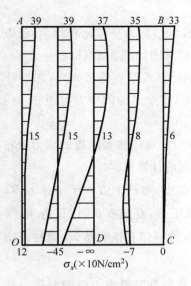

图 9-22　Ⅰ区 $\sigma_x$

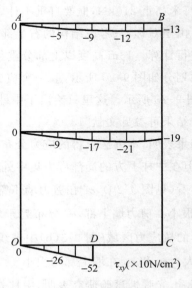

图 9-23　Ⅰ区 $\tau_{xy}$

## 9.7　用分区混合有限元法分析剪力墙角区应力集中

### 9.7.1　计算简图和计算方法

剪力墙或框支剪力墙如图 9-16 所示。计算时将结构分为两区：Ⅰ余能区，在孔洞的角区和框架的角区，应力数值和梯度大，角点有奇异性，采用能反映此特点的奇异应力单元，用由弹性力学推导出的含有应力参数 $\boldsymbol{\beta}$ 的解析式作为其应力状态，以 $\boldsymbol{\beta}$ 为基本未知量。Ⅱ势能区，除角区外的广大区域取为势能区，用八结点等参数单元，以结点位移 $w$ 为基本未知量。$w$ 由势能区内部的结点位移 $\bar{w}$ 和势能区与余能区交界线上的结点位移 $w^*$ 两部分组成。

根据分区混合能量原理，首先求出势能区的总势能、余能区的总余能以及两区交界线上的附加能量，得到分区混合总能量泛函。令总能量泛函为驻值，从而建立分区混合有限元法的基本方程。由基本方程，可以解出结点位移 $w$ 和应力参数 $\boldsymbol{\beta}$，从而求得解答。

### 9.7.2　弹性平面切口附近自应力分析

在余能区Ⅰ，取弹性平面切口附近无外荷载作用时的自应力状态作为Ⅰ区的应力状态。

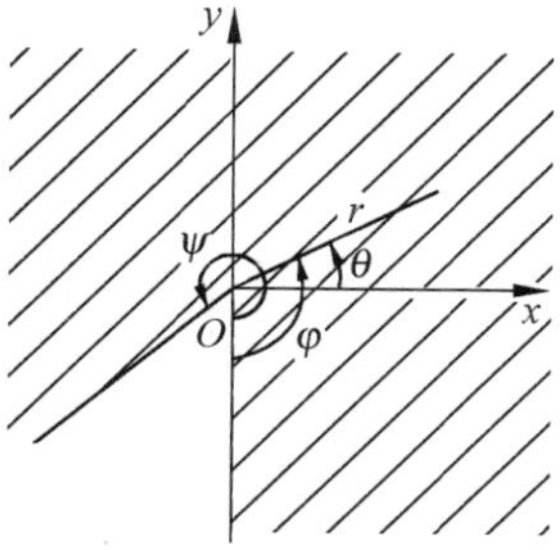

如图 9-24 所示为一无限弹性平面切口附近的图形，切口边上无外荷载作用。切口附近的应力函数可假定为 Williams 应力函数的形式

$$\Phi(r,\varphi) = \sum \Phi_\lambda(r,\varphi) \tag{9-139}$$

式中

$$\Phi_\lambda(r,\varphi) = \left(\frac{r}{a}\right)^{\lambda+1} f_\lambda(\varphi) \tag{9-140}$$

式中：$r,\varphi$——极坐标；

$a,\lambda$——分别为结构的特征尺寸与应力函数的特征值（详后）；

$f_\lambda(\varphi)$——待定函数。

令 $\Phi_\lambda(r,\varphi)$ 满足弹性力学中的相容方程，即

$$\left(\frac{\partial^2}{\partial r^2} + \frac{1}{r}\frac{\partial}{\partial r} + \frac{1}{r^2}\frac{\partial^2}{\partial \varphi^2}\right)^2 \Phi_\lambda(r,\varphi) = 0$$

图 9-24　弹性平面切口附近自应力

将式（9-140）代入上式，可以得到一个四阶常系数线性微分方程

$$\frac{\mathrm{d}^4 f_\lambda(\varphi)}{\mathrm{d}\varphi^4} + [(\lambda-1)^2 + (\lambda+1)^2]\frac{\mathrm{d}^2 f_\lambda(\varphi)}{\mathrm{d}\varphi^2} + (\lambda-1)^2(\lambda+1)^2 f_\lambda(\varphi) = 0$$

解此方程得

$$f_\lambda(\varphi) = K_\lambda\cos(\lambda+1)\varphi + L_\lambda\sin(\lambda+1)\varphi + M_\lambda\cos(\lambda-1)\varphi + N_\lambda\sin(\lambda-1)\varphi$$

将上式和式（9-140）代入式（9-139），得应力函数

$$\Phi(r,\varphi) = \sum (r/a)^{\lambda+1} [K_\lambda \cos(\lambda+1)\varphi + L_\lambda \sin(\lambda+1)\varphi$$
$$+ M_\lambda \cos(\lambda-1)\varphi + N_\lambda \sin(\lambda-1)\varphi] \tag{9-141}$$

从而可以得到应力分量

$$\sigma_\theta = \frac{\partial^2 \Phi(r,\varphi)}{\partial r^2}$$

$$= \sum a^{-2} \lambda(\lambda+1)(r/a)^{\lambda-1} [K_\lambda \cos(\lambda+1)\varphi + L_\lambda \sin(\lambda+1)\varphi$$
$$+ M_\lambda \cos(\lambda-1)\varphi + N_\lambda \sin(\lambda-1)\varphi]$$

$$\tau_{r\theta} = \tau_{\theta r} = -\frac{\partial}{\partial r}\left(\frac{1}{r}\frac{\partial \Phi(r,\varphi)}{\partial \varphi}\right)$$

$$= \sum_\lambda -a^2\lambda(r/a)^{\lambda-1}\{(\lambda+1)[-K_\lambda \sin(\lambda+1)\varphi + L_\lambda \cos(\lambda+1)\varphi]$$
$$+ (\lambda-1)[-M_\lambda \sin(\lambda-1)\varphi + N_\lambda \cos(\lambda-1)\varphi]\}$$

式中: $K_\lambda, L_\lambda, M_\lambda$ 和 $N_\lambda$ ——积分常数。

设切口表面无外力作用,则有下列边界条件

$$\left.\begin{array}{l} \sigma_\theta \mid_{\varphi=0} = \tau_{r\theta} \mid_{\varphi=0} = 0 \\ \sigma_\theta \mid_{\varphi=\psi} = \tau_{r\theta} \mid_{\varphi=\psi} = 0 \end{array}\right\}$$

利用上式前一式的两个边界条件,可得

$$K_\lambda = -M_\lambda, \quad L_\lambda = -\frac{\lambda-1}{\lambda+1}N_\lambda \tag{9-142}$$

再利用后一式的两个边界条件,可以得到

$$\left.\begin{array}{l} [-\cos(\lambda+1)\psi + \cos(\lambda-1)\psi]M_\lambda + \left[-\frac{\lambda-1}{\lambda+1}\sin(\lambda+1)\psi + \sin(\lambda-1)\psi\right]N_\lambda = 0 \\ [(\lambda+1)\sin(\lambda+1)\psi - (\lambda-1)\sin(\lambda-1)\psi]M_\lambda \\ + [-(\lambda-1)\cos(\lambda+1)\psi + (\lambda-1)\cos(\lambda-1)\psi]N_\lambda = 0 \end{array}\right\} \tag{9-143}$$

由于切口附近存在应力,故应力函数中待定系数 $M_\lambda$、$N_\lambda$ 不全为零。因此,上两式中 $M_\lambda$、$N_\lambda$ 的系数行列式应等于零,即

$$\begin{vmatrix} -\cos(\lambda+1)\psi + \cos(\lambda-1)\psi & -\frac{\lambda-1}{\lambda+1}\sin(\lambda+1)\psi + \sin(\lambda-1)\psi \\ (\lambda+1)\sin(\lambda+1)\psi - (\lambda-1)\sin(\lambda-1)\psi & -(\lambda-1)\cos(\lambda+1)\psi + (\lambda-1)\cos(\lambda-1)\psi \end{vmatrix} = 0$$

从而可以得出切口附近应力函数的特征方程

$$\lambda \sin\psi = \pm \sin\lambda\psi \tag{9-144}$$

特征方程反映了切口角度 $\psi$ 的大小对特征值 $\lambda$,亦即对应力函数的影响。

由式(9-144)可以看出,当切口角度 $\psi$ 一定时,特征方程的解就是正弦曲线与过原点直线的交点。

如,当 $\psi = \frac{3}{2}\pi$ 时,特征方程变为

$$\lambda = \pm \sin\frac{3}{2}\pi\lambda$$

其解为(见图 9-25)

$$\lambda = 0, \quad 0.5444837, \quad 0.9085292, \quad 1.0$$

　　求解特征方程时注意到：当 $\lambda < 0$ 时,切口尖端的位移为无穷大;$\lambda = 0$,对应于无应力状态;所以,只能取 $\lambda > 0$。通过求解特征方程还发现,当切口角度 $\psi$ 满足 $\pi < \psi \leqslant 2\pi$ 时,特征方程的最小正根 $\lambda_1$ 恒小于 1,即切口尖点为应力奇点。随着切口角度 $\psi$ 增大,$\lambda_1$ 单调下降,但恒有 $\lambda_1 \geqslant 0.5$。当 $\psi \leqslant \pi$ 时,尖点处应力不显示奇异性。这里,应力奇点和应力奇异性是指在该尖点处应力趋向于无穷大的特性。图 9-26 为特征方程之解 $\lambda_1$、$\lambda_2$ 与切口角度 $\psi$ 的关系曲线。

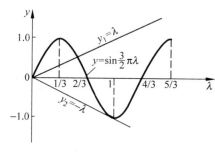

图　9-25

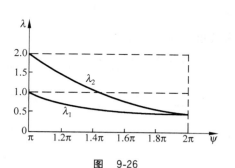

图　9-26

　　由式(9-143)知 $M_\lambda$,$N_\lambda$ 不独立,$M_\lambda$ 可用 $N_\lambda$ 表示为

$$M_\lambda = K(\lambda) N_\lambda \tag{9-145}$$

其中

$$K(\lambda) = -\frac{-\dfrac{\lambda-1}{\lambda+1}\sin(\lambda+1)\psi + \sin(\lambda-1)\psi}{-\cos(\lambda+1)\psi + \cos(\lambda-1)\psi}$$

或

$$K(\lambda) = -\frac{-(\lambda-1)\cos(\lambda+1)\psi + (\lambda-1)\cos(\lambda-1)\psi}{(\lambda+1)\sin(\lambda+1)\psi - (\lambda-1)\sin(\lambda-1)\psi}$$

　　将式(9-142)和式(9-145)的关系,及相应的特征值 $\lambda_i$ 的关系代入式(9-141),得应力函数的表达式为

$$\Phi(r,\varphi) = \sum_i \left(\frac{r}{a}\right)^{\lambda_i+1} \left\{ K_i \big[\cos(\lambda_i-1)\varphi - \cos(\lambda_i+1)\varphi\big] \right.$$

$$\left. + \left[\sin(\lambda_i-1)\varphi - \frac{\lambda-1}{\lambda+1}\sin(\lambda_i+1)\varphi\right] \right\} N_i$$

从应力函数 $\Phi(r,\varphi)$ 可以得出极坐标下的应力分量

$$\sigma_r = \frac{1}{r}\frac{\partial \Phi(r,\varphi)}{\partial r} + \frac{1}{r^2}\frac{\partial^2 \Phi(r,\varphi)}{\partial \varphi^2}$$

$$= \sum_i \left(\frac{r}{a}\right)^{\lambda_i-1} \{ K_i[\lambda_i(3-\lambda_i)\cos(\lambda_i-1)\varphi + \lambda_i(\lambda_i+1)\cos(\lambda_i+1)\varphi]$$

$$+ [\lambda_i(3-\lambda_i)\sin(\lambda_i-1)\varphi + \lambda_i(\lambda_i-1)\sin(\lambda_i+1)\varphi] \} \frac{N_i}{a^2}$$

$$\sigma_\theta = \frac{\partial^2 \Phi(r,\varphi)}{\partial r^2} = \sum_i \lambda_i(\lambda_i+1)\left(\frac{r}{a}\right)^{\lambda_i-1}\Big\{K_i\big[\cos(\lambda_i-1)\varphi - \cos(\lambda_i+1)\varphi\big]$$

$$+\left[\sin(\lambda_i-1)\varphi - \frac{\lambda_i-1}{\lambda_i+1}\sin(\lambda_i+1)\varphi\right]\frac{N_i}{a^2}\Big\}$$

$$\tau_{r\theta} = \tau_{\theta r} = -\frac{\partial}{\partial r}\left[\frac{1}{r}\frac{\partial \Phi(r,\varphi)}{\partial \varphi}\right]$$

$$=-\sum_i \lambda_i\left(\frac{r}{a}\right)^{\lambda_i-1}\{K_i[-(\lambda_i-1)\sin(\lambda_i-1)\varphi + (\lambda_i+1)\sin(\lambda_i+1)\varphi]$$

$$+[(\lambda_i-1)\cos(\lambda_i-1)\varphi - (\lambda_i-1)\cos(\lambda_i+1)\varphi]\}\frac{N_i}{a^2}$$

再变换为直角坐标系的应力分量

$$\sigma_x = \frac{\sigma_r+\sigma_\theta}{2} + \frac{\sigma_r-\sigma_\theta}{2}\cos2\theta - \tau_{r\theta}\sin2\theta$$

$$=\sum_i (r/a)^{\lambda_i-1}\{K_i[2\lambda_i\cos(\lambda_i-1)\varphi$$

$$+(-\lambda_i(\lambda_i-1)\cos(\lambda_i-1)\varphi + \lambda_i(\lambda_i+1)\cos(\lambda_i+1)\varphi)\cos2\theta$$

$$+(-\lambda_i(\lambda_i-1)\sin(\lambda_i-1)\varphi + \lambda_i(\lambda_i+1)\sin(\lambda_i+1)\varphi)\sin2\theta] + [2\lambda_i\sin(\lambda_i-1)\varphi$$

$$+(-\lambda_i(\lambda_i-1)\sin(\lambda_i-1)\varphi + \lambda_i(\lambda_i+1)\sin(\lambda_i+1)\varphi)\cos2\theta$$

$$+(-\lambda_i(\lambda_i-1)\cos(\lambda_i-1)\varphi - \lambda_i(\lambda_i-1)\cos(\lambda_i+1)\varphi)\sin2\theta]\}\beta_i$$

$$\sigma_y = \frac{\sigma_r+\sigma_\theta}{2} - \frac{\sigma_r-\sigma_\theta}{2}\cos2\theta + \tau_{r\theta}\sin2\theta$$

$$=\sum_i (r/a)^{\lambda_i-1}\{K_i[2\lambda_i\cos(\lambda_i-1)\varphi$$

$$-(\lambda_i(\lambda_i-1)\cos(\lambda_i-1)\varphi + \lambda_i(\lambda_i+1)\cos(\lambda_i+1)\varphi)\cos2\theta$$

$$-(-\lambda_i(\lambda_i-1)\sin(\lambda_i-1)\varphi + \lambda_i(\lambda_i+1)\sin(\lambda_i+1)\varphi)\sin2\theta]$$

$$+[2\lambda_i\sin(\lambda_i-1)\varphi - (-\lambda_i(\lambda_i-1)\sin(\lambda_i-1)\varphi + \lambda_i(\lambda_i-1)\sin(\lambda_i+1)\varphi)\cos2\theta$$

$$-(\lambda_i(\lambda_i-1)\cos(\lambda_i-1)\varphi - \lambda_i(\lambda_i-1)\cos(\lambda_i+1)\varphi)\sin2\theta]\}\beta_i$$

$$\tau_{xy} = \frac{\sigma_r-\sigma_\theta}{2}\sin2\theta + \tau_{r\theta}\cos2\theta$$

$$=\sum_i (r/a)^{\lambda_i-1}\{K_i[(-\lambda_i(\lambda_i-1)\cos(\lambda_i-1)\varphi$$

$$+\lambda_i(\lambda_i+1)\cos(\lambda_i+1)\varphi)\sin2\theta$$

$$-(-\lambda_i(\lambda_i-1)\sin(\lambda_i-1)\varphi + \lambda_i(\lambda_i+1)\sin(\lambda_i+1)\varphi)\cos2\theta]$$

$$+[(-\lambda_i(\lambda_i-1)\sin(\lambda_i-1)\varphi + \lambda_i(\lambda_i-1)\sin(\lambda_i+1)\varphi)\sin2\theta$$

$$-(\lambda_i(\lambda_i-1)\cos(\lambda_i-1)\varphi - \lambda_i(\lambda_i-1)\cos(\lambda_i+1)\varphi)\cos2\theta]\}\beta_i$$

其中

$$K_i = -\left[\frac{\lambda_i-1}{\lambda_i+1}\sin(\lambda_i+1)\psi - \sin(\lambda_i-1)\psi\right]\Big/\left[\cos(\lambda_i+1)\psi - \cos(\lambda_i-1)\psi\right]$$

$$\beta_i = \frac{N_i}{a^2}$$

应力分量也可以表示为向量形式

$$\boldsymbol{\sigma} = \boldsymbol{S}\boldsymbol{\beta}$$ (9-146)

式中：$\boldsymbol{S}$——应力矩阵；

　　$\boldsymbol{\beta}$——应力参数向量，即余能区的基本未知量。

## 9.7.3　分区混合总能量的表达式

分区混合总能量的表达式为

$$\Pi = \Pi_{P\mathrm{II}} - \Pi_{C\mathrm{I}} + H_{\mathrm{I},\mathrm{II}}$$ (9-147)

式中：$\Pi_{P\mathrm{II}}$——Ⅱ区总势能；

　　$\Pi_{C\mathrm{I}}$——Ⅰ区总余能；

　　$H_{\mathrm{I},\mathrm{II}}$——两区交界线 $S_{\mathrm{I},\mathrm{II}}$ 上的附加能。

### 1. $\boldsymbol{\Pi}_{C\mathrm{I}}$ 用Ⅰ区应力函数中的应力参数 $\boldsymbol{\beta}$ 表示

Ⅰ区总余能

$$\Pi_{C\mathrm{I}} = \frac{1}{2}\iint_{\Omega}\boldsymbol{\sigma}^{\mathrm{T}}\boldsymbol{D}^{-1}\boldsymbol{\sigma}t_{\mathrm{I}}\,\mathrm{d}\Omega$$

式中符号的意义同上节。

将式(9-146)代入后，得

$$\Pi_{C\mathrm{I}} = \frac{1}{2}\boldsymbol{\beta}^{\mathrm{T}}\boldsymbol{F}_{\mathrm{I}}\boldsymbol{\beta}$$ (9-148)

式中：$\boldsymbol{F}_{\mathrm{I}}$——奇异应力单元的柔度矩阵

$$\boldsymbol{F}_{\mathrm{I}} = \iint_{\Omega}\boldsymbol{S}^{\mathrm{T}}\boldsymbol{D}^{-1}\boldsymbol{S}t_{\mathrm{I}}\,\mathrm{d}\Omega$$

### 2. $\boldsymbol{\Pi}_{P\mathrm{II}}$ 用Ⅱ区的结点位移参数 $w$ 表示

$$\Pi_{P\mathrm{II}} = \frac{1}{2}\boldsymbol{w}^{\mathrm{T}}\boldsymbol{K}_{\mathrm{II}}\boldsymbol{w} - \boldsymbol{w}^{\mathrm{T}}\boldsymbol{P}$$ (9-149)

式中符号的意义同式(9-124)。

### 3. $H_{\mathrm{I},\mathrm{II}}$ 用Ⅰ区的应力参数 $\boldsymbol{\beta}$ 和交界线 $S_{\mathrm{I},\mathrm{II}}$ 上的结点位移参数 $w^{*}$ 混合表示

$$H_{\mathrm{I},\mathrm{II}} = \int_{S_{\mathrm{I},\mathrm{II}}}\boldsymbol{T}^{\mathrm{I}\,\mathrm{T}}\boldsymbol{u}^{\mathrm{II}}t_{\mathrm{I}}\,\mathrm{d}S$$ (9-150)

式中：$\boldsymbol{T}^{\mathrm{I}}$——Ⅰ区在交界线 $S_{\mathrm{I},\mathrm{II}}$ 上的边界力向量，即

$$\boldsymbol{T}^{\mathrm{I}} = (T_x^{\mathrm{I}} \quad T_y^{\mathrm{I}})^{\mathrm{T}}$$

　　$\boldsymbol{u}^{\mathrm{II}}$——Ⅱ区在交界线 $S_{\mathrm{I},\mathrm{II}}$ 上的位移向量，即

$$\boldsymbol{u}^{\mathrm{II}} = (u^{\mathrm{II}} \quad v^{\mathrm{II}})^{\mathrm{T}}$$

边界力向量 $\boldsymbol{T}^{\mathrm{I}}$ 可以用单元应力向量表示为

$$\boldsymbol{T}^{\mathrm{I}} = \boldsymbol{L}\boldsymbol{\sigma}$$ (9-151)

式中：$L$——方向余弦矩阵，

$$L = \begin{bmatrix} l & 0 & m \\ 0 & m & l \end{bmatrix}$$

式中：$l$、$m$——奇异应力单元(含尖点，在尖点处应力趋于无穷大的单元)外法线方向余弦，$l = \cos(n, x)$，
$m = \cos(n, y)$。

边界位移向量 $u^{\mathrm{II}}$ 可以用交界线上结点位移向量 $w^*$ 表示为

$$u^{\mathrm{II}} = Nw^* \tag{9-152}$$

式中：$N$——交界线上的形函数矩阵，

$$N = \begin{bmatrix} N_1 & 0 & N_2 & 0 & \cdots & N_{2M+1} & 0 \\ 0 & N_1 & 0 & N_2 & \cdots & 0 & N_{2M+1} \end{bmatrix}$$

形函数矩阵 $N$ 中元素推导如下。

奇异应力单元与相邻等参元间关系如图 9-27(a)所示。$M$ 为相邻等参元的数目。对第 $k$ 个位移等参元建立在交界线上的局部坐标 $\xi_k$(见图 9-27(b))，$N$ 中元素 $N_j$($1 \leqslant j \leqslant 2M+1$，$1 \leqslant k \leqslant M$)可以表示为

$$N_1 = \frac{1}{2}\xi_1(1 + \xi_1)$$

$$N_{2k} = 1 - \xi_k^2$$

$$N_{2k+1} = \begin{cases} -\dfrac{1}{2}\xi_k(1 - \xi_k) \\[2mm] \dfrac{1}{2}\xi_k(1 + \xi_k) \end{cases}$$

$$N_{2M+1} = -\frac{1}{2}\xi_M(1 - \xi_M)$$

$N_j$ 代表由于交界线上结点 $j$ 沿某一方向产生单位位移时所引起交界线上各点在同一方向上的位移值。形函数示意如图 9-28。

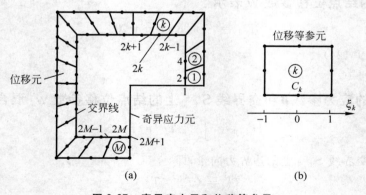

(a)　　　　　　　　　　　(b)

**图 9-27　奇异应力元和位移等参元**

将式(9-151)及式(9-152)代入式(9-150)，并利用式(9-146)，可得

$$H_{\mathrm{I},\mathrm{II}} = \beta^{\mathrm{T}} H w^* \tag{9-153}$$

式中：$H$——混合矩阵，它表示为

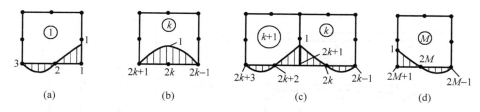

图 9-28　交界线上形函数

$$H = \int_{S_{I,II}} S^T L^T N t_I \, dS$$

将式(9-148)、式(9-149)和式(9-153)代入式(9-147),得分区混合总能量为

$$\Pi = \frac{1}{2} w^T K_{II} w - w^T P - \frac{1}{2} \beta^T F_I \beta + \beta^T H w^*$$

## 9.7.4　分区混合有限元法的基本方程

与 9.7.3 节推导类似,由分区混合总能量泛函的驻值条件 $\delta\Pi = 0$,求出

$$\beta = F_I^{-1} H w^*$$

及

$$\left( K_{II} + \begin{bmatrix} H^T F_I^{-1} H & 0 \\ 0 & 0 \end{bmatrix} \right) \begin{bmatrix} w^* \\ \overline{w} \end{bmatrix} = P \tag{9-154}$$

可以证明,式(9-154)的系数矩阵在引入位移边界条件后是正定的。

## 9.7.5　算例及结果分析

【例 9-5】　双跨框支剪力墙在竖向荷载作用下的应力分析。

【解】　结构及荷载同例 9-4,计算简图仍如图 9-17(b)所示。单元的划分如图 9-29 所示。在中柱和边柱与梁相交的角区设置了两个奇异应力单元,应力元①半长 50mm,应力元②半长 30mm。势能区共用了 48 个八结点等参元。

计算结果。整个结构的 $\sigma_y$、$\sigma_x$ 和 $\tau_{xy}$ 示于图 9-30,与上例计算结果一致。在图 9-30 中,括号内数字是各计算点所在位置,竖向位置为距离底面距离,水平位置为距左端距离,均以 mm 为单位。在角区的奇异应力单元内,$\sigma_y$、$\sigma_x$ 和 $\tau_{xy}$ 的分布示于图 9-31。在图 9-31(a)中,计算点水平位置均为等分点位置;在图 9-31(b)中,计算点竖向位置均为等分点位置。角区应力的数值与梯度都大大高于势能区,角区尖点是应力奇点,随着远离

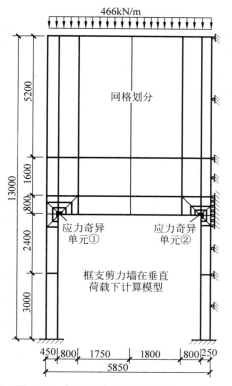

图 9-29　例 9-5 单元划分(单位:mm)

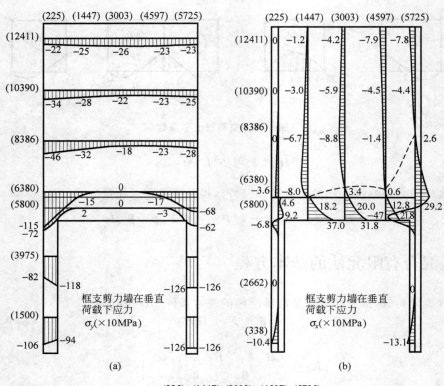

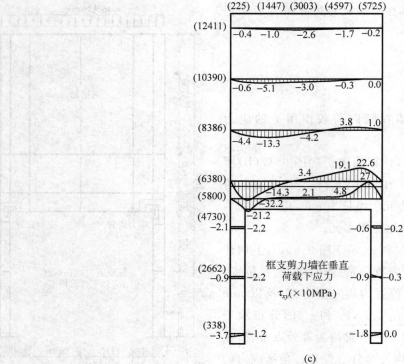

**图 9-30 例 9-5 整结构应力**

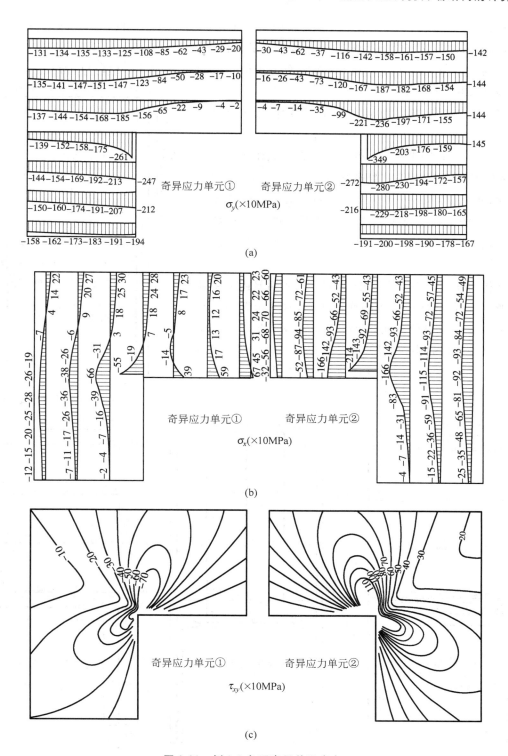

图 9-31　例 9-5 角区奇异单元应力

尖点,应力数值迅速趋于平缓,应力奇异单元精确地满足角区应力边界条件。中柱和边柱的角区附近处于双向受压状态,应力 $\sigma_x$ 在靠近角区尖点处为很大的负值,其绝对值随着向跨中方向发展迅速减小,而后变为正值。这与光弹性实验结果相当吻合。

【例9-6】 双跨框支剪力墙在水平荷载作用下的应力分析。

【解】 结构尺寸仍同例9-4,受水平均布荷载作用。由于对称,只考虑结构的左半部;在结构的13m高度以上,应力分布比较规律,所以只对13m高度以下进行计算。13m高度以上部分的影响,按材料力学公式化为直线分布的竖向荷载和抛物线分布的水平荷载。计算图形及单元的划分如图9-32所示。

整个结构的 $\sigma_y,\sigma_x$ 和 $\tau_{xy}$ 示于图9-33。图中括号内数字是各计算点所在位置,竖向位置为距底面距离,水平位置为距左端距离,均以mm为单位。角区的 $\sigma_y,\sigma_x$ 和 $\tau_{xy}$ 的分布示于图9-34。在图9-34(a)中,计算点水平位置均为等分点位置;在图9-34(b)中,计算点竖向位置均为等分点位置。

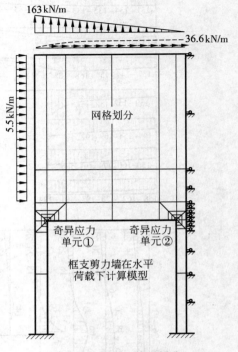

图9-32 例9-6 单元划分

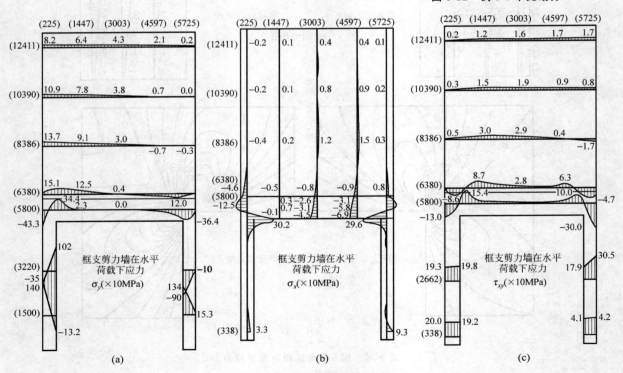

图9-33 例9-6 整结构应力

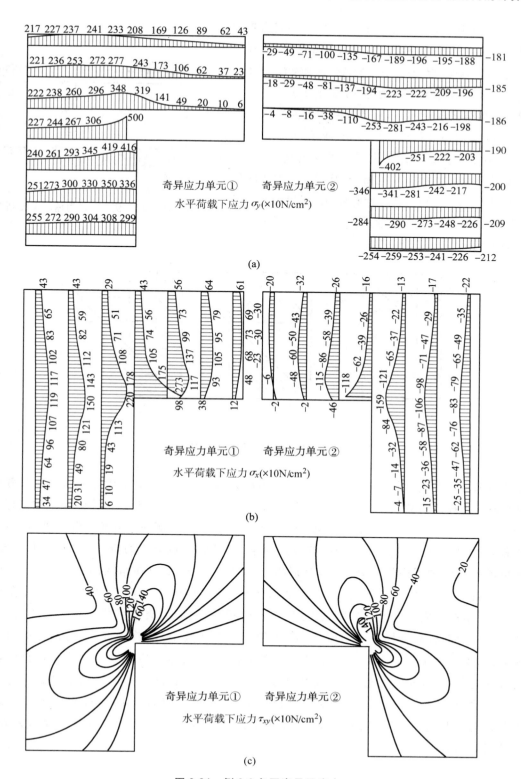

图 9-34　例 9-6 角区奇异元应力

【例9-7】 开洞墙在均布竖向荷载作用下的应力集中计算。

如图9-35(a)所示,结构尺寸:墙高3m,宽5.4m,门洞高1.8m,宽1.2m,墙厚为1m。材料性质:$E = 2.6 \times 10^7$ MPa,$\mu = 0.1667$。荷载:墙顶承受均布荷载$q$。

【解】 利用结构的对称性,只计算结构的左半部。开洞墙计算图的分区与网格划分见图9-35(b),用一个奇异应力元和26个八结点等参元。为了说明本方法的优越性,同时给出了高精度三角形单元3种网格(见图9-36,3种网格的单元个数分别为45、53和34)的计算结果(见文献[15]5.2节)。1—1、2—2、3—3、4—4截面的应力集中系数的计算结果如图9-37所示。

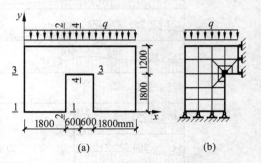

图9-35 例9-7开洞墙和单元划分

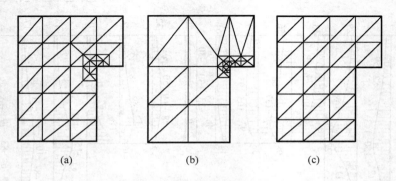

图9-36 例9-7三角形单元网格划分

从计算结果可以看出,墙肢底部(1—1截面),应力$\sigma_y$变化平缓,近似于均匀分布。墙肢截面由于洞口削弱引起的应力提高系数为1.33。本方法与另外三种网格(见图9-36)。计算结果非常接近。门洞侧边(2—2截面),在墙肢中距离门洞角区较远处,应力变化比较平缓,而在门洞角区附近处,应力变化非常剧烈。随着靠近角区,应力集中系数曲线梯度迅速增大,角区尖点为应力奇点,应力集中系数无穷大。高精度三角形单元3种网格的计算结果,差别相当大,应力集中系数在角区附近发生振荡现象,随着角区网格的加密,应力集中系数迅速提高,但为有限值,与经典弹性理论不相符。本方法在角区附近应力集中区,采用奇异应力单元,虽然势能区网格比较稀疏,而应力集中系数曲线连续光滑,准确地反映了角区尖点应力的奇异特性。门洞顶部(3—3截面),在墙肢中,随着接近洞口角区,应力集中系数曲线不断上升,角区尖点为应力奇点。在门洞横梁的下边沿,余能区应力分布严格满足自由边界条件$\sigma_y = 0$,势能区应力$\sigma_y$也非常接近于零,而高精度三角形单元3种网格的计算结果满足应力边界条件较差。门洞上梁跨中(4—4)截面,应力变化比较平缓,墙体顶部应力$\sigma_y$的绝对值等于荷载集度$q$,门洞上梁的下表面应力$\sigma_y$为零。从图9-37(d)可以看出,除网格Ⅲ对应力边界条件满足较差外,各种网格计算结果相差不大。

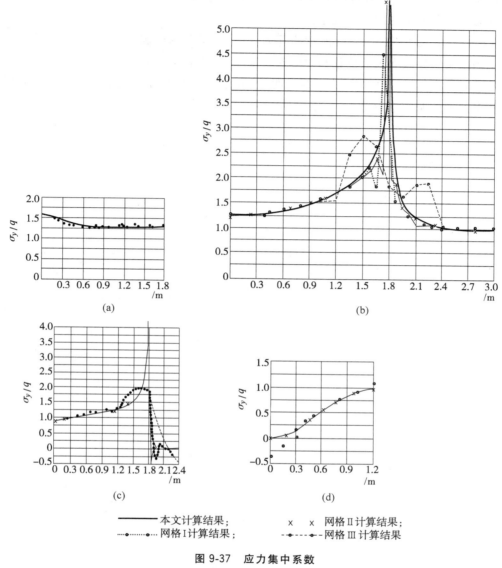

**图 9-37  应力集中系数**

（a）1—1 截面；（b）2—2 截面；（c）3—3 截面；（d）4—4 截面

## 9.7.6  分区混合有限元法小结

（1）9.7.5 节与本节分别用分区混合有限元法解决了两种不同维构件接触部分的局部应力分布问题和角区的应力集中问题。9.7.5 节以半无限平面体受表面力作用为基础组合出应力单元，本节以平面切口附近的自应力状态为基础构造了奇异应力单元。在接触部分和角区，应力变化剧烈，采用以上应力单元；在应力变化平缓的区域，采用位移单元。这种方法将两类单元共用于分析同一结构，发挥了两类单元各自的长处，克服了单纯用位移元计算接触问题和应力集中问题的不足。

（2）用分区混合有限元法计算接触问题和应力集中问题，单元网格可以稀疏些，计算自由度较少，并且容易利用现有的有限元法通用计算程序。

（3）分区混合有限元法以分区混合能量原理为基础，能量泛函中包含了交界线上的附加能量项，在积分的意义上满足了交界线上关于位移和力的连续条件，保证了收敛性。

（4）本方法构造的两种应力单元，力学意义明确，适应性强，可用于结构分析中各种接触问题和各种角度的角区和多边形孔洞的应力分析。

# 第 10 章　高层建筑结构复杂问题的计算

## 10.1　高层建筑框架-剪力墙结构考虑楼板变形和地基变形时的计算

### 10.1.1　关于计算模型和计算工具

在框架、剪力墙和框架-剪力墙结构的计算中,通常都采用了楼板在自身平面内为刚性的假设。这一假设使同一楼板平面内的位移相等,从而大大简化了计算工作。计算实践表明(见第 3、4、5 章),多数建筑结构采用此假设是可以的,但也有许多建筑结构不能采用此假设,需要考虑楼板的变形,如:建筑平面的长与宽之比过大(长宽比>3);结构主抗侧力结构的间距很远,楼板刚度变小;建筑平面布置使楼板出现"瓶颈区";抗侧力结构沿高度方向有巨大的刚度突变等情况。在这些情况下,不考虑楼板变形即按刚性楼板计算,会带来很大的误差甚至错误。完全按空间结构计算,可以考虑楼板的变形,但方法太复杂,计算量也很大。

上部结构和基础、地基的共同工作问题,一直是大型结构(如高层建筑结构)分析中为人们所关注的问题,现在通行的离散化的有限元法可以解决这个问题,但把本已够庞大的结构再加上巨大的基础、地基进行有限元分析,其计算量是十分巨大的。

现在对需考虑楼板变形的框架-剪力墙结构和地基、基础的共同工作问题提供一个简单的解析解法。对上部结构采用沿高度方向连续化的方法,即通常框架-剪力墙结构中常用的方法,因而所用的假设与符号均是大家熟悉的。但放弃了刚性楼板的假设,即每榀抗侧力结构的侧向位移是不同的。楼板被看作是水平放置的深梁,以剪切变形为主。对每榀抗侧力结构(可以是框架、剪力墙和框架-剪力墙,为了一般化,以后均用框架-剪力墙表示)建立平衡微分方程,因为考虑了楼板的变形,得到的是微分方程组。基础置于温克尔弹性地基上,或为桩基。在水平荷载作用下,只考虑基础的水平位移和转动的影响,而不考虑竖向位移的影响。也采用上部结构类似的假设,同一榀抗侧力结构下的基础具有相同的横向位移和相同的转角。对桩基,其桩部分则视为弹性地基中的梁。对以上模型的微分方程组,根据边界条件和上、下部的平衡和协调条件,可直接调用常微分方程求解器求解。

常微分方程求解器(ordinary differential equation solver,ODE Solver)是一种专门解微分方程组的软件,现在国内外的研究者们已经开发研制了相当有效的微分方程求解器,功能很强,尤其自适应求解,可以满足用户预先对解答精度所指定的误差限,即能给出数值解析解的精度,为发展解析解或半解析解提供了强有力的计算工具。

近年来,我们以常微分方程求解器为工具,进行了大量系统的工作,建立并发展了高层建筑结构分析的解析和半解析常微分方程求解器方法系列,详见文献[17,18]。这里及后面选择部分结果,一方面介绍这两个方法系列,同时将利用此方法得到的一些高层建筑结构的受力和变形的特点介绍给读者,加深读者对高层建筑结构(特别是复杂的高层建筑结构)性能的了解。

图 10-1(a)和(b)为结构的平面和立面示意图,图 10-1(c)是计算模型。图 10-1 中每一榀抗侧力结构可以是框架、剪力墙和框架-剪力墙,为了以后方程的一般化均按框架-剪力墙表示。像通常的框架-剪力墙结构连续化分析方法一样,框架和楼板的作用沿高度方向均连续化。按同榀结构在同一高度上侧向位移相等、转角相等的假设,框架梁和剪力墙连梁的反弯点均在跨中,因而框架柱和剪力墙可以叠合起来(见图 10-1(d))。这里,对框架采用的是半刚架模型与第 5 章中对框架采用的层剪切模型略有不同。楼板是弹性楼板,计算模型中用波纹线表示。基础置于弹性地基上;或为桩基,其桩部分为弹性地基中的梁。计算模型中均按弹性地基梁画出。

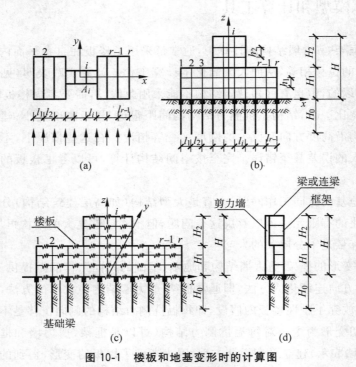

**图 10-1 楼板和地基变形时的计算图**

(a) 平面图;(b) 立面图;(c) 计算模型;(d) 每榀模型

## 10.1.2 上部结构的平衡微分方程

对每榀(如第 $i$ 榀)抗侧力结构建立侧向平衡微分方程。为了书写简单,以后方程中各量均附有两个下标:前一下标 $i$,表示所在榀数;括号后下标 $n$ 表示结构的上段($n=2$)和下段($n=1$)。取第 $i$ 榀抗侧力结构中剪力墙和框架的微段(见图 10-2),建立平衡方程

$$\left(\frac{\mathrm{d}M_i}{\mathrm{d}z}\right)_n = \left(-Q_i + \frac{m_i}{h}\right)_n \tag{10-1}$$

$$\left(\frac{\mathrm{d}Q_i}{\mathrm{d}z}\right)_n = \left(-q_i - \frac{Q_{\mathrm{Fl},i-1}}{h} + \frac{Q_{\mathrm{Fl},i}}{h}\right)_n \tag{10-2}$$

式(10-1)等号右第二项为连梁和框架梁对墙肢和柱的约束弯矩 $m_i$ 的影响。式(10-2)等号右第二项为第 $i-1$ 跨楼板对 $i$ 榀的剪力 $Q_{\mathrm{Fl},i-1}$ 的影响；第三项为第 $i$ 跨楼板对 $i$ 榀的剪力 $Q_{\mathrm{Fl},i}$ 的影响。

各内力与位移间有以下关系：

（1）框架梁和连梁对柱、墙的总约束弯矩

$$(m_i)_n = \left(D_i \frac{\mathrm{d}v_i}{\mathrm{d}z}\right)_n \tag{10-3}$$

式中：$v_i$——第 $i$ 榀结构和侧向位移；

　　　$D_i$——第 $i$ 榀结构中各框架梁和连梁的转动刚度系数之和（求法见 4.6 节），即

$$(D_i)_n = \left[\sum \frac{12EI_{\mathrm{b}}}{l} + \sum \frac{6EI_{\mathrm{b}}(1+a-b)}{l(1-a-b)^3} + \sum \frac{6EI_{\mathrm{b}}(1+b-a)}{l(1-a-b)^3}\right]_n$$

其中：第一项为框架梁的影响；第二、三项为墙肢带刚域连梁的影响。这里 $I_{\mathrm{b}}$ 为梁的惯性矩；$l$ 为跨度；$a,b$ 为连梁两端刚域长度系数（见图 10-3）。

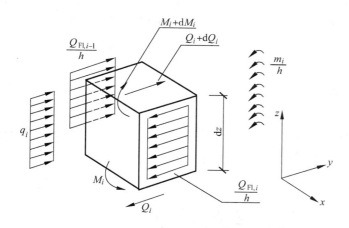

图 10-2　微段隔离体受力图

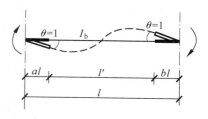

图 10-3　带刚域的连梁

（2）楼板剪力

因为楼板是平放的深梁，只考虑剪切变形的影响，有

$$\left.\begin{aligned}(Q_{\mathrm{Fl},i-1})_n &= \left[\frac{GA_{i-1}}{\mu l_{i-1}}(v_{i-1}-v_i)\right]_n \\ (Q_{\mathrm{Fl},i})_n &= \left[\frac{GA_i}{\mu l_i}(v_i-v_{i+1})\right]_n\end{aligned}\right\} \tag{10-4}$$

式中：$A_i$——第 $i$ 跨楼板的截面面积；

　　　$l_i$——第 $i$ 跨楼板的跨度；

　　　$\mu$——剪应力不均匀分布系数，对矩形截面 $\mu=1.2$。

(3) 每榀结构的总弯矩

$$(M_i)_n = \left( EI_i \frac{\mathrm{d}^2 v_i}{\mathrm{d}z^2} \right)_n \tag{10-5}$$

(4) 总剪力

由式(10-1)、式(10-3)得

$$(Q_i)_n = \left( -EI_i \frac{\mathrm{d}^3 v_i}{\mathrm{d}z^3} + \frac{D_i}{h} \frac{\mathrm{d}v_i}{\mathrm{d}z} \right)_n \tag{10-6}$$

式中：$I_i$——第 $i$ 榀结构中各剪力墙和柱截面惯性矩之和。

将式(10-4)、式(10-6)的关系代入式(10-2)，得沿 $y$ 方向的平衡微分方程

$$\left[ EI_i v_i^{(4)} - \frac{D_i}{h} v_i'' - C_{\mathrm{Fl},i-1}(v_{i-1} - v_i) + C_{\mathrm{Fl},i}(v_i - v_{i+1}) \right]_n$$
$$= (q_i)_n, \quad i = 1, 2, \cdots, r; n = 1, 2 \tag{10-7}$$

这里及以后用"′"表示对 $z$ 求导数；$C_{\mathrm{Fl},i} = \dfrac{GA_i}{\mu l_i h}$，且 $C_{\mathrm{Fl},0} = C_{\mathrm{Fl},r} = 0$。

式(10-7)就是上部结构考虑楼板变形后的平衡微分方程组，共 $r$ 组，每组为 2 个($n=1,2$)。当上部结构只有一段时，括号后下标 $n$ 可省略，这时只有 $r$ 个微分方程式。可见考虑楼板变形后得到的是耦合的微分方程组。

## 10.1.3　基础和下部结构的力学性质

基础置于温克尔(Winkler)弹性地基上，或为桩基，承台下有置于弹性地基中的桩。这两种又各分为两种情况：①沿纵向各基础是独立的；②沿纵向各基础间有基础梁连接(见图 10-4)。

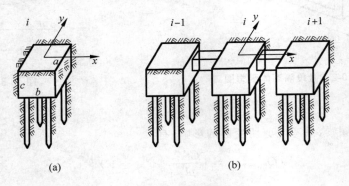

**图 10-4　基础计算图**

### 1. 沿纵向各基础是独立的(见图 10-4(a))

此时，地基反力只与本基础的位移有关。第 $i$ 榀基础的水平刚度系数即使基础产生单位水平位移所需的力为

$$K_{i0y} = A_{i0y}k_0 + 4E_0 I_{i0}\beta^3 \tag{10-8}$$

$$\beta = \sqrt[4]{\frac{k}{4E_0 I_{i0}}}$$

$$k = b_0 k_0$$

式中：$k_0$——地基系数，即使地基产生单位位移所需的压强；

　　　$A_{i0y}$——基础 $i$ 向 $y$ 面的总面积；

　　　$I_{i0}$——第 $i$ 榀结构中桩基截面惯性矩之和；

　　　$E_0$——桩的弹性模量；

　　　$b_0$——桩的总宽度。

式(10-8)的第一项是置于弹性地基上基础的水平刚度系数；第二项是桩的水平刚度系数，可以将桩视为半无限长梁来求得[19]。

第 $i$ 榀基础的转动刚度系数，即使基础产生单位转动所需的力偶，为

$$K_{i0\theta} = J_{i0x}k_0 + 2E_0 I_{i0}\beta \tag{10-9}$$

式中：$J_{i0x}$——基础 $i$ 底面绕 $x$ 轴惯性矩之和。

式(10-9)的第一项是基础的转动刚度系数；第二项是桩的转动刚度系数，将桩视为半无限长梁求得。

### 2. 沿纵向各基础间有基础梁连接（见图 10-4(b)）

此时，基础的刚度系数还与基础梁有关。其中有关基础和桩的弹性反力的影响，因为采用温克尔弹性地基，与其他基础的位移无关，因而其水平刚度系数仍为式(10-8)的 $K_{i0y}$。另一部分则是基础梁因侧向位移差产生的剪力 $Q_{io}$ 对基础产生的影响，与邻近基础的侧向位移有关。两相邻基础有单位侧向位移差时所需的水平力为

$$K_{iby} = \frac{GA_{i0}}{\mu l_i} \tag{10-10}$$

与基础和桩和弹性反力有关的转动刚度系数仍为式(10-9)的 $K_{i0\theta}$；两相邻基础有单位相对转动时所需的力矩为

$$K_{ib0} = \frac{GJ_i}{l_i} \tag{10-11}$$

式中：$GJ_i$——基础梁的扭转刚度。

## 10.1.4　边界条件和连接条件

### 1. 上部结构的边界条件和连接条件

式(10-7)需要满足的边界条件和连接条件如下。

1) 边界条件

(1) 第 $i$ 榀结构顶部自由

弯矩为零，总剪力为零，即当 $z = H$ 时，

$$
\left.
\begin{aligned}
(v_i'')_2 &= 0 \\
\left( - EI_i v_i'' + \frac{D_i}{h} v_i' \right)_2 &= 0
\end{aligned}
\right\} \tag{10-12}
$$

(2)第 $i$ 榀结构顶部受集中力 $P_i$

弯矩为零,总剪力为 $P_i$,即当 $z=H$ 时,

$$
\left.
\begin{aligned}
(v_i'')_2 &= 0 \\
\left( - EI_i v_i'' + \frac{D_i}{h} v_i' \right)_2 &= P_i
\end{aligned}
\right\} \tag{10-13}
$$

2)连接条件

上部结构的上段和下段在变截面的连接处,上下位移连续,内力平衡。

(1)位移连续条件

位移和转角连续,即当 $z=H_1$ 时,

$$
\left.
\begin{aligned}
(v_i)_1 &= (v_i)_2 \\
(v_i')_1 &= (v_i')_2
\end{aligned}
\right\} \tag{10-14}
$$

(2)内力平衡条件

弯矩和剪力平衡,即当 $z=H_1$ 时,

$$
\left.
\begin{aligned}
(EI_i v_i'')_1 &= (EI_i v_i'')_2 \\
\left( - EI_i v_i'' + \frac{D_i}{h} v_i' \right)_1 &= \left( - EI_i v_i'' + \frac{D_i}{h} v_i' \right)_2
\end{aligned}
\right\} \tag{10-15}
$$

## 2. 上、下部结构的连接条件

上部结构和下部结构在连接处,即基础顶部,上下位移连续,内力平衡。

(1)位移连续条件

位移和转角连续,即当 $z=0$ 时,

$$
\left.
\begin{aligned}
(v_i)_1 &= v_{i0} \\
(v_i')_1 &= v_{i0}'
\end{aligned}
\right\} \tag{10-16}
$$

式中: $v_{i0}$、$v_{i0}'$——基础的侧向位移和转角。

(2)内力平衡条件

弯矩和剪力平衡,即当 $z=0$ 时,

$$
\left.
\begin{aligned}
(EI_i v_i'')_1 &= k_{i0\theta} v_{i0}' + \frac{GJ_{i-1}}{l_{i-1}} (v_{i0}' - v_{i-1,0}') + \frac{GJ_i}{l_i} (v_{i0}' - v_{i+1,0}') \\
\left[ - EI_i v_i'' + \frac{D_i}{h} v_i' \right]_1 &= k_{i0y} v_{i0} + \frac{GA_{i-1,0}}{\mu l_{i-1}} (v_{i0} - v_{i-1,0}) + \frac{GA_{i0}}{\mu l_i} (v_{i0} - v_{i+1,0})
\end{aligned}
\right\} \tag{10-17}
$$

式(10-17)中,等号右边第一项是基础和桩弹性反力的影响项,第二、三项是基础梁的影响项。

## 3. 刚性支座时的下部边界条件

当基础置于刚性支座上时,底部的边界条件为位移和转角等于零,即当 $z=0$ 时,

$$(v_i)_1 = 0 \atop (v'_i)_1 = 0 \Bigg\} \tag{10-18}$$

## 10.1.5　微分方程组的求解和算例

对前述的微分方程组边值问题,可直接调用常微分方程求解器求解。本书中采用高质、高效的常微分方程求解器 COLSYS[20] 求解。COLSYS 是一个解常微分方程组的通用程序,有自适应能力,可以满足用户预先对解精度所指定的误差限,因而对一般常微分方程问题均能给出数值解析解的精度。

用常微分方程求解器求出各榀结构的侧向位移后,各榀结构的内力可用式(10-3)～式(10-6)求出。

**【例 10-1】** 框架-剪力墙结构平面(见图 10-5)底部为刚性支座。为了对比给出三种长宽比($L/B$):ⓐ$L/B=2$;ⓑ$L/B=2.5$;ⓒ$L/B=3.0$。结构层高 3.0m,共 10 层。构件尺寸:柱 0.4m×0.4m,梁 0.3m×0.7m,墙厚 0.15m,楼板厚 0.15m。材料性质:$E=2.55\times10^4$MPa,$G=0.4E$。荷载:倒三角形分布荷载,顶部荷载集度如图 10-5 所示。

**【解】** 对图 10-5(a)、(b)、(c)的部分计算结果,分别在表 10-1～表 10-3 中列出。表中 $v$,$Q_F$ 和 $Q_W$ 是按刚性楼板计算的结果。括号内数值是顶部楼板的剪力对框架和剪力墙的作用力,列出以供参考。

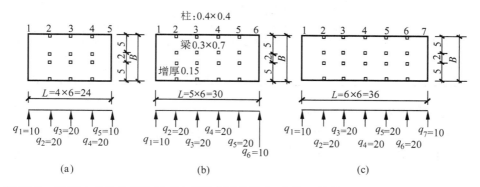

图 10-5　例 10-1 各种长宽比($L/B$)楼板变形的影响(荷载 $q$ 的单位:kN/m;长度单位:m)

表 10-1　例 10-1ⓐ结果

| 楼层标高 $z$/m | 侧向位移(×10⁻²m) | | | | | 框架剪力/kN | | | | 剪力墙剪力/kN | | |
|---|---|---|---|---|---|---|---|---|---|---|---|---|
| | $v_1$ | $v_2$ | $v_3$ | $v$ | $v_3/v$ | $Q_{F2}$ | $Q_{F3}$ | $Q_F$ | $Q_{F_3}/Q_F$ | $Q_{W1}$ | $Q_W$ | $Q_{W1}/Q_W$ |
| 30 | 0.487 | 0.477 | 0.477 | 0.485 | 0.983 | 0 (130.943) | 0 (−4.335) | 25.288 | | 0 (−128.775) | −37.933 | |
| 24 | 0.356 | 0.357 | 0.358 | 0.355 | 1.008 | 24.508 | 24.638 | 25.143 | 0.980 | 179.173 | 178.285 | 1.005 |
| 18 | 0.229 | 0.231 | 0.231 | 0.228 | 1.013 | 24.517 | 24.530 | 23.672 | 1.036 | 347.217 | 348.493 | 0.996 |
| 12 | 0.116 | 0.117 | 0.117 | 0.115 | 1.017 | 19.693 | 19.735 | 19.577 | 1.008 | 474.439 | 474.635 | 0.9996 |
| 6 | 0.0326 | 0.0336 | 0.0339 | 0.0326 | 1.040 | 12.059 | 12.103 | 11.898 | 1.017 | 557.89 | 558.153 | 0.9995 |
| 0 | 0 | 0 | 0 | 0 | | 0.870 | 1.149 | 0 | | 598.556 | 600 | 0.9976 |

表 10-2　例 10-1ⓑ结果

| 楼层标高 $z$/m | 侧向位移($\times 10^{-2}$ m) | | | | | 框架剪力/kN | | | | 剪力墙剪力/kN | | |
|---|---|---|---|---|---|---|---|---|---|---|---|---|
| | $v_1$ | $v_2$ | $v_3$ | $v$ | $v_3/v$ | $Q_{F2}$ | $Q_{F3}$ | $Q_F$ | $Q_{F3}/Q_F$ | $Q_{W1}$ | $Q_W$ | $Q_{W1}/Q_W$ |
| 30 | 0.589 | 0.577 | 0.577 | 0.587 | 0.983 | 0 (163.504) | 0 (0.204) | 30.442 | | 0 (−163.3) | −60.885 | |
| 24 | 0.432 | 0.434 | 0.436 | 0.430 | 1.014 | 29.678 | 29.950 | 30.313 | 0.988 | 213.371 | 209.373 | 1.019 |
| 18 | 0.278 | 0.281 | 0.282 | 0.277 | 1.018 | 29.657 | 29.668 | 28.626 | 1.036 | 420.674 | 422.748 | 0.995 |
| 12 | 0.141 | 0.143 | 0.144 | 0.140 | 1.029 | 23.928 | 24.008 | 23.758 | 1.011 | 582.062 | 582.483 | 0.999 |
| 6 | 0.040 | 0.041 | 0.042 | 0.040 | 1.050 | 14.703 | 14.786 | 14.491 | 1.020 | 690.510 | 691.017 | 0.999 |
| 0 | 0 | 0 | 0 | 0 | | 1.262 | 1.854 | 0 | | 746.883 | 750.000 | 0.996 |

表 10-3　例 10-1ⓒ结果

| 楼层标高 $z$/m | 侧向位移($\times 10^{-2}$ m) | | | | | | 框架剪力/kN | | | | | 剪力墙剪力/kN | | |
|---|---|---|---|---|---|---|---|---|---|---|---|---|---|---|
| | $v_1$ | $v_2$ | $v_3$ | $v_4$ | $v$ | $v_4/v$ | $Q_{F2}$ | $Q_{F3}$ | $Q_{F4}$ | $Q_F$ | $Q_{F4}/Q_F$ | $Q_{W1}$ | $Q_W$ | $Q_{W1}/Q_W$ |
| 30 | 0.686 | 0.671 | 0.670 | 0.670 | 0.681 | 0.983 | 0 (193.77) | 0 (3.403) | 0 (2.754) | 35.222 | | 0 (−198.55) | −88.056 | |
| 24 | 0.503 | 0.506 | 0.509 | 0.510 | 0.501 | 1.018 | 34.517 | 34.926 | 35.058 | 35.123 | 0.998 | 237.027 | 236.191 | 1.004 |
| 18 | 0.325 | 0.328 | 0.330 | 0.331 | 0.323 | 1.025 | 34.482 | 34.483 | 34.484 | 33.271 | 1.036 | 489.791 | 492.821 | 0.994 |
| 12 | 0.165 | 0.167 | 0.169 | 0.170 | 0.164 | 1.037 | 27.938 | 28.052 | 28.090 | 27.709 | 1.014 | 685.963 | 686.724 | 0.999 |
| 6 | 0.047 | 0.048 | 0.050 | 0.050 | 0.047 | 1.060 | 17.223 | 17.338 | 17.375 | 16.961 | 1.024 | 820.751 | 821.597 | 0.999 |
| 0 | 0 | 0 | 0 | 0 | 0 | | 1.662 | 2.577 | 2.867 | 0 | | 894.326 | 900.000 | 0.994 |

从计算结果可以得出以下一些特点:

(1)考虑楼板变形后,各榀结构的侧向位移不再都相同;中间框架的侧移大于边墙侧移,此影响越往下越大,越往上越小;但顶层边墙侧移大于中间框架侧移(即顶层楼板剪力给边墙的作用力与荷载作用方向相反)。

(2)考虑楼板变形后,在结构的下部中框架的剪力增加,边墙的剪力减小;但在结构的上部相反,中框架的剪力减小,边墙剪力增加。

(3)楼板变形的影响,随结构的长宽比 $L/B$ 而不同(还与楼板刚度、层高及层数等有关),$L/B$ 越大,影响越大。只要 $L/B \leqslant 3$,忽略楼板的影响,误差均在 $-6\%\sim6\%$ 以内,在工程上是允许的。

以上这些特点与用更复杂的方法求得的结果都是一致的,说明本方法的计算结果是可信的。

【例 10-2】　框架-剪力墙结构的平面图见图 10-6(a)。上部结构,层高 3.0m,共 10 层。构件尺寸:柱:0.5m×0.5m;梁:0.3m×0.7m;墙厚 0.15m,楼板厚 0.15m。材料性质:$E=3.25\times10^4$ MPa,$G=0.4E$。荷载:倒三角形分布荷载,顶部荷载集度如图 10-6(a)所示。基础为十字形基础,如图 10-6(b)所示。横向基础和纵向基础梁的截面尺寸也在图 10-6(b)中给出。基础材料性质:$E_0=2.55\times10^4$ MPa,$G_0=0.4E$。地基系数 $k_0=0.4\times10^6$ kN/m³。

【解】　为了对比,同时计算了同一结构但结构底部为固定端,及结构底部为固定端且楼板视为刚性楼板的情况。

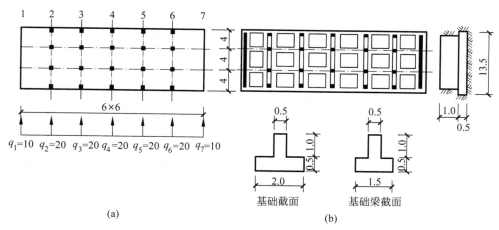

(a)

基础截面　　　　　基础梁截面

(b)

**图 10-6　例 10-2 地基变形影响**

(荷载 $q$ 的单位：kN/m；长度单位：m)

以上三部分计算结果分别在表 10-4、表 10-5 中列出。表 10-5 中括号内数值是顶部楼板的剪力对框架和剪力墙的作用力，列出以供参考。

**表 10-4　侧向位移** $\times 10^{-2}$ m

| 楼层标高 z/m | 考虑楼板、地基变形 | | | | 楼板变形、底部固定 | | | | 刚性楼板、底部固定 | |
|---|---|---|---|---|---|---|---|---|---|---|
| | $v_1$ | $v_2$ | $v_3$ | $v_4$ | $v_1$ | $v_2$ | $v_3$ | $v_4$ | $v$ | $v_4/v$ |
| 30 | 0.443 | 0.430 | 0.424 | 0.423 | 0.324 | 0.312 | 0.308 | 0.307 | 0.314 | 0.978 |
| 24 | 0.350 | 0.353 | 0.355 | 0.356 | 0.243 | 0.247 | 0.249 | 0.249 | 0.238 | 1.046 |
| 18 | 0.254 | 0.257 | 0.259 | 0.259 | 0.162 | 0.165 | 0.167 | 0.168 | 0.159 | 1.120 |
| 12 | 0.161 | 0.163 | 0.165 | 0.165 | 0.085 | 0.088 | 0.089 | 0.090 | 0.084 | 1.071 |
| 6 | 0.079 | 0.081 | 0.082 | 0.082 | 0.025 | 0.028 | 0.029 | 0.030 | 0.025 | 1.200 |
| 0 | 0.025 | 0.021 | 0.019 | 0.019 | 0 | 0 | 0 | 0 | 0 | |

**表 10-5　剪力墙和框架的剪力** kN

| 楼层标高 z/m | 考虑楼板、地基变形 | | | | 楼板变形、底部固定 | | | | 刚性楼板、底部固定 | | | |
|---|---|---|---|---|---|---|---|---|---|---|---|---|
| | $Q_1$ | $Q_2$ | $Q_3$ | $Q_4$ | $Q_1$ | $Q_2$ | $Q_3$ | $Q_4$ | $Q_w$ | $Q_F$ | $\dfrac{Q_1}{Q_w}$ | $\dfrac{Q_4}{Q_F}$ |
| 30 | 0.154 | 0 | 0 | 0 | −0.42 | 0 | 0 | 0 | −261.2 | 104.5 | | |
| | (−448.5) | (273) | (123.5) | (104) | (−367.3) | (227.5) | (100.8) | (78.0) | | | | |
| 24 | −7.364 | 132.7 | 131.5 | 131.4 | 40.49 | 114.5 | 113.2 | 113.0 | 54.06 | 108.0 | 0.749 | 1.046 |
| 18 | 236.1 | 134.6 | 135.0 | 135.1 | 291.4 | 113.1 | 113.5 | 113.6 | 302.6 | 109.3 | 0.963 | 1.039 |
| 12 | 437.3 | 126.2 | 126.4 | 126.5 | 505.1 | 99.72 | 99.81 | 99.89 | 511.5 | 97.81 | 0.987 | 1.021 |
| 6 | 608.0 | 100.7 | 102.0 | 102.4 | 699.2 | 65.32 | 65.46 | 65.53 | 702.7 | 64.41 | 0.995 | 1.017 |
| 0 | 556.6 | 142.1 | 132.8 | 132.6 | 819.9 | 26.67 | 34.03 | 36.14 | 897.9 | 0.87 | 0.913 | |

从计算结果可以看出以下一些特点：

（1）考虑地基变形后，上部结构的侧向位移和内力均有相当程度的改变，其中底部转动产生的影响要比底部平移产生的影响要大得多。考虑地基变形后，上部结构的侧向位移和框架的剪力均较底部固定时有所增大，但剪力墙的剪力有所减小。

（2）考虑楼板变形后，各榀结构的侧向位移不再都相同，中间框架的侧移大于边墙的侧移，但顶层边墙侧移大于中间框架侧移。考虑楼板变形后，中框架的剪力较刚性楼板有所增大，但边墙的剪力有所减小。

（3）以上两点的规律是一致的，即考虑地基变形后比不考虑地基变形时，整个结构的柔度变大了；考虑楼板变形后比不考虑楼板变形时，整个结构的柔度也变大了。所以，都将导致侧移增大、结构中部内力增大、边境内力减小。

## 10.2　变截面框架-剪力墙-薄壁筒斜交结构考虑楼板变形时的计算

### 10.2.1　基本假设和计算模型

近年来，我国高层建筑结构发展的一个特点是平面布置复杂、沿竖向又不均匀的结构增多，图10-7是一个示例。它们有一些共同的特点：从结构类型上说，都是由框架、剪力墙和薄壁筒组成的；沿竖向为均匀不变的、阶形变截面的或上部有收进的；在平面布置上，可以是正交的或斜交的；从楼板的作用看，在有的区段内楼板的整体性很大，可不考虑楼板的变形；在有的区段内楼板的整体性很小，必须考虑楼板的变形。可以用图10-8所示的计算模型表示这些结构的特点。

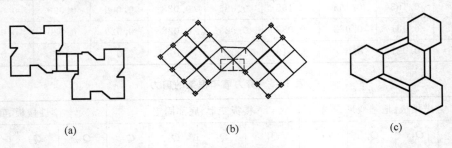

(a)　　　　　　　　　　　(b)　　　　　　　　　　　(c)

**图 10-7　结构平面示意图**

(a) 风车形双连住宅；(b) 深圳渣打银行；(c) 某工人文化宫

本节用连续化方法对此结构体系在水平荷载(含扭矩)作用下的位移和内力进行了分析，基本假设如下：

（1）楼板平面内刚度分为两种情况：在近方形的区段内视为无限刚度；在区段间的薄弱带视为可变形的，楼板被视为具有轴向、弯曲和剪切变形的平放深梁。楼板平面外刚度忽略不计。

（2）将每一刚性楼板区段视为一子结构。子结构由斜向布置的框架、剪力墙和薄壁筒组成，由刚性

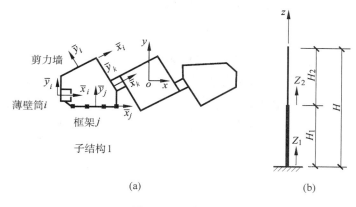

**图 10-8　计算模型**

（a）平面示意图；（b）竖向示意图

楼板将它们连接在一起。各平面框架只在其自身平面内有刚度,出平面的刚度忽略不计。

（3）各层层高,框架、剪力墙、薄壁筒和楼板的截面尺寸沿结构高度方向为阶形变截面的或上部有收进的,即结构沿高度方向分为两段,在每一段内结构的物理、几何参数是均匀不变的。

本文用沿高度方向分段连续化的方法,对图 10-8 所示结构建立了平衡微分方程。这些方程不仅是弯扭耦连的,且因为考虑了部分楼板的变形,各分段间也是耦连的,即得到的是微分方程组。对此微分方程组,可直接用常微分方程求解器求解。

## 10.2.2　基本平衡微分方程

### 1. 力的平衡条件

将图 10-9 中每一区段视为一个子结构,对每一子结构沿高度方向的微段为 $\mathrm{d}z$,在整体坐标系 $Oxyz$ 中建立平衡微分方程(见图 10-9)。为了书写简单,方程中的各量均附有两个下标:前一下标 $m(m=\mathrm{I},\mathrm{II},\mathrm{III})$ 表示子结构,后一下标 $n$ 表示子结构的下段($n=1$)和上段($n=2$)。平衡方程为

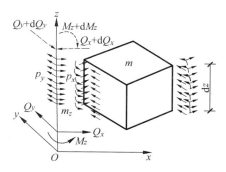

$$\boldsymbol{Q}'_{mn} = \boldsymbol{p}_{mn} + \boldsymbol{p}_{Fl\,mn} \tag{10-19}$$

其中,

$$\left.\begin{aligned} \boldsymbol{Q}_{mn} &= (\,Q_x \quad Q_y \quad M_z\,)^{\mathrm{T}}_{mn} \\ \boldsymbol{p}_{mn} &= (\,p_x \quad p_y \quad m_z\,)^{\mathrm{T}}_{mn} \\ \boldsymbol{p}_{Fl\,mn} &= (\,p_{Flx} \quad p_{Fly} \quad m_{Flz}\,)^{\mathrm{T}}_{mn} \end{aligned}\right\} \tag{10-20}$$

**图 10-9　子结构微段受力图**

式中:$Q_x$、$Q_y$、$M_z$——子结构截面 $z_n$ 上沿 $x$、$y$ 方向的总剪力和绕 $z$ 轴的总扭矩;

$p_x$、$p_y$、$m_z$——子结构沿 $x$、$y$ 方向的荷载和绕 $z$ 轴的扭矩;

$p_{Flx}$、$p_{Fly}$、$m_{Flz}$——楼板对子结构的反作用力沿 $x$、$y$ 方向的分量和绕 $z$ 轴的力矩。

子结构截面 $z$ 上的总剪力和总扭矩可由子结构内各构件的剪力和扭矩合成而得，即

$$Q_{mn} = \sum_i Q_{imn} + \sum_j Q_{jmn} \tag{10-21}$$

式中：$Q_i$，$Q_j$——子结构中各薄壁筒(含剪力墙)和框架的剪力和扭矩。

子结构内第 $i$ 个构件(包括薄壁筒和剪力墙)的局部坐标系为 $\bar{O}_i \bar{x}_i \bar{y}_i \bar{z}_i$，$\bar{z}_i$ 轴为剪切中心轴，$\bar{O}_i \bar{x}_i$ 和 $\bar{O}_i \bar{y}_i$ 为截面主轴，$\bar{O}_i$ 在整体坐标系中的坐标为 $(x_i^O, y_i^O)$，$\bar{O}_i \bar{x}_i$ 与 $Ox$ 轴夹角为 $\alpha_i$。其沿局部坐标系的横向剪力 $\bar{Q}_{xi}$，$\bar{Q}_{yi}$ 和扭矩 $\bar{M}_{zi}$，在整体坐标中的内力分量为(见图 10-10(a))

$$Q_{imn} = T_{imn} \bar{Q}_{imn} \tag{10-22}$$

其中

$$\bar{Q}_{imn} = (\bar{Q}_{xi} \quad \bar{Q}_{yi} \quad \bar{M}_{zi})_{mn}^T$$

$$Q_{imn} = (Q_{xi} \quad Q_{yi} \quad M_{zi})_{mn}^T$$

$$T_{imn} = \begin{bmatrix} \cos\alpha_i & -\sin\alpha_i & 0 \\ \sin\alpha_i & \cos\alpha_i & 0 \\ x_i^O \sin\alpha_i - y_i^O \cos\alpha_i & x_i^O \cos\alpha_i + y_i^O \sin\alpha_i & 1 \end{bmatrix} \tag{10-23}$$

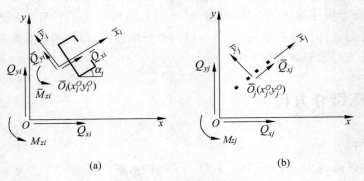

图 10-10　子结构内各构件内力的贡献

子结构内第 $j$ 榀框架，平面内主轴为 $\bar{x}_j$，其横向剪力 $\bar{Q}_{xj}$ 在整体坐标系中的内力分量为(见图 10-10(b))

$$Q_{jmn} = T_{jmn} \bar{Q}_{jmn} \tag{10-24}$$

式中楼板对子结构的作用力为

$$\bar{Q}_{jmn} = (\bar{Q}_{xj} \quad 0 \quad 0)_{mn}^T$$

$$Q_{jmn} = (Q_{xj} \quad Q_{yj} \quad M_{zj})_{mn}^T$$

$$T_{jmn} = (T_i)_{mn}$$

楼板 $k$ 的局部坐标 $\bar{O}_k \bar{x}_k$ 沿楼板方向，与 $Ox$ 轴夹角为 $\alpha_k$，1 端在整体坐标系中坐标为 $(x_{k1}, y_{k1})$，2 端在整体坐标系中坐标为 $(x_{k2}, y_{k2})$，其两端沿局部坐标系方向的作用力 $\bar{Q}_{Flxk}$、$\bar{Q}_{Flyk}$ 和力矩 $\bar{M}_{Flzk}$，在整体坐标系中分量为(见图 10-11)

$$Q_{Flk1mn} = T_{k1mn} \bar{Q}_{Flk1mn}$$

$$Q_{Flk2,m+1,n} = T_{k2,m+1,n} \bar{Q}_{Flk2,n+1,n}$$

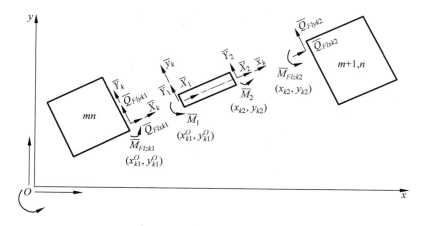

**图 10-11　弹性楼板与子结构间的作用力**

相应的分布荷载为

$$\left.\begin{aligned}
\boldsymbol{p}_{\mathrm{Fl}k1mn} &= \frac{1}{h}\boldsymbol{T}_{k1mn}\bar{\boldsymbol{Q}}_{\mathrm{Fl}k1mn} \\[2mm]
\boldsymbol{p}_{\mathrm{Fl}k2,m+1,n} &= \frac{1}{h}\boldsymbol{T}_{k2,m+1,n}\bar{\boldsymbol{Q}}_{\mathrm{Fl}k2,m+1,n}
\end{aligned}\right\}
\tag{10-25}$$

其中:

$$\bar{\boldsymbol{Q}}_{\mathrm{Fl}k1mn} = (\bar{Q}_{\mathrm{Fl}k1x} \quad \bar{Q}_{\mathrm{Fl}k1y} \quad \bar{M}_{\mathrm{Fl}k1z})^{\mathrm{T}}_{mn}$$

$$\bar{\boldsymbol{Q}}_{\mathrm{Fl}k2,m+1,n} = (\bar{Q}_{\mathrm{Fl}k2x} \quad \bar{Q}_{\mathrm{Fl}k2y} \quad \bar{M}_{\mathrm{Fl}k2z})_{m+1,n}$$

$\boldsymbol{T}_{k1mn}$,$\boldsymbol{T}_{k2,m+1,n}$ 与式(10-23)类似。

## 2. 各构件力与位移的关系

(1) 薄壁筒(含剪力墙) $i$

$$\bar{\boldsymbol{Q}}_{imn} = \boldsymbol{D}_{imn}\bar{\boldsymbol{U}}'''_{imn} - \boldsymbol{D}_{\mathrm{t}imn}\bar{\boldsymbol{U}}'_{imn} \tag{10-26}$$

式中

$$\bar{\boldsymbol{U}}_{imn} = (\bar{u}_i \quad \bar{v}_i \quad \bar{\theta}_i)^{\mathrm{T}}_{mn}$$

$$\boldsymbol{D}_{imn} = E\begin{bmatrix} I_{\bar{y}i} & 0 & 0 \\ 0 & I_{\bar{x}i} & 0 \\ 0 & 0 & I_{\bar{\omega}i} \end{bmatrix}_{mn}, \quad \boldsymbol{D}_{\mathrm{t}imn} = \begin{bmatrix} 0 & 0 & 0 \\ 0 & 0 & 0 \\ 0 & 0 & GJ_{di} \end{bmatrix}_{mn}$$

这里,$\bar{u}_i$,$\bar{v}_i$,$\bar{\theta}_i$ 分别为构件 $i$ 沿局部坐标 $\bar{x}_i$,$\bar{y}_i$ 方向的位移和绕 $\bar{z}_i$ 轴的扭转角。

(2) 框架 $j$

$$\bar{\boldsymbol{Q}}_{jmn} = -\boldsymbol{D}_{\mathrm{F}jmn}\bar{\boldsymbol{U}}'_{jmn} \tag{10-27}$$

其中

$$\bar{U}_{jmn} = (\bar{u}_j \quad \bar{v}_j \quad \bar{\theta}_j)_{mn}^{\mathrm{T}}$$

$$\boldsymbol{D}_{\mathrm{F}jmn} = \begin{bmatrix} C_{\mathrm{F}j} & 0 & 0 \\ 0 & 0 & 0 \\ 0 & 0 & 0 \end{bmatrix}_{mn}$$

式（10-27）中，等号右边的负号是因为图 10-10(b)所示层剪力与层间位移是反号的。

框架的抗剪刚度 $C_{\mathrm{F}j}$ 已在前面第 5 章由 $D$ 值法求出为

$$\boldsymbol{C}_{\mathrm{F}jmn} = h \sum \boldsymbol{D}_{mn}$$

式中：$h$——层高；

$D$——各柱的抗剪刚度。

（3）楼板 $k$

楼板被看作是平放的深梁，考虑弯曲、剪切和轴向变形的影响。局部坐标原点为 1 端，整体坐标为 $(x_{k1}^O, y_{k1}^O)$，连接着子结构 $m$；另一端为 2 端，整体坐标为 $(x_{k2}, y_{k2})$，连接着子结构 $m+1$。楼板端部作用力与端部位移间关系（见图 10-11）为

$$\left. \begin{aligned} \bar{F}_{1kn} &= \boldsymbol{D}_{11kn}\bar{U}_{k1mn} + \boldsymbol{D}_{12kn}\bar{U}_{k2m+1,n} \\ \bar{F}_{2kn} &= \boldsymbol{D}_{21kn}\bar{U}_{k1mn} + \boldsymbol{D}_{22kn}\bar{U}_{k2m+1,n} \end{aligned} \right\} \tag{10-28}$$

其中

$$\bar{U}_{k1mn} = (\bar{u}_{k1} \quad \bar{v}_{k1} \quad \bar{\theta}_{k1})_{mn}^{\mathrm{T}}$$

$$\bar{U}_{k2m+1,n} = (\bar{u}_{k2} \quad \bar{v}_{k2} \quad \bar{\theta}_{k2})_{m+1,n}^{\mathrm{T}}$$

$$\bar{F}_{1kn} = (\bar{X}_1 \quad \bar{Y}_1 \quad \bar{M}_1)_{kn}^{\mathrm{T}}$$

$$\bar{F}_{2kn} = (\bar{X}_2 \quad \bar{Y}_2 \quad \bar{M}_2)_{kn}^{\mathrm{T}}$$

$$\boldsymbol{D}_{11kn} = \begin{bmatrix} \dfrac{EA}{l} & 0 & 0 \\[2ex] 0 & 12\dfrac{E\bar{I}}{l^3} & 6\dfrac{E\bar{I}}{l^2} \\[2ex] 0 & 6\dfrac{E\bar{I}}{l^2} & (4+\beta)\dfrac{E\bar{I}}{l} \end{bmatrix}_{kn} \qquad \boldsymbol{D}_{12kn} = \begin{bmatrix} -\dfrac{EA}{l} & 0 & 0 \\[2ex] 0 & -12\dfrac{E\bar{I}}{l^3} & 6\dfrac{E\bar{I}}{l^2} \\[2ex] 0 & -6\dfrac{E\bar{I}}{l^2} & (2-\beta)\dfrac{E\bar{I}}{l} \end{bmatrix}_{kn}$$

$$\boldsymbol{D}_{21kn} = \begin{bmatrix} \dfrac{-EA}{l} & 0 & 0 \\[2ex] 0 & -12\dfrac{E\bar{I}}{l^3} & -6\dfrac{E\bar{I}}{l^2} \\[2ex] 0 & 6\dfrac{E\bar{I}}{l^2} & (2-\beta)\dfrac{E\bar{I}}{l} \end{bmatrix}_{kn} \qquad \boldsymbol{D}_{22kn} = \begin{bmatrix} \dfrac{EA}{l} & 0 & 0 \\[2ex] 0 & 12\dfrac{E\bar{I}}{l^3} & -6\dfrac{E\bar{I}}{l^2} \\[2ex] 0 & -6\dfrac{E\bar{I}}{l^2} & (4+\beta)\dfrac{E\bar{I}}{l} \end{bmatrix}_{kn}$$

$$\beta = \frac{12\mu EI}{GAl^2}, \quad \bar{I} = \frac{I}{1+\beta}$$

式中：$\bar{u}_{k1}, \bar{v}_{k1}, \bar{\theta}_{k1}, \bar{u}_{k2}, \bar{v}_{k2}, \bar{\theta}_{k2}$——楼板 $k$ 在 1 端和 2 端沿局部坐标 $\bar{x}_k, \bar{y}_k$ 方向的位移和绕 $\bar{z}_k$ 轴的转角，它们分属于两个被连接的子结构；

$\bar{X}, \bar{Y}, \bar{M}$——楼板端部沿局部坐标方向的作用力和力偶矩；

$A$——第 $k$ 跨楼板的截面面积；

$l$——第 $k$ 跨楼板的跨度；

$I$——楼板绕 $z$ 轴的惯性矩；

$\mu$——剪应力不均匀分布系数，对矩形截面 $\mu=1.2$。

楼板对子结构的作用力（见图 10-11）为

$$\left.\begin{aligned} \overline{Q}_{\mathrm{F}lk1mn} &= -\overline{F}_{1kn} \\ \overline{Q}_{\mathrm{F}lk2,m+1,n} &= -\overline{F}_{2kn} \end{aligned}\right\} \tag{10-29}$$

### 3. 在局部坐标与整体坐标中位移之间的关系

设子结构沿整体坐标 $x,y$ 方向的位移和绕 $z$ 轴的扭转角分别为 $u,v$ 和 $\theta$，即

$$\boldsymbol{U}_{mn} = (u \quad v \quad \theta)_{mn}^{\mathrm{T}}$$

各子结构的位移在局部坐标与整体坐标中的转换关系分别如下。

对薄壁筒和剪力墙，有

$$\overline{\boldsymbol{U}}_{imn} = \boldsymbol{T}_{imn}^{\mathrm{T}} \boldsymbol{U}_{mn} \tag{10-30}$$

对框架，有

$$\overline{\boldsymbol{U}}_{jmn} = \boldsymbol{T}_{jmn}^{\mathrm{T}} \boldsymbol{U}_{mn} \tag{10-31}$$

对楼板，有

$$\overline{\boldsymbol{U}}_{k1mn} = \boldsymbol{T}_{k1mn}^{\mathrm{T}} \boldsymbol{U}_{mn} \tag{10-32}$$

$$\overline{\boldsymbol{U}}_{k2,m+1,n} = \boldsymbol{T}_{k2,m+1,n}^{\mathrm{T}} \boldsymbol{U}_{m+1,n} \tag{10-33}$$

### 4. 用整体坐标位移表示的平衡方程

将式(10-30)～式(10-33)分别代入式(10-26)～式(10-28)，再将所得的 $\overline{\boldsymbol{Q}}_{imn}$，$\overline{\boldsymbol{Q}}_{jmn}$ 和 $\overline{\boldsymbol{F}}_{ikn}$ 分别代入式(10-22)～式(10-25)求得 $\boldsymbol{Q}_{imn}$，$\boldsymbol{Q}_{jmn}$ 和 $\boldsymbol{p}_{\mathrm{F}lkmn}$，再将它们代入平衡方程式(10-19)和式(10-21)，得

$$\boldsymbol{A}_{mn} \boldsymbol{U}_{mn}^{(4)} - \boldsymbol{B}_{mn} \boldsymbol{U}''_{mn} + \boldsymbol{C}_{1mn} \boldsymbol{U}_{mn} + \boldsymbol{C}_{2m-1,n} \boldsymbol{U}_{m-1,n} + \boldsymbol{C}_{3m+1,n} \boldsymbol{U}_{m+1,n} = \boldsymbol{p}_{mn} \tag{10-34}$$

其中：

$$\left.\begin{aligned} \boldsymbol{A}_{mn} &= \sum_i \boldsymbol{T}_{imn} \boldsymbol{D}_{imn} \boldsymbol{T}_{imn}^{\mathrm{T}} \\ \boldsymbol{B}_{mn} &= \sum_i \boldsymbol{T}_{imn} \boldsymbol{D}_{timn} \boldsymbol{T}_{imn}^{\mathrm{T}} + \sum_j \boldsymbol{T}_{jmn} \boldsymbol{D}_{\mathrm{F}jmn} \boldsymbol{T}_{jmn}^{\mathrm{T}} \\ \boldsymbol{C}_{1mn} &= \frac{1}{h} \boldsymbol{T}_{k1mn} \boldsymbol{D}_{11kn} \boldsymbol{T}_{k1,mn}^{\mathrm{T}} + \frac{1}{h} \boldsymbol{T}_{k-1,2,mn} \boldsymbol{D}_{22,k-1,n} \boldsymbol{T}_{k-1,2,mn}^{\mathrm{T}} \\ \boldsymbol{C}_{2,m-1,n} &= \frac{1}{h} \boldsymbol{T}_{k-1,2,mn} \boldsymbol{D}_{21,k-1,n} \boldsymbol{T}_{k-1,1,m-1,n}^{\mathrm{T}} \\ \boldsymbol{C}_{3,m+1,n} &= \frac{1}{h} \boldsymbol{T}_{k1,mn} \boldsymbol{D}_{12,kn} \boldsymbol{T}_{k2,m+1,n}^{\mathrm{T}} \end{aligned}\right\} \tag{10-35}$$

式(10-34)即为用整体位移表示的平衡方程，它们是弯扭耦连的，在各子结构间也是耦连的。如

图 10-8 所示三个子结构的联合体,式(10-34)有三组($m=1,2,3$),当为变截面时,有六组($n=1,2$)。当需要考虑楼板变形的"瓶颈区"为二跨时,在二跨间的抗侧力结构可视为一个子结构,仍可按式(10-34)计算;当不考虑楼板变形时,可视为只有一个子结构,平衡方程式(10-34)变为

$$A_n U_n^{(4)} - B_n U_n'' = p_n \tag{10-36}$$

## 10.2.3　边界条件和连接条件

1) 下段底部固定。位移和转角等于零,则当 $z=0$ 时,

$$\left.\begin{array}{c} U_{m1} = \mathbf{0} \\ U_{m1}' = \mathbf{0} \end{array}\right\} \tag{10-37}$$

2) 上段顶部自由

顶部弯矩、扭矩和总剪力等于零,自由翘曲,则当 $z=H$ 时,

$$\left.\begin{array}{c} U_{m2} = \mathbf{0} \\ A_{m2} U_{m2}''' - B_{m2} U_{m2}' = \mathbf{0} \end{array}\right\} \tag{10-38}$$

3) 上段顶部有集中力和扭矩

$P_m = (P_x \quad P_y \quad M_z)_m^{\mathrm{T}}$,则当 $z=H$ 时,

$$\left.\begin{array}{c} U_{m2}'' = \mathbf{0} \\ A_{m2} U_{m2}''' - B_{m2} U_{m2}' = -P_m \end{array}\right\} \tag{10-39}$$

式中：$P_x, P_y, M_z$——子结构顶部沿 $x, y$ 方向的总作用力和绕 $z$ 轴的总作用扭矩。

4) 变截面处的连接条件

(1) 位移和转角连续,即当 $z=H_1$ 时,

$$\left.\begin{array}{c} U_{m1} = U_{m2} \\ U_{m1}' = U_{m2}' \end{array}\right\} \tag{10-40}$$

(2) 弯矩、扭矩和剪力平衡,即当 $z=H_1$ 时,

$$\left.\begin{array}{c} A_{m1} U_{m1}'' = A_{m2} U_{m2}'' \\ A_{m1} U_{m1}''' - B_{m1} U_{m1}' = A_{m2} U_{m2}''' - B_{m2} U_{m2}' \end{array}\right\} \tag{10-41}$$

对前述的微分方程组边值问题,可直接调用常微分方程求解器求解。求出各子结构的位移 $U_{mn}$ 后,可用式(10-30)~式(10-33)求出子结构中各构件和楼板在局部坐标系中的位移;然后用式(10-26)~式(10-28)求出各构件和楼板中的内力。

【例 10-3】　图 10-12 所示六层钢筋混凝土结构平面图,层高 300cm,材料的弹性模量 $E=2.5 \times 10^4$ MPa,$G=0.4E$。薄壁芯筒为闭口截面,壁厚 15cm。剪力墙为 L 形截面,壁厚 20cm。框架柱截面尺寸均为 50cm×50cm,梁截面尺寸均为 24cm×60cm,楼板厚 15cm。子结构 2 上承受集度为 500N/cm 的均布荷载。其他尺寸及坐标系示于图 10-12 中。

表 10-6　位移

$1 \times 10^{-3}$ cm/rad

| 标高 z/m | 子结构 1 | | | | | | | | 子结构 2 | | | | | | | |
|---|---|---|---|---|---|---|---|---|---|---|---|---|---|---|---|---|
| | 构件 1 | | | 构件 2 | | | 构件 3 | 构件 4 | 构件 1 | | | 构件 2 | | | 构件 3 | 构件 4 |
| | $\bar{u}$ | $\bar{v}$ | $\bar{\theta}$ | $\bar{u}$ | $\bar{v}$ | $\bar{\theta}$ | $\bar{u}$ | $\bar{u}$ | $\bar{u}$ | $\bar{v}$ | $\bar{\theta}$ | $\bar{u}$ | $\bar{v}$ | $\bar{\theta}$ | $\bar{u}$ | $\bar{u}$ |
| 18 | 110.295 | 79.52 | 0.171 | 25.126 | 50.964 | 0.171 | −182.381 | 94.942 | −88.465 | 401.54 | 0.206 | 352.606 | 258.933 | 0.206 | −277.77 | −503.89 |
| 15 | 88.068 | 60.606 | 0.138 | 16.846 | 39.429 | 0.138 | −143.83 | 79.293 | −73.018 | 317.35 | 0.169 | 280.45 | 204.19 | 0.169 | −215.79 | −403.59 |
| 12 | 64.945 | 42.129 | 0.103 | 10.144 | 27.573 | 0.103 | −103.94 | 61.038 | −56.094 | 233.03 | 0.128 | 207.117 | 149.732 | 0.128 | −155.690 | −300.426 |
| 9 | 42.007 | 25.454 | 0.066 | 5.175 | 16.643 | 0.066 | −65.54 | 41.083 | −38.079 | 150.99 | 0.086 | 135.117 | 96.816 | 0.086 | −98.861 | −197.584 |
| 6 | 21.422 | 12.046 | 0.034 | 1.910 | 7.872 | 0.034 | −35.55 | 27.791 | −20.54 | 77.34 | 0.046 | 69.95 | 49.34 | 0.046 | −49.246 | −103.133 |
| 3 | 6.142 | 3.193 | 0.009 | 0.302 | 2.114 | 0.009 | −9.132 | 6.521 | −6.28 | 22.23 | 0.014 | 20.46 | 14.03 | 0.014 | −13.568 | −30.430 |

表 10-7　子结构内力

$1 \times 10^{5}$ N/(N·cm)

| 标高 z/m | 子结构 1 | | | | | | | | 子结构 2 | | | | | | | |
|---|---|---|---|---|---|---|---|---|---|---|---|---|---|---|---|---|
| | 构件 1 | | | 构件 2 | | | 构件 3 | 构件 4 | 构件 1 | | | 构件 2 | | | 构件 3 | 构件 4 |
| | $\bar{Q}_x$ | $\bar{Q}_y$ | $\bar{M}_z$ | $\bar{Q}_x$ | $\bar{Q}_y$ | $\bar{M}_z$ | $\bar{Q}_x$ | $\bar{Q}_x$ | $\bar{Q}_x$ | $\bar{Q}_y$ | $\bar{M}_z$ | $\bar{Q}_x$ | $\bar{Q}_y$ | $\bar{M}_z$ | $\bar{Q}_x$ | $\bar{Q}_x$ |
| 18 | 0.773 | 0.229 | −426.8 | −0.595 | 0.450 | −1.686 | 0.177 | −0.061 | −0.878 | 0.245 | −484.8 | 0.733 | −0.190 | −1.915 | 0.292 | 0.405 |
| 15 | −0.099 | −0.298 | −463.3 | −0.052 | −0.162 | −1.830 | 0.184 | −0.069 | −0.070 | −0.174 | −522.5 | −0.152 | −0.011 | −2.064 | 0.286 | 0.415 |
| 12 | −0.444 | −0.385 | −493.6 | 0.0093 | −0.216 | −1.950 | 0.186 | −0.079 | 0.265 | −1.032 | −562.6 | −0.607 | −0.364 | −2.222 | 0.275 | 0.424 |
| 9 | −0.644 | −0.351 | −474.6 | 0.0007 | −0.157 | −1.875 | 0.170 | −0.0819 | 0.522 | −2.026 | −563.8 | −1.052 | −0.808 | −2.227 | 0.253 | 0.409 |
| 6 | −0.835 | −0.293 | −395.9 | 0.0127 | −0.0983 | −1.564 | 0.1352 | −0.0731 | 0.880 | −3.067 | −505.4 | −1.614 | −1.222 | −1.996 | 0.205 | 0.352 |
| 3 | −1.084 | −0.259 | −246.7 | 0.0928 | −0.0921 | −0.9747 | 0.08027 | −0.0483 | 1.477 | −4.114 | −346.9 | −2.403 | −1.522 | −1.370 | 0.121 | 0.227 |
| 0 | −1.513 | −0.333 | 0 | 0.390 | −0.282 | 0 | 0 | 0 | 2.527 | −5.084 | 0 | −3.641 | −1.533 | 0 | 0 | 0 |

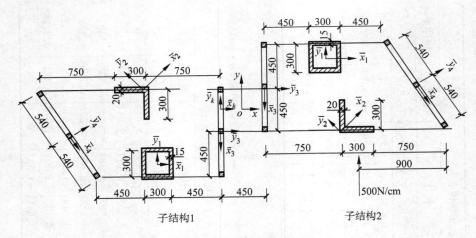

图 10-12　例 10-3 结构平面图

**【解】**　计算时两个子结构的楼板视为平面内的刚性楼板,连接两个子结构的楼板视为平面内的弹性楼板。

求得的位移示于表 10-6,子结构 1、子结构 2 各构件的内力示于表 10-7,中间楼板的内力示于表 10-8。计算结果表明,位移合理,内力平衡,具有很好的精确度。

表 10-8　中间楼板内力　　　　　　　　　　　　　　$1 \times 10^5 \, \text{N}/(\text{N} \cdot \text{cm})$

| 标高 $z/\text{m}$ | 1 端 | | | 2 端 | | |
|---|---|---|---|---|---|---|
| | $\bar{X}$ | $\bar{Y}$ | $\bar{M}$ | $\bar{X}$ | $\bar{Y}$ | $\bar{M}$ |
| 18 | 0.1742 | −0.9760 | −440.206 | −0.1742 | 0.9760 | 0.9773 |
| 15 | −0.2276 | −0.2491 | −249.393 | 0.2276 | 0.2491 | 137.255 |
| 12 | −0.2718 | 0.0414 | −154.461 | 0.2718 | −0.0414 | 173.067 |
| 9 | −0.2292 | 0.1192 | −100.126 | 0.2292 | −0.1192 | 153.799 |
| 6 | −0.2121 | 0.1442 | −47.526 | 0.2121 | −0.1442 | 112.436 |
| 3 | −0.1334 | 0.0975 | −6.802 | 0.1334 | −0.0975 | 50.720 |

# 10.3　大底盘多塔楼、大底盘大孔口结构和大底盘多塔楼连体结构的静力分析

## 10.3.1　基本假设和计算模型

近年来随着高层建筑的迅速发展,出现了越来越多的大底盘多塔楼结构,即底部几层设置为大底盘,上部采用两个或两个以上的塔楼作为主体结构(见图 10-13(a))。有时在具有大底盘裙房的高层建筑中,由于建筑或使用功能的要求,在上部结构开有巨大的贯穿孔口,形成底部大底盘、上部有大孔口的高层建筑结构(见图 10-13(b))。有时在大底盘多塔楼的上部塔楼之间还采用空中走廊连接,组成大底盘多塔楼连体结构(图 10-13(c))。

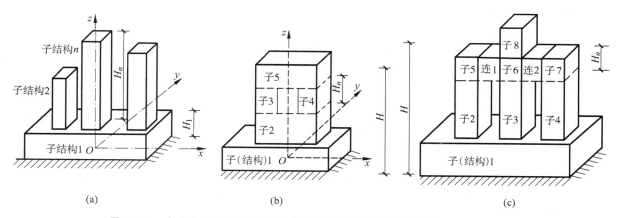

**图 10-13　大底盘多塔楼、大孔口和多塔楼连体结构的计算模型及子结构划分**

有关这三类结构的受力分析及特点的文章不多,已引起人们的关注。用三维空间程序,放弃同一高度统一刚性楼板的假定,能够计算这种结构,但计算工作量较大。

本节采用沿高度方向分段连续化的方法,建立一个分段连续化的串联组模型(见图 10-13(a)、(b)),或串并联组模型(见图 10-13(c))。基本假设如下:

(1) 将大底盘及上部结构划分为子结构。楼板平面内刚度,在每子结构内视为无限刚性;楼板平面外刚度忽略不计。

(2) 各子结构由框架、剪力墙、薄壁筒和楼板组成,可以是彼此正交的,也可以是彼此斜交的,但它们的截面尺寸及层高沿高度方向为均匀不变的,即各子结构内结构的物理、几何参数是均匀不变的。

(3) 各塔楼子结构间的连接结构由梁、柱和楼板组成。楼板被看作是平放的深梁,考虑弯曲、剪切和轴向变形的影响。梁、柱和楼板的截面尺寸及层高沿高度方向均匀不变;即每个连接结构内,结构的物理、几何参数均匀不变。

本节将楼板和框架的作用均连续化。每个子结构是弯扭耦连的,底部子结构 1 和上部各子结构串联在一起,也是耦连的;上部子结构又并联在一起,也是耦连的。最后归结为图 10-13 所示的分段连续化的串联组或串并联组模型。

对上述模型建立平衡微分方程组,连同边界条件和连接条件,用常微分方程求解器 COLSYS 求解其位移和内力。因为取每一子结构的侧向位移$(u,v,\theta)$为未知函数,一个子结构只有三个未知函数,整个未知函数的数目只有 $3s$($s$ 为子结构数),且不会因层数的增多而增大计算工作量。因为是解析解法,便于改变参数进行位移和受力特性的分析。

## 10.3.2　平衡微分方程

图 10-8 的计算模型中,有两类子结构,即单体子结构和连体子结构,分别示于图 10-14(a)和(b)中。

### 1. 单体子结构的平衡微分方程

单体子结构不与连接结构相连,只在上、下部与其他子结构串联在一起(见图 10-14(a)),设子结构

沿整体坐标 $x$、$y$ 方向的位移 $u$、$v$ 和绕 $z$ 轴的扭转角 $\theta$ 为未知函数，则其平衡微分方程已在 10.2 节导出为

$$A_n U_n^{(4)} - B_n U_n'' = P_n \tag{10-42}$$

式中

$$\left.\begin{aligned}
U_n &= (u \quad v \quad \theta)_n^T \\
P_n &= (P_x \quad P_y \quad m_z)_n^T \\
A_n &= \sum_i T_{in} D_{in} T_{in}^T \\
B_n &= \sum_i T_{in} D_{tin} T_{in}^T + \sum_j T_{jn} D_{Fjn} T_{jn}^T
\end{aligned}\right\} \tag{10-43}$$

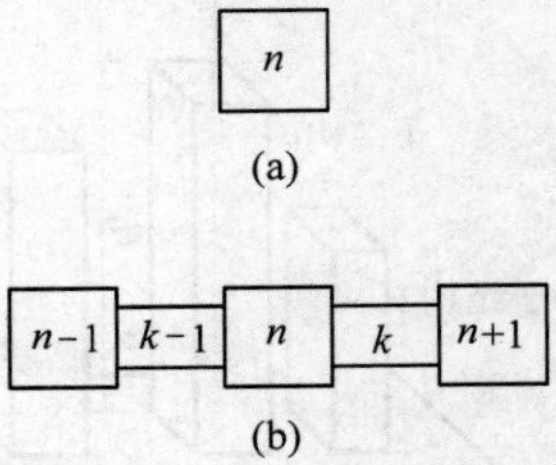

图 10-14　单体子结构和连体子结构

（a）单体子结构；（b）连体子结构

式（10-42）是一组弯扭耦连的微分方程组。

### 2. 连体子结构的平衡微分方程

连体子结构通过连接结构与其他子结构相连（见图 10-14(b)），其平衡微分方程也已在 10.2 节导出。为

$$A_n U_n^{(4)} - B_n U_n'' + C_{1n} U_n + C_{2,n-1} U_{n-1} + C_{3,n+1} U_{n+1} = P_n \tag{10-44}$$

式中

$$\left.\begin{aligned}
A_n &= \sum_i T_{in} D_{in} T_{in}^T \\
B_n &= \sum_i T_{in} D_{tin} T_{in}^T + \sum_j T_{jn} D_{Fjn} T_{jn}^T \\
C_{1n} &= \frac{1}{h} T_{k1n} D_{11k} T_{k1n}^T + \frac{1}{h} T_{k-1,2,n} D_{22,k-1} T_{k-1,2,n}^T \\
C_{2,n-1} &= \frac{1}{h} T_{k-1,2,n} D_{21,k-1} T_{k-1,1,n-1}^T \\
C_{3,n+1} &= \frac{1}{h} T_{k1n} D_{12k} T_{k2,n+1}^T
\end{aligned}\right\} \tag{10-45}$$

式（10-44）即为用整体位移表示的平衡方程，是弯扭耦连的，还与相连的子结构也是耦连的。

## 10.3.3　大底盘多塔楼的边界条件和连接条件

以图 10-13(a) 所示的大底盘多塔楼为例，为大底盘三塔楼结构，有四个子结构，全为单体子结构，即用式（10-42）的平衡微分方程，其应满足的边界条件和连接条件如下。

（1）大底盘子结构 1 底部固定

位移和转角等于零，即当 $z=0$ 时，

$$\left.\begin{aligned}
U_1 &= 0 \\
U_1' &= 0
\end{aligned}\right\} \tag{10-46}$$

（2）上部塔楼各子结构顶部自由，或受集中力 $\boldsymbol{P}_n = (P_x \quad P_y \quad M_z)_n^{\mathrm{T}}$，

弯矩为零，自由翘曲；总剪力和扭矩等于零，或等于 $-\boldsymbol{P}_n$；即当 $z = H_1 + H_n$ 时，

$$\left.\begin{array}{l} \boldsymbol{U}_n'' = \boldsymbol{0} \\ \boldsymbol{A}_n \boldsymbol{U}_n''' - \boldsymbol{B}_n \boldsymbol{U}_n' = \boldsymbol{0}（\text{或} -\boldsymbol{P}_n） \end{array}\right\}, \quad n = 2, \cdots, s \tag{10-47}$$

（3）上部塔楼底部和大底盘顶部的连接条件

位移和转角连续，即当 $z = H_1$ 时，

$$\left.\begin{array}{l} \boldsymbol{U}_1 = \boldsymbol{U}_n \\ \boldsymbol{U}_1' = \boldsymbol{U}_n' \end{array}\right\}, \quad n = 2, \cdots, s \tag{10-48}$$

当大底盘顶部受集中力 $\boldsymbol{P}_1 = (P_x \quad P_y \quad M_z)_1^{\mathrm{T}}$ 时，由 $z = H_1$ 的上、下作截面取隔离体（见图 10-15(a)），由弯矩、总剪力和扭转的平衡条件，有当 $z = H_1$ 时，

$$\left.\begin{array}{l} \boldsymbol{A}_1 \boldsymbol{U}_1'' = \displaystyle\sum_{n=2}^{s} \boldsymbol{A}_n \boldsymbol{U}_n'' \\[2mm] \boldsymbol{A}_1 \boldsymbol{U}_1''' - \boldsymbol{B}_1 \boldsymbol{U}_1' + \boldsymbol{P}_1 = \displaystyle\sum_{n=2}^{s} (\boldsymbol{A}_n \boldsymbol{U}_n''' - \boldsymbol{B}_n \boldsymbol{U}_n') \end{array}\right\} \tag{10-49}$$

平衡微分方程式(10-42)连同边界条件和连接条件式(10-46)～式(10-49)形成一常微分方程组边值问题。

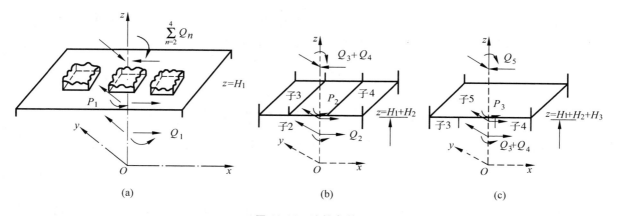

**图 10-15　连接条件**

（a）底盘顶部与多塔楼底部的连接；（b）大孔口底部的连接；（c）大孔口顶部的连接

## 10.3.4　大底盘、大孔口结构的边界条件和连接条件

以图 10-13(b)所示大底盘、大孔口结构为例，有 5 个子结构，全为单体子结构，即用式(10-42)的平衡微分方程，其应满足的边界条件和连接条件如下。

（1）大底盘子结构 1 底部固定

位移和转角等于零，即当 $z = 0$ 时，

$$\left.\begin{array}{l} \boldsymbol{U}_1 = \boldsymbol{0} \\ \boldsymbol{U}_1' = \boldsymbol{0} \end{array}\right\} \tag{10-50}$$

(2) 最上部的子结构顶部自由,或受集中力 $\boldsymbol{P}_s = (P_x \quad P_y \quad M_z)_s^\mathrm{T}$

弯矩为零,自由翘曲;总剪力和扭矩等于零,或等于 $-\boldsymbol{P}_s$。即当 $z=H$ 时,

$$\left.\begin{aligned}\boldsymbol{U}_s'' &= \boldsymbol{0} \\ \boldsymbol{A}_s\boldsymbol{U}_s''' - \boldsymbol{B}_s\boldsymbol{U}_s' &= \boldsymbol{0}(\text{或} - \boldsymbol{P}_s)\end{aligned}\right\} \tag{10-51}$$

(3) 大底盘子结构 1 和子结构 2 的连接条件

位移和转角连续,即当 $z=H_1$ 时

$$\left.\begin{aligned}\boldsymbol{U}_1 &= \boldsymbol{U}_2 \\ \boldsymbol{U}_1' &= \boldsymbol{U}_2'\end{aligned}\right\} \tag{10-52}$$

当子结构 1 顶部受集中力 $\boldsymbol{P}_1 = (P_x \quad P_y \quad M_z)_1^\mathrm{T}$ 时,由 $z=H_1$ 的上、下作截面取隔离体(见图 10-15(a)),由弯矩、总剪力和扭矩的平衡条件,有当 $z=H_1$ 时,

$$\left.\begin{aligned}\boldsymbol{A}_1\boldsymbol{U}_1'' &= \boldsymbol{A}_2\boldsymbol{U}_2'' \\ \boldsymbol{A}_1\boldsymbol{U}_1''' - \boldsymbol{B}_1\boldsymbol{U}_1' + \boldsymbol{P}_1 &= \boldsymbol{A}_2\boldsymbol{U}_2'' - \boldsymbol{B}_2\boldsymbol{U}_2'\end{aligned}\right\} \tag{10-53}$$

(4) 大孔口底部(子结构 2、3、4)的连接条件。位移和转角连续,即当 $z=H_1+H_2$ 时,

$$\left.\begin{aligned}\boldsymbol{U}_2 &= \boldsymbol{U}_n \\ \boldsymbol{U}_2' &= \boldsymbol{U}_n'\end{aligned}\right\}, \quad n=3,4 \tag{10-54}$$

当子结构 2 顶部受集中力 $\boldsymbol{P}_2 = (P_x \quad P_y \quad M_z)_2^\mathrm{T}$ 时,由 $z=H_1+H_2$ 的上、下作截面取隔离体(见图 10-15(b)),由弯矩、总剪力和扭矩的平衡条件,有当 $z=H_1+H_2$ 时,

$$\left.\begin{aligned}\boldsymbol{A}_2\boldsymbol{U}_2'' &= \sum_{n=3}^4 \boldsymbol{A}_n\boldsymbol{U}_n'' \\ \boldsymbol{A}_2\boldsymbol{U}_2''' - \boldsymbol{B}_2\boldsymbol{U}_2' + \boldsymbol{P}_2 &= \sum_{n=3}^4 (\boldsymbol{A}_n\boldsymbol{U}_n''' - \boldsymbol{B}_n\boldsymbol{U}_n')\end{aligned}\right\} \tag{10-55}$$

(5) 大孔口顶部(子结构 3、4、5)的连接条件。位移和转角连续,即当 $z=H_1+H_2+H_3$ 时,

$$\left.\begin{aligned}\boldsymbol{U}_n &= \boldsymbol{U}_5 \\ \boldsymbol{U}_n' &= \boldsymbol{U}_5'\end{aligned}\right\}, \quad n=3,4 \tag{10-56}$$

当子结构 3、4 顶部楼层受集中 $\boldsymbol{P}_n = (P_x \quad P_y \quad M_z)_n^\mathrm{T}$ 时,由 $z=H_1+H_2+H_3$ 的上、下作截面取隔离体(见图 10-15(c)),由弯矩、总剪力和扭矩的平衡条件,有当 $z=H_1+H_2+H_3$ 时

$$\left.\begin{aligned}\sum_{n=3}^4 \boldsymbol{A}_n\boldsymbol{U}_n'' &= \boldsymbol{A}_5\boldsymbol{U}_5'' \\ \sum_{n=3}^4 (\boldsymbol{A}_n\boldsymbol{U}_n''' - \boldsymbol{B}_n\boldsymbol{U}_n' + \boldsymbol{P}_n) &= \boldsymbol{A}_5\boldsymbol{U}_5''' - \boldsymbol{B}_5\boldsymbol{U}_5'\end{aligned}\right\} \tag{10-57}$$

平衡微分方程式(10-42)连同边界条件和连接条件式(10-50)~式(10-57)形成一常微分方程组边值问题。

### 10.3.5　大底盘多塔楼连体结构的边界条件和连接条件

以图 10-13(c)所示大盘底多塔楼连体结构为例,共有 8 个子结构。其中子结构 1、2、3、4、8 为单体子

结构,平衡微分方程用式(10-42);子结构 5、6、7 为连体子结构,平衡微分方程用式(10-44),连 1 和连 2 为连接它们的连接结构。这 8 个子结构的 8 组微分方程组应满足的边界条件和连接条件如下。

（1）大底盘子结构 1 底部固定:位移和转角等于零,即当 $z=0$ 时

$$
\left.\begin{array}{l}
\boldsymbol{U}_1 = \boldsymbol{0} \\
\boldsymbol{U}'_1 = \boldsymbol{0}
\end{array}\right\}
\tag{10-58}
$$

（2）上部各塔楼最上一子结构的顶部自由,或受集中力 $\boldsymbol{P}_s = (P_x \quad P_y \quad M_z)_s^{\mathrm{T}}$:弯矩为零,自由翘曲;总剪力和扭矩等于零,或等于 $-\boldsymbol{P}_s$;即当 $z=H$ 时,或 $z=H-H_n$ 时,

$$
\left.\begin{array}{l}
\boldsymbol{U}''_s = \boldsymbol{0} \\
\boldsymbol{A}_s \boldsymbol{U}'''_s - \boldsymbol{B}_s \boldsymbol{U}'_s = \boldsymbol{0}(\text{或} - \boldsymbol{P}_s)
\end{array}\right\}
\tag{10-59}
$$

（3）上部塔楼底部和大底盘顶部的连接条件:位移和转角连续、弯矩、总剪力和扭矩平衡,即当 $z=H_1$ 时

$$
\left.\begin{array}{l}
\boldsymbol{U}_1 = \boldsymbol{U}_s \\
\boldsymbol{U}'_1 = \boldsymbol{U}'_s
\end{array}\right\}, \quad n=2,\cdots,s
\tag{10-60}
$$

$$
\left.\begin{array}{l}
\boldsymbol{A}_1 \boldsymbol{U}''_1 = \displaystyle\sum_{n=3}^{s} \boldsymbol{A}_n \boldsymbol{U}''_n \\[2mm]
\boldsymbol{A}_1 \boldsymbol{U}'''_1 - \boldsymbol{B}_1 \boldsymbol{U}'_1 + \boldsymbol{P}_1 = \displaystyle\sum_{n=2}^{s} (\boldsymbol{A}_n \boldsymbol{U}'''_n - \boldsymbol{B}_n \boldsymbol{U}'_n)
\end{array}\right\}
\tag{10-61}
$$

（4）各串联子结构连接处的连接条件:位移和转角连续、弯矩、总剪力和扭矩平衡,即

$$
\left.\begin{array}{l}
\boldsymbol{U}_m = \boldsymbol{U}_n \\
\boldsymbol{U}'_m = \boldsymbol{U}'_n \\
\boldsymbol{A}_m \boldsymbol{U}''_m = \boldsymbol{A}_n \boldsymbol{U}''_n \\
\boldsymbol{A}_m \boldsymbol{U}'''_m - \boldsymbol{B}_m \boldsymbol{U}'_m + \boldsymbol{P}_m = \boldsymbol{A}_n \boldsymbol{U}'''_n - \boldsymbol{B}_n \boldsymbol{U}'_n
\end{array}\right\}
\tag{10-62}
$$

式(10-42)和式(10-44)组成的平衡微分方程组,连同边界条件和连接条件式(10-58)~式(10-62)形成一常微分方程组边值问题。

## 10.3.6 算例和讨论

【例 10-4】 （a）13 层钢筋混凝土大底盘双塔楼结构（见图 10-16）。材料的弹性模量 $E=3.25\times 10^4\,\mathrm{MPa}$,$G=0.45E$。第 1~3 层为下部裙房结构,层高 5m,平面尺寸如图 10-16(c)所示:框架梁截面尺寸为 $0.24\mathrm{m}\times 0.8\mathrm{m}$,楼板厚 0.15m,柱截面尺寸为 $0.5\mathrm{m}\times 0.5\mathrm{m}$。第 4~13 层为上部双塔楼,层高 3m,平面尺寸如图 10-16(b)所示:框架梁截面尺寸为 $0.24\mathrm{m}\times 0.6\mathrm{m}$,楼板厚 0.15m,柱截面尺寸为 $0.45\mathrm{m}\times 0.45\mathrm{m}$。荷载:沿整个高度在 ⑦ 轴受均布水平荷载 $P_y=15\mathrm{kN/m}$,即 $\boldsymbol{P}_1=(0 \quad 15 \quad 150)^{\mathrm{T}}$,$\boldsymbol{P}_2=(0\ \ 0\ \ 0)^{\mathrm{T}}$,$\boldsymbol{P}_3=(0\ \ 15\ \ 150)^{\mathrm{T}}$。

（b）结构的材料、平面布置、梁柱几何尺寸、层高及荷载均同(a);但上部左塔楼只有 5 层、7 层,即为非等高塔楼:$H_2=15\mathrm{m}$、21m;$H_3=30\mathrm{m}$。

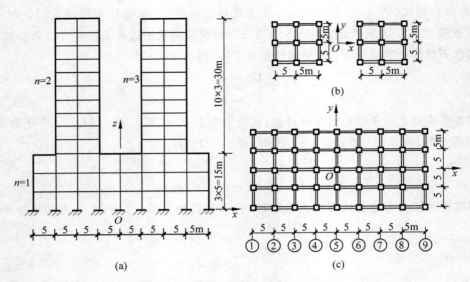

图 10-16　大底盘双塔楼立、平面示意图

(c) 结构的材料、平面布置、层高、荷载及上部塔楼的梁柱几何尺寸均同(a);但下部裙房结构的刚度为(a)的 $r$ 倍,$r=0.1,0.5,1,5,10$;其中 $r<1$ 为底部大空间,底盘刚度柔弱的情形。

【解】　以上三情况的部分计算结果在表 10-9～表 10-11 中给出。

从计算结果可以看出大底盘多塔楼结构在水平荷载作用下的以下变形和受力特点:

(1) 上部塔楼变形和受力的相对局部性

当荷载作用在右塔上时,荷载通过右塔、裙房传至地面,此时主要的受力部位是右塔和裙房,右塔上部基本上无相对变形和内力。此相对局部性表明,多塔结构在静力计算时,上部塔楼间并不产生很大的互相干扰,即不管是否等高,或有多少个塔,均相互影响不大。这一点是与动力计算不同的。

表 10-9　例 10-4(a)的位移　　　　$u$、$v$: $\times 10^{-2}$ m; $\theta$: $\times 10^{-4}$ rad

| 标高 $z/$m | | 左塔 | | | 右塔 | | |
|---|---|---|---|---|---|---|---|
| | | $u$ | $v$ | $\theta$ | $u$ | $v$ | $\theta$ |
| 上部塔楼 | 45.0 | 0 | 0.353 | 1.616 | 0 | 1.694 | 1.616 |
| | 39.0 | 0 | 0.353 | 1.616 | 0 | 1.640 | 1.616 |
| | 33.0 | 0 | 0.353 | 1.616 | 0 | 1.479 | 1.616 |
| | 27.0 | 0 | 0.353 | 1.616 | 0 | 1.211 | 1.616 |
| | 21.0 | 0 | 0.353 | 1.616 | 0 | 0.835 | 1.616 |
| | 15.0 | 0 | 0.353 | 1.616 | 0 | 0.353 | 1.616 |
| | | $u$ | | $v$ | | $\theta$ | |
| 下裙房 | 15.0 | 0 | | 0.353 | | 1.616 | |
| | 10.0 | 0 | | 0.251 | | 1.149 | |
| | 5.0 | 0 | | 0.133 | | 0.610 | |
| | 0 | 0 | | 0 | | 0 | |

表 10-10　例 10-4(a)的内力　　　　　　　　　　kN

| 标高 $z$/m | | 左塔 | | | 右塔 | | | |
|---|---|---|---|---|---|---|---|---|
| | | $Q_{y2}$ | $Q_{y3}$ | $Q_{y4}$ | $Q_{y6}$ | $Q_{y7}$ | $Q_{y8}$ | |
| 上部塔楼 | 45.0 | 0 | 0 | 0 | 0 | 0 | 0 | |
| | 39.0 | 0 | 0 | 0 | 30.0 | 30.0 | 30.0 | |
| | 33.0 | 0 | 0 | 0 | 60.0 | 60.0 | 60.0 | |
| | 27.0 | 0 | 0 | 0 | 90.0 | 90.0 | 90.0 | |
| | 21.0 | 0 | 0 | 0 | 120.0 | 120.0 | 120.0 | |
| | 15.0 | 0 | 0 | 0 | 150.0 | 150.0 | 150.0 | |

| 标高 $z$/m | | $Q_{y1}$ | $Q_{y2}$ | $Q_{y3}$ | $Q_{y4}$ | $Q_{y5}$ | $Q_{y6}$ | $Q_{y7}$ | $Q_{y8}$ | $Q_{y9}$ |
|---|---|---|---|---|---|---|---|---|---|---|
| 下裙房 | 15.0 | 4.225 | 15.668 | 27.112 | 38.556 | 50.000 | 61.443 | 72.887 | 84.331 | 95.774 |
| | 10.0 | 4.929 | 18.280 | 31.631 | 44.982 | 58.333 | 71.684 | 85.035 | 98.386 | 111.737 |
| | 5.0 | 5.633 | 20.891 | 36.150 | 51.408 | 66.666 | 81.924 | 97.183 | 112.441 | 127.699 |
| | 0 | 6.337 | 23.503 | 40.668 | 57.834 | 75.000 | 92.165 | 109.331 | 126.496 | 143.662 |

表 10-11　底盘不同刚度时的侧向位移 $v$　　　　　　　　　　$\times 10^{-2}$ m

| 标高 $z$/m | | 底层大开间 | | 低层大底盘 | | |
|---|---|---|---|---|---|---|
| | | $r=0.1$ | $r=0.5$ | $r=1$ | $r=5$ | $r=10$ |
| 右部塔楼 | 45.0 | 4.871 | 2.047 | 1.694 | 1.411 | 1.376 |
| | 39.0 | 4.817 | 1.993 | 1.640 | 1.358 | 1.322 |
| | 33.0 | 4.656 | 1.832 | 1.479 | 1.197 | 1.161 |
| | 27.0 | 4.388 | 1.564 | 1.211 | 0.928 | 1.161 |
| | 21.0 | 4.013 | 1.188 | 0.835 | 0.553 | 0.518 |
| | 15.0 | 3.530 | 0.706 | 0.353 | 0.070 | 0.035 |
| 下裙房 | 15.0 | 3.530 | 0.706 | 0.353 | 0.070 | 0.035 |
| | 10.0 | 2.510 | 0.502 | 0.251 | 0.050 | 0.025 |
| | 5.0 | 1.333 | 0.266 | 0.133 | 0.026 | 0.013 |
| | 0 | 0 | 0 | 0 | 0 | 0 |

（2）底盘不同刚度时的影响

底盘不同刚度,对结构的变形有很大的影响。当 $r<1$ 时,为底部大开间的情况,侧向位移很大。当 $r>1$ 时,为低部大底盘的情况,侧向位移迅速减小。当 $r=5$ 时(因为上部结构与底盘的跨数不同,$r=5$ 相当于底盘与上部塔楼剪切刚度之比为8),可将底盘视为固定,相对误差在5%以内。

【例 10-5】　(a) 13 层钢筋混凝土大底盘大孔口高层建筑结构(见图 10-17)。材料的弹性模量 $E=3.25\times 10^4$ MPa,$G=0.45E$。第 1~3 层为下部裙房结构,层高 5m,平面如图 10-17(d)所示;框架梁截面尺寸为 0.24m×0.8m,楼板厚 0.15m,柱截面尺寸为 0.5m×0.5m。第 4~13 层为上部结构,层高 3m,在第 7~10 层开有大孔口,平面尺寸如图 10-32(b),(c)所示;框架梁截面尺寸为 0.24m×0.6m,楼板厚 0.15m,柱截面尺寸为 0.45m×0.45m。荷载:沿整个高度在⑦轴受均布水平荷载 $p_y=15$kN/m。

(b) 结构的材料、平面布置、梁柱几何尺寸、层高及荷载均同(a);但第 4~10 层开有大孔口。

(c) 结构的材料、平面布置、层高、荷载及梁柱几何尺寸均同(a);但上部结构为双塔楼,即第 4~13 层

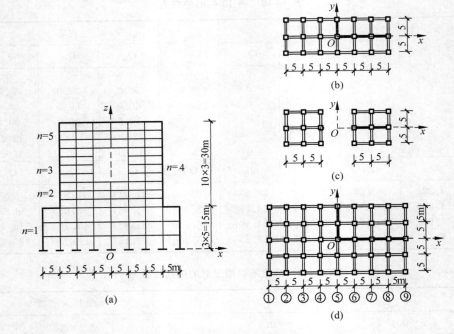

图 10-17 大底盘大孔口结构立、平面示意图

全开口。

【解】 以上三种情况的部分计算结果在表 10-12、表 10-13 中给出。表中仅列出各子结构楼面形心处的三个位移分量 $u, v, \theta$ 和沿 $y$ 方向的各榀框架的总剪力 $Q_{yi}$。

表 10-12 例 10-5(a)的位移 　　$u, v: \times 10^{-2}\text{m}; \theta: \times 10^{-4}\text{rad}$

| 子结构 $n$ | 标高 $z$/m | $u$ | | $v$ | | $\theta$ | |
|---|---|---|---|---|---|---|---|
| 5 | 45.0 | 0 | | 0.966 | | 6.518 | |
| | 36.0 | 0 | | 0.914 | | 6.084 | |
| | | $u$ | $v$ | $\theta$ | $u$ | $v$ | $\theta$ |
| 3,4 | 36.0 | 0 | 0.914 | 6.084 | 0 | 0.914 | 6.084 |
| | 33.0 | 0 | 0.847 | 5.581 | 0 | 0.888 | 5.581 |
| | 30.0 | 0 | 0.780 | 5.076 | 0 | 0.834 | 5.078 |
| | 27.0 | 0 | 0.713 | 4.575 | 0 | 0.753 | 4.575 |
| | 24.0 | 0 | 0.646 | 4.072 | 0 | 0.646 | 4.072 |
| 2 | 24.0 | 0 | | 0.646 | | 0.4072 | |
| | 15.0 | 0 | | 0.353 | | 1.616 | |
| 1 | 15.0 | 0 | | 0.353 | | 1.616 | |
| | 0 | 0 | | 0 | | 0 | |

表 10-13　例 10-5(a)的内力　　　　　　　　　　　　　kN

| 子结构 $n$ | 标高 $z$/m | $Q_{y1}$ | $Q_{y2}$ | $Q_{y3}$ | $Q_{y4}$ | $Q_{y5}$ | $Q_{y6}$ | $Q_{y7}$ | $Q_{y8}$ | $Q_{y9}$ |
|---|---|---|---|---|---|---|---|---|---|---|
| 5 | 45.0 | | 0 | 0 | 0 | 0 | 0 | 0 | 0 | |
| | 36.0 | | −4.954 | 3.126 | 11.206 | 19.286 | 27.366 | 35.446 | 43.526 | |
| 3,4 | 36.0 | | −4.687 | 9.375 | 23.438 | | 21.563 | 35.625 | 49.688 | |
| | 33.0 | | −4.687 | 9.375 | 23.438 | | 36.563 | 50.625 | 64.688 | |
| | 30.0 | | −4.687 | 9.375 | 23.438 | | 51.563 | 65.625 | 79.688 | |
| | 27.0 | | −4.687 | 9.375 | 23.438 | | 66.563 | 80.625 | 94.688 | |
| | 24.0 | | −4.687 | 9.375 | 23.438 | | 81.563 | 95.625 | 109.688 | |
| 2 | 24.0 | | −11.560 | 7.293 | 26.147 | 45.000 | 63.853 | 82.707 | 101.560 | |
| | 15.0 | | −16.515 | 10.419 | 37.352 | 64.286 | 91.219 | 118.153 | 145.086 | |
| 1 | 15.0 | 4.225 | 15.669 | 27.113 | 38.556 | 50.000 | 61.444 | 72.887 | 84.331 | 95.775 |
| | 0 | 6.338 | 23.503 | 40.669 | 57.834 | 75.000 | 92.166 | 109.331 | 126.497 | 143.662 |

从计算结构可以看出大底盘大孔口高层建筑结构在水平荷载作用下的以下变形和受力特点：

(1) 从侧向位移看,当第 7～10 层开有孔口时,顶部侧向位移 $v$ 为 $0.966 \times 10^{-2}$ m；当第 4～10 层开有孔口时,顶部侧向位移 $v$ 为 $1.015 \times 10^{-2}$ m；当第 4～13 层全开口时,即上部为双塔楼时,顶部侧向位移 $v$ 为 $1.694 \times 10^{-2}$ m(见例 10-4)。可见开有大孔口后,侧向刚度有所削弱,侧向位移增大,但结构的整体侧向刚度仍然较大,即使像第 4～10 层这样大的孔口,仅上部三层相连,比起完全分离的双塔,侧向刚度仍然大得多。

(2) 从内力看,开有大孔口后,只要不是把结构分开为双塔楼的贯通性孔口,结构仍然能够整体地受力；随着孔口大小的改变,孔口附近的受力状态会有所改变,但远离孔口的部位,受力状态变化很小或不变。

总之,高层建筑结构开有孔口后(即使是较大的孔口,只要不是贯通性的),在侧向荷载作用下,无论从结构的变形或受力看,均有相当好的整体性。

# 参 考 文 献

[1] 包世华,方鄂华. 高层建筑结构设计[M]. 2 版. 北京:清华大学出版社,1990.

[2] 包世华. 高层建筑结构计算[M]. 北京:高等教育出版社,1990.

[3] 赵西安. 钢筋混凝土高层建筑结构设计[M]. 2 版. 北京:中国建筑工业出版社,1995.

[4] 中国建筑科学院建筑结构研究所. 钢筋混凝土高层建筑结构实用设计手册[M]. 北京:中国建筑科学院建筑结构研究所,1992.

[5] 中国建筑科学研究院. GB 50009—2011 建筑结构荷载规范[M]. 北京:中国建筑工业出版社,2012.

[6] 中国建筑科学研究院. GB 50010—2010 混凝土结构设计规范[M]. 北京:中国建筑工业出版社,2011.

[7] 中国建筑科学研究院. GB 50011—2010 建筑抗震设计规范[M]. 北京:中国建筑工业出版社,2010.

[8] 中国建筑科学研究院. JGJ 3—2010 高层建筑混凝土结构技术规程[M]. 北京:中国建筑工业出版社,2011.

[9] 方鄂华. 多层及高层建筑结构设计[M]. 北京:地震出版社,1992.

[10] 龙驭球,包世华. 结构力学(上、下册)[M]. 2 版. 北京:高等教育出版社,1994,1996.

[11] 包世华,周坚. 薄壁杆件结构力学[M]. 北京:中国建筑工业出版社,1990.

[12] 王荫长. 高层建筑筒体结构的计算[M]. 北京:科学出版社,1988.

[13] 杨成,包世华. 用分区混合有限元法分析框支剪力墙[J]. 工程力学,1985,(2).

[14] 范重,包世华. 用分区混合有限元计算框支剪力墙角区应力集中[J]. 计算结构力学及其应用,1986,(3).

[15] 中国建筑科学院建筑结构研究所. 高层建筑结构设计[M]. 北京:科学出版社,1982.

[16] 数学手册编写组. 数学手册[M]. 北京:高等教育出版社,1983.

[17] 包世华. 我国高层建筑结构分析的现状和解析-半解析微分方程求解器方法[J]. 首届结构工程学术会议论文集. 结构工程学报专刊,1991.

[18] 包世华,李华煜. 高层建筑结构分析的半解析微分方程求解器方法[J]. 工程力学增刊,1993.

[19] 龙驭球. 弹性地基梁的计算[M]. 北京:高等教育出版社,1981.

[20] 袁驷. 介绍一个常微分方程边值问题求解通用程序——COLSYS[J]. 计算结构力学及其应用,1990,(2).

[21] 沈蒲生. 高层建筑结构设计[M]. 2 版. 北京:中国建筑工业出版社,2011.

[22] 刘鹏. 天津高银 117 大厦结构体系设计研究[J]. 建筑结构,2012,(3).